H Prépa

EXERCICES & PROBLÈMES

Chimie

2e année MP-PT

André DURUPTHY
Professeur en classes préparatoires au lycée Paul-Cézanne à Aix-en-Provence

Odile DURUPTHY
Professeur en classes préparatoires au lycée Paul-Cézanne à Aix-en-Provence

Alain JAUBERT
Professeur en classes préparatoires au lycée Thiers à Marseille

HACHETTE
Supérieur

Composition et mise en page : *Laser Graphie*

Maquette intérieure : *Laser Graphie*

Maquette de couverture : *Alain Vambacas*

ISBN : 2.01.14.5653.3

Avant-propos

Cet ouvrage est principalement destiné aux élèves des Classes Préparatoires aux Grandes Écoles. Il est conforme aux programmes en vigueur dans les classes de MP-MP* et PT-PT*. Il couvre également une partie importante des programmes de PSI-PSI*. 11 pourra être utilisé avec profit par les étudiants de DEUG, d'IUT et de STS, mais aussi par les candidats aux concours de recrutement de l'enseignement secondaire (CAPES, Agrégation,...).

Ce recueil d'exercices et de problèmes est constitué de huit chapitres construits selon un même plan :

- Des **rappels de cours** permettent aux étudiants de disposer des résultats essentiels à connaître.
- Les **énoncés** des exercices et des problèmes viennent ensuite ; la difficulté particulière de certaines questions est indiquée par des astérisques. Ces énoncés ont été conçus de telle sorte qu'ils permettent de couvrir l'ensemble du programme et de revoir méthodiquement et de façon progressive l'ensemble des notions à connaître. Près de la moitié sont extraits de problèmes posés aux Concours des Grandes Écoles ces dernières années.
- Chaque énoncé est suivi de **conseils** où sont proposées des aides méthodologiques.
- Les **solutions** de tous les exercices sont regroupées à la fin de chaque chapitre : elles sont complètement rédigées, avec le détail de nombreuses applications numériques afin d'insister sur les unités utilisées et le nombre de chiffres significatifs à prendre en compte.

Un **index** détaillé permet de retrouver rapidement les principales notions étudiées.

Les huit chapitres de ce livre correspondent à ceux du livre de cours de *Chimie de MP-MP*, PT-PT**.
Les quatre premiers chapitres consacrés aux bases de la *Thermodynamique chimique* permettent d'assimiler les notions qui seront abordées dans la suite de l'ouvrage. Un soin particulier a été apporté à l'étude des évolutions des systèmes chimiques avec l'utilisation de l'affinité chimique. Le *chapitre* 5 traite des *équilibres binaires liquide-vapeur* et de leurs nombreuses applications en laboratoire et dans l'industrie.
Le *chapitre* 6 présente de très nombreux exercices relatifs aux propriétés des oxydes, des halogénures et des sulfures à partir des *diagrammes d'Elligham*.

Les aspects théoriques et les applications de l'oxydoréduction tiennent une place importante dans les épreuves écrites et orales des concours. Les exercices des *chapitres* 7 et 8 permettent de traiter les aspects thermodynamiques et cinétiques des réactions d'oxydoréduction à l'aide des *diagrammes* $E = f(\mathrm{pH})$ et $i = f(V)$.

Avec cet ouvrage, nous espérons mettre à la disposition des étudiants un ensemble d'exercices et de problèmes leur permettant d'acquérir des méthodes et des pratiques qu'ils pourront réinvestir en d'autres circonstances et préparer ainsi avec succès les concours qu'ils souhaitent présenter.

Les auteurs

SOMMAIRE

Chapitre 6 – Diagrammes d'Ellingham

1 Enthalpie libre et potentiel chimique

RAPPELS DE COURS

ENTROPIE

• À tout système il est possible d'associer une fonction d'état extensive appelée *entropie*, notée S, telle que pour une transformation élémentaire :

$$dS = \delta S_e + \delta S_i$$

Pour un système fermé, $\delta S_e = \dfrac{\delta Q}{T_{ext}}$ représente la variation d'entropie résultant d'un transfert de chaleur avec l'extérieur.

δS_i, aussi notée δS_{cr}, traduit la création d'entropie ; cette grandeur est positive pour une transformation réelle, donc irréversible ; elle est nulle pour une transformation réversible.

Pour une transformation finie entre les états 1 et 2 :

$$\Delta S_{1 \to 2} = S_{\text{échange}} + S_{\text{créée}}$$

Lorsqu'un système passe d'un état ordonné à un état moins ordonné, son entropie croît.

• Lors d'un changement d'état physique réversible et isobare (donc isotherme) d'un corps pur :

$$\Delta S_{\text{changement d'état}} = \frac{\Delta H_{\text{changement d'état}}}{T_{\text{changement d'état}}}$$

• Pour calculer la variation d'entropie d'un système fermé et passant d'un état **1** à un état **2**, lors d'une transformation réversible ou non, on peut envisager une suite de transformations réversibles, conduisant du même état initial **1** au même état final **2**, pour lesquelles on sait calculer les variations d'entropie à l'aide de :

$$\Delta S = \int \frac{\delta Q}{T}$$

• L'entropie de tous les corps purs parfaitement cristallisés tend vers zéro lorsque la température tend vers 0 K.

ENTHALPIE LIBRE

• L'*enthalpie libre*, ou *fonction de Gibbs*, G, est la fonction d'état définie par $G = H - T \,.\, S$.

• Pour un système fermé de composition fixée :

$$\mathrm{d}G = V \,.\, \mathrm{d}p - S \,.\, \mathrm{d}T \quad \text{et} \quad \left(\frac{\partial(G/T)}{\partial T}\right)_p = -\frac{H}{T^2} \text{ (relation de Gibbs-Helmholtz)}$$

• Lors d'une transformation monobare et monotherme, l'enthalpie libre d'un système, n'échangeant avec l'extérieur que de la chaleur et du travail dû aux forces de pression, ne peut que diminuer sauf si la transformation est réversible auquel cas elle reste constante.

$\mathrm{d}G_{T,p} < 0$ correspond à l'évolution spontanée du système.

L'évolution cesse lorsque G est minimale.

$\mathrm{d}G_{T,p} = 0$ est la condition d'équilibre du système.

GRANDEURS MOLAIRES PARTIELLES

• Pour toute grandeur extensive Y d'un système de plusieurs constituants, la grandeur molaire partielle relative au constituant B_i du système notée $Y_{\mathrm{m},i}$, est définie par :

$$Y_{\mathrm{m},i} = \left(\frac{\partial Y}{\partial n_i}\right)_{T,\,p,\,n_{j \neq i}}$$

On définit ainsi des volumes, des enthalpies, des enthalpies libres, des entropies molaires partiels.

• Y et $Y_{\mathrm{m},i}$ sont liées par la relation :

$$Y(T, p, n_1, \ldots, n_i, \ldots) = \Sigma n_i \,.\, Y_{\mathrm{m},i}\,(T, p, n_1, \ldots, n_i, \ldots)$$

Cette relation constitue l'identité d'Euler pour les fonctions homogènes de degré 1.

POTENTIEL CHIMIQUE

• Le potentiel chimique du constituant B_i est, par définition, l'enthalpie libre molaire partielle de ce constituant :

$$\mu_i(T, p, n_1, \ldots, n_i, \ldots) = G_{\mathrm{m},i}(T, p, n_1, \ldots, n_i, \ldots) = \left(\frac{\partial G}{\partial n_i}\right)_{T,\,p,\,n_{j \neq i}}$$

• Pour un système monophasé contenant respectivement les quantités $n_1, n_2, \ldots, n_i, \ldots n_n$, des constituants $B_1, B_2, \ldots, B_i, \ldots B_n$ à la température T sous une pression p :

$$G(T, p, n_1, \ldots, n_i, \ldots) = \Sigma n_i \,.\, \mu_i(T, p, n_1, \ldots, n_i, \ldots)$$

et :
$$\mathrm{d}G(T, p, n_1, \ldots, n_i, \ldots) = -S \,.\, \mathrm{d}T + V \,.\, \mathrm{d}p + \Sigma\mu_i(T, p, n_1, \ldots, n_i, \ldots) \,.\, \mathrm{d}n_i$$

expressions qui conduisent à la relation de Gibbs-Duhem :

$$\Sigma n_i \,.\, \mathrm{d}\mu_i(T, p, n_1, \ldots, n_i, \ldots) = -S \,.\, \mathrm{d}T + V \,.\, \mathrm{d}p$$

soit, à T et p constantes :

$$\Sigma n_i \,.\, \mathrm{d}\mu_i(T, p, n_1, \ldots, n_i, \ldots) = 0$$

• Le potentiel chimique d'un corps dépend de la température et de la pression :

$$\left(\frac{\partial \mu_i}{\partial T}\right)_{p,\,n_j} = -S_{\mathrm{m},i} \quad ; \quad \left(\frac{\partial \mu_i}{\partial p}\right)_{T,\,n_j} = V_{\mathrm{m},i}$$

• Le potentiel chimique d'un constituant ne dépend que de la température et de la pression :

$$d\mu^*(T, p) = -\ S^*_m \cdot dT + V^*_m \cdot dp$$

où l'astérisque * précise qu'il s'agit de grandeurs relatives au corps pur.

• La condition d'équilibre d'un corps pur, présent sous diverses phases α, β, …, est l'égalité de son potentiel chimique dans ces différentes phases :

$$\mu(\alpha) = \mu(\beta) = \ldots$$

Lorsqu'un corps pur peut exister sous diverses phases, il évolue spontanément vers la phase de plus bas potentiel chimique.

EXPRESSIONS DU POTENTIEL CHIMIQUE D'UN CONSTITUANT

• *Expression générale*

$$\mu_i = \mu_i^0\,(T) + RT \cdot \ln a_i$$

potentiel chimique (μ_i)

potentiel chimique standard ($\mu_i^0(T)$) c'est-à-dire sous 1,0 bar à T et dans des conditions particulières selon l'état physique du constituant

activité chimique du constituant B_i dans le système considéré (a_i)

• *Expressions particulières suivant la nature du système*

constituant	expression du potentiel chimique	état standard de référence
gaz parfait pur	$\mu^*(T, p) = \mu^0(T) + RT \cdot \ln\frac{p}{p^0}$	gaz parfait pur sous $p^0 = 1{,}0$ bar à T
constituant gazeux B_i dans un mélange de gaz parfaits	$\mu_i(T, p_i) = \mu_i^0(T) + RT \cdot \ln\frac{p_i}{p^0}$	gaz parfait pur sous $p^0 = 1{,}0$ bar à T
solide ou liquide pur	$\mu^*(T, p) = \mu^0(T) + RT \cdot \ln a$ $\mu^*(T, p) = \mu^0(T) + \int_{p^0}^{p} V_m \cdot dp$ soit : $\mu^*(T, p) \approx \mu^0(T)$	corps pur dans l'état physique considéré sous $p^0 = 1{,}0$ bar à T
constituant B_i d'un mélange solide ou liquide idéal	$\mu_i(T, p) = \mu_i^0(T) + RT \cdot \ln x_i$	corps pur sous $p^0 = 1{,}0$ bar à T dans l'état physique du mélange
soluté B_i dilué dans une solution idéale	$\mu_i(T, p) = \mu^0_{i,\,c,\,\infty}(T) + RT \cdot \ln\frac{c_i}{c^0}$	constituant B_i sous $p^0 = 1{,}0$ bar à T tel que B_i se comporte comme si la solution était infiniment diluée et $c_i = c^0 = 1{,}0\ \text{mol} \cdot \text{L}^{-1}$. Cet état standard est hypothétique.

ÉNONCÉS

1 Fractions molaires, fractions massiques

De nombreux exercices sur les mélanges font appel aux fractions molaires ou aux fractions massiques ; ce premier exercice a pour but de préciser ces notions.
Les masses molaires atomiques nécessaires à la résolution de cet exercice sont à prendre dans le tableau périodique situé en fin d'ouvrage.

1 ▬ On mélange $n_1 = 6{,}50$ mol de pentane C_5H_{12} et $n_2 = 9{,}00$ mol d'hexane C_6H_{14}.
Déterminer les fractions molaires et massiques de chacun des constituants dans le mélange.

2 ▬ On réalise un mélange équimassique d'acétone $(CH_3)_2CO$ et d'éthanol C_2H_5OH.
Déterminer la fraction molaire de chacun des constituants du mélange.

3 ▬ On réalise un mélange équimolaire de benzène C_6H_6 et de toluène $C_6H_5{-}CH_3$. Déterminer la fraction massique de toluène dans ce mélange.

4 ▬ On prépare une solution aqueuse en dissolvant, dans $V = 270$ mL d'eau, une masse $m = 39{,}2$ g de sel de Mohr de formule : $Fe(NH_4)_2(SO_4)_2, 6\ H_2O$.
Déterminer la fraction molaire de chacun des constituants de la solution.

Conseil

Revoir les définitions des fractions molaires x_i et massiques w_i et utiliser le fait que dans un système homogène $\Sigma x_i = 1$ et $\Sigma w_i = 1$.

2 Entropies standard

À l'aide des données ci-dessous, calculer :

1 ▬ l'entropie molaire standard de l'éthanol liquide à 55 °C ;

2 ▬ l'entropie molaire standard de l'éthanol gazeux à 100 °C ;

3 ▬ l'entropie molaire de l'éthanol gazeux à 100 °C sous une pression $p = 3{,}50$ bar.

On supposera que l'éthanol gazeux se comporte comme un gaz parfait.

Données :

• Pour l'éthanol liquide à 298 K :
$S^0_{m,\ell} = 160{,}7\ J.K^{-1}.mol^{-1}$;
$C^0_{p,m,\ell} = 111{,}5\ J.K^{-1}.mol^{-1}$; $\theta_{éb} = 78{,}3$ °C ;
$\Delta_{éb}H^0 = 38{,}60\ kJ.mol^{-1}$.

• Pour l'éthanol gazeux : $C^0_{p,m,g} = 65{,}5\ J.K^{-1}.mol^{-1}$.
On supposera constantes les valeurs de $C^0_{p,m,\ell}$ et $C^0_{p,m,g}$ dans le domaine de température considéré.

Conseils

Envisager, pour chaque calcul, une évolution réversible du système.

2) Lors d'un changement d'état (ch.ét) isotherme $\Delta S^0_{ch.ét} = \dfrac{\Delta H^0_{ch.ét}}{T^0_{ch.ét}}$.

3) Pour un gaz parfait, établir au préalable la relation $\delta Q_p = C_p\,.\,dT - V\,.\,dp$ à partir de l'expression différentielle de dH.

3 Mélanges

1 ▬ On verse, sous une pression $p^0 = 1{,}00$ bar, $V = 2{,}50$ L d'eau à $\theta_1 = 35{,}0$ °C dans un lac dont la température est $\theta_2 = 18{,}5$ °C.

a) Calculer la variation d'entropie :

α) du volume V d'eau ajouté au lac ;

β) du lac.

b) En déduire l'entropie éventuellement créée au cours de cette expérience ; interpréter.

2 ▬ On mélange, sous une pression $p^0 = 1{,}00$ bar et dans des conditions adiabatiques, $m_1 = 200{,}0$ g d'eau à $\theta_1 = 20{,}0$ °C et $m_2 = 100$ g d'eau à $\theta_2 = 36{,}6$ °C.
Quelle est, lors du mélange, la variation d'entropie du système ainsi constitué ?

3 ▬ À une masse $m_1 = 150{,}0$ g d'eau prise à $\theta_1 = 22{,}4$ °C on ajoute, sous une pression $p^0 = 1{,}00$ bar et dans des conditions adiabatiques, $m_2 = 34{,}0$ g de glace prise à $\theta_2 = -7{,}4$ °C.

a) Déterminer l'état final.

b) Calculer la variation d'entropie du système lors du mélange.

Données :
$c^0_{p,\,s}(H_2O) = 2{,}10\ J\ .\ K^{-1}\ .\ g^{-1}$;
$c^0_{p,\,\ell}(H_2O) = 4{,}18\ J\ .\ K^{-1}\ .\ g^{-1}$;
$\Delta_{fus}H^0(H_2O) = 333{,}4\ J\ .\ g^{-1}$; $\rho(H_2O) = 1{,}00\ g\ .\ cm^{-3}$.

Conseils

1) Considérer que le lac est une source de chaleur (thermostat).

3) Faire une hypothèse sur la composition de l'état final (présence ou non de glace) et déterminer la température dans cette hypothèse. Vérifier alors la validité du résultat ainsi trouvé.

Dans chaque expérience, pour déterminer ΔS^0, décomposer la transformation en une suite de transformations réversibles.

4 Surfusion du phosphore

Un récipient contient 730 g de phosphore en surfusion à la température initiale θ_1. Une onde de choc provoque la fin de la surfusion : le changement d'état est si brusque qu'il peut être considéré comme adiabatique.

Déterminer la température finale θ_{fin} et x_c, le titre en cristal du système obtenu dans les deux cas suivants :

1 ▬ $\theta_1 = 42{,}0\ °C$;

2 ▬ $\theta_1 = 12{,}5\ °C$.

Déterminer les variations d'entropie correspondantes.

Données :
Le phosphore est un corps simple moléculaire de formule P_4.
$M(P) = 30{,}97\ g\ .\ mol^{-1}$.
$C^0_{p,\,m,\,cr}(P_4) = 98{,}5\ J\ .\ K^{-1}\ .\ mol^{-1}$,
$C^0_{p,\,m,\,\ell}(P_4) = 103{,}7\ J\ .\ K^{-1}\ .\ mol^{-1}$.
$\theta^0{}_{fus} = 44{,}0\ °C$; $\Delta_{fus}H^0(P_4) = 2{,}59\ kJ\ .\ mol^{-1}$.

Conseils

• La résolution d'un tel exercice nécessite de faire des hypothèses sur la nature de l'état final : si la surfusion est faible (*cas 1*) on peut, par exemple, envisager que la solidification est partielle, alors $\theta_{fin} = \theta_{fus}$. En revanche, si la surfusion est forte (*cas 2*) il est plus logique d'envisager que la solidification est totale et $\theta_{fin} \leqslant \theta_{fus}$. Dans tous les cas, vérifier, en fin de calcul, la validité des hypothèses.

• Pour déterminer θ_{fin} et x_c, utiliser le caractère adiabatique de la réaction étudiée ($\Delta H = 0$).

• Dans les deux cas, pour déterminer ΔS^0, décomposer la transformation en une suite de transformations réversibles.

Cas 1

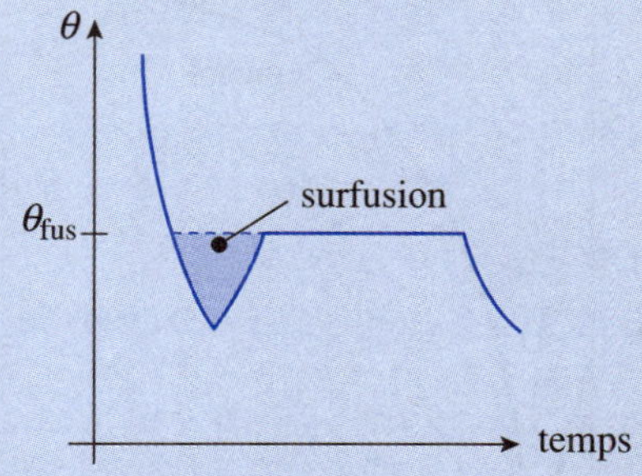

Cas 2

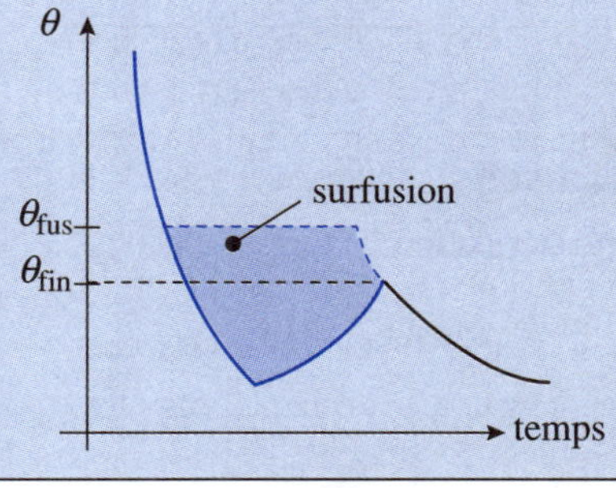

5 Volumes molaires partiels

1 ▬ Soit, à 25 °C, une masse $m = 500{,}0$ g d'une solution S d'acétone C_3H_6O (noté A) et de chloroforme $CHCl_3$ (noté B) telle que la fraction molaire en acétone soit $x(A) = 0{,}531$.

Dans cette solution, les volumes molaires partiels sont respectivement :

$V_m(A) = 74{,}17\ cm^3\ .\ mol^{-1}$ et $V_m(B) = 80{,}24\ cm^3\ .\ mol^{-1}$

alors que les volumes molaires de ces corps purs valent :

$V^*_m(A) = 73{,}98\ cm^3\ .\ mol^{-1}$ et $V^*_m(B) = 80{,}67\ cm^3\ .\ mol^{-1}$

a) Déterminer le volume de la solution S.

b) Quels volumes d'acétone et de chloroforme a-t-il fallu mélanger pour préparer la solution S ?

2 ▬ Le document ci-après donne, à 25 °C, les volumes molaires partiels de l'éthanol C_2H_5OH et de l'eau H_2O dans une solution eau-éthanol en fonction de la fraction molaire en éthanol.

En utilisant ce document, déterminer :

a) le volume V de boisson alcoolisée obtenu en mélangeant $V_{al.} = 400{,}0$ mL d'éthanol et $V_e = 600{,}0$ mL d'eau ;

b) les volumes d'eau et d'éthanol qu'il faut mélanger pour obtenir $V' = 1\ 000{,}0$ mL de boisson alcoolisée ayant la même composition molaire que le mélange obtenu au **2) a)** ;

c) le volume d'eau qu'il convient d'ajouter à $V = 250{,}0$ mL d'une solution eau-éthanol contenant en masse 60,0 % d'éthanol pour obtenir une solution dont la fraction massique en alcool n'est plus que de 30,0 % ; préciser le volume V' de boisson alcoolisée alors préparée.

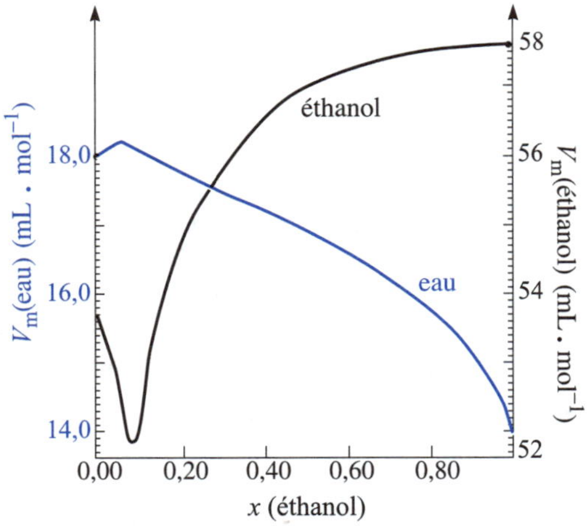

Conseils

Utiliser la relation $V = n_1 \,.\, V_{m1} + n_2 \,.\, V_{m2}$ et exploiter le fait que, lors des mélanges, les quantités et les masses des constituants se conservent.

2) Prendre garde aux échelles différentes pour les volumes molaires d'eau et d'éthanol sur le graphe fourni.

6 Mélange de gaz parfaits

Un récipient adiabatique est séparé en deux compartiments, l'un de volume V_1 = 10,0 L, l'autre de volume V_2 = 25,0 L. Le compartiment 1 contient une quantité n_1 = 0,45 mol d'argon à θ_1 = 30 °C, le compartiment 2 renferme une quantité n_2 = 0,85 mol d'hélium à θ_2 = 30 °C. On enlève la paroi : les deux gaz, assimilés à des gaz parfaits, se mélangent sans réagir.

1 – Déterminer la température finale θ_f et les pressions initiales et finales.

2 – Pour une fonction d'état X, on appelle *grandeur de mélange*, la grandeur $\Delta_{mix}X$ telle que :

$$\Delta_{mix}X = X_{\text{après mélange}} - X_{\text{avant mélange}}$$

Déterminer $\Delta_{mix}H$, $\Delta_{mix}G$ et $\Delta_{mix}S$. Conclure.

Conseils

1) Établir que $\Delta U = W + Q = 0$ puis exprimer ΔU en fonction, entre autres, de θ_1, θ_2 et θ_f.

2) Utiliser l'expression du potentiel chimique μ_i d'un gaz parfait B_i dans un mélange.

Relier ensuite G et μ_i, puis exprimer ΔS en fonction de ΔG.

7 Mélange idéal de liquides

Un mélange d'hexane C_6H_{14} et d'heptane C_7H_{16} peut être considéré comme idéal. On considère la solution obtenue en mélangeant à θ = 20,0 °C, une masse m_1 = 8,60 g d'hexane et une masse m_2 = 30,0 g d'heptane ; on néglige la quantité de ces hydrocarbures présents dans la phase vapeur en équilibre avec le liquide et on admettra que, lors du mélange, la température est maintenue constante.

1 – Exprimer le potentiel chimique de l'hexane et de l'heptane liquide, tout d'abord purs, puis dans le mélange sous une pression p^0 = 1,0 bar.

2 – Déterminer les grandeurs de mélange $\Delta_{mix}G$, $\Delta_{mix}S$ et $\Delta_{mix}H$ lors du mélange de ces deux hydrocarbures.

Conseils

1) Revoir les expressions du potentiel chimique d'un liquide dans le tableau des *Rappels de cours.*

2) Revoir l'exercice précédent pour la définition de $\Delta_{mix}X$ et utiliser l'expression du potentiel chimique d'un liquide dans un mélange idéal.

8 Loi de Raoult

1 – On considère un liquide 1 dont la vapeur se comporte comme un gaz parfait. Écrire l'expression des potentiels chimiques du liquide 1 et de la vapeur 1 en équilibre, à la température T :

a) lorsque le constituant 1 est pur, sa pression de vapeur saturante valant p_1^* ;

b) lorsque le constituant 1 est dans un mélange idéal où sa fraction molaire liquide est $x_{1\ell}$ et sa pression partielle dans la phase vapeur est p_1.

En déduire une relation entre p_1, p_1^* et $x_{1\ell}$; cette relation constitue la loi de Raoult.

2 – À 25 °C, le benzène C_6H_6 peut être considéré comme un solvant idéal ; à cette température sa tension de vapeur ou pression de vapeur saturante vaut p_B^* = 12 670 Pa.

a) On dissout, à 25 °C, une masse m_A = 1,200 g d'un corps A non volatil dans une masse m_B = 20,00 g de benzène B. La pression du benzène dans la phase vapeur vaut alors p_B = 12 345 Pa. En déduire la masse molaire de A.

b) On dissout, à 25 °C, une masse m_A = 1,840 g de naphtalène dans une masse m_B = 17,360 g de benzène B. Quelle est la pression de benzène dans la phase vapeur ?

3 – Un mélange de benzène (B) C_6H_6 et de toluène (T) C_6H_5–CH_3 liquides se comporte, à 25 °C, comme un mélange idéal. À 25 °C, p_B^* = 95,0 torr et p_T^* = 28,0 torr (1 torr = 1 mm de Hg).

Déterminer la composition, en fractions molaires, des phases liquide et vapeur en équilibre dans le cas où le liquide est équimassique en benzène et toluène.

Conseil

3) Revoir l'exercice 1 et utiliser la loi de Dalton $p_i = x_{iv} \,.\, p$.

9 Pression osmotique

Le schéma ci-dessous représente un *osmomètre* plongeant dans un bécher : **(a)** en début d'expérience, **(b)** à l'équilibre. Le bécher contient un solvant S se comportant de façon idéale. L'osmomètre contient une solution constituée du solvant S et du soluté B présent en faible quantité ($x_B << 1$). La membrane est imperméable au soluté mais perméable au solvant. On admettra que la masse volumique de la solution est sensiblement égale à celle du solvant pur ; celui-ci ayant un volume molaire V_m.
Soit M et M' deux points pris juste de part et d'autre de la membrane, M dans le solvant et M' dans la solution, et N et N' deux points pris à la même altitude, celle de la surface libre du solvant, N dans le solvant et N' dans la solution.

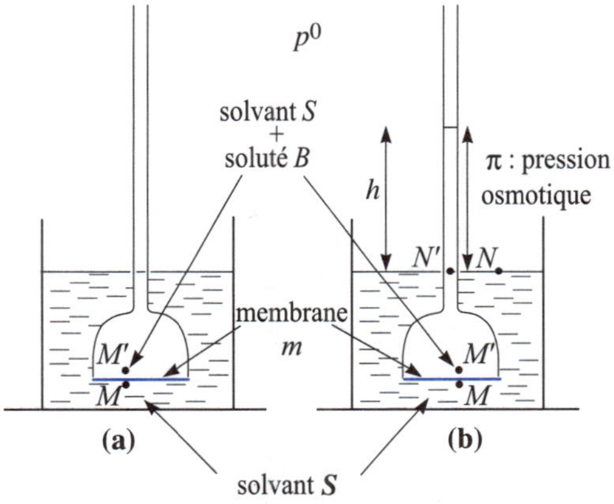

1 ▬ Exprimer les potentiels chimiques du solvant S, dans le solvant, d'une part (point M), et dans la solution, d'autre part (point M'), pour le système initial représenté en **(a)**. En conclure que celui-ci évolue *spontanément* vers l'état représenté en **(b)**.

2 ▬ **a)** Comment traduire simplement l'équilibre du système représenté en **(b)** ?
En déduire la relation $\pi \,.\, V_m(s) = -R\,.\,T\,.\ln x_S$ où π est la pression osmotique.
b) En effectuant quelques approximations que l'on justifiera, établir la relation $\pi \,.\, V = n_B \,.\, RT$, où V est le volume de la solution contenue dans l'osmomètre et n_B la quantité de soluté qu'elle contient.

3 ▬ On prépare un volume $V = 50{,}0$ mL d'une solution aqueuse en dissolvant une masse $m_B = 360$ mg de protéine B. Sa pression osmotique vaut $\pi = 750$ Pa à 25 °C. En déduire la masse molaire de la protéine.

4 ▬ Un osmomètre contient un volume $V = 42{,}0$ mL de solution obtenue en dissolvant une masse $m_p = 640$ mg de polystyrène P dans du toluène. La solution a une masse volumique $\rho = 0{,}870$ g . cm^{-3}. À l'équilibre, la hauteur h du liquide dans l'osmomètre, mesurée par rapport au niveau de la surface libre du liquide dans le bécher est de 12,7 cm. En déduire la masse molaire M_P du polystyrène étudié.

5 ▬ Déterminer la pression osmotique d'une solution à $c_B = 0{,}0100$ mol . L^{-1}, constituée de sulfate d'ammonium et de fer (II) $Fe(NH_4)_2(SO_4)_2$, prise à 25 °C. On exprimera la réponse en pascal (Pa) et en hauteur de colonne de solution ($\rho_S = 1{,}00$ g . cm^{-3}).

6 ▬ Les liquides administrés par voie intraveineuse doivent être *isotoniques* des liquides de l'organisme, c'est-à-dire avoir la même pression osmotique.
Calculer la concentration c en chlorure de sodium que doit avoir un sérum physiologique pour être isotonique du sang pour lequel $\pi = 810$ kPa à 37 °C.

Donnée : $g = 9{,}81$ m . s^{-2}.

Conseils

1) et **2)** Exprimer $\mu_{S,\ell}(T, p_M)$ en utilisant la relation prenant en compte l'influence de la pression sur le potentiel chimique d'un liquide et considérer que le volume molaire de S est indépendant de la pression.

2) b) Utiliser le fait que $x_B << 1$ pour faire un développement de $\ln(1 - x_B)$.

10 Relation de Clapeyron

Soit un corps pur B en équilibre, à T et à p, sous deux phases α et β. Soient respectivement $S_m(\alpha)$, $S_m(\beta)$, $V_m(\alpha)$ et $V_m(\beta)$ les entropies et les volumes molaires de B dans ces deux phases à l'équilibre.

1 ▬ Exprimer $d\mu_\alpha$ et $d\mu_\beta$ en fonction des variables p et T.

2 ▬ Écrire la condition, portant sur les potentiels chimiques, traduisant l'équilibre entre les deux phases α et β :
a) à la température T et sous la pression p ;
b) à la température $T + dT$ et sous la pression $p + dp$.
En déduire une expression donnant $\frac{dp}{dT}$ en fonction de $S_m(\alpha)$, $S_m(\beta)$, $V_m(\alpha)$ et $V_m(\beta)$, puis en fonction de $\Delta H_m(\alpha \to \beta)$ et de T $(\alpha \to \beta)$; cette relation constitue la troisième relation de Clapeyron.

3 ▬ Déterminer la température de solidification de l'eau sous une pression $p_f = 100{,}0$ bar.
Données supposées indépendantes de p et de T dans cette question :
$\rho(H_2O(\ell)) = 1{,}000$ g . cm^{-3} ;
$\rho(H_2O(s)) = 0{,}9168$ g . cm^{-3} ;
$\Delta_{fus}H^0(H_2O) = 6{,}00 \,.\, 10^3$ J . mol^{-1} .

4 ▬ Pour le sulfure de carbone CS_2, $\theta^0_{éb} = 46{,}0$ °C et $\Delta_{vap}H^0(CS_2) = 34\,780 - 25{,}0\,T$ J . mol^{-1}, cette dernière valeur étant supposée indépendante de p.
En négligeant le volume molaire du sulfure de carbone liquide devant celui de sa vapeur et en assimilant la vapeur à un gaz parfait, établir l'expression $p_{vap} = f(T_{vap})$; en déduire T_{vap} pour $p_{vap} = 0{,}50$ bar.

5 ▬ Au voisinage du point triple, la pression de vapeur saturante p_1 du naphtalène liquide et la pression de sublimation du naphtalène solide sont liées à la température par les relations :

$$\log p_1 = 7{,}77 - \frac{2\,420}{T} \quad \text{et} \quad \log p_2 = 10{,}69 - \frac{3\,450}{T}$$

les pressions sont alors exprimées en mm de mercure.

a) Déterminer les coordonnées du point triple pour le naphtalène.

b) Déterminer les enthalpies de vaporisation, de sublimation, puis de fusion du naphtalène au voisinage du point triple.

Conseils

1) Revoir si nécessaire les *Rappels de cours.*

2) Lors de l'équilibre entre les deux phases α et β :

$$\Delta S_{\alpha\to\beta} = \frac{\Delta H_{\alpha\to\beta}}{T_{\alpha\to\beta}}$$

11 Ébullition du mercure

À 25 °C, le mercure est en équilibre sous deux phases, l'une liquide, l'autre vapeur.

1 ▬ Déterminer la pression de vapeur en équilibre :

a) en négligeant l'influence de la pression sur le potentiel chimique du liquide ;

b) sans la négliger.

2 ▬ Déterminer la température d'ébullition du mercure sous une pression $p^0 = 1{,}00$ bar.

Données à 298 K *:*

$\mu^0(\text{Hg}, (\ell)) - \mu^0(\text{Hg}, (\text{v})) = -\,32\,000\ \text{J.mol}^{-1}$;

$\rho(\text{Hg}, (\ell)) = 13{,}594\ \text{g.cm}^{-3}$; $M(\text{Hg}) = 200{,}59\ \text{g.mol}^{-1}$

$S^0(\text{Hg}, (\ell)) = 76{,}0\ \text{J.K}^{-1}.\text{mol}^{-1}$;

$S^0(\text{Hg}, (\text{v})) = 175{,}0\ \text{J.K}^{-1}.\text{mol}^{-1}$;

$C^0_{p,\text{m}}(\text{Hg}, (\ell)) = 28{,}0\ \text{J.K}^{-1}.\text{mol}^{-1}$;

$C^0_{p,\text{m}}(\text{Hg}, (\text{v})) = 21{,}0\ \text{J.K}^{-1}.\text{mol}^{-1}$.

Les capacités thermiques sont supposées indépendantes de la température sur l'intervalle considéré.

Conseils

1) Exprimer l'égalité des potentiels chimiques du mercure dans les deux phases. Utiliser la relation $\left(\frac{d\mu}{dp}\right)_T = V_\text{m}$ pour résoudre **1) b).**

2) Établir, pour chaque phase, la relation $\mu^0(T)$ à partir de la relation $\frac{d\mu^0(T)}{dT} = -\,S^0_\text{m}(T)$ en exploitant la formule $\frac{dS^0}{dT} = C^0_p$.

12 *Allotropie de l'étain

L'étain existe à l'état solide sous les variétés α (étain gris) et β (étain blanc) ; la température de transition sous une pression $p^0 = 1{,}0$ bar est de $\theta_\text{t} = 13{,}2$ °C.

1 ▬ Pour chacune des deux variétés, exprimer le potentiel chimique standard en fonction de la température. En déduire, à 25 °C, la valeur de $\mu^0(\beta, 298\ \text{K}) - \mu^0(\alpha, 298\ \text{K})$; conclure.

2 ▬ À 0 °C, déterminer $\mu^0(\beta, 273\ \text{K}) - \mu^0(\alpha, 273\ \text{K})$. Justifier alors qu'un vase en étain refroidi à 0 °C présente des taches grises qui s'effritent légèrement.

3 ▬ Quelle pression minimale convient-il d'exercer, à 0 °C, sur un cristal d'étain gris pour le transformer en étain blanc ?

Données à 298 K *:*

variété	Sn(α)	Sn(β)
masse volumique : ρ (g . cm^{-3})	5,750	7,280
S^0_m (J . K^{-1} . mol^{-1})	44,80	51,50
$C^0_{p,\text{m}}$ (J . K^{-1} . mol^{-1})	25,8	26,4

Les valeurs de $C^0_{p,\text{m}}$ seront supposées indépendantes de la température et celle de ρ indépendantes de la pression.

Conseils

1) Exprimer, pour chaque variété, $\mu^0(T)$ en fonction de $\mu^0(273\ \text{K})$ et de T en utilisant la relation :

$$\frac{d\mu^0}{dT} = -\,S^0_\text{m}(T)$$

et en intégrant entre 298 K et T. Utiliser ensuite la température d'équilibre pour déterminer :

$$\mu^0(\beta, 298\ \text{K}) - \mu^0(\alpha, 298\ \text{K})$$

2) Exprimer, pour chaque variété, $\mu(p, 273\ \text{K})$ en fonction de V_m et de p et utiliser la condition d'équilibre entre les deux phases à 0 °C.

Revoir, si nécessaire, l'*application* 2, page 25, *H Prépa Chimie,* 2ᵉ *année, MP-MP*, PT-PT*.*

13 *Potentiel chimique du fer

1 ▬ Sous la pression $p^0 = 1{,}0$ bar, le fer fond à 1 539 °C ; soit T_1 cette température. Que peut-on dire des potentiels du fer liquide (ℓ) et du fer solide (s) dans ces conditions ? Déterminer les variations de volume molaire et d'entropie molaire qui accompagnent la fusion.

2 ▬ On considère du fer, sous la pression p^0 mais à une température T_2 inférieure à T_1. Quelle est la différence de potentiel chimique entre les deux phases dans ces conditions ?

Applications

3 ▬ En refroidissant le liquide avec précaution, on a réussi à maintenir du fer à l'état liquide jusqu'à 1 530 °C sous la pression p^0. Calculer $\mu^0_\ell(T_2) - \mu^0_s(T_2)$. Commenter le signe de cette quantité.
Peut-on solidifier adiabatiquement la totalité du fer surfondu à 1 530 °C sous p^0 ? Déterminer les caractéristiques de l'état final lorsque l'on fait cesser la surfusion.

4 ▬ La partie centrale de la Terre est constituée par du fer presque pur ; en son centre Ω, la température T_Ω vaut 5,0 kK et la pression p_Ω est de 4,0 Mbar.

a) Quel est l'état du fer dans ces conditions ?

b) Le fer étant bon conducteur de la chaleur, on admet que la partie centrale de la Terre est pratiquement isotherme. Montrer qu'il peut exister une zone où le fer est liquide.

Données :

$\Delta_{fus}H^0(\text{Fe}) = 15{,}36 \text{ kJ . mol}^{-1}$; $M(\text{Fe}) = 55{,}85 \text{ g . mol}^{-1}$;
$\rho(\text{Fe(s)}) = 7{,}289 \text{ g . cm}^{-3}$; $\rho(\text{Fe}, (\ell)) = 7{,}038 \text{ g . cm}^{-3}$;
$C^0_{p,\,m}(\text{Fe, (s)}) = 40{,}6 \text{ J . K}^{-1} \text{. mol}^{-1}$;
$C^0_{p,\,m}(\text{Fe}, (\ell)) = 44{,}6 \text{ J . K}^{-1} \text{. mol}^{-1}$.
Les capacités thermiques sont supposées indépendantes de la température sur l'intervalle considéré.

Conseils

2) Revoir l'exercice 11 pour exprimer $\mu(T)$ et utiliser le fait que la phase stable est celle de plus bas potentiel chimique.

3) Revoir l'exercice 4 pour l'étude de la surfusion.

4) Prendre en compte le fait que l'on passe de l'état initial (T_1, p^0) à l'état final (T_Ω, p_Ω) en faisant varier la température $\left(\left(\frac{d\mu}{dT}\right)_p = -S_m(T)\right)$ et la pression $\left(\left(\frac{d\mu}{dp}\right)_T = V_m\right)$.

14 **Potentiel chimique et force de diffusion

D'après Concours Centrale-Supélec PSI, 1998.

A. Potentiel chimique

Le phénomène de diffusion de particules dans un fluide peut être interprété soit à l'aide de la notion de potentiel chimique, soit par la recherche d'une force équivalente.

1 ▬ On considère un gaz parfait. Donner l'expression de la variation isotherme de son enthalpie libre molaire quand la pression varie de dp.

2 ▬ Rétablir l'expression du potentiel chimique du gaz parfait en précisant l'état de référence. On définit en solution aqueuse un potentiel chimique du gaz parfait en précisant l'état de référence. On définit en solution aqueuse un potentiel chimique $\mu_i = \mu_i^0 + RT \,.\, \ln a_i$.
Définir a_i pour un constituant en solution aqueuse diluée si sa concentration molaire volumique est c_i.

3 ▬ On considère deux solutions séparées par une paroi imperméable au solvant mais perméable au soluté ; la concentration du soluté vaut c_1 (mol . m^{-3}) à gauche de la paroi et c_2 à droite de la paroi. On suppose $c_1 > c_2$. On peut considérer la paroi comme une zone d'épaisseur δ très petite, fonctionnant en régime permanent.

a) La densité de courant de particules j est reliée à leur concentration n par la loi de Fick : $j = -D \,.\, \frac{\partial n}{\partial x}$ **(1)**.
D'après l'équation (1), dans quel sens la diffusion s'exerce-t-elle ?

b) Quelle est la condition, portant sur les potentiels chimiques, pour que la diffusion s'arrête ?

c) Proposer, en conséquence, une définition de la force de diffusion f_d appliquée à une particule.

B. Force de diffusion

Les particules de masse m sont soumises à deux forces :
• une force de frottement visqueux proportionnelle à la vitesse, $\vec{f_v} = -6\pi \,.\, \eta \,.\, a \,.\, \vec{v}$ où η est la viscosité du fluide et a le rayon *hydrodynamique* de la particule ;
• une force due au gradient de concentration, $\vec{f_c}$.
On se place en régime permanent dans le cas où les différentes grandeurs ne dépendent que de la coordonnée x.

1 ▬ En utilisant la relation de Fick, donner l'expression de $\vec{f_c}$ en fonction de D, η, a, n et sa dérivée par rapport à x.

2 ▬ En déduire l'expression de l'énergie potentielle dont dérive cette force.

3 ▬ Quelle relation entre D, η, a et la température T concilie les points de vue des questions **A) 3) c)** et **B) 1)** ? Expliquer.

Application numérique :
Calculer la valeur de a pour $D = 5 \,.\, 10^{-10}$ m^2 . s^{-1} ;
$\eta = 10^{-2}$ kg . s^{-1} ; $T = 300$ K

Conseils

A) 3) Relier le sens d'évolution d'un système établi à l'aide des potentiels chimiques à celui qui découle de la loi de Fick.

B) 1) Utiliser la relation fondamentale de la dynamique en remarquant qu'en régime permanent j est uniforme et, en conséquence, l'accélération des particules est nulle.

3) Écrire l'égalité des expressions obtenues pour f_d et f_c.

CORRIGÉS

1 Fractions molaires, fractions massiques

1 ▬ On note **1** le pentane et **2** l'hexane :

• $x_1 = \dfrac{n_1}{n_1 + n_2} = \dfrac{6{,}5}{15{,}5} = \mathbf{0{,}42}$

$x_2 = 1 - x_1 = \mathbf{0{,}58}$.

• $w_1 = \dfrac{m_1}{m_1 + m_2} = \dfrac{n_1 M_1}{n_1 M_1 + n_2 M_2} = \dfrac{6{,}5 \times 72}{6{,}5 \times 72 + 9 \times 86}$

soit : $\mathbf{w_1 = 0{,}38}$ et $\mathbf{w_2} = 1 - w_1 = \mathbf{0{,}62}$

2 ▬ On note **1** l'acétone et **2** l'éthanol et m la masse de chacun des constituants.

$$x_1 = \frac{n_1}{n_1 + n_2} = \frac{m/M_1}{m/M_1 + m/M_2} = \frac{M_2}{M_1 + M_2} = \frac{58}{58 + 46}$$

soit : $\mathbf{x_1 = 0{,}56}$ et $\mathbf{x_2} = 1 - x_1 = \mathbf{0{,}44}$

3 ▬ On note **1** le benzène et **2** le toluène et n la quantité de chaque constituant.

$$w_1 = \frac{m_1}{m_1 + m_2} = \frac{nM_1}{nM_1 + nM_2} = \frac{M_1}{M_1 + M_2} = \frac{78}{78 + 92}$$

soit : $\mathbf{w_1 = 0{,}46}$ et $\mathbf{w_2} = 1 - w_1 = \mathbf{0{,}54}$

4 ▬ Le sel de Mohr a une masse molaire $M = 392\ \text{g . mol}^{-1}$.
Il se dissocie totalement lors de sa dissolution :

$$Fe(NH_4)_2(SO_4)_2, 6H_2O \xrightarrow{\text{eau}} Fe^{2+} + 2\,NH_4^+ + 2\,SO_4^{2-}$$

Les quantités de chacune des espèces présentes en solution sont :

$n(SO_4^{2-}) = n(NH_4^+) = 2n(Fe^{2+}) = 2n_0(\text{sel}) = 0{,}20$ mol ;

$n(H_2O) = \dfrac{V(H_2O)\ .\ \rho(H_2O)}{M(H_2O)} = 15{,}0$ mol ;

$n_{\text{tot}} = 15{,}5$ mol ;

d'où : $\mathbf{x(SO_4^{2-}) = x(NH_4^+) = 1{,}3\ .\ 10^{-2}}$;

$\mathbf{x(Fe^{2+}) = 6{,}5\ .\ 10^{-3}}$ et $\mathbf{x(H_2O) = 0{,}97}$

2 Entropies standard

1 ▬ On considère l'échauffement réversible d'une mole d'éthanol la faisant passer de $T_1 = 298$ K à $T_2 = 328$ K (273 + 55). Au cours de cette transformation isobare, effectuée sous une pression de 1,00 bar :

$$\Delta S^0_{1 \to 2} = S^0_{m,\ell}(T_2) + S^0_{m,\ell}(T_1) = \int_{T_1}^{T_2} dS_{m,\ell} = \int_{T_1}^{T_2} \frac{\delta Q_p}{T}$$

$$= \int_{T_1}^{T_2} C^0_{p,m,\ell}\ .\ \frac{dT}{T} = C^0_{p,m,\ell}\ .\ \ln \frac{T_2}{T_1}$$

d'où : $S^0_{m,\ell}(328\text{ K}) = S^0_{m,\ell}(298\text{ K}) + C^0_{p,m,\ell}\ .\ \ln\left(\dfrac{328}{298}\right)$

Soit pour l'éthanol liquide à 328 K :

$$\mathbf{S^0_{m,\ell}(328\ K) \approx 171{,}4\ J\ .\ mol^{-1}\ .\ K^{-1}}$$

Une élévation isobare de température correspond à une augmentation d'entropie car l'agitation thermique augmente.

2 ▬ On considère une suite de transformations réversibles permettant de passer d'une mole d'éthanol liquide à 298 K à une mole d'éthanol gazeux à 100 °C sous une pression de 1,00 bar :

état 1 : 1 mol d'éthanol liquide à 298 K sous 1,00 bar $\xrightarrow{\Delta S^0_a}$ **état 2** : 1 mol d'éthanol liquide à 351,3 K sous 1,00 bar

$\xrightarrow{\Delta S^0_b}$ **état 3** : 1 mol d'éthanol gazeux à 351,3 K sous 1,00 bar $\xrightarrow{\Delta S_c}$ **état 4** : 1 mol d'éthanol gazeux à 373 K sous 1,00 bar

• D'après la question **1)** :

$$\Delta S^0_a = C^0_{p,m,\ell}\ .\ \ln\left(\frac{351{,}3}{298}\right) = 18{,}3\ \text{J . mol}^{-1}\ .\ \text{K}^{-1}$$

• La transformation **2** correspond à l'ébullition de l'éthanol sous 1,00 bar, d'où :

$$\Delta S^0_b = \frac{\Delta_{\text{éb}}H^0}{T^0_{\text{éb}}} = 109{,}9\ \text{J . mol}^{-1}\ .\ \text{K}^{-1}$$

Le passage à température constante d'une phase ordonnée à une phase désordonnée s'accompagne d'une augmentation de l'entropie du système considéré.

• Par analogie avec la question **1)** :

$$\Delta S^0_c = C^0_{p,m,g}\ .\ \ln\left(\frac{373}{351{,}3}\right) = 3{,}9\ \text{J . mol}^{-1}\ .\ \text{K}^{-1}$$

Pour l'éthanol gazeux à 100 °C sous 1,0 bar :

$$S^0_{m,g}(373\text{ K}) = S^0_{m,\ell}(298\text{ K}) + \Delta S^0_a + \Delta S^0_b + \Delta S^0_c$$

Soit : $\mathbf{S^0_{m,g}(373\ K) = 292{,}8\ J\ .\ mol^{-1}\ .\ K^{-1}}$

3 ▬ Pour un gaz parfait $dH = C_p\ .\ dT$; pour une transformation isotherme $dH = 0$.

D'autre part : $dH = dU + d(p\ .\ V) = \delta Q + V\ .\ dp$

d'où : $\delta Q = -V\ .\ dp$

$$dS_{m,g} = \frac{\delta Q}{T} = -\frac{V}{T}\ .\ dp = -R\ .\ \frac{dp}{p}$$

Alors, pour l'éthanol gazeux à 100 °C pour 3,50 bar :

$$S_{m,g}(373\text{ K} ; 3{,}50\text{ bar}) = S^0_{m,g}(373\text{ K}) - \int_{1{,}00}^{3{,}50} R\ .\ \frac{dp}{p}$$

$$= S^0_{m,g}(373\text{ K}) - R\ .\ \ln\left(\frac{3{,}50}{1{,}00}\right)$$

d'où : $\mathbf{S_{m,\,g}\ (373\ K\ ;\ 3{,}50\ bar) = 282{,}4\ J \cdot mol^{-1} \cdot K^{-1}}$

Remarque : La compression isotherme d'un gaz réduit le désordre moléculaire, ce qui se traduit par une diminution de l'entropie.

3 Mélanges

Méthode de résolution

Lors de la mise en contact thermique de deux sous-systèmes à des températures différentes, le système obtenu est le siège de courants thermiques (conduction) et, pour les fluides, de courants de matière (convection) : ces phénomènes sont essentiellement irréversibles et s'accompagnent donc de création d'entropie.

Comme on ne sait pas calculer directement l'entropie créée, on envisage une succession d'étapes réversibles permettant de relier les états extrêmes du système étudié. Dans le cas étudié, la démarche est la suivante :

• détermination de la température finale grâce au Premier Principe de la Thermodynamique ;

• considération des évolutions séparées des deux sous-systèmes jusqu'à la température finale ;

• mélange ou mise en contact thermique des deux sous-systèmes, opération réversible puisqu'ils sont chimiquement identiques et dans les mêmes conditions de température et de pression.

1 ▬ a) α) Pour le volume V d'eau, le passage de $\theta_1 = 35{,}0$ °C à $\theta_2 = 18{,}5$ °C, s'accompagne de la variation d'entropie ΔS_a :

$$\Delta S_a = \int_{T_1}^{T_2} \mathrm{d}S = \int_{T_1}^{T_2} \frac{\delta Q}{T} = \int_{T_1}^{T_2} C_p \cdot \frac{\mathrm{d}T}{T} = m \cdot c_p^0 \cdot \ln\frac{T_2}{T_1}$$

soit :

$$\Delta S_a = V \cdot \rho \cdot c_p^0 \cdot \ln\frac{T_2}{T_1} = 2\,500 \times 1{,}00 \times 4{,}18\ \ln\left(\frac{291{,}5}{308}\right)$$

d'où : $\mathbf{\Delta S_a = -\,575{,}4\ J \cdot K^{-1}}$

β) Le lac, source isotherme, reçoit la quantité de chaleur Q_b telle que :

$$Q_b = m \cdot c_p^0 \cdot \Delta T = V \cdot \rho \cdot c_p^0 \cdot (T_1 - T_2)$$

à laquelle correspond la variation isotherme d'entropie :

$$\Delta S_b = \frac{Q_b}{T_2} = \frac{V \cdot \rho \cdot c_p^0 \cdot (T_1 - T_2)}{T_2}$$

soit : $\mathbf{\Delta S_b = 591{,}5\ J \cdot K^{-1}}$

b) L'entropie créée, $S_{\text{créée}}$, correspond à la variation d'entropie du système {eau ajoutée + lac}, soit :

$$\mathbf{S_{créée}} = \Delta S_a + \Delta S_b = \mathbf{16{,}1\ J \cdot K^{-1}}$$

La création d'entropie traduit le caractère irréversible de la transformation considérée.

2 ▬ Il est nécessaire de connaître la température finale du mélange. Le mélange étant réalisé dans des conditions adiabatiques, on peut écrire :

$$m_1 \cdot c_p^0 \cdot (\theta_f - \theta_1) + m_2 \cdot c_p^0 \cdot (\theta_f - \theta_2) = 0$$

soit : $$\boldsymbol{\theta_f} = \frac{m_2 \cdot \theta_2 + m_1 \cdot \theta_1}{m_1 + m_2} = \mathbf{25{,}5\ °C}$$

Pour calculer la variation d'entropie du système lors du mélange, on envisage des transformations réversibles :

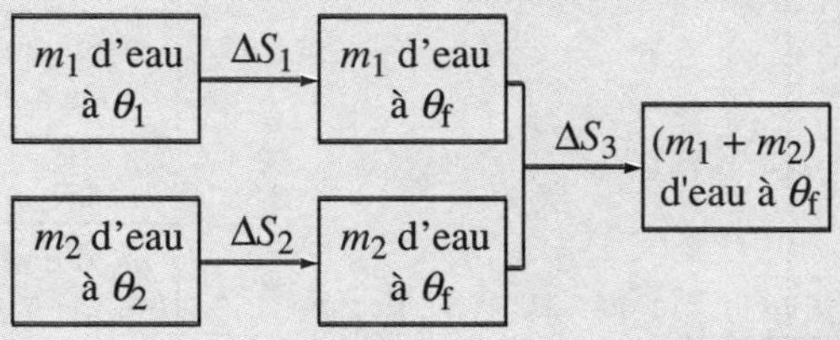

$$\Delta S_1 = \int_{T_1}^{T_f} \frac{\delta Q_1}{T} = \int_{T_1}^{T_f} m_1 \cdot c_p^0 \cdot \frac{\mathrm{d}T}{T} = m_1 \cdot c_p^0 \cdot \ln\frac{T_f}{T_1}$$
$$= 15{,}5\ \mathrm{J \cdot K^{-1}}$$

$$\Delta S_2 = \int_{T_2}^{T_f} \frac{\delta Q_2}{T} = \int_{T_2}^{T_f} m_2 \cdot c_p^0 \cdot \frac{\mathrm{d}T}{T} = m_2 \cdot c_p^0 \cdot \ln\frac{T_f}{T_2}$$
$$= -\,15{,}3\ \mathrm{J \cdot K^{-1}}$$

Le mélange de deux liquides de même nature et à la même température est une opération réversible aussi :

$$\Delta S_3 = 0$$

d'où : $\Delta S = \Delta S_1 + \Delta S_2 = \mathbf{0{,}2\ J \cdot K^{-1}}$

La transformation globale considérée étant irréversible, la variation d'entropie est positive.

3 ▬ a) Supposons que, dans l'état final, le système ne soit constitué que d'eau liquide. Soit θ_f la température finale. Le mélange étant réalisé dans des conditions adiabatiques et isobare :

$$\Delta H = Q_p = 0$$

d'où : $$m_1 \cdot c_{p,\,\ell}^0 \cdot (\theta_f - \theta_1) + m_2 \cdot c_{p,\,s}^0 \cdot (0 - \theta_2) + m_2 \cdot \Delta_{fus}H_{eau}^0 + m_2 \cdot c_{p,\,\ell}^0 \cdot (\theta_f - 0) = 0$$

soit :

$$\theta_f = \frac{m_1 \cdot c_{p,\,\ell}^0 \cdot \theta_1 + m_2 \cdot c_{p,\,s}^0 \cdot \theta_2 - m_2 \cdot \Delta_{fus}\mathrm{H}_{eau}^0}{(m_1 + m_2) \cdot c_{p,\,\ell}^0}$$

numériquement : $\mathbf{\theta_f = 2{,}8\ °C}$

L'hypothèse émise sur l'état final est confirmée car θ_f est supérieure à la température de fusion de l'eau.

b) Pour calculer la variation d'entropie du système, on envisage une suite de transformations réversibles (voir schéma page suivante).

$$\Delta S_1 = m_1 \cdot c_{p,\,\ell}^0 \cdot \ln\frac{T_f}{T_1} = -\,43{,}0\ \mathrm{J \cdot K^{-1}}$$

$$\Delta S_2 = m_2 \cdot c_{p,\,s}^0 \cdot \ln\frac{T_0}{T_2} = 2{,}0\ \mathrm{J \cdot K^{-1}}$$

$$\Delta S_3 = \frac{m_2 \cdot \Delta_{fus}H^0(\text{eau})}{T_0} = 41{,}5\ \mathrm{J \cdot K^{-1}}$$

$$\Delta S_4 = m_2 \cdot c_{p,\,\ell}^0 \cdot \ln\frac{T_f}{T_0} = 1{,}5\ \mathrm{J \cdot K^{-1}}$$

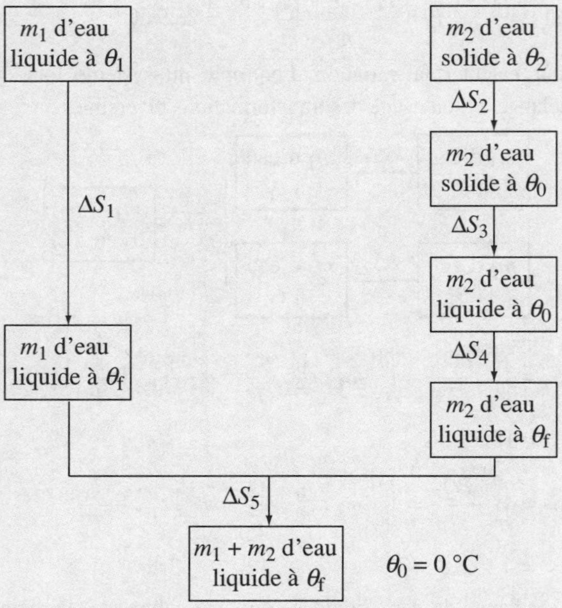

Lors du mélange isotherme de m_1 et m_2, $\Delta S_5 = 0$ d'où :

$$\Delta S = \Delta S_1 + \Delta S_2 + \Delta S_3 + \Delta S_4 = \mathbf{2{,}0\ J\ .\ K^{-1}}$$

La transformation globale considérée étant irréversible, la variation d'entropie est positive.

4 Surfusion du phosphore

La fin de la surfusion est une transformation :

– brusque, donc irréversible et adiabatique car les échanges de chaleur avec l'extérieur n'ont pas le temps de se faire ;

– monobare car la pression extérieure demeure constante. Les états extrêmes sont des états d'équilibre mécanique (alors que l'état initial n'est pas en équilibre interne puisque pour $\theta < \theta_{fus}$, $\mu_\ell > \mu_{cr}$).

D'après les Principes de la Thermodynamique :

$$\Delta S = S_{création} > 0 \ ; \ \ \Delta H = Q_p = 0$$

Selon l'ampleur de la surfusion, l'état final est différent :

– *faible surfusion*, c'est-à-dire $\theta_1 < \theta_{fus}$: l'état final est BIPHASÉ LIQUIDE/CRISTAL.

Les conditions correspondantes sont : $\theta_{fin} = \theta_{fus}$ et $1 \geqslant x_c \geqslant 0$, **$x_c$ est à déterminer** ;

– *forte surfusion*, c'est-à-dire $\theta_1 << \theta_{fus}$: l'état final est MONOPHASÉ CRISTAL.

Les conditions correspondantes sont : $\theta_{fin} \leqslant \theta_{fus}$ et $x_c = 1$, **θ_{fin} est à déterminer**.

Pour déterminer l'état final obtenu à partir d'un état initial donné, on fait une hypothèse sur sa nature ; on utilise l'égalité correspondante dans la relation $\Delta H = 0$, puis on vérifie que l'inégalité correspondante soit satisfaite.

Pour exprimer ΔH et ΔS, on utilise le fait que H et S sont des fonctions d'état dont les variations sont indépendantes du chemin : on choisit donc un chemin réversible non adiabatique :

• réchauffement du liquide de θ_1 à θ_{fus} ;

• solidification, partielle ou totale, à θ_{fus} ;

• refroidissement (si la solidification est totale) de θ_{fus} à θ_{fin}.

1 • Pour $\theta_1 = 42$ °C, on peut considérer que la surfusion est faible et qu'alors $\theta_{fin} = \theta_{fus} = 44$ °C.

La relation $\Delta H = 0$ conduit à :

$$\not{n}\ .\ C^0_{p,\,m,\,\ell}\ .\ (\theta_{fin} - \theta_1) - \not{n}\ .\ x_c\ .\ \Delta_{fus}H^0 = 0$$

soit : $\mathbf{x_c = 0{,}080}$

8 % seulement du phosphore initial cristallise.

• La variation d'entropie se calcule en considérant les deux étapes suivantes :

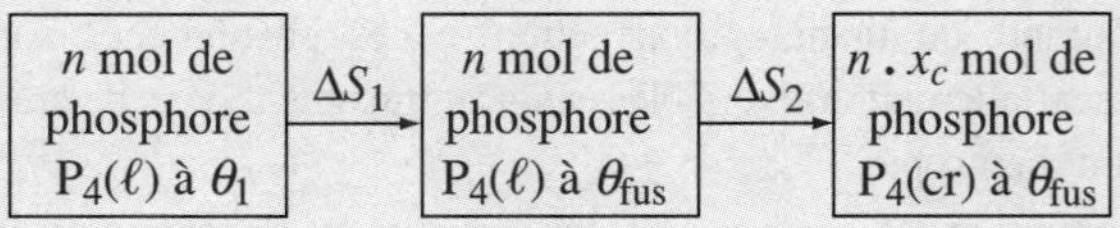

$$\Delta S = \Delta S_1 + \Delta S_2 = n\left[C^0_{p,\,m,\,\ell}\ .\ \ln\frac{T_{fus}}{T_1} - x_c\ .\ \frac{\Delta_{fus}H^0}{T^0_{fus}}\right]$$

soit : $\Delta S = \dfrac{730}{4 \times 30{,}97} \times \left[103{,}7 \times \ln\left(\dfrac{317}{315}\right) - 0{,}080 \times \dfrac{2\ 590}{317}\right]$

$$\mathbf{\Delta S = 15{,}9\ mJ\ .\ K^{-1}}$$

2 • $\theta_1 = 12{,}5$ °C est très inférieure à θ_{fus}, aussi on peut émettre l'hypothèse que la totalité du phosphore se retrouve à l'état cristallisé ; dans ces conditions $\theta_{fin} \leqslant \theta_{fus}$.

L'adiabaticité de la transformation se traduit par :

$$\not{n}\ .\ C^0_{p,\,m,\,\ell}\ .\ (\theta_{fus} - \theta_1) - \not{n}\ .\ \Delta_{fus}H^0 + \not{n}\ .\ C^0_{p,\,m,\,cr}\ .\ (\theta_{fin} - \theta_{fus}) = 0$$

d'où : $\theta_{fin} = \dfrac{\Delta_{fus}H^0 + C^0_{p,\,m,\,cr}\ .\ \theta_{fus} - C^0_{p,\,m,\,\ell}\ .\ (\theta_{fus} - \theta_1)}{C^0_{p,\,m,\,cr}}$

soit : $\mathbf{\theta_{fin} = 37{,}1\ °C}$ et $\mathbf{T_{fin} = 310{,}1\ K}$

$\theta_{fin} < \theta_{fus}$: l'hypothèse faite sur l'état final est vérifiée.

Pour calculer la variation d'entropie du phosphore on peut envisager la suite de transformations réversibles suivante :

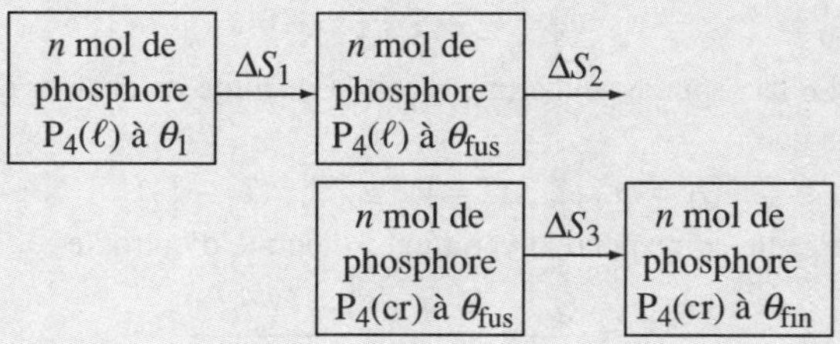

$$\Delta S = \Delta S_1 + \Delta S_2 + \Delta S_3$$

$$= n\left[C^0_{p,\,m,\,\ell}\ .\ \ln\frac{T_{fus}}{T_1} - \frac{\Delta_{fus}H^0}{T_{fus}} + C^0_{p,\,m,\,cr}\ .\ \ln\frac{T_{fin}}{T_{fus}}\right]$$

soit :

$$\Delta S = \frac{730}{4 \times 30{,}97}\left[103{,}7 \times \ln\left(\frac{317}{285{,}5}\right) - \frac{2\ 590}{317} + 98{,}5 \times \ln\left(\frac{310{,}1}{317}\right)\right]$$

d'où : $\mathbf{\Delta S = 3{,}04\ J\ .\ K^{-1}}$

Dans les deux cas, ΔS est positif, en accord avec le caractère irréversible de la cessation de la surfusion.

5 Volumes molaires partiels

1 On détermine les quantités de chacun des constituants présents dans le mélange. La masse du système peut s'écrire :

$$m = n_A \,.\, M_A + n_B \,.\, M_B = n_A\left(M_A + \frac{n_B}{n_A}M_B\right)$$

soit, en remarquant que $\frac{n_B}{n_A} = \frac{x_B}{x_A} = \frac{1-x_A}{x_A}$:

$$n_A = \frac{m}{M_A + \frac{(1-x_A)}{x_A}\,.\,M_B} = 3{,}057 \text{ mol}$$

et : $$n_B = \frac{m - n_A \,.\, M_A}{M_B} = 2{,}700 \text{ mol}$$

a) Le volume de la solution préparée est alors :

$$V(S) = n_A \,.\, V_m(A) + n_B \,.\, V_m(B)$$

soit : $$\mathbf{V(S) = 443{,}4\ mL}$$

b) Cette solution a été obtenue en mélangeant :

$$\boldsymbol{V_A} = n_A \,.\, V^*_m(A) = \mathbf{226{,}2\ mL}$$

et : $$\boldsymbol{V_B} = n_B \,.\, V^*_m(B) = \mathbf{217{,}8\ mL}$$

soit : $$V_A + V_B = 444{,}0 \text{ mL}$$

Lors du mélange il y a une contraction de 0,6 mL.

On remarque que le volume molaire partiel de l'acétone $V_m(A)$ dans le mélange étudié est supérieur au volume molaire de l'acétone pur $V^*_m(A)$; c'est l'inverse pour le chloroforme.

2 **a)** On détermine les quantités d'eau et d'éthanol mélangées afin d'en déduire x(éthanol) puis les volumes molaires partiels à l'aide du graphe :

$$n_{al} = n(\text{éthanol}) = \frac{V(\text{éthanol})}{V^*_m(\text{éthanol})} = \frac{400{,}0}{58{,}00} = 6{,}90 \text{ mol}$$

$$n_e = n(\text{eau}) = \frac{V(\text{eau})}{V^*_m(\text{eau})} = \frac{600{,}0}{18{,}00} = 33{,}33 \text{ mol}$$

d'où : $$x\ (\text{éthanol}) = \frac{n_{al}}{n_{al} + n_e} = 0{,}17$$

À l'aide du graphe, on trouve dans ce mélange :

$$V_m(\text{eau}) = 17{,}85 \text{ mL . mol}^{-1}$$
$$V_m(\text{éthanol}) = 54{,}70 \text{ mL . mol}^{-1}$$

Le volume V de boisson alcoolisée obtenu est alors :

$$V = n_e \,.\, V_m(\text{eau}) + n_{al} \,.\, V_m(\text{éthanol})$$

soit : $$\mathbf{V = 972{,}4\ mL}$$

soit une contraction de 27,6 mL.

b) Un mélange de même composition que celui du **2) a)** mais de volume $V' = 1\,000{,}0$ mL contient une quantité n d'eau et d'éthanol telle que :

$$V' = n\,(x(\text{eau}) \,.\, V_m(\text{eau}) + x(\text{éthanol}) \,.\, V_m(\text{éthanol}))$$

soit : $$n = \frac{1\,000{,}0}{0{,}17 \times 54{,}70 + 0{,}83 \times 17{,}85} = 41{,}5 \text{ mol}$$

d'où : $$\boldsymbol{V'_{eau}} = n \,.\, x(\text{eau}) \,.\, V^*_m(\text{eau}) = \mathbf{619{,}5\ mL}$$

et : $$\boldsymbol{V'_{\text{éthanol}}} = n \,.\, x(\text{éthanol}) \,.\, V^*_m(\text{éthanol}) = \mathbf{408{,}9\ mL}$$

La contraction de volume est alors de 28,4 mL.

c) • Dans le mélange initial, $w_a = 0{,}60$ et $w_e = 0{,}40$, d'où :

$$x_a = \frac{n_a}{n_a + n_e} = \frac{m_a \,.\, M_e}{m_a \,.\, M_e + m_e \,.\, M_a}$$

$$x_a = \frac{w_a \,.\, M_e}{w_a \,.\, M_e + w_e \,.\, M_a} = 0{,}37$$

Sur le graphe, on lit :

$$V_m(\text{éthanol}) = 56{,}70 \text{ mL . mol}^{-1}$$
$$V_m(\text{eau}) = 17{,}25 \text{ mL . mol}^{-1}$$

Alors : $$V = n(x_e \,.\, V_m(\text{eau}) + x_a \,.\, V_m(\text{éthanol})$$

d'où : $$n = 7{,}85 \text{ mol}$$

soit : $$n_a = 2{,}90 \text{ mol} \quad \text{et} \quad n_e = 4{,}95 \text{ mol}$$

• Dans le mélange final $w'_a = 0{,}30$ et $w'_e = 0{,}70$, soit :

$$x'_a = \frac{w'_a \,.\, M_e}{w'_a \,.\, M_e + w'_e \,.\, M_a} = 0{,}14$$

Sur le graphe, on lit :

$$V'_m(\text{éthanol}) = 54{,}05 \text{ mL}$$
$$V'(\text{eau}) = 17{,}90 \text{ mL}$$

• Dans le mélange final $M'_a = n_a = 2{,}90$ mol, et :

$$n'_e = n'_a \,.\, \frac{x'_e}{x'_a} = 17{,}80 \text{ mol}$$

il a donc fallu ajouter $n_{aj} = (n'_e - n_e) = 12{,}85$ mol d'eau soit un volume d'eau ajoutée V_{aj} :

$$\boldsymbol{V_{aj}} = n_{aj} \,.\, V^*_m(\text{eau}) = \mathbf{231{,}3\ mL}$$

Le volume V' de boisson alcoolisée à 30 % est alors :

$$V' = n'_a \,.\, V'_m(\text{éthanol}) + n'_e \,.\, V'(\text{eau})$$

soit : $$\mathbf{V' = 475{,}4\ mL}$$

Le volume de boisson à 30 % n'est pas le double du volume de boisson à 60 %.

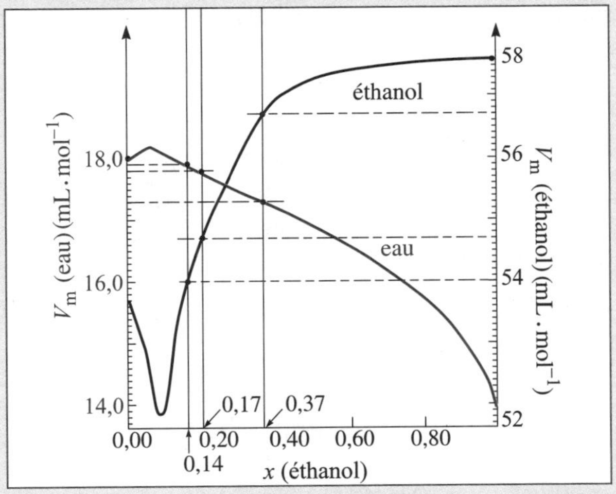

6 Mélange de gaz parfaits

1 On considère le système formé par les deux compartiments et leur contenu. Le récipient étant adiabatique $Q = 0$ et rigide $\Delta V = 0$ soit $W = 0$, d'où $\Delta U = W + Q = 0$.

• U étant une fonction extensive : $\Delta U = \Delta U_1 + \Delta U_2$. L'énergie interne U, d'un gaz parfait, ne dépend que de la température ; aussi, lors du mélange :

$$\Delta U_1 = n_1 \cdot C_{p,\,v_1} \cdot (T_f - T_1)$$

et : $$\Delta U_2 = n_2 \cdot C_{p,\,v_2} \cdot (T_f - T_2)$$

• $\Delta U = 0$ conduit à :

$$n_1 \cdot C_{p,\,v_1} \cdot (T_f - T_1) + n_2 \cdot C_{p,\,v_2} \cdot (T_f - T_2) = 0$$

Comme $n_i\, C_{v_i} \neq 0$, cette relation impose que :

$$T_f - T_1 = 0 \quad \text{et} \quad T_f - T_2 = 0$$

soit : $$\boldsymbol{T_f = T_1 = T_2 = 303\ \text{K}}$$

Dans l'état initial :

$$\boldsymbol{p_{1i}} = n_1 \cdot \frac{RT}{V_1} = \mathbf{1{,}13\ bar} \quad \text{et} \quad \boldsymbol{p_{2i}} = n_2 \cdot \frac{RT}{V_2} = \mathbf{0{,}86\ bar}$$

Dans l'état final :

$$\boldsymbol{p_{1f}} = n_1 \cdot \frac{RT_1}{V_1 + V_2} = \mathbf{0{,}32\ bar}$$

et : $$\boldsymbol{P_{2f}} = n_2 \cdot \frac{RT_2}{V_1 + V_2} = \mathbf{0{,}53\ bar}$$

2 ▬ • L'enthalpie d'un gaz parfait ne dépend que de sa température ; comme celle-ci reste constante, l'enthalpie de mélange est nulle :

$$\boldsymbol{\Delta_{mix} H = 0}$$

• Pour déterminer ΔG_{mix}, on exprime $G_{\text{avant mélange}}$ et $G_{\text{après mélange}}$:

$G_{\text{avant mélange}} = n_1 \cdot \mu_{1i} + n_2 \cdot \mu_{2i}$

soit $$G_{\text{avant mélange}} = n_1 \cdot \left(\mu_1^0 + RT \cdot \ln\frac{p_{1i}}{p^0}\right) + n_2 \cdot \left(\mu_2^0 + RT \cdot \ln\frac{p_{2i}}{p^0}\right).$$

$G_{\text{après mélange}} = n_1 \cdot \mu_{1f} + n_2 \cdot \mu_{2f}$

soit $$G_{\text{après mélange}} = n_1 \cdot \left(\mu_1^0 + RT \cdot \ln\frac{p_{1f}}{p^0}\right) + n_2 \cdot \left(\mu_2^0 + RT \cdot \ln\frac{p_{2f}}{p^0}\right).$$

Par définition, $\Delta_{mix} G = G_{\text{après mélange}} - G_{\text{avant mélange}}$, soit :

$$\boldsymbol{\Delta_{mix} G = RT \cdot \left(n_1 \cdot \ln\frac{p_{1f}}{p_{1i}} + n_2 \cdot \ln\frac{p_{2f}}{p_{2i}}\right)}$$

Numériquement : $\boldsymbol{\Delta_{mix} G = -\ 2{,}47\ \text{kJ}}$

• De même $\Delta_{mix} S = S_{\text{après mélange}} - S_{\text{avant mélange}}$;

or $S = -\left(\dfrac{\partial G}{\partial T}\right)_p$, d'où :

$$\Delta_{mix} S = -\left(\frac{\partial(G_{\text{après mélange}} - G_{\text{avant mélange}})}{\partial T}\right)_p$$

soit : $$\boldsymbol{\Delta_{mix} S} = \left(\frac{\partial \boldsymbol{\Delta_{mix} G}}{\partial T}\right)_p$$

$$= \boldsymbol{R \cdot \left(n_1 \cdot \ln\frac{p_{1f}}{p_{1i}} + n_2 \cdot \ln\frac{p_{2f}}{p_{2i}}\right)}$$

Numériquement : $\boldsymbol{\Delta_{mix} S = 8{,}1\ \text{J}\cdot\text{K}^{-1}}$

Le système étant isolé, $\boldsymbol{S_{\text{échange}} = 0}$ et $\boldsymbol{\Delta_{mix} S = S_{\text{créée}}}$.

La création d'entropie met en évidence l'irréversibilité du mélange de deux fluides différents.

7 Mélange idéal de liquides

1 ▬ Pour un liquide pur sous une pression de 1,0 bar :

$$\mu_\ell(T, p^0) = \mu_\ell^0$$

soit $\boldsymbol{\mu_{1\ell}(T, p^0) = \mu_{1\ell}^0(T)}$ et $\boldsymbol{\mu_{2\ell}(T, p^0) = \mu_{2\ell}^0(T)}$

en notant **1** l'hexane et **2** l'heptane.

Pour un liquide dans un mélange idéal :

$$\mu_\ell(T, p^0, x_\ell) = \mu_\ell^0(T) + RT \cdot \ln x_\ell$$

où x_ℓ est la fraction molaire du liquide considéré dans le mélange soit :

$$\mu'_{1\ell}(T, p^0, x_{1\ell}) = \mu_{1\ell}^0(T) + RT \cdot \ln x_{1\ell}$$

$$\mu'_{2\ell}(T, p^0, x_{2\ell}) = \mu_{2\ell}^0(T) + RT \cdot \ln x_{2\ell}$$

2 ▬ • Par définition :

$$\Delta_{mix} G = G_{\text{après mélange}} - G_{\text{avant mélange}}$$

avec :

$G_{\text{après mélange}} = n_1 \cdot \mu'_{1\ell}(T, p^0, x_{1\ell}) + n_2 \cdot \mu'_{2\ell}(T, p^0, x_{2\ell})$

$G_{\text{avant mélange}} = n_1 \cdot \mu_{1\ell}(T, p^0) + n_2 \cdot \mu_{2\ell}(T, p^0)$

soit : $\boldsymbol{\Delta_{mix} G = n_1 \cdot RT \cdot \ln x_{1\ell} + n_2 \cdot RT \cdot \ln x_{2\ell}}$

On détermine $x_{1\ell}$ et $x_{2\ell}$:

$$n_{1\ell} = n\ (\text{hexane}) = \frac{m_1}{M_1} = 0{,}10\ \text{mol}$$

$$n_{2\ell} = n\ (\text{heptane}) = \frac{m_2}{M_2} = 0{,}30\ \text{mol}$$

$$x_{1\ell} = \frac{n_1}{n_1 + n_2} = 0{,}25 \quad \text{et} \quad x_{2\ell} = 1 - x_{1\ell} = 0{,}75$$

$$\Delta_{mix} G = 8{,}14 \times 293 \times (0{,}1 \times \ln 0{,}25 + 0{,}3 \times \ln 0{,}75)$$

d'où : $$\boldsymbol{\Delta_{mix} G = -\ 548\ \text{J}}$$

• Comme cela a été établi à l'exercice précédent question **2)** :

$$\Delta_{mix} S = -\left(\frac{\partial \Delta_{mix} G}{\partial T}\right)_p$$

soit : $$\boldsymbol{\Delta_{mix} S = -\,R\,(n_1 \cdot \ln x_{1\ell} + n_2 \cdot \ln x_{2\ell})}$$

d'où : $$\boldsymbol{\Delta_{mix} S = 1{,}87\ \text{J}\cdot\text{K}^{-1}}$$

• Par définition $\Delta_{mix} H = \Delta_{mix} G + T \cdot \Delta_{mix} S$, soit :

$$\boldsymbol{\Delta_{mix} H = 0}$$

__Remarques__ :

• $\Delta_{mix} G < 0$ *traduit l'irréversibilité du mélange, à pression et température constantes, de deux corps différents.*

• $\Delta_{mix} H = 0$ *traduit le fait que les interactions moléculaires ne sont pas modifiées lors de la constitution d'un mélange idéal* ($H_{mi}(T) = H^*_{mi}(T)$).

• $\Delta_{mix} S = S_{\text{créée}} > 0$ *car il n'y a pas d'échange thermique avec l'extérieur* ($S_{\text{échange}} = 0$).

8 Loi de Raoult

1 ▬ a) Lorsque le constituant **1** est pur sous $p_1 = p_1^*$:

$$\mu_{1\ell}(T) = \mu_{1\ell}^0(T) \qquad \textbf{(a)}$$

en négligeant l'influence de la pression (*cf. Rappels de cours*).

$$\mu_{1v}(T) = \mu_{1v}^0(T) + RT \cdot \ln\frac{p_1^*}{p^0} \qquad \textbf{(b)}$$

b) Lorsque le constituant **1** est dans un mélange où sa fraction molaire liquide est $x_{1\ell}$ et sa pression partielle dans la phase vapeur est p_1 :

$$\mu'_{1\ell}(T) = \mu^0_{1\ell}(T) + RT \, . \ln x_{1\ell} \qquad \textbf{(c)}$$

$$\mu'_{1v}(T) = \mu^0_{1v}(T) + RT \, . \ln \frac{p_1}{p^0} \qquad \textbf{(d)}$$

Lorsque le constituant **1** est pur, en équilibre sous les deux phases liquide et vapeur $\mu^*_{1\ell}(T) = \mu^*_{1v}(T)$, soit :

$$\mu^0_{1\ell}(T) = \mu^0_{1v}(T) + RT \, . \ln \frac{p_1^*}{p^0} \qquad \textbf{(e)}$$

De même lorsque cet équilibre a lieu dans le mélange :

$$\mu'_{1\ell}(T) = \mu'_{1v}(T)$$

soit : $$\mu^0_{1\ell}(T) + RT \, . \ln x_{1\ell} = \mu^0_{1v} + RT \, . \ln \frac{p_1}{p^0} \qquad \textbf{(f)}$$

Les relations **(e)** et **(f)** conduisant à :

$$RT \, . \ln x_{1\ell} = RT \, . \ln \frac{p_1}{p^0} - RT \, . \ln \frac{p_1^*}{p^0} = RT \, . \ln \frac{p_1}{p_1^*}$$

soit : $$\boldsymbol{p_1 = p_1^* \, . \, x_{1\ell}}$$

Cette relation constitue la **loi de Raoult**.

2 ▬ a) On détermine la fraction molaire $x_{B\ell}$ du benzène dans la solution $x_{B\ell} = \dfrac{p_B}{p_B^*} = 0{,}974$.

On exprime $x_{B\ell}$:

$$x_{B\ell} = \frac{n_B}{n_B + n_A} = \frac{m_B/M_B}{m_B/M_B + m_A/M_A}$$

soit :

$$\boldsymbol{M_A} = \frac{m_A \, . \, M_B \, . \, x_{B\ell}}{m_B(1 - x_{B\ell})} = \mathbf{175 \ g \, . \, mol^{-1}}$$

b) On détermine $x_{B\ell}$ dans le mélange :

$$x_{B\ell} = \frac{m_B/M_B}{m_B/M_B + m_A/M_A} = 0{,}939$$

d'où : $$p_B = p_B^* \, . \, x_{B\ell} = \mathbf{11{,}90 \ kPa}$$

3 ▬ Soit m la masse de chacun des liquides :

$$x_{B\ell} = \frac{n_B}{n_B + n_T} = \frac{m/M_B}{m/M_B + m/M_T} = \frac{M_T}{M_T + M_B}$$

$$\boldsymbol{x_{B\ell} = 0{,}541} \quad \text{et} \quad \boldsymbol{x_{T\ell} = 1 - x_{B\ell} = 0{,}459}$$

On en déduit p_B et p_T :

$$p_B = x_{B\ell} \, . \, p_B^* = 51{,}4 \text{ torr}$$

$$p_T = x_{T\ell} \, . \, p_T^* = 12{,}9 \text{ torr}$$

soit :

$$p = p_B + p_T = 64{,}3 \text{ torr}$$

La composition de la phase vapeur se détermine en utilisant la **loi de Dalton**, $\boldsymbol{p_i = x_{iv} \, . \, p}$.

Soit :

$$x_{Bv} = \frac{p_B}{p} = 0{,}80 \quad \text{et} \quad x_{Tv} = 1 - x_{Bv} = 0{,}20$$

$$\boldsymbol{x_{Bv} = 0{,}80} \quad \text{et} \quad \boldsymbol{x_{Tv} = 0{,}20}$$

9 Pression osmotique

1 ▬ Dans le solvant pur, sous une pression p_M :

$$\mu^*_S(T, p_M) = \mu^0_S(T) + \int_{p^0}^{p_M} V^*_m(s) \, . \, dp$$

Dans la solution, sous une pression $p_{M'}$:

$$\mu_S(T, p_{M'}) = \mu^0_S(T) + RT \, . \ln x_S \int_{p^0}^{p'_M} V^*_m(s) \, . \, dp$$

$p_M = h \, . \, \rho \, . \, g + p^0$ et $p_{M'} = h \, . \, \rho' \, . \, g + p^0$ comme $\rho \approx \rho'$, $p_M \approx p_{M'}$.

Par définition $x_g < 1$, aussi $RT \, . \ln x_S < 0$; en conséquence $\mu'_S(T, p_{M'}) < \mu^*_S(T, p_M)$.

Le système est hors d'équilibre, il évolue *spontanément* jusqu'à l'égalité des potentiels chimiques du solvant de part et d'autre de la membrane. Le solvant s'écoule de la phase de plus haut potentiel chimique (le solvant pur) vers la phase de plus bas potentiel chimique (la solution), d'où l'élévation du liquide dans la colonne.

2 ▬ a) À l'équilibre $\mu^*_S(T, p_M) = \mu'_S(T, p_{M'})$, soit, comme $\rho \approx \rho'$:

$$\mu_S(T, p_N) = \mu'_S(T, p_{N'})$$

avec $p_N = p^0$ et $p_{N'} = p^0 + \pi$, il vient :

$$\mu^0_S(T) = \mu^0_S + \int_{p^0}^{p^0 + \pi} V_m(s) \, . \, dp + RT \, . \ln x_S$$

En considérant que V_m est constant sur $[p^0, p^0 + \pi]$, cette égalité conduit à :

$$V_m(s)((p^0 + \pi) - p^0) + RT \, . \ln x_S = 0$$

soit : $$\boldsymbol{\pi \, . \, V_m(s) = - RT \, . \ln x_S} \qquad \textbf{(1)}$$

b) $x_S = 1 - x_B$; comme $x_B << 1$:

$$\ln x_S = \ln(1 - x_B) \approx - x_B$$

avec $x_B = \dfrac{n_B}{n_B + n_S} \approx \dfrac{n_B}{n_S}$

L'expression **(1)** se réécrit $\pi \, . \, V_m(s) = RT \, . \, \dfrac{n_B}{n_S}$, soit :

$$\pi \, . \, n_S \, . \, V_m(s) = n_B \, . \, RT \qquad \textbf{(2)}$$

En remarquant que le volume V de la solution s'écrit :

$$V = n_S \, . \, V_m(s) + n_B \, . \, V_m(B) \approx n_S \, . \, V_m(s)$$

(2) devient :

$$\boldsymbol{\pi \, . \, V = n_B \, . \, RT} \qquad \textbf{(3)}$$

3 ▬ À l'aide de $n_B = \dfrac{m_B}{M_B}$, **(3)** se réécrit :

$$\boldsymbol{\pi \, . \, V = \frac{m_B}{M_B} \, . \, RT} \qquad \textbf{(4)}$$

soit :

$$M_B = \frac{m_B \, . \, RT}{\pi \, . \, V} = \frac{360 \, . \, 10^{-6} \times 8{,}314 \times 298}{750 \times 50{,}0 \, . \, 10^{-6}}$$

d'où :

$$\boldsymbol{M_B = 23{,}8 \ \mathbf{kg \, . \, mol^{-1}}}$$

La relation **(4)** indique que la pression osmotique est d'autant plus faible que la masse molaire est élevée. En pratique, la détermination des masses molaires à partir de mesures de pression osmotique est principalement utilisée pour les *macromolécules* naturelles ou synthétiques.

4 ▬ La pression osmotique π vaut $\pi = h \,.\, \rho \,.\, g$.
La relation **(4)** conduit à :

$$M_P = \frac{m_p \,.\, R \,.\, T}{h \,.\, \rho \,.\, g \,.\, V}$$

$$M_P = \frac{640 \,.\, 10^{-6} \times 8{,}314 \times 298}{12{,}7 \,.\, 10^{-2} \times 870 \times 9{,}81 \times 42{,}0 \,.\, 10^{-6}}$$

soit : $\boldsymbol{M_P = 34{,}8\ \textbf{kg . mol}^{-1}}$

5 ▬ Lors de sa dissolution, le sel se dissocie :

$$1\ Fe(NH_4)_2(SO_4)_2 \xrightarrow{\text{eau}} 1\ Fe^{2+} + 2\ NH_4^+ + 2\ SO_4^{2-}$$

Une solution à $c_B = 0{,}010$ mol . L^{-1}, contient, par litre, $n_B = 0{,}050$ mol de solutés :

$$\pi \,.\, V = n_B \,.\, RT$$

soit : $\pi = \dfrac{n_B}{V} \,.\, RT = \boldsymbol{5c_B \,.\, RT}$

Dans le système international d'unités, c_B doit être exprimé en mol . m^{-3} ; d'où :

$$\pi = 5 \times 0{,}010 \,.\, 10^3 \times 8{,}314 \times 298 = 1{,}24 \,.\, 10^5 \text{ Pa},$$

soit : $\boldsymbol{\pi = 1{,}24}$ **bar**

$\pi = h \,.\, \rho \,.\, g$, d'où $\boldsymbol{h} = \dfrac{\pi}{\rho \,.\, g} = \mathbf{12{,}6\ m.}$

6 ▬ Lors de sa dissolution NaCl se dissocie :

$$NaCl \xrightarrow{\text{eau}} Na^+ + Cl^-$$

Un volume V de solution de concentration c_B de chlorure de sodium contient $n_B = 2V \,.\, c_B$ mol d'ions, d'où :

$$\pi \,.\, V = n_B \,.\, RT = 2V \,.\, c_B \,.\, RT$$

soit : $c_B = \dfrac{\pi}{2RT}$

Numériquement : $c_B = \dfrac{810 \,.\, 10^3}{2 \times 8{,}314 \times 310}$

soit : $c_B = 1{,}57 \,.\, 10^2$ mol . m^{-3} ou $\boldsymbol{c_B = 0{,}157}$ **mol . L^{-1}**

10 Relation de Clapeyron

1 ▬ Pour un corps pur, $d\mu^* = V_m^* \,.\, dp - S_m^* \,.\, dT$, soit ici :

$$d\mu_\alpha = V_m(\alpha) \,.\, dp - S_m(\alpha) \,.\, dT \text{ pour } B(\alpha)$$

$$d\mu_\beta = V_m(\beta) \,.\, dp - S_m(\beta) \,.\, dT \text{ pour } B(\beta)$$

2 ▬ **a)** À la température T et sous la pression p :

$$\mu_\alpha(p, T) = \mu_\beta(p, T) \qquad \textbf{(1)}$$

À la température $T + dT$ et sous la pression $p + dp$:

$$\mu_\alpha(p + dp, T + dT) = \mu_\beta(p + dp, T + dT) \qquad \textbf{(2)}$$

soit :

$$\mu_\alpha(p, T) + d\mu_\alpha(p, T) = \mu_\beta(p, T) + d\mu_\beta(p, T) \qquad \textbf{(2)'}$$

b) À l'aide de **(2)'** et **(1)**, il vient :

$$d\mu_\alpha(p, T) = d\mu_\beta(p, T)$$

soit : $V_m(\alpha) \,.\, dp - S_m(\alpha) \,.\, dT = V_m(\beta) \,.\, dp - S_m(\beta) \,.\, dT$

d'où : $(S_m(\beta) - S_m(\alpha)) \,.\, dT = (V_m(\beta) - V_m(\alpha)) \,.\, dp$
conduisant à :

$$\frac{\mathbf{d}\boldsymbol{p}}{\mathbf{d}\boldsymbol{T}} = \frac{\boldsymbol{S}_\mathbf{m}(\beta) - \boldsymbol{S}_\mathbf{m}(\alpha)}{\boldsymbol{V}_\mathbf{m}(\beta) - \boldsymbol{V}_\mathbf{m}(\alpha)} = \frac{\Delta \boldsymbol{S}_{\mathbf{m}\alpha \to \beta}}{\Delta \mathbf{V}_{\mathbf{m}\alpha \to \beta}} \qquad \textbf{(1)}$$

Comme $B(\alpha)$ et $B(\beta)$ sont en équilibre $\Delta G_{m\alpha \to \beta} = 0$;

soit $\Delta S_{m\alpha \to \beta} = \dfrac{\Delta H_{m\alpha \to \beta}}{T_{\alpha \to \beta}}$, d'où :

$$\frac{\mathbf{d}\boldsymbol{p}}{\mathbf{d}\boldsymbol{T}} = \frac{\Delta \boldsymbol{H}_{\mathbf{m}\alpha \to \beta}}{\boldsymbol{T}_{\alpha \to \beta} \,.\, \Delta \mathbf{V}_{\mathbf{m}\alpha \to \beta}} \qquad \textbf{(2)}$$

Les expressions **(1)** et **(2)** constituent la troisième **relation de Clapeyron**.

3 ▬ Soit l'équilibre : $H_2O(\ell) = H_2O(s)$
D'après l'énoncé $\Delta_{fus}H^0(H_2O)$, $V_m(H_2O)_s$ et $V_m(H_2O)_\ell$ sont constants ; la relation de Clapeyron s'écrit :

$$dp = \frac{-\Delta_{fus}H^0(H_2O)}{V_m(H_2O)_s - V_m(H_2O)_\ell} \,.\, \frac{dT}{T}$$

d'où : $\displaystyle\int_{T^0_{fus}}^{T_f} \frac{dT}{T} = \frac{V_m(H_2O)_s - V_m(H_2O)_\ell}{-\Delta_{fus}H^0(H_2O)} \,.\, \int_{p^0}^{p_f} dp$

soit :

$$T_f = T_0 \,.\, \exp\left(\frac{(V_m(H_2O)_s - V_m(H_2O)_\ell(p_f - p^0)}{-\Delta_{fus}H^0(H_2O)}\right)$$

Numériquement :

$$T_f = 273{,}1 \times \exp\left(\frac{(18/0{,}9168 - 18/1{,}000) \,.\, 10^{-6} \times 99 \,.\, 10^5}{-6\,000}\right)$$

soit : $\boldsymbol{T_f = 272{,}4}$ **K**

<u>*Remarques*</u> *:*
• Ce résultat confirme que la pression a peu d'influence sur la température de l'équilibre liquide-solide d'un corps pur.
• Pour l'eau $V_m(s) > V_m(\ell)$, la température de solidification décroît lorsque p croît.

4 ▬ Pour l'équilibre $CS_2(\ell) = CS_2(v)$, on peut admettre que $V_m(\ell) << V_m(v)$. En considérant que $CS_2(v)$ se comporte comme un gaz parfait :

$$V_m(v) = \frac{RT}{p}$$

L'équation de Clapeyron s'écrit alors :

$$\frac{dp}{dT} = \frac{\Delta_{vap}H^0(CS_2)}{RT^2} \,.\, p$$

soit :

$$\int_{p^0}^{p_{vap}} \frac{dp}{p} = \int_{T^0_{vap}}^{T_{vap}} \frac{\Delta_{vap}H^0}{R} \,.\, \frac{dT}{T^2}$$

$$= \int_{T^0_{vap}}^{T_{vap}} 4\,183 \frac{dT}{T^2} - \int_{T^0_{vap}}^{T_{vap}} 3{,}00 \frac{dT}{T}$$

d'où :

$$\mathbf{ln}\frac{\boldsymbol{p}_\mathbf{vap}}{\boldsymbol{p}^\mathbf{0}} = \mathbf{4\,183} \,.\, \left(\frac{\mathbf{1}}{\boldsymbol{T}^\mathbf{0}_\mathbf{vap}} - \frac{\mathbf{1}}{\boldsymbol{T}_\mathbf{vap}}\right) - \mathbf{3{,}00} \,.\, \mathbf{ln}\frac{\boldsymbol{T}_\mathbf{vap}}{\boldsymbol{T}^\mathbf{0}_\mathbf{vap}}$$

En traçant avec une calculatrice graphique ou un ordinateur $\ln\dfrac{p_{vap}}{p^0} = f(T_{vap})$, on lit $\boldsymbol{T_{vap} = 299}$ **K** pour $p_{vap} = 0{,}50$ bar.

CS_2 est un liquide très volatil, qui s'évapore facilement.

5 ▬ **a)** Au point triple $p_1 = p_2$ soit $\log p_1 = \log p_2$;

d'où : $$T_T = \frac{3\,450 - 2\,420}{10{,}69 - 7{,}77}$$

soit : $$\mathbf{T_T = 352{,}7\ K}$$

et $$p_T = 10^{(7{,}77 - 2\,420/T_T)} = 10^{(10{,}69 - 3\,450/T_T)}$$

soit : $$\mathbf{p_T = 8{,}1\ mmHg}$$

b) En négligeant le volume des deux phases condensées devant celui de la phase vapeur, la relation de Clapeyron s'écrit (*cf.* **4)**) :

$$\frac{dp}{dT} = \frac{\Delta_{ch.ét}H^0}{RT^2_{ch.ét}} \cdot p$$

soit : $$\frac{1}{p} \cdot \frac{dp}{dT} = \frac{d\ln p}{dT} = \frac{\Delta_{ch.ét}H^0}{RT^2_{ch.ét}}$$

d'où : $$\Delta_{ch.ét}H^0 = RT^2_{ch.ét} \cdot \frac{d\ln p}{dT}$$

avec $\ln p = \ln 10 \cdot \log p$.

• p_1 est la pression d'équilibre liquide-vapeur, d'où :

$$\mathbf{\Delta_{vap}H^0 = 46{,}3\ kJ \cdot mol^{-1}}$$

• p_2 est la pression d'équilibre liquide-vapeur, d'où :

$$\mathbf{\Delta_{sub}H^0 = 66{,}0\ kJ \cdot mol^{-1}}$$

Au point triple, le naphtalène N est en équilibre sous les trois phases solide (s), liquide (ℓ) et vapeur (v) :

$$N(\ell) = N(v) \quad \mathbf{(1)}$$
$$N(s) = N(v) \quad \mathbf{(2)}$$
$$N(s) = N(\ell) \quad \mathbf{(3)}$$

En remarquant que **(3)** = **(2)** – **(1)**, il vient :

$$\Delta H^0_3 = \Delta H^0_2 - \Delta H^0_1$$

soit : $$\mathbf{\Delta_{fus}H^0 = 19{,}7\ kJ \cdot mol^{-1}}$$

11 Ébullition du mercure

1 ▬ Lorsque le mercure est en équilibre sous les phases solide et vapeur, ses potentiels chimiques $\mu(Hg(\ell))$ et $\mu(Hg(v))$ sont égaux.

a) En négligeant l'influence de la pression sur le potentiel chimique du mercure liquide :

$$\mu(Hg(\ell), T) = \mu^0(Hg(\ell), T)$$

D'autre part, le mercure gazeux se comportant comme un gaz parfait, son potentiel chimique s'écrit :

$$\mu(Hg(v), T) = \mu^0(Hg(v), T) + RT \cdot \ln\frac{p(Hg)}{p^0}$$

À l'équilibre :

$$\mu^0(Hg(\ell), T) = \mu^0(Hg(v), T) + RT \cdot \ln\frac{p(Hg)}{p^0}$$

soit :

$$p(Hg) = p^0 \cdot \exp\left(\frac{\mu^0(Hg(\ell), T) - \mu^0(Hg(v), T)}{RT}\right)$$

d'où : $$\mathbf{p(Hg) = 2{,}46 \cdot 10^{-6}\ bar}$$

b) En prenant en compte l'influence de la pression :

$$\mu(Hg(\ell), T) = \mu^0(Hg(\ell), T) + \int_{p^0}^{p(Hg)} V^*_m \cdot dp$$
$$= \mu^0(Hg(\ell), T) + V^*_m \cdot (p(Hg) - p^0)$$

L'égalité des potentiels à l'équilibre conduit à :

$$\mu^0(Hg(\ell), T) - \mu^0(Hg(v), T) + V^*_m(p(Hg) - p^0) - RT \cdot \ln\frac{p(Hg)}{p^0} = 0$$

soit :

$$-32\,000 + \frac{200{,}59 \cdot 10^{-3}}{13{,}594 \cdot 10^3}(p(Hg) - 1{,}0 \cdot 10^5) - 8{,}314 \times 298 \times \ln\frac{p(Hg)}{1{,}0 \cdot 10^5} = 0$$

dont la résolution donne :

$$\mathbf{p(Hg) = 2{,}45 \cdot 10^{-6}\ bar}$$

La proximité des deux valeurs trouvées montre que la pression influe peu sur la valeur du potentiel chimique d'un corps liquide.

2 ▬ Soit l'équilibre $Hg(\ell) = Hg(v)$ réalisé à $T_{éb}$ sous une pression $p = p^0 = 1{,}0$ bar, alors :

$$\mu^0(Hg(\ell), T_{éb}) = \mu^0(Hg(v), T_{éb}) \quad \mathbf{(1)}$$

Le potentiel chimique dépend de la température :

$$\left(\frac{\partial \mu}{\partial T}\right)_p = -S_m(T)$$

À $p = p^0$, $d\mu^0 = -S^0_m(T) \cdot dT$, avec :

$$S^0_m(T) = S^0_m(T^0) + \int_{T^0}^{T} C^0_p \cdot \frac{dT'}{T'}$$

Appliquée au mercure liquide et au mercure vapeur, cette relation donne :

$$S^0_m(Hg(\ell), T) = -83{,}52 + 28{,}0 \cdot \ln T\ (J \cdot mol^{-1} \cdot K^{-1})$$
$$S^0_m(Hg(v), T) = 55{,}36 + 21{,}0 \cdot \ln T\ (J \cdot mol^{-1} \cdot K^{-1})$$

Il est alors possible de calculer les potentiels chimiques :

$$\mu^0(T) = \mu^0(T^0) - \int_{T^0}^{T} S_m(T') \cdot dT'$$

soit :

$$\mu^0(Hg(\ell), T) = \mu^0(Hg(\ell), 298\ K) + 83{,}52\,T - 28{,}0\,T \cdot (\ln T - 1) + 14\,304$$
$$\mu^0(Hg(v), T) = \mu^0(Hg(\ell), 298\ K) - 55{,}36T - 21{,}0\,T \cdot (\ln T - 1) + 45\,892\ (J \cdot mol^{-1})$$

L'égalité **(1)** réécrite à l'aide des deux expressions ci-dessus conduit à :

$$-138{,}88\,T_{éb} + 7{,}0\,T_{éb} \cdot (\ln T_{éb} - 1) + 63\,588 = 0$$

dont la résolution donne :

$$\mathbf{T_{éb} = 630\ K}, \text{ soit } \mathbf{\theta_{éb} = 357\ °C}$$

qui est précisément la valeur expérimentale de la température d'ébullition du mercure sous une pression $p^0 = 1{,}0$ bar.

12 Allotropie de l'étain

1 ▬ À l'aide de la relation $\left(\frac{\partial \mu}{\partial T}\right)_p = -S_m(T)$, il vient à $p_T = p^0$:

$$\int_{T^0}^{T} d\mu^0 = \int_{T^0}^{T} -S^0_m(T') \cdot dT'$$

On exprime $S_m(T)$:

$$S^0_m(T) = S^0_m(T^0) + \int_{T^0}^{T} C^0_p\left(\frac{dT'}{T}\right)$$

soit pour la variété (α) :

$$S^0_m(\alpha, T) = -102{,}2 + 25{,}8 \cdot \ln T \text{ (J . mol}^{-1}\text{ . K}^{-1})$$

et pour la variété (β) :

$$S^0_m(\beta, T) = -98{,}9 + 26{,}4 \cdot \ln T \text{ (J . mol}^{-1}\text{ . K}^{-1})$$

alors :

$$\mu^0(\alpha, T) = \mu^0(\alpha, 298\text{ K}) + \int_{298}^{T} (102{,}2 - 25{,}8 \cdot \ln T')\, dT'$$

soit :

$$\mu^0(\alpha, T) = \mu^0(\alpha, 298\text{ K}) + [102{,}2\, T' - 25{,}8\, T' \cdot (\ln T' - 1)]_{298}^{T}$$

$$\mu^0(\alpha, T) = \mu^0(\alpha, 298\text{ K}) + 128\, T - 25{,}8\, T \cdot \ln T + 5\,657 \quad \text{(en J . mol}^{-1})$$

De même :

$$\mu^0(\beta, T) = \mu^0(\beta, 298\text{ K}) + 125{,}3\, T - 26{,}4\, T \cdot \ln T + 7\,481$$

soit :

$$\mu^0(\beta, T) - \mu^0(\alpha, T) = \mu^0(\beta, 298\text{ K}) - \mu^0(\alpha, 298\text{ K}) - 2{,}7\, T - 0{,}60\, T \cdot \ln T + 1\,824$$

Pour $\theta_t = 13{,}2$ °C, soit $T_t = 286{,}2$ K :

$$\mu^0(\beta, T) = \mu^0(\alpha, T)$$

et :

$$\mu^0(\beta, 298\text{ K}) - \mu^0(\alpha, 298\text{ K}) = 2{,}7\, T + 0{,}60\, T \cdot \ln T - 1\,824$$

soit :

$$\boldsymbol{\mu^0(\beta, 298\text{ K}) - \mu^0(\alpha, 298\text{ K}) = -80\text{ J . mol}^{-1}}$$

À 25 °C, $\mu^0(\beta)$ est inférieur à $\mu^0(\alpha)$: l'étain blanc ($Sn(\beta)$) est la variété stable à cette température.

2 ▬ Pour $\theta = 273$ K,

$$\boldsymbol{\mu^0(\beta, 273\text{ K}) - \mu^0(\alpha, 273\text{ K}) = +88\text{ J . mol}^{-1}}$$

À 0 °C, c'est l'étain gris $Sn(\alpha)$ qui est la variété stable, ce qui explique l'apparition de taches grises.

L'étain gris $Sn(\alpha)$ étant moins dense que l'étain blanc $Sn(\beta)$, la transition $Sn(\beta) \longrightarrow Sn(\alpha)$ s'accompagne d'une augmentation du volume massique justifiant le léger effritement observé.

3 ▬ À température constante,

$$d\mu(\alpha) = V^*_m(\alpha) \cdot dp$$

$$d\mu(\beta) = V^*_m(\beta) \cdot dp$$

soit : $d(\mu(\beta) - \mu(\alpha)) = (V^*_m(\beta) - V^*_m(\alpha)) \cdot dp$

Soit p la pression correspondant à l'équilibre entre les deux formes $Sn(\alpha)$ et $Sn(\beta)$ à 273 K, alors :

$$\mu(\beta, 273\text{ K}, p) - \mu(\alpha, 273\text{ K}, p) = 0$$

En intégrant l'expression ci-dessus, il vient :

$$\int_{p^0}^{p} d(\mu(\beta) - \mu(\alpha)) = (V^*_m(\beta) - V^*_m(\alpha)) \cdot (p - p^0)$$

soit :

$$\mu(\beta, 273\text{ K}, p) - \mu(\alpha, 273\text{ K}, p) = \mu(\beta, 273\text{ K}, p^0) - \mu(\alpha, 273\text{ K}, p^0) + (V^*_m(\beta) - V^*_m(\alpha)) \cdot (p - p^0)$$

d'où :

$$p = p^0 - \frac{\mu^0(\beta, 273\text{K}) - \mu^0(\alpha, 273\text{K})}{V^*_m(\beta) - V^*_m(\alpha)}$$

soit, avec $V^*_m(\beta) = \dfrac{M(Sn)}{\rho_\beta} = 1{,}63 \cdot 10^{-5}\text{ m}^3 \cdot \text{mol}^{-1}$

et $V^*_m(\alpha) = \dfrac{M(Sn)}{\rho_\alpha} = 2{,}06 \cdot 10^{-5}\text{ m}^3 \cdot \text{mol}^{-1}$

$$\boldsymbol{p \approx 205{,}6\text{ bar}}$$

13 Potentiel chimique du fer

1 ▬ À la fusion sous la pression p^0, le fer est en équilibre sous les deux phases liquide et solide, aussi :

$$\mu^0_\ell(T_1) = \mu^0_s(T_1)$$

Pour l'équilibre $Fe(s) = Fe(\ell)$:

• $\Delta_{fus}V_m = V_m(\ell) - V_m(s) = M(Fe)\left(\dfrac{1}{\rho_\ell} - \dfrac{1}{\rho_s}\right)$

soit : $\boldsymbol{\Delta_{fus}V_m = 0{,}273\text{ cm}^{-3}}$

• $\Delta_{fus}S^0_m = \dfrac{\Delta_{fus}H^0}{T_{fus}}$

soit : $\boldsymbol{\Delta_{fus}S^0_m = 8{,}477\text{ J . K}^{-1}\text{ . mol}^{-1}}$

2 ▬ En écrivant pour les deux phases ℓ et s :

$$\mu^0(T_2) = \mu^0(T_1) - \int_{T_1}^{T_2} S_m(T) \cdot dT$$

avec $S_m(T) = S_m(T_1) + \displaystyle\int_{T_1}^{T} C_p \frac{dT'}{T'}$, et en remarquant que $\mu^0_\ell(T_1) - \mu^0_s(T_1) = 0$, il vient :

$$\mu^0_\ell(T_2) - \mu^0_s(T_2) = -\Delta_{fus}S^0_m(T_1) \cdot (T_2 - T_1) + \Delta_{fus}C_p\left[(T_2 - T_1) - T_2 \cdot \ln\frac{T_2}{T_1}\right] \quad (1)$$

soit : $\boldsymbol{\mu^0_\ell(T_2) - \mu^0_s(T_2) = 76{,}2\text{ J . mol}^{-1}}$

$\mu^0_\ell(T_2) > \mu^0_s(T_2)$, à 1 530 °C le liquide est métastable.

3 ▬ À pression constante $Q_p = \Delta H = 0$, or :

$$n\, C_p(T_1 - T_2) - n\, \Delta_{fus} H^0(T_1) \neq 0$$

la solidification est donc partielle.

La fraction molaire x_s du mélange qui est cristallisé se détermine à l'aide de l'équation d'adiabaticité :

$$n\, C^0_{p,m,\ell}(T_1 - T_2) - n \cdot x_s \cdot \Delta_{fus}H^0(T_1) = 0$$

soit : $\boldsymbol{x_s = 26 \cdot 10^{-3}}$ **et** $\boldsymbol{T_{final} = T_1 = T_{fus}}$

Remarque :

Pour que la solidification soit totale, il faudrait que $T_2 = T_1 - \dfrac{\Delta_{fus}H^0(T_1)}{C^0_{p,m,\ell}} = 1\,467$ K *soit* 1 194 °C *température difficile à atteindre pour du fer liquide.*

4 ▬ a) On calcule $\mu_\ell(T_\Omega, p_\Omega) - \mu_s(T_\Omega, p_\Omega)$:

$$\mu_\ell(T_\Omega, p_\Omega) - \mu_s(T_\Omega, p_\Omega) = \mu_\ell(T_\Omega, p^0) - \mu_s(T_\Omega, p^0) + \Delta_{fus}V_m \cdot (p_\Omega - p^0)$$

soit à l'aide de la relation (**1**) établie à la question **2**) :

$$\mu_\ell(T_\Omega, p_\Omega) - \mu_s(T_\Omega, p_\Omega) = -\Delta_{fus}S^0_m(T_1) \cdot (T_\Omega - T_1) + \Delta_{fus}C_p\left[(T_\Omega - T_1) - T_\Omega \cdot \ln\left(\frac{T_\Omega}{T_1}\right)\right] + \Delta_{fus}V_m \cdot (p_\Omega - p^0)$$

Numériquement :

$\mu_\ell(T_\Omega, p_\Omega) - \mu_s(T_\Omega, p_\Omega) = 71{,}2$ kJ . mol^{-1}

Au centre de la Terre, $\mu_\ell(T_\Omega, p_\Omega) > \mu_s(T_\Omega, p_\Omega)$, le fer est donc à l'état solide.

b) Le fer peut exister à l'état liquide s'il existe une zone où, à la température T_Ω règne une pression p telle que :

$$\mu_\ell(T_\Omega, p) - \mu_s(T_\Omega, p) \leqslant 0$$

soit :

$$(p - p^0) \leqslant \frac{1}{\Delta_{fus}V_m} \cdot (\Delta_{fus}S^0_m(T_1) \cdot (T_\Omega, T_1) - \Delta_{fus}C_p(T_\Omega - T_1) + \Delta_{fus}C_p \cdot T_\Omega \cdot \ln\frac{T_\Omega}{T_1}$$

d'où : $p - p^0 \leqslant 1{,}39$ Mbar

p est inférieur à la pression p_Ω qui règne au centre ; comme la pression décroît lorsqu'on s'éloigne du centre, il peut exister une zone où le fer liquide devient plus stable que le fer solide. L'analyse de la structure de la Terre a montré l'existence d'une telle zone.

14 Potentiel chimique et force de diffusion

A. Potentiel chimique

1 ▬ $G = H - T \cdot S$ soit $\mathrm{d}G = V \cdot \mathrm{d}p - S \cdot \mathrm{d}T$.

À température constante, $\mathrm{d}G_T = V \cdot \mathrm{d}p$.

2 ▬ Le potentiel chimique est, pour un corps pur, confondu avec l'enthalpie libre molaire partielle. Pour un gaz parfait, on a donc :

$$\mathrm{d}\mu = V \cdot \mathrm{d}p = RT \cdot \frac{\mathrm{d}p}{p}$$

$$\mu(T, p) = \mu(T, p^0) + RT \cdot \ln\frac{p}{p^0}$$

$$= \mu^0(T) + RT \cdot \ln\frac{p}{p^0}$$

L'état de référence est celui à $p = p^0 = 1$ bar.

Pour une solution aqueuse diluée, $a_i = \frac{c_i}{c^0}$ avec $c^0 = 1$ mol . L^{-1}, soit :

$$\boldsymbol{\mu = \mu^0(T) + RT \cdot \ln\frac{c}{c^0}}$$

3 ▬ **a)** Le signe « – », qui figure dans la loi de Fick, traduit le fait que la diffusion se produit des zones de forte concentration vers celles de faible concentration, soit de la gauche vers la droite.

b) La diffusion s'arrête lorsque les concentrations sont égales, c'est-à-dire dans un milieu isotherme lorsque les potentiels chimiques sont égaux. On peut donc considérer que **la « force de diffusion » est due au gradient du potentiel chimique de l'espèce qui diffuse.**

c) Puisqu'on s'intéresse à une particule, on considère d'abord le potentiel chimique moléculaire $\mu_m = (\mu / N_A)$.

μ_m est homogène à une énergie et peut s'exprimer par :

$$\mu_m = \mu^0_m(T) + \frac{RT}{N_A} \cdot \ln\frac{n}{n^0}$$

où n et n_0 sont des densités particulaires.

La force de diffusion appliquée à une particule est alors :

$$\vec{f}_d = -\frac{RT}{N_A} \cdot \overrightarrow{\mathrm{grad}}\,(\ln n)$$

Soit pour un problème unidimensionnel :

$$\boldsymbol{\vec{f}_d = -\frac{RT}{N_A} \cdot \frac{\mathrm{d}\ln n}{\mathrm{d}x} \cdot \vec{u}_x}$$

B. Force de diffusion

1 ▬ En régime permanent, j est uniforme et l'accélération des particules est nulle, soit :

$$0 = -6\pi \cdot \eta \cdot a \cdot \dot{x} + f_c$$

La densité de courant est reliée à la vitesse des particules qui diffusent par $j = n \cdot \dot{x}$.

La loi de Fick $j = -D \cdot \frac{\mathrm{d}n}{\mathrm{d}x}$ peut donc s'écrire :

$$n \cdot \dot{x} = -D \cdot \frac{\mathrm{d}n}{\mathrm{d}x}$$

La force due au gradient de concentration est donc :

$$\boldsymbol{f_c = -6\pi \cdot \eta \cdot a \cdot \frac{D}{n} \cdot \frac{\mathrm{d}n}{\mathrm{d}x}}$$

2 ▬ Par définition, l'énergie potentielle E_p dont dérive la force de diffusion satisfait à $\vec{f}_c = -\overrightarrow{\mathrm{grad}}E_p$.

Soit pour un problème unidimensionnel $f_c = -\frac{\mathrm{d}E_p}{\mathrm{d}x}$.

On a donc :

$$\frac{\mathrm{d}E_p}{\mathrm{d}x} = 6\pi \cdot \eta \cdot a \cdot D \cdot \frac{1}{n} \cdot \frac{\mathrm{d}n}{\mathrm{d}x} = 6\pi \cdot \eta \cdot a \cdot D \cdot \frac{\mathrm{d}\ln n}{\mathrm{d}x}$$

Soit : $\boldsymbol{E_p = 6\pi \cdot \eta \cdot a \cdot D \cdot \ln\frac{n}{n_0}}$

3 ▬ On compare les deux expressions de la force :

$$-6\pi \cdot \eta \cdot a \cdot D \cdot \frac{\mathrm{d}\ln n}{\mathrm{d}x} = \frac{-RT}{N_A} \cdot \frac{\mathrm{d}\ln n}{\mathrm{d}x}$$

Par identification, on obtient :

$$\boldsymbol{6\pi \cdot \eta \cdot a \cdot D \cdot N_A = RT}$$

Application numérique :

Rayon hydrodynamique : $a = \frac{RT}{6\pi \cdot \eta \cdot D \cdot N_A}$

soit : $\boldsymbol{a = 4{,}4 \cdot 10^{-11}\ \mathrm{m} = 44\ \mathrm{pm}}$

2 Grandeurs standard

RAPPELS DE COURS

GÉNÉRALITÉS

• Par définition, la grandeur X de réaction à T, p et ξ est la dérivée partielle de X par rapport à ξ, T et p étant bloquées. Elle est notée $\Delta_r X$:

$$\Delta_r X(T, p, \xi) = \left(\frac{\partial X(T, p, \xi)}{\partial \xi}\right)_{T, p}$$

De par sa définition, $\Delta_r X$ a la dimension de X divisée par celle de la quantité de matière (mol).

• Lorsque les constituants sont dans leur état standard, la grandeur de réaction $\Delta_r X$ est appelée *grandeur standard de réaction* et notée $\Delta_r X^0(T)$:

$$\Delta_r X^0(T) = \left(\frac{\partial X^0}{\partial \xi}\right)_T = \sum_i \nu_i \cdot X^0_{m,\,i}(T)$$

où $X^0_{m,\,i}(T)$ est la grandeur molaire standard du constituant B_i.

$\Delta_r X^0(T)$ n'est fonction que de la température, les constituants du système étant tous dans leur état standard.

$\Delta_r X^0$ ne dépend pas de l'avancement, contrairement à $\Delta_r X$.

• Pour la réaction d'équation $\sum_i \nu_i \cdot B_i = 0$, on définit :

– l'enthalpie standard de réaction :

$$\Delta_r H^0(T) = \left(\frac{\partial H^0}{\partial \xi}\right)_T = \sum_i \nu_i \cdot H^0_{m,\,i}(T)$$

– l'entropie standard de réaction :

$$\Delta_r S^0(T) = \left(\frac{\partial S^0}{\partial \xi}\right)_T = \sum_i \nu_i \cdot S^0_{m,\,i}(T)$$

Si $\Delta_r n(g) > 0$, alors $\Delta_r S^0(T) > 0$.

Si $\Delta_r n(g) < 0$, alors $\Delta_r S^0(T) < 0$.

Si $\Delta_r n(g) = 0$, alors $\Delta_r S^0(T) \approx 0$.

– La capacité calorifique standard de réaction :

$$\Delta_r C_p{}^0(T) = \left(\frac{\partial C_p^0}{\partial \xi}\right)_T = \sum_i \nu_i \cdot C^0_{p\text{m},\,i}(T)$$

– L'enthalpie libre standard de réaction :

$$\Delta_r G^0(T) = \left(\frac{\partial G^0}{\partial \xi}\right)_T = \sum_i \nu_i \cdot G^0_{\text{m},\,i}(T) = \sum_i \nu_i \cdot \mu_i^0(T)$$

avec : $$\Delta_r G^0(T) = \Delta_r H^0(T) - T \cdot \Delta_r S^0(T)$$

LOI DE KIRCHHOFF

• La dérivée, par rapport à la température, de l'enthalpie standard de réaction est égale à la capacité calorifique standard de réaction sous pression constante, $\Delta_r C_p^0(T)$:

$$\frac{\mathrm{d}\Delta_r H^0(T)}{\mathrm{d}T} = \Delta_r C_p^0(T)$$

• De même, l'enthalpie libre standard de réaction, $\Delta_r G^0(T)$, et l'entropie standard de réaction, $\Delta_r S^0(T)$, dépendent de la température :

$$\frac{\mathrm{d}\Delta_r G^0(T)}{\mathrm{d}T} = -\Delta_r S^0(T) \quad \text{et} \quad \frac{\mathrm{d}\Delta_r S^0(T)}{\mathrm{d}T} = \frac{\Delta_r C_p^0(T)}{T}$$

LOI DE GIBBS-HELMHOLTZ :

$$\frac{\mathrm{d}(\Delta_r G^0(T)/T)}{\mathrm{d}T} = -\frac{\Delta_r H^0(T)}{T^2}$$

RÉACTION STANDARD DE FORMATION

• La réaction standard de formation d'une espèce chimique B, à une température T et dans un état physique donné, est la réaction au cours de laquelle une mole de ce corps, dans son état standard, est formée à partir des corps simples correspondant aux éléments qui le constituent, chacun de ces corps simples étant dans son état standard de référence à la température T.

$$\left[\begin{array}{c}\text{corps simples correspondant aux}\\ \text{éléments constitutifs de } B \text{ dans}\\ \text{leur état standard de référence}\end{array}\right] \longrightarrow B$$

• La grandeur standard de formation $\Delta_f X^0(T)$ d'une substance B est celle de la réaction standard de formation de cette espèce à la température considérée :

• Les enthalpies standard et les enthalpies libres standard de réaction peuvent être déterminées à partir des enthalpies standard et des enthalpies libres standard de formation :

$$\Delta_r H^0(T) = \sum_i \nu_i \cdot \Delta_f H_i^0(T) \quad ; \quad \Delta_r G^0(T) = \sum_i \nu_i \cdot \Delta_f G_i^0(T)$$

Les entropies standard de réaction peuvent se calculer de la même manière :

$$\Delta_r S^0(T) = \sum_i \nu_i \cdot \Delta_f S_i^0(T)$$

Mais on préfère utiliser en général les entropies absolues, c'est-à-dire déduites du Troisième Principe :

$$\Delta_r S^0(T) = \sum_i \nu_i \cdot S^0_{\text{m},\,i}(T)$$

• Par convention, à toute température :

$$\Delta_f H^0(H^+, \text{aq}) = 0 \quad ; \quad \Delta_f G^0(H^+, \text{aq}) = 0$$

$$S^0(H^+, \text{aq}) = 0 \quad ; \quad C_p^0(H^+, \text{aq}) = 0$$

RÉACTION DE DISSOCIATION ; ÉNERGIE DE LIAISON

• La *dissociation homolytique* de la liaison AB correspond au processus au cours duquel une mole de molécules AB *à l'état gazeux* est dissociée en *radicaux* monoatomiques $A^\bullet$ et $B^\bullet$, *à l'état gazeux et sans interaction les uns avec les autres*, selon l'équation :

$$AB\ (\mathrm{g}) = A^\bullet\ (\mathrm{g}) + B^\bullet\ (\mathrm{g})$$

L'enthalpie standard de cette réaction est appelée enthalpie de dissociation de la molécule AB et notée $\Delta_{\mathrm{diss}}H^0(T)$, ou D_{A-B}.

D_{A-B} est une quantité positive.

$$D_{A-B} \approx \Delta_{\mathrm{diss}}H^0$$

• L'énergie (ou l'enthalpie) de la liaison X—Y, notée $E_{X—Y}$, est la valeur moyenne des énergies (ou des enthalpies) de dissociation de cette liaison, calculée sur un ensemble de composés comportant cette liaison.

• Pour une réaction *se déroulant en phase gazeuse* :

$$\Delta_{\mathrm{r}}H^0(T) \approx \sum E_{\text{liaisons rompues}} - \sum E_{\text{liaisons formées}}$$

ÉNONCÉS

1 Enthalpie molaire et enthalpie de formation

Soit T_r une température de référence choisie arbitrairement ; dans ce qui suit, on prendra $T_r = 298$ K.

1 ▬ Exprimer $H^0_{m,s}(T)$; $H^0_{m,\ell}(T)$; $H^0_{m,v}(T)$, enthalpies molaires standard du cuivre dans ses différents états physiques, en fonction de la température et de $H^0_{m,s}(T_r)$.

2 ▬ Représenter qualitativement les variations de l'enthalpie molaire standard du cuivre dans son état physique stable, en fonction de la température.

3 ▬ Rappeler la définition de l'état standard de référence d'un élément puis celle la réaction de formation d'un constituant. Exprimer $\Delta_f H^0(\text{Cu}, \ell, T)$, enthalpie molaire standard de formation du cuivre liquide en fonction de la température.

Données :

matériau	cuivre
T_{fus} (K)	1 356
T_{vap} (K)	2 840
L_{fus} (kJ . kg^{-1})	205
L_{vap} (kJ . kg^{-1})	4 800
$c_{p,\,s}$ (J . K^{-1} . kg^{-1})	380
$c_{p,\,\ell}$ (J . K^{-1} . kg^{-1})	494
$c_{p,\,g}$ (J . K^{-1} . kg^{-1})	328
M (g . mol^{-1})	63,5

Sous la pression standard p^0 :
T_{fus} : température de fusion
T_{vap} : température de vaporisation
L_{fus} : chaleur latente massique de fusion à T_{fus}.
L_{vap} : chaleur latente massique de vaporisation à T_{vap}.
M : masse molaire
$c_{p,\,s}$, $c_{p,\,\ell}$, et $c_{p,\,g}$: capacités thermiques massiques respectivement du solide, du liquide et du gaz.
On néglige les variations des capacités thermiques massiques en fonction de la température.

Conseils

Cet exercice ne fait appel qu'à des connaissances de première année.

1) Distinguer grandeurs massiques et molaires. Revoir, si nécessaire, la définition des chaleurs latentes.

3) Utiliser la définition de la réaction standard de formation d'une espèce.

2 Énergies de liaison SS

1 ▬ On considère les molécules de formule générale H_2S_n.

a) Donner la formule de Lewis, respectant la règle de l'octet, du sulfure d'hydrogène et du trisulfure d'hydrogène H_2S_3. Quelle est la valeur approchée de l'angle SSS dans cet édifice ?

b) Déterminer les énergies des liaisons SH et SS.

2 ▬ En déduire l'enthalpie standard de formation des polysulfures H_2S_n :

$$\Delta_f H^0 = f(n)$$

Comparer aux valeurs expérimentales :

$$\Delta_f H^0(H_2S_2\text{ , g}) = +\,15{,}5 \text{ kJ . mol}^{-1}$$

et

$$\Delta_f H^0(H_2S_4\text{ , g}) = +\,46{,}2 \text{ kJ . mol}^{-1}$$

3 ▬ **a)** À l'état cristallisé, le corps simple soufre existe sous forme moléculaire S_8.
Quelle particularité présente nécessairement cette molécule pour respecter la règle de l'octet ?
Écrire la formule de Lewis correspondante. La molécule peut-elle être plane ?

b) À haute température, la vapeur de soufre contient principalement des molécules S et S_2 mais peu de molécules S_8 ; écrire la formule de Lewis de S_2.
Cette formule permet-elle d'interpréter le caractère paramagnétique de la molécule S_2 ?

c) Peut-on calculer, à partir des données fournies, l'enthalpie de liaison SS : – dans la molécule S_8 ?
– dans la molécule S_2 ?

Données :

• Numéro atomique $Z(S) = 16$.
• Enthalpies standard de formation à 298 K :
$\Delta_f H^0(H_2S\text{ , g}) = -\,20{,}6$ kJ . mol^{-1} ;
$\Delta_f H^0(H_2S_2\text{ , g}) = +\,15{,}5$ kJ . mol^{-1} ;
$\Delta_f H^0(H_2S_3\text{ , g}) = +\,31{,}8$ kJ . mol^{-1} ;
$\Delta_f H^0(H_2S_4\text{ , g}) = +\,46{,}2$ kJ . mol^{-1} ;
$\Delta_f H^0(S_2\text{ , g}) = +\,128{,}6$ kJ . mol^{-1} ;
$\Delta_f H^0(S\text{ , g}) = +\,277{,}17$ kJ . mol^{-1}.
• Enthalpie de dissociation du dihydrogène H_2 :
$D_{H-H} = 435{,}99$ kJ . mol^{-1}.

Conseils

Cet exercice ne fait appel qu'à des connaissances de première année.

1) a) Utiliser la théorie de Gillespie (V.S.E.P.R.).
b) Revoir, dans les *Rappels de cours*, la définition de l'énergie de liaison. À partir des formules de Lewis de H_2S et H_2S_3, déterminer les liaisons mises en jeu lors de l'atomisation.
2) Constituer un cycle de réactions, pour passer des corps simples aux produits, par l'intermédiaire des atomes gazeux.

3 Énergies de liaison du silicium

Le silicium est fabriqué à partir de la silice SiO_2 (s) selon :

$$3\ SiO_2\ (s) + 2\ CaC_2\ (s) = 3\ Si\ (s) + 2\ CaO\ (s) + 4\ CO\ (g) \quad \mathbf{(1)}$$

Le silicium obtenu de cette manière contient beaucoup d'impuretés. Il est purifié par voie chimique.
Les réactions de purification sont, entre autres :

$$Si(s) + 2\ Cl_2\ (g) = SiCl_4\ (g) \quad \mathbf{(2)}$$

$$SiCl_4\ (g) + 2\ H_2\ (g) = Si\ (s) + 4\ HCl\ (g) \quad \mathbf{(3)}$$

1 ▬ Calculer les enthalpies standard des réactions **(1)**, **(2)** et **(3)**.

2 ▬ Déterminer l'énergie de liaison SiCl.

3 ▬ **a)** À l'état cristallin, le silicium possède la même structure que le diamant.
Le cristal correspondant est-il :
– ionique ?
– moléculaire ?
– covalent tridimensionnel ?
Décrire cette structure et préciser la coordinence du silicium.
b) Peut-on déduire des données l'énergie de la liaison Si–Si ? Justifier la réponse et effectuer le calcul si cela est possible.

Données :

• Enthalpies standard de formation :
SiO_2 (s) : – 910,7 kJ . mol^{-1} ;
CaC_2 (s) : – 60 kJ . mol^{-1} ;
CaO (s) : – 634,9 kJ . mol^{-1} ;
Si (g) : 450 kJ . mol^{-1} ;
CO (g) : – 110,5 kJ . mol^{-1} ;
$SiCl_4$ (g) : – 605 kJ . mol^{-1} ;
HCl (g) : – 92,3 kJ . mol^{-1} ;
• Énergie de liaison : $D_{Cl-Cl} = 242{,}6$ kJ . mol^{-1}.

Conseils

Cet exercice ne fait appel qu'à des connaissances de Première Année.
2) Revoir, dans les *Rappel de cours,* la définition d'une énergie de liaison. Tenir compte de l'état physique des constituants.
3) Utiliser la réaction standard de formation de Si (g).

4 Oxydes du chrome

A. Enthalpie réticulaire de Cr_2O_3

1 ▬ On appelle *enthalpie réticulaire* d'un cristal ionique l'enthalpie standard de la réaction au cours de laquelle une mole du cristal est dissociée en ses ions constitutifs, *à l'état gazeux et sans interaction les uns avec les autres*, selon l'équation :

$$M_pX_n\ (s) = p\ M^{n+}\ (g) + n\ X^{p-}(g)$$

$$\Delta_{rét}H^0(T) \approx E_{rét}$$

En utilisant un cycle, exprimer l'enthalpie réticulaire de Cr_2O_3 (s).

2 ▬ Calculer sa valeur. La comparer à celle de NaCl et donner deux raisons expliquant la grande différence observée.

B. Perte d'inoxydabilité de l'alliage « nichrome »

Dans certaines conditions (température très élevée et pression réduite), l'oxyde de chrome (III) se sublime de façon notable sous l'action du dioxygène en produisant le trioxyde de chrome gazeux CrO_3 (g).

1 ▬ Écrire la formule de Lewis de CrO_3 (g). Quelle est la forme la plus probable de cette molécule ?

2 ▬ Écrire l'équation traduisant l'oxydation de Cr_2O_3 (s) en CrO_3 (g).

3 ▬ *L'oxydation de Cr_2O_3 (s) en CrO_3 (g) conduit à la perte de l'inoxydabilité de l'alliage « nichrome ». Les ingénieurs font alors appel, dans ces conditions, à une autre famille d'alliages, de type Ni-Al, se protégeant de l'oxydation par une couche mince d'alumine solide Al_2O_3 (s). Pourquoi une telle couche de protection ne peut-elle se sublimer sous forme de Al_2O_3 gazeux ?

Données :

• Numéros atomiques :
$Z(O) = 8$; $Z(Al) = 13$; $Z(Cr) = 24$; $Z(Ni) = 28$.

• Changements de phase du chrome :
fusion : $\Delta_{fus}H^0 = 16{,}93$ kJ . mol^{-1} ;
vaporisation : $\Delta_{vap}H^0 = 344{,}3$ kJ . mol^{-1}.

• Enthalpie standard d'ionisation à 0 K :

$$Cr\ (g) = Cr^{3+}\ (g) + 3\ e^-\ (g) \qquad \Delta_{ion}H^0 = 5\ 135{,}80 \text{ kJ . mol}^{-1}.$$

• Enthalpie standard d'attachement électronique à 0 K :

$$O(g) + 2\ e^- = O^{2-}\ (g) \qquad \Delta_{att}H^0 = 638{,}70 \text{ kJ . mol}^{-1}.$$

• Enthalpies standard de formation :
$\Delta_fH^0(Cr_2O_3\ , s) = -\ 1\ 145{,}84$ kJ . mol^{-1} ;
$\Delta_fH^0(CrO_3\ , g) = -\ 291{,}11$ kJ . mol^{-1}.

• Enthalpie de liaison du dioxygène O_2 :
$D_{O=O} = 493{,}59$ kJ . mol^{-1}.

• Enthalpie réticulaire du chlorure de sodium :
$\Delta_{rét}H^0 = 764{,}0$ kJ . mol^{-1}.
• Constantes physiques :
– constante du gaz parfait $R = 8{,}314$ J . K^{-1} . mol^{-1} ;
– constante d'Avogadro $N_A = 6{,}022 \,.\, 10^{23}$ mol^{-1}.

Conseils

A. 1) Envisager un chemin indirect où l'on passe des ions au cristal par l'intermédiaire des corps simples Cr (s) et O_2 (g).
Revoir, dans les *Rappels de cours*, la définition d'une énergie de liaison.
3) Comparer les caractéristiques des ions constituant NaCl et Cr_2O_3.
B. 3) Étudier les possibilités d'extension de l'octet de Al et Cr.

5 Formation du nitrure de silicium

D'après Concours Mines d'Alès 1998.

Le nitrure de silicium peut être formé directement à partir des corps simples :

$$2\,N_2\,(g) + 3\,Si\,(s) = Si_3N_4\,(s) \qquad (1)$$
$$\Delta_rH_1^0 = -\,744 \text{ kJ . mol}^{-1}$$

1 ▬ *a) On réalise la réaction **(1)** à pression constante $p = p^0 = 1{,}00$ bar. Les réactifs sont pris dans les proportions stœchiométriques et la réaction est totale. La température initiale des réactifs est $T_i = 300$ K.
Calculer la température finale du système, T_f en supposant l'évolution du système adiabatique.
Justifier la méthode de calcul.
Commenter le résultat.
b) La réaction précédente est assez lente du fait de la grande stabilité du diazote et du silicium.
Donner la structure de Lewis de la molécule de diazote N_2.
Justifier qualitativement que cette molécule se décompose difficilement.

2 ▬ ** La réaction est effectuée, avec un courant de diazote pur, sur du silicium pur et divisé. La réaction est amorcée au début puis continue, le diazote et le nitrure de silicium atteignant une température finale T_f. La température initiale des réactifs est de 300 K. La pression p au cours de l'expérience reste constante et égale à $p^0 = 1{,}00$ bar. Dans ce système, seulement 5 % du diazote est consommé.
Calculer la température finale.

Données :
• Capacités thermiques molaires standard sous pression constante :
N_2 (g) : 30 J . K^{-1} . mol^{-1} ;
Si_3N_4 (s) : 95 J . K^{-1} . mol^{-1}.
• Numéros atomiques :
Z(Si) = 14 ; Z(N) = 7

Conseils

Cet exercice ne fait appel qu'à des connaissances de première année.
1) a) Il s'agit de calculer une *température de flamme*. Tenir compte des données disponibles pour choisir la méthode de calcul.
2) Prendre en compte la totalité du mélange réactionnel après la fin de la réaction.

6 Influence de la température sur les grandeurs de réaction

1 ▬ Rappeler les expressions des dérivées par rapport à la température des grandeurs de réaction $\Delta_rH^0(T)$, $\Delta_rS^0(T)$ et $\Delta_rG^0(T)$.

2 ▬ **a)** On considère une réaction, pour laquelle on néglige l'influence des capacités calorifiques.
Qu'en résulte-t-il pour $\Delta_rH^0(T)$, $\Delta_rS^0(T)$ et $\Delta_rG^0(T)$?
b) On considère maintenant que les capacités calorifiques des différents constituants sont indépendantes de la température.
Qu'en résulte-t-il pour $\Delta_rH^0(T)$, $\Delta_rS^0(T)$ et $\Delta_rG^0(T)$?

3 ▬ La synthèse industrielle du chlorure de vinyle (chloroéthène) est réalisée en deux étapes à partir de l'éthylène, avec d'excellents rendements :
– addition de dichlore, en phase gazeuse entre 90 et 130 °C, selon :

$$CH_2{=}CH_2 + Cl_2 = CH_2Cl{-}CH_2Cl \qquad (1)$$

– élimination de chlorure d'hydrogène selon :

$$CH_2ClCH_2Cl = CH_2{=}CHCl + HCl \qquad (2)$$

en phase gazeuse, vers 500-600°C, sous pression de 25-35 bar.
a) Donner l'expression numérique de l'enthalpie libre standard $\Delta_rG^0(T)$ pour les réactions **(1)** et **(2)** en phase gazeuse. On négligera, dans l'intervalle de température considéré, l'influence des capacités calorifiques.
b) Reprendre le calcul en tenant compte de cette influence.
c) Calculer numériquement $\Delta_rG_1{}^0(T = 100\,°C)$ et $\Delta_rG_2{}^0(T = 500\,°C)$ dans les deux hypothèses.
La simplification du **a)** est-elle acceptable ?

Données :
Grandeurs thermodynamiques standard des composés gazeux, à 298 K :

constituant	Δ_fH^0 (kJ . mol^{-1})	S_m^0 (J . K^{-1} . mol^{-1})	C_p^0 (J . K^{-1} . mol^{-1})
$CH_2{=}CH_2$	52,2	219,2	43,5
CH_2ClCH_2Cl	– 129,7	308,0	78,6
$CH_2{=}CHCl$	35,5	263,6	53,7
Cl_2	0,0	222,7	33,9
HCl	– 92,2	186,6	29,1

Conseils

1) Prendre garde aux unités (1 kJ = 10^3 J).

2) Commencer par exprimer la capacité calorifique standard de réaction.

7 Grandeurs standard en fonction de la température *T*

La déshydrogénation du butane en butène se fait suivant la réaction d'équation :

$$C_4H_{10} = C_4H_8 + H_2$$

1 Calculer pour cette réaction :

a) $\Delta_rH^0(298)$;

b) $\Delta_rS^0(298)$;

c) $\Delta_rG^0(298)$.

2 Exprimer $\Delta_rH^0(T)$, $\Delta_rS^0(T)$ et $\Delta_rG^0(T)$ en fonction de la température.

3 Faire l'application numérique à 873 K.

Données :

$R = 8{,}3314\ \mathrm{J\,.\,K^{-1}\,.\,mol^{-1}}$

constituant	Δ_fH^0 (kJ . mol^{-1})	S^0_m (J . K^{-1} . mol^{-1})	C^0_p (J . K^{-1} . mol^{-1})
H_2 (g)	0	130,6	$27{,}20 + 0{,}4\,.\,10^{-2}\,.\,T$
C_4H_{10} (g)	– 126,18	310,2	$19{,}25 + 23{,}5\,.\,10^{-2}\,.\,T$
C_4H_8 (g)	– 0,125	305,7	$19{,}25 + 21{,}5\,.\,10^{-2}\,.\,T$

Conseils

1) Prendre garde aux unités (1 kJ = 10^3 J).

2) Commencer par exprimer la capacité calorifique standard de réaction.

8 Grandeurs standard et changements d'état

D'après Concours ENSAM ESTP PSI, 1998.

La seconde étape de la métallurgie du zirconium fait intervenir la réaction de réduction du tétrachlorure de zirconium par le magnésium, lequel est oxydé en chlorure de magnésium.

1 Écrire l'équation de la réaction mettant en jeu 1 mole de tétrachlorure de zirconium et calculer les grandeurs standard de réaction à 298 K, en tenant compte de l'état physique des différents constituants.

2 Industriellement, la réaction est réalisée à haute température.

a) Quel est l'état physique des différentes espèces en fonction de la température, sous 1 bar, entre 25 °C et 1 000 °C ?

b) Exprimer $\Delta_rH^0(T)$ et $\Delta_rS^0(T)$, enthalpie et entropie standard de réaction en fonction de la température entre 25 °C et 1 000 °C. Tracer les courbes correspondantes sur deux graphiques séparés. Commenter leur aspect.

c) En calculant quelques points remarquables, donner l'aspect de la courbe représentant l'enthalpie libre standard de la réaction, $\Delta_rG^0(T)$. Quelle différence fondamentale présente-t-elle avec les courbes représentant $\Delta_rH^0(T)$ et $\Delta_rS^0(T)$?

3 Industriellement, la température de réaction est réglée à 1 123 K. Quel est l'état physique des différentes espèces à cette température sous 1 bar ? Calculer les grandeurs standard de réaction à cette température. Commenter leurs valeurs.

Données :

corps pur (état physique)	C^0_p (J . K^{-1} . mol^{-1})	Δ_fH^0 (kJ . mol^{-1})	S^0_m (J . K^{-1} . mol^{-1})
Zr (s)	24,4	0	39,0
$ZrCl_4$ (s)	119,8	– 982	186,2
$ZrCl_4$ (g)	92,2		
Mg (s)	24,9	0	32,7
Mg (ℓ)	31,8	0	
$MgCl_2$ (s) ou (ℓ)	71,4	– 642	89,6

• Températures de changement de phase sous la pression standard et enthalpies correspondantes :

constituant	température de fusion (K)	enthalpie de fusion (kJ . mol^{-1})	température de vaporisation (K)	enthalpie de vaporisation (kJ . mol^{-1})
Zr	2133	20	4 682	582
$ZrCl_4$			604(*)	106(*)
Mg	923	9,2	1 378	131,8
$MgCl_2$	987	43,1	1 691	136,8

(*) $ZrCl_4$ solide se sublime à 604 K.

Conseils

2) a) Sur un axe gradué en température, indiquer les changements de phases qui s'observent entre 25 °C et 1 000 °C.

b) Pour la transition de phase d'un corps pur, sous pression constante : $\Delta_{tr}S^0 = \dfrac{\Delta_{tr}H^0}{T_{tr}}$.

Noter qu'en l'absence de changement de phase, Δ_rH^0, Δ_rS^0 et Δ_rG^0 sont des fonctions continues de T.

b) et c) Calculer Δ_rS^0, Δ_rH^0 puis Δ_rG^0 pour T^-_{tr} puis T^+_{tr}.

9 Sur l'entropie

1 – Rappeler les raisons permettant de connaître les entropies S de manière absolue alors que les énergies internes U et les enthalpies H ne le sont pas. Qu'en est-il pour l'enthalpie libre G ?

2 – Les tables thermodynamiques fournissent les entropies molaires standard à 298 K, $S^0_m(298)$ pour de nombreux corps purs. Ainsi :

Tableau 1

corps pur (état physique)	He (g)	Ne (g)	Ar (g)	Kr (g)
S^0_m ($J.K^{-1}.mol^{-1}$)	126,15	146,33	154,85	164,09

Tableau 2

corps pur	Al	CaF_2	Pb	SO_3	$TiCl_4$	Hg
$S^0_{m,s}$ ($J.K^{-1}.mol^{-1}$)	28,30	68,89	64,80	53,32	208,83	65,47
$S^0_{m,\ell}$ ($J.K^{-1}.mol^{-1}$)	35,24	92,62	71,75	95,64	252,4	75,90
$S^0_{m,g}$ ($J.K^{-1}.mol^{-1}$)	164,55	273,70	175,37	256,8	353,2	174,97

Tableau 3

corps pur	O (g)	O_2 (g)	O_3 (g)
S^0_m ($J.K^{-1}.mol^{-1}$)	161,06	205,15	238,8

D'après ces données, comment varie l'entropie :
a) quand la masse des molécules croît ?
b) quand l'état physique des corps change ?
c) quand l'atomicité des molécules croît ?

3 – Rappeler l'expression des dérivées partielles $\left(\frac{\partial S}{\partial T}\right)_p$ et $\left(\frac{\partial S}{\partial p}\right)_T$. Peut-on en déduire l'influence des paramètres T et p sur l'entropie d'un constituant ?

4 – On donne à 298 K les entropies molaires standard :

corps pur	N_2 (g)	H_2 (g)	NH_3 (g)
S^0_m ($J.K^{-1}.mol^{-1}$)	191,61	130,68	192,77

a) Déterminer les entropies standard de formation, $\Delta_f S^0$, de N_2 (g), H_2 (g) et NH_3 (g).
b) Pour calculer les entropies de réaction, préfère-t-on utiliser les entropies standard de formation, $\Delta_f S^0$ ou les entropies absolues S^0_m ? Pourquoi ?
c) Application
• Déterminer, sans calcul, le signe de $\Delta_r S^0$ à 298 K pour les réactions suivantes :

(a) $3\ O_2\ (g) = 2\ O_3\ (g)$
(b) $2\ FeS_2\ (s) + 11/2\ O_2\ (g) = Fe_2O_3\ (s) + 4\ SO_2\ (g)$
(c) $NH_3\ (g) + HCl\ (g) = NH_4Cl\ (s)$
(d) $CuSO_4, 5\ H_2O\ (s) = CuSO_4\ (s) + 5\ H_2O\ (g)$
(e) $H_2S\ (g) + Cl_2\ (g) = 2\ HCl\ (g) + S\ (s)$
(f) $2\ NH_3\ (g) + 3/2\ O_2\ (g) = N_2\ (g) + 3\ H_2O\ (\ell)$

• Vérifier les prévisions faites en calculant $\Delta_r S^0$.
Données : S^0_m ($J.K^{-1}.mol^{-1}$) à 298 K :

FeS_2 (s) : 52,9	Fe_2O_3 (s) : 87,4	H_2O (ℓ) : 69,95	O_2 (g) : 205,15
Cl_2 (g) : 223,08	NH_3 (g) : 192,77	HCl (g) : 186,90	NH_4Cl (s) : 94,6
H_2O (g) : 188,84	N_2 (g) : 196,61	H_2S (g) : 205,81	O_3 (g) : 238,8
$CuSO_4$ (s) : 109,2	SO_2 (g) : 248,22	S (s) : 32,05	$CuSO_4$,5 H_2O (s) : 300,4

Conseils

1) Utiliser l'interprétation statistique de l'entropie.
3) Utiliser l'identité thermodynamique :
$$dG = V.dP - S.dT$$
4) a) Revoir si nécessaire la définition des états standard de référence.
b) Rechercher les principales causes de variation de l'entropie d'un système à T et p constants.

10 Relations entre les grandeurs standard de réaction

On considère la réaction d'équation :
$$Ta_2O_5\ (s) + 3\ TaCl_5\ (g) = 5\ TaOCl_3\ (g)$$
On donne, pour cette réaction, l'enthalpie libre en fonction de la température :
$$\Delta_r G^0(T) = 426{,}93 . 10^3 - 471{,}92 . T + 4{,}92 . 10^{-3} . T^2 + 8{,}36\ T . \ln T\ (J.mol^{-1})$$

1 – Calculer $\frac{d\Delta_r G^0}{dT}$ puis $\frac{d^2\Delta_r G^0}{dT^2}$.
Que représentent ces deux quantités ?

2 – Rappeler la relation de Gibbs-Helmholtz et en déduire l'expression de l'enthalpie de réaction en fonction de la température.

3 – Vérifier la cohérence des calculs en établissant l'expression de la capacité calorifique standard de réaction, $\Delta_r C^0_p(T)$.

Conseils

1) Utiliser la commutativité des opérateurs Δ_r et $\frac{\partial}{\partial T}$ puis les relations générales de la thermodynamique.
2) Commencer par exprimer la capacité calorifique standard de réaction.

11 Ciment

D'après Concours ENS CACHAN, 1999 PC.

On s'intéresse à quelques aspects de la chimie cimentière. L'élaboration des ciments se fait dans un four à partir d'un mélange de calcaire $CaCO_3$ et d'argile, que l'on considère comme un mélange composé de Al_2O_3 et de SiO_2. Le composé majoritaire obtenu, appelé « C3S » par les cimentiers, a pour formule Ca_3SiO_5.

1 – Écrire l'équation conduisant à la formation de Ca_3SiO_5. Peut-on prévoir le signe de l'entropie standard de réaction ?

2 – **a)** Calculer l'enthalpie standard Δ_rH^0 et l'entropie standard de la réaction à 298 K. Exprimer l'enthalpie libre standard $\Delta_rG^0(T)$ dans l'intervalle [298 K – 1 800 K].

b) *Par définition, la température d'inversion T_i de la réaction est la température pour laquelle son enthalpie libre standard s'annule. Calculer numériquement T_i pour la réaction.

Une réaction est dite *thermodynamiquement favorisée* lorsque son enthalpie libre standard est négative. Dans quel intervalle de température faut-il opérer pour que la réaction étudiée soit *thermodynamiquement favorisée* ?

3 – La réaction a lieu, en continu, dans un four rotatif : le mélange des réactifs, réduits en poudre par broyage, a la composition massique suivante :

% $CaCO_3$ = 70 ;

% SiO_2 = 20 ; % Al_2O_3 = 10.

Le mélange est introduit dans le four sur un tapis roulant : il est alors chauffé jusqu'à 1 450 °C, température à laquelle la réaction a lieu rapidement ; les produits sortent enfin du réacteur à cette température.

a) **Par analogie avec la détente de Joule-Kelvin, établir un bilan énergétique pour le réacteur fonctionnant, en régime permanent, sous pression constante. La relation obtenue est-elle modifiée si le système qui traverse le réacteur est le siège d'une réaction chimique ?

b) *Calculer la quantité de chaleur qu'il faut fournir au mélange, obtenu à partir d'une tonne de $CaCO_3$, pour le transformer en Ca_3SiO_5.

c) Quelle masse de pétrole de formule C_nH_{2n} faut-il brûler pour alimenter ce four ? On donne l'enthalpie moyenne standard de combustion par groupe CH_2 :

$$\Delta_rH^0 = -\,660\ \text{kJ . mol}^{-1}$$

4 – La fabrication du béton consiste en l'hydratation de Ca_3SiO_5 suivant l'équation :

$$2\,Ca_3SiO_5 + 6\,H_2O = Ca_3Si_2O_7, 3H_2O + 3\,Ca(OH)_2$$

Par conséquent, le ciment des murs contient en particulier du $Ca(OH)_2$. En cas d'incendie, pour des températures supérieures à 400 °C, l'hydroxyde se déshydrate en CaO. Lors du refroidissement, en présence de l'humidité atmosphérique, CaO se réhydrate lentement.

Écrire les réactions chimiques correspondantes.

Sachant que les masses volumiques de CaO et $Ca(OH)_2$ sont respectivement de 3,25 g . cm^{-3} et 2,24 g . cm^{-3}, que se passe-t-il ?

Données :

• Masses molaires :

M(H) = 1,0 g . mol^{-1} ; M(Ca) = 40,1 g . mol^{-1} ;
M(O) = 16,0 g . mol^{-1} ; M(C) = 12,0 g . mol^{-1} ;
M(Mg) = 24,3 g . mol^{-1} ; M(Si) = 28,1 g . mol^{-1} ;
M(Al) = 27,0 g . mol^{-1}.

• Grandeurs thermodynamiques standard :

– à 298K : enthalpie standard de formation notée Δ_fH^0 et entropie molaire standard notée S^0_m ;

– dans l'intervalle 298 K – 1 800 K : capacité calorifique molaire moyenne standard sous pression constante C^0_p.

constituant	$CaCO_3$	SiO_2	Ca_3SiO_5	Al_2O_3	CO_2
Δ_fH^0 (kJ . mol^{-1})	–1 206,9	– 910,7	– 2876	–1 675,7	–393,5
S^0_m (J . K^{-1} . mol^{-1})	92,9	41,5	168,7	50,9	213,8
C^0_p (J . K^{-1} . mol^{-1})	103	55	206	112	45,5

Conseils

1) Tenir compte de l'état physique des constituants.

2) a) Utiliser les capacités calorifiques moyennes puis appliquer les relations de Kirchhoff.

b) Vérifier que le résultat obtenu est compatible avec la suite du problème.

3) a) Prendre, comme système, la réunion du contenu du réacteur et d'une masse m à l'entrée de celui-ci, à l'instant de date t. Appliquer le Premier Principe au système entre t et $t + \Delta t$, Δt étant la durée pour que la masse m pénètre dans le réacteur. Utiliser le fait qu'en régime permanent, la masse contenue dans le réacteur est constante.

Exprimer l'enthalpie de m en fonction des enthalpies molaires et de la composition, à l'entrée et à la sortie du réacteur. Exploiter le caractère de fonction d'état de H, de manière à modéliser commodément les échanges énergétiques.

c) Prendre n = 20.

4) Calculer les volumes molaires des constituants.

12 Halogénures du zirconium

D'après Concours ENSAM ESTP PSI, 1998.

Le minerai de zirconium le plus répandu est le zircon, de formule $ZrSiO_4$ ($HfSiO_4$), contenant 67 % de ZrO_2(HfO_2).

A. Préparation du tétrachlorure du zirconium

Le métal est préparé, à partir de l'oxyde, par l'intermédiaire du tétrachlorure $ZrCl_4$.
On étudie d'abord la réaction **(1)**, d'équation :

$$ZrO_2\ (s) + 2\ Cl_2\ (g) = ZrCl_4\ (g) + O_2\ (g) \qquad \textbf{(1)}$$

1 ▬ Déterminer l'enthalpie standard, l'entropie standard et l'enthalpie libre standard de la réaction **(1)**, à 1 473 K.

2 ▬ Calculer l'enthalpie libre de la réaction **(1)** à 1 473 K, dans les conditions suivantes : $p(Cl_2) = 0{,}36$ bar, $p(O_2) = 0{,}18$ bar, $p(ZrCl_4) = 0{,}18$ bar.

B. Purification de l'éponge de zirconium

On étudie la réaction **(2)**, d'équation :

$$ZrI_4\ (g) = Zr\ (s) + 2\ I_2\ (g) \qquad \textbf{(2)}$$

1 ▬ Quel est l'état physique de ZrI_4 à 523 K sous un bar ? En est-il de même à 523 K avec $p(ZrI_4) = 9 \cdot 10^{-8}$ bar ?

2 ▬ Exprimer l'enthalpie libre standard de la réaction de décomposition en fonction de la température.

3 ▬ En déduire la température d'inversion de cette réaction.

Remarque : Cette réaction est utilisée, dans le procédé Van Arkel, pour obtenir du zirconium très pur (teneur en impureté abaissée sous les 30 ppm).

Données : $\Delta_f H^0$, enphalpie standard de formation et S^0_m, entropie molaire standard à 298 K. C^0_{pm}, capacité calorifique molaire sous pression constante entre 29 K et 2 500 K.

corps pur (état physique)	C^0_p ($J \cdot K^{-1} \cdot mol^{-1}$)	$\Delta_f H^0$ ($kJ \cdot mol^{-1}$)	S^0_m ($J \cdot K^{-1} \cdot mol^{-1}$)
Zr (s)	24,4	0	39,0
ZrO_2 (s)	56,2	– 1 086	50,6
$ZrCl_4$ (s)	119,8	– 982	186,2
$ZrCl_4$ (g)	92,2		
ZrI_4 (s)	125,6	– 485	282,5
O_2 (g)	34,2	0	205,0
Cl_2 (g)	33,9	0	223,0
I_2 (g)	36,9	62	260,6

• Pression de vapeur au-dessus de ZrI_4 à 523 K : $p_{sat} = 55$ Pa.

• Températures de changement de phase sous la pression standard :

constituant	température de fusion (K)	enthalpie de fusion ($kJ \cdot mol^{-1}$)	température de vaporisation (K)	enthalpie de vaporisation ($kJ \cdot mol^{-1}$)
Zr	2 133	20	4 682	582
ZrO_2	2 950	87	4 548	624
$ZrCl_4$			604 (subl)	106
ZrI_4			704 (subl)	121,4

Conseils

A. 1) Exprimer les grandeurs standard en tenant compte des changements de phase.
2) Utiliser l'expression de l'activité d'une espèce.
B. 3) Effectuer une résolution numérique.

13 Corps simples correspondant à l'élément iode

A. Diagramme d'état du diiode

1 ▬ Quelle est, à la température ambiante, la forme thermodynamiquement stable de l'élément iode ?

2 ▬ Quelle est la valeur de l'enthalpie standard de sublimation du diiode ?

3 ▬ *Calculer la valeur de l'entropie absolue standard du diiode I_2 (solide).

4 ▬ *Calculer la tension de vapeur du diiode à 298 K (*tension de vapeur* est synonyme de *pression de vapeur saturante*).

5 ▬ *La température de fusion du diiode, peu dépendante de la pression, est égale à 387 K.
En admettant que les termes enthalpiques et entropiques concernés restent constants, calculer les coordonnées (p, T) du point triple du diiode.
Conclure sur le domaine de pression pour lequel on n'observe plus l'existence de diiode liquide.

B. Dissociation du diiode

À température élevée, le diiode I_2 gazeux se dissocie selon la réaction équilibrée :

$$I_2\ (gaz) = 2\ I\ (gaz)$$

1 ▬ Peut-on prévoir le signe de l'enthalpie et l'entropie de dissociation du diiode gazeux ?
Justifier la réponse.

2 ▬ Définir et calculer la température d'inversion de cette réaction. Quelle critique peut-on faire au calcul précédent ?

Données à 298 K :

• Enthalpie standard de formation :
$\Delta_f H^0(I_2, g) = 62{,}42\ kJ \cdot mol^{-1}$;
$\Delta_f H^0(I_2, s) = 0{,}00\ kJ \cdot mol^{-1}$.

• Enthalpie libre standard de formation :
$\Delta_f G^0(I_2, g) = 19{,}34\ kJ \cdot mol^{-1}$;
$\Delta_f G^0(I_2, s) = 0{,}00\ kJ \cdot mol^{-1}$.

• Entropie molaire absolue standard :
$S^0_m(I_2, g) = 260{,}69\ J \cdot K^{-1} \cdot mol^{-1}$;
$S^0_m(I, s) = 180{,}79\ J \cdot K^{-1} \cdot mol^{-1}$.

• Énergie de liaison de la molécule de diiode :
$D_{I-I} = 151\ kJ \cdot mol^{-1}$.

Conseils

A. 1) Utiliser les valeurs numériques fournies.

4) Utiliser l'expression de l'activité d'une espèce gazeuse.

5) Utiliser le fait que la température de fusion est pratiquement indépendante de la pression.
Exprimer la condition d'équilibre entre les phases d'un corps pur.

14 Grandeurs d'état et de réaction

Le butane C_4H_{10} a pour isomère le 2-méthylpropane, appelé couramment *isobutane*. En phase gazeuse, en présence de catalyseur adéquat, on peut réaliser l'équilibre :

butane B = *isobutane* I

Les deux corps sont assimilables à des gaz parfaits dont le mélange est idéal. Soient $n_{0\text{I}}$ et $n_{0\text{B}}$ les quantités initiales de B et de I, n_I et n_B leurs quantités à un instant quelconque de date t. La température T et la pression p sont constantes.

1 ▬ Soit ξ l'avancement de la réaction B = I à un instant quelconque. Exprimer n_I et n_B en fonction de ξ. Entre quelles limites peut varier ξ ?

2 ▬ Soit H l'enthalpie du système à un instant quelconque.

a) Exprimer H en fonction des enthalpies molaires partielles $H_{m\text{I}}$ et $H_{m\text{B}}$. En déduire $\Delta_r H$ et $\Delta_r H^0$ en fonction des mêmes grandeurs.

b) Les tables donnent les enthalpies standard de formation de B et de I à 298 K. Déterminer $\Delta_r H$ et $\Delta_r H^0$ pour la réaction B = I, dans les conditions de l'expérience.

c) Exprimer H en fonction de $\Delta_r H^0$, ξ et d'une constante que l'on explicitera en fonction des enthalpies molaires $H_{m\text{I}}$, $H_{m\text{B}}$ $n_{0\text{I}}$ et $n_{0\text{B}}$.

d) En déduire ΔH quand ξ passe de ξ_1 à ξ_2.

3 ▬ Soit S l'entropie du système à un instant quelconque.

a) Exprimer les entropies molaires partielles $S_{m\text{I}}$ et $S_{m\text{B}}$ en fonction des entropies molaires standard $S^0_{m\,\text{I}}$ et $S^0_{m\,\text{B}}$ et des paramètres T, p et ξ.

b) Exprimer S en fonction des entropies molaires partielles $S_{m\text{I}}$, $S_{m\text{B}}$ et de ξ puis en fonction des entropies molaires standard et des paramètres T, p et ξ.

c) Établir la relation entre $\Delta_r S$ et les entropies molaires partielles $S_{m\text{I}}$ et $S_{m\text{B}}$. En déduire $\Delta_r S^0$.

d) Exprimer S en fonction de $\Delta_r S^0$, ξ et d'une constante que l'on explicitera en fonction des entropies molaires standard $S^0{}_{m\text{I}}$ et $S^0{}_{m\text{B}}$, et de $n_{0\text{I}}$ et $n_{0\text{B}}$.

e) En déduire ΔS quand ξ passe de ξ_1 à ξ_2.

4 ▬ Soit G l'enthalpie libre du système à un instant quelconque.

a) Exprimer les potentiels chimiques μ_I, μ_B en fonction des potentiels chimiques standard μ^0_I et μ^0_B et des paramètres T, p et ξ.

b) Exprimer G en fonction des potentiels chimiques μ_I, μ_B et de ξ puis en fonction des potentiels chimiques standard μ^0_I et μ^0_B et des paramètres T, p et ξ.

c) Établir la relation entre $\Delta_r G$ et les potentiels chimiques μ_I et μ_B. En déduire $\Delta_r G^0$.

d) Exprimer G en fonction de $\Delta_r G^0$, ξ et d'une constante que l'on explicitera à partir de $n_{0\text{I}}$ et $n_{0\text{B}}$.

e) En déduire ΔG quand ξ passe de ξ_1 à ξ_2.

5 ▬ Application numérique : T = 400 K, p = 5 bar, $n_{0\text{B}}$ = 2,4 mol, $n_{0\text{I}}$ = 7,6 mol.

a) Calculer les grandeurs standard de réaction $\Delta_r H^0$, $\Delta_r S^0$ et $\Delta_r G^0$ dans les conditions de l'expérience.

b) Calculer les grandeurs de réaction $\Delta_r H$, $\Delta_r S$ et $\Delta_r G$ dans les conditions de l'expérience et pour $\xi = 0$.

c) Est-il possible de calculer les caractéristiques du système, H, S et G, dans l'état initial ? Dans l'affirmative, effectuer ce calcul.

d) L'expérience montre que, lorsque l'état d'équilibre est obtenu, $n_{\text{éq}\,\text{I}}$ est égal à 6,56 mol. Calculer $\Delta\xi$, ΔH, ΔS et ΔG. La transformation étudiée est-elle *spontanée* ?

Donnée : R = 8,314 J . K^{-1} . mol^{-1}.

Données à 298 K :

corps pur (état physique)	$\Delta_f H^0$ (kJ . mol^{-1})	S^0_m (J . K^{-1} . mol^{-1})	C^0_p (J . K^{-1} . mol^{-1})
butane B (g)	– 126,18	310,2	97,5
isobutane I (g)	– 134,55	294,7	96,8

Conseils

2) b) Tenir compte de la température.

3) L'entropie d'un gaz parfait dans un mélange dépend de la composition.

b) Utiliser l'identité d'Euler.

CORRIGÉS

1 Enthalpie molaire et enthalpie de formation

1 — Enthalpies molaires standard du cuivre dans ses différents états physiques, en fonction de la température :

$H^0_{m,s}(T) = H^0_{m,s}(T_r) + M \cdot c_{p,s} \cdot (T - T_r)$

$H^0_{m,\ell}(T) = H^0_{m,s}(T_r) + M \cdot [c_{p,s} \cdot (T_{fus} - T_r) + L_{fus} + c_{p,\ell} \cdot (T - T_{fus})]$

$H^0_{m,g}(T) = H^0_{m,s}(T_r) + M \cdot [c_{p,s} \cdot (T_{fus} - T_r) + L_{fus} + c_{p,\ell} \cdot (T_{vap} - T_{fus}) + L_{vap} + c_{p,g} \cdot (T - T_{vap})]$

Soit :

$\boldsymbol{H^0_{m,s}(T) = H^0_{m,s}(T_r) - 7{,}19 \cdot 10^3 + 24{,}13 \cdot T \text{ (J . mol}^{-1})}$

$\boldsymbol{H^0_{m,\ell}(T) = H^0_{m,s}(T_r) - 3{,}99 \cdot 10^3 + 31{,}37 \cdot T \text{ (J . mol}^{-1})}$

$\boldsymbol{H^0_{m,g}(T) = H^0_{m,g}(T_r) + 330{,}75 \cdot 10^3 + 20{,}83 \cdot T \text{ (J . mol}^{-1})}$

2 — L'état physique stable du cuivre, est le solide pour T inférieur à T_{fus} ; le liquide pour T compris entre T_{fus} et T_{vap} et la vapeur pour T supérieur à T_{vap}.

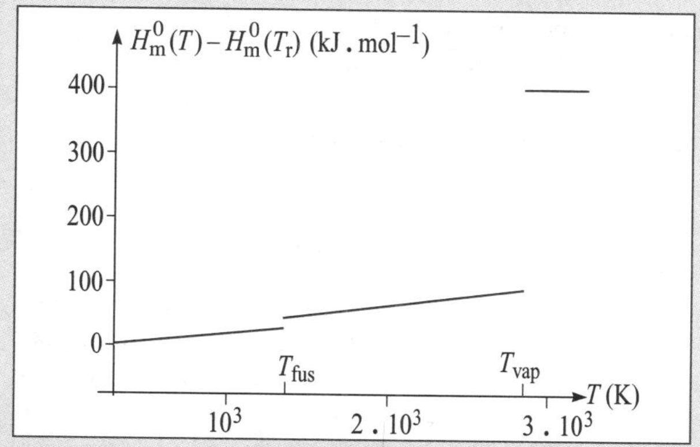

La courbe est donc celle d'une fonction affine par morceaux, discontinue aux températures de changements de phase.

3 — • L'état standard de référence d'un élément, à la température T, est l'état standard du corps simple le plus stable, dans l'état physique le plus stable, à cette température.

<u>*Remarque :*</u>

Il existe des exceptions à cette règle ; ainsi, par convention, l'état standard de référence de l'élément azote est, à toute température, le diazote gazeux.

• La *réaction de formation* d'une espèce chimique, à une température T et dans un état physique donné, est la réaction au cours de laquelle *une* mole de ce corps, dans son état standard, est formée à partir des corps simples correspondant aux éléments qui le constituent ; chacun de ces corps simples doit représenter l'état standard de référence de l'élément correspondant à la température T.

• Pour T inférieur à T_{fus}, l'état standard de référence de l'élément cuivre est le cuivre solide ; la réaction de formation du cuivre liquide a donc pour équation :

$$\text{Cu (s)} = \text{Cu}(\ell)$$

$\Delta_f H^0(\text{Cu}, \ell, T) = H^0_{m,\ell}(T) - H^0_{m,s}(T) = M \cdot L_{fus} + M \cdot (c_{p,\ell} - c_{p,s}) \cdot (T - T_{fus})$

$$\boldsymbol{\Delta_f H^0(\text{Cu}, \ell, T) = 3{,}201 \cdot 10^3 + 7{,}24 \cdot T \text{ (J . mol}^{-1})}$$

• Pour T compris entre T_{fus} et T_{vap}, l'état standard de référence de l'élément cuivre est le cuivre liquide ; la réaction de formation du cuivre liquide a pour équation :

$$\text{Cu}(\ell) = \text{Cu}(\ell)$$

$$\boldsymbol{\Delta_f H^0(\text{Cu}, \ell, T) = H^0_{m,\ell}(T) - H^0_{m,\ell}(T) = 0}$$

• Pour T supérieur à T_{vap}, l'état standard de référence de l'élément cuivre est le cuivre gazeux ; la réaction de formation du cuivre liquide a pour équation :

$$\text{Cu (g)} = \text{Cu}(\ell)$$

$\Delta_f H^0(\text{Cu}, \ell, T) = H^0_{m,\ell}(T) - H^0_{m,g}(T) = -M \cdot L_{vap} + M \cdot (c_{p,\ell} - c_{p,g}) \cdot (T - T_{vap})$

$$\boldsymbol{\Delta_f H^0(\text{Cu}, \ell, T) = -334{,}74 \cdot 10^3 + 10{,}54 \cdot T \text{ (J . mol}^{-1})}$$

2 Énergies de liaisons SS

1 — a) Les formules de Lewis de H_2S et H_2S_3, s'écrivent :

$$\text{H}-\overline{\underline{\text{S}}}-\text{H} \qquad \text{H}-\overline{\underline{\text{S}}}-\overline{\underline{\text{S}}}-\overline{\underline{\text{S}}}-\text{H}$$

Chaque atome de soufre correspond à la configuration AX_2E_2. L'angle SSS est donc voisin de 110°.

b) • L'atomisation de H_2S a pour bilan :

$$H_2S\text{ (g)} = 2\text{ H (g)} + \text{S (g)}$$

En remarquant que $2\,\Delta_f H^0(\text{H, g}) = D_{H-H}$, on obtient la valeur moyenne de l'enthalpie de liaison S–H :

$\Delta_{atom} H^0(H_2S) = 2\,\Delta_{diss} H^0(\text{S–H}) = D_{H-H} + \Delta_f H^0(\text{S, g}) - \Delta_f H^0(H_2S, \text{g})$

$$\boldsymbol{\Delta_{diss} H^0(\text{S–H}) = D_{S-H} = 366{,}9 \text{ kJ . mol}^{-1}}$$

• En admettant que cette valeur soit indépendante de la molécule, l'atomisation de H_2S_3 (g) fournit la valeur de l'enthalpie de liaison S–S :

$\Delta_{atom} H^0(H_2S_3) = 2\,\Delta_{diss} H^0(\text{S–H}) + 2\,\Delta_{diss} H^0(\text{S–S}) = D_{H-H} + 3\,\Delta_f H^0(\text{S, g}) - \Delta_f H^0(H_2S_3, \text{g})$

$$\boldsymbol{\Delta_{diss} H^0(\text{S–S}) = D_{S-S} = 250{,}95 \text{ kJ . mol}^{-1}}$$

2 — Un polysulfure de formule H_2S_n possède $(n - 1)$ liaisons S–S et 2 liaisons S–H. On considère le cycle de transformations ci-après.

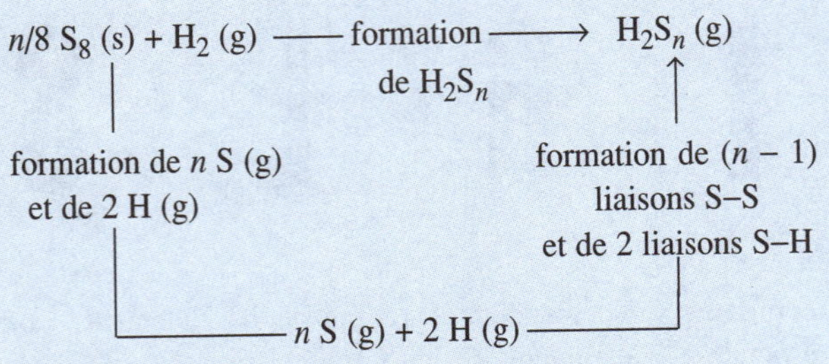

$$\Delta_f H^0(H_2S_n, g) = n \,.\, \Delta_f H^0(S, g) + D_{H-H} - (n-1) \,.\, \Delta_{diss}H^0(S–S) - 2 \,.\, \Delta_{diss}H^0(S–H)$$

$$\mathbf{\Delta_f H^0(H_2S_n, g) = 26{,}22 \,.\, n - 46{,}86 \ (kJ \,.\, mol^{-1})}$$

Pour $n = 2$, la formule fournit :

$$\Delta_f H^0(H_2S_2, g) = 5{,}58 \text{ kJ} \,.\, \text{mol}^{-1}$$

au lieu de 15,5 kJ . mol^{-1}.

Pour $n = 4$, la formule fournit :

$$\Delta_f H^0(H_2S_4, g) = 58{,}02 \text{ kJ} \,.\, \text{mol}^{-1}$$

au lieu de 46,2 kJ . mol^{-1}.

Les énergies de liaison permettent seulement d'obtenir l'ordre de grandeurs des enthalpies de réaction.

3 ▬ a) D'après la règle de l'octet, S a une covalence égale à 2 : pour que chaque atome de soufre forme deux liaisons covalente, la molécule S_8 doit être cyclique ; c'est ce que rappelle son nom systématique : *cyclooctasoufre*.

Chaque atome de soufre correspond à la configuration AX_2E_2. Les angles SSS sont inférieurs à 110°, ce qui est incompatible avec une molécule plane (pour un octogone régulier, l'angle SSS serait égal à 135°).

La molécule adopte donc la structure en couronne suivante :

$d_{S-S} = 206$ pm
SSS = 108°

molécule de cyclooctasoufre S_8

b) La formule de Lewis de la molécule S_2 est :

$$\overline{\underline{S}}=\overline{\underline{S}}$$

Dans cette formule, tous les électrons sont appariés : la molécule correspondante devrait donc être diamagnétique ; la théorie de Lewis ne permet pas d'interpréter le caractère paramagnétique de la molécule S_2 !

c) • À 298 K, le soufre cristal est l'état standard de référence de l'élément soufre ; l'enthalpie standard de formation du soufre monoatomique, $\Delta_f H^0(S, g)$, correspond donc au processus : $S_8 \text{ (s)} \longrightarrow 8 \text{ S (g)}$

Cette enthalpie prend en compte non seulement la rupture des huit liaisons SS de la molécule de cyclooctasoufre mais aussi la sublimation du cristal :

$$\Delta_f H^0(S, g) = \Delta_{sub}H^0(S_8) + 8\, D_{S-S}$$

$\Delta_{sub}H^0(S_8)$ n'étant pas fourni, on ne peut pas calculer, par cette méthode, $D_{S—S}$.

• L'enthalpie de liaison de la molécule S_2 correspond au processus : $S_2 \text{ (g)} \longrightarrow 2 \text{ S (g)}$

$$\Delta_{atom}H^0(S_2) = \Delta_{diss}H^0(S_2) = 2\, \Delta_f H^0(S, g) - \Delta_f H^0(S_2, g)$$

$$\mathbf{\Delta_{diss}H^0(S_2) = D_{S=S} = 425{,}75 \text{ kJ} \,.\, mol^{-1}}$$

L'énergie de la liaison double S=S est plus élevée que celle de la liaison simple S–S.

3 Énergies de liaison du silicium

1 ▬ Pour calculer les enthalpies standard des réactions **(1)**, **(2)** et **(3)**, on utilise, dans les trois cas, la relation :

$$\Delta_r H^0 = \sum_i \nu_i \,.\, \Delta_f H_i^0$$

• **(1)** : $3\, SiO_2 \text{ (s)} + 2\, CaC_2 \text{ (s)} = 3\, Si \text{ (s)} + 2\, CaO \text{ (s)} + 4\, CO \text{ (g)}$

$$\Delta_{r1}H^0 = -3\, \Delta_f H^0(SiO_2, s) - 2\, \Delta_f H^0(CaC_2, s) + 2\, \Delta_f H^0(CaO, s) + 4\, \Delta_f H^0(CO, g)$$

$$\mathbf{\Delta_{r1}H^0 = +\, 1\,140{,}3 \text{ kJ} \,.\, mol^{-1}}$$

• **(2)** : $Si \text{ (s)} + 2\, Cl_2 \text{ (g)} = SiCl_4 \text{ (g)}$

$$\Delta_{r2}H^0 = \Delta_f H^0(SiCl_4, g)$$

$$\mathbf{\Delta_{r2}H^0 = -\, 605 \text{ kJ} \,.\, mol^{-1}}$$

• **(3)** : $SiCl_4 \text{ (g)} + 2\, H_2 \text{ (g)} = Si \text{ (s)} + 4\, HCl \text{ (g)}$

$$\Delta_{r3}H^0 = -\, \Delta_f H^0(SiCl_4, g) + 4\, \Delta_f H^0(HCl, g)$$

$$\mathbf{\Delta_{r3}H^0 = +\, 235{,}8 \text{ kJ} \,.\, mol^{-1}}$$

2 ▬ Pour déterminer les énergies de liaison, il faut considérer des réactions d'atomisation où tous les constituants sont gazeux. Pour la liaison SiCl, on peut utiliser la réaction **(4)** :

$$SiCl_4 \text{ (g)} \longrightarrow Si \text{ (g)} + 4\, Cl \text{ (g)} \qquad \textbf{(4)}$$

On a alors :

$$\Delta_{r4}H^0 = -\, \Delta_f H^0(SiCl_4, g) + 2\, D_{Cl-Cl} + \Delta_f H^0(Si, g)$$

$$\mathbf{\Delta_{r4}H^0 = +\, 1\,540{,}2 \text{ kJ} \,.\, mol^{-1}}$$

D'autre part, cette réaction nécessite la cassure de quatre liaisons Si–Cl ; l'enthalpie standard de réaction peut s'exprimer par :

$$\Delta_{r4}H^0 = 4\, D_{Si-Cl}$$

On en déduit :

$$\mathbf{D_{Si-Cl} = 385{,}05 \text{ kJ} \,.\, mol^{-1}}$$

3 ▬ a) Le cristal de silicium est covalent tridimensionnel : les atomes de silicium constituent un réseau cubique à faces centrées dont la moitié des lacunes tétraédriques sont occupées : chaque atome a quatre voisins équidistants auxquels il est lié par quatre liaisons covalentes simples : la coordinence du silicium est donc 4.

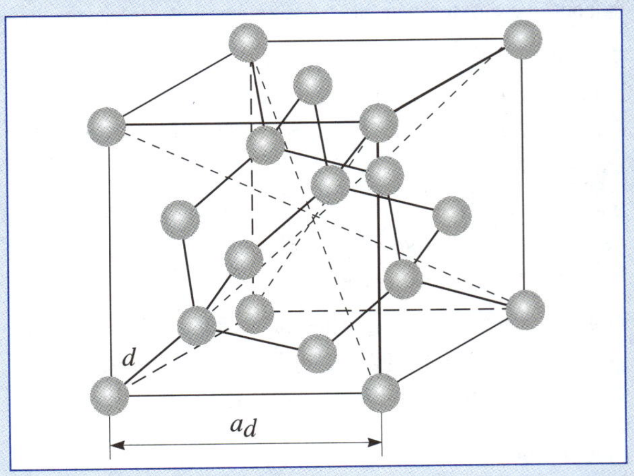

b) À 298 K, le silicium cristal est l'état standard de référence de l'élément silicium ; l'enthalpie standard de formation du silicium monoatomique, $\Delta_f H^0$(Si, g), correspond donc au processus :

$$Si\ (s) \longrightarrow Si\ (g)$$

Ce processus correspond à la rupture de toutes les liaisons Si—Si du cristal : il faut dénombrer le nombre moyen de liaisons Si—Si par atome dans un cristal de silicium.

• Soit N atomes de silicium dans un cristal ; chacun d'eux est lié par quatre liaisons à ses quatre plus proches voisins, *sauf les atomes superficiels*. Dans un échantillon macroscopique de silicium , les *effets de bords* sont négligeables, c'est-à-dire que le nombre d'atomes superficiels est très inférieur au nombre total d'atomes. Chaque liaison unissant deux atomes, le nombre total de liaisons Si—Si dans un cristal de silicium de N atomes sans effets de bords est $2N$.

• La sublimation d'un cristal de N atomes de silicium nécessite donc la coupure de $2N$ liaisons Si—Si .

Donc : $\Delta_f H^0(\text{Si}, g) = 2\, D_{\text{Si–Si}}$

On en tire :

$$\mathbf{D_{Si\text{–}Si} = 225\ kJ\ .\ mol^{-1}}$$

4 Oxydes du chrome

A. Enthalpie réticulaire de Cr_2O_3

1 ▬ Pour l'oxyde de chrome, le bilan de dissociation est Cr_2O_3 (s) = 2 Cr^{3+} (g) + 3 O^{2-} (g) et le cycle de Born-Haber pour calculer l'énergie réticulaire est donné ci-dessous. En appliquant la loi de Hess, on trouve alors :

$$\Delta_{\text{rét}}H^0(Cr_2O_3) = -\,\Delta_f H^0(Cr_2O_3, s) + 2\,\Delta_{\text{fus}}H^0(Cr) + 2\,\Delta_{\text{vap}}H^0(Cr) + 2\,\Delta_{\text{ion}}H^0(Cr) + 3/2\,D_{O=O} + 3\,\Delta_{\text{att}}H^0(O)$$

3 ▬ On en déduit la valeur numérique :

$$\Delta_{\text{ret}}H^0(Cr_2O_3) = 1\,145{,}84 + 2 \times 16{,}93 + 2 \times 344{,}30 + 2 \times 5\,135{,}80 + \frac{3}{2} \times 493{,}59 + 3 \times 638{,}70$$

$$\mathbf{\Delta_{\text{rét}}H^0(Cr_2O_3) = = 14\,796{,}4\ kJ\ .\ mol^{-1}}$$

Cette valeur est très supérieure à l'énergie réticulaire de NaCl.

La principale contribution à l'énergie réticulaire est d'origine électrostatique : celle-ci est proportionnelle au produit $|z_+ . z_- . e^2|$ et inversement proportionnelle à la distance interionique.

Or, pour l'oxyde de chrome :
– le produit $|z_+ . z_-|$ est six fois plus grand que pour NaCl ;
– les ions sont plus petits et les distances interioniques plus faibles.

Il est donc normal que l'énergie réticulaire de Cr_2O_3 soit très supérieure à celle de NaCl .

B. Perte d'inoxydabilité de l'alliage « nichrome »

1 ▬ On détermine la structure électronique du chrome afin de connaître le nombre de ses électrons de valence.

Le numéro atomique Z de l'élément Cr est 24. D'après la règle de Klechkowski, sa structure électronique externe devrait être en $3d^4\,4s^2$. En réalité, la structure est $3d^5\,4s^1$ car l'occupation de toutes les O.A. d par un électron (tous les électrons ayant des spins parallèles) correspond à une stabilisation.

L'atome de chrome a six électrons de valence et peut donc établir trois liaisons covalentes doubles avec chacun des atomes d'oxygène ; la formule de Lewis du trioxyde de chrome CrO_3 est donc la suivante :

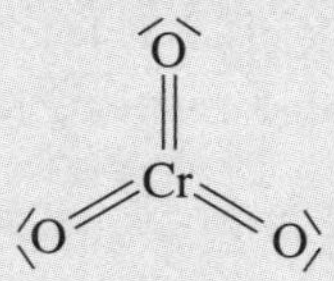

<u>*Remarque :*</u>

• *La règle de l'octet est vérifiée pour chaque atome d'oxygène mais pas par celui de chrome : il y a « extension de l'octet » grâce aux O.A. d.*

• *L'atome de* Cr *ne portant pas de doublet libre, la molécule correspond, dans la théorie de Gillespie, au type AX_3E_0 :*

La molécule de trioxyde de chrome CrO_3 est plane : les atomes d'oxygène occupent les sommets d'un triangle équilatéral dont l'atome de chrome occupe le centre.

2 ▬ Dans Cr_2O_3, l'élément Cr est à l'état d'oxydation +III et l'élément oxygène à l'état –II. En revanche, dans CrO_3, l'élément Cr est à l'état +VI et l'élément oxygène encore à l'état –II. L'équation s'écrit :

$$Cr_2O_3\ (s) + \frac{3}{2}\,O_2\ (g) = 2\,CrO_3\ (g)$$

La réaction redox porte donc sur l'élément chrome (passage de +III à +VI).

L'enthalpie de la réaction est :

$$\Delta_r H^0 = 2\ .\ \Delta_f H^0(CrO_3, g) - \Delta_f H^0(Cr_2O_3, s)$$

soit numériquement : $\mathbf{\Delta_r H^0 = 563{,}62\ kJ\ .\ mol^{-1}}$.

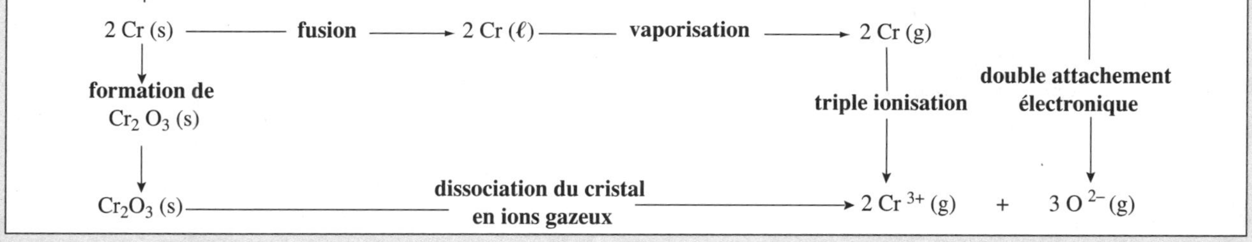

3 ▬ L'alumine Al_2O_3 est, comme Cr_2O_3, un cristal ionique très stable dont la dispersion en ions est très difficile. D'autre part, l'absence d'O.A. *d* de basse énergie pour Al interdit la formation du composé covalent AlO_3. Même en présence de O_2 et à haute température, la couche d'alumine reste stable et protège l'alliage d'une oxydation plus poussée.

5 Formation du nitrure de silicium

1 ▬ a) Soit un système contenant initialement les quantités $2n_1$ de diazote et $3n_1$ de silicium ; dans l'état final, il contient une quantité n_1 de nitrure de silicium.

• L'application du Premier Principe de la Thermodynamique à un système fermé, dont le seul travail est volumique, évoluant sous pression constante, entre deux états d'équilibre mécanique, fournit :

$$Q_{i \to f} = \Delta H_{i \to f}$$

La transformation étant adiabatique, le transfert thermique entre le mélange réactionnel et le le milieu extérieur est nul.

Au cours de cette transformation, l'enthalpie du système reste constante.

• Au cours de l'évolution, température et avancement varient simultanément ; en utilisant le fait que les variations d'une fonction d'état sont indépendantes du chemin suivi, on envisage une transformation fictive faisant passer (S) de l'état (i) à l'état (f) en deux étapes telles que, au cours de chacune d'elles, un seul des paramètres T ou ξ varie.

L'ordre de ces étapes – réaction puis échauffement du mélange obtenu ou échauffement du mélange initial puis réaction - est, *a priori*, quelconque ; seules des raisons pratiques peuvent inciter à choisir un chemin plutôt que l'autre.

L'énoncé ne donne pas le moyen de calculer la capacité calorifique du mélange initial (puisqu'il ne fournit pas $C_p^0(\text{Si})$). En revanche, on peut calculer la capacité calorifique du mélange réactionnel après réaction (puisqu'il fournit $C_p^0(Si_3N_4)$) : on choisit donc le chemin ci-dessous :

État initial (i)
$T_i = 300$ K ; $p_i = 1$ bar
$\xi_i = 0$

↓ $\Delta H_{i \to \alpha}$

État fictif (α)
$T_\alpha = T_i$; $p_\alpha = p_i$
$\xi_\alpha = \xi_{max} = n_1$

↓ $\Delta H_{\alpha \to f}$

État final (f)
T_f = à déterminer ; $p_f = p_i$
$\xi_f = \xi_{max} = n_1$

$$\Delta H_{i \to f} = \Delta H_{i \to \alpha} + \Delta H_{\alpha \to f} = 0$$

• $\Delta H_{i \to \alpha} = \Delta H^0_{i \to \alpha} = n_1 \,.\, \Delta_r H^0(T_i)$

• Soit $\mathcal{C}_{p,\,sys}$ la capacité calorifique du système, après l'achèvement de la réaction chimique :

$$\mathcal{C}_{p,\,sys} = n_1 \,.\, [C_p^0(Si_3N_4)] = n_1\ 95\ \text{J} \,.\, \text{K}^{-1}$$

$$\Delta H_{\alpha \to f} = \int_{T_i}^{T_f} C_{p,\,sys}(T) \,.\, dT = C_{p,\,sys} \,.\, (T_f - T_i)$$

• $\Delta H_{i \to \alpha} + \Delta H_{\alpha \to f} = 0$ conduit, après simplification par n_1 à :

$$\Delta_r H^0(T_i) + C_p^0(Si_3N_4) \,.\, (T_f - T_i) = 0$$

On en tire : $\mathbf{T_f = 8,13\ kK}$

Commentaire :

Le résultat trouvé est surévalué car les capacités calorifiques augmentent avec la température, ce qui tend à réduire la température finale.

La température calculée ne sera jamais obtenue en pratique ; en effet, aucune enceinte matérielle ne pouvant supporter de telles température sans se vaporiser, la transformation ne peut être totalement adiabatique.

b) Dans la molécule de diazote, les deux atomes sont unis par une liaison triple, ce qui confère à cette molécule une grande stabilité vis-à-vis de la dissociation.

2 ▬ • Soit un système contenant initialement les quantités n_1 de diazote et n_2 de silicium à la température T_i ; pour un avancement ξ, la composition du système est :

$$n(N_2) = n_1 - 2\xi \ ; \ n(\text{Si}) = n_2 - 3\xi \ ; \ n(Si_3N_4) = \xi$$

Dans l'état final :

– le silicium qui est le réactif limitant a été entièrement consommé, $n(\text{Si}) = n_2 - 3\xi_f = 0$;

– la quantité de diazote restant est $n(N_2) = 0,95\ n_1$.

On a alors : $n_1 - 2\xi_f = 0,95\ n_1$

On en déduit : $\xi_f = 0,025\ n_1$

La composition du système final est donc, en fonction du paramètre n_1 :

$$n(Si_3N_4) = 0,025\ n_1 \ ; \ n(N_2) = 0,95\ n_1$$

• **Comme précédemment : l'enthalpie du système reste constante au cours de cette transformation.**

• Comme au **1) a)**, on envisage une transformation fictive faisant passer (S) de l'état initial à l'état final en deux étapes telles que, au cours de chacune d'elles, un seul des paramètres T ou ξ varie.

$$\Delta H_{i \to f} = \Delta H_{i \to \alpha} + \Delta H_{\alpha \to f} = 0$$

• $\Delta H_{i \to \alpha} = \Delta H^0_{i \to \alpha} = \xi_f \,.\, \Delta_r H^0(T_i)$

Soit $\mathcal{C}_{p,\,sys}$ la capacité calorifique du système, à pression constante, après l'achèvement de la réaction chimique.

$$\Delta H_{\alpha \to f} = \int_{T_1}^{T_2} = C_{p,\,sys}\,(T) \,.\, dT = \mathcal{C}_{p,\,sys} \,.\, (T_f - T_i)$$

avec :

$$C_{p,\,sys} = n_1 \,.\, [0,95\ C_p^0(N_2) + 0,025\ C_p^0(Si_3N_4)]$$
$$= n_1\ 30,875\ \text{J} \,.\, \text{K}^{-1}.$$

• $\Delta H_{i \to \alpha} + \Delta H_{\alpha \to f} = 0$ conduit, après simplification par n_1 à :

$$0,025\ \Delta_r H^0(T_i) + [0,95\ C_p^0(N_2) + 0,025\ C_p^0(Si_3N_4)] \,.\, (T_f - T_i) = 0$$

On en tire : $\mathbf{T_f = 902\ K}$

6 Influence de la température sur les grandeurs de réaction

1 ▬ Expressions des dérivées par rapport à la température des grandeurs de réaction $\Delta_r H^0(T)$, $\Delta_r S^0(T)$ et $\Delta_r G^0(T)$.

$$\frac{d\Delta_r H^0}{dT} = \Delta_r C_p^0(T)$$

$$\frac{d\Delta_r S^0}{dT} = \frac{\Delta_r C_p^0(T)}{T} \quad ; \quad \frac{d\Delta_r G^0}{dT} = -\Delta_r S^0(T)$$

2 ▬ **a)** Négliger l'influence des capacités calorifiques revient à considérer que $\Delta_r C_p^0(T)$ est nul ; il en résulte que $\Delta_r H^0(T)$ et $\Delta_r S^0(T)$ sont indépendants de la température ; $\Delta_r G^0(T)$ est alors une fonction affine de T.

Remarque :

Ceci constitue l'approximation d'Ellingham.

b) $\Delta_r C_p^0(T)$ est alors une constante non nulle :

$$\bullet\ \Delta_r H^0(T) = \Delta_r H^0(T_0) + \int_{T_0}^{T} \Delta_r C_p^0(\lambda) \, . \, d\lambda = \Delta_r H^0(T_0) + \Delta_r C_p^0 \, . \, (T - T_0).$$

$$\bullet\ \Delta_r S^0(T) = \Delta_r S^0(T_0) + \int_{T_0}^{T} \frac{\Delta_r C_p^0(\lambda)}{\lambda} \, . \, d\lambda = \Delta_r S^0(T_0) + \Delta_r C_p^0 \, . \, \ln\frac{T}{T_0}.$$

$\Delta_r H^0(T)$ est une fonction affine de T ; $\Delta_r S^0(T)$ est une fonction affine de $\ln T$.

Dans les deux cas, le coefficient directeur est égal à la capacité calorifique standard de réaction, $\Delta_r C_p^0$.

L'expression de $\Delta_r G^0(T)$ est alors de la forme :

$$\boldsymbol{\Delta_r G^0(T) = A + B \, . \, T - \Delta_r C_p^0 \, . \, T \, . \, \ln T}$$

où A et B sont deux termes indépendants de T, mais qui dépendent de la température T_0.

3 ▬ **a)** *Si on néglige l'influence des capacités calorifiques :*

Dans l'intervalle de température considéré, $\Delta_r H^0$ et $\Delta_r S^0$ ont alors les mêmes valeurs qu'à 298 K.

$\Delta_r G^0(T) = \Delta_r H^0(T) - T \, . \, \Delta_r S^0\,(T)$
$\approx \Delta_r H^0(298) - T \, . \, \Delta_r S^0\,(298).$

• Réaction (**1**) :

$$CH_2{=}CH_2 + Cl_2 = CH_2ClCH_2Cl$$

$\Delta_{r1} G^0(T) = \Delta_{r1} H^0(T) - T \, . \, \Delta_{r1} S^0(T)$
$\approx \Delta_{r1} H^0(298\text{ K}) - T \, . \, \Delta_{r1} S^0\,(298\text{ K}).$

$\Delta_{r1} H^0(298\text{ K}) = -\Delta_f H^0(C_2H_4) + \Delta_f H^0(C_2H_4Cl_2)$
$= -181{,}9\ \text{kJ . mol}^{-1}$

$\Delta_{r1} S^0(298\text{ K}) = -S^0_m(C_2H_4) - S^0_m(Cl_2) + S^0_m(C_2H_4Cl_2)$
$= -133{,}9\ \text{J . K}^{-1}\text{ . mol}^{-1}$

$$\boldsymbol{\Delta_{r1} G^0(T) = -181{,}9 + 133{,}9 \, . \, 10^{-3} \, . \, T\ (\text{kJ.mol}^{-1})}$$

• Réaction (**2**) :

$$CH_2ClCH_2Cl = CH_2{=}CHCl + HCl$$

$\Delta_{r2} H^0(298\text{ K}) = -\Delta_f H^0(C_2H_4Cl_2) + \Delta_f H^0(C_2H_3Cl) + \Delta_f H^0(HCl)$
$= +73{,}0\ \text{kJ . mol}^{-1}.$

$\Delta_{r2} S^0(298\text{K}) = -S^0_m(C_2H_4Cl_2) + S^0_m(C_2H_3Cl) + S^0_m(HCl)$
$= +142{,}2\ \text{J . K}^{-1}\text{ . mol}^{-1}$

$$\boldsymbol{\Delta_{r2} G^0(T) = 73{,}0 - 142{,}2 \, . \, 10^{-3} \, . \, T\ (\text{kJ . mol}^{-1})}$$

b) *Calcul complet avec* $T_0 = 298$ K :

• Réaction (**1**) :

$\Delta_{r1} C_p^0 = -C_p^0(C_2H_4) - C_p^0(Cl_2) + C_p^0(C_2H_4Cl_2)$
$= +1{,}2\ \text{J . K}^{-1}\text{ . mol}^{-1}.$

$\Delta_{r1} H^0(T) = -182{,}26 \, . \, 10^3 + 1{,}2 \, . \, T\ (\text{J . mol}^{-1})$

$\Delta_{r1} S^0(T) = -140{,}74 + 1{,}2 \, . \, \ln T\ (\text{J . K}^{-1}\text{ . mol}^{-1})$

$\Delta_{r1} G^0(T) = -182{,}26 \, . \, 10^3 + 141{,}94 \, . \, T - 1{,}2 \, . \, T \, . \, \ln T\ (\text{J . mol}^{-1})$

• Réaction (**2**) :

$\Delta_{r2} C_p^0 = -C_p^0(C_2H_4Cl_2) - C_p^0(C_2H_3Cl) + C_p^0(HCl)$
$= +4{,}2\ \text{J . K}^{-1}\text{ . mol}^{-1}.$

$\Delta_{r2} H^0(T) = 71{,}75 \, . \, 10^3 + 4{,}2 \, . \, T\ (\text{J . mol}^{-1})$
$\Delta_{r2} S^0(T) = 118{,}27 + 4{,}2 \, . \, \ln T\ (\text{J . K}^{-1}\text{ . mol}^{-1})$
$\Delta_{r2} G^0(T) = 71{,}75 \, . \, 10^3 - 114{,}07 \, . \, T - 4{,}2 \, . \, T \, . \, \ln T\ (\text{J . mol}^{-1})$

c) • Réaction (**1**) : $\Delta_{r1} G^0(T)$ à 100°C

– calcul approché : $\Delta_{r1} G^0(T) = -131{,}955\ \text{kJ . mol}^{-1}$;

– calcul complet : $\Delta_{r1} G^0(T) = -131{,}967\ \text{kJ . mol}^{-1}$.

• Réaction (**2**) : $\Delta_{r2} G^0(T)$ à 500°C

– calcul approché : $\Delta_{r2} G^0(T) = -36{,}921\ \text{kJ . mol}^{-1}$;

– calcul complet : $\Delta_{r2} G^0(T) = -38{,}017\ \text{kJ . mol}^{-1}$.

L'approximation est excellente pour (1) ; elle est acceptable pour (2) puisqu'elle entraîne une erreur inférieure à 3 % à la température utilisée.

Les réactions considérées dans cet exercice avaient une $\Delta_r C_p^0$ exceptionnellement faible : c'est pourquoi l'erreur entraînée par l'approximation est aussi faible.

Remarque :

Même lorsque cette méthode entraîne une erreur plus forte, l'approximation d'Ellingham est très fréquemment utilisée.

7 Grandeurs standard en fonction de la température T

1 ▬ Grandeurs de réaction à 298 K.

a) $\Delta_r H^0(298) = \sum_i \nu_i \, . \, \Delta_f H_i^0(298)$
$= \Delta_f H^0(C_4H_8) - \Delta_f H^0(C_4H_{10})$
$= +126{,}055\ \text{kJ . mol}^{-1}.$

b) $\Delta_r S^0(298) = \sum_i \nu_i \, . \, S^0_{m,\,i}(298)$
$= S^0_m(C_4H_8) + S^0_m(H_2) - S^0_m(C_4H_{10})$
$= +126{,}1\ \text{J . K}^{-1}\text{ . mol}^{-1}.$

c) $\Delta_r G^0(298) = \Delta_r H^0(298) - 298 \, . \, \Delta_r S^0(298)$
$= +88{,}48\ \text{kJ . mol}^{-1}.$

2 ▬ Grandeurs de réaction en fonction de la température

• On calcule d'abord la capacité calorifique standard de réaction :

$$\Delta_r C_p^0(T) = \sum_i \nu_i \cdot C_{p\,m}^0(T)$$
$$= C_{p\,m}^0(C_4H_8) + C_{p\,m}^0(H_2) - C_{p\,m}^0(C_4H_{10})$$
$$= 27{,}2 - 16 \cdot 10^{-3} \cdot T\ (J \cdot K^{-1} \cdot mol^{-1}).$$

• Par application des lois de Kirchhoff, on en tire :

$$\Delta_r H^0(T) = \Delta_r H^0(T_0) + \int_{T_0}^{T_2} \Delta_r C_p^0(\lambda) . \, d\lambda.$$

$$\Delta_r S^0(T) = \Delta_r S^0(T_0) + \int_{T_0}^{T} \frac{\Delta_r C_p^0(\lambda)}{\lambda} . \, d\lambda.$$

• Avec $T_0 = 298$ K :

$$\mathbf{\Delta_r H^0(T) = 118{,}66.10^3 + 27{,}2 \cdot T - 8.10^{-3} \cdot T^2\ (J \cdot mol^{-1})}$$
$$\mathbf{\Delta_r S^0(T) = -24{,}09 + 27{,}2 \cdot \ln T - 16.10^{-3} \cdot T\ (J \cdot K^{-1} \cdot mol^{-1})}$$
$$\mathbf{\Delta_r G^0(T) = 118{,}66 \cdot 10^3 + 51{,}29 \cdot T + 8 \cdot 10^{-3} \cdot T^2 - 27{,}2 \cdot T \cdot \ln T\ (J \cdot mol^{-1})}$$

3 ▬ Grandeurs de réaction à $T = 873$ K.

$\mathbf{\Delta_r H^0(T) = 136{,}31\ kJ \cdot mol^{-1}}$; $\mathbf{\Delta_r G^0(T) = 8{,}73\ kJ \cdot mol^{-1}}$

$\mathbf{\Delta_r S^0(T) = 146{,}14\ J \cdot K^{-1} \cdot mol^{-1}}$.

8 Grandeurs standard et changements d'état

1 ▬ À $T_0 = 298$ K, tous les constituants sont solides. L'équation de la réaction est donc :

$$ZrCl_4\,(s) + 2\,Mg\,(s) = Zr\,(s) + 2\,MgCl_2\,(s)$$

Les enthalpies de formation des corps simples dans leur état standard étant nulles par convention :

$$\Delta_{r1} H^0(298) = \sum_i \nu_i \cdot \Delta_f H_i^0(298)$$
$$= -\Delta_f H^0(ZrCl_4) + 2\,\Delta_f H^0(MgCl_2)$$
$$\mathbf{\Delta_{r1} H^0(298) = -302{,}0\ kJ \cdot mol^{-1}}$$

La réaction est exothermique.

Les entropies absolues des corps simples dans leur état standard étant non nulles :

$$\Delta_{r1} S^0(298) = \sum_i \nu_i \cdot S_i^0(298)$$
$$= -S_m^0(ZrCl_4, s) - 2\,S_m^0(Mg, s) + S_m^0(Zr, s) + 2\,S_m^0(MgCl_2, s)$$
$$\mathbf{\Delta_{r1} S^0(298) = -33{,}4\ J \cdot mol^{-1} \cdot K^{-1}}$$

La réaction ne mettant en jeu que des phases condensées, l'entropie standard de réaction est faible.

On en déduit : $\Delta_{r1} G^0(298) = \Delta_{r1} H^0(298) - 298\,\Delta_{r1} S^0(298)$

$$\mathbf{\Delta_{r1} G^0(298) = -292{,}05\ kJ \cdot mol^{-1}}$$

La réaction est favorisée mais à basse température et pour des phases condensées, sa vitesse risque d'être très faible.

2 ▬ a) On observe successivement la sublimation de $ZrCl_4$ à 604 K , la fusion du magnésium Mg à 923 K puis celle de $MgCl_2$ à 987 K.

b) Les capacités calorifiques molaires étant indépendantes de la température, il en est de même de la capacité calorifique de réaction. On a donc, dans un intervalle de température où aucun constituant ne change d'état, les relations :

$$\Delta_r H^0(T) = \Delta_r H^0(T_0) + \int_{T_0}^{T} \Delta_r C_p^0(\lambda) \cdot d\lambda$$
$$= \Delta_r H^0(T_0) + \Delta_r C_p^0 \cdot (T - T_0)$$
$$\Delta_r S^0(T) = \Delta_r S^0(T_0) + \int_{T_0}^{T} \frac{\Delta_r C_p^0(\lambda)}{\lambda} \cdot d\lambda$$
$$= \Delta_r S^0(T_0) + \Delta_r C_p^0 \cdot \ln\frac{T}{T_0}$$

c) • De 298 K à 604 K

$ZrCl_4$ reste solide ; l'équation de la réaction est donc :

$$ZrCl_4\,(s) + 2\,Mg\,(s) = Zr\,(s) + 2\,MgCl_2\,(s) \qquad \mathbf{(1)}$$

on pose :

$$\Delta_{r1} C_p^0 = -C_p^0(ZrCl_4, \ell) - 2\,C_p^0(Mg, s) + C_p^0(Zr, s) + 2\,C_p^0(MgCl_2, s)$$
$$= -2{,}4\ J \cdot mol^{-1} \cdot K^{-1}$$

$\Delta_{r1} H^0(T) = \Delta_{r1} H^0(298) + \Delta_{r1} C_p^0 \cdot (T - 298).$

$\Delta_{r1} S^0(T) = \Delta_{r1} S^0(298) + \Delta_{r1} C_p^0 \cdot \ln\frac{T}{298}.$

Soit numériquement :

$$\mathbf{\Delta_{r1} H^0(T) = -301{,}29 - 2{,}4 \cdot 10^{-3} \cdot T\ (kJ \cdot mol^{-1})}$$
$$\mathbf{\Delta_{r1} S^0(T) = -19{,}73 - 2{,}4 \cdot \ln T\ (J \cdot mol^{-1} \cdot K^{-1})}$$

• À 604 K mais avant la sublimation de $ZrCl_4$:

$$\mathbf{\Delta_{r1} H^0(604^-)} = (-301{,}29 - 2{,}4 \cdot 10^{-3} \times 604) = \mathbf{-302{,}73\ kJ \cdot mol^{-1}}$$
$$\mathbf{\Delta_{r1} S^0(604^-)} = -19{,}73 - 2{,}4 \times \ln(604) = \mathbf{-35{,}1\ J \cdot mol^{-1} \cdot K^{-1}}$$

• À 604 K mais après la sublimation de $ZrCl_4$:

$$\mathbf{\Delta_r H^0(604^+)} = \Delta_r H^0(604^-) + (-1)\,\Delta_{sub} H^0(ZrCl_4) = \mathbf{-408{,}73\ kJ \cdot mol^{-1}}$$
$$\mathbf{\Delta_r S^0(604^+)} = \Delta_r S^0(604^-) + (-1)\,\frac{\Delta_{sub} H^0(ZrCl_4)}{T_{sub}(ZrCl_4)} = \mathbf{-210{,}6\ J \cdot mol^{-1} \cdot K^{-1}}$$

• De 604 K à 923 K

L'équation de la réaction est donc :

$$ZrCl_4\,(g) + 2\,Mg\,(s) = Zr\,(s) + 2\,MgCl_2\,(s) \qquad \mathbf{(1')}$$

On calcule la nouvelle valeur de $\Delta_r C_p^0$:

$$\Delta_{r1'} C_p^0 = -C_p^0(ZrCl_4, g) - 2\,C_p^0(Mg, s) + C_p^0(Zr, s) + 2\,C_p^0(MgCl_2, s)$$
$$\mathbf{\Delta_{r1'} C_p^0 = +25{,}2\ J \cdot mol^{-1} \cdot K^{-1}}$$

D'où : $\Delta_r H^0(T) = \Delta_r H^0(604^+) + \Delta_{r1'} C_p^0 \cdot (T - 604)$

$\Delta_{r1} S^0(T) = \Delta_{r1} S^0(604^+) + \Delta_{r1'} C_p^0 \cdot \ln\frac{T}{604}$

Soit numériquement :

$$\mathbf{\Delta_{r1'} H^0(T) = -423{,}95 + 25{,}2 \cdot 10^{-3} \cdot T\ (kJ \cdot mol^{-1})}$$
$$\mathbf{\Delta_{r1'} S^0(T) = -371{,}96 + 25{,}2 \cdot \ln T\ (J \cdot mol^{-1} \cdot K^{-1})}$$

• À 923 K mais avant la fusion de Mg :

$$\mathbf{\Delta_{r1'} H^0(923^-)} = (-423{,}95 + 25{,}2 \cdot 10^{-3} \times 923) = \mathbf{-400{,}7\ kJ \cdot mol^{-1}}$$
$$\mathbf{\Delta_{r1'} S^0(923^-)} = (-371{,}96 + 25{,}2 \times \ln(923)) = \mathbf{-199{,}9\ J \cdot mol^{-1} \cdot K^{-1}}$$

• À 923 K mais après la fusion de Mg :

$$\Delta_{r1'}\boldsymbol{H^0(923^+)} = \Delta_{r1'}H^0(923^-) + (-2)\,\Delta_{fus}H^0(\text{Mg})$$
$$= \mathbf{-\,419{,}1\ kJ\,.\,mol^{-1}}$$

$$\Delta_{r1'}\boldsymbol{S^0(923^+)} = \Delta_{r1'}S^0(923^-) + \frac{(-2)\Delta_{fus}H^0(\text{Mg})}{T_{fus}(\text{Mg})}$$
$$= \mathbf{-\,219{,}85\ J\,.\,mol^{-1}\,.\,K^{-1}}$$

• De 923 K à 987 K

L'équation de la réaction est donc :

$$ZrCl_4\ (g) + 2\ Mg\ (\ell) = Zr\ (s) + 2\ MgCl_2\ (s) \qquad \textbf{(1'')}$$

On calcule la nouvelle valeur de $\Delta_r C_p^0$:

$$\Delta_{r1''}C_p^0 = -\,C_p^0(ZrCl_4,\ g) - 2\,C_p^0(Mg,\ \ell) + C_p^0(Zr,\ s) + 2\ C_p^0(MgCl_2,\ s)$$
$$= +\,11{,}4\ J\,.\,mol^{-1}\,.\,K^{-1}$$

D'où : $\Delta_{r1''}H^0(T) = \Delta_r H^0(923^+) + \Delta_r C_p{}^0\,.\,(T - 923)$

$$\Delta_{r1''}S^0(T) = \Delta_{r1''}S^0(923^+) + \Delta_{r1'}C_p^0\,.\,\ln\frac{T}{923}$$

Soit numériquement :

$$\boldsymbol{\Delta_{r1''}H^0(T) = -\,429{,}6 + 11{,}4\,.\,10^{-3}\,.\,T\ (kJ\,.\,mol^{-1})}$$
$$\boldsymbol{\Delta_{r1''}S^0(T) = -\,297{,}69 + 11{,}4\,.\,\ln T\ (J\,.\,mol^{-1}\,.\,K^{-1})}$$

• À 987 K mais avant la fusion de $MgCl_2$:

$$\Delta_{r1''}\boldsymbol{H^0(987^-)} = (-\,429{,}6 + 11{,}4\,.\,10^{-3} \times 987)$$
$$= \mathbf{-\,418{,}3\ kJ\,.\,mol^{-1}}$$
$$\Delta_{r1''}\boldsymbol{S^0(987^-)} = (-\,297{,}69 + 11{,}4 \times \ln(987))$$
$$= \mathbf{-\,219{,}07\ J\,.\,mol^{-1}\,.\,K^{-1}}$$

• À 987 K mais après la fusion de $MgCl_2$:

$$\Delta_{r1''}\boldsymbol{H^0(987^+)} = \Delta_r H^0(987^-) + (+2)\,\Delta_{fus}H^0(MgCl_2)$$
$$= \mathbf{-\,332{,}15\ kJ\,.\,mol^{-1}}$$
$$\Delta_{r1''}\boldsymbol{S^0(987^+)} = \Delta_{r1'}S^0(987^-) + \frac{(+2)\ \Delta_{fus}H^0(MgCl_2)}{T_{fus}(MgCl_2)}$$
$$= \mathbf{-\,131{,}74\ J.mol^{-1}.K^{-1}}$$

• Au-dessus de 987 K

L'équation de la réaction est donc :

$$ZrCl_4\ (g) + 2\ Mg\ (\ell) = Zr\ (s) + 2\ MgCl_2\ (\ell) \qquad \textbf{(1''')}$$

$\Delta_r C_p^0$ garde la même valeur puisque l'on confond les capacités calorifiques de $MgCl_2$ solide ou liquide :

$$\Delta_{r1''}C_p^0 = +\,11{,}4\ J\,.\,mol^{-1}\,.\,K^{-1}$$

D'où : $\Delta_{r1'''}H^0(T) = \Delta_{r1''}H^0(987^+) + \Delta_{r1''}C_p^0\,.\,(T - 987)$

$$\Delta_{r1'''}S^0(T) = \Delta_{r1'''}S^0(923^+) + \Delta_{r1'}C_p^0\,.\,\ln\frac{T}{987}$$

Soit numériquement :

$$\boldsymbol{\Delta_r H^0(T) = -\,343{,}5 + 11{,}4\,.\,10^{-3}\,.\,T\ (kJ\,.\,mol^{-1})}$$
$$\boldsymbol{\Delta_{r1''}S^0(T) = -\,210{,}34 + 11{,}4\,.\,\ln T\ (J\,.\,mol^{-1}\,.\,K^{-1})}$$

Commentaire :

Les courbes ci-après montrent que les changements de phase de l'un des participants à la réaction s'accompagne de la discontinuité des grandeurs $\Delta_r H^0(T)$ et $\Delta_r S^0(T)$; quand la température est croissante, les changements de phase observés sont toujours endothermiques : le changement de phase d'un produit de la réaction provoque donc une brusque augmentation des grandeurs de réaction ; celui de l'un des réactifs provoque une brusque diminution.

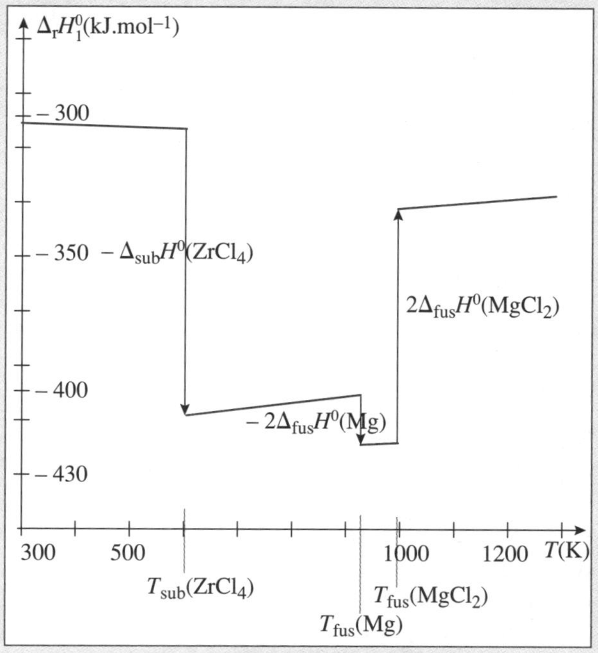

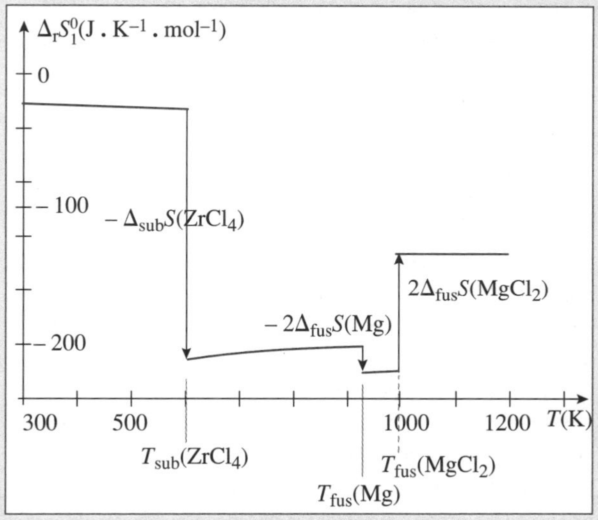

c)

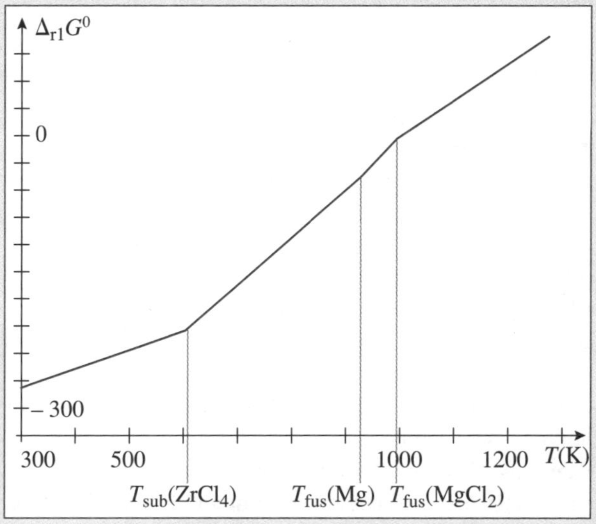

Contrairement aux courbes représentant $\Delta_r H^0(T)$ et $\Delta_r S^0(T)$, la courbe représentant l'enthalpie libre standard de la réaction, $\Delta_r G^0(T)$ ne présente pas de discontinuité .

Ceci est la conséquence de relations du type :

$$\Delta_{sub}H^0(ZrCl_4) = T_{sub}(ZrCl_4) \,.\, \Delta_{sub}S^0(ZrCl_4)$$

Relation qui découle de l'égalité des potentiels chimiques d'un corps pur à l'équilibre sous deux phases.

D'après la relation : $\dfrac{d\Delta_r G^0(T)}{dT} = -\,\Delta_r S^0(T)$, une discontinuité de l'entropie standard de réaction se traduit par un point anguleux sur la courbe $\Delta_r G^0(T)$: la pente diminue si un produit change d'état ; elle augmente si c'est un réactif.

3 ▬ À 1123 K :

• $\Delta_{r1'''}H^0 = $ **– 330,6 kJ . mol^{-1}** : la réaction est toujours exothermique.

• $\Delta_{r1'''}S^0(T) = $ **– 130,26 J . mol^{-1} . K^{-1}** : on passe d'un système comportant 2 moles de liquide et 1 mole de gaz à un système comportant 2 moles de liquide et 1 mole de solide : le désordre du système diminue au cours de la réaction et son entropie standard de réaction est donc nettement négative.

• $\Delta_{r1'''}G^0 = $ **– 184,3 kJ . mol^{-1}** : la réaction reste thermodynamiquement favorisée ; le caractère fluide des réactifs et la température élevée permettent d'éviter les blocages cinétiques.

9 Sur l'entropie

1 ▬ La Thermodynamique statistique montre que l'entropie d'un système est une mesure de son désordre moléculaire : elle est d'autant plus grande que le système est plus désordonné.

Le Troisième Principe de la Thermodynamique utilise cette propriété pour fixer un zéro pour les entropies en attribuant une entropie nulle à un cristal parfait quant T tend vers 0 K.

En revanche, rien ne permet de fixer un zéro pour les énergies internes U : on ne sait calculer que des variations d'énergie interne.

L'enthalpie H et l'enthalpie libre G sont dans le même cas puisque :

$$H = U + p\,.\,V \;;\; G = U + p\,.\,V - T\,.\,S$$

2 ▬ • Le *tableau* 1 concerne les gaz nobles, situés dans la dernière colonne de la classification périodique : leur état physique et l'atomicité de leur molécule sont les mêmes mais ils diffèrent par leur masse molaire. On en déduit que **l'entropie d'un gaz croît quand la masse de ses molécules croît.**

• Le *tableau* 2 montre l'influence de l'état physique : dans des conditions de température et de pression données, l'entropie d'un liquide est supérieure à celle du cristal correspondant ; **l'entropie d'un gaz est très supérieure à celle du liquide correspondant.**

• Le *tableau* 3 montre l'influence de l'atomicité : pour un corps moléculaire, **l'entropie croît quand l'atomicité croît.**

3 ▬ • $\left(\dfrac{\partial S}{\partial T}\right)_p = \dfrac{C_p}{T}$, C_p étant une quantité toujours positive, S est une fonction croissante de la température.

• $\left(\dfrac{\partial S}{\partial T}\right)_p = -\left(\dfrac{\partial V}{\partial T}\right)_p$.

La plupart des substances se dilatent quand leur température augmente ; la dérivée de V par rapport à T est donc positive et celle de S par rapport à p est négative.

En général, S est une fonction décroissante de la pression.

Remarque : Certaines substances se contractent quand leur température augmente ; c'est le cas de l'eau entre 0 °C *et* 5 °C. *La conclusion précédente n'est alors pas applicable.*

4 ▬ **a)** Entropies standard de formation de N_2 (g), H_2 (g) et NH_3 (g).

• N_2 (g) et H_2 (g) constituent l'état standard de référence des éléments azote et hydrogène : leurs réactions standard de formation ont pour bilan :

$$N_2\,(g) \longrightarrow N_2\,(g) \quad \text{et} \quad H_2\,(g) \longrightarrow H_2\,(g)$$

Toutes les grandeurs de formation sont donc nulles, en particulier les entropies standard de formation.

• La réaction standard de formation de l'ammoniac a pour bilan :

$$\frac{1}{2}N_2\,(g) + \frac{3}{2}H_2\,(g) \longrightarrow NH_3\,(g)$$

$$\Delta_r S^0 = \sum_i \nu_i \,.\, S^0_{m,\,i}$$

$$= -\frac{1}{2}S^0_m(N_2, g) - \frac{3}{2}S^0_m(H_2, g) + S^0_m(NH_3, g)$$

$$\boldsymbol{\Delta_r S^0 = -\,99{,}055\ J\,.\,K^{-1}\,.\,mol^{-1}}$$

b) D'après la question **3)**, il est possible de prévoir un ordre de grandeur de l'entropie molaire standard des différents constituants à partir de leur structure et de leur état physique ; il est donc souvent possible, à partir de l'équation de réaction, de prévoir le signe d'une entropie de réaction.

On utilise donc de préférence les entropies absolues standard S^0_m plutôt que les entropies standard de formation, $\Delta_f S^0$.

c) D'après le Troisième Principe de la Thermodynamique, l'entropie d'un système est d'autant plus grande que le système est plus désordonné.

Le signe de l'entropie standard de réaction permet donc de savoir si le déroulement de la réaction standard, à T et p constants, s'accompagne d'une augmentation ou d'une diminution du désordre moléculaire. Bien que les causes de désordre moléculaire soient multiples, l'une des plus importantes est liée à l'état physique des constituants : l'état gazeux est beaucoup plus désordonné que les états condensés (liquide ou cristal). Donc, selon que, au cours de la réaction, la quantité de matière de gaz augmente ou diminue, l'entropie standard du système augmente ou diminue avec l'avancement de la réaction ; le signe de sa dérivée par rapport à ξ en découle.

d) Application

• Détermination, sans calcul, du signe de $\Delta_r S^0$ à 298 K :

(a) $3\ O_2\ (g) = 2\ O_3\ (g)$

$\sum_i \nu_i(g) = -1$ donc $\Delta_r S^0 < 0$

(b) $2\ FeS_2\ (s) + \frac{11}{2}\ O_2\ (g) = Fe_2O_3\ (s) + 4\ SO_2\ (g)$

$\sum_i \nu_i(g) = -1{,}5$ donc $\Delta_r S^0 < 0$.

(c) $NH_3\ (g) + HCl\ (g) = NH_4Cl\ (s)$

$\sum_i \nu_i(g) = -2$ donc $\Delta_r S^0 < 0$.

(d) $CuSO_4\ ,5\ H_2O\ (s) = CuSO_4\ (s) + 5\ H_2O\ (g)$

$\sum_i \nu_i(g) = +5$ donc $\Delta_r S^0 > 0$.

(e) $H_2S\ (g) + Cl_2\ (g) = 2\ HCl\ (g) + S\ (s)$

$\sum_i \nu_i(g) = 0$ donc $\Delta_r S^0 \approx 0$.

(f) $2\ NH_3\ (g) + \frac{3}{2}\ O_2\ (g) = N_2\ (g) + 3\ H_2O\ (\ell)$

$\sum_i \nu_i(g) = -2{,}5$ donc $\Delta_r S^0 < 0$.

• Vérification des prévisions :

(a) $\Delta_r S^0 = -137{,}85\ J\ .\ K^{-1}\ .\ mol^{-1}$;

(b) $\Delta_r S^0 = -153{,}85\ J\ .\ K^{-1}\ .\ mol^{-1}$;

(c) $\Delta_r S^0 = -285{,}07\ J\ .\ K^{-1}\ .\ mol^{-1}$;

(d) $\Delta_r S^0 = +753{,}0\ J\ .\ K^{-1}\ .\ mol^{-1}$;

(e) $\Delta_r S^0 = -23{,}04\ J\ .\ K^{-1}\ .\ mol^{-1}$;

(f) $\Delta_r S^0 = -286{,}80\ J\ .\ K^{-1}\ .\ mol^{-1}$.

10 Relations entre les grandeurs standard de réaction

1 ▬ À partir de l'expression de $\Delta_r G^0(T)$, on obtient :

$$\frac{d\Delta_r G^0}{dT} = -463{,}56 + 9{,}84\ .\ 10^{-3}\ .\ T + 8{,}36\ .\ \ln T\ (J\ .\ K^{-1}\ .\ mol^{-1}).$$

$$\frac{d^2\Delta_r G^0}{dT^2} = +9{,}84\ .\ 10^{-3} + \frac{8{,}36}{T}\ (J\ .\ K^{-2}\ .\ mol^{-1}).$$

$\frac{d\Delta_r G^0}{dT}$ est égale à $-\Delta_r S^0(T)$;

$\frac{d^2\Delta_r G^0}{dT^2}$ est donc égale à $-\frac{d\Delta_r S^0}{dT}$ soit : $-\frac{\Delta_r C_p^0}{T}$.

2 ▬ La relation de Gibbs-Helmholtz est :

$$\frac{d(\Delta_r G^0/T)}{dT} = -\frac{\Delta_r H^0}{T^2}$$

À partir de l'expression de $\Delta_r G^0(T)$, on obtient :

$$\frac{\Delta_r G^0}{T} = \frac{426{,}93\ .\ 10^3}{T} - 471{,}92 + 4{,}92\ .\ 10^{-3}\ .\ T + 8{,}36\ .\ \ln T\ (J\ .\ K^{-1}\ .\ mol^{-1}).$$

$$\frac{d(\Delta_r G^0/T)}{dT} = -\frac{426{,}93\ .\ 10^3}{T^2} + 4{,}92\ .\ 10^{-3} + \frac{8{,}36}{T}\ (J\ .\ K^{-2}\ .\ mol^{-1}).$$

On en déduit :

$$\boldsymbol{\Delta_r H^0(T) = +426{,}93\ .\ 10^3 - 4{,}92\ .\ 10^{-3}\ .\ T^2 - 8{,}36\ .\ T\ (J\ .\ mol^{-1})}$$

3 ▬ • D'après le **1)** :

$$\Delta_r C_p^0(T) = -T\frac{d^2\Delta_r G^0}{dT^2}\ ;$$

$$\boldsymbol{\Delta_r C_p^0(T) = -8{,}36 - 9{,}84\ .\ 10^{-3}\ .\ T\ (J\ .\ K^{-1}\ .\ mol^{-1})}$$

• D'après la relation de Kirchhoff :

$$\Delta_r C_p^0(T) = \frac{d\Delta_r H^0}{dT}\ ;$$

$$\boldsymbol{\Delta_r C_p^0(T) = -8{,}36 - 9{,}84\ .\ 10^{-3}\ .\ T^2\ (J\ .\ K^{-1}\ .\ mol^{-1})}$$

11 Ciment

1 ▬ • Équation conduisant à la formation de Ca_3SiO_5 :

$3\ CaCO_3\ (s) + SiO_2\ (s) = Ca_3SiO_5\ (s) + 3\ CO_2\ (g)$ **(1)**

L'alumine de l'argile ne joue aucun rôle.

Remarque : Cette réaction n'est pas la réaction de formation de Ca_3SiO_5.

• Au cours de cette réaction, trois moles de gaz apparaissent : l'entropie standard de réaction est positive, certainement supérieure à 300 $J\ .\ K^{-1}\ .\ mol^{-1}$.

2 ▬ **a)** • Enthalpie de la réaction **(1)** à 298 K :

$$\Delta_r H_1^0(298) = \sum_i \nu_i\ .\ \Delta_f H_i^0(298)$$
$$= -3\ \Delta_f H^0(CaCO_3) - \Delta_f H^0(SiO_2) + \Delta_f H^0(Ca_3SiO_5) + 3\ \Delta_f H^0(CO_2)$$

$$\boldsymbol{\Delta_r H_1^0(298) = +474{,}9\ kJ\ .\ mol^{-1}}$$

La réaction est fortement endothermique.

• Entropie de la réaction **(1)** à 298 K :

$$\Delta_r S^0{}_1(298) = \sum_i \nu_i\ .\ S_i^0(298)$$
$$= -3\ S_m^0(CaCO_3) - S_m^0(SiO_2) + S_m^0(Ca_3SiO_5) + 3\ S_m^0(CO_2)$$

$$\boldsymbol{\Delta_r S^0{}_1(298) = +489{,}9\ J\ .\ K^{-1}\ .\ mol^{-1}}$$

• Capacité calorifique moyenne standard de réaction sous pression constante :

$$\Delta_r C_p^0 = -3\ C_p^0(CaCO_3) - C_p^0(SiO_2) + C_p^0(Ca_3SiO_5) + 3\ C_p^0(CO_2)$$
$$= -21{,}5\ J\ .\ K^{-1}\ .\ mol^{-1}.$$

• $\Delta_r H_1^0(T) = \Delta_r H_1^0(298) + \Delta_r C_p^0\ .\ (T - 298)$
$= 481{,}3\ .\ 10^3 - 21{,}5\ .\ T\ (J\ .\ mol^{-1})$;

$\Delta_r S_1^0(T) = \Delta_r S_1^0(298) + \Delta_r C_p^0\ .\ (\ln T - \ln 298)$
$= 612{,}4 - 21{,}5\ .\ \ln T\ (J\ .\ K^{-1}\ .\ mol^{-1})$;

$$\boldsymbol{\Delta_r G_1^0(T) = 481{,}3\ .\ 10^3 - 633{,}9\ .\ T + 21{,}5\ .\ T\ .\ \ln T\ (J\ .\ mol^{-1})}$$

b) On détermine la température d'inversion T_i en résolvant l'équation : $481{,}3\ .\ 10^3 - 633{,}9\ .\ T + 21{,}5\ .\ T\ .\ \ln T = 0$

Pour une équation transcendante, seule une résolution numérique est possible : un calculateur numérique fournit :

$$\boldsymbol{T_i = 991{,}2\ K}$$

La réaction **(1)** est *thermodynamiquement favorisée* si $\Delta_r G_1^0(T)$ est négative. On sait que $\Delta_r G_1^0(T_i)$ est nulle, il suffit donc de connaître le signe de :

$$\left(\frac{\mathrm{d}\Delta_r G^0}{\mathrm{d}T}\right)_{T=T_i}$$

Or :

$$\left(\frac{\mathrm{d}\Delta_r G^0}{\mathrm{d}T}\right)_{T=T_i} = -\Delta_r S_1^0(T_i) = -464{,}1\ \mathrm{J\,.\,K^{-1}\,.\,mol^{-1}}$$

$\Delta_r G_1^0(T)$ est une fonction décroissante de T.

La réaction (1) est *thermodynamiquement favorisée* pour T supérieure à T_i.

3 ▬ a) Bilan énergétique pour le réacteur fonctionnant, en régime permanent, sous pression constante.

• Le réacteur Θ constitue un système ouvert, immobile dans le référentiel d'étude, en régime permanent; son état est donc indépendant du temps : donc quels que soient t et Δt, toute grandeur globale G de Θ satisfait à :

$$G(t+\Delta t) = G(t)$$

C'est le cas de la masse m, de la quantité de matière n, de l'énergie interne U....

• On considère un système Γ, de masse m :

– à l'instant t, Γ est à l'extérieur de Θ, au voisinage de l'entrée de Θ. Il occupe un volume $V_\Gamma(t)$, noté $V_{\Gamma e}$;

– à l'instant $t + \Delta t$, la masse m achève de rentrer dans Θ ; la conservation de la masse de Θ impose qu'une masse égale à m soit sortie de Θ, à travers Σ_s : Γ se trouve au voisinage de la sortie de Θ et occupe un volume :

$$V_\Gamma(t+\Delta t) = V_{\Gamma s}$$

Entre t et $t + \Delta t$, l'énergie interne U_Γ varie de ΔU_Γ :

$$\Delta U_\Gamma = U_\Gamma(t+\Delta t) - U_\Gamma(t) = U_{\Gamma s} - U_{\Gamma e}$$

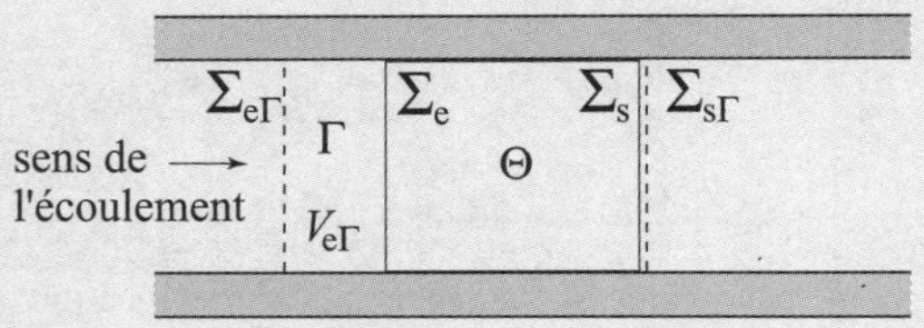

système (Θ + Γ) à l'instant t

À l'instant t, Γ est limité par les sections $\Sigma_{e\Gamma}$ et Σ_e.

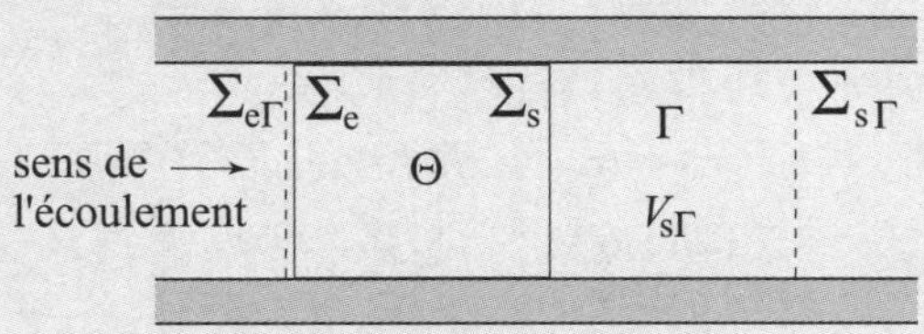

système (Θ + Γ) à l'instant $t + \Delta t$

À l'instant $t + \Delta t$, Γ est limité par les sections Σ_s et $\Sigma_{s\Gamma}$.

• Soit (S) le système formé par la réunion de Θ et Γ : c'est un système fermé, en mouvement dans le référentiel d'étude.

L'énergie interne étant extensive :

$$U_S(t) = U_\Theta(t) + U_\Gamma(t)$$

Entre t et $t + \Delta t$, U_S varie de ΔU_S :

$$\Delta U_S = \Delta U_\Theta + \Delta U_\Gamma$$

Mais, en régime permanent, $\Delta U_\Theta = 0$. Donc :

$$\boldsymbol{\Delta U_S = \Delta U_\Gamma}$$

• Entre t et $t + \Delta t$, (S) n'échange pas de matière puisque (S) est fermé ; en revanche (S) échange de la chaleur avec le milieu extérieur puisque Θ n'est pas adiabatique. De plus, (S) est soumis aux forces pressantes agissant en amont et en aval qui, fournissent pendant Δt les travaux :

$$W_e = +p_e\,.\,V_{\Gamma e} \quad \text{et} \quad W_s = -p_s\,.\,V_{\Gamma s}$$

On applique à (S) le Premier Principe de la Thermodynamique entre t et $t + \Delta t$:

$$\Delta U_s = \begin{cases} = \Delta U_{\Gamma s} - U_{\Gamma e} \\ = Q + p_e\,.\,V_e - p_s\,.\,V_{\Gamma s} \end{cases}$$

Soit : $(U_{s\Gamma} + p_s\,.\,V_{s\Gamma}) - (U_{e\Gamma} + P_e\,.\,V_{e\Gamma}) = Q$

on encore : $\boldsymbol{\Delta H_\Gamma = H_{s\Gamma} - H_{e\Gamma} = Q}$

Cette relation ne nécessite aucune hypothèse sur les processus internes comme les changements d'état ou les réactions chimiques se déroulant au sein du système : elle n'est donc pas modifiée par l'existence de processus.

Remarque : En revanche, elle suppose que le travail utile et les variations d'énergie cinétique et d'énergie potentielle de pesanteur soient nuls.

b) H étant une fonction d'état, $\Delta H_{a\Gamma}$ peut être calculé le long d'un chemin différent du chemin réel. On considère les deux étapes suivantes :

• Grâce au transfert thermique de l'extérieur vers l'intérieur, Γ subit alors un échauffement isobare, sans réaction chimique, jusqu'à la température de sortie T_s.

On attribue respectivement les indices 1, 2, 3, 4 et 5 à $CaCO_3$, SiO_2, Al_2O_3, Ca_3SiO_5 et CO_2.

D'après l'énoncé, le mélange à l'entrée du réacteur ne comporte que du carbonate de calcium, de la silice et de l'alumine, dont les capacités calorifiques sont constantes. Alors :

$$\Delta H_{a\Gamma} = [n_{1e}\,.\,C_{p1}^0 + n_{2e}\,.\,C_{p2}^0 + n_{3e}\,.\,C_{p3}^0]\,.\,[T_s - T_e]$$

• Γ subit la réaction chimique, à la température de sortie T_s, maintenue constante grâce au transfert thermique de l'extérieur vers l'intérieur. En prenant $\xi_e = 0$:

$$\Delta H_{\Gamma b} = \xi_s\,.\,\Delta_r H^0(T_s)$$

Pour déterminer ξ_s, il faut considérer la réaction comme totale, ce qui est légitime puisque la température qu'atteint le mélange correspond à une réaction *thermodynamiquement très favorisée*.

D'autre part, le réacteur étant très long, on peut penser que le temps de séjour dans le réacteur est suffisant pour que le mélange atteigne son état d'équilibre.

L'avancement en sortie est donc l'avancement maximal, c'est-à-dire celui pour lequel le réactif limitant est complètement consommé. Il faut donc déterminer le réactif limitant dans le mélange initial ; on note τ_{ei} le pourcentage massique du constituant B_i à l'entrée.

Alors : $$\frac{n_{1e}}{n_{2e}} = \frac{m_{1e}}{m_{2e}}\,.\,\frac{M_2}{M_1} = \frac{\tau_{1e}}{\tau_{2e}}\,.\,\frac{M_2}{M_1}$$

$M(CaCO_3) = 100{,}1 \text{ g . mol}^{-1}$;
$M(SiO_2) = 60{,}1 \text{ g . mol}^{-1}$;
$M(Al_2O_3) = 102 \text{ g . mol}^{-1}$.

Pour un mélange initial, dont la composition massique est :

$$\% \, CaCO_3 = 70 \; ; \; \% \, SiO_2 = 20 \; ; \; \% \, Al_2O_3 = 10 \; ;$$

$$\frac{n_{1e}}{n_{2e}} = \frac{70}{20} \times \frac{60{,}2}{100{,}1} = 2{,}105 < 3$$

Dans le mélange utilisé, le réactif limitant est le carbonate de calcium $CaCO_3$; donc $\xi_s = \frac{n_{1e}}{3}$.

$$\Delta H_{b\Gamma} = \left(\frac{n_{1e}}{3}\right) . \Delta_r H^0(T_s)$$

Bilan : $\Delta H_{a\Gamma} + \Delta H_{b\Gamma} = Q$ conduit à la relation :

$$\mathbf{[n_{e1} . C^0_{p1} + n_{e2} . C^0_{p2} + n_{e3} . C^0_{p3}] . [T_s - T_e] + (n_{e1}/3) . \Delta_r H^0(T_s) = Q}$$

Pour calculer la quantité de chaleur à fournir au mélange obtenu à partir d'une tonne de $CaCO_3$, il suffit de déterminer n_{1e}, n_{2e}, et n_{3e} et d'appliquer la relation précédente.

Pour obtenir la composition cherchée à partir d'une masse $m_{1e} = 1$ t, il faut utiliser :

$$n_{1e} = \frac{m_{1e}}{M_1} = 9{,}990 \text{ kmol}$$

$$n_{2e} = n_{1e} . \frac{\tau_{2e}}{\tau_{1e}} . \frac{M_1}{M_2} = 4{,}754 \text{ kmol}$$

$$n_{2e} = n_{1e} . \frac{\tau_{3e}}{\tau_{1e}} . \frac{M_1}{M_3} = 1{,}400 \text{ kmol}$$

$$\mathbf{Q = 3{,}54 . 10^9 \text{ J}}$$

c) Soit m la masse de pétrole à brûler pour alimenter ce four. Le pétrole utilisé dans les fours industriels est du fioul lourd pour lequel n est de l'ordre de 20.

D'où :

$$m = \frac{Q}{|\Delta_c H^0|} = 7{,}51 . 10^4 \text{ g}$$

Il faut brûler environ 75 kg de pétrole par tonne de carbonate de calcium utilisé.

4 ▬ Réhydratation de la chaux vive :

$$CaO + H_2O = Ca(OH)_2$$

Les volumes molaires respectifs de CaO et $Ca(OH)_2$ sont respectivement de :

$$17{,}3 \text{ cm}^3 . \text{mol}^{-1} \quad \text{et} \quad 33{,}1 \text{ cm}^3 . \text{mol}^{-1}$$

la réhydratation de CaO s'accompagne donc d'une augmentation de volume du matériau, ce qui provoque des gonflements et des fissures et nuit donc à la solidité du l'ouvrage.

12 Halogénures du zirconium

A. Préparation du tétrachlorure de zirconium

1 ▬ Pour la réaction **(1)** :

$$ZrO_2 \text{ (s)} + 2 \, Cl_2 \text{ (g)} = ZrCl_4 \text{ (s)} + O_2 \text{ (g)}$$

Entre 298 K et 1 473 K, seul $ZrCl_4$ change d'état physique ; on considère le cycle de transformations suivant :

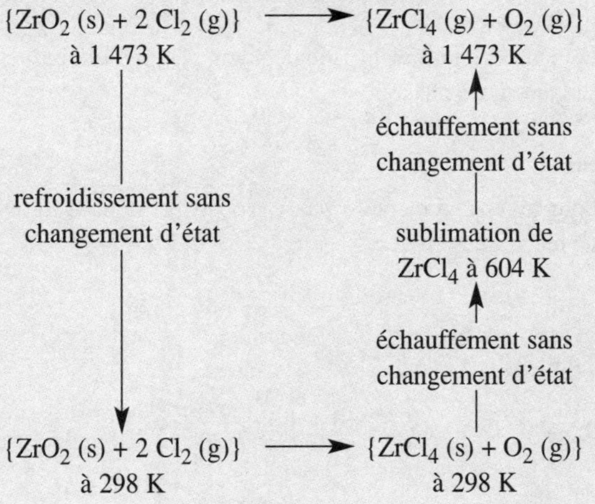

• On utilise alors la loi de Hess pour calculer :

$$\Delta_{r1}H^0(1473) \quad \text{et} \quad \Delta_{r1}S^0(1473) :$$

$$\Delta_{r1}H^0(1473) = \int_{1\,473}^{298} (C^0_p \, (ZrO_2) + 2C^0_p \, (Cl_2, g)) . dT$$

$$+ \Delta_{r1}H^0(298) + \int_{298}^{604} + (C^0_p \, (ZrCl_4, s) + C^0_p \, (O_2, g)) . dT$$

$$+ \Delta_{sub}H^0(ZrCl_4)$$

$$+ \int_{604}^{1\,473} (C^0_p \, (ZrCl_4, g) + C^0_p \, (O_2, g) . dT$$

On pose :

$$\Delta_{r1}C^0_p = C^0_p(ZrCl_4, s) + C^0_p(O_2, g) - C^0_p(ZrO_2, s) - 2C^0_p(Cl_2, g)$$

$$\Delta_{r1}C'^0_p = C^0_p(ZrCl_4, g) + C^0_p(O_2, g) - C^0_p(ZrO_2, s) - 2C^0_p(Cl_2, g)$$

Alors $\Delta_{r1}H^0(1473)$ se met sous la forme :

$$\mathbf{\Delta_{r1}H^0(1473) = \Delta_{r1}H^0(298) + \int_{298}^{604} \Delta_{r1}C^0_p(T) . dT + \Delta_{sub}H^0(ZrCl_4) + \int_{604}^{1\,473} \Delta_{r1}C'^0_p(T) . dT}$$

– À $T_0 = 298$ K, $ZrCl_4$ est solide. Les enthalpies de formation des corps simples dans leur état standard étant nulles par convention :

$$\Delta_{r1}H^0(298) = -\Delta_f H^0(ZrO_2) + \Delta_f H^0(ZrCl_4) = +104{,}0 \text{ kJ . mol}^{-1}.$$

– De 298 K à 604 K : $\Delta_{r1}C^0_p(T) = 30 \text{ J . K}^{-1} . \text{mol}^{-1}$

d'où : $\displaystyle\int_{298}^{604} \Delta_{r1}C^0_p \, (T) . dT = +\, 91{,}8 \text{ kJ . mol}^{-1}$

– De 604 K à 1 273 K : $\Delta_{r1}C'^0_p(T) = 2{,}3 \text{ J . K}^{-1} . \text{mol}^{-1}$

d'où : $\displaystyle\int_{604}^{1\,473} \Delta_{r1}C'^0_p(T) . dT = +\, 1{,}9 \text{ (kJ . mol}^{-1})$

$$\Delta_{r1}H^0(1\,473) = 104 + 91{,}8 + 106{,}3 + 1{,}9 \text{ kJ . mol}^{-1} = +\, 221{,}2 \text{ kJ . mol}^{-1}$$

$$\mathbf{\Delta_{r1}H^0(1\,473) = +\, 221{,}2 \text{ kJ . mol}^{-1}}$$

• On procède de même pour l'entropie, en utilisant les deux propriétés suivantes :

– Pour un échauffement isobare, sans réaction chimique, ni changement de phase :

$$dS^0 = + \frac{C_p^0}{T} \cdot dT$$

– Pour un changement de phase isobare, et donc isotherme, sans réaction chimique :

$$dS^0 = + \frac{\Delta_{tr}H^0}{T_{tr}} \cdot dn$$

On obtient :

$$\boldsymbol{\Delta_{r1}S^0(1\,473) = \Delta_{r1}S^0(298) + \int_{298}^{604} \frac{\Delta_{r1}C_p^0}{T} \cdot dT}$$

$$\boldsymbol{+ \Delta_{sub}S^0(ZrCl_4) + \int_{604}^{1\,473} \frac{\Delta_{r1}C_p'^0}{T} \cdot dT}$$

– À $T_0 = 298$ K, $ZrCl_4$ est solide. Les entropies absolues des corps simples dans leur état standard étant non nulles :

$$\Delta_{r1}S^0(298) = -S^0_m(ZrO_2) - 2\,S^0_m(Cl_2) + S^0_m(ZrCl_4) + S^0_m(O_2) = -105{,}4\ J \cdot K^{-1} \cdot mol^{-1}$$

$$\Delta_{sub}S^0(ZrCl_4) = \frac{\Delta_{sub}H^0}{T_{sub}} = 175{,}50\ J \cdot K^{-1} \cdot mol^{-1}.$$

$$\Delta_{r1}S^0(1\,473) = -105{,}4 + 21{,}19 + 175{,}50 + 2{,}05\ (kJ \cdot mol^{-1}) = +93{,}34\ J \cdot K^{-1} \cdot mol^{-1}$$

$$\boldsymbol{\Delta_{r1}S^0(1\,473) = +93{,}34\ J \cdot K^{-1} \cdot mol^{-1}}$$

• On en déduit :

$$\Delta_{r1}G^0(1\,473) = \Delta_{r1}H^0(1\,473) - 1\,473 \cdot \Delta_{r1}S^0(1\,473)$$

$$\boldsymbol{\Delta_{r1}G^0(1\,473) = +83{,}7\ kJ \cdot mol^{-1}}$$

2 ▬ Par définition, l'enthalpie libre d'une réaction est donnée par :

$$\Delta_r G = \left(\frac{\partial G}{\partial \xi}\right)_{T,p}$$

Elle s'exprime en fonction des enthalpies libres molaires partielles des différents participants à la réaction, c'est-à-dire en fonction des potentiels chimiques $\Delta_r G = \sum_i \nu_i \cdot \mu_i$.

En utilisant la notion d'activité présentée dans le chapitre précédent ($\mu_i = \mu_i^0 + RT \cdot \ln a_i$), on peut écrire :

$$\Delta_r G = \sum_i \nu_i \cdot \mu_i = \left(\sum_i \nu_i \cdot \mu_i^0\right) + RT \cdot \ln \prod_i (a_i)^{\nu_i}$$

En utilisant les expressions des potentiels chimiques présentées dans le chapitre précédent :

– pour un gaz :

$$\mu_i = \mu_i^0 + RT \cdot \ln\frac{p_i}{p^0}$$

– pour un constituant en phase condensée pure (et en négligeant l'influence de la pression) :

$$\mu_i(T, p) = \mu_i^0(T)$$

D'autre part : $\Delta_r G^0(T) = \sum_i \nu_i \cdot \mu_i^0$.

On obtient ainsi, pour la réaction (**1**) :

$$ZrO_2\ (s) + 2\ Cl_2\ (g) = ZrCl_4\ (g) + O_2$$

$$\Delta_{r1}G(T) = \Delta_{r1}G^0(T) + RT \cdot \ln\frac{p(ZrCl_4) \cdot p(O_2)}{p(Cl_2)^2}$$

$$\Delta_{r1}G(1\,473) = 83{,}7 \cdot 10^3 + 8{,}314 \times 1\,473 \times 2 \times \ln\frac{0{,}18}{0{,}36} = 66{,}7 \cdot 10^3\ J \cdot mol^{-1}.$$

$$\boldsymbol{\Delta_{r1}G(1\,473) = 66{,}7\ kJ \cdot mol^{-1}}$$

On note sur cet exemple que, contrairement à l'enthalpie, l'enthalpie libre de réaction est très différente de l'enthalpie libre *standard* de réaction.

B. Purification de l'éponge de zirconium

1 ▬ • La température de sublimation de ZrI_4 sous un bar, T^0_{sub}, est la température pour laquelle la pression de vapeur saturante est égale à 1 bar ; pour une température inférieure à $T^0_{sub} = 704$ K, la phase cristal est stable : à 523 K, ZrI_4 est à l'état cristal.

• Pour une pression inférieure à $p_{sat}(T)$, la phase cristal est instable : à 523 K sous $9 \cdot 10^{-8}$ bar, ZrI_4 est à l'état gazeux.

2 ▬ • On calcule les grandeurs de réaction à 298 K :

$$\Delta_{r2}H^0(298) = -\Delta_f H^0(ZrI_4, g) + 2\,\Delta_f H^0(I_2, g) = +609\ kJ \cdot mol^{-1}$$

$$\Delta_{r2}S^0(298) = -S^0_m(ZrI_4, g) + S^0_m(Zr) + 2\,S^0_m(I_2, g) = +277{,}7\ J \cdot K^{-1} \cdot mol^{-1}$$

• On calcule ensuite la capacité calorifique standard de réaction :

$$\Delta_{r2}C_p{}^0(T) = \sum_i \nu_i \cdot C^0_{p,i}(T) = -C^0_p(ZrI_4, g) + C^0_p(Zr) + 2\,C^0_p(I_2, g) = -27{,}4\ J \cdot K^{-1} \cdot mol^{-1}$$

• Par application des lois de Kirchhoff, on en tire :

$$\Delta_{r2}H^0(T) = \Delta_{r2}H^0(T_0) + \int_{T_0}^{T} \Delta_r C^0_p(\lambda) \cdot d\lambda$$

$$\Delta_{r2}S^0(T) = \Delta_{r2}S^0(T_0) + \int_{T_0}^{T} \frac{\Delta_r C^0_p(\lambda)}{\lambda} \cdot d\lambda$$

• Avec $T_0 = 298$ K :

$$\boldsymbol{\Delta_{r2}H^0(T) = 617{,}17 \cdot 10^3 - 27{,}4 \cdot T\ (J \cdot mol^{-1})}$$

$$\boldsymbol{\Delta_{r2}S^0(T) = 433{,}8 - 27{,}4 \cdot \ln T\ (J \cdot K^{-1} \cdot mol^{-1})}$$

$$\boldsymbol{\Delta_{r2}G^0(T) = 617{,}17 \cdot 10^3 - 461{,}2 \cdot T + 27{,}4 \cdot T \cdot \ln T\ (J \cdot mol^{-1})}$$

3 ▬ Par définition, la température d'inversion d'une réaction est la température pour laquelle l'enthalpie libre standard de cette réaction s'annule : il suffit donc de résoudre, grâce à une calculatrice, l'équation transcendante :

$$617{,}17 \cdot 10^3 - 461{,}2 \cdot T + 27{,}4 \cdot T \cdot \ln T = 0$$

La solution de cette équation est 2 500 K.

La température d'inversion de la réaction est :

$$\boldsymbol{T_i = 2\,500\ K}$$

13 Corps simples correspondant à l'élément iode

A. Diagramme d'état du diiode

1 ▬ Pour un élément dans son état standard de référence à une température donnée, les grandeurs standard de formation sont nulles, par définition : **à 298 K, la forme thermodynamiquement stable de l'élément iode est le cristal de molécules I_2.**

2 ▬ La réaction de formation du diiode gazeux est la sublimation selon :

$$I_2\ (s) = I_2\ (g)$$

Donc :

$$\boldsymbol{\Delta_{sub}H^0(I_2) = \Delta_f H^0(I_2,\ g) = 62{,}42\ kJ\ .\ mol^{-1}}$$

3 ▬ On peut calculer $\Delta_f S^0(I_2,\ g)$ à 298 K de deux manières :

$$\Delta_f S^0(I_2,\ g) = \frac{\Delta_f H^0(I_2,\ g) - \Delta_f G^0(I_2,\ g)}{T}$$

$$= 144{,}56\ J\ .\ K^{-1}\ .\ mol^{-1}$$

D'autre part : $\Delta_f S^0(I_2,\ g) = S^0_m(I_2,\ g) - S^0_m(I_2,\ s)$

avec : $S^0_m(I_2,\ g) = 260{,}69\ J\ .\ K^{-1}\ .\ mol^{-1}$

d'où : $\boldsymbol{S^0_m(I_2,\ s) = 116{,}12\ J\ .\ K^{-1}\ .\ mol^{-1}}$

4 ▬ La tension de vapeur, encore appelée *pression de vapeur saturante,* est la pression sous laquelle cristal et vapeur sont en équilibre à la température considérée.

La condition d'équilibre d'un corps pur sous deux phases est l'égalité des potentiels chimiques de ce corps dans ces deux phases :

$$\mu(I_2,\ g,\ p_{sat}(T)) = \mu(I_2,\ s,\ p_{sat}(T))$$

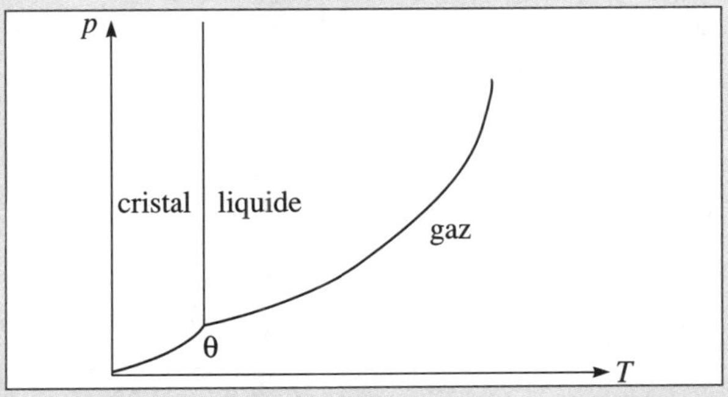

On exprime les potentiels chimiques en fonction des potentiels standard :

$$\mu(I_2,\ g,\ p_{sat}(T)) = \mu^0(I_2,\ g,\ T) + RT\ .\ \ln\frac{p_{sat}(T)}{p^0}\ ;$$

$$\mu(I_2,\ s,\ p_{sat}(T)) \approx \mu(I_2,\ s,\ T,\ p^0) = \mu^0(I_2,\ s,\ T).$$

La condition d'équilibre conduit à :

$$\mu^0(I_2,\ g,\ T) - \mu^0(I_2,\ s,\ T) + RT\ .\ \ln\frac{p_{sat}(T)}{p^0} = 0$$

Or la quantité $(\mu^0(I_2,\ g,\ T) - \mu^0(I_2,\ s,\ T))$ n'est autre que l'enthalpie libre standard de formation du diiode gazeux $\Delta_f G^0(I_2,\ g,\ T)$. La condition d'équilibre est donc :

$$\Delta_f G^0(I_2,\ g,\ T) + RT\ .\ \ln\frac{p_{sat}(T)}{p^0} = 0$$

On en déduit la « tension » de vapeur :

$$p_{sat}(T) = p^0\ .\ \exp\left(\frac{-\Delta_f G^0(I_2,\ g,\ T)}{RT}\right)$$

$$\boldsymbol{p_{sat}(298\ K) = 40{,}7\ Pa}$$

5 ▬ Le point triple Θ appartient à la courbe de fusion; or, dans le diagramme $p(T)$ présenté en **4)**, celle-ci est une droite verticale puisque la température de fusion est supposée indépendante de la pression.

Donc : $\boldsymbol{T_\Theta = 387\ K}$

En considérant $\Delta_f S^0(I_2,\ g)$ et $\Delta_f H^0(I_2,\ g)$ comme indépendants de T, l'enthalpie libre standard de formation du diiode gazeux est donc donnée à toute température par :

$$\Delta_f G^0(I_2,\ g) = 62{,}42 - 0{,}144\ 56\ .\ T\ \ (kJ\ .\ mol^{-1})$$

À l'équilibre cristal/gaz à la température T_Θ :

$$\Delta_f G^0(I_2,\ g) = 6{,}475\ kJ\ .\ mol^{-1}\ \text{et}\ \boldsymbol{p_{sat}(T) = 13{,}36\ kPa}$$

Les coordonnées du point triple Θ étant de 13,36 kPa et 387 K, il est donc impossible d'observer du diiode liquide sous une pression inférieure à 13,36 kPa.

B. Dissociation du diiode

1 ▬ La dissociation de la molécule nécessite la rupture de la liaison I–I : elle est donc endoénergétique :

$$\Delta_r H^0 > 0$$

La dissociation de la molécule s'accompagne de l'augmentation de la quantité de matière gazeuse et donc du désordre moléculaire : son entropie de réaction est donc positive : $\Delta_r S^0 > 0$

$$\boldsymbol{\Delta_r H^0 = D_{I-I} = 151\ kJ\ .\ mol^{-1}}$$

$$\boldsymbol{\Delta_r S^0 = 2\ S^0_m(I,\ g) - S^0_m(I_2,\ g) = 100{,}89\ J\ .\ K^{-1}\ .\ mol^{-1}}$$

2 ▬ Par définition, la température d'inversion d'une réaction est la température pour laquelle l'enthalpie libre standard de cette réaction s'annule. En admettant que $\Delta_r H^0$ et $\Delta_r S^0$ sont indépendants de la température, on obtient :

$$\boldsymbol{T_i = \frac{\Delta_r H^0}{\Delta_r S^0} \approx 1{,}50\ kK}$$

L'intervalle de température est trop large pour que les variations de $\Delta_r H^0$ et $\Delta_r S^0$ avec la température soient négligeables. Pour les évaluer et améliorer le calcul, il faudrait disposer des capacités calorifiques molaires sous pression constant.

14 Grandeurs d'état et de réaction

1 ▬ On choisit ξ nul à l'instant origine. Alors :

$$n_B = n_{0B} - \xi\ ;\ n_I = n_{0I} + \xi$$

Les quantités de matière étant positives ou nulles, ξ ne peut varier qu'entre $-\ n_{0I}$ et $+\ n_{0B}$.

2 ▬ a) • L'enthalpie H du système s'exprime grâce aux enthalpies molaires partielles :

$$H = \sum_i n_i\ .\ H_{m,\ i} = n_B\ .\ H_{mB} + n_I\ .\ H_{mI}$$

$$= (n_{0B} - \xi)\ .\ H_{mB} + (n_{0I} + \xi)\ .\ H_{mI}$$

• Le mélange des deux constituants étant idéal, leur enthalpie molaire partielle est confondue avec l'enthalpie molaire du corps pur ; les deux corps étant assimilés à des gaz parfaits, leur enthalpie molaire est indépendante de la pression et égale à leur enthalpie molaire standard $H^0_{m,i}$. H s'exprime par :

$$H = (n_{0B} - \xi) \,.\, H^0_{mB} + (n_{0I} + \xi) \,.\, H^0_{mI}$$

• Par définition des grandeurs de réaction :

$$\Delta_r H = \left(\frac{\partial H}{\partial \xi}\right)_{T,\,p}$$

La dérivation de H fournit :

$$\boldsymbol{\Delta_r H = \Delta_r H^0 = H^0_{mI} - H^0_{mB}}$$

• Pour un mélange idéal de gaz parfaits :

$$\boldsymbol{\Delta_r H = \Delta_r H^0 = \sum_i \nu_i \,.\, H^0_{m,\,i}}$$

b) On calcule :

$$\Delta_r H^0(298) = \Delta_f H^0(\mathrm{I}, 298) - \Delta_f H^0(\mathrm{B}, 298)$$

et $\quad \Delta_r C_p{}^0(T) = \sum_i \nu_i \,.\, C^0_{p,\,i}(T) = C^0_p(\mathrm{I}) - C^0_p(\mathrm{B})$

On utilise ensuite les lois de Kirchhoff, en notant $T_0 = 298$ K :

$$\Delta_r H^0(T) = \Delta_r H^0(T_0) + \int_{T_0}^{T} \Delta_r C^0_p(\lambda) \,.\, d\lambda$$

c) $\boldsymbol{H = (n_{0B} \,.\, H^0_{mB} + n_{0I} \,.\, H^0_{mI}) + \xi \,.\, \Delta_r H^0}$.

L'enthalpie du système est une fonction affine de l'avancement de la réaction.

d) $\boldsymbol{\Delta H_{1\to2} = (\xi_2 - \xi_1) \,.\, \Delta_r H^0}$

3 – a) Les entropies molaires partielles S_{mI} et S_{mB} s'expriment, en fonction des entropies molaires standard S^0_{mI} et S^0_{mB} et de T, p et ξ par (cf. exercice 2, *chapitre* 1) :

$$S_{mB} = S^0_{mB} - R \,.\, \ln\frac{p_B}{p^0} \quad \text{et} \quad S_{mI} = S^0_{mI} - R \,.\, \ln\frac{p_I}{p^0}$$

Pour un mélange de gaz parfaits :

$$p_B = x_B \,.\, p = \frac{n_B}{n_{tot}} \,.\, p \quad \text{et} \quad p_I = x_I \,.\, p = \frac{n_I}{n_{tot}} \,.\, p$$

On a donc :

$$S_{mB} = S^0_{mB} - R \,.\, \ln\frac{p}{p^0} - R \,.\, \ln\left(\frac{n_{0B} - \xi}{n_{0B} + n_{0I}}\right)$$

$$S_{mI} = S^0_{mI} - R \,.\, \ln\frac{p}{p^0} - R \,.\, \ln\left(\frac{n_{0I} + \xi}{n_{0B} + n_{0I}}\right)$$

• Dans la suite du problème, la quantité totale de matière du système, qui reste constante, sera notée n :

$$n = n_{0B} + n_{0I}$$

b) • Expression de S en fonction de S_{mI} et S_{mB} :

$$S = \sum_i n_i \,.\, S_{m,\,i} = n_B \,.\, S_{mB} + n_I \,.\, S_{mI} = (n_{0B} - \xi) \,.\, S_{mB} + (n_{0I} + \xi) \,.\, S_{mI}.$$

• D'où, en exprimant les entropies molaires, l'expression de $S(T, p, \xi)$:

$$S(T, p, \xi) = n_{0B} \,.\, S^0_{mB} + n_{0I} \,.\, S^0_{mI} - n \,.\, R \,.\, \ln\left(\frac{p}{n \,.\, p^0}\right) - n_{0B} \,.\, R \,.\, \ln(n_{0B} - \xi) - n_{0I} \,.\, R \,.\, \ln(n_{0I} + \xi) + \xi \,.\, \left(S^0_{mI} - S^0_{mB} - R \,.\, \ln\left(\frac{n_{0I} + \xi}{n_{0B} - \xi}\right)\right)$$

c) • Par définition des grandeurs de réaction :

$$\Delta_r S = \left(\frac{\partial S}{\partial \xi}\right)_{T,\,p}$$

On peut procéder comme pour l'enthalpie, c'est-à-dire calculer la dérivée $\left(\frac{\partial S}{\partial \xi}\right)_{T,\,p}$. Mais la dérivation de la fonction $S(T, p, \xi)$ est plus compliquée que celle de $H(T, p, \xi)$.

On procède donc ainsi :

– On considère l'expression générale de la fonction :

$$S(T, p, n_i, n_j, ...) = S = \sum_i n_i \,.\, S_{m,\,i}$$

en différentiant :

$$dS = \sum_i n_i \,.\, dS_{m,\,i} + \sum_i S_{m,\,i} \,.\, dn_i$$

– On peut également écrire :

$$dS(T, p, \ldots, n_i, n_j, \ldots) = \left(\frac{\partial S}{\partial T}\right)_{p,\,n_i,\,n_j} . \,dT + \left(\frac{\partial S}{\partial T}\right)_{p,\,n_i,\,n_j} . \,dp + \sum_i \frac{\partial S}{\partial n_i}_{T,\,p} . \,dn_i\,;$$

soit :

$$dS(T, p, \ldots, n_i, n_j, \ldots) = \left(\frac{\partial S}{\partial T}\right)_{p,\,n_i,\,n_j} . \,dT + \left(\frac{\partial S}{\partial p}\right)_{T,\,n_i,\,n_j} . \,dp + \sum_i S_{m,\,i} \,.\, dn_i.$$

– Dans un système fermé siège d'une réaction chimique, $dn_i = \nu_i \,.\, d\xi$. Donc :

$$dS(T, p, \xi) = \left(\frac{\partial S}{\partial T}\right)_{p,\,n_i,\,n_j} . \,dT + \left(\frac{\partial S}{\partial p}\right)_{T,\,n_i,\,n_j} . \,dp + \sum_i S_{m,\,i} \,.\, \nu_i \,.\, d\xi$$

S étant une fonction d'état, sa différentielle est exacte ; on peut donc identifier :

$$\left(\frac{\partial S}{\partial \xi}\right)_{T,\,p} \quad \text{et} \quad \left(\sum_i \nu_i \,.\, S_{m,\,i}\right)$$

Alors : $\quad \Delta_r S = \left(\frac{\partial S}{\partial \xi}\right)_{T,\,p} = \sum_i \nu_i \,.\, S_{m,\,i}$

Dans le cas de la réaction d'équation B = I :

$$\boldsymbol{\Delta_r S = (S_{mI} - S_{mB}) = S^0_{mI} - S^0_{mB} - R \,.\, \ln\left(\frac{n_{0I} + \xi}{n_{0B} - \xi}\right)}$$

et : $\quad \Delta_r S^0 = (S^0_{mI} - S^0_{mB})$

En général, l'entropie de réaction diffère de l'entropie standard de réaction.

d) • D'où, l'expression de $S(T, p, \xi)$:

$$S(T, p, \xi) = n_{0B} \,.\, S^0_{mB} + n_{0I} \,.\, S^0_{mI} - n \,.\, R \,.\, \ln\left(\frac{p}{n \,.\, p^0}\right) - n_{0B} \,.\, R \,.\, \ln(n_{0B} - \xi) - n_{0I} \,.\, R \,.\, \ln(n_{0I} + \xi) + \xi \,.\, \left(\Delta_r S^0 - R \,.\, \ln\left(\frac{n_{0I} + \xi}{n_{0B} - \xi}\right)\right).$$

$$S(T, p, \xi) = C^{te} - n_{0B} \,.\, R \,.\, \ln(n_{0B} - \xi) - n_{0I} \,.\, R \,.\, \ln(n_{0I} + \xi) + \xi \,.\, \left(\Delta_r S^0 - R \,.\, \ln\left(\frac{n_{0I} + \xi}{n_{0B} - \xi}\right)\right).$$

En général, l'entropie du système n'est pas une fonction affine de l'avancement.

e) $\Delta S_{1\to2} = (\xi_2 - \xi_1)\,.\,\Delta_r S^0$

$$- R\left[n_{0B}\,.\,\ln\left(\frac{n_{0B}-\xi_2}{n_{0B}-\xi_1}\right) + n_{0I}\,.\,\ln\left(\frac{n_{0I}+\xi_2}{n_{0I}+\xi_2}\right) + \xi_2\,.\,\ln\left(\frac{n_{0I}+\xi_2}{n_{0B}-\xi_2}\right) - \xi_1\,.\,\ln\left(\frac{n_{0I}+\xi_1}{n_{0B}-\xi_1}\right)\right].$$

4 ▬ a) Les deux corps étant assimilés à des gaz parfaits dont le mélange est idéal, leur potentiel chimique s'exprime par :

$$\mu_B = \mu_B^0 + RT\,.\,\ln\frac{p_B}{p^0} = \mu_B^0 + RT\,.\,\ln\frac{p}{p^0} + RT\,.\,\ln\left(\frac{n_{0B}-\xi}{n}\right).$$

$$\mu_I = \mu_I^0 + RT\,.\,\ln\frac{p_I}{p^0} = \mu_I^0 + RT\,.\,\ln\frac{p}{p^0} + RT\,.\,\ln\left(\frac{n_{0I}+\xi}{n}\right).$$

b) Soit G l'enthalpie libre du système à un instant quelconque.

$$G = \sum_i n_i\,.\,\mu_i = n_B\,.\,\mu_B + n_I\,.\,\mu_I = (n_{0B}-\xi)\,.\,\mu_B + (n_{0I}+\xi)\,.\,\mu_I.$$

D'où, en exprimant les potentiels chimiques, l'expression de $G(T, p, \xi)$:

$$G(T,p,\xi) = n_{0B}\,.\,\mu_B^0 + n_{0I}\,.\,\mu_I^0 + n\,.\,R\,.\,T\,.\,\ln\left(\frac{p}{n\,.\,p^0}\right) + n_{0B}\,.\,RT\,.\,\ln(n_{0B}-\xi) + n_{0I}\,.\,RT\,.\,\ln(n_{0I}+\xi) + \xi\,.\,\left(\mu_I^0 - \mu_B^0 + RT\,.\,\ln\left(\frac{n_{0I}+\xi}{n_{0B}-\xi}\right)\right)$$

c) On procède comme pour l'entropie S, en utilisant l'expression de $\mathrm{d}G$. Dans le cas général :

$$\mathrm{d}G = -S\,.\,\mathrm{d}T + V\,.\,\mathrm{d}p + \sum_i \mu_i\,.\,\mathrm{d}n_i$$

Dans un système fermé siège d'une réaction chimique, $\mathrm{d}n_i = \nu_i\,.\,\mathrm{d}\xi$. Donc :

$$\mathrm{d}G = -S\,.\,\mathrm{d}T + V\,.\,\mathrm{d}p + \left(\sum_i \nu_i\,.\,\mu_i\right)\,.\,\mathrm{d}\xi$$

G étant une fonction d'état, sa différentielle est exacte :

$$\left(\frac{\partial G}{\partial \xi}\right)_{T,p} = \sum_i \nu_i\,.\,\mu_i$$

On a donc : $\Delta_r G = \left(\frac{\partial G}{\partial \xi}\right)_{T,p} = \sum_i \nu_i\,.\,\mu_i$

Dans le cas de la réaction d'équation B = I :

$$\boldsymbol{\Delta_r G = (\mu_I - \mu_B) = \mu_I^0 - \mu_B^0 + RT\,.\,\ln\left(\frac{n_{0I}+\xi}{n_{0B}-\xi}\right)}$$

et : $\Delta_r G^0 = \mu_I^0 - \mu_B^0$

En général, l'enthalpie libre de réaction diffère de l'enthalpie libre standard de réaction.

d) $$G(T,p,\xi) = n_{0B}\,.\,\mu_B^0 + n_{0I}\,.\,\mu_I^0 + n\,.\,RT\,.\,\ln\left(\frac{p}{n\,.\,p^0}\right) + n_{0B}\,.\,RT\,.\,\ln(n_{0B}-\xi) + n_{0I}\,.\,RT\,.\,\ln(n_{0I}+\xi) + \xi\,.\,\left(\mu_I^0 - \mu_B^0 - RT\,.\,\ln\left(\frac{n_{0I}+\xi}{n_{0B}-\xi}\right)\right);$$

expression qui peut s'écrire :

$$G(T,p,\xi) = C^{te} + n_{0B}\,.\,RT\,.\,\ln(n_{0B}-\xi) + n_{0I}\,.\,RT\,.\,\ln(n_{0I}+\xi) + \xi\,.\,\left(\Delta_r G^0 + RT\,.\,\ln\left(\frac{n_{0I}+\xi}{n_{0B}-\xi}\right)\right).$$

En général, l'enthalpie libre du système n'est pas une fonction affine de l'avancement.

e) $\Delta G_{1\to2} = (\xi_2 - \xi_1)\,.\,\Delta G^0$

$$+ RT\,.\,\left[n_{0B}\,.\,\ln\left(\frac{n_{0B}-\xi_2}{n_{0B}-\xi_1}\right) + n_{0I}\,.\,\ln\left(\frac{n_{0I}+\xi_2}{n_{0I}+\xi_1}\right) + \xi_2\,.\,\ln\left(\frac{n_{0I}+\xi_2}{n_{0B}-\xi_2}\right) - \xi_1\,.\,\ln\left(\frac{n_{0I}+\xi_2}{n_{0B}-\xi_2}\right)\right].$$

5 ▬ a) Grandeurs standard de réaction :

- $\Delta_r H^0(298) = -\,8{,}37\ \mathrm{kJ\,.\,mol^{-1}}$
- $\Delta_r S^0(298) = -\,15{,}50\ \mathrm{J\,.\,K^{-1}\,.\,mol^{-1}}$
- $\Delta_r C_p^0(T) = -\,0{,}7\ \mathrm{J\,.\,K^{-1}\,.\,mol^{-1}}$
- $\Delta_r H^0(T) = \Delta_r H^0(T_0) + \int_{T_0}^{T} \Delta_r C_p^0(\lambda)\,.\,\mathrm{d}\lambda$
- $\Delta_r S^0(T) = \Delta_r S^0(T_0) + \int_{T_0}^{T} \frac{\Delta_r C_p^0(\lambda)}{\lambda}\,.\,\mathrm{d}\lambda$

Pour $T_0 = 298$ K et $T = 400$ K :

$$\boldsymbol{\Delta_r H^0 = -\,8{,}44\ \mathrm{kJ\,.\,mol^{-1}}}$$
$$\boldsymbol{\Delta_r S^0 = -\,15{,}71\ \mathrm{J\,.\,K^{-1}\,.\,mol^{-1}}}$$
$$\boldsymbol{\Delta_r G^0 = -\,2{,}15\ \mathrm{kJ\,.\,mol^{-1}}}$$

b) Grandeurs de réaction pour $\xi = 0$:

- $\boldsymbol{\Delta_r H = \Delta_r H^0 = -\,8{,}44\ \mathrm{kJ\,.\,mol^{-1}}}$
- $\Delta_r S = \Delta_r S^0 - R\,.\,\ln\frac{n_{0I}}{n_{0B}} = -\,15{,}71 - 8{,}314 \times \ln\left(\frac{7{,}6}{2{,}4}\right)$

$$\boldsymbol{\Delta_r S = -\,25{,}29\ \mathrm{J\,.\,K^{-1}\,.\,mol^{-1}}}$$

- $\Delta_r G = \Delta_r G^0 + RT\,.\,\ln\frac{n_{0I}}{n_{0B}} = -\,2{,}15 + 8{,}314\,.\,10^{-3} \times 400 \times \ln\left(\frac{7{,}6}{2{,}4}\right)$

$$\boldsymbol{\Delta_r G = 1{,}68\ \mathrm{kJ\,.\,mol^{-1}}}$$

c) Grandeurs du système pour $\xi = 0$:

- D'après **2) d)** :

$$H(T, p, \xi = 0) = n_{0B}\,.\,H_{mB}^0 + n_{0I}\,.\,H_{mI}^0$$

Les enthalpies molaires standard n'étant pas connues, le calcul numérique de H est donc impossible.

- D'après **3) d)** :

$$S(T,p,\xi=0) = n_{0B}\,.\,S_{mB}^0(T) + n_{0I}\,.\,S_{mI}^0(T) - n\,.\,RT\,.\,\left(\frac{p}{n\,.\,p^0}\right) - n_{0B}\,.\,R\,.\,\ln n_{0B} - n_{0I}\,.\,R\,.\,\ln n_{0I}$$

Les entropies molaires standard peuvent être calculées grâce au Troisième Principe, le calcul numérique de S est donc possible.

$$S_{mB}^0(T) = S_{mB}^0(T_0) + C_{pB}^0\,.\,\ln\frac{T}{T_0} = 310{,}2 + 97{,}5 \times \ln\left(\frac{400}{298}\right) = 338{,}90\ \mathrm{J\,.\,K^{-1}\,.\,mol^{-1}}.$$

$$S^0_{mI}(T) = S^0_{mI}(T_0) + C^0_{pI} \,.\, \ln\frac{T}{T_0}$$

$$= 294{,}7 + 96{,}8 \times \ln\left(\frac{400}{298}\right) = 323{,}20 \text{ J . K}^{-1}\text{ . mol}^{-1}.$$

$$\boldsymbol{S(T, p, \xi = 0) = 3\,181{,}7 \text{ J . K}^{-1}\text{ . mol}^{-1}}$$

Remarque :

$S(T, p, \xi = 0)$ peut également s'écrire :

$$S(T, p, \xi = 0) = n_{0B} \,.\, \left(S^0_{mB}(T) + R \,.\, \ln\left(\frac{n_{0B}}{n} \,.\, \frac{p}{p_0}\right)\right)$$

$$+ n_{0I} \,.\, \left(S^0_{mI}(T) + R \,.\, \ln\left(\frac{n_{0I}}{n} \,.\, \frac{p}{p_0}\right)\right).$$

• D'après **4) d)** :

$$G(\xi = 0) = n_{0B} \,.\, \mu^0_B + n_{0I} \,.\, \mu^0_I + n \,.\, RT \,.\, \ln\left(\frac{p}{n \,.\, p^0}\right)$$

$$+ n_{0B} \,.\, RT \,.\, \ln n_{0B} + n_{0I} \,.\, RT \,.\, \ln n_{0I}.$$

Les potentiels chimiques standard n'étant pas connus, le calcul numérique de G est donc impossible.

Remarque :

La relation $G = H - T \,.\, S$ conduit à la même conclusion.

d) • Lorsque l'équilibre est atteint, $n_{\text{éq}I}$ est égal à 6,56 mol ; d'après **1)** $n_I = (n_{0I} + \xi)$. On en déduit :

$$\xi_{\text{éq}} = n_{\text{éq}I} - n_{0I} = \mathbf{-\ 1{,}04\ mol}$$

La réaction s'est déroulée dans le sens I $\longrightarrow$ B.

• D'après **2) d)** : $\Delta H_{in\to\text{éq}} = (\xi_{\text{éq}} - 0) \,.\, \Delta_r H^0$

$$\boldsymbol{\Delta H_{in\to\text{éq}} = +\ 8{,}78 \text{ kJ}}$$

• D'après **3) e)** :

$$\Delta S_{in\to\text{éq}} = \xi_{\text{éq}} \,.\, \Delta_r S^0 - R \,.\, \left(n_{0B} \,.\, \ln\frac{n_{\text{éq}B}}{n_{0B}} + n_{0I} \,.\, \ln\frac{n_{\text{éq}I}}{n_{0I}} + \xi_{\text{éq}} \,.\, \ln\frac{n_{\text{éq}I}}{n_{0I}}\right)$$

$$\boldsymbol{\Delta S_{in\to\text{éq}} = +\ 24{,}03 \text{ J . K}^{-1}}$$

• On pourrait calculer $\Delta G_{in\to\text{éq}}$ grâce au résultat de **4) e)** mais il est plus simple d'utiliser la relation valable à une transformation isotherme :

$$\Delta G_{in\to\text{éq}} = \Delta H_{in\to\text{éq}} - T \,.\, \Delta S_{in\to\text{éq}}$$

$$\boldsymbol{\Delta G_{in\to\text{éq}} = -\ 0{,}83 \text{ kJ}}$$

La transformation étudiée se déroule à *T* et *p* constants et s'accompagne d'une diminution de l'enthalpie libre du système : elle est *spontanée*.

3 Affinité chimique ; évolution et équilibre chimique

RAPPELS DE COURS

AFFINITÉ CHIMIQUE

• L'affinité chimique $\mathcal{A}(T, p, \xi)$ d'un système, siège d'une réaction chimique d'équation $\Sigma\, \nu_i B_i = 0$, vaut, lorsque l'avancement de la réaction est égal à ξ :

$$\mathcal{A}(T, p, \xi) = -\Delta_r G\,(T, p, \xi) = -\left(\frac{\partial G(T, p, \xi)}{\partial \xi}\right)_{T,p} = -\sum_i \nu_i \,.\, \mu_i\,(T, p, \xi)$$

• L'affinité chimique standard $\mathcal{A}^0$ est la valeur de l'affinité lorsque tous les constituants, réactifs et produits, sont dans leur état standard :

$$\mathcal{A}^0(T) = -\Delta_r G^0(T) = -\nu_i \,.\, \mu_i^0(T)$$

$\mathcal{A}^0(T)$ ne dépend que de la température T.

ÉVOLUTION D'UN SYSTÈME

• Soit un système ayant, à la température T, une affinité $\mathcal{A}$ pour une réaction d'équation $\Sigma\, \nu_i B_i = 0$; $\mathcal{A}$ est liée à la création d'entropie δS_i du système, lorsque l'avancement de la réaction varie de $d\xi$, par :

$$\mathcal{A} \,.\, d\xi = -\Delta_r G \,.\, d\xi = T \,.\, \delta S_i$$

• La condition d'évolution *spontanée* d'un système correspond à :

$$\delta S_i > 0, \quad \text{soit } \mathcal{A} \,.\, d\xi > 0 \quad \text{ou} \quad \Delta_r G \,.\, d\xi < 0$$

Si $\mathcal{A} > 0$, alors $d\xi > 0$: évolution *spontanée* dans le sens $\xrightarrow{1}$

Si $\mathcal{A} < 0$, alors $d\xi < 0$: évolution *spontanée* dans le sens $\xleftarrow{2}$

ÉQUILIBRE CHIMIQUE

Lorsqu'un système, siège d'une réaction chimique, est en équilibre, son affinité chimique pour cette réaction est nulle ou, ce qui est équivalent, l'enthalpie libre de la réaction chimique est nulle :

$$\mathcal{A} = 0 \quad \text{ou} \quad \Delta_r G = 0$$

• Un système, siège de plusieurs réactions, est en équilibre si les affinités chimiques de ce système, pour chacune des réactions, sont nulles :

$$\mathcal{A}_\alpha = -\Delta_r G_\alpha = -\sum_i \nu_{i,\alpha} \cdot \mu_i = 0$$

• À l'équilibre, les activités des réactifs et des produits sont liées par la relation de Guldberg et Waage ou *loi d'action des masses* :

$$K^0(T) = \prod_i (a_{i,\,\text{éq}})^{\nu_i}$$

où $K^0(T)$ est la constante d'équilibre thermodynamique qui ne dépend que de la température :

$$K^0(T) = \exp\left(\frac{\mathcal{A}^0(T)}{RT}\right) = \exp\left(\frac{-\Delta_r G^0(T)}{RT}\right)$$

ou, ce qui est équivalent :

$$RT \cdot \ln K^0(T) = \mathcal{A}^0(T) = -\Delta_r G^0(T)$$

On appelle *température d'inversion*, la température T_i telle que :

$$\mathcal{A}^0(T_i) = -\Delta_r G^0(T_i) = 0$$

Pour $T = T_i$, $K^0 = 1$.

EXPRESSIONS DE $K^0(T)$

• *Systèmes gazeux parfaits*

Expression à l'aide des pressions partielles :

$$a_i = \frac{p_i}{p^0} \quad ; \quad K^0(T) = \prod_i \left(\frac{p_{i,\,\text{éq}}}{p^0}\right)^{\nu_i}$$

Expression à l'aide des quantités de matière :

$$K^0(T) = \prod_i (n_{i,\,\text{éq}})^{\nu_i} \cdot \left(\frac{p}{np^0}\right)^{\sum_i \nu_{i\text{gaz}}} \quad \text{où} \quad K^0(T) = \prod_i (n_{i,\,\text{éq}})^{\nu_i} \cdot \left(\frac{RT}{Vp^0}\right)^{\sum_i \nu_{i\text{gaz}}}$$

avec : $$p_i = \frac{n_i}{n} \cdot p \quad ; \quad n = \sum_i n_i \quad ; \quad p = \sum_i p_i \quad ; \quad p_i = n_i \cdot \frac{RT}{V}$$

Expression à l'aide des fractions molaires :

$$K^0(T) = \prod_i (x_{i,\,\text{éq}})^{\nu_i} \cdot \left(\frac{p}{p^0}\right)^{\sum_i \nu_{i\text{gaz}}} \quad \text{avec} \quad x_i = \frac{n_i}{n}$$

• *Mélange condensé idéal*

$$a_i = x_i \quad ; \quad K^0(T) = \prod_i (x_{i,\,\text{éq}})^{\nu_i}$$

• *Systèmes polyphasés*

La constante d'équilibre s'écrit alors en précisant l'activité de chacun des constituants participant à l'équilibre ; l'activité des liquides et des solides purs, seuls dans leur phase, est prise égale à 1,00.

INFLUENCE DE LA TEMPÉRATURE

• La relation isobare de Van't Hoff précise comment $K^0(T)$ varie avec la température :

$$\frac{\mathrm{d}\ln K^0(T)}{\mathrm{d}T} = \frac{\Delta_r H^0(T)}{RT^2}$$

Lorsque la température augmente, la constante d'équilibre $K^0(T)$ croît lorsque la réaction est endothermique et décroît lorsqu'elle est exothermique.

• Intégrée, la relation de Van't Hoff donne :

$$\ln K^0(T_2) - \ln K^0(T_1) = \int_{T_1}^{T_2} \frac{\Delta_r H^0(T)}{RT^2} \,.\, \mathrm{d}T$$

• Lorsque l'enthalpie standard de la réaction $\Delta_r H^0$ peut être considérée comme constante entre les températures T_1 et T_2 :

$$\ln K^0(T_2) - \ln K^0(T_1) = \frac{\Delta_r H^0}{R}\left(\frac{1}{T_1} - \frac{1}{T_2}\right)$$

PARAMÈTRES DE DESCRIPTION D'UN SYSTÈME

Le système considéré est le siège d'une réaction d'équation :

$$\sum_i \nu_i B_i = 0$$

• *Avancement de réaction* $\xi(t)$:

$$\xi(t) = \frac{n_i(t) - n_i(0)}{\nu_i}$$

• *Taux d'avancement au degré d'avancement* $\tau(t)$:

$$\tau(t) = \frac{n_i(0) - n_i(t)}{n_i(0)} = -\frac{\nu_i \,.\, \xi(t)}{n_i(0)}$$

τ est défini par rapport au réactif limitant.

• *Coefficient de dissociation* $\alpha(t)$:
Soit la dissociation du réactif B_k :

$$\alpha = \frac{\text{quantité de } B_k \text{ dissocié}}{\text{quantité initiale de } B_k} = \frac{n_k(0) - n_k(t)}{n_k(0)}$$

Si B_k est le réactif limitant $\alpha = \tau$.

• *Densité d'un mélange gazeux par rapport à l'air d* :

$$d = \frac{m_{\text{gaz}}(T, p, V)}{m_{\text{air}}(T, p, V)}$$

Pour un mélange gazeux, prix à 0 °C sous 1 atmosphère, et se comportant comme le gaz parfait :

$$d = \frac{\overline{M}(\text{g})}{29}$$

où $\overline{M}(\text{g})$ est la masse molaire moyenne du mélange gazeux en g . mol^{-1} :

$$\overline{M}(\text{g}) = \frac{\Sigma n_i(\text{g}) \,.\, M_i(\text{g})}{\Sigma n_i(\text{g})}$$

ÉNONCÉS

1 Affinité chimique et évolution d'un système

On considère la synthèse de l'ammoniac selon l'équation :

$$N_2\,(g) + 3\,H_2\,(g) = 2\,NH_3\,(g)$$

Pour cette réaction l'affinité s'écrit :

$$\mathcal{A}^0 = 79{,}23\,.\,10^3 - 44{,}00\,T\,.\,\ln T + 96{,}40\,T \quad (J\,.\,mol^{-1}).$$

1 ▬ Déterminer $\Delta_r G^0(T)$, $\Delta_r S^0(T)$ et $\Delta_r H^0(T)$; les calculer à $T = 500$ K.

2 ▬ Déterminer l'affinité chimique $\mathcal{A}$ des deux systèmes suivants et prévoir leur sens d'évolution.

Données :

Système 1 : $p_t = 10{,}0$ bar ; $T = 500$ K ; $n(H_2) = 20{,}0$ mol ; $n(N_2) = 60{,}0$ mol ; $n(NH_3) = 20{,}0$ mol.

Système 2 : $p_t = 10{,}0$ bar ; $T = 500$ K ; $n(H_2) = 20{,}0$ mol ; $n(N_2) = 20{,}0$ mol ; $n(NH_3) = 60{,}0$ mol.

Conseils

1) Utiliser les relations reliant $\mathcal{A}^0$ et $\Delta_r G^0(T)$ puis $\Delta_r S^0(T)$ et $\Delta_r H^0(T)$ à $\Delta_r G^0(T)$ et donc à $\mathcal{A}^0$.

2) Établir, à partir de l'expression des potentiels chimiques, une relation liant $\mathcal{A}$, $\mathcal{A}^0$ et le produit des activités ou quotient de réaction Q défini par :

$$Q = \Pi(a_i)^{\nu_i}$$

2 Avancement, degré d'avancement, densité

Soit l'équilibre chimique d'équation :

$$N_2\,(g) + 2\,CO_2\,(g) = 2\,CO\,(g) + 2\,NO\,(g)$$

Initialement, le système est constitué d'un mélange stœchiométrique de diazote et de dioxyde de carbone. Pendant toute l'étude, la pression totale p et la température T sont maintenues constantes.

1 ▬ **a)** Exprimer la constante de cet équilibre en fonction des pressions partielles, puis en fonction de la pression totale, de l'avancement de la réaction ξ et de la quantité initiale n_0 de diazote.

b) Déterminer l'avancement de la réaction, la composition du système et les pressions partielles lorsque $K^0 = 84{,}0$, $p = 2{,}00$ bar et $n_0 = 2{,}00$ mol.

2 ▬ **a)** Exprimer, à présent, la constante de cet équilibre en fonction de la pression totale et du degré d'avancement de la réaction α.

b) Déterminer le degré d'avancement de la réaction et les pressions partielles lorsque $K^0 = 84{,}0$ et $p = 2{,}00$ bar. Vérifier que lorsque $n_0 = n(N_2)_0 = 2{,}00$ mol, on retrouve l'avancement calculé au **1) b)**.

3 ▬ Déterminer la densité par rapport à l'air du système à l'équilibre.

Donnée :

Masse volumique de l'air à 0 °C sous 101,3 kPa : $\rho(\text{air}) = 1{,}293$ g . L^{-1}.

Conseils

1) et **2)** Revoir la définition de l'avancement et du degré d'avancement dans les *Rappels de cours.*

3) Revoir la définition de la densité d'un gaz par rapport à l'air dans les *Rappels de cours.*

3 Évolution isobare, évolution isochore

Soit l'équilibre en phase gazeuse d'équation :

$$N_2O_4\,(g) = 2\,NO_2\,(g)$$

Pour cet équilibre, $\Delta_r H^0(320\text{ K}) = 57{,}0\,.\,10^3$ J . mol^{-1} et $K^0(320\text{ K}) = 0{,}70$.

Dans une enceinte initialement vide de volume V et maintenue à $T = 320$ K, on enferme une quantité $n_0 = 2{,}00$ mol de tétraoxyde de diazote N_2O_4.

1 ▬ Exprimer la constante de cet équilibre en fonction de l'avancement de la réaction ξ, de la quantité n_0 et de la pression totale p, puis, en fonction de l'avancement, de la réaction ξ, de la quantité n_0, du volume V de l'enceinte et de la température T.

2 ▬ Dans une première expérience, la pression p du système est maintenue constante et égale à $p = 4{,}00$ bar.

a) Déterminer l'avancement de la réaction ξ, la composition du système et les pressions partielles à l'équilibre.

b) En déduire le transfert thermique entre l'extérieur et le système lorsque celui-ci évolue de son état initial à l'état d'équilibre.

3 ▬ *Dans une seconde expérience, le volume de l'enceinte V est maintenu constant et égal à $V = 20{,}0$ L.

a) Déterminer l'avancement de la réaction ξ, la composition du système, les pressions partielles et la pression totale à l'équilibre.

b) En déduire le transfert thermique entre l'extérieur et le système lorsque celui-ci évolue de son état initial à l'état d'équilibre.

Conseils

2) À pression constante $Q = \Delta H$ et pour un système de gaz parfaits $\Delta H = \xi \,.\, \Delta_r H^0$.

3) À volume constant $Q = \Delta U$ et pour un système de gaz parfaits $\Delta U = \xi \,.\, \Delta_r U^0$.

4 Hydrogénation catalytique du propyne

Soit la réaction d'hydrogénation du propyne en propane d'équation :

$$C_3H_4\,(g) + 2\,H_2\,(g) = C_3H_8\,(g)$$

1 Pour cet équilibre, déterminer, à l'aide des données fournies en fin d'énoncé, les expressions $\Delta_r H^0(T)$, $\Delta_r S^0(T)$, $\Delta_r G^0(T)$ et $\ln K^0(T)$.
Pour quelle température T_1 a-t-on $K^0 = 200$?

2 L'équilibre est atteint à la température T_1 en partant d'un mélange stœchiométrique constitué d'une mole de propyne et deux moles de dihydrogène. La pression totale p et la température sont maintenues constantes.
Déterminer l'avancement de la réaction ξ dans les deux cas suivants :
a) $p = p_1 = 1{,}00$ bar ;
b) $p = p_2 = 10{,}0$ bar.
Quel semble être l'effet d'une augmentation isotherme de la pression sur l'avancement de la réaction ?

3 **L'équilibre est à présent atteint en partant d'un mélange stœchiométrique constitué d'une mole de propyne et de deux moles de dihydrogène mais le système évolue de façon *adiabatique*, la pression totale p étant maintenue constante.
Déterminer l'avancement de la réaction ξ et la température d'équilibre dans les deux cas suivants :
a) $p = p_1 = 1{,}00$ bar ;
b) $p = p_2 = 10{,}0$ bar.
Quel semble être, à présent, l'effet d'une augmentation adiabatique de la pression sur l'avancement de la réaction ?

Données à 298 K *:*

espèces chimiques	C_3H_4 (g)	H_2 (g)	C_3H_8 (g)
$\Delta_f H^0$ (kJ . mol^{-1})	185,00	0,00	– 104,00
S^0_m (J . mol^{-1} . K^{-1})	248,0	131,0	270,0
C^0_p (J . mol^{-1} . K^{-1})	61,0	28,8	73,6

Conseils

1) Pour trouver T_1, résoudre graphiquement, ou à la calculatrice, l'équation :

$$\Delta_r G^0(T_1) = -RT_1 \,.\, \ln K^0(T_1)$$

avec $K^0(T_1) = 200$.

3) Décomposer l'évolution du système en deux étapes fictives :
– l'une au cours de laquelle l'avancement passe de 0 à sa valeur finale à température constante ;
– l'autre au cours de laquelle le système évolue de sa température initiale à sa température finale à composition constante.
Puis exploiter l'adiabaticité de la transformation.
Les deux équations $G(\xi, T) = 0$ et $F(\xi, T) = 0$ ainsi obtenues peuvent être résolues à l'aide de calculatrices scientifiques ou d'ordinateurs permettant de tracer les graphes de fonctions implicites.

5 Détermination de $\Delta_r H^0$ et $\Delta_r S^0$; influence de la température

Le tableau ci-dessous donne diverses valeurs de constante d'équilibre en fonction de la température pour l'équilibre suivant :

$$CH_4\,(g) + H_2O\,(g) = CO\,(g) + 3\,H_2\,(g)$$

***T* (*K*)**	700	800	900	1000	1100
K^0	$6{,}68 \,.\, 10^{-5}$	$5{,}59 \,.\, 10^{-3}$	0,175	2,74	26,2

1 Déduire de ces données l'enthalpie standard et l'entropie standard de la réaction étudiée, ces deux grandeurs étant supposées indépendantes de la température sur l'intervalle considéré.

2 On met en présence une quantité $n = 1{,}00$ mol de méthane et une quantité $n' = 2{,}00$ mol d'eau et on laisse l'équilibre ci-dessus s'établir à la température $T = 1\,000$ K.
Déterminer l'avancement de la réaction à l'équilibre lorsque la pression p à l'équilibre vaut :
• $p_1 = 1{,}00$ bar ;
• $p_2 = 5{,}00$ bar ;
• $p_3 = 10{,}00$ bar.
Conclure.

Conseils

1) Utiliser une méthode graphique ou effectuer une régression linéaire avec une calculatrice en exploitant les expressions de $\Delta_r G^0(T)$ ou la relation de Van't Hoff.

2) Établir la relation donnant $K^0 = f(\xi, p)$ puis faire les applications numériques.

6 Détermination de K^0, $\Delta_r H^0$ et $\Delta_r S^0$ pour un équilibre

On considère l'équilibre suivant :

$$NO\ (g) + \frac{1}{2}O_2\ (g) = NO_2\ (g)$$

1 – Dans une enceinte initialement vide de 10,0 L, maintenue à $T = 400$ K, on place une quantité $n = 1{,}00$ mol de NO (g) et une quantité $n' = 0{,}50$ mol de O_2 (g). Lorsque l'équilibre ci-dessus est établi, on mesure une pression totale $p = 4{,}20$ bar.

Déterminer alors :

a) la constante d'équilibre à 400 K de la réaction étudiée ;

b) la densité, par rapport à l'air, du mélange à l'équilibre.

2 – **On enferme à présent, dans une enceinte initialement vide et supposée adiabatique, une quantité $n = 1{,}00$ mol de NO (g), une quantité $n' = 0{,}50$ mol de O_2 (g) et une quantité $n'' = 2{,}00$ mol de diazote (inerte dans les conditions de l'expérience). La pression est maintenue constante et égale à 1,00 bar.

Initialement les gaz sont à $T = 300$ K ; la température finale, à l'équilibre vaut $T = 400$ K. Déterminer :

a) l'enthalpie standard de la réaction à 400 K ;

b) l'entropie standard de la réaction à 400 K.

Données :

Capacités thermiques à pression constante :

NO : $29{,}9 + 0{,}0041\ T\ (J \cdot K^{-1} \cdot mol^{-1})$;

N_2 : $27{,}9 + 0{,}0043\ T\ (J \cdot K^{-1} \cdot mol^{-1})$;

O_2 : $30 + 0{,}0042\ T\ (J \cdot K^{-1} \cdot mol^{-1})$.

Conseils

1) b) Revoir la définition de la densité d'un gaz par rapport à l'air dans les *Rappels de cours*.

2) a) En remarquant que la température finale du système est celle du système étudié au **1)**, déterminer l'état final du nouveau système puis procéder comme à l'exercice 4, question **3)**.

b) Pour calculer $\Delta_r S^0$, utiliser K^0 pour déterminer $\Delta_r G^0$ et exploiter la relation $\Delta_r G^0 = \Delta_r H^0 - T \cdot \Delta_r S^0$. Remarquer qu'à l'équilibre $T = 400$ K, température du système étudié au **1)**.

7 Relation entre $\Delta_r G$, G et ξ

D'après Concours Communs Polytechniques.

Soit la synthèse de l'ammoniac selon l'équilibre d'équation :

$$N_2\ (g) + 3\ H_2\ (g) = 2\ NH_3\ (g)$$

Pour cet équilibre $\Delta_r G^0 = 48{,}70 \cdot 10^3\ J \cdot mol^{-1}$ à 400 °C.

On considère un système initialement constitué de 1,00 mol de diazote et 3,00 mol de dihydrogène ; la température est maintenue à 400 °C et la pression totale reste constante et égale à $p = 1{,}00$ bar. On note ξ l'avancement de la réaction.

1 – *__a)__ Exprimer l'enthalpie libre de la réaction, $\Delta_r G(\xi)$, en fonction de l'avancement ξ, de la température T et de la pression totale p.

b) Calculer $\Delta_r G(\xi)$ pour $\xi = 0{,}0070$; 0,0080 ; 0,0090 et 0,010 puis tracer le graphe correspondant ; en déduire la valeur de l'avancement à l'équilibre soit $\xi_{éq}$.

2 – **__a)__ Exprimer l'enthalpie libre $G(\xi)$ pour le système considéré en fonction de ξ, T, p et des potentiels chimiques standard du diazote, du dihydrogène et de l'ammoniac.

Montrer qu'il est possible de l'écrire :

$$G(\xi) = g(T) + \xi \cdot \Delta_r G^0 + RT \cdot h(\xi)$$

où $g(T)$ est une fonction de T seul et $h(\xi)$ une fonction de ξ seul, pouvant s'écrire comme la somme de trois termes $A(\xi)$, $B(\xi)$ et $C(\xi)$.

b) À l'aide des données du tableau ci-dessous, tracer le graphe $G(\xi) - g(T)$ sur le même document que précédemment.

ξ	0,0070	0,0080	0,0090	0,010
$G(\xi) - g(T)$	– 12,6784	– 12,6796	– 12,6794	– 12,6778

c) Établir, *à l'aide de l'expression de* $G(\xi)$, l'expression liant $\Delta_r G(\xi)$ et $\left(\frac{\partial G(T, p, \xi)}{\partial \xi}\right)_{T, p}$.

d) En déduire que le graphe $G(\xi) - g(T)$ permet de trouver la valeur de l'avancement à l'équilibre.

Conseils

1) Exploiter la relation $\Delta_r G = \Delta_r G^0 + RT \cdot \ln Q$ et exprimer $Q = f(\xi)$.

2) a) Utiliser la relation $G(\xi) = \sum n_i(\xi) \cdot \mu_i(\xi)$.

c) Dériver $G(\xi)$ par rapport à ξ et identifier les différents termes obtenus afin d'établir que :

$$\Delta_r G(\xi) = \left(\frac{\partial G(T, p, \xi)}{\partial \xi}\right)_{T, p}$$

8 Variations d'enthalpie, d'enthalpie libre et d'entropie lors de la dissociation du phosgène

On étudie l'équilibre homogène en phase gazeuse sous la pression totale $p = p^0 = 1{,}00$ bar :

$$COCl_2\ (g) = CO\ (g) + Cl_2\ (g)$$

1 – On considère un système ne contenant à l'état initial que du phosgène $COCl_2$.

• À $T_1 = 800$ K, le coefficient de dissociation vaut $\alpha_1 = 0{,}75$.

• À $T_2 = 850$ K, le coefficient de dissociation vaut $\alpha_2 = 0{,}88$.

Déterminer l'enthalpie standard de la réaction supposée constante sur l'intervalle de température considérée.

2 ▬ **Dans un récipient maintenu à 800 K et sous une pression constante p = 1,00 bar, on introduit 1,00 mol de phosgène et on laisse l'équilibre s'établir.
Calculer, lors de cette évolution du système de l'état initial vers l'état d'équilibre :
a) la variation d'enthalpie ΔH du système ;
b) la variation d'enthalpie libre ΔG du système ;
c) la variation d'entropie ΔS du système.

3 ▬ **En déduire l'entropie créée lors de cette transformation.

Conseils

1) Utiliser la relation de Van't Hoff.
Revoir la définition du coefficient de dissociation dans les *Rappels de cours.*
2) b) Exploiter les relations $\Delta G = G_{\text{équilibre}} - G_{\text{initial}}$ et $G = \sum n_k \cdot \mu_k$.
3) Écrire que la variation d'entropie du système est la somme de deux termes :

$$\Delta S = S_{\text{échange}} + S_{\text{créée}}$$

avec, d'autre part, $\Delta S = \dfrac{\Delta H - \Delta G}{T}$.

9 Synthèse du trioxyde de soufre : étude graphique de l'évolution d'un système

La synthèse du trioxyde de soufre selon l'équation :

$$SO_2\,(g) + \frac{1}{2}\,O_2\,(g) = SO_3\,(g)$$

peut être étudiée à l'aide du diagramme triangulaire ci-dessous.

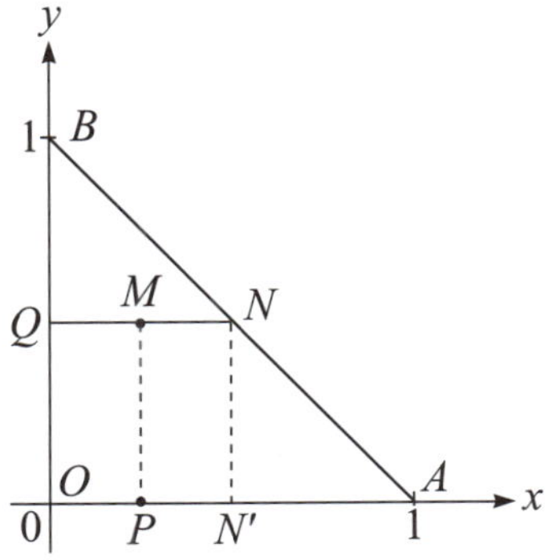

Soit x, y et z les fractions molaires respectives de O_2, SO_2 et SO_3 avec $x = OP$, $y = OQ$.

1 ▬ **a)** Montrer que $MN = z$.
b) Que représentent les points O, A et B ?
c) Que représentent les points des segments OA, OB et AB ?

2 ▬ **a)** Déterminer la fonction $y = f(x)$ représentant tous les systèmes en équilibre, à température et pression fixées.
b) Montrer que toutes les courbes $y = f(x)$ passent par les points A et B.
c) Tracer les graphes $y_1 = f(x)$ et $y_5 = f(x)$;

y_1 correspondant à $K \cdot \left(\dfrac{p}{p^0}\right)^{1/2} = 1{,}00$

et y_5 à $K \cdot \left(\dfrac{p}{p^0}\right)^{1/2} = 5{,}00$.

3 ▬ ***Soit un mélange initial représenté par le point $M_0\,(x_0, y_0, z_0)$.
a) Montrer que la trajectoire de réaction issue de ce point (courbe représentant l'évolution du système initial M_0 jusqu'à l'équilibre, à T et p constants) est une droite dont on donnera l'équation.
b) Montrer que, quel que soit le point M_0, toutes ces droites passent par un point fixe C que l'on déterminera.
c) Soit M_0 (x_0 = 0,20 ; y_0 = 0,40).
Déterminer graphiquement les coordonnées du point d'équilibre M_1 (dans le cas où $K \cdot \left(\dfrac{p}{p^0}\right)^{1/2} = 1{,}00$) et M_5 (dans le cas où $K \cdot \left(\dfrac{p}{p^0}\right)^{1/2} = 5{,}00$).

Conseils

1) Exploiter les propriétés des triangles isocèles.
2) Exprimer K^0 en fonction de x, y, p et p^0 puis en déduire $y = f(x, K^0, p, p^0)$.
3) a) Exprimer $n(SO_2)$ en fonction de y, n_0 et ξ puis en fonction de y_0, n_0 et ξ et en déduire une expression de ξ.
Recommencer avec $n(O_2)$ et éliminer finalement ξ pour trouver l'équation recherchée.

10 Équilibre de Boudouard : étude graphique de l'évolution d'un système

D'après Concours Arts et Métiers.

On étudie, à la température de 600 °C et sous une pression totale p, l'équilibre de Boudouard d'équation :

$$C(s) + CO_2\,(g) = 2\,CO\,(g)$$

Pour cette réaction :

$$\Delta_r G^0\,(T) = 170{,}7 \cdot 10^3 - 174{,}5\,T\ (J \cdot mol^{-1})$$

On admettra, dans tout l'exercice, que la quantité de carbone présente est suffisante pour ne pas limiter l'évolution du système.

1 – Établir la relation $p = f(x)$, liant la pression totale p à la fraction molaire x du monoxyde de carbone dans la phase gazeuse à l'équilibre.

Tracer le graphe correspondant pour p variant de 0 à 2,00 bar.

2 – **Dans un réacteur de volume constant, on introduit un mélange de monoxyde de carbone et de dioxyde de carbone de pression initiale totale égale à p_i et de fraction molaire initiale en monoxyde de carbone égale à x_0.

Établir la relation $p = g(x)$ liant la pression totale p aux fractions molaires x et x_0 et à la pression initiale p_i lors de l'évolution, à température constante, du système vers son état d'équilibre.

3 – On considère deux mélanges gazeux A et B dont les caractéristiques initiales sont les suivantes :

- mélange A : $p_i = 1{,}50$ bar ; $x_0 = 0{,}80$;
- mélange B : $p_i = 0{,}30$ bar ; $x_0 = 0{,}10$.

a) Pour chaque mélange, tracer $p = g(x)$.

b) En déduire les valeurs de p et de x à l'équilibre dans chaque cas.

c) Retrouver le sens d'évolution de chaque système initial en utilisant l'affinité chimique.

Conseils

1) Écrire $K^0 = f(p_j)$ puis utiliser $p_j = x_j \cdot p$.

2) En notant n_0 la quantité initiale totale de CO et CO_2 introduits et n_{tot} la quantité totale de gaz à l'équilibre, exprimer x en fonction de ξ, de n_0 , de x_0 et de n_{tot} , puis ξ en fonction de n_0 , x et x_0 .

Établir alors que $\dfrac{(2 - x_0) \cdot n_0}{(2 - x) \cdot n_{tot}} = 1$ et en déduire la relation $p = g(x)$.

3) Le carbone étant en excès, le système évolue, dans les deux cas, vers l'équilibre.

CORRIGÉS

1 Affinité chimique et évolution d'un système

1 ■ En utilisant les relations rappelées aux *chapitres* 2 et 3 :

$\Delta_r G^0(T) = -\mathcal{A}^0(T)$;

$\Delta_r S^0(T) = -\dfrac{d\Delta_r G^0}{dT} = \dfrac{d\mathcal{A}^0}{dT}$;

$\Delta_r H^0(T) = -T^2\left(\dfrac{d(\Delta_r G^0/T)}{dT}\right)$

$= T^2\left(\dfrac{d(\mathcal{A}^0/T)}{dT}\right)$;

il vient :

$\mathbf{\Delta_r G^0(T) = -79{,}23 \,.\, 10^3 + 44{,}00\, T \,.\, \ln T - 96{,}40\, T\ (J \,.\, mol^{-1})}$

$\mathbf{\Delta_r S^0(T) = -44{,}00 \,.\, \ln T + 52{,}4\ (J \,.\, mol^{-1} \,.\, K^{-1})}$

$\mathbf{\Delta_r H^0(T) = -79{,}23 \,.\, 10^3 - 44{,}00\, T\ (J \,.\, mol^{-1})}$

Soit à 500 K :

$\Delta_r G^0 = 9{,}29 \,.\, 10^3\ J \,.\, mol^{-1}$;

$\Delta_r S^0 = -221{,}0\ J \,.\, mol^{-1} \,.\, K^{-1}$;

$\Delta_r H^0 = -101{,}23 \,.\, 10^3\ J \,.\, mol^{-1}$.

2 ■ Par définition, $\mathcal{A} = -\sum_i \nu_i \,.\, \mu_i$, soit :

$\mathcal{A} = -\sum_i \nu_i \,.\, \mu_i^0 - \sum_i \nu_i \,.\, RT \ln a_i$

$\mathcal{A} = -\sum_i \nu_i \,.\, \mu_i^0 - RT \,.\, \ln \Pi (a_i)^{\nu_i}$

$\mathcal{A} = \mathcal{A}^0 - RT \,.\, \ln Q$ avec $Q = \prod_i (a_i)^{\nu_i}$.

Pour l'équilibre $N_2 + 3\, H_2 \underset{2}{\overset{1}{\rightleftarrows}} 2\, NH_3$:

$$Q = \frac{p^2_{NH_3} \cdot p^{02}}{p_{N_2} \,.\, p^3_{H_2}}$$

Les gaz pouvant être assimilés à des gaz parfaits :

$$p_i = x_i \,.\, p_t = \frac{n_i}{n} \,.\, p_t \quad \text{et} \quad Q = \frac{n^2_{NH_3} \,.\, n^2}{n_{N_2} \,.\, n^3_{H_2}} \cdot \frac{p^{02}}{p_t^2}$$

• Pour le système 1 :

$$Q_1 = \frac{20^2 \times 100^2}{60 \times 20^3 \times 10^2} = 8{,}33 \,.\, 10^{-2}$$

et : $\mathcal{A}_1 = -9{,}29 \,.\, 10^3 - 8{,}314 \times 500 \times \ln(8{,}33 \,.\, 10^{-2})$

soit : $\mathbf{\mathcal{A}_1 = +1{,}04 \,.\, 10^3\ J \,.\, mol^{-1}}$

L'affinité chimique est positive : **le système évolue spontanément dans le sens $\xrightarrow{1}$**, sens de la synthèse de NH_3.

• Pour le système 2 :

$$Q_2 = \frac{60^2 \times 100^2}{20^4 \times 10^2} = 2{,}25$$

et : $\mathcal{A}_2 = -9{,}29 \,.\, 10^3 - 8{,}314 \times 500 \times \ln(2{,}25)$

soit : $\mathbf{\mathcal{A}_2 = -12{,}66 \,.\, 10^3\ J \,.\, mol^{-1}}$

L'affinité chimique est négative : **le système évolue spontanément dans le sens $\xleftarrow{2}$**, sens de la dissociation de NH_3.

2 Avancement, degré d'avancement, densité

1 ■ a) On réalise un bilan de matière en utilisant l'avancement ξ défini par $\xi = \dfrac{n_i(t) - n_i(0)}{\nu_i}$ où ν_i est le coefficient stoechiométrique du constituant B_i dans l'équation :

$$\sum_i \nu_i \,.\, B_i = 0$$

($\nu_i > 0$ pour les produits et $\nu_i < 0$ pour les réactifs).

Alors pour tout B_i :

$$n_i(t) = n_i(0) + \nu_i \,.\, \xi$$

équation	N_2 +	$2\, CO_2$ =	$2\, CO$ +	$2\, NO$
état initial (mol)	n_0	$2n_0$	0	0
état final (mol)	$n_0 - \xi$	$2n_0 - 2\xi$	2ξ	2ξ

avec : $n_t = n_{tot}(gaz) = 3n_0 + \xi$

Pour la réaction étudiée : $K^0 = \Pi(a_i)^{\nu_i}$ avec $a_i = \dfrac{p_i}{p^0}$

soit :

$$K^0 = \frac{p^2_{CO} \cdot p^2_{NO}}{p_{N_2} \cdot p^2_{CO_2} \cdot p^0}$$

Les gaz étant supposés parfaits, $p_i = \dfrac{n_i}{n_t} \,.\, p$,

soit :

$$p_{CO} = p_{NO} = \frac{2\xi}{3n_0 + \xi} \cdot p$$

$$p_{N_2} = \frac{n_0 - \xi}{3n_0 + \xi} \cdot p$$

$$p_{CO_2} = \frac{2(n_0 - \xi)}{3n_0 + \xi} \cdot p$$

et : $$\mathbf{K^0 = \frac{4\xi^4}{(n_0 - \xi)^3(3n_0 + \xi)} \cdot \frac{p}{p_0}}$$

La détermination de la composition du système à l'équilibre nécessite de connaître non seulement p et K^0 mais aussi n_0.

b) En prenant $p = 2{,}00$ bar, $K = 84{,}0$ et $n_0 = 2{,}00$ mol, il vient :

$$\mathbf{\xi = 1{,}58\ mol}$$

Tous les autres paramètres peuvent alors être déterminés :

$n(N_2) = 0{,}42$ mol

$n(CO_2) = 0{,}84$ mol

$n(CO) = n(NO) = 3{,}16$ mol

$p_{N_2} = \dfrac{2 - \xi}{6 + \xi} \,.\, p = 0{,}11$ bar

$$p_{CO_2} = \frac{2(2-\xi)}{6+\xi} \cdot p = 0{,}22 \text{ bar}$$

$$p_{CO} = p_{NO} = \frac{2\xi}{6+\xi} \cdot p = 0{,}83 \text{ bar}$$

2 ▬ a) On effectue le bilan de matière en utilisant à présent le degré d'avancement α. Par définition :

$$\alpha = \frac{n_i(0) - n_i(t)}{n_i(0)}$$

B_i étant le réactif limitant.

Les réactifs étant en proportions stœchiométriques dans le système étudié, on a :

$$n(N_2) = n_0(1-\alpha)$$
$$n(CO_2) = 2n_0(1-\alpha)$$
$$n(CO) = n(NO) = 2n_0 \cdot \alpha$$
$$n_t = n_0\,(3+\alpha)\,;$$

alors : $$p_{N_2} = \frac{(1-\alpha)}{3+\alpha} \cdot p$$

$$p_{CO_2} = \frac{2(1-\alpha)}{3+\alpha} \cdot p$$

$$p_{CO} = p_{NO} = \frac{2\alpha}{(3+\alpha)} \cdot p$$

et : $$\boldsymbol{K = \frac{4\alpha^4}{(1-\alpha)^3(3+\alpha)} \cdot \frac{p}{p^0}}$$

Connaissant p et K, il est possible de déterminer α et d'en déduire la fraction molaire et la pression partielle de chacun des constituants du système.

En revanche, pour déterminer l'avancement de la réaction et les quantités de matière de toutes les espèces, il est nécessaire de connaître en plus n_0.

b) Avec $K = 84{,}0$ et $p = 2{,}00$ bar, on trouve, avec une calculatrice, $\alpha = \mathbf{0{,}79}$.

Les pressions partielles s'en déduisent, elles sont bien sûr égales à celles calculées au **1) b)** :

$$p_{N_2} = \frac{1-\alpha}{3+\alpha} \cdot p = 0{,}11 \text{ bar}$$

$$p_{CO_2} = \frac{2(1-\alpha)}{3+\alpha} \cdot p = 0{,}22 \text{ bar}$$

$$p_{CO} = p_{NO} = \frac{2\alpha}{3+\alpha} \cdot p = 0{,}83 \text{ bar}$$

Connaissant $n_0 = 2{,}00$ mol, on peut calculer l'avancement ξ à l'équilibre :

$$\boldsymbol{\xi = n_0 \cdot \alpha = 1{,}58 \text{ mol}}$$

3 ▬ Pour calculer la densité du mélange gazeux à l'équilibre, on peut utiliser la description du système faite avec le degré d'avancement. Par définition, pour un gaz :

$$d = \frac{\text{masse d'un volume } V \text{ du gaz étudié}}{\text{masse du même volume } V \text{ d'air}}$$

les deux volumes étant mesurés dans les mêmes conditions de température et de pression.

En considérant le volume molaire, il vient :

$$d = \frac{\overline{M}}{M_{air}}$$

où $\overline{M}$ est la masse molaire moyenne du mélange :

$$\overline{M} = \frac{\sum_i n_i \cdot M_i}{\sum_i n_i}$$

et $\overline{M}_{air}$ la masse molaire moyenne de l'air :

$$M_{air} = 29{,}0 \text{ g} \cdot \text{mol}^{-1}$$

Pour le système étudié :

$$\overline{M} = \frac{n_0(1-\alpha)M_{N_2} + 2n_0(1-\alpha)M_{CO_2} + 2n_0\alpha(M_{CO} + M_{NO})}{n_0(3+\alpha)}$$

soit : $$\overline{M} = \frac{M_{N_2} + 2M_{CO_2}}{(3+\alpha)}$$

en remarquant que :

$$2\,M_{CO} + 2\,M_{NO} - M_{N_2} - M_{CO_2} = 0$$

Alors : $$d = \frac{M_{N_2} + 2M_{CO_2}}{29(3+\alpha)}$$

soit : $$\boldsymbol{d = 1{,}06}$$

<u>Remarque</u> : Pour calculer $\overline{M}$, on peut aussi utiliser le fait que la masse du système est invariante.

3 Évolution isobare, évolution isochore

1 ▬ On fait un bilan de matière pour le système étudié :

équation	N_2O_4 (g) =	$2\ NO_2$ (g)	n_{tot} (gaz) = n_t
état initial (mol)	n_0	0	n_0
équilibre (mol)	$(n_0 - \xi)$	2ξ	$(n_0 + \xi)$

On écrit l'expression de la constante d'équilibre :

$$K^0 = \frac{p^2_{NO_2}}{p_{N_2O_4} \cdot p^0}$$

Pour chaque gaz, $p_i = x_i \cdot p = \frac{n_i}{n_t} \cdot p$, soit :

$$K^0 = \frac{n^2_{NO_2}}{n_{N_2O_4} \cdot n_t} \cdot \frac{p}{p^0} = \frac{4\xi^2}{(n_0-\xi)} \cdot \frac{p}{(n_0+\xi) \cdot p^0}$$

En remarquant que $\frac{p}{n_t} = \frac{p}{(n_0+\xi)} = \frac{RT}{V}$, on obtient les relations **(1)** et **(2)** :

$$\boldsymbol{K^0 = \frac{4\xi^2 \cdot p}{(n_0-\xi)(n_0+\xi) \cdot p^0}} \qquad \textbf{(1)}$$

et : $$\boldsymbol{K^0 = \frac{4\xi^2}{(n_0-\xi)} \cdot \frac{RT}{p^0 \cdot V}} \qquad \textbf{(2)}$$

La relation **(1)** est à utiliser lorsque le système évolue à pression et température constantes alors que la relation **(2)** est mieux adaptée à l'étude d'un système à l'équilibre après une évolution à température et volume constants.

2 ▬ **a)** L'évolution est isotherme et isobare, la résolution de l'équation (**1**) avec $n_0 = 2{,}00$ mol, $p^0 = 1{,}00$ bar, $p = 4{,}00$ bar et $K^0 = 0{,}70$ conduit à :

$$\xi_1 = \sqrt{\frac{p^0 \,.\, K^0}{p^0 \,.\, K^0 + 4p}} \,.\, n_0 \quad \text{soit} \quad \boldsymbol{\xi_1 = 0{,}41\ \text{mol}}$$

La description complète du système est alors possible :

$$n(NO_2) = 2\xi_1 = 0{,}82 \text{ mol}$$

$$n(N_2O_4) = 2 - \xi_1 = 1{,}59 \text{ mol}$$

$$p_{NO_2} = \frac{2\xi_1}{2 + \xi_1} \,.\, p = 1{,}36 \text{ bar}$$

$$p_{N_2O_4} = \frac{2 - \xi_1}{2 + \xi_1} \,.\, p = 2{,}64 \text{ bar}$$

b) Au cours de l'évolution isobare du système, le transfert thermique, entre le système et l'extérieur, est égal à la variation d'enthalpie du système :

$$Q_p = \Delta H_{0 \to \xi_{éq}}$$

À température et pression constantes :

$$\Delta H_{0 \to \xi_{éq}} = \int_{\xi = 0}^{\xi_{éq}} \Delta_r H(T, p, \xi) \,.\, d\xi$$

L'enthalpie du gaz parfait ne dépendant que de la température $\Delta_r H\,(T, p, \xi) = \Delta_r H^0(T)$, d'où :

$$Q_p = \Delta H_{0 \to \xi_{éq}} = \Delta_r H^0\,(T) \,.\, \int_{\xi = 0}^{\xi_{éq}} d\xi = \xi_1 \,.\, \Delta_r H(T)$$

soit, à 320 K :

$$\boldsymbol{Q_p = \xi_1 \,.\, \Delta_r H^0(320\ \text{K}) = 23{,}4\ \text{kJ}}$$

3 ▬ **a)** Le système évoluant à température et volume constants, il convient d'utiliser la relation (**2**) mise sous la forme

$$\frac{4RT}{p^0 \,.\, V} \,.\, \xi^2 + K^0 \,.\, \xi - K^0 \,.\, n^0 = 0$$

Avec :

$T = 320$ K, $K^0 = 0{,}70$, $V = 20{,}0 \,.\, 10^{-3}$ m^3, $n_0 = 2{,}00$ mol et $p^0 = 1{,}0 \,.\, 10^5$ Pa, il vient :

$$\boldsymbol{\xi_2 = 0{,}45\ \text{mol}}$$

Alors :

$$n(NO_2) = 2\,\xi_2 = 0{,}90 \text{ mol}$$

$$n(N_2O_4) = 2 - \xi_2 = 1{,}55 \text{ mol}$$

$$p_{NO_2} = n_{N_2O_2} \,.\, \frac{RT}{V} = 1{,}20 \text{ bar}$$

$$p_{N_2O_4} = n_{N_2O_4} \,.\, \frac{RT}{V} = 2{,}06 \text{ bar}$$

$$p_t = p_{NO_2} + p_{N_2O_4} = 3{,}26 \text{ bar}$$

b) Au cours de l'évolution isochore du système, le transfert thermique entre le système et l'extérieur est égal à la variation d'énergie interne du système.

À température et volume constants :

$$Q_V = \Delta U_{0 \to \xi_{éq}} = \int_{\xi = 0}^{\xi_{éq}} \Delta_r U(T, V, \xi) \,.\, d\xi$$

L'énergie interne du gaz parfait ne dépendant que de la température :

$$\Delta_r U(T, V, \xi) = \Delta_r U^0(T)$$

D'autre part, pour le gaz parfait :

$$\Delta_r U^0(T) = \Delta_r H^0(T) - \Sigma\, \nu_{i_{gaz}} \,.\, RT$$

avec ici : $\Sigma\, \nu_{i_{gaz}} = 1$

d'où :

$$Q_V = \Delta U_{0 \to \xi_{éq}} = (\Delta_r U^0(T) - \Sigma\, \nu_{i_{gaz}} \,.\, RT) \,.\, \xi_2$$

soit, à 320 K :

$$\boldsymbol{Q_V = \Delta U = (\Delta_r H^0(320) - \Sigma\, \nu_{i_{gaz}} \,.\, RT) \,.\, \xi_2 = 2{,}45\ \text{kJ}}$$

4 Hydrogénation catalytique du propyne

1 ▬ Pour la réaction $C_3H_4 + 2\,H_2 = C_3H_8$, à 298 K :

$\Delta_r H^0(298\ \text{K}) = \Sigma \nu_i \,.\, \Delta_f H_i^0 = -\,289{,}00 \,.\, 10^3\ \text{J} \,.\, \text{mol}^{-1}$

$\Delta_r S^0(298\ \text{K}) = \Sigma \nu_i \,.\, S^0_{mi} = -\,240\ \text{J} \,.\, \text{mol}^{-1} \,.\, \text{K}^{-1}$

$\Delta_r C_p{}^0(298\ \text{K}) = -\,45{,}0\ \text{J} \,.\, \text{mol}^{-1} \,.\, \text{K}^{-1}$

L'application des lois de Kirchhoff donne :

• $\Delta_r H^0(T) = \Delta_r H^0(298\ \text{K}) + \int_{298}^{T} \Delta_r C_p^0 \,.\, dT'$

soit : $\boldsymbol{\Delta_r H^0(T) = -\,275{,}59 \,.\, 10^3 - 45{,}0\ T\ \ (\text{J} \,.\, \text{mol}^{-1})}$

• $\Delta_r S^0(T) = \Delta_r S^0(298\ \text{K}) + \int_{298}^{T} \frac{\Delta_r C_p^0}{T'} \,.\, dT'$

soit : $\boldsymbol{\Delta_r S^0(T) = 16{,}4 - 45{,}0 \,.\, \ln T\ \ (\text{J} \,.\, \text{mol}^{-1} \,.\, \text{K}^{-1})}$

L'enthalpie libre standard $\Delta_r G^0(T)$ vaut alors :

$$\Delta_r G^0(T) = \Delta_r H^0(T) - T \,.\, \Delta_r S^0(T)$$

soit :

$\boldsymbol{\Delta_r G^0(T) = -\,275{,}59 \,.\, 10^3 - 61{,}4\ T + 45{,}0\ T \,.\, \ln T\ (\text{J} \,.\, \text{mol}^{-1})}$

Par définition : $\Delta_r G^0(T) = -\,RT \,.\, \ln K^0(T)$

soit : $\boldsymbol{\ln K^0(T) = \frac{33{,}15 \,.\, 10^3}{T} + 7{,}385 - 5{,}413 \,.\, \ln T}$

Par résolution graphique, $K^0 = 200$ pour $\boldsymbol{T = 947\ \text{K}}$.

2 ▬ On fait un bilan de matière en utilisant l'avancement ξ et on exprime K^0 :

équation	C_3H_4 +	$2H_2$ =	C_3H_8	n_{tot}
état initial	1,00	2,00		3,00
équilibre	$1{,}00 - \xi$	$2(1{,}00 - \xi)$	ξ	$3{,}00 - 2\xi$

$$K^0 = \frac{p_{C_3H_8} \cdot p^{0^2}}{p_{C_3H_4} \cdot p^2_{H_2}}$$

avec : $$p_{C_3H_8} = \frac{\xi}{(3{,}00 - 2\xi)} \cdot p$$

$$p_{C_3H_4} = \frac{1{,}00 - \xi}{(3{,}00 - 2\xi)} \cdot p \quad \text{et} \quad p_{H_2} = \frac{2(1{,}00 - \xi)}{3{,}00 - 2\xi} \,.\, p$$

soit : $$K^0 = \frac{\xi \,.\, (3{,}00 - 2\xi)^2}{4(1{,}00 - \xi)^3} \,.\, \frac{p_0^2}{p^2}$$

a) Avec $p_1 = p^0 = 1{,}0$ bar et $K^0 = 200$, il vient :

$$\xi_1 = \mathbf{0{,}88}$$

b) Avec $p_2 = 10p^0 = 10{,}0$ bar et $K^0 = 200$, il vient :

$$\xi_2 = \mathbf{0{,}98}$$

Pour la réaction étudiée $\Sigma \nu_{i\,gaz} = -2$, une augmentation de pression déplace l'équilibre dans le sens $\longrightarrow$ ce qui favorise l'hydrogénation du propène.

3 ▬ La réaction se déroulant à présent dans des conditions adiabatiques et à pression constante, la variation d'enthalpie du système est nulle.

On applique le premier principe à cette transformation en la décomposant en deux étapes fictives :

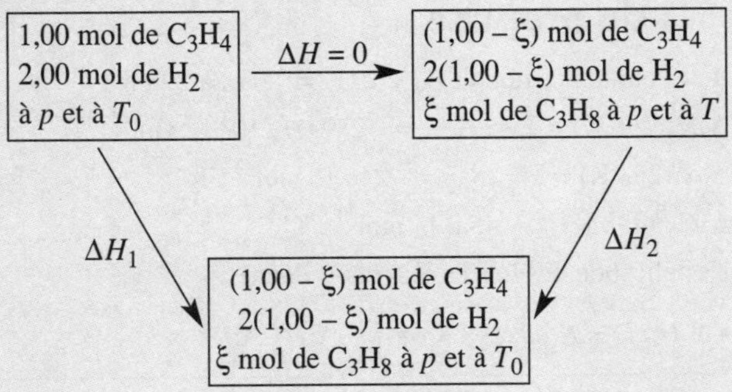

$\Delta H = \Delta H_1 + \Delta H_2 = 0$

$\Delta H_1 = \xi \,.\, \Delta_r H = \xi \,.\, \Delta_r H^0$, les gaz étant supposés parfaits :

$$\Delta H_2 = [(1{,}00 - \xi) \,.\, C_{p\,C_3H_4} + 2(1{,}00 - \xi) \,.\, C_{p\,H_2} + \xi \,.\, C_{p\,C_3H_8}] \,.\, (T - T_0)$$

soit : $\Delta H = -289{,}00 \,.\, 10^3 \,.\, \xi + (118{,}6 - 45{,}0 \,.\, \xi)\,(T - 298) = 0$ **(1)**

• Le système étant en équilibre à T :

$$K^0(T) = Q(\xi, p) \text{ et } \ln K^0(T) - \ln Q(\xi, p) = 0$$

soit : $$\frac{33\,150}{T} + 7{,}385 - 5{,}41 \,.\, \ln T - \ln\left(\frac{\xi \,.\, (3{,}00 - 2\xi)^2 \,.\, p^{02}}{4(1{,}00 - \xi)^3 \,.\, p^2}\right) = 0 \quad \textbf{(2)}$$

• À l'équilibre, ξ et T vérifient simultanément les relations **(1)** et **(2)**. Le tracé des fonctions implicites correspondant à ces relations, à l'aide d'une calculatrice ou d'un ordinateur, promet de trouver ξ_e et T_e.

À l'aide du logiciel Solwin, on a obtenu les graphes ci-après pour $p_1 = 1{,}00$ bar et $p_2 = 10{,}00$ bar.

a) Pour $p_1 = 1{,}00$ bar :

$$\mathbf{T_{e1} = 1\,084\ K} \text{ et } \mathbf{\xi_{e1} = 0{,}288}$$

b) Pour $p_2 = 10{,}0$ bar :

$$\mathbf{T_{e2} = 1\,230\ K} \text{ et } \mathbf{\xi_{e2} = 0{,}334}$$

Lors d'une évolution adiabatique du système, une élévation de pression déplace l'équilibre dans le sens $\xrightarrow{1}$ et est favorable à la synthèse du propane.

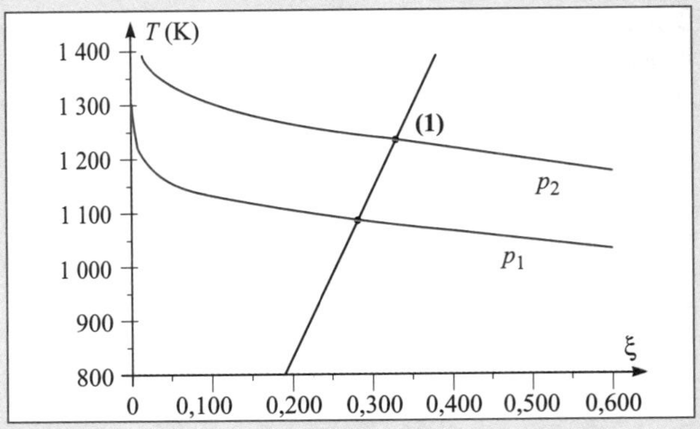

5 Détermination de $\Delta_r H^0$ et $\Delta_r S^0$; influence de la température

1 ▬ L'énoncé indique que $\Delta_r H^0$ et $\Delta_r S^0$ sont supposées indépendantes de la température ; deux méthodes peuvent être envisagées :

• **Première méthode**

Par définition $\Delta_r G^0(T) = -RT \,.\, \ln K^0(T)$;

d'autre part $\Delta_r G^0(T) = \Delta_r H^0(T) - T \,.\, \Delta_r S^0(T)$.

Avec les valeurs fournies, il est possible de tracer le graphe $-RT \,.\, \ln K^0(T) = f(T)$; une régression linéaire permet de trouver :

$$\Delta_r G^0(T) = 206{,}1 \,.\, 10^3 - 214{,}5\,T \quad (\text{J} \,.\, \text{mol}^{-1})$$

Par identification, il vient :

$$\mathbf{\Delta_r H^0 = 206{,}1 \,.\, 10^3\ J \,.\, mol^{-1}}$$

$$\mathbf{\Delta_r S^0 = 214{,}5\ J \,.\, K^{-1} \,.\, mol^{-1}}$$

• **Seconde méthode**

La loi de Van't Hoff s'écrit :

$$\frac{\mathrm{d}\ln K^0(T)}{\mathrm{d}T} = \frac{\Delta_r H^0(T)}{RT^2}$$

Son intégration, après séparation des variables et en supposant constant $\Delta_r H^0(T)$, conduit à :

$$\ln K^0(T) = -\frac{\Delta_r H^0}{R} \,.\, \frac{1}{T} + \mathrm{C^{te}}$$

Les valeurs fournies permettent de tracer le graphe :

$$\ln K^0(T) = f\left(-\frac{1}{RT}\right)$$

Celui-ci est une droite de pente $206{,}1 \,.\, 10^3$ qui s'identifie à $\Delta_r H^0$.

Le calcul de l'entropie standard de réaction $\Delta_r S^0$ s'effectue en utilisant un couple de valeurs du tableau de l'énoncé et la valeur trouvée pour $\Delta_r H^0$ soit :

$$\mathbf{\Delta_r H^0 = 206{,}1 \,.\, 10^3\ J \,.\, mol^{-1}}$$

À 1 000 K :

$$\Delta_r G^0(1\,000\ \text{K}) = -1\,000\,R \,.\, \ln K^0(1\,000) = \Delta_r H^0 - 1\,000 \,.\, \Delta_r S^0$$

soit : $$\Delta_r S^0 = \frac{\Delta_r H^0}{1000} + R \,.\, \ln K^0(1\,000)$$

d'où : $$\mathbf{\Delta_r S^0 = 214{,}5\ J \,.\, mol^{-1} \,.\, K^{-1}}$$

2 ▬ On réalise un bilan de matière pour l'équilibre étudié, en utilisant l'avancement :

équation	CH_4 +	H_20 =	CO +	$3H_2$	n_{tot}(gaz)
état initial	1,00	2,00	0	0	3,00
équilibre	$1{,}00 - \xi$	$2{,}00 - \xi$	ξ	3ξ	$3{,}00 + 2\xi$

On exprime K^0 en fonction de p et ξ :

$$K^0 = \frac{p_{CO} \cdot p_{H_2}^3}{p_{CH_4} \cdot p_{H_2O} \cdot p^{0^2}}$$

Les gaz étant supposés parfaits, $p_i = x_i \cdot p = \dfrac{n_i}{n} \cdot p$

soit :

$$p_{CH_4} = \frac{1{,}00 - \xi}{3{,}00 + 2\xi} \cdot p$$

$$p_{H_2O} = \frac{2{,}00 - \xi}{3{,}00 + 2\xi} \cdot p$$

$$p_{CO} = \frac{\xi}{3{,}00 + 2\xi} \cdot p$$

$$p_{H_2} = \frac{3\xi}{3{,}00 + 2\xi} \cdot p$$

d'où :

$$K^0 = \frac{27\,\xi^4}{(1{,}00 - \xi)(2{,}00 - \xi)(3{,}00 - 2\xi)^2} \cdot \frac{p^2}{p^{0^2}}$$

À $T = 1\,000$ K, $K^0 = 2{,}74$
- sous $p_1 = 1{,}00$ bar ; $\xi = 0{,}82$ mol
- sous $p_2 = 5{,}00$ bar ; $\xi = 0{,}47$ mol
- sous $p_3 = 10{,}00$ bar ; $\xi = 0{,}35$ mol

À une température donnée, l'avancement à l'équilibre est d'autant plus élevé pour cette réaction que la pression est faible. Ce résultat sera justifié au *chapitre* 4.

6 Détermination de K^0, $\Delta_r H^0$ et $\Delta_r S^0$ pour un équilibre

1 ▬ **a)** Soit l'équilibre :

$$NO\ (g) + \frac{1}{2}\,O_2\ (g) = NO_2\ (g)$$

On fait un bilan de matière en utilisant l'avancement :

équation	NO +	$\frac{1}{2}O_2$ =	NO_2	n_{tot} (gaz)
état initial (mol)	1,00	0,50	0	1,50
équilibre (mol)	$1{,}00 - \xi$	$0{,}50 - \dfrac{\xi}{2}$	ξ	$0{,}50(3{,}00 - \xi)$

$$K^0 = \frac{p_{NO_2} \cdot p^{0^{1/2}}}{p_{NO} \cdot p_{O_2}^{1/2}}$$

avec :

$$p_{NO_2} = \frac{\xi \cdot p}{0{,}50\,(3{,}00 - \xi)}$$

$$p_{NO} = \frac{(1{,}00 - \xi) \cdot p}{0{,}50\,(3{,}00 - \xi)}\ ;\quad p_{O_2} = \frac{(1{,}00 - \xi) \cdot p}{(3{,}00 - \xi)}$$

soit :

$$K^0 = \frac{\xi(3{,}00 - \xi)^{1/2}}{(1{,}00 - \xi)^{3/2}} \cdot \left(\frac{p^0}{p}\right)^{1/2}$$

À l'équilibre, $p \cdot V = n_{tot} \cdot RT = 0{,}50\,(3{,}00 - \xi) \cdot RT$

d'où : $\xi = 3{,}00 - \dfrac{pV}{0{,}50 \cdot RT} = 0{,}474$ mol

et : $\mathbf{K^0 = 0{,}963}$

b) Pour le mélange gazeux étudié $d = \dfrac{\overline{M}_{(gaz)}}{29{,}0}$ avec :

$$\overline{M} = \frac{\sum_i n_i\, M_{i(gaz)}}{\sum_i n_{i(gaz)_{éq}}} = \frac{m_{initiale}}{\sum_i n_{i(gaz)_{éq}}}$$

soit :

$$d = \frac{M_{NO} + 1/2\, M_{O_2}}{0{,}50 \times (3{,}00 - \xi) \times 29{,}0}$$

Numériquement : $\mathbf{d = 1{,}26}$

2 ▬ La transformation envisagée peut être décomposée en deux étapes ; vu les données de l'énoncé, on peut envisager les étapes suivantes :

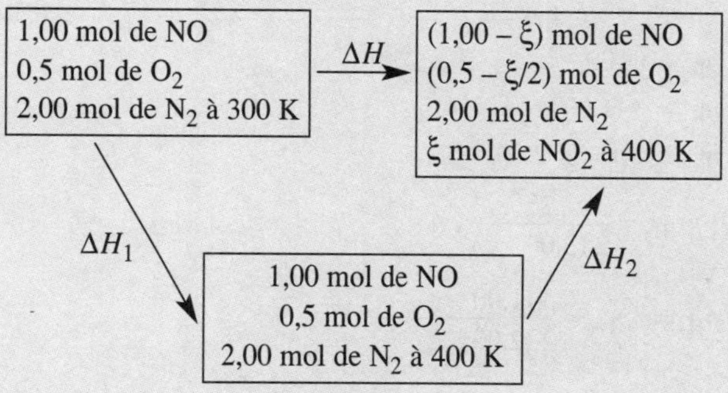

a) • La transformation étant adiabatique :

$$\Delta H = \Delta H_1 + \Delta H_2 = 0$$

• L'équilibre chimique s'établissant à 400 K, sa constante d'équilibre vaut $K^0 = 0{,}963$.

La présence de 2,00 mol de diazote modifie la quantité totale de matière gazeuse et la constante d'équilibre s'écrit alors, avec $n_{tot} = 0{,}50\,(7{,}00 - \xi')$:

$$K^0 = \frac{\xi' \cdot (7{,}00 - \xi')^{1/2}}{(1{,}00 - \xi')^{3/2}} \cdot \left(\frac{p}{p^0}\right)^{1/2}$$

conduisant à $\xi' = 0{,}244$ mol.

• $\Delta H_1 = \displaystyle\int_{300}^{400} [C_p(NO) + 0{,}50\, C_p(O_2) + 2{,}00\, C_p(N_2)] \cdot dT$

soit : $\Delta H_1 = \displaystyle\int_{300}^{400} (100{,}7 + 14{,}80 \cdot 10^{-3} T) \cdot dT$

$$\Delta H_1 = 10{,}59 \cdot 10^3\ \text{J}$$

• $\Delta H_2 = \xi' \cdot \Delta_r H(400\ \text{K})$.

Les gaz étant supposés parfaits :

$$\Delta_r H\ (400\ \text{K}) = \Delta_r H^0\ (400\ \text{K})$$

d'où : $\Delta H_2 = \xi' \cdot \Delta_r H^0\ (400\ \text{K})$

• $\Delta H_1 = -\Delta H_2$

d'où : $\Delta_r H^0\ (400\ \text{K}) = -\dfrac{10{,}59\ .\ 10^3}{0{,}244}$

soit : $\mathbf{\Delta_r H^0(400\ K) = -\ 43{,}4\ kJ\ .\ mol^{-1}}$

b) • À 400 K :

$$\Delta_r G^0(400\ \text{K}) = -\ 400\ R\ .\ \ln K^0(400\ \text{K})$$
$$= \Delta_r H^0(400\ \text{K}) - 400\ \Delta_r S^0(400\ \text{K})$$

soit : $\Delta_r S^0(400\ \text{K}) = \dfrac{\Delta_r H^0(400\ \text{K})}{400} + R\ .\ \ln K^0$

$$\mathbf{\Delta_r S^0(400\ K) = -\ 109\ J\ .\ mol^{-1}\ .\ K^{-1}}$$

7 Relation entre $\Delta_r G$, G et ξ

1 – a) Pour la réaction :

$$N_2\ (g) + 3\ H_2\ (g) = 2\ NH_3\ (g)$$

le quotient de réaction s'écrit :

$$Q = \frac{p_{NH_3}^2\ .\ p^{0^2}}{p_{N_2}\ .\ p_{H_2}^3}$$

En notant ξ l'avancement, il vient :

• $n_{NH_3} = 2\xi$;

$n_{N_2} = (1{,}00 - \xi)$;

$n_{H_2} = 3\ (1{,}00 - \xi)$;

$n_{tot}\ (\text{gaz}) = 2\ (2{,}00 - \xi)$;

• $p_{NH_3} = \dfrac{2\xi}{2\ (2{,}00 - \xi)}\ .\ p$;

$p_{H_2} = 3 p_{N_2} = \dfrac{3\ (1{,}00 - \xi)}{2\ (2{,}00 - \xi)}\ .\ p$;

$$Q = \frac{16\ \xi^2 (2{,}00 - \xi)^2\ .\ p^{0^2}}{27\ (1{,}00 - \xi)^4\ .\ p^2}$$

L'enthalpie de réaction $\Delta_r G$ s'écrit :

$$\Delta_r G(\xi, T, p) = \Delta_r G^0(T) + RT\ .\ \ln Q \qquad \mathbf{(1)}$$

soit :

$$\Delta_r G(\xi, T, p) = \Delta_r G^0(T) + RT\ .\ \ln\left(\frac{16\ \xi^2 (2{,}00 - \xi)^2\ .\ p^{0^2}}{27\ (1{,}00 - \xi)^4\ .\ p^2}\right)$$

Numériquement avec $T = 673$ K et $p = 1{,}00$ bar :

$$\mathbf{\Delta_r G(\xi) = 45{,}77\ .\ 10^3 + 5\ 595\ \ln\left(\frac{\xi^2\ .\ (2{,}00 - \xi)^2}{(1{,}00 - \xi)^4}\right)}$$

b) On calcule $\Delta_r G(\xi)$ pour les valeurs indiquées :

ξ (mol)	0,0070	0,0080	0,0090	0,010
$\Delta_r G$ (kJ . mol^{-1})	– 1,88	– 0,37	+ 0,97	+ 2,16

Le graphe $\Delta_r G(\xi)$ est tracé en trait continu noir gras dans le document ci-après.

À l'équilibre $\Delta_r G(\xi) = 0$ d'où : $\mathbf{\xi_{éq} = 0{,}0083\ mol}$

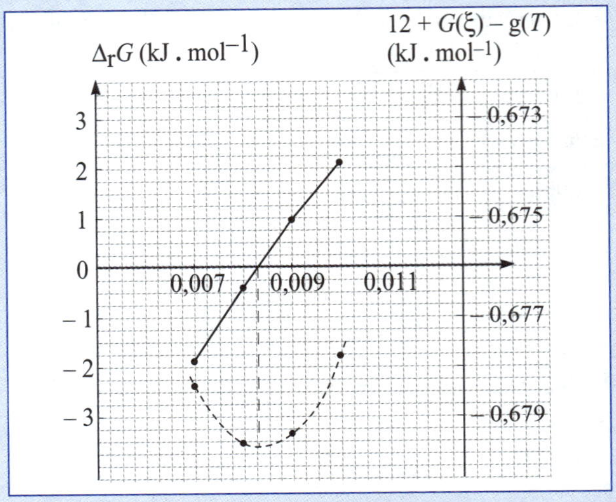

2 – a) L'enthalpie libre du système $G(\xi)$ s'écrit :

$$G(\xi) = \sum_i n_i(\xi)\ .\ \mu_i(\xi)$$

avec : $\mu_i(\xi) = \mu_i^0 + RT\ .\ \ln\dfrac{p_i(\xi)}{p^0}$

avec les expressions de $n_i(\xi)$ et $p_i(\xi)$ établies au **1) a)**, il vient :

$$G(\xi) = 2\xi\left(\mu^0(NH_3) + RT\ .\ \ln\frac{p_{NH_3}}{p^0}\right)$$
$$+ 3(1{,}00 - \xi)\left(\mu^0(H_2) + RT\ .\ \ln\frac{p_{H_2}}{p^0}\right)$$
$$+ (1{,}00 - \xi)\left(\mu^0(N_2) + RT\ .\ \ln\frac{p_{N_2}}{p^0}\right);$$

soit : $G(\xi) = 3\mu^0(H_2) + \mu^0(N_2)$

$$+ \xi(2\ \mu^0(NH_3) - 3\ \mu^0(H_2) - \mu^0(N_2))$$
$$+ RT\ .\ \left[2\xi\ \ln\left(\frac{2\xi}{2(2{,}00 - \xi)}\ .\ \frac{p}{p^0}\right)\right.$$
$$+ 3(1{,}00 - \xi)\ \ln\left(\frac{3(1{,}00 - \xi)}{2(2{,}00 - \xi)}\ .\ \frac{p}{p^0}\right)$$
$$\left.+ (1{,}00 - \xi)\ \ln\left(\frac{3(1{,}00 - \xi)}{2(2{,}00 - \xi)}\ .\ \frac{p}{p^0}\right)\right]$$

En notant $h(\xi)$ l'expression entre crochets [ ] facteur de RT et en remarquant que :

$$2\ \mu^0(NH_3) - 3\ \mu^0(H_2) - \mu^0(N_2) = \Delta_r G^0(T)$$

$G(\xi)$ peut s'écrire :

$$G(\xi) = g(T) + \xi\ .\ \Delta_r G^0(T) + RT\ .\ h(\xi)$$

avec : $g(T) = 3\ \mu^0(H_2) + \mu^0(N_2)$

et : $h(\xi) = [A(\xi) + B(\xi) + C(\xi)]$

<u>Remarque</u> :

Comme le potentiel chimique standard ne dépend que de la température, g n'est effectivement fonction que de la température T.

b) Le graphe de la fonction $G(\xi) - g(T) = f(\xi)$ est tracé en pointillé noir dans le document ci-dessus. Ce graphe présente un minimum pour $\xi = 0{,}0083$ mol ; ce minimum pour $G(\xi) - g(T)$ et donc pour $G(\xi)$ est caractéristique d'un système en équilibre (*cf.* **2) d)**) à T et p constants.

c) On calcule $\left(\frac{\partial G(\xi)}{\partial \xi}\right)_{T,p}$:

$$\left(\frac{\partial G(\xi)}{\partial \xi}\right)_{T,p} = \left(\frac{\partial (G(\xi) - g(T))}{\partial \xi}\right)_{T,p}$$

soit :

$$\left(\frac{\partial G(\xi)}{\partial \xi}\right)_{T,p} = \Delta_r G^0(T) + RT \,.\, \left(\frac{\partial h(\xi)}{\partial \xi}\right)_{T,p} \qquad \textbf{(2)}$$

or $h(\xi) = A(\xi) + B(\xi) + C(\xi)$, avec :

$$A(\xi) = 2\xi \,.\, \ln\left(\frac{2\xi}{2(2{,}00 - \xi)} \cdot \frac{p}{p^0}\right) = 2\xi \,.\, \ln\frac{p_{NH_3}}{p^0} \;;$$

$$B(\xi) = 3(1{,}00 - \xi) \,.\, \ln\left(\frac{3(1{,}00 - \xi)}{2(2{,}00 - \xi)} \cdot \frac{p}{p^0}\right)$$

$$= 3(1{,}00 - \xi) \,.\, \ln\frac{p_{H_2}}{p^0} \;;$$

$$C(\xi) = (1{,}00 - \xi) \,.\, \ln\left(\frac{(1{,}00 - \xi)}{2(2{,}00 - \xi)} \cdot \frac{p}{p^0}\right)$$

$$= (1{,}00 - \xi) \,.\, \ln\frac{p_{N_2}}{p^0}.$$

Alors :

$$\left(\frac{\partial A(\xi)}{\partial \xi}\right)_{T,p} = 2\ln\frac{p_{NH_3}}{p^0} + 2\xi\left(\frac{1}{\xi} + \frac{1}{2{,}00 - \xi}\right)$$

$$= \ln\left(\frac{p_{NH_3}}{p^0}\right)^2 + \frac{4{,}00}{(2{,}00 - \xi)} \;;$$

$$\left(\frac{\partial B(\xi)}{\partial \xi}\right)_{T,p} = -3\ln\frac{p_{H_2}}{p^0} + 3(1{,}00 - \xi)\left(\frac{1}{2{,}00 - \xi} - \frac{1}{1{,}00 - \xi}\right)$$

$$= \ln\left(\frac{p_{H_2}}{p^0}\right)^3 - \frac{3{,}00}{(2{,}00 - \xi)} \;;$$

$$\left(\frac{\partial C(\xi)}{\partial \xi}\right)_{T,p} = -\ln\frac{p_{N_2}}{p^0} + (1{,}00 - \xi)\left(\frac{1}{2{,}00 - \xi} - \frac{1}{1{,}00 - \xi}\right)$$

$$= -\ln\frac{p_{N_2}}{p^0} - \frac{1{,}00}{(2{,}00 - \xi)} \;;$$

d'où :

$$\left(\frac{\partial h(\xi)}{\partial \xi}\right)_{T,p} = \ln\left(\frac{p_{NH_3}}{p^0}\right)^2 - \ln\left(\frac{p_{H_2}}{p^0}\right)^3 - \ln\frac{p_{N_2}}{p^0}$$

$$= \ln\left(\frac{p_{NH_3} \cdot p_0^2}{p_{H_2}^3 \cdot p_{N_2}}\right) = \ln Q.$$

Reporté dans la relation **(2)**, ce résultat donne :

$$\left(\frac{\partial \boldsymbol{G}(\boldsymbol{\xi})}{\partial \boldsymbol{\xi}}\right)_{\boldsymbol{T,p}} = \boldsymbol{\Delta_r G^0(T) + RT \,.\, \ln Q} \qquad \textbf{(3)}$$

En comparant les relations **(2)** et **(3)**, il vient :

$$\boldsymbol{\Delta_r G(\xi, T, p)} = \left(\frac{\partial \boldsymbol{G}(\boldsymbol{\xi})}{\partial \boldsymbol{\xi}}\right)_{\boldsymbol{T,p}}$$

Cette relation démontrée, ici, dans le cas de l'ammoniac, est celle utilisée pour définir, dans le cours, l'enthalpie libre de réaction.

d) À l'équilibre, $\Delta_r G(\xi) = 0$ donc $\left(\frac{\partial G(\xi)}{\partial \xi}\right)_{T,p} = 0$; à T et p constants, le graphe $G(\xi) = f(\xi)$ présente donc un extremum, ici un minimum.

La valeur de ξ, pour laquelle $G(\xi)$ et $G(\xi) - g(T)$ présentent un minimum, est celle de l'avancement à l'équilibre, soit ξ_e. Dans le cas présent ξ_e **= 0,0083 mol**.

8 Variations d'enthalpie, d'enthalpie libre et d'entropie lors de la dissociation du phosgène

1 ▬ On fait un bilan de matière en utilisant le coefficient de dissociation α :

équation	$COCl_2$ (g) =	CO (g) +	Cl_2 (g)	n_{tot}
état initial	n_0	0	0	n_0
à l'équilibre	$n_0(1 - \alpha)$	$n_0\alpha$	$n_0\alpha$	$n_0(1 + \alpha)$

$$p_{CO} = p_{Cl_2} = \frac{\alpha \,.\, p}{(1 + \alpha)} \;;\; p_{COCl_2} = \frac{(1 - \alpha)}{(1 + \alpha)}p \;;$$

soit :

$$K^0 = \frac{p_{CO} \cdot p_{Cl_2}}{p_{COCl_2} \cdot p^0} = \frac{\alpha^2}{1 - \alpha^2} \cdot \frac{p}{p^0}$$

On utilise la relation de Van't Hoff pour déterminer l'enthalpie standard de réaction $\Delta_r H^0$:

$$\int_{K_1^0}^{K_2^0} \mathrm{d}\ln K^0 = \frac{\Delta_r H^0}{R} \cdot \int_{T_1}^{T_2} \frac{\mathrm{d}T'}{T'^2}$$

soit :

$$\Delta_r H^0 = \frac{RT_1T_2}{(T_2 - T_1)} \,.\, \ln\frac{K^0(T_2)}{K^0(T_1)}$$

- À T_1 = 800 K, α_1 = 0,75 et $K^0(T_1)$ = 1,29.
- À T_2 = 850 K, α_2 = 0,88 et $K^0(T_2)$ = 3,43.

D'où : $\boldsymbol{\Delta_r H^0}$ **= 111 kJ . mol^{-1}**

2 ▬ a) À température et pression constantes : $\mathrm{d}H = \Delta_r H \,.\, \mathrm{d}\xi$

Pour un système gazeux constitué de gaz supposés parfaits, l'enthalpie ne dépend que de la température, aussi :

$$\Delta_r H = \Delta_r H^0 \quad \text{et} \quad \mathrm{d}H = \Delta_r H^0 \,.\, \mathrm{d}\xi$$

soit :

$$\Delta H = \int_{\text{état initial}}^{\text{équilibre}} \mathrm{d}H = \Delta_r H^0 \,.\, \int_{\xi = 0}^{\xi_{éq}} \mathrm{d}\xi$$

c'est-à-dire : $\Delta H = \Delta_r H^0 \,.\, \xi_{éq}$

À 800 K, α = 0,75 et $\xi = n_0 \,.\, \alpha$ = 0,75 mol

soit : $\boldsymbol{\Delta H}$ **= 83,3 kJ**

b) La variation d'enthalpie libre ΔG peut se calculer à l'aide de $\Delta G = G_{équilibre} - G_{initial}$ avec :

$$G_{équilibre} = \sum_k n_{kéq} \,.\, \mu_{kéq} \quad \text{et} \quad G_{initial} = \sum_k n_{kin} \,.\, \mu_{kin}$$

$$G_{in} = n_0(COCl_2) \,.\, \left(\mu^0(COCl_2) + RT \,.\, \ln\frac{p(COCl_2)_0}{p^0}\right)$$

$$= \mu^0(COCl_2)$$

$$G_{éq} = n_{éq}(COCl_2) \,.\, \left(\mu^0(COCl_2) + RT \,.\, \ln\frac{p(COCl_2)_{éq}}{p^0}\right)$$

$$+ n_{éq}(CO) \,.\, \left(\mu^0(CO) + RT \,.\, \ln\frac{p(CO)_{éq}}{p^0}\right)$$

$$+ n_{éq}(Cl_2) \,.\, \left(\mu^0(Cl_2) + RT \,.\, \ln\frac{p(Cl_2)_{éq}}{p^0}\right).$$

À l'aide des expressions des quantités de matière et des pressions partielles des trois gaz, il vient :

$$\Delta G = G_{\text{éq}} - G_{\text{in}} = RT \,.\, \ln\left(\frac{(1-\alpha)p}{(1+\alpha)p^0}\right)$$

$$+ \alpha \,.\, \left[\mu^0(CO) + \mu^0(Cl_2) - \mu^0(COCl_2)) + RT \,.\, \ln\left(\frac{\alpha^2 \,.\, p}{(1-\alpha^2)p^0}\right)\right]$$

soit : $\Delta G = RT \,.\, \ln\left(\frac{(1-\alpha)p}{(1+\alpha)p^0}\right) + \alpha \,.\, [\Delta_r G^0 + RT \,.\, \ln Q]$

La quantité entre crochets est nulle à l'équilibre, d'où :

$$\Delta G = RT \,.\, \ln\left(\frac{(1-\alpha)p}{(1+\alpha)p^0}\right)$$

soit : $\mathbf{\Delta G = -\,12{,}9\ kJ}$

L'évolution du système à T et p constants de l'état initial vers l'état d'équilibre étant spontanée, il est logique qu'elle s'accompagne d'une diminution de l'enthalpie libre.

c) La transformation étudiée étant isotherme :

$$\Delta G = \Delta H - T \,.\, \Delta S$$

soit : $$\Delta S = \frac{\Delta H - \Delta G}{T} \qquad \textbf{(1)}$$

Numériquement, $\mathbf{\Delta S = 120\ J\,.\,K^{-1}}$.

3 — Lors de l'évolution du système de l'état initial vers l'état d'équilibre, la variation d'entropie ΔS est la somme de deux termes :

$$\Delta S = S_{\text{échange}} + S_{\text{créée}} \qquad \textbf{(2)}$$

La transformation ayant lieu à pression constante, $Q = \Delta H$ donc :

$$S_{\text{échange}} = \frac{\Delta H}{T} \qquad \textbf{(3)}$$

La comparaison des relations **(1)**, **(2)** et **(3)** conduit à :

$$S_{\text{créée}} = -\frac{\Delta G}{T}$$

soit : $\mathbf{S_{\text{créée}} = 16{,}1\ J\,.\,K^{-1}}$

L'évolution naturelle, donc irréversible du système, se traduit nécessairement par une création d'entropie.

9 Synthèse du trioxyde de soufre : étude graphique de l'évolution d'un système

1 — **a)** Soit N' la projection de N sur Ox ; le triangle $NN'A$ étant isocèle $\overline{N'N} = \overline{N'A}$.

D'autre part, $\overline{OQ} = \overline{N'N}$ et $\overline{MN} = \overline{PN'}$;

comme $\overline{OP} + \overline{PN'} + \overline{N'A} = \overline{OA} = 1$,

il vient $\overline{OP} + \overline{MN} + \overline{OQ} = 1$, soit : $x + \overline{MN} + y = 1$.

Pour les fractions molaires du mélange gazeux :

$$x + z + y = 1$$

d'où : $$\overline{MN} = z$$

b) • En O, $x = 0$, $y = 0$ et $z = 1$, O représente un système contenant SO_3 pur.

• En A, $x = 1$, $y = 0$ et $z = 0$, A représente un système contenant O_2 pur.

• En B, $x = 0$, $y = 1$ et $z = 0$, B représente un système contenant SO_2 pur.

c) Les systèmes décrits par des points de :

– OA ne contiennent que O_2 et SO_3 ($y = 0$) ;

– OB ne contiennent que SO_2 et SO_3 ($x = 0$) ;

– AB ne contiennent que O_2 et SO_2 ($z = 0$).

2 — **a)** Soit l'équilibre $SO_2 + 1/2\ O_2 = SO_3$

$$K^0 = \frac{p_{SO_3} \,.\, (p^0)^{1/2}}{p_{SO_2} \,.\, p_{O_2}^{\ 1/2}}$$

avec $p_{SO_3} = z \,.\, p = (1 - x - y)p$;

$p_{SO_2} = y \,.\, p$ et $p_{O_2} = x \,.\, p$;

il vient : $$K^0 = \frac{(1-x-y)(p^0)^{1/2}}{y \,.\, \sqrt{x} \,.\, (p)^{1/2}}$$

soit : $$\mathbf{y = \frac{(1-x)}{1 + \sqrt{x} \,.\, K^0 \,.\, (p/p^0)^{1/2}}}$$

b) Lorsque $x = 0$ et $y = 1$, les courbes passent par le point B ; de même lorsque $x = 1$ et $y = 0$, les courbes passent par le point A.

c) Le document ci-dessous donne le tracé de :

$$\mathbf{y_1 = \frac{(1-x)}{1+\sqrt{x}}} \quad \text{et} \quad \mathbf{y_5 = \frac{(1-x)}{1 + 5{,}00 \,.\, \sqrt{x}}}$$

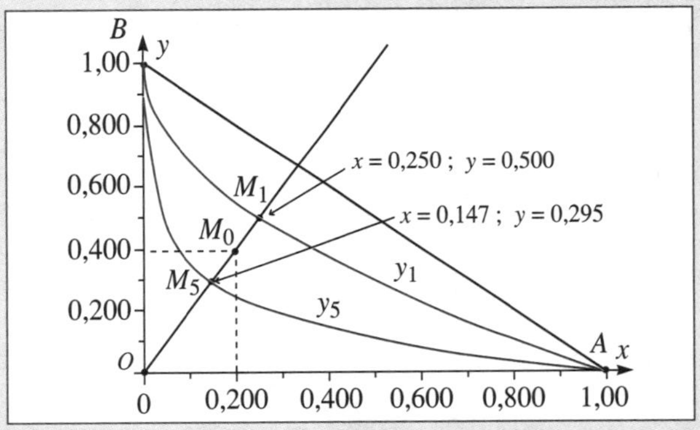

3) a) On réalise un bilan de matière en notant n_0 la quantité de matière gazeuse initiale et ξ l'avancement :

équation	SO_2	$+\ 1/2\ O_2$	$=\ SO_3$	n_{tot}
état initial	$y_0 \,.\, n_0$	$x_0 \,.\, n_0$	$z_0 \,.\, n_0$	n_0
état en cours d'évolution	$y_0 \,.\, n_0 - \xi$	$x_0 \,.\, n_0 - \frac{\xi}{2}$	$z_0 \,.\, n_0 + \xi$	$n_0 - \frac{\xi}{2}$

On écrit $n(SO_2)$ et $n(O_2)$ en utilisant x et y :

• $n(SO_2) = y \,.\, n(\text{tot}) = y \,.\, (n_0 - \xi/2)$, d'autre part :

$$n(SO_2) = y_0 \,.\, n_0 - \xi$$

d'où : $$\xi = \frac{2(y_0 - y) \,.\, n_0}{2 - y} \qquad \textbf{(1)}$$

• $n(O_2) = x \,.\, n(\text{tot}) = x(n_0 - \xi/2)$, d'autre part :

$$n(O_2) = x_0 \,.\, n_0 - \xi/2$$

d'où : $$\xi = \frac{2(x_0 - x) \,.\, n_0}{1 - x} \qquad \textbf{(2)}$$

En éliminant ξ entre les relations **(1)** et **(2)**, il vient :

$$\frac{y_0 - y}{2 - y} = \frac{x_0 - x}{1 - x} \qquad \textbf{(3)}$$

soit : $$y = \frac{2 - y_0}{1 - x_0} \cdot x + \frac{y_0 - 2x_0}{1 - x_0} \qquad (4)$$

qui est l'équation d'une droite.

b) En développant la relation **(3)**, on peut aussi écrire :

$$y_0(1 - x) + x_0(y - 2) + 2x - y = 0 \qquad \textbf{(5)}$$

Quelles que soient les valeurs de x_0 et y_0, la relation **(5)** est vérifiée pour $x = 1$ et $y = 2$, aussi toutes les droites représentant l'évolution du système passent par un point fixe C de coordonnées $x_C = 1{,}00$ et $y_C = 2{,}00$.

c) La droite d'évolution du système considéré passe :

– par M_0 : $x_0 = 0{,}20$ et $y_0 = 2x_0 = 0{,}40$

– par C : $x_C = 1{,}00$ et $y_C = 2x_C = 2{,}00$

Elle a donc pour équation $y = 2x$; elle est tracée sur le graphe ci-dessus. Elle coupe les courbes y_1 et y_5 respectivement en M_1 et M_5, d'où :

– pour M_1 : $\mathbf{x_1 = 0{,}25}$; $\mathbf{y_1 = 0{,}50}$; $\mathbf{z_1 = 0{,}25}$;

– pour M_5 : $\mathbf{x_5 = 0{,}15}$; $\mathbf{y_5 = 0{,}29}$; $\mathbf{z_5 = 0{,}56}$.

10 Équilibre de Boudouard : étude graphique de l'évolution d'un système

1 Pour l'équilibre :

$$C\,(s) + CO_2\,(g) = 2\,CO\,(g)$$

$$K^0 = \frac{p_{CO}^2}{p_{CO_2} \cdot p^0} = \frac{x^2}{(1 - x)} \cdot \frac{p}{p^0}$$

Le document ci-dessous donne le tracé du graphe :

$$p = f(x) = \frac{(1 - x)}{x^2} \cdot K^0 \cdot p^0$$

avec : $$K^0 = \exp\left(-\frac{\Delta_r G^0}{RT}\right) = 0{,}080 \text{ à } 600\ °C$$

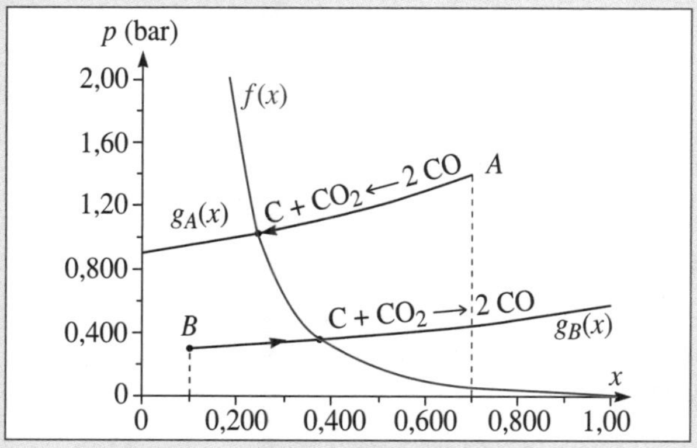

2 On réalise un bilan de matière, en notant n_0 la quantité de matière gazeuse initiale et ξ l'avancement :

équation	C (s)	+ CO_2 (g)	= 2 CO (g)	n_{tot} (gaz)
état initial	excès	$n_0(1 - x_0)$	$n_0 x_0$	n_0
à l'équilibre	excès	$n_0(1 - x_0) - \xi$	$n_0 x_0 + 2\xi$	$n_0 + \xi$

La fraction molaire du monoxyde de carbone CO s'écrit :

$$x = \frac{n_0 \cdot x_0 + 2\xi}{n_{tot}\,(gaz)} \qquad (1)$$

soit : $$x = \frac{n_0 \cdot x_0 + 2\xi}{n_0 + \xi} \qquad (2)$$

d'où : $$\xi = \frac{n_0(x - x_0)}{(2 - x)} \qquad (3)$$

En reportant l'expression de ξ dans la relation **(1)**, il vient :

$$x = \frac{n_0\left(x_0 + \dfrac{2(x - x_0)}{(2 - x)}\right)}{n_{tot}\,(gaz)} = \frac{n_0}{n_{tot}\,(gaz)} \cdot \frac{2 - x_0}{2 - x} \cdot x \qquad (4)$$

Les gaz sont supposés parfaits et le système évolue à température et volume constants, d'où :

$$\frac{n_0}{n_{tot}\,(gaz)} = \frac{p_i}{p}$$

En reportant cette relation dans **(4)**, on obtient la relation $p = g(x)$:

$$\mathbf{p = \frac{2 - x_0}{2 - x} \cdot p_i}$$

3 **a)** • Pour le mélange A : $p_A = \dfrac{1{,}8}{2 - x} = g_A(x)$;

• pour le mélange B : $p_B = \dfrac{0{,}57}{2 - x} = g_B(x)$.

Les graphes des fonctions $g_A(x)$ et $g_B(x)$ sont portés sur le document ci-contre.

b) Le graphe $p = f(x)$ représentant l'ensemble des états d'équilibre à 600 °C, les valeurs de $p_{éq}$ et $x_{éq}$ pour chacun des mélanges A et B se lisent à l'intersection des graphes $g_A(x)$ et $g_B(x)$ avec celui de $f(x)$, d'où :

• pour le mélange A : $\mathbf{x_{éq}(A) = 0{,}24}$ et $\mathbf{p'_{éq}(A) = 1{,}0}$ **bar**

• pour le mélange B : $\mathbf{x_{éq}(B) = 0{,}38}$ et $\mathbf{p'_{éq}(B) = 0{,}35}$ **bar**

c) • Pour le système étudié, dans l'état initial :

$$\mathcal{A}_0 = -\Delta_r G^0 - RT \cdot \ln Q = -\Delta_r G^0 - RT \cdot \ln\left(\frac{x_0^2 \cdot p}{(1 - x_0) \cdot p^0}\right)$$

À 600 °C :

$$\mathbf{\mathcal{A}_0 = -18{,}36 - 7{,}26 \ln\left(\frac{x_0^2 \cdot p}{(1 - x_0) \cdot p^0}\right) (kJ \cdot mol^{-1})}$$

• Pour le mélange A, l'observation du graphe montre que le système évolue dans le sens $\xleftarrow{2}$, sens de la dismutation de CO en CO_2 et C.

Cette évolution est conforme au signe de $\mathcal{A}_0$:

$$\mathcal{A}_0(A) = -18{,}36 - 7{,}26 \ln\left(\frac{0{,}80^2 \times 1{,}5}{(1 - 0{,}80) \times (1{,}0)}\right)$$

$$\mathbf{\mathcal{A}_0(A) = -29{,}75\ kJ \cdot mol^{-1}}$$

• Pour le mélange B, le graphe indique une évolution du système dans le sens $\xrightarrow{1}$, sens de la formation de CO.

Cette évolution peut être prévue à l'aide du signe de l'affinité chimique :

$$\mathcal{A}_0(B) = -18{,}36 - 7{,}26 \ln\left(\frac{0{,}10^2 \times 0{,}30}{(1 - 0{,}10) \times 1{,}0}\right)$$

$$\mathbf{\mathcal{A}_0(B) = +23{,}05\ kJ \cdot mol^{-1}}$$

4 Lois de déplacement des équilibres chimiques

RAPPELS DE COURS

VARIANCE

• Tout paramètre intensif d'un système physico-chimique en équilibre, dont la variation entraîne une modification de l'état d'équilibre du système, est un facteur d'équilibre.

• La *variance* **v** d'un système en équilibre chimique est le nombre de paramètres intensifs indépendants nécessaires pour définir un état d'équilibre du système. Elle se détermine par analyse systématique du système. Soit un système décrit par $\mathcal{P}$ paramètres intensifs a priori non indépendants (p, T, x_i, p_i) et soit $\mathcal{R}$ le nombre de relations indépendantes liant ces différents paramètres ; la variance du système est :

$$v = \mathcal{P} - \mathcal{R}$$

• Si un paramètre intensif (p, T, ...) n'est pas facteur d'équilibre, il doit cependant être fixé pour pouvoir entièrement définir un état du système à l'équilibre.

DÉPLACEMENTS D'ÉQUILIBRE

• *Déplacement ou rupture d'équilibre*

Dans un système en équilibre chimique, la modification d'un paramètre, intensif ou extensif, facteur d'équilibre, provoque généralement une évolution du système vers un nouvel état. Le nouvel état obtenu résulte :

– soit d'un *déplacement d'équilibre* si le nouvel état correspond au même système physico-chimique ;

– soit d'une *rupture d'équilibre,* s'il ne correspond pas au même système physico-chimique (apparition ou disparition d'une phase ou d'un constituant).

Un déplacement d'équilibre ne peut s'observer en faisant varier un paramètre intensif, les autres étant bloqués, que si la variance du système est au moins égale à 2.

• *Déplacement d'équilibre*

– Soit un système, siège de l'équilibre d'équation : $\Sigma\, \nu_i \,.\, B_i = 0$; en notant Q le quotient de réaction, avec $Q = \Pi\,(a_i)^{\nu_i}$, l'affinité chimique du système pour la réaction s'écrit :

$$\mathcal{A} = \mathcal{A}^0 - RT \,.\, \ln Q = RT \,.\, \ln\frac{K^0}{Q}$$

relation qui permet d'étudier l'influence des perturbations isothermes du système en utilisant le critère d'évolution naturelle d'un système, $\mathcal{A} \,.\, \mathrm{d}\xi > 0$, rappelée au *chapitre* 3.

Ainsi, après perturbation isotherme d'un paramètre intensif, si :

- $Q = K^0\,(T)$ soit $\mathcal{A} = 0$: le système reste en équilibre ;
- $Q < K^0\,(T)$ soit $\mathcal{A} > 0$: évolution *naturelle* de la réaction vers la droite sens $\xrightarrow{1}$;
- $Q > K^0\,(T)$ soit $\mathcal{A} < 0$: évolution *naturelle* de la réaction vers la gauche sens $\xleftarrow{2}$.

– Pour le système étudié :

$$\mathrm{d}\mathcal{A} = -RT\,.\,\frac{\mathrm{d}Q}{Q}$$

À l'équilibre, avant perturbation $\mathcal{A} = 0$; si après perturbation $\mathrm{d}Q$ est positif, alors $\mathrm{d}\mathcal{A}$ est négatif et $\mathcal{A}$ est négatif.

L'étude du signe de $\mathrm{d}Q$ ou de celui de $\mathrm{d}\mathcal{A}$ permet donc de prévoir le sens de l'évolution du système.

• Influence de la température : loi de Van't Hoff

$$\left(\frac{\partial \mathcal{A}}{\partial T}\right)_p = -\left(\frac{\partial \Delta_r G}{\partial T}\right)_p = \Delta_r S = \frac{\Delta_r H}{T}$$

– Pour un système gazeux constitué de gaz supposés parfaits $\Delta_r H(T, p) = \Delta_r H^0(T)$, à pression constante :

$$\mathrm{d}\mathcal{A} = \frac{\Delta_r H^0}{T}\,.\,\mathrm{d}T$$

– Pour les autres systèmes $\Delta_r H(T, p) \approx \Delta_r H^0(T)$, à pression constante $\mathrm{d}\mathcal{A} \approx \dfrac{\Delta_r H^0}{T}\,.\,\mathrm{d}T$.

Toute élévation isobare de température déplace l'équilibre dans le sens où la réaction est endothermique ($\Delta_r H^0 > 0$). Cet énoncé constitue la loi de Van't Hoff.

– Pour une réaction athermique ($\Delta_r H^0 = 0$) la température n'est pas facteur d'équilibre.

• Influence de la pression : loi de Le Chatelier

– Pour le système :

$$\left(\frac{\mathrm{d}Q}{Q}\right)_T = \sum_i \nu_{i\mathrm{gaz}}\,.\,\frac{\mathrm{d}p}{p}$$

Toute augmentation isotherme de pression fait évoluer le système dans le sens d'une diminution de quantité de matière gazeuse (sens tel que $\sum_i \nu_{i\mathrm{gaz}} < 0$).

Cet énoncé constitue la loi de Le Chatelier.

– Lorsqu'une réaction chimique s'effectue sans variation de quantité de matière gazeuse ($\sum_i \nu_{i\mathrm{gaz}} = 0$) la pression n'est pas facteur d'équilibre.

• Influence de l'ajout d'un constituant inactif

À température et volume constants

Pour le système :

$$Q = \prod_{i,\,g} (a_i)^{\nu_i} = \prod_{i,\,g} (n_i)^{\nu_i}\,.\left(\frac{RT}{V\,.\,p^0}\right)^{\sum_i \nu_{i\mathrm{gaz}}}$$

L'ajout à un système gazeux parfait en équilibre, à température et volume constants, d'un gaz inactif, ne provoque aucun déplacement d'équilibre.

À température et pression constantes

Pour le système :

$$Q = \prod_{i,\,g} (a_i)^{\nu_i} = \prod_{i,\,g} (n_i)^{\nu_i} \cdot \left(\frac{p}{np^0}\right)^{\sum_i \nu_{igaz}} \quad \text{avec } n = \sum_i n_{igaz} < 0$$

L'ajout à un système gazeux parfait en équilibre, à température et pression constantes, d'un gaz inactif, provoque un déplacement de l'équilibre dans le sens d'une augmentation de la quantité de matière gazeuse (sens tel que $\sum_i \nu_{igaz} > 0$).

• *Influence de l'ajout d'un constituant actif*

À température et volume constants

L'introduction d'une faible quantité du gaz B_i se traduit par $\frac{\mathrm{d}Q}{Q} = \nu_i \cdot \frac{\mathrm{d}n_i}{n_i}$.

L'ajout à un système gazeux parfait en équilibre, à température et volume constants, d'un gaz actif (réactif ou produit du système), provoque un déplacement de l'équilibre dans le sens où le gaz actif est consommé.

À température et pression constantes

L'ajout à un système gazeux parfait en équilibre, à température et pression constantes, d'un gaz actif (réactif ou produit du système), provoque une évolution du système qui dépend de la stœchiométrie de la réaction et de la nature (réactif ou produit) du constituant ajouté et de l'état du système avant perturbation. Il est alors nécessaire, à chaque fois, d'étudier le signe de $\mathrm{d}\mathcal{A}$ ou de $\mathrm{d}Q$.

ÉQUILIBRES CHIMIQUES SUCCESSIFS OU SIMULTANÉS

• Deux équilibres chimiques dont les constantes ont la même expression littérale, mais des valeurs numériques différentes, ne peuvent être simultanés ; ils peuvent être *successifs*.

• Lorsque deux équilibres chimiques sont *simultanés*, les paramètres intensifs du système (p, T, p_i, x_i, etc.) leurs sont communs.

É N O N C É S

1 Variance d'un système. Conséquences

1 ▬ Soit quatre systèmes, sièges des équilibres suivants dont aucun n'est athermique :

Système 1 : $2\,SO_2\,(g) + O_2\,(g) = 2\,SO_3\,(g)$

Système 2 : $CH_4\,(g) + Cl_2\,(g) = CH_3Cl\,(g) + HCl\,(g)$

Système 3 : $2\,H_2S\,(g) + 3\,O_2\,(g) = 2\,H_2O\,(\ell) + 2\,SO_2\,(g)$

Système 4 : $AuCl_3\,(g) + 2\,Au\,(s) = 3\,AuCl\,(s)$

Déterminer la variance de chacun d'eux dans les trois cas suivants :

a) les constituants sont initialement en proportions quelconques ;

b) les réactifs sont initialement introduits seuls et en proportions quelconques ;

c) les réactifs sont initialement introduits seuls et en proportions stœchiométriques.

2 ▬ On considère le système siège des deux équilibres suivants :

$$NH_4I\,(s) = NH_3\,(g) + HI\,(g) \qquad (1)$$

$$HI\,(g) = \frac{1}{2}\,H_2\,(g) + \frac{1}{2}\,I_2\,(g) \qquad (2)$$

a) Déterminer la variance de ce système lorsque les constituants sont initialement introduits en proportions quelconques.

b) Déterminer la variance lorsque l'iodure d'ammonium solide NH_4I est introduit initialement seul et en excès. Conclure.

c) À une température T, $K_1^0 = 8{,}00$ et $K_2^0 = 0{,}25$; déterminer, à cette température, les pressions partielles et la pression totale du système lorsque les équilibres sont obtenus en partant d'iodure d'ammonium seul et en excès.

Conseils

1) • Pour chaque système, identifier le nombre $\mathcal{P}$ de paramètres intensifs permettant de décrire ce système puis le nombre $\mathcal{R}$ de relations indépendantes liant ces paramètres.

• S'intéresser à $\sum_i \nu_{i\,gaz}$ pour savoir si la pression est facteur d'équilibre.

2) b) En utilisant les avancements de chacune des réactions, établir qu'il existe, dans ce cas, deux relations particulières entre les diverses espèces gazeuses.

2 Déplacement ou rupture d'équilibres ?

1 ▬ a) Peut-on déplacer les équilibres suivants sans qu'il y ait rupture d'équilibre (les proportions initiales des constituants étant quelconques) ?

A : $2\,CuBr\,(s) = CuBr_2\,(s) + Cu\,(s)$

B : $2\,HgO\,(s) = 2\,Hg\,(g) + O_2\,(g)$

C : $2\,NO_2\,(g) = N_2O_4\,(g)$

b) En déduire l'effet d'une augmentation de pression sur ces équilibres.

2 ▬ Les équilibres D, E, F et G suivants sont réalisés en introduisant, dans chaque réacteur, uniquement les réactifs en proportions stœchiométriques :

D : $C_2H_6\,(g) = C_2H_4\,(g) + H_2\,(g)$ $\quad \Delta_rH^0 > 0$

E : $2\,SO_2\,(g) + O_2\,(g) = 2\,SO_3\,(g)$ $\quad \Delta_rH^0 < 0$

F : $GeO_2\,(s) + CO\,(g) = GeO\,(s) + CO_2\,(g)$ $\quad \Delta_rH^0 > 0$

G : $4\,NH_3\,(g) + 5\,O_2\,(g) = 4\,NO\,(g) + 6\,H_2O\,(g)$ $\quad \Delta_rH^0 < 0$

a) Calculer la variance de chaque système en équilibre.

b) Déterminer l'effet, sur ces équilibres :

• d'une élévation de température à pression et composition constantes ;

• d'une augmentation de pression à température et composition constantes ;

• de l'introduction d'un constituant inactif soit à volume et température constants, soit à pression et température constantes.

Conseils

1) a) Calculer la variance de chaque système afin de conclure.

2) b) Appliquer les relations revues dans les *Rappels de cours*.

3 Préparation du nickel de Sabatier

Le nickel à l'état finement divisé peut être obtenu par la méthode dite *de Sabatier* ; celle-ci comporte deux étapes et utilise le carbonate de nickel comme matière première.

1) La première étape consiste en la dissociation de $NiCO_3\,(s)$ selon l'équilibre hétérogène :

$$NiCO_3\,(s) = NiO\,(s) + CO_2\,(g) \qquad (1)$$

a) α) Calculer la variance de cet équilibre. Commenter le résultat obtenu.

β) Que devient la variance si l'on part de $NiCO_3$ (s) seul ?

b) Dans un récipient initialement vide, de volume $V = 2{,}00$ L, maintenu à 298 K, on introduit $n_0 = 0{,}010$ mol de $NiCO_3$ (s) .

α) Calculer la pression à l'équilibre dans le récipient ainsi que la quantité de chacun des deux solides.

β) La température du récipient est maintenu à 298 K ; quel volume faudrait-il donner au récipient pour que tout le carbonate de nickel $NiCO_3$ (s) disparaisse ?

2 ▬ La deuxième étape consiste en la réduction de l'oxyde de nickel NiO(s) par le dihydrogène selon la réaction d'équation :

$$NiO\ (s) + H_2\ (g) = Ni\ (s) + H_2O\ (g) \qquad \textbf{(2)}$$

a) On réalise cette réaction à la température $T = 623$ K et sous une pression totale $p = 1{,}00$ bar.

Déterminer, à l'équilibre, la composition, exprimée en fraction molaire, du gaz en contact avec les deux solides.

b) Quelle serait l'influence sur l'état d'équilibre précédent :

α) d'une augmentation isotherme de pression ?

β) d'une élévation isobare de température ?

γ) d'une introduction isotherme et isobare de l'un des quatre constituants du système ?

δ) d'une introduction isotherme et isobare d'un gaz inactif ?

Données à 298 K :

espèce	$NiCO_3$ (s)	NiO (s)	CO_2 (g)	H_2 (g)	H_2O (g)	Ni (s)
$\Delta_f G^0$ (kJ . mol^{-1})	– 615,0	– 211,8	– 394,4	0	– 228,6	0
$\Delta_f H^0$ (kJ . mol^{-1})	—	– 239,8	—	0	– 241,8	0

Conseils

1) b) α) Lorsque $NiCO_3$ (s) disparaît $n(CO_2) = n_0$.

2) a) Déterminer K_2^0 à l'aide des données thermodynamiques puis l'exprimer en fonction de la fraction molaire de l'un des deux gaz.

4 Synthèse du méthanol. Déplacement d'équilibre

On considère la synthèse du méthanol en phase gazeuse selon $CO + 2\,H_2 = CH_3OH$ pour lequel :

$$\ln K^0(T) = 30{,}0 + \frac{8\,864}{T} - 9{,}12\,.\,\ln T + 7{,}25\,.\,10^{-3}\,.\,T$$

1 ▬ Calculer la variance de cet équilibre dans le cas général, puis dans le cas où les réactifs sont introduits seuls et en proportions stœchiométriques.

Commenter les résultats obtenus.

2 ▬ Déterminer l'influence, sur cet équilibre, d'une augmentation isotherme de pression. Une démonstration soignée est attendue.

3 ▬ Déterminer l'influence, sur cet équilibre, d'une élévation isobare de pression. Une démonstration soignée est attendue.

4 ▬ **a)** Dans une enceinte de volume constant, maintenue à 523 K, on enferme $a = 1{,}00$ mol de CO et $b = 2{,}00$ mol de H_2 ; à l'équilibre on observe un avancement ζ_e.

Exprimer $K^0 = f(\zeta_e, p)$, sachant que $p = 156{,}5$ bar.

Calculer ζ_e et les fractions molaires de chacune des espèces.

b) Reprendre les mêmes calculs avec $a = 2{,}00$ mol et $b = 1{,}00$ mol.

5 ▬ Pour les deux cas envisagés à la question **4)**, déterminer l'influence, sur l'équilibre, d'une introduction isobare et isotherme d'argon, gaz inerte pour le système, de méthanol gazeux, de dihydrogène gazeux et de monoxyde de carbone gazeux. Dans tous les cas, une démonstration soignée est attendue.

Conseils

4) a) Faire un bilan de matière en utilisant l'avancement.

5) À partir des bilans faits à la question **4)**, calculer le quotient de réaction Q et le comparer dans les deux cas à K^0.

5 Réduction de l'oxyde de germanium. Rupture d'équilibre

Soit l'équilibre de dismutation du monoxyde de carbone :

$$2\,CO\ (g) = C\ (s) + CO_2\ (g) \qquad \textbf{(1)}$$

à 950 K $K_1^0 = 2{,}00$

1 ▬ Dans une enceinte fermée de volume $V = 30{,}0$ L, maintenue à 950 K, on introduit 10,00 mol de monoxyde de carbone après avoir fait le vide. L'équilibre **(1)** étant établi, déterminer les quantités de matière des divers constituants présents et la pression totale.

2 ▬ On ajoute au système précédent à l'équilibre à 950 K, 5,00 mol de monoxyde de germanium. L'équilibre **(2)** est susceptible de s'établir :

$$GeO\ (s) + CO\ (g) = Ge\ (s) + CO_2\ (g) \qquad \textbf{(2)}$$

à 950 K $K_2^0 = 0{,}800$

a) Montrer que le germanium n'apparaît pas.

b) On fait alors varier le volume de l'enceinte à 950 K.

À partir de quel volume l'équilibre **(2)** est-il établi ?

c) Quel volume faut-il atteindre pour que le carbone solide disparaisse ?

Conseils

1) Utiliser l'expression de K^0 en utilisant le volume V et l'avancement de la réaction.

2) a) Avec les valeurs trouvées à la question, calculer l'affinité du système pour la réaction (2) et conclure.

b) Déterminer la valeur de l'avancement à l'équilibre puis en déduire le volume.

c) Utiliser la conservation de l'élément carbone.

6 Dissociation du bromure de cuivre (II). Rupture d'équilibre

On considère l'équilibre suivant :

$$CuBr_2\ (s) = CuBr\ (s) + \frac{1}{2}\ Br_2\ (g)$$

Les deux solides sont purs et non miscibles ; entre 423 K et 523 K, la constante K^0 de cet équilibre dépend de la température selon :

$$\ln K^0(T) = -\frac{4\,000}{T} + 6{,}98$$

1 Déterminer, pour cette réaction, l'enthalpie libre standard de réaction, l'enthalpie standard de réaction et l'entropie standard de réaction. Le signe de cette dernière était-il prévisible ?

2 Dans une enceinte de volume $V = 1{,}00$ L, initialement vide et maintenue à 200 °C, on introduit une quantité n de bromure de cuivre (II) $CuBr_2$ solide.

Préciser l'état final du système dans les deux cas suivants :

a) $n = 2{,}00$ mmol ;

b) $n = 10{,}00$ mmol.

3 **L'équilibre obtenu au **2) b)** étant atteint, on considère à présent que le volume de l'enceinte est variable, la température restant égale à 200 °C. On augmente V à partir de $V = 1{,}00$ L.

Exprimer, puis tracer la fonction $p = p(Br_2) = f(V)$.

4 **On repart de l'état d'équilibre obtenu au **2) b)** et on considère à présent que le volume reste constant et égal à $V = 1{,}00$ L alors que la température varie de 200 à 300 °C. Établir le(s) expression(s) de $p = p(Br_2) = f(T)$ et tracer le(s) graphe(s) correspondant(s).

Conseils

1) Utiliser les relations rappelées au *chapitre* 3.

2) Déterminer la quantité de dibrome à l'équilibre dans les conditions de l'expérience, puis faire un bilan de matière dans les deux cas et conclure.

3) Envisager successivement un déplacement puis une rupture d'équilibre lorsque le volume croît.

4) Envisager successivement un déplacement puis une rupture d'équilibre lorsque la température augmente.

7 Synthèses de carbonates. Équilibres successifs

Dans un cylindre, fermé par un piston, de volume $V = 16{,}0$ L et maintenu à la température constante de 1 000 K, on enferme 20,0 mmol de dioxyde de carbone, 5,00 mmol d'oxyde de calcium et 5,00 mmol d'oxyde de magnésium. On diminue le volume du système par un déplacement très lent du piston.

1 *Tracer le graphe $p(CO_2) = f(V)$ après avoir établi les équations correspondantes.

2 **Que se passe-t-il si, à 1 000 K, on mélange intimement dans un récipient de volume $V = 16{,}0$ L initialement vide :

α) 100 mmol d'oxyde de magnésium et 100 mmol de carbonate de calcium ?

β) 100 mmol d'oxyde de calcium et 100 mmol de carbonate de magnésium ?

Déterminer, dans chaque cas, la pression du dioxyde de carbone.

Données :

• Pour l'équilibre :

$$CaCO_3\ (s) = CaO\ (s) + CO_2(g)$$

et $p(CO_2)_{éq} = 0{,}200$ bar à 1 000 K

• Pour l'équilibre :

$$MgCO_3\ (s) = MgO\ (s) + CO_2(g)$$

et $p(CO_2)_{éq} = 0{,}400$ bar à 1 000 K

Conseils

1) Rechercher si ces deux équilibres peuvent être simultanés. Montrer, puis utiliser le fait que l'établissement de chacun de ces équilibres dépend de $p(CO_2)$ donc de V.

2) Deux réactions étant possibles, établir, en utilisant l'affinité chimique, celle(s) qui se produi(sen)t. Effectuer ensuite le bilan correspondant.

8 Synthèse de l'ammoniac. Recherche d'un rendement maximal

D'après Concours e3a, 1999.

On considère la synthèse de l'ammoniac selon l'équation :

$$N_2\ (g) + 3\ H_2\ (g) = 2\ NH_3\ (g)$$

On part d'un mélange contenant 1,00 mol de dihydrogène et a mol de diazote. On maintient la pression totale p à 2,00 bar et la température T à 450 K ; à cette température $K^0 = 1{,}52$.

1 *Par un calcul différentiel sur les fractions molaires, déterminer a pour que la fraction molaire de l'ammoniac $x(NH_3)$ soit maximale. On ne demande pas de calculer $x(NH_3)$.

2 ▬ *Le diazote étant moins cher que le dihydrogène, on préfère s'intéresser à la quantité maximale d'ammoniac que l'on peut espérer obtenir à partir d'une mole de dihydrogène. Il convient donc de déterminer a pour que $n(NH_3)$ soit maximale.

a) Exprimer K^0 en fonction de p, p^0, a et $n(NH_3)$ puis, soit en calculant $n(NH_3)$ pour des valeurs de a variant de 0 à 2 par sauts de 0,2, soit en utilisant un logiciel permettant de tracer des fonctions implicites, tracer le graphe $n(NH_3) = f(a)$.

b) En déduire la valeur de a permettant d'obtenir une quantité d'ammoniac maximale.

c) En utilisant une méthode différentielle, retrouver cette valeur de a.

3 ▬ **Déduire, des résultats obtenus au **2)**, le sens de déplacement de l'équilibre de synthèse de l'ammoniac lors d'un ajout, à l'équilibre d'une petite quantité de diazote.

Conseils

1) Exprimer K^0 en fonction des fractions molaires puis différentier logarithmiquement.

2) a) Exprimer K^0 en fonction des quantités de matière ; faire tracer la fonction implicite qui en découle.

c) Faire une différentiation logarithmique et utiliser le fait que certains termes soient constants ou prennent une valeur extrême.

3) Utiliser le graphe tracé à la question **2) a)** et faire un raisonnement graphique dans les deux cas suivants :

$$x(N_2) > \frac{1}{2} \quad \text{ou} \quad x(N_2) < \frac{1}{2}$$

9 Dissociation du carbonate de plomb. Équilibres simultanés

Dans tout le problème, le système à étudier est tel qu'il existe toujours simultanément les deux équilibres suivants :

$$PbCO_3\ (s) = PbO\ (s) + CO_2\ (g) \qquad (1)$$
$$C\ (s) + CO_2\ (g) = 2\ CO\ (g) \qquad (2)$$

1 ▬ Déterminer la variance du système. Commenter la valeur trouvée.

2 ▬ Exprimer $\Delta_r G^0(T)$ pour chacun de ces deux équilibres.

3 ▬ Déterminer la température et la pression en monoxyde de carbone $p(CO)$ dans un système en équilibre où $p(CO_2) = 5{,}00$ bar.

4 ▬ Calculer K_1^0 et K_2^0 à 700 K. En déduire les pressions partielles des gaz à l'équilibre.

5 ▬ *Dans un récipient, initialement vide, de volume $V = 10{,}0$ L maintenu à 700 K, on introduit les quantités n et n' de carbonate de plomb et de carbone. Déterminer les valeurs minimales de n et n' pour que les deux équilibres puissent être atteints.

6 ▬ *Préciser, dans les trois cas **a)**, **b)** et **c)** suivants, si les équilibres **(1)** et **(2)** subissent un déplacement et indiquer dans quel sens.

a) Ajout de carbone à T et V constants.

b) Ajout de CO à T et V constants.

c) Ajout de CO_2 à T et V constants.

Données à 298 K : Les capacités thermiques molaires sont supposées indépendantes de la température.

espèce chimique	$\Delta_f H^0$ (kJ . mol^{-1})	S^0 (J . K^{-1} . mol^{-1})	C_p^0 (J . K^{-1} . mol^{-1})
$PbCO_3$ (s)	– 698,5	130,8	87,3
PbO (s)	– 215,1	68,6	45,7
CO_2 (g)	– 393,1	213,4	37,1
CO (g)	– 110,4	197,3	29,1
C (s)	0	5,7	8,5

Conseils

2) Exprimer $\Delta_r H^0(T)$, $\Delta_r S^0(T)$, puis $\Delta_r G^0(T)$ en utilisant les valeurs de C_p^0 fournies.

3) Déterminer T à l'aide de $p(CO_2)$ et de l'expression de $\Delta_r G^0(T)$ et en déduire $p(CO)$.

5) Faire un bilan de matière en utilisant les avancements des deux réactions qui sont ici simultanées.

6) Bien voir que les deux équilibres sont liés…

10 Obtention du mélange CO + H_2. Équilibres simultanés

Soit les deux équilibres suivants :

$$C\ (s) + H_2O\ (g) = CO\ (g) + H_2\ (g) \qquad (1)$$
$$H_2O\ (g) + CO\ (g) = CO_2\ (g) + H_2\ (g) \qquad (2)$$

1 ▬ **a)** Pour ces deux équilibres établir $\Delta_r H^0(T)$, $\Delta_r S^0(T)$, puis $\Delta_r G^0(T)$.

b) En déduire la température d'inversion de chacun d'eux.

c) Calculer, à 1 000 K, les constantes K_1^0 et K_2^0.

2 ▬ **Dans un récipient maintenu à la température $T = 1\,000$ K et initialement vide on introduit 1,00 mol d'eau vapeur et a mol de carbone solide, ce dernier étant supposé en excès. À l'équilibre, la pression totale vaut 2,00 bar.

a) En notant respectivement ξ_1 et ξ_2, les avancements à l'équilibre des réactions **(1)** et **(2)**, effectuer un bilan de matière de ces deux équilibres établis simultanément.

b) Montrer qu'il existe, à tout instant, une relation simple entre les pressions partielles de dihydrogène, de monoxyde de carbone et de dioxyde de carbone.

En déduire la variance du système à l'équilibre. Commenter la valeur trouvée.

c) Déterminer numériquement ξ_1 et ξ_2 puis les quantités de gaz et les pressions partielles de ceux-ci à l'équilibre.
d) Quelle quantité minimale de carbone est nécessaire à l'établissement simultané des deux équilibres ?

Données à 298 K :

espèces	C (s)	H_2O (g)	CO (g)	H_2 (g)	CO_2 (g)
$\Delta_r H^0$ (kJ . mol^{-1})	0	– 241,8	– 110,5	0	– 393,5
S^0 (J . K^{-1} . mol^{-1})	5,7	188,7	197,6	130,6	213,7
C_p^0 (J . K^{-1} . mol^{-1})	8,5	33,6	29,1	28,8	37,1

Les capacités molaires thermiques C_p^0 seront supposées indépendantes de la température.

Conseils

1) Exprimer $\Delta_r H^0(T)$, $\Delta_r S^0(T)$ puis $\Delta_r G^0(T)$ en utilisant les valeurs de C_p^0 fournies.

2) **b)** Exploiter la conservation des éléments oxygène et hydrogène.

c) Exprimer les pressions partielles, puis les deux constantes d'équilibre K_1^0 et K_2^0 en fonction des deux avancements ξ_1 et ξ_2.

d) Utiliser le bilan de matière de la question **2) a)**.

11 Oxydation de l'argent. Transformation adiabatique isochore

D'après Concours e3a, 2000.

Soit l'équilibre d'équation :

$$Ag_2O\ (s) = 2\ Ag\ (s) + \frac{1}{2}\ O_2\ (g)$$

pour laquelle :

$$\Delta_r G^0(T) = 29{,}0 \,.\, 10^3 - 63{,}0 \,.\, T\ (\text{J . mol}^{-1})$$

1 – Déterminer sa variance et interpréter le résultat obtenu.

2 – Quelle est l'influence sur cet équilibre :
a) d'une élévation isobare de température ?
b) d'une augmentation isotherme de pression ?
c) d'une introduction isobare et isotherme de dioxygène ou d'argent ?

3 – a) À température ambiante (300 K), calculer numériquement l'affinité chimique $\mathcal{A}$ du système lorsque la pression du dioxygène vaut 0,20 bar comme dans l'air atmosphérique. Pourquoi est-il nécessaire d'astiquer régulièrement l'argenterie ?
b) À quelle température T_2 l'équilibre est-il possible pour une pression partielle en dioxygène de 0,20 bar ?

4 – On introduit la quantité n_0 = 0,100 mol d'oxyde d'argent solide initialement à la température T_1 = 450 K dans un récipient *adiabatique* de votre volume invariable V = 1,00 . 10^{-3} m^3. On atteint un état d'équilibre où le système est à la température T_3, l'avancement étant égal à ξ.
a) La température T_3 sera-t-elle supérieure ou inférieure à T_1 ? Justifier votre réponse.
b) Montrer que le système évolue à énergie interne constante.
c) Exprimer la variation d'enthalpie ΔH du système, lors de la réaction, en fonction de n_0, ξ, T_1, T_3, $\Delta_r H^0$ et C_1 capacité thermique molaire à pression constante de l'oxyde d'argent solide.
d) Utiliser le fait que le système évolue à énergie interne constante pour obtenir une première relation entre T_3 et ξ.
e) À l'aide de la relation liant $\Delta_r G^0$ et K^0 établir une seconde relation entre T_3 et ξ.
f) Sachant que C_1 = 65,9 J . K^{-1} . mol^{-1}, utiliser les deux relations obtenues au **d)** et au **e)** pour déterminer ξ et T_3.

Conseils

3) Exprimer $\mathcal{A} = f(p(O_2))$.

4) **a)** Utiliser le caractère endothermique de la réaction.

b) Exploiter le fait que l'évolution du système est isochore et adiabatique.

c) Décomposer la transformation en deux étapes.

f) Utiliser un logiciel ou une calculatrice permettant de tracer le graphe de fonctions implicites.

CORRIGÉS

1 Variance d'un système. Conséquences

1 ▬ La variance se calcule à l'aide de la relation :

$$v = \mathcal{P} - \mathcal{R}$$

où $\mathcal{P}$ est le nombre de paramètres intensifs permettant de décrire le système et $\mathcal{R}$ le nombre de relations indépendantes liant ces paramètres.

• *Système* 1 :

$$2\ SO_2\ (g) + O_2\ (g) = 2\ SO_3\ (g)$$

a) $\mathcal{P} = 5$ (p, T, $p(SO_2)$, $p(O_2)$ et $p(SO_3)$ par exemple)
$\mathcal{R} = 2$ ($K^0(T)$ et $p = p(SO_2) + p(O_2) + p(SO_3)$)
d'où : $v = 5 - 2 = \mathbf{3}$

b) Aucune relation supplémentaire, d'où $v = \mathbf{3}$.

c) À tout instant : $p(SO_2) = 2\,p(O_2)$; d'où $\mathcal{R} = 3$ et $v = \mathbf{2}$.

• *Système* 2 :

$$CH_4\ (g) + Cl_2\ (g) = CH_3Cl\ (g) + HCl\ (g)$$

$\sum_i \nu_i\ (g) = 0$, la pression n'est pas facteur d'équilibre.

a) $\mathcal{P} = 5$ (T, $p(CH_4)$, $p(Cl_2)$, $p(CH_3Cl)$ et $p(HCl)$ par exemple)
$\mathcal{R} = 2$ ($K^0(T)$ et $p = p(CH_4) + p(Cl_2) + p(CH_3Cl + p(HCl))$
d'où $v = 5 - 2 = \mathbf{3}$

b) À tout instant : $p(CH_3Cl) = p(HCl)$; d'où $\mathcal{R} = 3$ et $v = \mathbf{2}$.

c) À tout instant : $p(CH_3Cl) = p(HCl)$ et $p(CH_4) = p(Cl_2)$; d'où $\mathcal{R} = 4$ et $v = \mathbf{1}$.

• *Système* 3 :

$$2\ H_2S\ (g) + 3\ O_2\ (g) = 2\ H_2O\ (\ell) + 2\ SO_2\ (g)$$

a) $\mathcal{P} = 6$ (p, T, $p(H_2S)$, $p(O_2)$, $p(SO_2)$ et $x_{H_2O\ (\ell)}$ par exemple)
$\mathcal{R} = 3$ ($K^0(T)$, $p = p(H_2S) + p(O_2) + p(SO_2)$ et $x_{H_2O\ (\ell)} = 1$ car l'eau est seule dans la phase liquide) ; d'où $v = 6 - 3 = \mathbf{3}$.

b) $SO_2\ (g) = H_2O\ (\ell)$ n'étant pas dans la même phase il n'apparaît pas de relation nouvelle entre les constituants de la phase gazeuse d'où $v = \mathbf{3}$.

c) À tout instant : $p(H_2S) = \frac{2}{3}p(O_2)$; d'où $\mathcal{R} = 4$ et $v = \mathbf{2}$.

• *Système* 4 : $AuCl_3\ (s) + 2\ Au\ (s) = 3\ AuCl\ (s)$

Les trois espèces étant solides ($\sum_i \nu_{i\,\text{gaz}} = 0$) la pression n'est pas facteur d'équilibre. Chaque constituant étant seul dans sa phase son activité vaut 1,00.

a) Seule la température d'équilibre T paramètre le système ; d'où $\mathcal{P} = 1$. À l'équilibre, la présence simultanée des trois solides impose $K^0(T) = \Pi(a_i)^{\nu_i} = 1{,}00$, seule relation possible ; d'où $\mathcal{R} = 1$ et $v = 0$.

Le système est invariant, la température d'équilibre est unique et ne peut être fixée par l'opérateur.

b) c) Chaque solide étant seul dans sa phase, son activité est égale à 1, quel que soit l'état initial et $v = \mathbf{0}$.

2 ▬ Soit le système :

$$NH_4I\ (s) = NH_3\ (g) + HI\ (g) \qquad \textbf{(1)}$$

$$HI\ (g) = \frac{1}{2}\ H_2\ (g) + \frac{1}{2}\ I_2\ (g) \qquad \textbf{(2)}$$

a) Dans le cas général :
$\mathcal{P} = 7$ (T, p, $p(NH_3)$, $p(HI)$, $p(H_2)$, $p(I_2)$ et $x_{NH_4I\ (s)}$) ;
$\mathcal{R} = 4$ ($K_1^0\ (T)$, $K_2^0\ (T)$, $p = p(NH_3) + p(HI) + p(H_2) + p(I_2)$ et $x_{NH_4I\ (s)} = 1$) ;
d'où : $v = 7 - 4 = \mathbf{3}$

b) En partant de NH_4I (s), seul et en excès, les relations particulières apparaissent entre les pressions partielles. On établit ces relations en faisant un bilan de matière :

	NH_4I (s)	NH_3 (g)	HI (g)	H_2 (g)	I_2 (g)
état initial	n_0	0	0	0	0
équilibre	$n_0 - \xi$	ξ	$\xi - \xi'$	$\xi'/2$	$\xi'/2$

• À tout instant, $n(H_2) = n(I_2)$ soit $p(H_2) = p(I_2)$.

• En remarquant que :
$\xi = (\xi - \xi') + \xi'/2 + \xi'/2$, soit :

$$n(NH_3) = n(HI) + n(H_2) + n(I_2)$$

Tous les constituants du système étant gazeux, il vient :

$$p(NH_3) = p(HI) + p(H_2) + p(I_2)$$

Il existe à présent deux relations supplémentaires entre des paramètres intensifs de la phase gazeuse alors $\mathcal{R} = 6$ et :

$$v = 7 - 6 = \mathbf{1}$$

Il suffit de fixer un paramètre, par exemple la température (les deux constantes d'équilibre sont alors fixées), pour que le système soit entièrement déterminé.

c)
$$K_1^0 = \frac{p(NH_3)\ .\ p(HI)}{p^{0^2}}$$

et :
$$K_2^0 = \frac{(p(H_2)\ .\ p(I_2))^{1/2}}{p(HI)}$$

• Avec $p(H_2) = p(I_2)$ il vient $K_2^0 = \dfrac{p(H_2)}{p(HI)}$, soit :

$$p(HI) = \frac{p(H_2)}{K_2^0}$$

• Avec $p(NH_3) = p(HI) + p(H_2) + p(I_2)$ il vient de plus :

$$p(NH_3) = p(H_2)\left(\frac{1}{K_2^0 + 2}\right) = p(H_2)\left(\frac{1 + 2K_2^0}{K_2^0}\right)$$

Alors :
$$K_1^0 = \frac{p(H_2)^2}{p^{0^2}\ .\ K_2^0} \cdot \left(\frac{1 + 2K_2^0}{K_2^0}\right)$$

soit : $$p(H_2) = p^0 \cdot K_2^0 \cdot \left(\frac{K_1^0}{1 + 2K_2^0}\right)^{1/2}$$

• Avec $K_1^0 = 8{,}00$ et $K_2^0 = 0{,}25$ il vient :

$\boldsymbol{p(H_2) = p(I_2) = 0{,}58}$ **bar**

$\boldsymbol{p(HI) = 2{,}31}$ **bar**

$\boldsymbol{p(NH_3) = 3{,}46}$ **bar**

$\boldsymbol{p_t = 6{,}93}$ **bar**

Remarque :

Un système est entièrement déterminé si on connaît sa température, la composition de chacune de ses phases et la pression de la phase gazeuse.

2 Déplacement ou rupture d'équilibres ?

1 ▬ a) Un déplacement d'équilibre ne peut s'observer en faisant varier un paramètre intensif, les autres étant bloqués, que si la variance est au moins égale à 2.

Dans le cas contraire, il n'y a pas déplacement d'équilibre mais rupture d'équilibre (*cf. H Prépa Chimie,* 2e *année, MP-MP* – PT-PT*, § 2.1.1.;* p. 80).

On calcule la variance des trois systèmes avec la formule :

$$v = \mathcal{P} - \mathcal{R}$$

• *Système **A** :* 2 CuBr (s) = $CuBr_2$ (s) + Cu (s)

Toutes les espèces sont solides, ce système comme le système 4 de l'exercice 1 est invariant : $v = \mathbf{0}$.

• *Système **B** :* 2 HgO (s) = 2 Hg (g) + O_2 (g)

$\mathcal{P} = 5\ (p, T, p(Hg), p(O_2), x_{HgO\,(s)})$;

$\mathcal{R} = 3\ (K^0(T), p = p(Hg) + p(O_2), x_{HgO\,(s)} = 1{,}00)$;

$$v = 5 - 3 = \mathbf{2}$$

• *Système **C** :* 2 NO_2 (g) = N_2O_4 (g)

$\mathcal{P} = 4\ (p, T, p(NO_2), p(N_2O_4))$;

$\mathcal{R} = 2\ (K^0(T), p = p(NO_2) + p(N_2O_4))$;

$$v = 4 - 2 = \mathbf{2}$$

Les systèmes ***B*** et ***C*** peuvent donner lieu à des déplacements d'équilibres alors que le système ***A***, qui est invariant, donne lieu à une rupture d'équilibre si, par exemple, la température imposée n'est pas la température d'équilibre.

b) D'après les *Rappels de Cours*, à température et composition constantes :

$$d\mathcal{A} = -RT \cdot \sum_i \nu_{igaz} \cdot \frac{dp}{p}$$

On utilise cette relation pour étudier les trois systèmes :

• *Système **A** :* la pression n'est pas facteur d'équilibre. Si le système est en équilibre, il le reste si la pression varie.

• *Système **B** :* initialement, le système était en équilibre chimique $\mathcal{A} = 0$.

Pour ce système $\sum_i \nu_{igaz} = +3$, si p croît,

c'est-à-dire si $dp > 0$, $d\mathcal{A} = -3\,RT \cdot \dfrac{dp}{p}$ soit : $d\mathcal{A} < 0$.

L'affinité chimique du système devient négative et **le système évolue dans le sens** $\overset{2}{\leftarrow}$, sens d'une diminution de quantité de matière gazeuse.

• *Système **C** :* pour ce système $\sum_i \nu_{igaz} = -1$, si la pression augmente ($dp > 0$) :

$$d\mathcal{A} = RT \cdot \frac{dp}{p}$$

est positive.

L'affinité chimique du système devenant positive, **celui-ci évolue dans le sens** $\overset{1}{\rightarrow}$.

2 ▬ a) Le calcul de la variance est effectué avec la formule :

$$v = \mathcal{P} - \mathcal{R}$$

Le tableau suivant regroupe les résultats.

$\mathcal{P}$ et $\mathcal{R}$ sont calculés comme ci-dessus en remarquant que pour le système ***F***, la pression n'est pas facteur d'équilibre et les produits formés ne sont pas dans la même phase.

système	$\mathcal{P}$	$\mathcal{R}$	v
D	5	3	2
E	5	3	2
F	5	4	1
G	6	4	2

b) • Pour étudier l'influence de la température, on utilise la relation établie à pression et composition constantes :

$$d\mathcal{A} = \frac{\Delta_r H(T)}{T} \cdot dT$$

et on assimile $\Delta_r H(T)$ à $\Delta_r H^0(T)$.

• Pour étudier l'influence de la pression, on se sert de la relation établie à température et composition constantes :

$$d\mathcal{A} = -RT \cdot \sum_i \nu_{igaz} \cdot \frac{dp}{p}$$

• Pour déterminer l'influence de l'introduction, à pression et température constantes d'un gaz inactif, on utilise la relation :

$$d\mathcal{A} = +RT \cdot \sum_i \nu_{igaz} \cdot \frac{dn}{n}$$

• L'ajout, à température et volume constants, d'un gaz inactif à un système contenant des gaz supposés parfaits, ne provoque aucune évolution du système.

• Avant toute perturbation, le système est en équilibre et $\mathcal{A} = 0$.

Si la perturbation se traduit par $d\mathcal{A} > 0$, alors $\mathcal{A} > 0$ et le système évolue dans le sens $\overset{1}{\rightarrow}$.

Si, au contraire, après perturbation $d\mathcal{A} < 0$, alors $\mathcal{A} < 0$ et le système évolue dans le sens $\overset{2}{\leftarrow}$.

• Pour le système ***F***, $v = 1$, toute perturbation d'un paramètre autre que la pression totale, qui n'est pas ici facteur d'équilibre, va se traduire par une rupture d'équilibre. La flèche figurant dans le tableau page suivante indique le sens dans lequel il y a alors rupture d'équilibre.

système	D	E	F	G
$\Delta_r H^0$	> 0	< 0	> 0	< 0
influence de d$T > 0$ à p et n_i constantes	$\xrightarrow{1}$	$\xleftarrow{2}$	$\xrightarrow{1}$	$\xleftarrow{2}$
$\sum_i \nu_{igaz}$	+ 1	– 1	0	+ 1
influence de d$p > 0$ à T et n_i constantes	$\xleftarrow{2}$	$\xrightarrow{1}$	pas d'effet	$\xleftarrow{2}$
influence de d$n > 0$ à p et T constantes	$\xrightarrow{1}$	$\xleftarrow{2}$	pas d'effet	$\xrightarrow{1}$

3 Préparation du nickel de Sabatier

1 ▬ a) α) Soit l'équilibre :

$$NiCO_3\ (s) = NiO\ (s) + CO_2\ (g)$$

À l'aide de la relation rappelée dans les *Rappels de cours*, $v = \mathcal{P} - \mathcal{R}$, la variance du système peut se calculer :

$\mathcal{P} = 5\ (p, T, p(CO_2), x_{NiCO_3\ (s)}, x_{NiO\ (s)})$;

$\mathcal{R} = 4\ (K^0(T), p = p(CO_2)$; $x_{NiCO_3\ (s)} = x_{NiO\ (s)} = 1{,}00$, les deux solides étant seuls dans leur phase) ;

d'où : $v = 5 - 4 = \mathbf{1}$

Si la température est fixée, la pression de dioxyde de carbone $p(CO_2)$ est déterminée.

β) Si l'on part de $NiCO_3$ seul, à tout instant,

$$n(NiO) = n(CO_2)$$

mais cela n'introduit pas de relations supplémentaires entre les paramètres intensifs des constituants d'une même phase et le système demeure monovariant.

b) α) $K_1^0 = \dfrac{p(CO_2)}{p^0}$,

soit : $p(CO_2) = p^0 \,.\, K_1^0 = p_0 \,.\, \exp\left(-\dfrac{\Delta_r G^0}{RT}\right)$

$\Delta_r G^0 = \sum_i \nu_i \,.\, \Delta_f G_i^0 = 8{,}80\ \text{kJ}\,.\,\text{mol}^{-1}$

et : $\mathbf{p(CO_2) = 2{,}87\,.\,10^{-2}\ bar}$

alors : $n(CO_2) = \dfrac{p(CO_2)\,.\,V}{RT} = \mathbf{2{,}3\,.\,10^{-3}\ mol}$

$$\mathbf{n(NiO)} = n(CO_2) = \mathbf{2{,}3\,.\,10^{-3}\ mol}$$

$$\mathbf{n(NiCO_3)} = n_0 - n(NiO) = \mathbf{7{,}7\,.\,10^{-3}\ mol}$$

β) Si le carbonate de nickel $NiCO_3(s)$ disparaît totalement $n(CO_2) = n_0 = 10{,}0\,.\,10^{-3}$ mol.

À la rupture d'équilibre :

$$p(CO_2) = p^0 \,.\, K_1^0 \quad \text{et} \quad V_L = n_0 \,.\, \frac{RT}{p^0\,.\,K_1^0}$$

soit : $\mathbf{V_L = 8{,}6\ L}$

2 ▬ a) Soit : $NiO\ (s) + H_2\ (g) = Ni\ (s) + H_2O\ (g)$

équilibre réalisé à $T = 623$ K ; à cette température :

$$\Delta_r G^0\ (623\ K) = \Delta_r H^0\ (623\ K) - T\,.\,\Delta_r S^0\ (623\ K)$$

Il est nécessaire de calculer $\Delta_r G^0$ (623 K).

L'énoncé indique que les enthalpies standard de formation $\Delta_r H^0$ sont indépendantes de la température, ce qui revient à considérer que $\Delta_r C_p^0 \approx 0$.

En conséquence, l'entropie standard de réaction est, elle aussi, indépendante de la température, alors :

$$\Delta_r H^0\ (623\ K) = \Delta_r H^0\ (298\ K)$$
$$\Delta_r S^0\ (623\ K) = \Delta_r S^0\ (298\ K)$$

Comme :

$$\Delta_r S^0\ (298\ K) = \frac{\Delta_r H^0\ (298\ K) - \Delta_r G^0\ (298\ K)}{298}$$

il vient,

avec $\Delta_r H^0\ (298\ K) = \Sigma\nu_i \,.\, \Delta_f H_i^0\ (298\ K) = -\,2{,}0\ \text{kJ}\,.\,\text{mol}^{-1}$

et $\Delta_r G^0\ (298\ K) = \Sigma\nu_i \,.\, \Delta_f H_i^0 (298\ K) = -\,16{,}8\ \text{kJ}\,.\,\text{mol}^{-1}$

$\Delta_r S^0\ (298\ K) = 49{,}7\ \text{J}\,.\,\text{mol}^{-1}\,.\,\text{K}^{-1}$

alors :

$\Delta_r G^0\ (623\ K) = \Delta_r H^0\ (298\ K) - 623\,.\,\Delta_r S^0\ (298\ K) = -\,32{,}9\ \text{kJ}\,.\,\text{mol}^{-1}$

et : $K_2^0\ (623\ K) = \exp\left(-\dfrac{\Delta_r G^0}{RT}\right) = 5{,}8\,.\,10^2$

Or $K_2^0 = \dfrac{x(H_2O)}{x(H_2)} = \dfrac{1 - x(H_2)}{x(H_2)}$ d'où $x(H_2) = \dfrac{1}{K_2^0 + 1}$

soit : $\mathbf{x(H_2) = 1{,}7\,.\,10^{-3}}$ et $\mathbf{x(H_2O) = 0{,}998}$

La réaction est très avancée dans le sens de la réduction de l'oxyde de nickel.

b) α) Pour l'équilibre **(2)**, $\sum_i \nu_{igaz} = 0$, la pression n'est pas facteur d'équilibre.

Une augmentation de pression est donc **sans effet** sur l'état d'équilibre.

β) La réaction est exothermique ($\Delta_r H^0 < 0$).

Une élévation de température défavorise l'obtention du nickel.

Cependant comme $\Delta_r H^0$ est très faible, l'effet d'une variation de température est peu important.

γ) **L'introduction de l'un des solides est sans effet**, son activité restant égale à 1.

En revanche, l'introduction isotherme et isobare ou isotherme et isochore de l'une des espèces gazeuses provoque sa consommation. En effet :

$$\mathcal{A}_2 = -\,\Delta_r G_2 = -\,(\Delta_r G_2^0 + RT\,.\,\ln Q) = RT\,.\,\ln\frac{K_2^0}{Q}$$

avec $Q = \dfrac{x(H_2O)}{x(H_2)} = \dfrac{n(H_2O)}{n(H_2)}$,

soit : $\mathcal{A} = RT\,.\,\ln\left(\dfrac{K_2^0\,.\,n(H_2)}{n(H_2O)}\right)$

À l'équilibre, $n(H_2) = n(H_2)_{éq}$, $n(H_2O) = n(H_2O)_{éq}$ et $\mathcal{A} = 0$.

• **Si $n(H_2)$ croît** à partir de $n(H_2)_{éq}$, $\mathcal{A}_2$ devient positif : le système évolue **dans le sens** $\xrightarrow{1}$ consommant ainsi du dihydrogène.

• **Si $n(H_2O)$ croît** à partir de $n(H_2O)_{éq}$, $\mathcal{A}_2$ devient négatif : le système évolue **dans le sens** $\xleftarrow{2}$ consommant ainsi de l'eau.
δ) On constate que l'expression de $\mathcal{A}$ ne fait pas intervenir la quantité de matière gazeuse totale n_{tot}.
L'introduction de diazote, gaz inerte **est** donc **sans effet** sur l'état du système.

4 Synthèse du méthanol. Déplacement d'équilibre

1 — Soit la réaction :

$$CO\,(g) + 2\,H_2\,(g) = CH_3OH\,(g)$$
$$v = \mathcal{P} - \mathcal{R}$$

p et T sont facteurs d'équilibre ; en effet, $\sum_i \nu_{igaz} = -2$ et $K^0(T)$ est fonction de T vu l'expression de $\ln K^0(T)$.
• Dans le cas général :
$\mathcal{P} = 5\ (p, T, p(CO), p(H_2), p(CH_3OH))$;
$\mathcal{R} = 2\ (K^0(T), p = p(CO) + p(H_2) + p(CH_3OH))$;
d'où : $\quad v = 5 - 2 = \mathbf{3}$
En fixant trois paramètres intensifs, par exemple la température, la pression totale et une pression partielle ou une fraction molaire, les autres paramètres intensifs sont alors déterminés.
• Si les réactifs CO et H_2 sont introduits en proportions stœchiométriques ou si CH_3OH est initialement introduit seul, alors à tout instant :

$$p(H_2) = 2\,p(CO) \quad \text{soit} \quad \mathcal{R} = 3$$

Alors $v = \mathbf{2}$; il suffit de fixer deux paramètres, par exemple, la température et la pression, pour que la composition du système soit entièrement déterminée.

2 — Pour le système considéré :

$$\mathcal{A} = \mathcal{A}^0 - RT\,.\,\ln Q = RT\,.\,\ln\frac{K^0}{Q}$$

avec : $$Q = \frac{x(CH_3OH)}{x(CO)\,.\,x(H_2)^2}\,.\,\frac{p^{02}}{p^2}$$

$$d\mathcal{A} = -RT\,.\,\frac{dQ}{Q}$$

Lorsqu'à température et composition constantes, p varie de dp, Q varie de dQ avec :

$$\frac{dQ}{Q} = -2\frac{dp}{p} \quad \text{d'où} \quad d\mathcal{A} = 2RT\,.\,\frac{dp}{p}$$

À l'équilibre, avant perturbation du système $\mathcal{A} = 0$; **lorsque la pression augmente** de dp (d$p > 0$), l'affinité chimique du système augmente de d$\mathcal{A}$ et devient positive : **le système évolue dans le sens** $\xrightarrow{1}$.
Cette évolution tend à faire diminuer la quantité de matière gazeuse du système.

3 — Pour connaître l'influence d'une augmentation de température, il est nécessaire de savoir si la réaction étudiée est exothermique ou endothermique.

Pour cela, on calcule $\Delta_rH^0(T)$ à partir de l'expression de $\ln K^0(T)$ et de la relation de Van't Hoff :

$$\frac{d\ln K^0(T)}{dT} = \frac{\Delta_rH^0(T)}{RT^2}$$

soit :

$$\Delta_rH^0(T) = RT^2\,.\,\frac{d\ln K^0(T)}{dT}$$
$$= -73{,}7\,.\,10^3 - 75{,}8\,.\,T + 6{,}03\,.\,10^{-2}\,.\,T^2.$$

À 250 °C, soit 523 K, $\Delta_rH^0 = -96{,}8$ kJ . mol^{-1}, la réaction est exothermique.
À pression et composition constantes :

$$\frac{d\mathcal{A}}{dT} = \frac{\Delta_rH(T)}{T}$$

L'enthalpie d'un gaz, supposé parfait, ne dépendant que de la température :

$$\Delta_rH(T) = \Delta_rH^0(T) \quad \text{et} \quad d\mathcal{A} = \frac{\Delta_rH^0(T)}{T}\,.\,dT$$

À l'équilibre, avant perturbation du système, $\mathcal{A}$ (523 K) = 0 ; **lorsque la température augmente** de dT (d$T > 0$), l'affinité chimique du système diminue (Δ_rH^0 (523 K) < 0) et devient négative : **le système évolue dans le sens** $\xleftarrow{2}$.
La synthèse du méthanol est, d'un point de vue thermodynamique, favorisée à haute pression et basse température.

4 — a) On fait un bilan de matière en utilisant l'avancement de la réaction ξ et on exprime $K^0 = f(\xi, p)$:

équation	CO (g) +	2H_2 (g) =	CH_3OH (g)	n_t(gaz)
état initial	1,0	2,00	0,00	3,00
équilibre	$1{,}00 - \xi_e$	$2{,}00 - 2\xi_e$	ξ_e	$3{,}00 - 2\xi_e$

et $$K^0 = \frac{\xi_e(3{,}00 - 2\xi_e)^2}{4(1{,}00 - \xi_e)^3}\,.\,\frac{p^{02}}{p^2}.$$

À 523 K, $K^0 = 1{,}75\,.\,10^{-3}$.
Avec $p = 156{,}5$ bar, il vient :

$$\boldsymbol{\xi_e = 0{,}79\ \text{mol}}$$

alors :

$$\mathbf{x(CH_3OH)} = \frac{\xi_e}{3{,}00 - 2\xi_e} = \mathbf{0{,}55}$$

$$\mathbf{x(CO)} = \frac{1{,}00 - \xi_e}{3{,}00 - 2\xi_e} = \mathbf{0{,}15}$$

$$\mathbf{x(H_2)} = 2x(CO) = \mathbf{0{,}30}$$

b) On procède comme au **4) a)** avec le nouvel état initial :

équation	CO (g) +	2H_2 (g) =	CH_3OH (g)	n_t(gaz)
à l'équilibre	$2{,}00 - \xi'_e$	$1{,}00 - 2\xi'_e$	ξ'_e	$3{,}00 - 2\xi'_e$

et $$K^0 = \frac{\xi'_e(3{,}00 - 2\xi'_e)^2}{(2{,}00 - \xi'_e)(1{,}00 - 2\xi'_e)^2}\,.\,\frac{p^{02}}{p^2}$$

Soit à 523 K sous 156,5 bar, ξ'_e = **0,42 mol** et :

$$\mathbf{x(CH_3OH)} = \frac{\xi'_e}{3{,}00 - 2\xi'_e} = \mathbf{0{,}19}$$

$$x(\mathbf{CO}) = \frac{2{,}00 - \xi'_e}{3{,}00 - 2\xi_e} = \mathbf{0{,}73}$$

$$x(\mathbf{H_2}) = \frac{1{,}00 - 2\xi'_e}{3{,}00 - 2\xi'_e} = \mathbf{0{,}08}$$

5 ▬ Soit $Q = \dfrac{p(CH_3OH) \,.\, p^{02}}{p(CO) \,.\, p(H_2)^2}$ le quotient de réaction avec :

$$p(CH_3OH) = \frac{n(CH_3OH)}{n_t} \,.\, p$$

$$p(CO) = \frac{n(CO)}{n_t} \,.\, p$$

$$p(H_2) = \frac{n(H_2)}{n_t} \,.\, p$$

il vient :

$$Q = \frac{n(CH_3OH) \,.\, n_t^2}{n(CO) \,.\, n(H_2)^2} \,.\, \frac{p^{02}}{p^2}$$

Pour le système considéré (*cf.* question **2)**) :

$$\mathcal{A} = RT \,.\, \ln\frac{K^0}{Q}$$

• Si, après perturbation, $Q > K^0$ alors $\mathcal{A} < 0$ et le système évolue dans le sens $\xleftarrow{2}$

• Si, en revanche, après perturbation, $Q < K^0$ alors $\mathcal{A} > 0$ et le système évolue dans le sens $\xrightarrow{1}$

Étudions l'influence de l'introduction isobare (p = 156,5 bar) et isotherme (T = 523 K donc $K^0 = 1{,}75 \,.\, 10^{-3}$) de constituants inertes ou actifs.

• Introduction d'argon, gaz inerte pour le système

Immédiatement après cette introduction, seul n_t a augmenté, Q croît et devient supérieur à K^0 : **le système évolue dans le sens** $\xleftarrow{2}$

• Introduction de méthanol, produit de la synthèse

$n(CH_3OH)$ et n_t augmentent lors de cette introduction. Ces deux termes figurant au numérateur de l'expression de Q, leur augmentation provoque celle de Q. Q étant à nouveau supérieur à K^0 le système évolue dans le sens $\xleftarrow{2}$: l'introduction du méthanol provoque une évolution du système dans le sens de sa consommation.

• Introduction de dihydrogène, réactif de la synthèse

$n(H_2)$ et n_t augmentent alors provoquant l'augmentation du numérateur et du dénominateur de l'expression de Q, la conclusion n'est pas immédiate. On calcule $\dfrac{dQ}{Q}$ afin de pouvoir conclure :

$$\frac{dQ}{Q} = \frac{2dn_t}{n_t} - \frac{2dn(H_2)}{n(H_2)}$$

Comme $dn_t = dn(H_2)$, il vient :

$$\frac{dQ}{Q} = 2dn(H_2) \,.\, \left(\frac{1}{n_t} - \frac{1}{n(H_2)}\right)$$

Quel que soit l'état du système $n_t > n(H_2)$ et $\dfrac{dQ}{Q} < 0$ soit $dQ < 0$.

Avant perturbation $Q = K^0$, comme après perturbation $dQ < 0$ et donc $Q < K^0$, **le système évolue dans le sens** $\xrightarrow{1}$ sens de la consommation du dihydrogène.

• Introduction de monoxyde de carbone, réactif de la synthèse

$n(CO)$ et n_t augmentant, on calcule $\dfrac{dQ}{Q}$ pour conclure :

$$\frac{dQ}{Q} = \frac{2dn_t}{n_t} - \frac{dn(CO)}{n(CO)}$$

Avec $dn_t = dn(CO)$, il vient :

$$\frac{dQ}{Q} = \frac{dn(CO)}{n_t} \,.\, \left(2 - \frac{1}{x(CO)}\right)$$

Le signe de $\dfrac{dQ}{Q}$ dépend du signe de $\left(2 - \dfrac{1}{x(CO)}\right)$.

• Pour le système étudié au **4) a)**, $x(CO) = 0{,}15$ et :

$$\frac{dQ}{Q} = -\,4{,}67\frac{dn(CO)}{n_t}$$

$\dfrac{dQ}{Q}$ et donc dQ sont négatifs après introduction de monoxyde de carbone, alors $Q < K^0$ et **le système évolue dans le sens** $\xrightarrow{1}$, sens de la consommation du monoxyde de carbone.

• Pour le système étudié au **4) b)**, $x(CO) = 0{,}73$ et :

$$\frac{dQ}{Q} = 0{,}63\frac{dn(CO)}{n_t}$$

$\dfrac{dQ}{Q}$ et donc dQ sont positifs après introduction de monoxyde de carbone, alors $Q > K^0$ et **le système évolue alors dans le sens** $\xleftarrow{2}$, sens de la production du monoxyde de carbone.

• Pour $x(CO) > 0{,}50$, le principe de modération ne s'applique pas : l'introduction de monoxyde de carbone provoque une évolution du système dans le sens où ce gaz est formé.

5 Réduction de l'oxyde de germanium. Rupture d'équilibre

1 ▬ On fait un bilan de matière en utilisant l'avancement ξ_1 et on exprime K_1^0 :

équation	2 CO (g)	= CO₂ (g) +	C	n_{tot} (gaz)
état initial (mol)	10,00	0	0	10,00
équilibre (mol)	10,00 – 2ξ	ξ	ξ	10,00 – ξ

$$K^0{}_1 = \frac{p(CO_2) \,.\, p^0}{p(CO)^2}$$

La pression totale n'étant pas connue, on exprime $p(CO)$ et $p(CO_2)$ en fonction de V, T, n_0 et ξ :

$$p(CO) = n(CO) \,.\, \frac{RT}{V} = (10{,}00 - 2\xi) \,.\, \frac{RT}{V}$$

$$p(CO_2) = n(CO_2) \,.\, \frac{RT}{V} = \xi \,.\, \frac{RT}{V}$$

d'où : $$K = \frac{\xi}{(10{,}00 - 2\xi)^2} \cdot \frac{p^0 V}{RT}$$

Avec $p^0 = 1{,}00 \,.\, 10^5$ Pa, $V = 30{,}0$ L $= 30{,}0 \,.\, 10^{-3}$ m^3, $K_1^0 = 2{,}00$ et $T = 950$ K, il vient :

$$\boldsymbol{\xi_1 = 4{,}54 \text{ mol}}$$
$$n(\text{CO}) = 10{,}00 - 2\xi_1 = \mathbf{0{,}92 \text{ mol}}$$
$$n(\text{CO}_2) = \xi_1 = \mathbf{4{,}54 \text{ mol}}$$
$$p = n_t \,.\, \frac{RT}{V} = 14{,}4 \,.\, 10^5 \text{ Pa} = \mathbf{14{,}4 \text{ bar}}$$

2 ▬ a) On calcule l'affinité chimique $\mathcal{A}_2$ du système pour la réaction **(2)** lorsque l'équilibre **(1)** est établi.
Avec GeO (s) + CO (g) = Ge (s) + CO_2 (g) :

$$\mathcal{A}_2 = -\Delta_r G_2 = -(\Delta_r G_2^0 + RT \,.\, \ln Q_2) = RT \,.\, \ln \frac{K_2^0}{Q_2}$$

Lorsque le premier équilibre est établi :

$$Q_2 = \frac{p(\text{CO}_2)_{\text{éq1}}}{p(\text{CO})_{\text{éq2}}} = \frac{n(\text{CO}_2)_{\text{éq1}}}{n(\text{CO})_{\text{éq1}}}$$

d'où : $$\mathcal{A}_2 = RT \,.\, \ln\left(\frac{K_2^0 \,.\, n(\text{CO})_{\text{éq1}}}{n(\text{CO}_2)_{\text{éq1}}}\right)$$

$$= 8{,}314 \times 950 \ln\left(\frac{0{,}800 \times 0{,}92}{4{,}54}\right)$$

soit : $$\mathcal{A}_2 = -\ 14{,}37 \text{ kJ . mol}^{-1}$$

L'affinité chimique $\mathcal{A}_2$ est négative, la réaction **(2)** se ferait naturellement dans le sens $\xleftarrow{2}$: **il n'apparaît donc pas de germanium dans ces conditions**.

b) Lorsque l'équilibre **(2)** s'établit, $\mathcal{A}_2 = 0$; par rapport à la valeur calculée ci-dessus, $\mathcal{A}_2$ doit croître, ce qui est possible si n(CO) augmente et $n(CO_2)$ diminue ; il suffit pour cela que l'équilibre (1) soit déplacé dans le sens $\xleftarrow{2}$.
Une diminution de la pression totale, ou, ce qui est équivalent, une augmentation de volume provoquera un tel déplacement.
Lorsque $\mathcal{A}_2$ devient nulle, $Q_2 = K_2^0$, soit :

$$\frac{\xi_2}{(10{,}00 - 2\xi_2)} = K_2^0 = 0{,}800$$

et : $$\xi_2 = 3{,}08 \text{ mol}$$

Les deux équilibres sont alors établis et :

$$V = \frac{K_1^0 \,.\, (10{,}00 - 2\xi)^2 \,.\, RT}{\xi \,.\, p^0} = \frac{K_1^0}{K_2^0} \,.\, \frac{RT}{p^0} (10{,}00 - 2\xi)$$

soit : $$\mathbf{V = 0{,}758 \text{ m}^3}$$

c) Lorsque V croît, l'équilibre **(1)** se déplace dans le sens $\xleftarrow{2}$ jusqu'à ce qu'il y ait rupture d'équilibre par disparition du carbone solide.
Alors :

$$n(\text{CO}) + n(\text{CO}_2) = n(\text{CO})_0 = 10{,}00 \text{ mol} \qquad \textbf{(a)}$$

et, comme l'équilibre **(2)** est établi :

$$\frac{n(\text{CO}_2)}{n(\text{CO})} = K_2^0 = 0{,}800 \qquad \textbf{(b)}$$

La résolution des équations **(a)** et **(b)** donne :

$$n(\text{CO}) = 5{,}56 \text{ mol} \quad \text{et} \quad n(\text{CO}_2) = 4{,}44 \text{ mol}$$

À la limite de la rupture d'équilibre n(CO) et $n(CO_2)$ vérifient encore K_1^0 d'où le volume limite V_ℓ :

$$V_\ell = \frac{K_1^0 \,.\, n(\text{CO})^2 \,.\, RT}{n(\text{CO}_2) \,.\, p^0} = \frac{K_1^0}{K_2^0} \,.\, n(\text{CO}) \,.\, \frac{RT}{p^0}$$

soit : $$\mathbf{V_\ell = 1{,}10 \text{ m}^3}$$

Lorsque le volume V est supérieur à V_ℓ, il n'y a plus de carbone et seul l'équilibre **(2)** existe.

6 Dissociation du bromure de cuivre (II). Rupture d'équilibre

1 ▬ Par définition :

$$\Delta_r G^0 = -RT \,.\, \ln K^0(T)$$
$$\Delta_r H^0 = RT^2 \,.\, \frac{\text{d}\ln K^0(T)}{\text{d}T}$$
$$\Delta_r S^0 = -\left(\frac{\partial \Delta_r G^0}{\partial T}\right)_p$$

d'où :
$$\boldsymbol{\Delta_r G^0(T) = 33{,}26 \,.\, 10^3 - 58{,}0 \,.\, T \ \text{J . mol}^{-1}}$$
$$\boldsymbol{\Delta_r H^0(T) = 33{,}26 \,.\, 10^3 \ \text{J . mol}^{-1}}$$
$$\boldsymbol{\Delta_r S^0(T) = 58{,}0 \ \text{J . mol}^{-1} \,.\, \text{K}^{-1}}$$

Pour cette réaction, $\Sigma \nu_{i\ \text{gaz}} = +\frac{1}{2}$: le désordre du système croît et l'entropie augmente en conséquence.

2 ▬ À 200 °C, soit 473 K, $\ln K^0 = -1{,}48$ et $K^0 = 0{,}228$.
Pour la réaction :

$$\text{CuBr}_2 \text{ (s)} \underset{1}{\overset{2}{\rightleftarrows}} \text{CuBr (s)} + \text{Br}_2 \text{ (g)}$$

$$K^0 = \left(\frac{p(\text{Br}_2)_{\text{éq}}}{p^0}\right)^{1/2}$$

soit : $$p\,(\text{Br}_2)_{\text{éq}} = p^0 \,.\, K^{02} = 5{,}22 \,.\, 10^{-2} \text{ bar}$$

À l'équilibre $n(\text{Br}_2)_{\text{éq}} = \dfrac{p(\text{Br}_2)_{\text{éq}} \,.\, V}{RT}$, soit :

$$n(\text{Br}_2)_{\text{éq}} = \frac{5{,}22 \,.\, 10^{-2} \times 10^5 \times 1{,}00 \,.\, 10^{-3}}{8{,}314 \times 473} = 1{,}33 \,.\, 10^{-3} \text{ mol}$$

Pour le système étudié :

$$\mathcal{A} = RT \,.\, \ln \frac{K^0}{Q} = \frac{1}{2} RT \,.\, \ln \frac{p(\text{Br}_2)_{\text{éq}}}{p(\text{Br}_2)}$$

Initialement, ($p(Br_2) \approx 0$), l'affinité $\mathcal{A}$ du système pour la réaction étudiée est très grande et le système évolue naturellement dans le sens $\xrightarrow{1}$.
L'état du système en fin d'évolution dépend des conditions initiales. En effet, pour que l'équilibre puisse être atteint, il est nécessaire que :

$$n(\text{CuBr}_2)_0 \geqslant 2n(\text{Br}_2)_{\text{éq}}$$

soit : $$n(\text{CuBr}_2)_0 \geqslant 2{,}66 \text{ mmol}$$

Si tel n'est pas le cas, le bromure de cuivre (II) disparaît totalement. On considère les deux cas proposés :
a) $n = n(CuBr_2)_0 = 2{,}00$ mmol
n étant inférieur à 2,66 mmol, **$CuBr_2$ est totalement consommé**.

Donc : $\boldsymbol{n(CuBr)_f = 2{,}00}$ **mmol**

$\boldsymbol{n(Br_2)_f = 1{,}00}$ **mmol**

$$\boldsymbol{p(Br_2)} = \frac{n(Br_2)_f \,.\, RT}{V} = \mathbf{3{,}93\,.\,10^{-2}\ bar}$$

En fin d'évolution, le système est en équilibre thermique ($T = 473$ K), mécanique ($p = 3{,}93\,.\,10^{-2}$ bar), mais n'est pas le siège d'un équilibre chimique.

b) $n = n(CuBr_2)_0 = 10{,}00$ mmol

n étant supérieur à 2,66 mol, l'équilibre chimique est atteint, alors :

$\boldsymbol{n(Br_2) = 1{,}33}$ **mmol**

$\boldsymbol{n(CuBr) = 2{,}66}$ **mmol**

$\boldsymbol{n(CuBr_2)} = n - n(CuBr) = \mathbf{7{,}34\ mmol}$

$\boldsymbol{p(Br_2) = 5{,}22\,.\,10^{-2}}$ **bar**

3 ▬ Augmenter le volume à température constante va provoquer un déplacement de l'équilibre dans le sens où la quantité de matière gazeuse va augmenter, c'est-à-dire le sens $\xrightarrow{1}$, ce qui provoque la dissociation du bromure de cuivre(II).

Tant qu'il reste du bromure de cuivre (II), le système est en équilibre et $\boldsymbol{p(Br_2)} = p(Br_2)_{éq} = \mathbf{5{,}22\,.\,10^{-2}\ bar}$.

À la disparition complète de $CuBr_2$:

$$n(Br_2)_f = 5{,}00 \text{ mmol}$$

et : $$\boldsymbol{V_\ell} = \frac{n(Br_2)_f \,.\, RT}{p(Br_2)_{éq}} = \mathbf{3{,}77\ L}$$

Lorsque $V > V_\ell$, $n(Br_2)$ ne varie plus et :

$$\boldsymbol{p} = \frac{n(Br_2)\,.\,RT}{V} = \frac{\mathbf{19{,}66\,.\,10^{-2}}}{\boldsymbol{V}} \mathbf{\ bar} \quad \text{avec } V \text{ en L}$$

On obtient alors le graphe suivant :

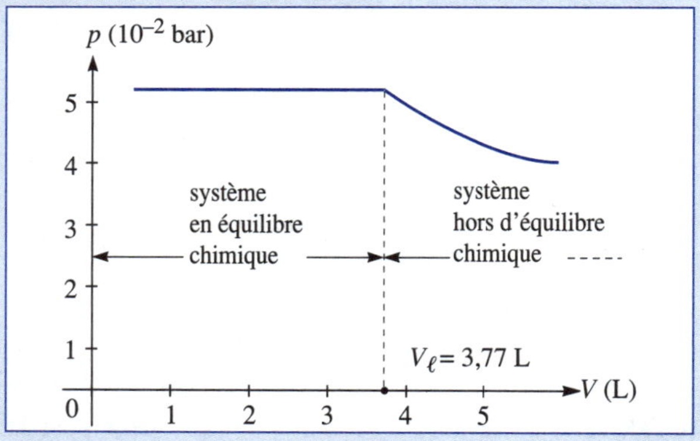

4 ▬ La réaction étant endothermique, une élévation de température favorise la dissociation de $CuBr_2$.

Tant qu'il reste du bromure de cuivre (II), il y a équilibre et :

$$p(Br_2) = p(Br_2)_{éq} = p^0\,.\,K^{0 2} = p^0\,.\,\exp(2\ln K^0(T))$$

soit : $$\boldsymbol{p(Br_2) = p^0\,.\,\exp\left(-\frac{8\,000}{T} + 13{,}96\right)} \qquad \mathbf{(1)}$$

Lorsque le bromure de cuivre (II) a totalement disparu :

$$n(Br_2) = 5{,}00 \text{ mmol} \quad \text{et} \quad p(Br_2) = n(Br_2)\,.\,\frac{RT}{V}$$

soit : $$\boldsymbol{p(Br_2) = 41{,}57\,.\,T} \qquad \mathbf{(2)}$$

avec T en K et $p(Br_2)$ en Pa.

La température correspondant à la rupture d'équilibre s'obtient en égalant **(1)** et **(2)**, en prenant $p_0 = 1{,}00\,.\,10^5$ Pa.

$$1{,}00\,.\,10^5\,.\,\exp\left(-\frac{8\,000}{T_\ell} + 13{,}96\right) = 41{,}57\,T_\ell$$

soit : $\boldsymbol{T_\ell = 516}$ **K** et $\boldsymbol{p(Br_2) = 0{,}214}$ **bar**

En conclusion :

• pour 423 K ⩽ T ⩽ 516 K :

$$\boldsymbol{p(Br_2) = p_0\,.\,\exp\left(-\frac{8\,000}{T} + 13{,}96\right)}$$

• pour T ⩾ 516 K :

$$\boldsymbol{p(Br_2) = 41{,}57\,T} \quad \text{avec } p(Br_2) \text{ en Pa}$$

D'où le graphe suivant :

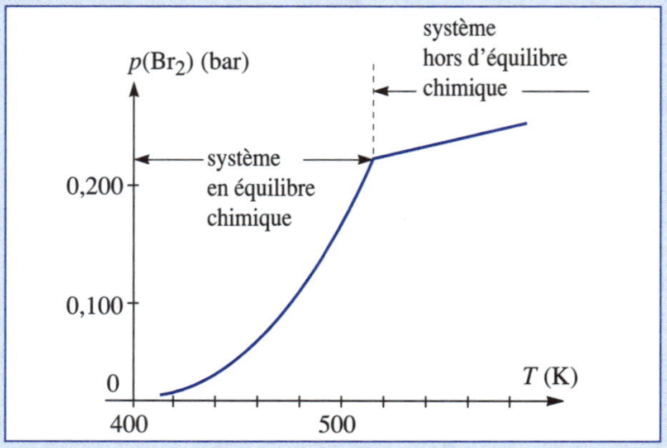

7 Synthèses de carbonates. Équilibres successifs

1 ▬ Vu les réactifs mis en présence, les réactions susceptibles de se produire sont :

$$CaO + CO_2 = CaCO_3$$

de constante : $$K_1^0 = \frac{p^0}{p(CO_2)_{éq1}} = 5{,}00 \qquad \mathbf{(1)}$$

et : $$MgO + CO_2 = MgCO_3$$

de constante : $$K_2^0 = \frac{p^0}{p(CO_2)_{éq2}} = 2{,}50 \qquad \mathbf{(2)}$$

Ayant des constantes de même expression littérale mais de valeurs numériques différentes, ces deux équilibres ne peuvent être simultanés ; ils vont donc être successifs, leur existence dépendant de la valeur de V.

Initialement, la pression du dioxyde de carbone dans le récipient vaut :

$$p(CO_2) = n(CO_2)\,.\,\frac{RT}{V_0}$$

soit :

$$p(CO_2) = \frac{20{,}0\,.\,10^{-3} \times 8{,}314 \times 1000}{16{,}0\,.\,10^{-3}} = 104\,.\,10^2 \text{ Pa}$$

d'où : $$p(CO_2) = 0{,}104 \text{ bar}$$

Pour les deux équilibres ci-dessus, l'affinité du système s'écrit :

$$\mathcal{A}_i = \mathcal{A}_i^0 - RT\,.\,\ln Q_i = RT\,.\,\ln\frac{K_i^0}{Q} \quad \text{avec} \quad Q = \frac{p^0}{p(CO_2)}$$

soit : $$\mathcal{A}_i = RT\,.\,\ln\frac{p(CO_2)}{p(CO_2)_{éqi}}$$

Pour $V(CO_2) = V_0$: $p(CO_2) < p(CO_2)_{éq1}$

et : $p(CO_2) < p(CO_2)_{éq2}$

l'affinité chimique est négative pour les deux réactions, aussi aucune réaction n'a lieu.

Lorsque le volume V diminue, $n(CO_2)$ et T étant constants, la pression en dioxyde de carbone $p(CO_2)$ croît. Lorsqu'elle atteint $p(CO_2)_{éq1} = 0{,}200$ bar, $\mathcal{A}_1 = 0$ et l'équilibre **(1)** s'établit :

$$CaO\,(s) + CO_2\,(g) \underset{1}{\overset{2}{\rightleftarrows}} CaCO_3\,(s)$$

La lente diminution du volume provoque le déplacement de cet équilibre dans le sens $\xrightarrow{1}$, sens de la consommation de l'oxyde de calcium.

Lorsque la totalité de l'oxyde de calcium a disparu, l'équilibre **(1)** est rompu et la pression $p(CO_2)$ restée constante tant qu'il y avait l'équilibre **(1)**, croît de nouveau.

Lorsque $p(CO_2)$ atteint $p(CO_2)_{éq2}$, $\mathcal{A}_2 = 0$.

L'équilibre **(2)** s'établit :

$$MgO + CO_2 \underset{1}{\overset{2}{\rightleftarrows}} MgCO_3$$

L'oxyde de magnésium MgO est progressivement consommé, à pression constante :

$$p(CO_2) = p(CO_2)_{éq2}$$

Puis lorsque la totalité de l'oxyde de magnésium a disparu, l'équilibre **(2)** est rompu et la pression $p(CO_2)$, constante tant qu'il y avait l'équilibre **(2)**, croît encore.

Pour tracer $p(CO_2) = f(V)$, il suffit de déterminer les volumes d'établissement et de rupture des équilibres **(1)** et **(2)**.

• *Pour l'équilibre* **(1)** :

– établissement (e)

$$n_{e1}(CO_2) = n_0(CO_2) = 20{,}0 \text{ mmol}$$
$$p(CO_2) = p(CO_2)_{éq1} = 0{,}200 \text{ bar}$$

soit : $$\mathbf{V_{e1}} = n_0(CO_2)\,.\,\frac{RT}{p(CO_2)_{éq1}} = \mathbf{8{,}3\ L}$$

– rupture (r) :

$$n_{r1}(CO_2) = n_0(CO_2) - n_0(CaO) = 15{,}0 \text{ mmol}$$
$$p(CO_2) = p(CO_2)_{éq1} = 0{,}200 \text{ bar}$$

soit : $$\mathbf{V_{r1}} = n(CO_2)\,.\,\frac{RT}{p(CO_2)_{éq1}} = \mathbf{6{,}2\ L.}$$

• *Pour l'équilibre* **(2)** :

– établissement :

$$n_{e2}(CO_2) = 15{,}0 \text{ mmol}$$
$$p(CO_2) = p(CO_2)_{éq2} = 0{,}400 \text{ bar}$$

soit : $$\mathbf{V_{e2}} = n_{e2}(CO_2)\,.\,\frac{RT}{p(CO_2)_{éq2}} = \mathbf{3{,}1\ L}$$

– rupture :

$$n_{r2}(CO_2) = n_{e2}(CO_2) - n_0(MgO) = 10 \text{ mmol}$$
$$p(CO_2) = p(CO_2)_{éq2} = 0{,}400 \text{ bar}$$

soit : $$\mathbf{V_{r2}} = n_{r2}(CO_2)\,.\,\frac{RT}{p(CO_2)_{éq2}} = \mathbf{2{,}1\ L}$$

• Pour $V \leqslant V_{e1}$:

$$p(CO_2) = n_0(CO_2)\,.\,\frac{RT}{V}$$

soit : $$\mathbf{p(CO_2) = \frac{1{,}66}{V}\ bar} \quad \text{avec } V \text{ en L}$$

• Pour $V_{r1} \leqslant V \leqslant V_{e2}$:

$$p(CO_2) = n_{r1}(CO_2)\,.\,\frac{RT}{V}$$

soit : $$\mathbf{p(CO_2) = \frac{1{,}25}{V}\ bar} \quad \text{avec } V \text{ en L}$$

• Pour $V \geqslant V_{r2}$:

$$p(CO_2) = n_{r2}(CO_2)\,.\,\frac{RT}{V}$$

soit : $$\mathbf{p(CO_2) = \frac{0{,}83}{V}\ bar} \quad \text{avec } V \text{ en L}$$

Il est possible de tracer précisément $p(CO_2) = f(V)$:

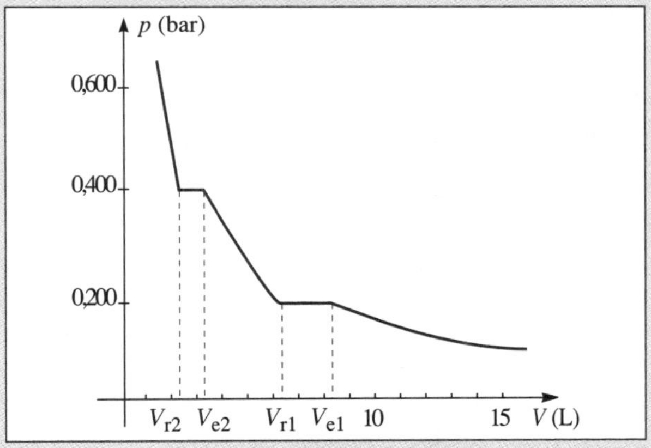

2 ▬ **a)** Vu les réactifs mis en présence, deux réactions sont *a priori* susceptibles de se produire :

$$MgO(s) + CaCO_3(s) = MgCO_3(s) + CaO(s) \qquad \mathbf{(3)}$$

et : $$CaCO_3\,(s) = CaO\,(s) + CO_2\,(g) \qquad \mathbf{(1')}$$

• Les quatre espèces mises en jeu dans **(3)** étant solides, leur activité est égale à 1,0 et $\mathcal{A}_3 = \mathcal{A}_3^0$.

La réaction **(3)** peut être considérée comme la combinaison des réactions **(1)** et **(2)** :

$$\mathbf{(3) = (2) - (1)}$$

et : $$\mathcal{A}_3 = \mathcal{A}_2 - \mathcal{A}_1$$

d'où : $$\mathcal{A}_3 = \mathcal{A}_3^0 = \mathcal{A}_2^0 - \mathcal{A}_1^0$$

soit : $$\mathcal{A}_3 = RT\,.\,\ln K_2^0 - RT\,.\,\ln K_1^0$$

et : $$\mathcal{A}_3 = RT\,.\,\ln\frac{K_2^0}{K_1^0} = RT\,.\,\ln\left(\frac{2{,}50}{5{,}00}\right)$$

Numériquement, $\mathcal{A}_3 = -5{,}76$ kJ . mol^{-1}.

L'affinité chimique du système pour la réaction **(3)** est négative, **la réaction (3) ne se produit donc pas.**

• En remarquant que **(1′)** est l'inverse de **(1)**, son affinité chimique s'écrit (*cf.* question **1)**) :

$$\mathcal{A}'_1 = RT \,.\, \ln \frac{p(CO_2)_{éq1}}{p(CO_2)}$$

Initialement dans le récipient :

$$p(CO_2) \approx 0 \quad \text{et} \quad \mathcal{A}'_1 >> 0$$

la réaction **(1′)** se produit et si la quantité initiale de carbonate de calcium est suffisante, l'équilibre **(1′)** s'établit. Dans cette hypothèse :

$$p(CO_2) = p(CO_2)_{éq1} = 0{,}200 \text{ bar}$$

et : $$n(CO_2) = \frac{p(CO_2)_{éq1} \,.\, V}{RT} = 38{,}5 \text{ mmol}$$

Comme $n(CO_2) < n_0\,(CaCO_3)$, l'équilibre **(1)** est atteint.

L'état final du système est alors :

T = 1 000 K ; $p(CO_2)$ = 0,200 bar
$n(CO_2)$ = 38,5 mmol
$n(CaO)$ = $n(CO_2)$ = 38,5 mmol
$n(CaCO_3)$ = $n_0(CaCO_3) - n(CaO)$ = 61,5 mmol
$n(MgO)$ = 100 mmol

b) En ne considérant que les espèces chimiques initialement présentes, deux réactions sont susceptibles, *a priori*, de se produire :

$$MgCO_3(s) + CaO(s) = MgO(s) + CaCO_3(s) \qquad \textbf{(4)}$$

et : $$MgCO_3(s) = MgO\,(s) + CO_2 \qquad \textbf{(2′)}$$

En remarquant que **(4)** est l'inverse de **(3)**, il vient :

$$\mathcal{A}_4 = -\,\mathcal{A}_3 = RT \,.\, \ln \frac{K_1^0}{K_2^0}$$

soit : $$\mathcal{A}_4 = +\,5{,}76 \text{ kJ}\,.\,\text{mol}^{-1}$$

L'affinité chimique du système pour la réaction **(4)** est positive, cette réaction se produit donc ; comme les réactifs ont été introduits en proportions stœchiométriques, ils sont entièrement consommés pour donner 100 mmol d'oxyde de magnésium et 100 mmol de carbonate de calcium.

Le système est à présent identique à celui étudié à la question **2) a)** : la réaction **(2′)** ne peut alors avoir lieu. En revanche, l'équilibre **(1′)** considéré à la question **2) a)** s'établit et l'état final du système est le même que celui obtenu précédemment :

T = 1 000 K ;
$p(CO_2)$ = 0,200 bar
$n(CO_2)$ = 38,5 mmol
$n(CaO)$ = 38,5 mmol
$n(CaCO_3)$ = 61,5 mmol
$n(MgO)$ = 100 mmol

8 Synthèse de l'ammoniac. Recherche d'un rendement maximal

1 ▬ Soit l'équilibre :

$$N_2\,(g) + 3\,H_2\,(g) = 2\,NH_3\,(g)$$

Pour cet équilibre :

$$K^0(T) = \frac{p(NH_3)^2 \,.\, p^{0^2}}{p(N_2) \,.\, p(H_2)^3}$$

Les gaz étant supposés parfaits, $p_i = x_i \,.\, p$ soit :

$$K^0(T) = \frac{x(NH_3)^2}{x(NH_2) \,.\, x(H_2)^3} \,.\, \frac{p_2^0}{p^2}$$

À pression et température constantes :

$$\text{d}\ln\left(K^0(T) \,.\, \left(\frac{p}{p^0}\right)^2\right) = 0$$

soit : $$2\frac{\text{d}x(NH_3)}{x(NH_3)} - \frac{\text{d}x(N_2)}{x(N_2)} - 3\frac{\text{d}x(H_2)}{x(H_2)} = 0 \qquad \textbf{(a)}$$

Lorsque $x(NH_3)$ est maximal à T et p constants :

$$\text{d}x(NH_3) = 0 \qquad \textbf{(b)}$$

Les fractions molaires sont telles que :

$$x(H_2) + x(N_2) + x(NH_3) = 1$$

soit : $$\text{d}x(H_2) + \text{d}x(N_2) + \text{d}x(NH_3) = 0 \qquad \textbf{(c)}$$

À l'aide des relations **(b)** et **(c)**, **(a)** se réécrit :

$$-\frac{\text{d}x(H_2)}{x(N_2)} + \frac{3\text{d}x(H_2)}{x(H_2)} = 0$$

soit : $$x(H_2) = 3x(N_2)$$

En multipliant par n_{tot}, il vient :

$$\boldsymbol{n(H_2) = 3n(N_2)} \qquad \textbf{(d)}$$

Soit ξ l'avancement de la réaction, alors :

$$n(H_2) = 1{,}00 - 3\xi \quad \text{et} \quad n(N_2) = a - \xi$$

La relation **(d)** devient : $1{,}00 - 3\xi = 3(a - \xi)$ soit, finalement, $a = \dfrac{1{,}00}{3}$.

La fraction molaire en ammoniac est maximale lorsque les réactifs sont introduits en proportions stœchiométriques .

2 ▬ **a)** On exprime $K^0(T) = f\,(n(NH_3))$ après avoir fait un bilan de matière :

équation	N_2 (g)	+	$3\,H_2$ (g)	=	$2NH_3$ (g)
à t = 0	a		1,00		0
à t	$(a - 0{,}5\,n(NH_3))$		$(1{,}00 - 1{,}5\,n(NH_3))$		$n(NH_3)$

D'autre part, $n_{tot} = a + 1{,}00 - n(NH_3)$.

À l'aide de l'expression $K^0(T) = \dfrac{n(NH_3)^2 \,.\, n_t^2}{n(N_2) \,.\, n(H_2)^3} \,.\, \dfrac{p^{0^2}}{p^0}$,

il vient :

$$K^0(T) = \frac{n(NH_3)^2 \,.\, (a + 1{,}00 - n(NH_3))^2}{(a - 0{,}5\,n(NH_3))(1{,}00 - 1{,}5\,n(NH_3))} \,.\, \frac{p^{0^2}}{p^2}$$

Pour trouver $n(NH_3) = f\,(a)$, on peut résoudre cette équation avec $K^0(T) = 1{,}52$ et $p = 2{,}00$ bar ; on peut aussi faire tracer la fonction implicite :

$$0 = K^0(T) \,.\, \frac{p^{0^2}}{p^0} \,.\, (a - 0{,}5\,n(NH_3))\,(1 - 1{,}5\,n(NH_3))^3 - n(NH_3)^2 \,.\, (a + 1 - n(NH_3))^2$$

avec : $$K^0(T) \,.\, \frac{p^{0^2}}{p^0} = 6{,}08$$

On obtient le graphe ci-dessous :

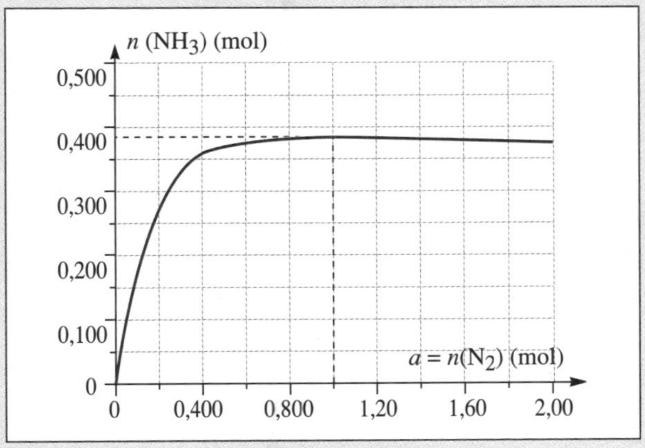

b) On constate que $n(NH_3)$ est au maximum pour :

$$a = n(N_2) = 1{,}00 \text{ mol}$$

Dans les conditions de l'expérience $T = 450$ K, et $p = 2{,}00$ bar, $n(NH_3)_{max} = 0{,}38$ mol.

On peut noter que $n(NH_3)_{max}$ dépend peu de a dans l'intervalle [0,8 ; 1,3].

Il est à noter que $n(NH_3)_{max}$ dépend de p et de T ; en revanche, la valeur de $a = n(N_2)$ rendant $n(NH_3)$ maximum est indépendante de T et de p. C'est ce que permet d'établir la méthode différentielle.

c) Différentions $\ln\left(K^0(T) \,.\, \dfrac{p^2}{p^{0^2}}\right)$, fonction de $n(NH_3)$ et de a, en remarquant que :

– à T et p constants, $\ln\left(K^0(T) \,.\, \dfrac{p}{p^0}\right)$ est constant ;

– lorsque $n(NH_3)$ est maximum à T et p constants :

$$\mathrm{d}n(NH_3) = 0$$

La différentiation logarithmique donne :

$$0 = \frac{2\mathrm{d}a}{a + 1{,}00 - n(NH_3)} - \frac{\mathrm{d}a}{a - 0{,}50\; n\,.\,(NH_3)}$$

soit : $2a - n(NH_3) = a + 1{,}00 - n(NH_3)$

d'où : $\boldsymbol{a = 1{,}00 \text{ mol}}$

Il est intéressant de constater que, à p et T fixées :

– la fraction molaire d'ammoniac à l'équilibre est maximale lorsque les réactifs sont en proportions stœchiométriques ;

– la quantité d'ammoniac à l'équilibre est maximale lorsque les réactifs sont introduits de façon équimolaire.

3 ▬ Lorsque les réactifs sont introduits de façon équimolaires avec $n(N_2)(0) = n(H_2)(0) = 1$;

$n(N_2)(t) = 1 - \dfrac{1}{2}n(NH_3)(t)$;

$n_{tot}(t) = 2 - n(NH_3)(t)$;

alors $x(N_2)(t) = \dfrac{1}{2}$ à tout instant.

$n(NH_3) = f(n(N_2))$ étant maximum pour $x(N_2) = \dfrac{1}{2}$, l'allure du graphe nous permet de conclure :

– **si $x(N_2) > \dfrac{1}{2}$**, tout ajout de diazote provoque une diminution de $n(NH_3)$, soit **une évolution dans le sens** $\xleftarrow{2}$ (point M sur le graphe ci-dessous extrait du graphe précédent) ;

– **si $x(N_2) < \dfrac{1}{2}$**, tout ajout de diazote provoque une augmentation de $n(NH_3)$, soit **une évolution dans le sens** $\xrightarrow{1}$ (point N sur le graphe ci-dessous).

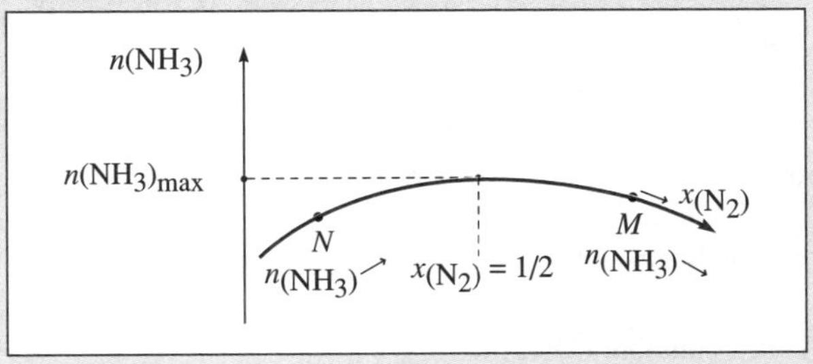

9 Dissociation du carbonate de plomb. Équilibres simultanés

1 ▬ Soit les équilibres :

$$PbCO_3\ (s) = PbO\ (s) + CO_2\ (g) \qquad \textbf{(1)}$$

$$C\ (s) + CO_2\ (g) = 2\ CO\ (g) \qquad \textbf{(2)}$$

$\sum_i \nu_{igaz} \neq 0$ pour les deux équilibres et $\Delta_r H_i^0 \neq 0$ (*cf.* question **2)**) donc p et T sont facteurs d'équilibre.

Pour ce système, $v = \mathcal{P} - \mathcal{R}$

$\mathcal{P} = 7$ (p, T, $p(CO_2)$, $p(CO)$, $x_{PbCO_3\,(s)}$, $x_{PbO\,(s)}$ et $x_{C\,(s)}$) ;

$\mathcal{R} = 6$ ($K_1^0(T)$, $K_2^0(T)$, $p = p(CO_2) + p(CO)$;

$x_{PbCO_3\,(s)} = x_{PbO\,(s)} = x_{C\,(s)} = 1{,}00$ les trois solides étant seuls dans leur phase)

d'où : $v = 7 - 6 = \mathbf{1}$

Si un paramètre intensif est fixé, par exemple la pression partielle de l'un des gaz (question **3)**) ou la température (question **4)**) du système, l'état d'équilibre est entièrement déterminé.

2 ▬ Pour l'équilibre **(1)** à 298 K :

$\Delta_r C_{p1}^0 = \sum_i \nu_i \,.\, C_{pi}^0 = -4{,}5 \text{ J . K}^{-1} \text{ . mol}^{-1}$

$\Delta_r H_2^0 = \sum_i \nu_i \,.\, \Delta_f H_i^0 = 90{,}3 \text{ kJ . mol}^{-1}$

$\Delta_r S_1^0 = \sum_i \nu_i \,.\, S_i^0 = 151{,}2 \text{ J . mol}^{-1} \text{ . K}^{-1}$

$$\Delta_r H_1^0(T) = \Delta_r H^0(298 \text{ K}) + \int_{298}^{T} \Delta_r C_p \,.\, \mathrm{d}T'$$
$$= 91{,}6 \,.\, 10^3 \,.\, T - 4{,}5 \,.\, T \text{ (J . mol}^{-1})$$

$$\Delta_r S_1^0(T) = \Delta_r S^0(298 \text{ K}) + \int_{298}^{T} \frac{\Delta_r C_p}{T'} \,.\, \mathrm{d}T'$$
$$= 176{,}8 - 4{,}5 \,.\, \ln T \text{ (J . mol}^{-1} \text{ . K}^{-1})$$

$$\Delta_r G_2^0(T) = \Delta_r H_1^0(T) - T \,.\, \Delta_r S_1^0(T)$$

soit :

$$\boldsymbol{\Delta_r H_1^0(T) = 91{,}6 \,.\, 10^3 - 181{,}3 \,.\, T + 4{,}5 \,.\, T \,.\, \ln T \text{ (J . mol}^{-1})} \qquad \textbf{(1)}$$

Pour l'équilibre (2), les mêmes relations conduisent à :
$\Delta_r H_2^0(T) = 168{,}5 \,.\, 10^3 + 12{,}6 \,.\, T$ (J . mol^{-1})
$\Delta_r S_2^0(T) = 103{,}7 + 12{,}6 \ln T$ (J . K^{-1} . mol^{-1})
$\mathbf{\Delta_r G_2^0(T) = 168{,}5 \,.\, 10^3 - 91{,}1 \,.\, T - 12{,}6 \,.\, T \,.\, \ln T}$ **(J . mol^{-1})** **(2)**

3 ▬ Pour l'équilibre (1), $K_1^0 = \dfrac{p(CO_2)}{p^0}$

et : $\Delta_r G_1^0 = -RT \,.\, \ln K_1^0 = -RT \,.\, \ln \dfrac{p(CO_2)}{p^0}$

soit : $\Delta_r G_1^0 = -13{,}4\, T$ J . mol^{-1} **(3)**

En égalant les relations (1) et (3), il vient :

$$91{,}6 \,.\, 10^3 - 167{,}9\, T + 4{,}5 \,.\, T \,.\, \ln T = 0$$

soit : $\mathbf{T = 661\ K}$

À cette température, $K_2^0 = \exp\left(-\dfrac{\Delta_r G_2^0}{RT}\right) = 5{,}1 \,.\, 10^{-5}$.

Pour l'équilibre (2), $K_2^0 = \dfrac{p(CO)^2}{p(CO_2) \,.\, p^0}$

soit : $p(CO) = (K_2^0 \,.\, p(CO_2) \,.\, p^0)^{1/2}$

Comme les deux équilibres sont simultanés,

$$\mathbf{p(CO_2) = 5{,}00\ bar} \quad \text{et} \quad \mathbf{p(CO) = 1{,}6 \,.\, 10^{-2}\ bar}$$

4 ▬ • À l'aide de la relation $K_i^0 = \exp\left(-\dfrac{\Delta_r G_i^0(T)}{RT}\right)$

il vient, à 700 K, $\mathbf{K_1^0 = 12{,}4}$ et $\mathbf{K_2^0 = 3{,}14 \,.\, 10^{-4}}$.

$$\mathbf{p(CO_2) = K_1^0 \,.\, p^0 = 12{,}4\ bar}$$
$$\mathbf{p(CO) = (K_2^0 \,.\, p(CO_2) \,.\, p^0)^{1/2} = 6{,}24 \,.\, 10^{-2}\ bar}$$

5 ▬ On effectue un bilan en quantité de matière en notant ξ_1 et ξ_2 les avancements de (1) et (2).

équation	$PbCO_3$ (s)	=	PbO (s)	+	CO_2 (g)
à l'équilibre	$n - \xi_1$		ξ_1		$\xi_1 - \xi_2$
équation	C (s)	+	CO_2 (g)	=	2 CO (g)
à l'équilibre	$n' - \xi_2$		$\xi_1 - \xi_2$		$2\xi_2$

Les gaz étant supposés parfaits :

• $n(CO) = 2\xi_2 = \dfrac{p(CO) \,.\, V}{RT} = 10{,}7 \,.\, 10^{-3}$ mol,

d'où : $\xi_2 = 5{,}36 \,.\, 10^{-3}$ mol

• $n(CO_2) = (\xi_1 - \xi_2) = \dfrac{p(CO) \,.\, V}{RT} = 2{,}13$ mol,

soit : $\xi_1 = 2{,}13$ mol

Il y aura équilibres simultanés si $PbCO_3$ et C sont en excès soit :
• $n - \xi_1 \geqslant 0$, soit $\mathbf{n = n(PbCO_3) \geqslant 2{,}13\ mol}$;
• $n' - \xi_2 \geqslant 0$, soit $\mathbf{n' = n(C) \geqslant 5{,}36 \,.\, 10^{-2}\ mol}$.

6 ▬ **a)** Le carbone est un solide seul dans sa phase, son activité est égale à 1 quelle que soit la quantité présente ; son ajout est sans effet sur l'état du système.

b) On écrit les quotients de réaction :

$$Q_1 = \frac{p(CO_2)}{p^0} \quad \text{et} \quad \mathcal{A}_1 = RT \,.\, \ln\frac{K_1^0}{Q_1}$$
$$Q_2 = \frac{p(CO)^2}{p(CO_2) \,.\, p^0} \quad \text{et} \quad \mathcal{A}_2 = RT \,.\, \ln\frac{K_2^0}{Q_2}$$

À V et T constants :

$$Q_1 = \frac{n(CO_2) \,.\, RT}{p^0 \,.\, V} \quad \text{et} \quad Q_2 = \frac{n(CO)^2}{n(CO_2)} \,.\, \frac{RT}{V \,.\, p^0}$$

sont des relations plus appropriées pour étudier d'éventuels déplacements d'équilibre.

• À V et T constants, **si n(CO) croît**, Q_2 croît et devient supérieur à K_2^0, alors l'affinité chimique devient négative et **l'équilibre (2) évolue dans le sens** $\xleftarrow{2}$, sens de la dismutation de CO.

Cette évolution provoque l'augmentation de $n(CO_2)$ et donc de Q_1 qui devient supérieur à K_1^0.

$\mathcal{A}_1$ devenant négatif, **l'évolution de l'équilibre (1) dans le sens** $\xleftarrow{2}$ assure la consommation de cet excès et la formation de $PbCO_3$.

c) À V et T constants, **si $n(CO_2)$ augmente**, Q_1 augmente et **l'équilibre (1) évolue dans le sens** $\xleftarrow{2}$, ce qui a nécessairement pour effet de ramener la pression partielle du dioxyde de carbone à sa valeur d'équilibre à la température considérée maintenue constante.

L'équilibre (2) n'évolue pas lors de l'introduction du dioxyde de carbone .

<u>*Remarque*</u> :
Pour l'équilibre (1)*, la variance v vaut :*

$$v = 5 - 4 = 1$$

Si la température est fixée, le système est entièrement déterminé et la pression partielle du dioxyde de carbone est imposée.

10 Obtention du mélange CO + H_2. Équilibre simultanés

1 ▬ **a)** Pour chacun des équilibres :

$\Delta_r G_k^0(T) = \Delta_r H_k^0(T) - T \,.\, \Delta_r S_k^0(T)$ (T) ;

$\Delta_r H_k^0(T) = \Delta_r H_k^0(T_0) + \displaystyle\int_{T_0}^{T} \Delta_r C_{pk}^0 \,.\, dT'$;

$\Delta_r S_k^0(T) = \Delta_r S_k^0(T_0) + \displaystyle\int_{T_0}^{T} \frac{\Delta_r C_{pk}^0}{T'} \,.\, dT'$.

Numériquement :

$$\Delta_r C_{p1}^0 = \sum_k \nu_k^0 C_{pk_1}^0 = 15{,}8 \text{ J . mol}^{-1} \text{ . K}^{-1}$$

De même :

$$\Delta_r C_{p2}^0 = 3{,}2 \text{ J . mol}^{-1} \text{ . K}^{-1}$$

• $\mathbf{\Delta_r H_1^0 = 126{,}6 \,.\, 10^3 + 15{,}8 \,.\, T}$ **(J . mol^{-1})**
• $\mathbf{\Delta_r H_2^0 = -42{,}2 \,.\, 10^3 + 3{,}2 \,.\, T}$ **(J . mol^{-1})**
• $\mathbf{\Delta_r S_1^0 = 43{,}8 + 15{,}8 \,.\, \ln T}$ **(J . mol^{-1} . K^{-1})**
• $\mathbf{\Delta_r S_2^0 = -60{,}2 + 3{,}2 \,.\, \ln T}$ **(J . mol^{-1} . K^{-1})**
• $\mathbf{\Delta_r G_1^0(T) = 126{,}6 \,.\, 10^3 - 28 \,.\, T - 15{,}8 \,.\, T \,.\, \ln T}$
• $\mathbf{\Delta_r G_2^0(T) = -42{,}2 \,.\, 10^3 + 63{,}4 \,.\, T - 3{,}2 \,.\, T \,.\, \ln T}$

b) Les températures d'inversion T_i de ces deux équilibres correspondent à $\Delta_r G_k^0(T_i) = 0$, soit :
– pour l'équilibre (1), $\mathbf{T_{i1} = 931\ K}$;
– pour l'équilibre (2), $\mathbf{T_{i2} = 1\,024\ K}$.

c) Pour chacun des équilibres, $K_k^0 = \exp\left(-\dfrac{\Delta_r G_k^0(T)}{RT}\right)$.

À 1 000 K :
• $\Delta_r G_1^0 = -10{,}5 \,.\, 10^3$ J . mol^{-1} et $\boldsymbol{K_1^0 = 3{,}55}$;
• $\Delta_r G_2^0 = -9{,}0 \,.\, 10^2$ J . mol^{-1} et $\boldsymbol{K_2^0 = 1{,}11}$.

2 ▬ **a)** On réalise un bilan en quantité de matière en notant ξ_1 et ξ_2 les avancements de chacun des équilibres et en prenant en compte le fait que les deux équilibres soient simultanés.

	C (s) +	H_2O (g) =	CO (g) +	H_2 (g)
état initial	a	1,00	0	0
état en considérant l'équilibre (1)	$a - \xi_1$	$1{,}00 - \xi_1$	ξ_1	ξ_1
état réel en considérant les équilibres (1) et (2)	$a - \xi_1$	$1{,}00 - \xi_1 - \xi_2$	$\xi_1 - \xi_2$	$\xi_1 + \xi_2$

	H_2O (g)	+ CO (g) =	CO_2 (g) +	H_2 (g)
état en considérant l'équilibre (1)	$1{,}00 - \xi_1$	ξ_1	0	ξ_1
état réel en considérant les équilibres (1) et (2)	$1{,}00 - \xi_1 - \xi_2$	$\xi_1 - \xi_2$	ξ_2	$\xi_1 + \xi_2$

$$n_{tot}\,(\text{gaz}) = 1{,}00 + \xi_1$$

b) On écrit la conservation de l'élément oxygène :

$$n_0(H_2O) = n(H_2O) + n(CO) + 2n(CO_2)$$

puis celle de l'élément hydrogène :

$$n_0(H_2O) = n(H_2O) + n(H_2)$$

En combinant ces deux égalités, il vient :

$$n(H_2) = n(CO) + 2n(CO_2)$$

En multipliant par $\frac{RT}{V}$, il vient :

$$n(H_2) \,.\, \frac{RT}{V} = n(CO) \,.\, \frac{RT}{V} + 2n(CO_2) \,.\, \frac{RT}{V}$$

soit : $\boldsymbol{p(H_2) = p(CO) + 2p(CO_2)}$

On calcule la variance avec la formule :

$$v = \mathcal{P} - \mathcal{R}$$

T et p sont facteurs d'équilibre ; en effet,

$$\Delta_r H_k^0 \neq 0 \text{ et } \sum_i \nu_{i\text{gaz}1} \neq 0$$

d'où : $\mathcal{P} = 7$ (p, T, $p(CO)$, $p(CO_2)$, $p(H_2)$, $p(H_2O)$, $x_{C(s)}$) ;
$\mathcal{R} = 5$ ($K_1^0(T)$), $K_2^0(T)$, $x_{C(s)} = 1{,}00$,
$p = p(CO) + p(H_2) + p(CO_2) + p(H_2O)$
et $p(H_2) = p(CO) + 2p(CO_2)$) ;
d'où : $\boldsymbol{v = 7 - 5 = 2}$

La connaissance de deux paramètres intensifs, par exemple la pression p et la température T, permet, comme on va le voir au **2) c)**, de déterminer la composition du système.

c) $p(H_2O) = \dfrac{1{,}00 - \xi_1 - \xi_2}{1{,}00 + \xi_1} \,.\, p$;

$p(CO) = \dfrac{\xi_1 - \xi_2}{1{,}00 + \xi_1} \,.\, p$;

$p(H_2) = \dfrac{\xi_1 + \xi_2}{1{,}00 + \xi_1} \,.\, p$;

$p(CO_2) = \dfrac{\xi_2}{1{,}00 + \xi_1} \,.\, p$;

$$K_1^0 = \frac{p(CO) \,.\, p(H_2)}{p(H_2O) \,.\, p^0} = \frac{(\xi_1 - \xi_2)(\xi_1 + \xi_2)}{(1{,}00 - \xi_1 - \xi_2)(1{,}00 + \xi_1)} \,.\, \frac{p}{p^0} = 3{,}55$$

soit :

$$F(\xi_1, \xi_2) = (\xi_1 - \xi_2) \,.\, (\xi_1 + \xi_2) \,.\, p - 3{,}55 \,.\, (1{,}00 - \xi_1 - \xi_2) \,.\, (1{,}00 + \xi_1) \,.\, p^0 = 0$$

$$K_2^0 = \frac{p(CO_2) \,.\, p(H_2)}{p(H_2O) \,.\, p(CO)} = \frac{\xi_2 \,.\, (\xi_1 + \xi_2)}{(1{,}00 - \xi_1 - \xi_2)(\xi_1 - \xi_2)} = 1{,}11$$

soit :

$$G(\xi_1, \xi_2) = \xi_2 \,.\, (\xi_1 + \xi_2) - 1{,}11(1{,}00 - \xi_1 - \xi_2) \,.\, (\xi_1 - \xi_2) = 0$$

Le tracé des fonctions implicites $F(\xi_1, \xi_2) = 0$ et $G(\xi_1, \xi_2) = 0$ permet de trouver ξ_1 et ξ_2.
À l'aide du logiciel Solwin, on trouve pour $p = 2{,}00$ bar :

$$\boldsymbol{\xi_1 = 0{,}713} \text{ et } \boldsymbol{\xi_2 = 0{,}126}$$

d'où :
$n(H_2O) = 0{,}16$ mol ; $n(CO) = 0{,}59$ mol ;
$n(H_2) = 0{,}84$ mol ; $n(CO_2) = 0{,}13$ mol ;
$p(H_2O) = 0{,}19$ bar ; $p(CO) = 0{,}69$ bar ;
$p(CO_2) = 0{,}15$ bar ; $p(H_2) = 0{,}97$ bar.

d) On doit avoir : $n(C)_{éq} \geqslant 0$, soit $a \geqslant \xi_1$
c'est-à-dire : $\boldsymbol{a \geqslant 0{,}713}$ **mol**

11 Oxydation de l'argent. Transformation adiabatique isochore

1 ▬ Soit l'équilibre :

$$Ag_2O\,(s) = 2\,Ag\,(s) + \frac{1}{2}\,O_2\,(g)$$

Sa variance peut se calculer à l'aide de :

$$v = \mathcal{P} - \mathcal{R}$$

p et T sont facteurs d'équilibre ; en effet, $\Delta_r H^0 \neq 0$ et $\Delta\nu_{gaz} = +\frac{1}{2}$ d'où $\mathcal{P} = 5$ et $\mathcal{R} = 4$.

$$v = 5 - 4, \text{ soit } \boldsymbol{v = 1}$$

Si la température est fixée, la pression de dioxygène $p(CO_2)$ est déterminée.

2 ▬ **a)** Pour la réaction étudiée :

$$\Delta_r G^0 = 29{,}0 \,.\, 10^3 - 63{,}0 \,.\, T \text{ (J . mol}^{-1}\text{)}$$

soit : $\Delta_r H^0 = 29{,}0 \,.\, 10^3$ J . mol^{-1}

la réaction est endothermique, **une élévation de température est favorable à la décomposition de Ag_2O (sens $\xrightarrow{1}$).**

b) $\sum_i \nu_{igaz} = +\frac{1}{2}$, une élévation de pression déplace l'équilibre dans le sens d'une diminution de matière gazeuse, c'est-à-dire **dans le sens** $\xleftarrow{2}$.

c) L'affinité chimique du système pour la réaction s'écrit :

$$\mathcal{A} = -\Delta_r G = -(\Delta_r G^0 + RT \,.\, \ln Q)$$

soit : $\mathcal{A} = RT \,.\, \ln\frac{K}{Q} = RT \,.\, \ln\left(K \,.\, \left(\frac{p^0}{p(O_2)}\right)^{1/2}\right)$

À l'équilibre, $p(O_2) = p(O_2)_{éq}$ et $\mathcal{A} = 0$.

Si $n(O_2)$ croît, $p(O_2)$ croît à partir de $p(O_2)_{éq}$:

$\mathcal{A}$ devient négatif et le système évolue **dans le sens** $\xleftarrow{2}$, sens de la consommation du dioxygène.

L'introduction d'argent, d'activité égale à 1, ne modifie pas l'état d'équilibre.

3 ▬ a) $\mathcal{A} = -(\Delta_r G^0 + RT \,.\, \ln Q)$ avec $Q = \left(\frac{p(O_2)}{p^0}\right)^{1/2}$

soit : $\mathcal{A} = -\Delta_r G^0 - \frac{1}{2}RT \,.\, \ln\frac{p(O_2)}{p^0}$

Numériquement :

$\mathcal{A}(300\ \text{K}) =$

$$-29{,}0 \,.\, 10^3 + 63{,}0 \times 300 - 0{,}5 \times 8{,}314 \times 300 \times \ln\left(\frac{0{,}20}{1{,}00}\right)$$

Soit, $\boldsymbol{\mathcal{A}(300\ \text{K}) = -8{,}1 \,.\, 10^3\ \text{J} \,.\, \text{mol}^{-1}}$.

L'affinité chimique étant négative, le système évolue naturellement dans le sens $\xleftarrow{2}$.

En présence du dioxygène de l'air sous 0,20 bar, le métal argent est oxydé et perd son éclat, d'où la nécessité d'astiquer régulièrement l'argenterie.

b) À l'équilibre, $\mathcal{A}(T_2) = 0$, soit :

$$-\Delta_r G^0(T_2) = RT_2 \,.\, \ln K^0(T_2) = RT_2 \,.\, \ln\left(\frac{p(O_2)}{p^0}\right)^{1/2}$$

Numériquement :

$$-29{,}0 \,.\, 10^3 + 63{,}0 \,.\, T_2 = 8{,}314 \,.\, \frac{1}{2} \,.\, T_2 \ln(0{,}20)\ ;$$

d'où : $\boldsymbol{T_2 = 416\ \text{K}}$

4 ▬ a) La réaction étudiée étant endothermique, $(\Delta_r H^0 > 0)$, toute évolution adiabatique du système s'accompagne d'une diminution de température, d'où : $\boldsymbol{T_3 < T_1}$.

b) Pour une transformation infinitésimale :

$$dU = \delta Q + \delta W = \delta Q - p \,.\, dV$$

Comme l'évolution du système est adiabatique, $\delta Q = 0$, d'autre part, le volume étant constant :

$$dV = 0 \quad \text{d'où} \quad dU = 0$$

La réaction chimique se produit donc à **énergie interne constante.**

c) La variation d'enthalpie ΔH du système au cours de la réaction chimique étant indépendante du chemin suivi, on peut considérer qu'elle se produit en deux étapes :

1) échauffement, sans réaction chimique, du mélange initial de T_1 à T_3 ;

2) déroulement de la réaction à la température T_3.

Donc pour le système, on a $\Delta H = \Delta H_1 + \Delta H_2$;

soit ξ l'avancement de la réaction à l'équilibre :

équation	Ag_2O (s) =	2 Ag (s) +	$\frac{1}{2}O_2$ (g)
état initial (mol)	n_0	0	0
équilibre (mol)	$n_0 - \xi$	2ξ	$\frac{\xi}{2}$

On exprime alors ΔH_1 et ΔH_2 :

$$\Delta H_1 = n_0 \,.\, C_1 \,.\, (T_3 - T_1)$$
$$\Delta H_2 = \xi \,.\, \Delta_r H(T_3)$$

L'enthalpie d'un gaz parfait ne dépend que de la température et celle des solides dépend de la température et est quasiment indépendante de la pression, aussi :

$$\Delta_r H(T_3) \approx \Delta_r H^0(T_3)$$

D'où : $\boldsymbol{\Delta H = n_0 \,.\, C_1 \,.\, (T_3 - T_1) + \xi \,.\, \Delta_r H^0(T_3)}$

d) Pour le système gazeux considéré :

$$\Delta U = \Delta H - \Delta n_{(gaz)} \,.\, RT_3$$

avec $\Delta n_{(gaz)} = n(O_2)_{apparu} = \frac{\xi}{2}$.

D'où la relation cherchée :

$$\Delta U = n_0 \,.\, C_1 \,.\, (T_3 - T_1) + \xi \,.\, \Delta_r H^0(T_3) - \frac{\xi}{2} \,.\, RT_3 = 0$$

soit :

$$\boldsymbol{F(\xi, T_3) = 0{,}100 \times 65{,}9(T_3 - 450) + 29{,}0 \,.\, 10^3 \times \xi - \frac{8{,}314}{2} \times \xi \times T_3 = 0}$$

e) Le système étant en équilibre à T_3 :

$$\Delta_r G^0(T_3) = -RT_3 \,.\, \ln K^0(T_3) = -RT_3 \,.\, \ln\left(\frac{p(O_2)}{p^0}\right)^{1/2}$$

$$p(O_2) = n(O_2) \,.\, \frac{RT_3}{V} = \frac{\xi}{2} \,.\, \frac{RT_3}{V}$$

d'où : $\Delta_r G^0(T_3) + RT_3 \,.\, \ln\left(\frac{\xi \,.\, RT_3}{2p^0 V}\right)^{1/2} = 0$

soit :

$$\boldsymbol{R(\xi, T_3) = 29{,}0 \,.\, 10^3 - 63{,}0 \,.\, T_3 + \frac{8{,}314}{2} \,.\, T_3 \,.\, \ln\left(\frac{8{,}314 \,.\, \xi \,.\, T_3}{2 \,.\, 10^{-3} \times 10^5}\right) = 0}$$

f) Le tracé des fonctions implicites $F(\xi, T_3) = 0$ et $R(\xi, T_3) = 0$ avec un logiciel tel que Solwin permet de trouver l'état d'équilibre du système :

$$\boldsymbol{\xi = 9{,}45 \,.\, 10^{-3}\ \text{mol} \quad \text{et} \quad T_3 = 411\ \text{K}}$$

5 Diagrammes binaires liquide-vapeur

RAPPELS DE COURS

VARIANCE

La variance v est le nombre de paramètres intensifs indépendants d'un système à l'équilibre. Pour un système binaire à l'équilibre sous φ phases, en l'absence de relations particulières :

$$v = 4 - \varphi$$

ÉTABLISSEMENT DES DIAGRAMMES

• *Analyse de la pression*

Elle consiste à suivre, à température constante, l'évolution de la pression p en fonction du temps t lors de la compression ou de la détente des mélanges.

• *Analyse thermique*

Elle consiste à suivre, à pression constante, l'évolution de la température T en fonction du temps t lors du chauffage ou du refroidissement des mélanges.

• *Ébullition d'un mélange binaire*

Lorsque B_2 est plus volatil que B_1, la pression de vapeur saturante de B_2 est supérieure à celle de B_1 ($p_2^* > p_1^*$) à une température donnée, et la température d'ébullition de B_2 est inférieure à celle de B_1 ($T_2^* < T_1^*$) sous une pression donnée.

Contrairement à celles d'un corps pur, l'ébullition isotherme d'un mélange s'effectue à pression variable et l'ébullition isobare d'un mélange s'effectue à température variable.

• *Obtention des diagrammes binaires*

Les diagrammes binaires isothermes sont obtenus à partir des courbes d'analyse de pression, et les diagrammes binaires isobares à partir des courbes d'analyse thermique ; ils sont constitués de deux courbes, la *courbe d'ébullition* et la *courbe de rosée*.

LECTURE ET UTILISATION DES DIAGRAMMES

• La **courbe d'ébullition** peut être considérée comme :

– la courbe donnant la température ou la pression d'ébullition commençante en fonction de la composition du liquide ;

– la courbe donnant la composition de la phase liquide en équilibre avec la vapeur en fonction de la température ou de la pression.

• La **courbe de rosée** peut être considérée comme :

– la courbe donnant la température ou la pression de début de condensation en fonction de la composition de la vapeur ;

– la courbe donnant la composition de la phase vapeur en équilibre avec le liquide en fonction de la température ou de la pression.

Selon la miscibilité des liquides, on observe différents types de diagramme (*doc.* 1 et 2)

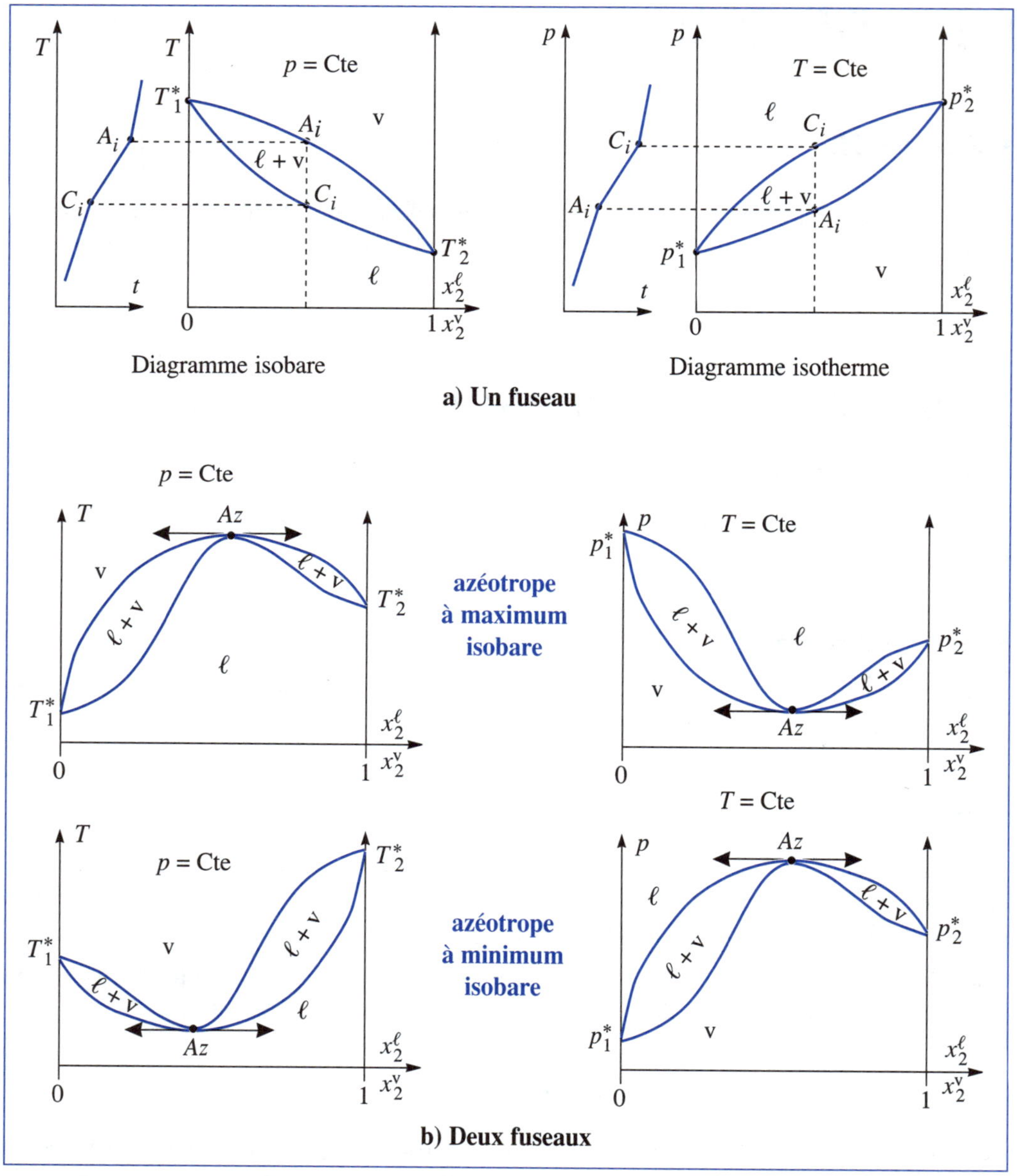

Doc. 1. *Miscibilité totale à l'état liquide.*

Lorsque le diagramme binaire isobare présente un maximum, le diagramme binaire isotherme présente un minimum et inversement.

En ce point, appelé *point azéotropique* et note Az, les courbes d'ébullition et de rosée sont confondues ; le mélange correspondant à cette composition constitue un *mélange azéotrope*.

Lors de l'ébullition isobare d'un mélange azéotrope, le liquide et la vapeur ont exactement la même composition. La variance du système est alors 1 : la pression étant fixée, la température et la composition des deux phases restent constantes.

De même, lors de l'ébullition isotherme d'un mélange azéotrope, $x^{\ell}(Az) = x^{v}(Az)$ et la pression totale reste constante.

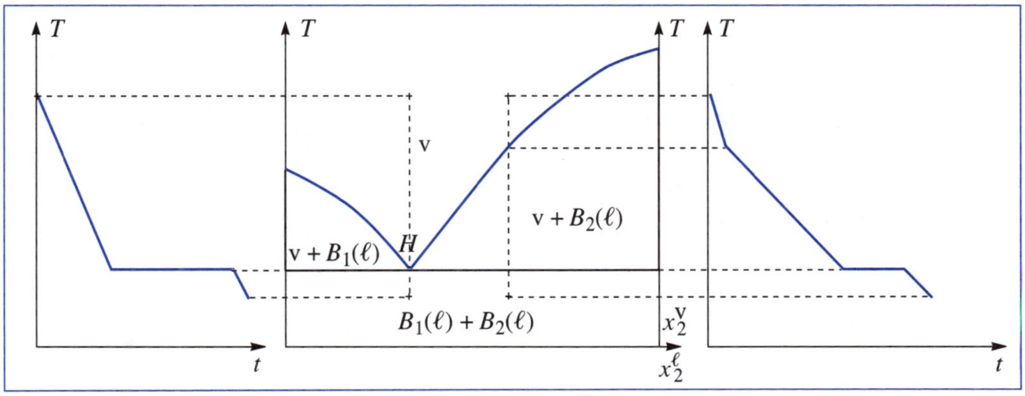

Doc. 2. *Miscibilité nulle à l'état liquide.*

L'azéotrope (ou homoazéotrope), Az, et l'hétéroazéotrope, H, ne doivent pas être confondus avec des corps purs même si leur courbe d'analyse thermique (ou de pression) a l'allure de celle d'un corps pur ; en effet, leur composition varie avec la pression.

QUANTITÉS DE MATIÈRE OU MASSES EN ÉQUILIBRE

Les quantités n^{ℓ} et n^{v} (ou les masses m^{ℓ} et m^{v}), de liquide et de vapeur en équilibre, se déterminent à partir des diagrammes binaires en utilisant le *théorème des moments chimiques* :

- Pour les quantités de matière n^{ℓ} et n^{v} (doc. 3) : $NV \cdot n^{v} = NL \cdot n^{\ell}$.
- Pour les masses m^{ℓ} et m^{v} (doc. 4) : $MV \cdot m^{v} = ML \cdot m^{\ell}$.

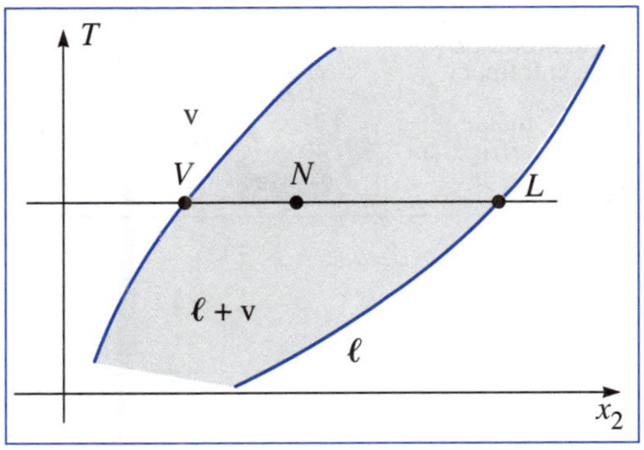

Doc. 3. *Pour les quantités de matière :*
$NV \cdot n^{v} = NL \cdot n^{\ell}$

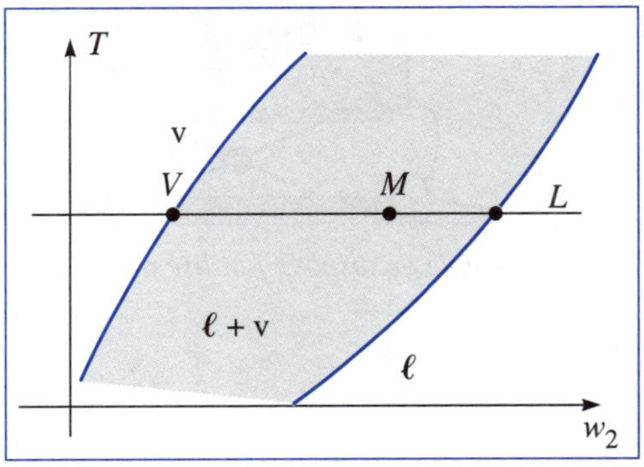

Doc. 4. *Pour les masses :*
$MV \cdot m^{v} = ML \cdot m^{\ell}$

APPLICATIONS

• Distillation fractionnée

La distillation fractionnée consiste en une succession de distillations élémentaires au sein d'une colonne à distiller (*doc.* 5).

Dans le cas d'un mélange binaire avec azéotrope, il n'est pas possible de séparer totalement les deux constituants : pour un azéotrope à maximum isobare, le mélange azéotropique constitue le résidu de distillation alors qu'il forme le distillat pour un azéotrope à minimum isobare.

Le nombre théorique minimal de plateaux que doit comporter une colonne à distiller pour réaliser la séparation totale des deux constituants est égal au nombre de paliers qui apparaissent dans le diagramme binaire pour passer du point représentatif du mélange initial aux extrémités du fuseau.

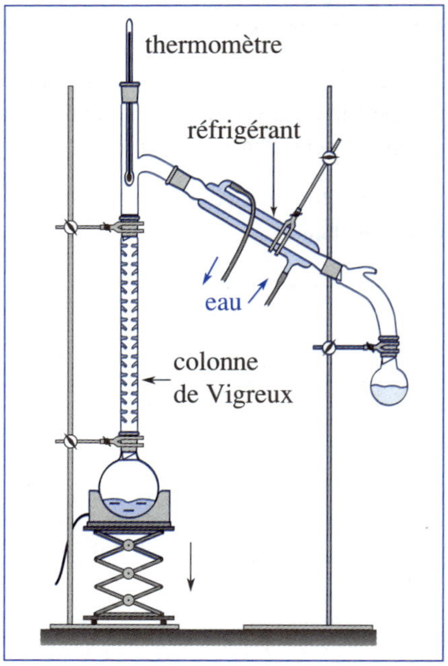

Doc. 5. *Montage de distillation au laboratoire.*

• Hydrodistillation et l'entraînement à la vapeur

L'hydrodistillation et l'entraînement à la vapeur (*doc.* 6) ont pour but la récupération d'un composé organique ou l'élimination de l'eau présente dans le milieu organique en procédant à une distillation du mélange hétéroazéotropique, donc à une température inférieure à la température d'ébullition des deux corps purs.

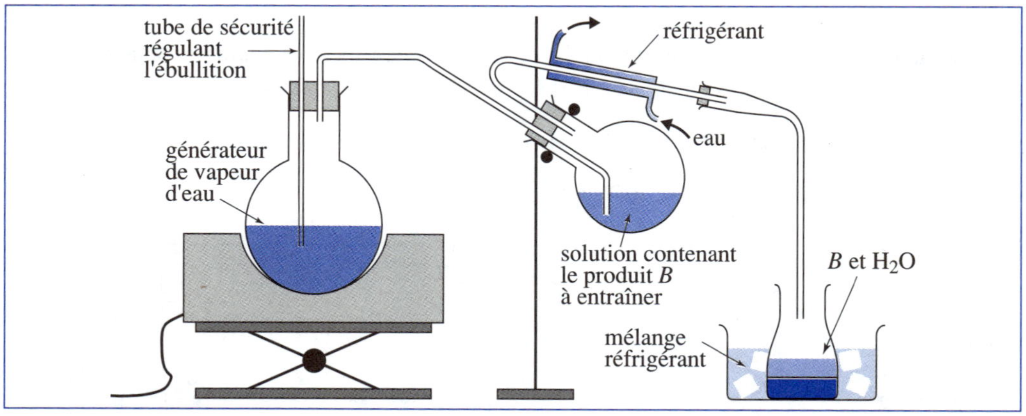

Doc. 6. *Exemple de dispositif utilisé pour l'entraînement à la vapeur d'eau.*

ÉNONCÉS

1 Variance des mélanges binaires liquide-vapeur

1 – Rappeler la définition de la variance d'un système.

2 – On étudie la variance pour un corps pur selon le nombre de phases.
a) Faire la liste des paramètres intensifs de ce système.
b) Faire la liste des relations existant entre ces paramètres intensifs.
c) En déduire la variance de ce système.

3 – On étudie la variance d'un mélange binaire selon le nombre φ de phases qu'il comporte.
a) Faire la liste des paramètres intensifs de ce système.
b) Faire la liste des relations existant entre ces paramètres intensifs.
c) En déduire l'expression de la variance de ce système en fonction de φ.
d) Pour un mélange à l'équilibre liquide-vapeur, combien de phases peut-on observer ? Quelles sont les valeurs correspondantes de la variance ?

Conseil

3) Les gaz sont miscibles en toute proportion.

2 Théorème des moments chimiques

Soit un mélange des deux constituants B_1 et B_2 dont la composition globale est donnée par la fraction molaire x_2.
On considère le diagramme isotherme et un état biphasé

liq. = vap.

représenté par le point N.

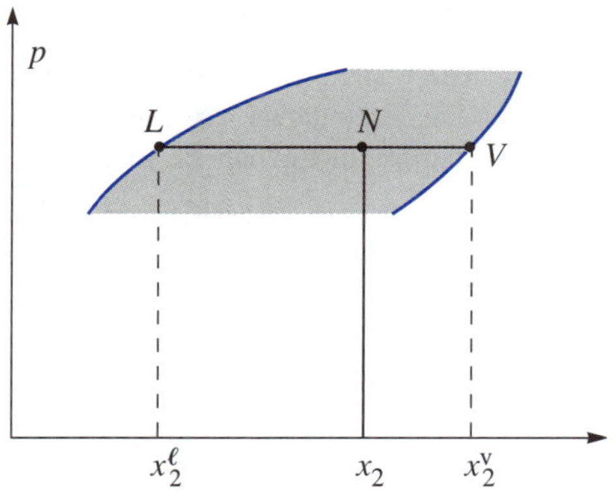

1 – Que représentent les points L et V ?

2 – Exprimer n_2, quantité totale de B_2 dans le système :
a) en fonction de x_2 et de n^ℓ et n^v, quantités totales de liquide et de vapeur du système ;
b) en fonction de x_2^ℓ, x_2^v et de n^ℓ et n^v.

3 – En déduire que : $n^\ell \,.\, NL = n^v \,.\, NV$. Ce résultat constitue le *théorème des moments chimiques*.
Montrer que ce théorème peut également s'exprimer sous la forme : $n^\ell \,.\, LV = n \,.\, NV$ avec $n = (n^\ell + n^v)$.

4 – **Généralisation**
Le résultat précédent est-il transposable :
a) au diagramme en fractions massiques ;
b) à un diagramme isobare ;
c) à un autre changement de phase ?

Conseils

2) Revoir si nécessaire *H Prépa Chimie, 2e année, MP-MP* – PT-PT*, chapitre* 5, § 2.2.

4) Examiner les propriétés prises en compte pour la démonstration.

3 Lecture d'un diagramme binaire isobare à un fuseau

Le diagramme isobare (p = 1,013 bar) du binaire liquide-vapeur d'un mélange eau-ammoniac est présenté sur le document page suivante.
On dispose à 20 °C d'un litre de solution ammoniacale de densité égale à 0,910. Sa concentration en ammoniac NH_3 est égale à 12,8 mol . L^{-1}.

1 – **a)** Que représentent les deux courbes du diagramme ? Indiquer la nature des phases.
b) Positionner, sur le diagramme isobare, le point M_0 représentatif du mélange initial.

2 – **a)** On chauffe un litre de ce mélange sous 1,013 bar, dans une enceinte fermée. À quelle température l'ébullition du mélange commence-t-elle ? À quelle température a-t-on tout vaporisé ?
b) Calculer les masses d'eau et d'ammoniac dans chacune des deux phases, quand la solution est chauffée à 70 °C.

3 – On réalise un montage de distillation simple (sans colonne Vigreux) sous la pression de 1,013 bar.
a) On introduit dans le ballon la solution de densité égale à 0,910. Le mélange est chauffé. Décrire qualitativement ce qu'on observe.
La composition du distillat recueilli à 20 °C varie-t-elle au cours de l'expérience ?

b) Peut-on obtenir l'un des constituants pratiquement pur ? Dans quelle partie du montage le récupère-t-on ?

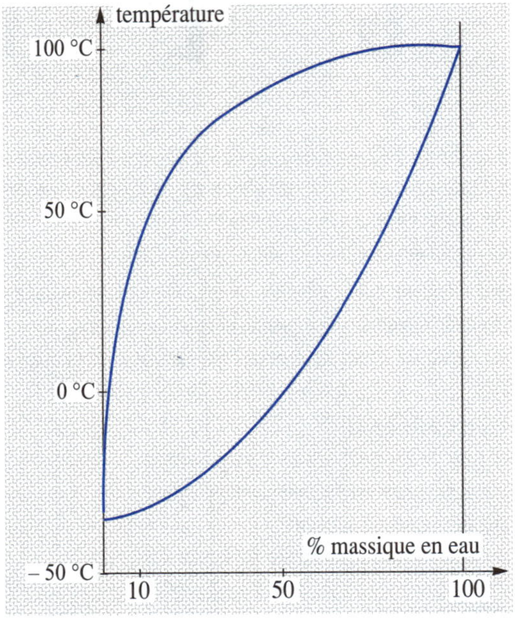

Conseils

1) b) Calculer les masses des différents constituants contenues dans 1 L de solution.

2) b) Utiliser le théorème des moments.

4 Lecture d'un diagramme binaire isobare à deux fuseaux

Le diagramme binaire isobare, sous 101,3 kPa, des constituants B_1 (eau) et B_2 (éthanoate d'éthyle $CH_3CO_2C_2H_5$) est représenté ci-dessous.

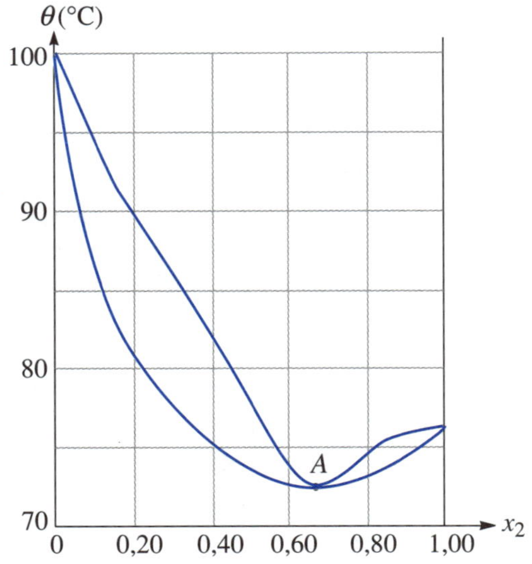

1 ▬ Quel est le composé le moins volatil ? Quelle est la courbe d'ébullition ? la courbe de rosée ?

2 ▬ Quelles sont les coordonnées de l'extremum *A* ? Quel est le nom donné à ce point de coordonnées ? Ce diagramme est-il à maximum ou à minimum ?

3 ▬ Représenter la courbe d'analyse thermique obtenue lors du refroidissement d'une vapeur de composition $x_2^v = x_2(A)$ et préciser la valeur de la variance dans chaque partie de la courbe.

4 ▬ À quelle température se termine la liquéfaction d'une vapeur de fraction molaire $x_2^v = 0{,}20$?

5 ▬ Quelle est la composition de la dernière goutte de liquide en équilibre avec la vapeur lors de la vaporisation d'un mélange de composition $x_2 = 0{,}40$?

6 ▬ On distille un mélange de composition $x_2 = 0{,}90$. À quelle température faut-il porter le mélange pour observer l'ébullition commençante ? Quelle est la composition du distillat ? Quel est le résidu de distillation ?

Conseils

1) Lire, sur le diagramme, les températures d'ébullition des deux constituants.

3) Commencer par calculer la variance.

6) Le distillat et le résidu sont respectivement recueillis en haut et en bas de la colonne.

Tenir compte du gradient de température négatif le long de la colonne.

5 Purification du trichlorosilane $SiHCl_3$ par distillation

D'après Concours Communs Polytechniques, MP 2002.

Le silicium *technique*, chauffé à 300 °C, traité par du chlorure d'hydrogène gazeux HCl. Des chlorosilanes se forment, notamment le trichlorosilane $SiHCl_3$, présent majoritairement et le dichlorosilane SiH_2Cl_2.

Après refroidissement à 15 °C, on obtient un mélange liquide de $SiHCl_3$, SiH_2Cl_2 de composition molaire 80 % en $SiHCl_3$. Une distillation fractionnée permet alors de purifier le trichlorosilane. Le diagramme binaire $SiHCl_3$ (1) – SiH_2Cl_2 (2) est représenté ci-après.

1 ▬ Pour un mélange $SiHCl_3$ – SiH_2Cl_2, de composition molaire 80 % en $SiHCl_3$, indiquer les différents états physiques lorsque la température évolue de 15 à 30 °C.

2 ▬ L'objectif est de produire du $SiHCl_3$ pur. L'obtient-on au résidu ou au distillat ? À quelle température doit-on maintenir le bouilleur ?

3 ▬ La tête de colonne ainsi que le condenseur sont maintenus à 15 °C. Quelle est la composition du distillat ?

4 ▬ Déterminer graphiquement le nombre de plateaux de la colonne entre l'alimentation et la tête de colonne puis entre l'alimentation et le pied de colonne.

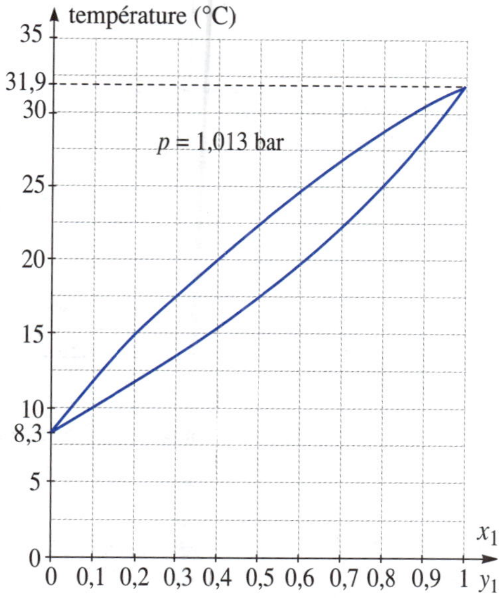

Fraction molaire de $SiHCl_3$
x, fraction liquide
y, fraction vapeur

Conseils

1) Lire, sur le diagramme, les températures d'ébullition des deux constituants.

2) Le distillat et le résidu sont respectivement recueillis en haut et en bas de la colonne.

Tenir compte du gradient de température négatif le long de la colonne.

3) Utiliser le théorème de l'horizontale.

6 Diagramme isobare des mélanges zinc-cadmium

On dispose du diagramme binaire isobare liquide-vapeur des mélanges zinc (B_1) - cadmium (B_2) sous la pression de 101,3 kPa (x_2 : fraction molaire).

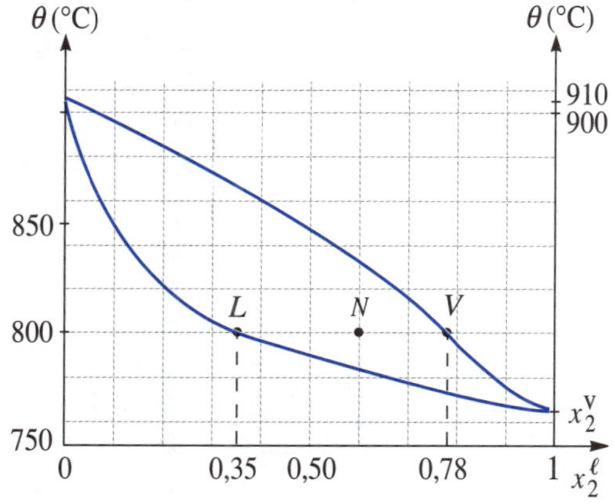

1 Indiquer, sur le diagramme, le nom des différentes courbes et la variance du système dans chacun des domaines délimités par ces deux courbes.

Interpréter les valeurs trouvées.

2 On considère un mélange liquide, de composition $x_2 = 0{,}60$ et contenant $n_2 = 20{,}0$ mol de cadmium.

a) Déterminer les masses des deux métaux constituant ce mélange.

b) Déterminer la température à laquelle ce mélange commence à bouillir.

c) On porte ce mélange à 800 °C. Quelles sont la composition et la masse des phases en présence ?

3 Le cadmium est un sous-produit de la métallurgie du zinc : en effet, il n'existe pas de minerais de cadmium mais la plupart des minerais de zinc contiennent du cadmium. L'une des dernières étapes de la préparation du cadmium est l'élimination des traces de zinc qu'il contient.

On considère un cadmium impur contenant une fraction *massique* en zinc égale à 0,08. On effectue sa distillation isobare pour séparer le zinc du cadmium.

a) Déterminer la température à laquelle commence à bouillir le liquide correspondant et la composition de la vapeur en équilibre avec le liquide à cette température.

b) Où et dans quel état physique recueille-t-on le cadmium ? Où se rassemblent les impuretés ? Quel est leur état physique ?

c) Il arrive que le métal contienne aussi des traces de plomb et d'argent. La méthode précédente peut-elle encore être utilisée pour purifier le cadmium ?

Données :

• Températures de fusion : Cd : 321 °C ; Zn : 419,6 °C ; Pb : 327,5 °C ; Ag : 961,9 °C.

• Températures d'ébullition sous 101,3 kPa : Cd : 766 °C ; Zn : 907 °C ; Pb : 1 740 °C ; Ag : 2 212 °C.

Conseils

1) Revoir l'exercice 1 pour le calcul de la variance.

2) c) Utiliser le théorème des moments chimiques pour déterminer les quantités de chaque phase.

3) Convertir w_2 en x_2.

b) et **c)** Considérer l'état physique des différents constituants dans la plage de température correspondant à la colonne.

7 Diagramme isobare des mélanges eau-propan-2-ol

Extrait de Concours Communs Polytechniques, MP 1999.

Le diagramme isobare proposé page suivante représente l'évolution de la température en fonction de la composition molaire en propan-2-ol pour des mélanges eau-propan-2-ol. On rappelle les valeurs des masses molaires respectivement de l'eau et du propan-2-ol : 18 et 60 g . mol^{-1}.

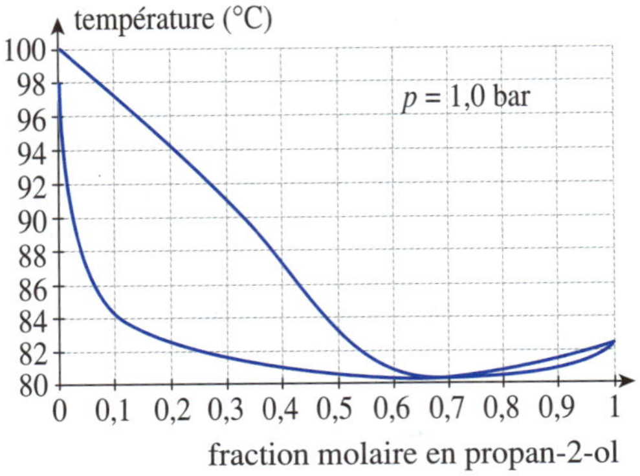

1 ▬ Quel est le nom donné au point commun des courbes d'équilibre, de coordonnées (0,68 ; 80,3 °C) ?

2 ▬ Dans la suite de l'exercice, on considérera un mélange comprenant 70 % molaire d'eau et 30 % molaire de propan-2-ol à 80 °C. Convertir ce pourcentage molaire en pourcentage massique.

3 ▬ On chauffe un tel mélange de 80 °C à 86 °C. Préciser la nature de la (ou des) phase(s) en présence selon la température et le nom de la courbe caractéristique traversée.

4 ▬ Pour une température de 86 °C :

– quelle est la composition (exprimée en % molaire) du liquide ? de la vapeur ?

– quelle est la proportion (exprimée en % molaire) de liquide et de vapeur ?

5 ▬ On continue de chauffer de 86 °C à 92 °C. Préciser la nature de la (ou des) phase(s) en présence selon la température et le nom de la courbe caractéristique traversée.

6 ▬ La distillation d'un tel mélange à la pression de 1 bar permet-elle d'obtenir le propan-2-ol pur ?

Justifier votre réponse et préciser la nature du distillat.

> **Conseils**
>
> 4) Utiliser le théorème des moments pour déterminer n^{ℓ} / n.
>
> 6) Déterminer d'abord la nature du distillat et celle du résidu, en tenant compte de la composition initiale.

8 Diagramme isotherme des mélanges propanone – sulfure de carbone

Le diagramme binaire isotherme liquide-vapeur de la propanone (notée 1) et du sulfure de carbone (noté 2) est donné ci-après. La composition est exprimée en fraction molaire en CS_2, on note x_2 la fraction molaire en CS_2 dans la phase liquide et y_2 celle dans la phase vapeur.

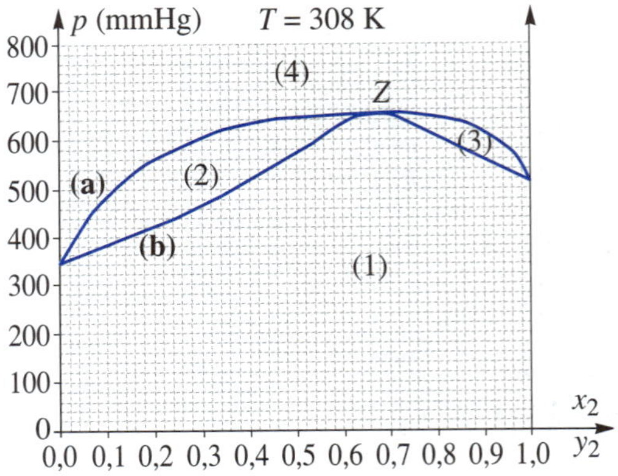

1 ▬ **a)** Indiquer le nombre et la nature des phases présentes dans les domaines numérotés (1), (2), (3), et (4) sur la figure. Nommer les courbes **(a)** et **(b)**.

b) Quel est le nom donné au mélange liquide de composition égale à celle du maximum Z ? Quelles sont les propriétés de ce mélange ?

2 ▬ À $T = 308$ K, un mélange liquide de propanone et de sulfure de carbone commence à bouillir sous une pression de 440 mmHg. En déduire :

a) la composition du mélange liquide et celle de la première bulle de vapeur qui apparaît ;

b) la composition de la dernière goutte de liquide qui disparaît.

3 ▬ À $T = 308$ K, on considère un mélange obtenu en mélangeant 4,0 mol de CS_2 et 6,0 mol de CH_3COCH_3.

a) Calculer les quantités de matière n^{ℓ} et n^{v} de liquide et de vapeur en équilibre sous la pression $p = 580$ mmHg.

b) Calculer la quantité de matière n_1^{ℓ} de propanone liquide présente dans ce système.

4 ▬ **a)** Indiquer lequel des deux constituants possède la température d'ébullition la plus élevée. Justifier très brièvement la réponse.

b) Représenter l'allure du diagramme binaire isobare ($p = p_Z = 658$ mmHg) liquide – vapeur du système binaire propanone – sulfure de carbone.

c) On réalise, sous la pression $p = p_Z = 658$ mmHg, la distillation fractionnée d'un mélange contenant de la propanone et du sulfure de carbone. Indiquer la nature du distillat et la nature du résidu de distillation dans les deux cas suivants : $x_2 = 0{,}3$ et $x_2 = 0{,}8$.

> **Conseils**
>
> 2) Utiliser le théorème de l'horizontale.
>
> 3) a) Utiliser le théorème des moments.
>
> 4) b) Relier l'existence d'un maximum de pression à la stabilité de la phase liquide.
>
> c) Utiliser l'aspect du diagramme isobare pour déterminer la nature du distillat.

9 Construction du diagramme isobare des mélanges hexane-toluène

Le tableau ci-dessous présente les résultats établis lors de l'étude expérimentale de l'équilibre liquide-vapeur du système hexane C_6H_{14} (indice h)-toluène $C_6H_5–CH_3$ (indice t). Il donne les compositions, exprimées en fractions molaires, des phases liquide (x_h) et vapeur (y_h) en équilibre à la température θ (°C) sous une pression de 1,013 bar, supposée constante.

$x_h \times 100$	$y_h \times 100$	θ (°C)	$x_h \times 100$	$y_h \times 100$	θ (°C)
0,0	0,0	110,56	50,8	77,7	81,00
10,0	31,0	100,95	64,0	84,8	76,75
19,6	48,4	94,40	77,0	90,7	73,50
28,0	59,3	89,80	82,2	93,0	72,15
39,2	69,7	85,35	86,9	94,8	71,15
46,4	75,1	82,40	100,0	100,0	68,75

1 Indiquer les températures d'ébullition de l'hexane et du toluène sous une pression de 1,013 bar.
Quel est le composé le plus volatil ?

2 **a)** Construire le diagramme binaire isobare du mélange hexane-toluène. Identifier les courbes obtenues.

b) Déterminer et commenter la valeur de la variance dans chacun des domaines délimités par les courbes du diagramme.

3 **a)** Est-il possible de séparer un mélange d'hexane et de toluène par distillation isobare ?
Expliquer et donner le schéma précis et annoté du montage d'une distillation sous une pression de 1,013 bar.

b) On dispose d'un mélange liquide dont la fraction molaire en hexane x_h est 0,25. Quel est le nombre de plateaux théoriques que doit posséder la colonne à distiller pour séparer complètement les deux constituants de ce mélange ?

4 Un mélange contenant 20,0 mol d'hexane et 20,0 mol de toluène est porté à 85,35 °C.

a) Situer, sur le diagramme isobare construit précédemment, le point *N* représentatif de ce mélange.

b) Déterminer les quantités de mélange à l'état liquide et à l'état vapeur à cette température.

c) Quelle est la quantité d'hexane dans la phase vapeur à cette température ? Quelle est la quantité de toluène dans la phase liquide à cette température ?

Conseils

2) b) Revoir l'exercice 1 pour le calcul de la variance.

3) b) Utiliser les données de la table et le théorème des moments.

10 Construction du diagramme isotherme des mélanges eau-propan-1-ol

Les pressions partielles des mélanges eau (B_1) propan-1-ol (B_2) (liquides miscibles en toutes proportions) mesurées à 25 °C sont données en fonction de la fraction molaire x_2^ℓ dans le liquide dans le tableau ci-dessous :

x_2^ℓ	0,00	0,02	0,05	0,10	0,20	0,40
p_1 (mmHg)	23,8	23,5	23,2	22,7	21,8	21,7
p_2 (mmHg)	0,00	5,1	10,8	12,7	13,6	14,2

x_2^ℓ	0,60	0,80	0,90	0,95	1,0
p_1 (mmHg)	19,9	13,4	8,1	4,2	0,00
p_2 (mmHg)	15,5	17,8	19,4	20,8	21,8

1 Quelle est la pression de vapeur saturante de chaque constituant à 25 °C ? Lequel est le plus volatil ?

2 **a)** Tracer le diagramme donnant la variation de la pression totale p en fonction de x_2^ℓ.

b) Compléter le diagramme avec les variations de la pression en fonction de la fraction molaire x_2^v dans la vapeur.
Identifier les deux courbes ainsi tracées. Quelle particularité présente ce diagramme au point d'abscisse $x_2^\ell = 0,40$?
Compléter le diagramme en indiquant les phases en présence.

c) Calculer les valeurs de la variance dans les différents domaines ; interpréter ces valeurs.

3 On considère un échantillon de liquide dont la fraction molaire en propan-1-ol est $x_2 = 0,85$. La quantité totale d'eau et de propan-1-ol est égale à 3,52 mol.

a) À partir de quelle pression l'échantillon commence-t-il à bouillir ? Quelle est la composition de la première bulle de vapeur ? Pour quelle pression l'échantillon est-il entièrement vaporisé ?

b) On abaisse la pression jusqu'à 28 mmHg. Déterminer la composition et la quantité des phases en présence.

4 On considère un mélange liquide obtenu en mélangeant une masse $m_1 = 270$ g d'eau et une masse $m_2 = 120$ g de propan-1-ol. Puis on distille l'échantillon précédent. Déterminer la masse et la composition des phases à l'équilibre sous la pression $p = 28$ mm Hg.

Conseils

2) a) Utiliser la loi de Dalton pour la vapeur.

c) Revoir l'exercice 1 pour le calcul de la variance. Prendre en compte la relation particulière traduisant l'existence d'un extremum de pression.

11 Diagramme isotherme d'un mélange idéal : benzène-toluène

Données :

On considère que les deux constituants se comportent, à l'état vapeur, comme des gaz parfaits.

Les volumes molaires des liquides sont supposés constants dans les domaines de température et de pression envisagés et négligeables devant les volumes molaires des gaz.

• Masses molaires : toluène (C_6H_5–CH_3) : $M_t = 92$ g . mol^{-1} ; benzène (C_6H_6) : $M_b = 78$ g . mol^{-1}.

• Températures d'ébullition sous $p = 1{,}013$ bar : benzène : 80 °C ; toluène : 110,56 °C.

Les enthalpies standard de vaporisation $\Delta_{vap}H^0$ des deux constituants sont supposées constantes dans les domaines de température et de pression envisagés :

– toluène : $\Delta_{vap}H^0 = 33{,}18$ kJ . mol^{-1} ;

– benzène : $\Delta_{vap}H^0 = 30{,}72$ kJ . mol^{-1}.

1 ▬ **a)** Exprimer le potentiel chimique des constituants d'un mélange liquide idéal puis celui des constituants d'un mélange de gaz parfaits.

b) Rappeler la condition d'équilibre d'un constituant entre deux phases.

c) Écrire cette condition pour un constituant d'un mélange liquide idéal en équilibre avec sa vapeur à la température T, puis pour le même constituant pur en équilibre avec sa vapeur à la température T.

En déduire la relation : $p_i = p_i^*(T) \, . \, x_i^\ell$ où $p_i^*(T)$ désigne la pression de vapeur saturante du constituant à la température T et x_i^ℓ la fraction molaire de ce constituant dans la phase liquide. Cette relation constitue la loi de Raoult.

2 ▬ **a)** Les mélanges benzène-toluène peuvent être considérés comme des mélanges idéaux.

Calculer la pression partielle du benzène à 80 °C au-dessus d'un mélange de benzène et de toluène contenant 30 % en masse de toluène.

b) La pression totale au-dessus de ce même mélange est-elle supérieure ou inférieure à la pression de 1,013 bar ? Justifier qualitativement.

c) Calculer la pression de vapeur saturante du toluène à 80 °C ; en déduire la pression totale au-dessus de ce mélange de benzène et de toluène.

3) En utilisant la loi de Raoult, exprimer, en fonction de la fraction molaire en benzène de la phase liquide, la pression totale au-dessus du mélange binaire idéal.

Conseils

1) b) Utiliser les potentiels chimiques.

2) c) Utiliser la troisième relation de Clapeyron et les hypothèses de l'énoncé.

12 Diagrammes isotherme et isobare d'un mélange idéal : hexane-heptane

L'hexane (B_1) et l'heptane (B_2) donnent des mélanges liquides idéaux. Pour ces deux composés, les variations de leur pression de vapeur saturante avec la température figurent dans le tableau ci-dessous :

T (°C)	68,4	75	80	85	98,2
p_1^* (kPa)	101,3	123,6	143,9	166,1	239,9
p_2^* (kPa)	41,3	51,7	60,8	69,8	101,3

1 ▬ Écrire la formule de ces deux constituants. Quel est le composé le plus volatil ? Justifier.

2 ▬ À quoi est dû le caractère idéal du mélange de ces deux constituants ? La loi de Raoult, caractérisant un mélange idéal se traduit par la relation :

$$p_i(T, x_i^\ell) = p_i^*(T) \, . \, x_i^\ell$$

Application :

Calculer la pression de vapeur, à 75 °C, au-dessus d'un mélange liquide hexane-heptane dont la fraction molaire en hexane est $x_1^\ell = 0{,}69$. Quelle est la composition de la phase vapeur ? La comparer à celle du liquide.

3 ▬ Établir, pour $T = 75$ °C, l'équation de la courbe d'ébullition $p = f(x_2^\ell)$ puis celle de la courbe de rosée $p = g(x_2^v)$.

Tracer le diagramme binaire isotherme pour ce mélange (x_2^v et x_2^ℓ seront portés en abscisse) ; indiquer dans chaque domaine la nature des phases présentes et la valeur de la variance. Interpréter les valeurs trouvées.

4 ▬ Déterminer la composition des deux phases à l'équilibre à 80 °C pour une pression égale à 80,0 kPa.

Application :

On introduit 1 000 g de mélange hexane-heptane dans un récipient clos dont on porte la température à 80 °C. Le volume de la phase vapeur est de 10,0 L et sa pression est de 80,0 kPa. Déterminer la composition du mélange introduit dans le récipient.

5 ▬ Construire le diagramme d'équilibre liquide-vapeur du mélange hexane-heptane sous la pression de 101,3 kPa.

6 ▬ **a)** En utilisant ce diagramme, déterminer la température à laquelle se forme la première bulle dans un mélange liquide dont la fraction molaire en hexane est égale à 0,35. Quelle est la composition de cette première bulle ?

b) On élève la température jusqu'à ce que les quantités de liquide et de vapeur soient égales. Cette vapeur est alors condensée. Quelle est la composition du liquide obtenu ?

Conseils

2) Utiliser la loi de Raoult puis celle de Dalton ($p_i = x_i^v \, . \, p$).

3) Pour obtenir $p = g(x_2^{\mathrm{v}})$, exprimer x_2^{ℓ} en fonction de p, x_2^{v} et p_2^*.

4) Utiliser l'équation de la courbe d'ébullition puis la loi de Dalton.

5) Calculer, pour les températures du tableau, x_2^{ℓ} et x_2^{v}, selon la méthode du 4).

13 Diagramme isobare pour des liquides non miscibles : thiophène-eau

On cherche à établir le diagramme binaire isobare à la pression $p = 1{,}013$ bar du mélange thiophène C_4H_4S (B_1) - eau (B_2), composés non miscibles à l'état liquide.

1 ■ Sous la pression de 1,013 bar, le thiophène bout à 84 °C ; son enthalpie molaire de vaporisation est de 31,5 kJ . mol^{-1}. On considère que sa vapeur se comporte comme un gaz parfait. Le volume molaire du liquide est supposé constant et négligeable devant le volume molaire des gaz, dans les domaines de température et de pression envisagés. Montrer que la pression de vapeur saturante du thiophène, p_1^*, peut se mettre sous la forme $\ln p_1^* = D - A/T$ où D et A sont des constantes numériques à déterminer et T la température thermodynamique.

2 ■ Compléter le tableau ci-dessous, donnant les variations de la pression de vapeur saturante de ces deux composés avec la température.

θ (°C)	40	50	60	70	80	90	100	110
p_1^* (bar)								
p_2^* (bar)	0,074	0,123	0,199	0,312	0,474	0,701	1,013	1,433

3 ■ Tracer le graphe donnant les variations des pressions de vapeur saturante avec la température.
En déduire la température à laquelle le mélange des deux liquides commence à bouillir sous une pression de 1,013 bar. Que vaut la variance en ce point ? Cette température dépend-elle des proportions des deux liquides ?

4 ■ On considère les systèmes en équilibre, formés de thiophène liquide pur en équilibre avec une phase gazeuse comprenant l'eau et le thiophène. La pression totale est maintenue égale à 1,013 bar.

a) Déterminer les températures d'équilibre lorsque la fraction molaire en eau de la phase vapeur x_2^{v} prend les valeurs 0,00 ; 0,10 ; 0,20 ; 0,30 et 0,40.

b) On considère maintenant les systèmes en équilibre, formés d'eau liquide pure en équilibre avec une phase gazeuse comprenant l'eau et le thiophène. La pression totale est maintenue égale à 1,013 bar.
Déterminer les températures d'équilibre lorsque la fraction molaire en eau de la phase vapeur x_2^{v} prend les valeurs 0,30 ; 0,40 ; 0,50 ; 0,60 ; 0,70 ; 0,80 ; 0,90 et 1,00.

c) Tracer le diagramme binaire isobare, à la pression de 1,013 bar, du mélange thiophène-eau.
Compléter ce diagramme en indiquant, dans chacun des domaines, les différentes phases en équilibre et les valeurs des variances. Où est la courbe d'ébullition, considérée comme la courbe donnant la température du début d'ébullition ?
Indiquer les coordonnées du point hétéroazéotropique H du diagramme binaire isobare à la pression 1,013 bar. Interpréter la valeur trouvée.

5 ■ On introduit, à 25 °C, dans un récipient maintenu à la pression de 1,013 bar, 15,0 g d'eau et 28,0 g de thiophène liquide. On chauffe ensuite progressivement ce mélange liquide hétérogène en maintenant une agitation suffisante.

a) À quelle température la première bulle de vapeur apparaît-elle ? Quelle en est la composition ?

b) Quels sont les phénomènes observés si l'on poursuit le chauffage ? À quoi sert l'énergie fournie ?
Quel est le liquide qui disparaît le premier ?
À quelle température la dernière goutte de ce liquide disparaît-elle ? Quelle est alors la composition de la vapeur ?

c) Quels sont les phénomènes observés si l'on poursuit le chauffage ?
À quelle température la dernière goutte de liquide disparaît-elle ? Quelle est alors la composition de la vapeur ?

6 ■ On introduit, dans un récipient maintenu à 75 °C et sous une pression constante de 1,013 bar, 28 g de thiophène.

a) Combien de phases comporte le système ? Placer le point A représentant ce système sur le diagramme isobare.

b) On introduit ensuite progressivement de l'eau liquide. Quelle masse d'eau faut-il ajouter pour obtenir un mélange monophasé gazeux ? Quelle est alors la composition de la vapeur ?

c) Quelle masse supplémentaire d'eau faut-il ajouter pour observer l'apparition d'une phase liquide dont on précisera la nature ?

7 ■ **a)** Rappeler le principe de l'entraînement à la vapeur.

b) On dispose d'une masse m_1 de thiophène liquide. Quelle est la masse minimale m_2 d'eau nécessaire pour entraîner cette masse de thiophène sous 1,013 bar ?

Données : Masses molaires :
thiophène : $M_1 = 84$ g . mol^{-1} ; eau $M_2 = 18$ g . mol^{-1}.

Conseils

1) Utiliser la troisième relation de Clapeyron et les hypothèses de l'énoncé.

2) L'ébullition commence quand la pression de la vapeur devient égale à la pression surmontant le liquide. Utiliser la variance.

4) a) Inverser la formule du 1).

b) Utiliser la courbe.

5) Utiliser la variance.

6) Placer, sur le diagramme, la trajectoire du point décrivant le système ouvert étudié.

14 Essence de térébenthine

D'après Concours Communs Polytechniques, MP 2003.

Une peinture est composée d'un liant (huile de lin, par exemple), lui conférant sa dureté après séchage, et de pigments, vecteurs de la couleur véhiculés à l'aide d'un solvant (l'essence de térébenthine, par exemple).

A. Purification de l'essence de térébenthine

L'essence de térébenthine est constituée de pinène $C_{10}H_{16}$ et de produits lourds moins volatils dont on négligera l'effet dans ce problème.

Le pinène présente, en fonction de la température, une tension de vapeur p_1^* donnée par la relation (p en hPa, T en K) :

$$\ln p_1^* = 16{,}0481 - \frac{3\,326{,}67}{T - 64{,}97}$$

De même, la tension de vapeur de l'eau p_2^* (en hPa) est donnée par la relation :

$$\ln p_2^* = 20{,}809 - \frac{5\,176{,}44}{T}$$

1 Est-il dangereux de travailler (peinture d'un tableau) dans un local où l'essence de térébenthine est à l'air libre, à $T = 298$ K ? La limite à ne pas dépasser est de 5 g . m^{-3}. On assimile la vapeur saturante à un gaz parfait. Quelle solution peut-on envisager ?

2 Dans quel domaine de température doit-on travailler pour éviter tout danger ?

3 Pour purifier l'essence de térébenthine, on se propose d'entraîner le pinène dans un courant de vapeur d'eau dans un appareillage correspondant au schéma ci-dessous, fonctionnant à la pression atmosphérique (1 013 hPa)

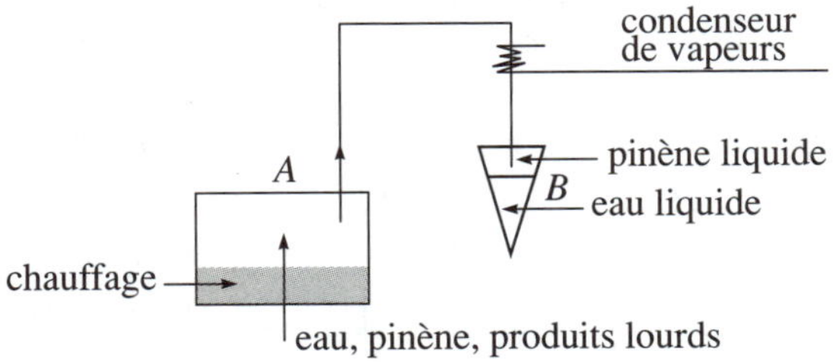

On recueille ainsi en B de l'eau et du pinène, liquides. Quelle que soit la température, l'eau et le pinène liquides ne sont pas miscibles.

Quelle est la variance au niveau du récipient A ? Que peut-on en déduire pour la température T ?

4 Calculer la température en A en °C à ± 1 °C près.

5 Quel est le rapport des masses de pinène et d'eau du mélange recueilli en B s'ils sont assimilés à des gaz parfaits à l'état vapeur ?

6 Quelle masse minimale d'eau doit-on introduire en A si l'on veut recueillir 1 000 g de pinène en B ?

B. Distillation du pinène

En fait, le pinène obtenu est composé d'un mélange de deux isomères : l'α-pinène et le β-pinène de formule $C_{10}H_{16}$.

Le diagramme donné ci-dessous, diagramme isobare tracé à la pression de 73 hPa présente l'évolution de la température en fonction de la composition molaire en α-pinène pour un mélange α-pinène – β-pinène.

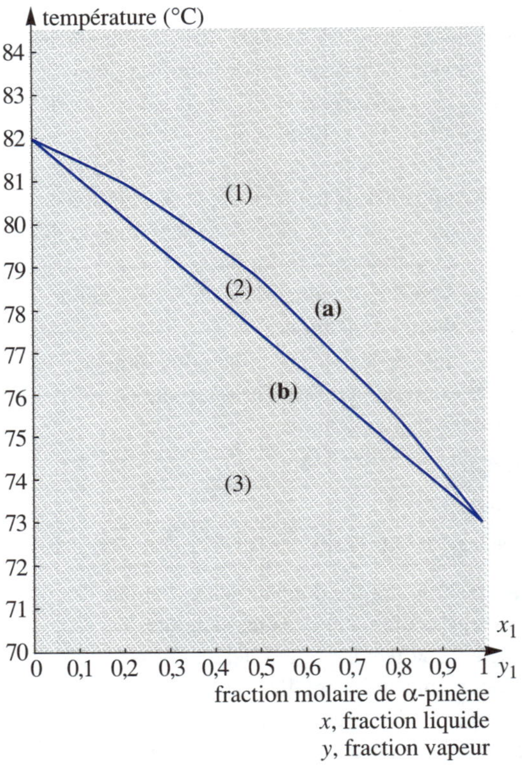

1 Quelles sont les températures d'ébullition de l'α-pinène pur $\theta_{éb,\,\alpha}$ et celle du β-pinène pur $\theta_{éb,\,\beta}$?

2 On considère un mélange de 280 g d'α-pinène et 720 g de β-pinène. Sous quelle forme se trouve ce mélange si on le porte à des températures successives de $T = 76$ °C, $T = 80$ °C, $T = 81$ °C et $T = 83$ °C ?

3 Lors d'une distillation du mélange précédent, à quelle température $\theta_{éb}$ observe-t-on l'apparition de la première bulle de vapeur ?

Les premières gouttes de liquide ainsi recueillies sont-elles plus riches en α-pinène ou en β-pinène ? Quelle est leur composition en fraction molaire ?

CORRIGÉS

1 Variance des mélanges binaires liquide-vapeur

1 ▬ Par définition, la variance v d'un système à l'équlibre est le nombre de paramètres intensifs indépendants de ce système.

2 ▬ **a)** Pour un corps pur, les fractions molaires dans toutes les phases sont constantes et égales à 1 : ce ne sont pas des variables. Les seuls paramètres intensifs d'un corps pur sont les paramètres T et p, supposés uniformes sur le système.

b) La condition d'équilibre entre les différentes phases est l'égalité de leur potentiel chimique. Soit α, β, ... φ, les différentes phases. L'existence de l'équilibre impose donc :

$$\mu^{\alpha}(T, p) = \mu^{\beta}(T, p) = \ldots = \mu^{\varphi}(T, p)$$

soit $(\varphi - 1)$ relations implicites entre T et p.

c) La variance d'un corps pur à l'équilibre sous φ phases est donc $v = 2 - (\varphi - 1)$, soit : $v = 3 - \varphi$.

• Pour un corps pur monophasé, $v = 2$: on peut choisir arbitrairement la pression et la température.

• Pour un corps pur biphasé, $v = 1$: sous une pression donnée, il n'existe qu'une température où les deux phases sont à l'équilibre.

• Pour un corps pur triphasé, $v = 0$: on ne peut choisir arbitrairement ni la pression ni la température correspondant à l'équilibre entre trois phases d'un corps pur. Les coordonnées des points *triples* sont caractéristiques du corps pur considéré.

Remarque :

Au point critique, le corps pur est biphasé liquide-vapeur mais il existe une relation particulière entre les propriétés intensives des deux phases : par exemple, $\rho_{\ell} = \rho_{v}$. C'est une relation implicite entre T et p ; donc $v = 0$. Les coordonnées des points critiques sont également caractéristiques du corps pur considéré.

3 ▬ **a)** Les paramètres intensifs choisis pour décrire un mélange binaire sont T, p et les paramètres de composition des phases en présence.

Chaque phase correspond à deux fractions molaires soit 2φ fractions molaires pour un mélange binaire à l'équilibre sous φ phases. Il existe donc $(2\varphi + 2)$ paramètres intensifs.

b) La condition d'équilibre d'un constituant entre les différentes phases fournit $(\varphi - 1)$ relations implicites entre T et p soit pour un mélange binaire $2(\varphi - 1)$ relations.

Dans chaque phase, la somme des fractions molaires est égale à 1 ; pour φ phases, il en résulte φ relations.

Il existe donc $(3\varphi - 2)$ relations entre les paramètres intensifs.

c) La variance d'un mélange binaire à l'équilibre sous φ phases est donc $v = (2\varphi + 2) - (3\varphi - 2)$, soit :

$$v = \mathbf{4} - \varphi$$

d) Les gaz sont miscibles en toute proportion ; si les liquides sont miscibles, un mélange à **l'équilibre liquide-vapeur comporte deux phases : $v = 2$. Si les liquides sont non miscibles, le système liquide-vapeur est triphasé : $v = 1$.**

2 Théorème des moments chimiques

1 ▬ Un mélange binaire biphasé est bivariant : pour un diagramme isotherme, T est fixée ; la donnée de p détermine la composition des deux phases. Les abscisses de L et V donnent les fractions molaires x_2^{ℓ} et x_2^{v} des deux phases.

2 ▬ **a)** $n_2 = x_2 \,.\, n = x_2 \,.\, (n^{\ell} + n^{v})$

b) $n_2 = n_2^{\ell} + n_2^{v} = x_2^{\ell} \,.\, n^{\ell} + x_2^{v} \,.\, n^{v}$

3 ▬ En égalant les expressions obtenues en **2) a)** et **b)**, on obtient :

$$n^{\ell} \,.\, (x_2 - x_2^{\ell}) = n^{v} \,.\, (x_2^{v} - x_2)$$

soit : $\boldsymbol{n^{\ell} \,.\, NL = n^{v} \,.\, NV}$

Le *théorème des moments chimiques* établi ci-dessus peut encore s'écrire :

$$\frac{n^{v}}{NL} = \frac{n^{\ell}}{NV}$$

D'où : $$\frac{n^{v}}{NL} = \frac{n^{\ell}}{NV} = \frac{n^{v} + n^{\ell}}{NL + NV} = \frac{n}{LV},$$

soit : $\boldsymbol{n^{v} \,.\, LV = n \,.\, NL}$ ou $\boldsymbol{n^{\ell} \,.\, LV = n \,.\, NV}$

4 ▬ **a)** Le résultat traduit, pour un système fermé sans réaction chimique, la conservation des différents constituants. Pour un tel système, il y a aussi conservation de la masse des différents constituants : le théorème précédent peut donc s'appliquer à un diagramme en fractions massiques à condition de remplacer les quantités de matière par les masses.

b) et **c)** Ni le caractère isotherme, ni la nature des phases n'interviennent dans la démonstration : le résultat obtenu est donc transposable aux diagrammes isobares et aux autres changements de phase.

3 Lecture d'un diagramme binaire isobare à un fuseau

1 ▬ **a)** La nature des phases correspondant aux différents domaines peut se déduire par continuité à partir des phases d'un des corps purs : au-dessous de 100 °C, l'eau est liquide ; elle est à l'état de vapeur au-dessus de cette température ; le domaine inférieur est donc celui du liquide, le domaine supérieur celui de la vapeur.

Le domaine intermédiaire représente des états biphasés liquide-vapeur du mélange.

La courbe inférieure est la *courbe d'ébullition* ; la courbe supérieure est la *courbe de rosée*.

b) Un litre de la solution ammoniacale utilisée a une masse de 910 g et contient 12,8 mol d'ammoniac soit 217,6 g. La masse d'eau contenue dans un litre de solution est donc 692,4 g et la fraction massique en eau w_2 est égale à 0,761. Sur le diagramme isobare ci-dessous, le point M_0 représentatif du mélange initial a pour coordonnées (w_2 = 0,76 ; θ = 20 °C) et se trouve dans le domaine inférieur : **à 20 °C sous 101,3 kPa, le mélange est entièrement liquide .**

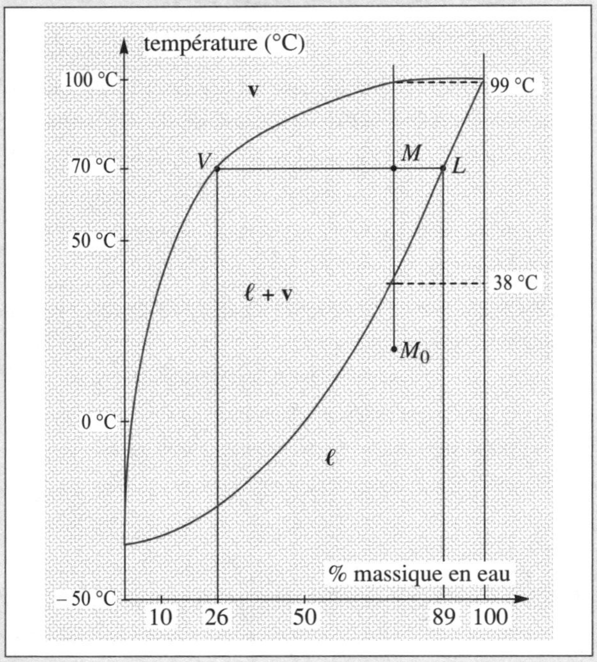

2 ▬ a) On trace la verticale d'abscisse 0,76 : elle coupe la courbe d'ébullition pour θ = 38 °C et la courbe de rosée pour θ = 99 °C.

L'ébullition du mélange commence à 38 °C et la vaporisation est totale à 99 °C .

b) On trace l'horizontale d'ordonnée 70 °C :

– l'abscisse du point *L*, point d'intersection avec la courbe d'ébullition donne la fraction massique en eau dans la phase liquide, soit $w_2^\ell \approx 0,89$;

– l'abscisse du point *V*, point d'intersection avec la courbe de rosée donne la fraction massique en eau dans la phase vapeur, soit $w_2^v \approx 0,26$.

Le théorème des moments chimiques permet de calculer la masse de chacune des phases :

$$m^\ell \,.\, VL = m \,.\, VM$$

Sur le diagramme, on lit :

$VL = (0,89 - 0,26) = 0,63$ et $VM = (0,76 - 0,26) = 0,50$

soit :

$$\frac{m^\ell}{m} = 0,793$$

De plus, m = 0,910 kg. On en déduit (en tenant compte du nombre de chiffres significatifs) :

$$m^\ell = 0,72 \text{ kg} \;;\; m^v = 0,19 \text{ kg}$$

• $\mathbf{m_2^\ell} = w_2^\ell \,.\, m^\ell = 0,89 \times 0,72 = \mathbf{0,64\ kg}$

$\mathbf{m_1^\ell} = m^\ell - m_2^\ell = \mathbf{0,08\ kg}$

• $\mathbf{m_2^v} = w_2^v \,.\, m^v = 0,26 \times 0,19 = \mathbf{0,05\ kg}$

$\mathbf{m_1^v} = m^v - m_2^v = \mathbf{0,14\ kg}$

3 ▬ a) Lorsque la température atteint 38 °C, les vapeurs (w_2^v = 0,26) s'élèvent dans la colonne ; au sommet, elles pénètrent dans le réfrigérant latéral où elles sont refroidies jusqu'à 20 °C : on obtient un liquide (w_2^ℓ = 0,67) en équilibre avec des vapeurs (w_2^v = 0,05). Le liquide restant s'enrichit en eau et la température s'élève mais la composition du distillat recueilli à 20 °C reste la même tant que la température n'atteint pas 96 °C. Au-dessus de cette température, w_2^v pour la vapeur obtenue en haut de la colonne, est supérieure à 0,67 ; refroidie à 20 °C, la vapeur donne un liquide de même composition : la composition du distillat recueilli à 20 °C passe alors de 0,67 à 0,76 tandis que θ passe de 96 à 99 °C.

b) Tant que la température reste inférieure à 96 °C, la phase vapeur recueillie à 20 °C est caractérisée par w_2^v = 0,05 : elle est donc constituée d'ammoniac pratiquement pur, que l'on récupère à la sortie du réfrigérant.

4 Lecture d'un diagramme binaire isobare à deux fuseaux

1 ▬ Le composé le plus volatil, sous une pression donnée, est celui qui possède la température d'ébullition la moins élevée : d'après le diagramme, **le constituant le plus volatil est l'éthanoate d'éthyle $CH_3CO_2CH_2CH_3$.**

Le domaine inférieur est celui du liquide, le domaine supérieur celui de la vapeur. Les domaines intermédiaires représentent des états biphasés liquide-vapeur du mélange. La courbe inférieure est donc la *courbe d'ébullition* ; la courbe supérieure est la *courbe de rosée*.

2 ▬ L'extremum *A* est appelé *point azéotrope* ; ses coordonnées sont : $x_{2A} = 0,67$; $\theta_A = 72,4$ °C.

Les appellations « azéotrope à maximum » ou « à minimum » font référence à l'aspect du diagramme ***isobare*** du mélange considéré : **le mélange d'eau et d'éthanoate d'éthyle donne un « azéotrope à minimum ».**

Remarque :

L'existence d'un minimum de température montre que le passage de l'état liquide à l'état vapeur est facilité au voisinage de A. Cela se traduit donc, pour une température donnée, par un maximum de pression.

3 ▬ L'aspect de la courbe d'analyse thermique obtenue lors du refroidissement d'une vapeur de composition $x_2^v = x_2(A)$ découle directement de la variance du système dans les différentes étapes de l'expérience ; la variance d'un mélange binaire est, dans le cas général (c'est-à-dire en l'absence de relation particulière) :

$$v = 4 - \varphi$$

Quand le système est monophasé vapeur, $v = 3$: p et x_2^{v} étant fixées, on peut encore choisir arbitrairement la température T ; comme on refroidit le système, la température baisse au cours du temps.

Au point A, le système est biphasé ; il est tel que $\left(\frac{\partial p}{\partial x_2^{\text{v}}}\right)_T = 0$.

Il existe donc une relation particulière entre les paramètres intensifs du système, ce qui diminue la variance d'une unité ; donc : $v = 3 - \varphi = 1$. Le système est monovariant : le fait de fixer la pression impose la valeur de tous les autres paramètres intensifs ; la composition des deux phases et la température sont alors fixées.

Tant que les deux phases coexistent, la courbe présente un palier d'ordonnée T_A. L'énergie prélevée sur le système sert à liquéfier la vapeur.

Quand la dernière bulle de vapeur s'est condensée, le système devient monophasé liquide, $v = 3$: bien que p et x_2^{ℓ} soient fixées, la température T peut varier ; comme on refroidit le système, la température baisse au cours du temps.

4 ▬ La température de fin de liquéfaction d'une vapeur de fraction molaire $x_2^{\text{v}} = 0{,}20$ est donnée par l'ordonnée du point d'intersection de la verticale d'abscisse 0,20 avec la courbe d'ébullition : **81,2 °C**.

5 ▬ La température de fin d'ébullition d'un mélange de composition $x_2 = 0{,}40$ est donnée par l'ordonnée du point d'intersection de la verticale d'abscisse 0,40 avec la courbe de rosée : 81,9 °C. L'abscisse du point d'intersection de l'isotherme passant par ce point avec la courbe d'ébullition donne la composition de la dernière goutte de liquide en équilibre avec la vapeur : $\boldsymbol{x_2^{\ell} = 0{,}18}$.

6 ▬ On trace la verticale d'abscisse 0,90 : elle coupe la courbe d'ébullition pour $\theta = 74{,}7$ °C et la courbe de rosée pour $\theta = 75{,}8$ °C. **L'ébullition du mélange commence à 74,7 °C et la vaporisation est totale à 75,8 °C.**

Le *distillat* est recueilli en tête de colonne c'est-à-dire à l'endroit où la température de la colonne est la plus faible : c'est donc le constituant ou le mélange dont la température d'ébullition est la plus faible ; **pour les mélange d'eau et d'éthanoate d'éthyle, le *distillat* est toujours constitué par le mélange azéotropique.**

Le *résidu de distillation* est recueilli en bas de la colonne c'est-à-dire à l'endroit où la température de la colonne est la plus haute. **Sous la pression p = 101,3 kPa, et pour un mélange de composition $x_2 = 0{,}90 > x_{2A}$, le *résidu de distillation* est constitué d'éthanoate d'éthyle pur.**

5 Purification du trichlorosilane $SiHCl_3$ par distillation

1 ▬ Il suffit de tracer une verticale dont l'abscisse correspond à la composition molaire 80 % en $SiHCl_3$:
- de 15 à 25,5 °C : mélange monophasé liquide ;
- de 25,5 °C à 28,5 °C : mélange biphasé liquide-gaz ;
- de 28,5 °C à 30 °C : mélange monophasé gazeux.

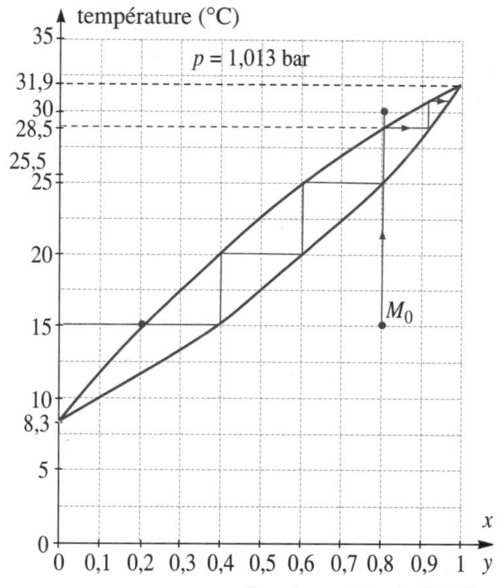

2 ▬ $SiHCl_3$ est l'espèce la moins volatile : elle constitue le résidu. La température du bouilleur doit être maintenue légèrement au-dessous de 31,9 °C, température d'ébullition du $SiHCl_3$.

3 ▬ D'après le théorème de l'horizontale, le distillat obtenu à 15°C est constitué à 20 % de $SiHCl_3$.

4 ▬ Entre l'alimentation qui contient 80 % de $SiHCl_3$ et le sommet de la colonne à 15 °C, il faut utiliser deux plateaux intermédiaires (à 21 °C et 16,5 °C). Entre l'alimentation et la base, il faut, pour obtenir $SiHCl_3$ pur, au moins trois plateaux, soit au moins six plateaux en comptant celui de l'alimentation. En réalité, pour obtenir $SiHCl_3$ pur, il faut un nombre de plateaux très supérieur.

6 Diagramme isobare des mélanges zinc-cadnium

1 ▬ • La courbe inférieure est la courbe d'ébullition ; la courbe supérieure est la courbe de rosée.

Le domaine inférieur correspond à un mélange liquide monophasé ; le domaine supérieur correspond à un mélange monophasé vapeur ; le domaine intermédiaire correspond à un mélange biphasé liquide + vapeur.

• Les systèmes monophasés sont trivariants : on peut choisir arbitrairement la température, la pression et la composition du mélange.

Les systèmes biphasés sont bivariants : on ne peut choisir arbitrairement que deux paramètres intensifs parmi la température, la pression et la composition du mélange. Pour un diagramme isobare, la pression est fixée ; le choix de T impose alors la composition des deux phases à l'équilibre : les fractions molaires des deux phases sont données par les abscisses des points d'intersection de l'horizontale d'ordonnée T avec les courbes d'ébullition et de rosée.

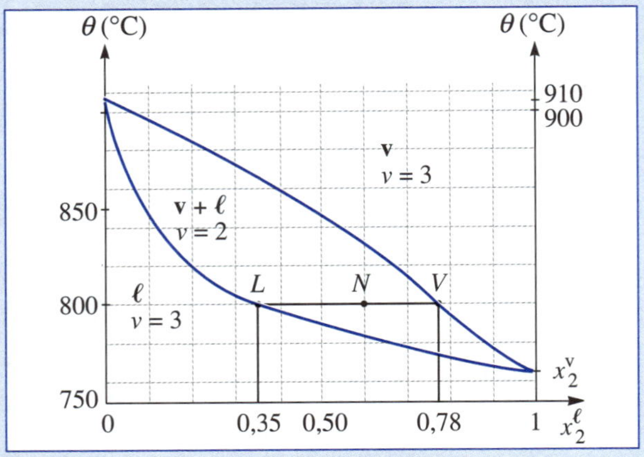

2 a) $x_2 = \dfrac{n_2}{n_1 + n_2}$ d'où $n_1 = \dfrac{n_2(1 - x_2)}{x_2}$.

$n_1 = n(\text{Zn}) = 13{,}3$ mol ; $n(\text{Cd}) = n_2 = 20{,}0$ mol

$\mathbf{m_1 = m(Zn) = 0{,}872\ kg}$; $\mathbf{m(Cd) = m_2 = 2{,}25\ kg}$

b) La température d'ébullition commençante d'un liquide de composition x_2 est l'ordonnée du point d'intersection de la verticale d'abscisse x_2 et de la courbe d'ébullition.

Pour $x_2 = 0{,}60$, on lit sur le diagramme ci-dessus que la température d'ébullition commençante est de **784** °C.

c) • À 800 °C, le système est biphasé ; on lit la composition des phases en présence sur le diagramme :

$$\mathbf{x_2^\ell = 0{,}35} \quad \text{et} \quad \mathbf{x_2^v = 0{,}78}$$

• Le théorème des *moments* donne :

$$n^v = \frac{NL}{LV} \cdot n = \frac{x_2 - x_2^\ell}{x_2^v - x_2^\ell} \cdot n = \frac{0{,}60 - 0{,}35}{0{,}78 - 0{,}35} \times 33{,}3 = 19{,}36$$

En ne conservant que les chiffres significatifs :

$$\mathbf{n^v = 19{,}4\ mol\ ;\ n^\ell = 13{,}9\ mol}$$

D'où :

$$n_2^\ell = x_2^\ell \cdot n^\ell = 4{,}9 \text{ mol}$$
$$n_1^\ell = n^\ell - n_2^\ell = 9{,}0 \text{ mol}$$
$$m^\ell = n_1^\ell \cdot M_1 + n_2^\ell \cdot M_2 = \mathbf{1{,}14\ kg}$$
$$m^v = n_1 \cdot M_1 + n_2 \cdot M_2 - m^\ell = \mathbf{1{,}98\ kg}$$

3 a) On calcule d'abord la fraction molaire de cadmium correspondante à $w_1 = 0{,}08$, soit $w_2 = 0{,}92$:

$$x_2 = \frac{n_2}{n_1 + n_2} = \frac{\left(\dfrac{m_2}{M_2}\right)}{\left(\dfrac{m_1}{M_1}\right) + \left(\dfrac{m_2}{M_2}\right)}$$

$$x_2 = \frac{w_2 \cdot M_1}{w_1 \cdot M_2 + w_2 \cdot M_1} = \mathbf{0{,}87}$$

On lit, sur le diagramme, la température d'ébullition commençante et la composition de la vapeur :

$$\mathbf{\theta = 773\ °C} \quad \text{et} \quad \mathbf{x_2^v = 0{,}93}$$

b) Le cadmium, qui possède une température d'ébullition plus basse que celle du zinc, constitue le *distillat* : il est recueilli, à l'état gazeux, en tête de colonne, c'est-à-dire à l'endroit où la température de la colonne est la plus faible.

Le zinc est recueilli, à l'état liquide, en bas de la colonne, c'est-à-dire à l'endroit où la température de la colonne est la plus haute : il constitue le *résidu de distillation*.

c) L'élimination d'autres impuretés métalliques par distillation est possible à deux conditions :

• il faut que leurs températures de fusion soient nettement inférieures à la température d'ébullition du cadmium afin d'éviter la formation de dépôts solides dans la colonne à distiller ;

• il faut que leurs températures d'ébullition soient nettement supérieures à celle du cadmium afin d'obtenir une bonne séparation dans la colonne à distiller.

Ces deux conditions sont remplies par le plomb mais pas par l'argent.

7 Diagramme isobare des mélanges eau-propan-2-ol

1 Le point des courbes d'équilibre est appelé *point azéotrope*.

2 Par définition, la fraction massique de propan-2-ol est donnée par : $w_2 = \dfrac{m_2}{m_1 + m_2}$

Or : $\dfrac{m_2}{m_1 + m_2} = \dfrac{n_2 \cdot M_1}{n_1 \cdot M_2 + n_2 \cdot M_1}$

En divisant par la quantité totale de matière, il vient :

$$w_2 = \frac{x_2 \cdot M_1}{x_1 \cdot M_2 + x_2 \cdot M_1}$$

soit, pour $x_2 = 0{,}30$: $\mathbf{w_2 = 0{,}59}$

3 • Pour $T < 81{,}7$ °C : le système est monophasé liquide et sa température s'élève lorsqu'on le chauffe. À $T = 81{,}7$ °C, on atteint la courbe d'ébullition : les premières bulles de vapeur apparaissent.

• Pour $81{,}7 < T \leqslant 86$ °C, le système est biphasé liquide-vapeur ; sa température s'élève tandis que le liquide se vaporise progressivement. On suit la variation de la composition du liquide sur la courbe d'ébullition et celle de la composition de la vapeur sur la courbe de rosée.

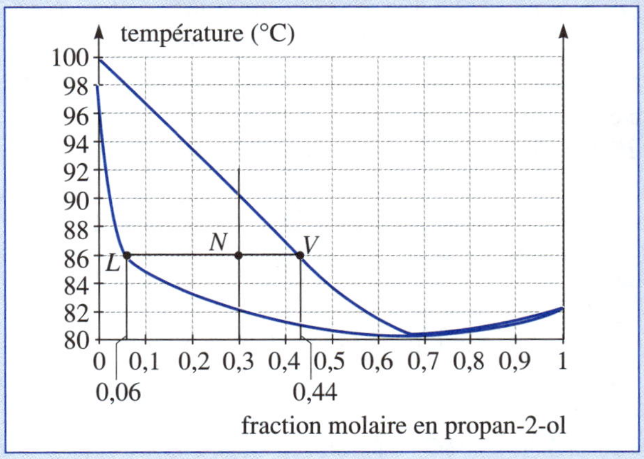

4 — Pour $T = 86$ °C, $x_2^{\ell} = 0{,}06$; $x_2^{v} = 0{,}44$.
Le théorème des moments chimiques permet d'écrire :

$$\frac{n^v}{n} = \frac{NL}{LV} = \frac{x_2 - x_2^{\ell}}{x_2^{v} - x_2^{\ell}} = \frac{0{,}30 - 0{,}06}{0{,}44 - 0{,}06} = \mathbf{0{,}63}$$

63 % (en quantité de matière) du mélange est sous forme de vapeur et 37 % est sous forme liquide.

5 — Si on continue à chauffer, la quantité de vapeur s'accroît aux dépens de la phase liquide.
À 91,5 °C, on traverse la courbe de rosée et la phase liquide disparaît.
Pour une température supérieure à 91,5 °C, le mélange est entièrement sous forme de vapeur.

6 — • La température diminue le long de la colonne à distiller. Or, quelle que soit la composition du mélange initial, le mélange azéotrope est le liquide dont la température d'ébullition est la plus basse : le distillat obtenu en haut de la colonne à distiller est donc le mélange azéotrope, c'est-à-dire un mélange comportant **68 % de propan-2-ol et 32 % d'eau**.
• En bas de la colonne, on récupère le liquide dont la température d'ébullition est la plus élevée ; sa nature dépend de la composition du mélange initial : pour le mélange considéré, $x_2 = 0{,}300 < x_{2Az}$: **le résidu de distillation est de l'eau pure**.
• La distillation du mélange considéré, sous la pression de 1 bar, ne permet pas d'obtenir le propan-2-ol pur.

8 Diagramme isotherme des mélanges propanone – sulfure de carbone

1 — **a)** Domaines : (1) : vapeur ; (2) : liquide + vapeur ; (3) : liquide + vapeur ; et (4) : liquide.
Courbes : **(a)** : courbe d'ébullition ; **(b)** : courbe de rosée.
b) Le mélange liquide dont la composition est égale à celle du maximum Z est un mélange *azéotrope*. Un mélange *azéotrope* bout sous pression constante à température constante.

2 — **a)** On trace l'horizontale (isobare) d'ordonnée 440 mmHg : l'abscisse de son point d'intersection avec la courbe d'ébullition donne la fraction molaire en CS_2 dans la phase liquide soit $\mathbf{x_2 = 0{,}06}$; l'abscisse de son point d'intersection avec la courbe de rosée donne la fraction molaire en CS_2 de la première bulle de vapeur qui apparaît soit $\mathbf{y_2 = 0{,}25}$.
b) On trace la verticale d'abscisse 0,06 : elle coupe la courbe de rosée pour 365 mmHg qui est donc la pression de fin d'ébullition.
La composition de la dernière goutte de liquide qui disparaît est donnée par l'abscisse du point d'intersection de l'isobare 365 mmHg avec la courbe d'ébullition soit $\mathbf{x_2 = 0{,}01}$.

3 — $x(CS_2) = X_2 = 0{,}40$: la verticale d'abscisse 0,40 coupe la courbe de rosée pour 630 mmHg et celle d'ébullition pour 515 mmHg. **À T = 308 K, sous la pression p = 580 mmHg, le système est donc biphasé.**
a) À T = 308 K, sous la pression p = 580 mmHg : $\mathbf{y_2 = 0{,}51}$ et $\mathbf{x_2 = 0{,}24}$. D'après le théorème des moments :

$$\frac{n^v}{n} = \frac{LN}{LV} = \frac{X_2 - x_2}{y_2 - x_2} = \frac{0{,}40 - 0{,}24}{0{,}51 - 0{,}24} = 0{,}59$$

Comme $n = 10$ mol :

$$\mathbf{n^v = 5{,}9\ mol\ ;\ n^{\ell} = 4{,}1\ mol}$$

b) Quantité de matière de propanone liquide :

$$\mathbf{n_1^{\ell} = n^{\ell} \,.\, (1 - x_2) = 3{,}1\ mol}$$

4 — **a)** Le constituant qui possède la température d'ébullition la plus élevée sous une pression donnée est celui qui présente la pression de vapeur saturante la plus basse à température donnée. D'après le diagramme, le constituant le moins volatil est la propanone CH_3COCH_3.
b) L'existence d'un maximum de pression montre que le passage de l'état liquide à l'état vapeur est facilité au voisinage de Z ; cela se traduit donc, pour une pression donnée, par un minimum de température. **Le diagramme isobare liquide - vapeur du système CH_3COCH_3–CS_2 présente un minimum de température.**
Comme la pression choisie est celle qui correspond à la pression d'ébullition de l'azéotrope à 308 K, on en déduit que le mélange azéotropique a la même composition ($x(CS_2) \approx 0{,}68$) et bout donc à 308 K.
c) Le *distillat* est recueilli en tête de colonne c'est-à-dire à l'endroit où la température de la colonne est la plus faible. Le *résidu de distillation* est recueilli en bas de la colonne c'est-à-dire à l'endroit où la température de la colonne est la plus haute. Sous la pression $p = p_Z$ = 658 mmHg, le *distillat* est toujours constitué par le mélange azéotropique.
Cas n° 1 : on a $x_2 = 0{,}3 < x_{2Z}$; le *résidu de distillation* est la propanone.
Cas n°2 : on a $x_2 = 0{,}3 > x_{2Z}$; le *résidu de distillation* est le sulfure de carbone.

9 Construction du diagramme isobare des mélanges hexane-toluène

1 — Les températures d'ébullition de l'hexane et du toluène sous une pression de 1,013 bar figurent dans le tableau de données :

$$\theta_{éb}(\textbf{hexane}) = \theta_{éq}(x_h = y_h = 1) = \mathbf{68{,}75}\ °C$$
$$\theta_{éb}(\textbf{toluène}) = \theta_{éq}(x_h = y_h = 0) = \mathbf{110{,}56}\ °C$$

Le composé le plus volatil, sous une pression donnée, est celui qui possède la température d'ébullition la moins élevée : **le constituant le plus volatil est l'hexane $CH_3(CH_2)_4CH_3$.**

2 — **a)** Le diagramme binaire isobare du mélange hexane-toluène est représenté ci-après.
La courbe inférieure est la *courbe d'ébullition* ; la courbe supérieure est la *courbe de rosée*.

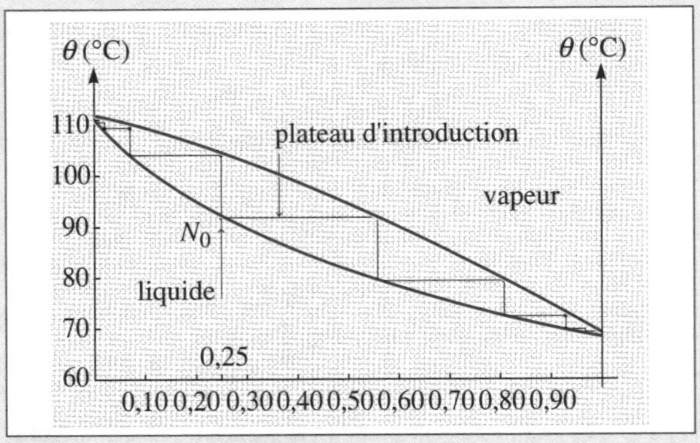

b) La variance v est le nombre de paramètres intensifs indépendants d'un système à l'équilibre.

• La variance d'un mélange binaire est dans le cas général :

$$v = 4 - \varphi$$

• Dans le domaine central biphasé, $v = 2$: la pression étant fixée, il suffit de se donner l'un des trois autres paramètres intensifs (T, x_h, y_h) pour que les deux autres soient fixés.

• Dans les domaines monophasés, $v = 3$: la pression étant fixée, on peut encore choisir arbitrairement les deux autres paramètres intensifs (T et x_h pour le liquide) ou (T et y_h pour la vapeur).

3 ▬ a) Les mélanges d'hexane et de toluène ne donnant pas le phénomène d'azéotropie, les deux constituants peuvent être séparés par distillation isobare.

(Pour le schéma annoté du montage d'une distillation sous la pression atmosphérique, voir le cours.)

b) Le nombre de plateaux théoriques que doit posséder la colonne à distiller pour séparer complètement les deux constituants de ce mélange est égal au nombre de paliers que l'on peut tracer sur le diagramme pour passer du point N_0 aux deux extrémités du fuseau. Pour $x_h = 0,25$, le nombre de plateaux théoriques de la colonne est de neuf avec quatre au-dessus du plateau d'introduction du mélange et quatre au-dessous.

4 ▬ a) La place du point N représentatif du mélange équimolaire à 85,35 °C montre que le système est alors biphasé. D'après le tableau, les phases en équilibre ont pour composition : $\mathbf{x_h = 0,392}$ et $\mathbf{y_h = 0,697}$

b) Le théorème des moments chimiques permet de calculer la quantité de matière de chacune des phases :

$$n^{\ell} . LN = n^{v} . NV$$

$LN = (0,500 - 0,392) = 0,108$

$NV = (0,697 - 0,500) = 0,197$

soit $n^{\ell} / n^{v} = 1,824$.

De plus, $n^{\ell} + n^{v} = n = 40,0$ mol. On en déduit (en limitant le nombre de chiffres significatifs) :

$$\mathbf{n^{v} = 14,2\ mol} \quad \text{et} \quad \mathbf{n^{\ell} = 25,8\ mol}$$

c) $n_h{}^{v} = y_h . n^{v} =$ **9,9 mol**

et : $\mathbf{n_t{}^{\ell}} = (1 - x_h) . n^{\ell} =$ **15,7 mol**

10 Construction du diagramme isotherme des mélanges eau-propan-1-ol

1 ▬ La pression de vapeur saturante du constituant B_i est égale à la pression totale lorsque $x_i^{\ell} = 1$:

$$\mathbf{p_1^* = 23,8\ mmHg\ ;\ p_2^* = 21,8\ mmHg}$$

p_1^* étant supérieur à p_2^* à 25°C, l'eau est plus volatile que le propan-1-ol à cette température.

2 ▬ a) et **b)** Pour tracer la courbe $p = f(x_2^{v})$, on calcule d'abord x_2^{v} à partir de la loi de Dalton :

$$x_2^{v} = \frac{p_2}{p} = \frac{p_2}{p_1 + p_2}$$

Mélange eau-propan-1-ol à 25 °C.

x_2^{ℓ}	0,00	0,02	0,05	0,10	0,20	0,40
p_1 (mmpHg)	23,8	23,5	23,2	22,7	21,8	21,7
p_2 (mmpHg)	0,0	5,1	10,8	12,7	13,6	14,2
$p_1 + p_2$	23,8	28,6	34,0	35,4	35,4	35,9
x_2^{v}	0,00	0,18	0,32	0,36	0,38	0,40

x_2^{ℓ}	0,60	0,80	0,90	0,95	1,00
p_1 (mmpHg)	19,9	13,4	8,1	4,2	0,0
p_2 (mmpHg)	15,5	17,8	19,4	20,8	21,8
$p_1 + p_2$	35,4	31,2	27,5	25,0	21,8
x_2^{v}	0,44	0,57	0,71	0,83	1,00

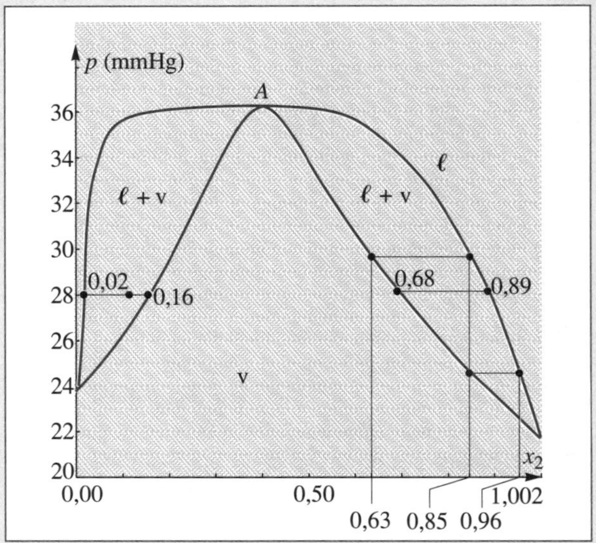

La courbe supérieure, qui représente $p = f(x_2^{\ell})$, est la *courbe d'ébullition* ; la courbe inférieure, qui représente $p = f(x_2^{v})$, est la *courbe de rosée*.

Le diagramme isotherme présente un azéotrope à maximum en A ($x_2 \approx 0,40$; 35,9 mmHg). Pour cette composition, le mélange a le même comportement qu'un corps pur : sous

pression constante, il bout à température constante et les deux phases ont la même composition.
Le domaine supérieur correspond à un mélange monophasé liquide, le domaine inférieur correspond à un mélange monophasé vapeur ; le domaine intermédiaire correspond à un mélange biphasé liquide + vapeur.
c) La variance v est le nombre de paramètres intensifs indépendants d'un système à l'équilibre.
• La variance d'un mélange binaire est, dans le cas général :

$$v = 4 - \varphi$$

• Dans les domaines monophasés, $v = 3$: la température étant fixée, on peut encore choisir arbitrairement les deux autres paramètres intensifs (p et x_2^ℓ dans le domaine du liquide) ou (p et x_2^{v} dans le domaine de la vapeur).
• Dans le domaine central biphasé, $v = 2$: la température étant fixée, il suffit de se donner l'un des trois autres paramètres intensifs (p, x_2^ℓ, x_2^{v}) pour que les deux autres soient fixés.
<u>*Remarque*</u> :
La présence de l'azéotrope montre que si on se donne p, il est nécessaire de se donner aussi la composition globale x_2.
• Au point A, le système est biphasé et tel que :

$$\left(\frac{\partial p}{\partial x_2^\ell}\right) = 0$$

Ceci constitue une relation particulière entre les paramètres intensifs du système donc :

$$v = 4 - 1 - \varphi = 1$$

Le système est monovariant : le fait de fixer la température impose la valeur de tous les autres paramètres intensifs ; la composition de la phase gazeuse et la pression sont alors fixées.

3 ▬ a) On trace la verticale descendante d'abscisse $x_2 = 0{,}85$: elle coupe la courbe d'ébullition pour **29,5 mmHg** qui est donc la pression de début d'ébullition. La composition de la première bulle de vapeur est donnée par l'abscisse du point d'intersection de l'isobare 29,5 mmHg avec la courbe de rosée, soit : $\boldsymbol{x_2^{\mathrm{v}} = 0{,}63}$
Fin d'ébullition :

$$p = 22{,}4 \text{ mmHg} \quad \text{et} \quad x_2^\ell = 0{,}96$$

b) Sous 28 mmHg : $x_2^\ell = 0{,}89$; $x_2^{\mathrm{v}} = 0{,}69$.
Le théorème des *moments* donne alors :

$$\frac{n^{\mathrm{v}}}{n} = \frac{NL}{VL} = \frac{x_2^\ell - x_2}{x_2^\ell - x_2^{\mathrm{v}}} = \frac{0{,}89 - 0{,}85}{0{,}89 - 0{,}69} = 0{,}20$$

Pour $n = 3{,}52$ mol :

$$\boldsymbol{n^\ell = 2{,}82 \text{ mol}} \quad \text{et} \quad \boldsymbol{n^{\mathrm{v}} = 0{,}70 \text{ mol}}$$

4 ▬ On calcule les quantités grâce aux masses molaires :

$$M_1 = 18 \text{ g . mol}^{-1} \quad \text{et} \quad M_2 = 60 \text{ g . mol}^{-1}$$

$n_1 = 15{,}0$ mol et $n_2 = 2{,}0$ mol ; d'où la fraction molaire globale du mélange : $x_2 = 0{,}12$.
On lit sur le *diagramme* la composition des phases à l'équilibre sous 28 mmHg :

$$\boldsymbol{x_2^\ell = 0{,}02} \quad \text{et} \quad \boldsymbol{x_2^{\mathrm{v}} = 0{,}16}$$

D'après le théorème des *moments* :

$$n\ell = \frac{NL}{VL} \, . \, n = \frac{x_2^{\mathrm{v}} - x_2}{x_2^{\mathrm{v}} - x_2^\ell} \, . \, n = \frac{0{,}16 - 0{,}12}{0{,}16 - 0{,}02} \times 17$$

$$n\ell = 4{,}86 \text{ mol}$$

On en déduit la masse de liquide :

$$m^\ell = x_2^\ell \, . \, n^\ell \, . \, M_2 + (1 - x_2^\ell) \, . \, n^\ell \, . \, M_1 = \mathbf{91{,}5 \text{ g}}$$

et celle de vapeur :

$$m^{\mathrm{v}} = m_1 + m_2 - m\ell = \mathbf{298{,}5 \text{ g}}$$

11 Diagramme isotherme d'un mélange idéal : benzène-toluène

1 ▬ a) Dans un mélange liquide idéal :

$$\mu_i^\ell(T, p, x_i^\ell) = \mu_i^{\ell *}(T, p) + RT \, . \, \ln x_i^\ell$$

Dans un mélange de gaz parfaits :

$$\mu_i^g(T, p, x_i^g) = \mu_i^{g0}(T) + RT \, . \, \ln\left(\frac{p \, . \, x_i^g}{p^0}\right)$$

$$= \mu_i^{g0}(T) + RT \, . \, \ln \frac{p_i}{p^0}$$

b) La condition d'équilibre d'un constituant entre deux phases est l'égalité de ses potentiels chimiques dans ces deux phases.
c) • Pour un constituant d'un mélange liquide idéal en équilibre avec sa vapeur à la température T, la condition d'équilibre s'écrit :

$$\mu_i^{\ell *}(T, p) + RT \, . \, \ln x_i^\ell = \mu_i^{g0}(T) + RT \, . \, \ln \frac{p_i}{p^0}$$

• Pour ce même constituant liquide pur en équilibre avec sa vapeur à la température T, p_i est la pression de vapeur saturante p_{si}^* (T) ; la condition d'équilibre s'écrit alors :

$$\mu_i^{\ell *}(T, p) = \mu_i^{g0}(T) + RT \, . \, \ln \frac{p_{si}^*(T)}{p^0}$$

En soustrayant membre à membre ces deux relations, on obtient :

$$RT \, . \, \ln x_i^\ell = RT \, . \, \ln \frac{p_i}{p_{si}^*(T)}$$

D'où l'on tire la loi de Raoult :

$$\boldsymbol{p_i = p_{si}^*(T) \, . \, x_i^\ell}$$

2 ▬ a) Le mélange liquide a une fraction massique en toluène $w_{\mathrm{t}} = 0{,}30$. La fraction molaire en benzène correspondante, x_{b}, est donnée par :

$$x_{\mathrm{b}} = \frac{n_{\mathrm{b}}}{n_{\mathrm{t}} + n_{\mathrm{b}}} = \frac{\left(\frac{m_{\mathrm{b}}}{M_{\mathrm{b}}}\right)}{\left(\frac{m_{\mathrm{t}}}{M_{\mathrm{t}}}\right) + \left(\frac{m_{\mathrm{b}}}{M_{\mathrm{b}}}\right)} = \frac{m_{\mathrm{b}} \, . \, M_{\mathrm{t}}}{m_{\mathrm{t}} \, . \, M_{\mathrm{b}} + m_{\mathrm{b}} \, . \, M_{\mathrm{t}}}$$

$$x_{\mathrm{b}} = \frac{w_{\mathrm{b}} \, . \, M_{\mathrm{t}}}{w_{\mathrm{t}} \, . \, M_{\mathrm{b}} + w_{\mathrm{b}} \, . \, M_{\mathrm{t}}} = 0{,}733$$

On applique la loi de Raoult au mélange benzène-toluène considéré comme idéal :

$$p_{\mathrm{b}} = p_{s\mathrm{b}}^*(T) \, . \, x_{\mathrm{b}}^\ell = 0{,}743 \text{ bar}$$

Au-dessus d'un mélange de benzène et de toluène contenant 30 % en masse de toluène, **la pression partielle du benzène est de 0,743 bar à 80 °C.**

b) D'après leur température d'ébullition sous 101,3 kPa, le toluène est moins volatil que le benzène. À 80 °C, sa pression de vapeur saturante sera inférieure à celle du benzène qui est égale à 101,3 kPa. La pression partielle du toluène au-dessus du liquide sera donc inférieure à (0,267 × 1,013) et la pression totale au-dessus de ce même mélange est inférieure à la pression de 1,013 bar.

c) • La pression de vapeur saturante du toluène à 80 °C se calcule à partir de la troisième relation de Clapeyron :

$$\left(\frac{\mathrm{d}p_{st}}{\mathrm{d}T}\right)_{vap} = \frac{\Delta_{vap}S}{\Delta_{vap}V} = \frac{\Delta_{vap}H}{T \,.\, \Delta_{vap}V}$$

$\Delta_{vap}V = v_g - v_{liq}$ en notant v les volumes molaires.

D'autre part $v_g - v_{liq} \approx v_g$.

En assimilant la vapeur à un gaz parfait :

$$v_g = \frac{RT}{p_{st}}$$

D'où : $$\left(\frac{\mathrm{d}p_{st}}{\mathrm{d}T}\right)_{vap} = \frac{\Delta_{vap}H}{T \,.\, \Delta_{vap}V} \approx \frac{\Delta_{vap}H}{RT^2} \,.\, p_{st}$$

En supposant que $\Delta_{vap}H$ soit indépendant de la température dans l'intervalle $(T_1 \,;\, T_2)$, on obtient par intégration :

$$\ln\frac{p_s(T_2)}{p_s(T_1)} = -\frac{\Delta_{vap}H}{R}\left(\frac{1}{T_2} - \frac{1}{T_1}\right)$$

$T_1 = 383{,}6$ K ; $p^*_{st}(T_1) = 101{,}3$ kPa ; $T_2 = 353$ K ; on en tire :

$$\boldsymbol{p^*_{st}(T_2) = 0{,}411 \text{ bar}}$$

• Par application de la loi de Raoult :

$$p_t = p^*_{st}(T) \,.\, x^\ell_t = 0{,}411 \times 0{,}267 = 0{,}110 \text{ bar}$$

$$p = p_b + p_t = 0{,}743 + 0{,}110 = 0{,}853 \text{ bar}$$

Au-dessus d'un mélange de benzène et de toluène contenant 30 % en masse de toluène :

la pression totale est de 0,853 bar à 80 °C.

3 ▬ Pression totale au-dessus du mélange binaire idéal :

$$p = p_b + p_t = p^*_{sb} \,.\, x^\ell_b + p^*_{st} \,.\, x^\ell_t$$
$$= p^*_{sb} \,.\, x^\ell_b + p^*_{st} \,.\, (1 - x^\ell_b)$$
$$= p^*_{st} + (p^*_{sb} - p^*_{st}) \,.\, x^\ell_b$$

La pression de la vapeur au-dessus d'un mélange binaire idéal est une fonction affine de la composition molaire de la phase liquide.

12 Diagramme isotherme et isobare d'un mélange idéal : hexane-heptane

1 ▬ Hexane B_1 : $CH_3–(CH_2)_4–CH_3$;

Heptane B_2 : $CH_3–(CH_2)_5–CH_3$.

Dans tout le domaine de température considéré, $p^*_1 > p^*_2$: **l'hexane est plus volatil que l'heptane.**

Ce résultat était prévisible : l'heptane qui possède une chaîne plus longue que celle de l'hexane est plus polarisable. Les interactions de London qui s'exercent entre molécules d'heptane sont plus intenses que celles qui lient les molécules d'hexane.

2 ▬ Le caractère idéal est dû au fait que leurs structures chimiques sont voisines : les interactions (B_1/B_1), (B_2/B_2) et (B_1/B_2) sont donc de même nature et d'énergies très voisines.

On a établi à l'exercice précédent :

Loi de Raoult : Au-dessus d'un mélange liquide idéal, la pression de vapeur d'un constituant est égale au produit de la pression de vapeur saturante de ce constituant par sa fraction molaire dans la phase liquide : $p_i = p^*_i \,.\, x^\ell_i$.

Application :

Pression de vapeur, à 75 °C, au-dessus d'un mélange liquide hexane-heptane tel que $x^\ell_1 = 0{,}69$:

$$\boldsymbol{p_1} = x^\ell_1 \,.\, p^*_1 = \mathbf{85{,}3 \text{ kPa}}$$
$$\boldsymbol{p_2} = (1 - x^\ell_1) \,.\, p^*_2 = \mathbf{16{,}0 \text{ kPa}}$$
$$\boldsymbol{p} = (p_1 + p_2) = \mathbf{101{,}3 \text{ kPa}}$$

On assimile les vapeurs à des gaz parfaits ; d'après la loi de Dalton, $p_i = x^v_i \,.\, p$. Donc :

$$\boldsymbol{x^v_1} = \frac{p_1}{p} = \mathbf{0{,}84} \quad \text{et} \quad \boldsymbol{x^v_2} = \frac{p_2}{p} = \mathbf{0{,}16}$$

L'hexane B_1 est le constituant le plus volatil. Or on remarque que x^v_1 est supérieur à x^ℓ_1 ; cette observation est générale : **la vapeur est plus riche en constituant le plus volatil que le liquide avec lequel elle est en équilibre.**

3 ▬ L'équation de la courbe d'ébullition $p = f(x^\ell_2)$ découle directement de la loi de Raoult :

$$p = (p^*_2 - p^*_1) \,.\, x^\ell_2 + p^*_1 = -71{,}9 \,.\, x^\ell_2 + 123{,}6 \text{ (kPa)}$$

Pour obtenir l'équation de la courbe de rosée $p = g(x^\ell_2)$, on exprime x^ℓ_2, dans la relation précédente :

$$x^\ell_2 = \frac{p_2}{p^*_2} = \frac{x^v_2 \,.\, p}{p^*_2}$$

d'où :

$$p = \frac{p^*_1 \,.\, p^*_2}{p^*_2 + (p^*_1 - p^*_2) \,.\, x^v_2} = \frac{123{,}6}{1 + 1{,}39 \,.\, x^v_2} \text{ (kPa)}$$

x^ℓ_2	0,00	0,10	0,20	0,30	0,40	0,50
$p(x^\ell_2)$	123,6	116,4	109,2	102,0	94,8	87,7
x^v_2	0,00	0,10	0,20	0,30	0,40	0,50
$p(x^v_2)$	123,6	108,5	96,7	87,2	79,4	72,9

x^ℓ_2	0,60	0,70	0,80	0,90	1,00
$p(x^\ell_2)$	80,5	73,3	66,1	58,9	51,7
x^v_2	0,60	0,70	0,80	0,90	1,00
$p(x^v_2)$	67,4	62,6	58,5	54,9	51,7

• Le tracé du diagramme binaire isotherme à 75 °C du mélange hexane-heptane est donné page suivante.

• La courbe supérieure est *la courbe d'ébullition* ; la courbe inférieure est *la courbe de rosée*.

Le domaine supérieur correspond à un mélange liquide monophasé, le domaine inférieur correspond à un mélange monophasé vapeur ; le domaine intermédiaire correspond à un mélange biphasé liquide + vapeur.

• Les mélanges monophasés sont trivariants : on peut choisir arbitrairement la température, la pression et la composition du mélange.

Les mélanges biphasés sont bivariants : on ne peut choisir arbitrairement que deux paramètres intensifs parmi la température, la pression et la composition du mélange. Pour un diagramme isotherme, la température est fixée ; le choix de p impose alors la composition des deux phases à l'équilibre : les fractions molaires des deux phases sont données par les abscisses des points d'intersection de l'horizontale d'ordonnée p avec les courbes d'ébullition et de rosée.

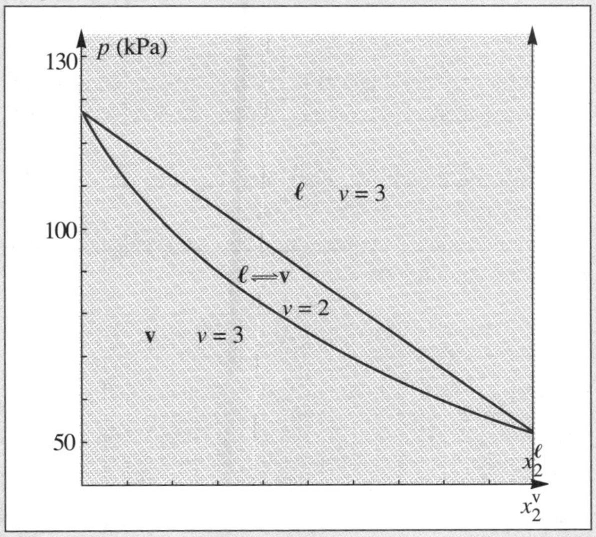

4 ■ De l'équation de la courbe d'ébullition $p = f(x_2^\ell)$, on tire :

$$x_2^\ell = \frac{p - p_1^*}{p_2^* - p_1^*}, \text{ puis } x_2^v = x_2\ell \cdot \frac{p_2^*}{p}$$

À 80 °C, on lit dans le tableau :

$p_1^* = 143{,}9$ mmHg et $p_2^* = 60{,}8$ mmHg. D'où :

$$\mathbf{x_2^\ell = 0{,}769 \ ; \ x_1^\ell = 0{,}231 \ ; \ x_2^v = 0{,}585 \ ; \ x_1^v = 0{,}415}$$

Application :

La quantité totale de vapeur est :

$$n^v = \frac{p \cdot V}{RT} = 0{,}273 \text{ mol}$$

Les quantités des deux constituants dans la vapeur s'en déduisent, $n_i^v = x_i^v \cdot n^v$:

$$\mathbf{n_1^v = 0{,}113 \text{ mol}} \text{ et } \mathbf{n_2^v = 0{,}159 \text{ mol}}$$

On en déduit les masses : $m_i^v = n_i^v \cdot M_i$; soit :

$$\mathbf{m_1^v = 9{,}72 \text{ g}} \text{ et } \mathbf{m_2^v = 15{,}93 \text{ g}}$$

La masse de liquide est donc :

$$m_2^\ell = m - (m_1^v + m_2^v) = \mathbf{974{,}35 \text{ g}}$$

On connaît la composition du liquide en fraction molaire ; on l'exprime en fraction massique :

$$w_2^\ell = \frac{m_2^\ell}{m_1^\ell + m_2^\ell} = \frac{n_2^\ell \cdot M_2}{n_1^\ell \cdot M_1 + n_2^\ell \cdot M_2} = \frac{x_2^\ell \cdot M_2}{x_1^\ell \cdot M_1 + x_2^\ell \cdot M_2}$$

$w_2^\ell = 0{,}795$.

Les masses des deux constituants dans le liquide s'en déduisent : $m_i^\ell = w_i^\ell \cdot m\ell$

$$\mathbf{m_1^\ell = 200 \text{ g}} \text{ et } \mathbf{m_2^\ell = 774{,}3 \text{ g}}$$

On en déduit les masses d'hexane et d'heptane utilisées pour préparer le liquide initial :

$$\mathbf{m_1 = 209{,}7 \text{ g}} \text{ et } \mathbf{m_2 = 790{,}2 \text{ g}}$$

5 ■ La température d'ébullition d'un corps pur sous 101,3 kPa est la température pour laquelle sa pression de vapeur saturante est égale à 101,3 kPa. D'après le tableau, sous 101,3 kPa, l'hexane pur ($x_2 = 0{,}0$) bout à 68,4 °C et l'heptane pur ($x_2 = 1{,}0$) bout à 98,2 °C.

Pour les trois températures intermédiaires du tableau, on calcule la composition des phases en équilibre sous 101,3 kPa grâce aux formules :

$$x_2^\ell = \frac{p - p_1^*(T)}{p_2^*(T) - p_1^*(T)} \quad \text{puis} \quad x_2^v = x_2^\ell \cdot \frac{p_2^*(T)}{p}$$

On obtient ainsi sous 101,3 kPa :

θ (°C)	68,4	75,0	80,0	85,0	98,2
T(K)	341,5	348,1	353,1	358,1	371,3
$\mathbf{p_1^*}$ **(kPa)**	0,60	0,70	0,80	0,90	1,00
$\mathbf{p_2^*}$ **(kPa)**	67,4	62,6	58,5	54,9	51,7
$\mathbf{x_2^\ell}$	0,00	0,310	0,513	0,673	1,00
$\mathbf{x_2^v}$	0,00	0,158	0,308	0,464	1,00

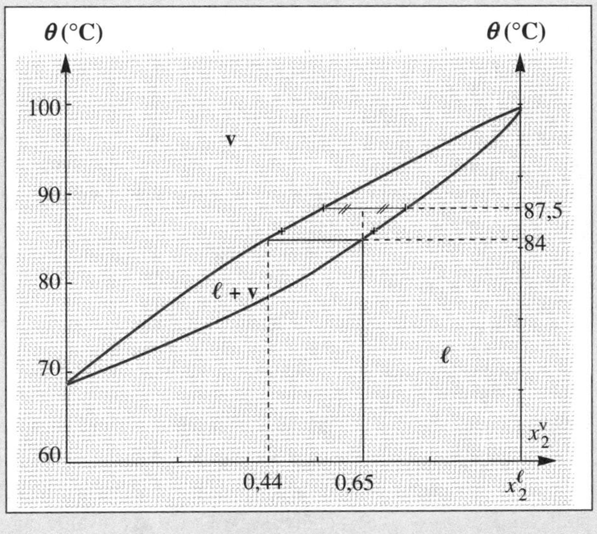

6 ■ **a)** D'après le diagramme ci-dessus, pour $x_2\ell = 0{,}65$, la première bulle apparaît à **84,2 °C** et $\mathbf{x_2^v = 0{,}44}$.

b) D'après le théorème des moments chimiques, les quantités de liquide et de vapeur sont égales lorsque le point N, d'abscisse 0,65, est le milieu du segment VL : sur le diagramme, on lit :

$$\mathbf{\theta = 87{,}5 \text{ °C} \ ; \ x_2^\ell = 0{,}75 \ ; \ x_2^v = 0{,}55}$$

Le liquide obtenu par condensation totale de cette vapeur a la même composition soit : $\mathbf{x_2 = 0{,}55}$.

13 Diagramme isobare pour des liquides non miscibles : thiophène-eau

1 ▬ $p_1^*(T)$ se calcule à partir de la troisième relation de Clapeyron :

$$\left(\frac{dp_1^*}{dT}\right)_{vap} = \frac{\Delta_{vap}S}{\Delta_{vap}V} = \frac{\Delta_{vap}H}{T \cdot \Delta_{vap}V}$$

$\Delta_{vap}V = v_g - v_{liq}$ en notant v les volumes molaires.

D'autre part : $v_g - v_{liq} \approx v_g$

En assimilant la vapeur à un gaz parfait, $v_g = \dfrac{RT}{p_1^*}$.

D'où : $$\left(\frac{dp_1^*}{dT}\right)_{vap} = \frac{\Delta_{vap}H}{T \cdot \Delta_{vap}V} = \frac{\Delta_{vap}H}{RT^2} \cdot p_1^*$$

En supposant $\Delta_{vap}H$ indépendant de la température dans l'intervalle $(T_1 ; T)$, on obtient par intégration :

$$\ln\frac{p_1^*(T)}{p_1^*(T_1)} = \frac{\Delta_{vap}H}{R} \cdot \left(\frac{1}{T} - \frac{1}{T_1}\right)$$

$T_1 = 357$ K ; $p_1^*(T_1) = 1{,}013$ bar ; on en tire :

$$\mathbf{\ln p_1^* = 10{,}625 - \frac{3{,}789 \cdot 10^3}{T}\ (p_1^* \text{ en bar})}$$

2 ▬ et **3** ▬ La formule établie à la question précédente permet de compléter le tableau et de calculer la pression totale de la vapeur au-dessus des deux liquides puis de tracer les courbes demandées.

θ (°C)	40	50	60	70
p_1^* (bar)	0,229	0,332	0,473	0,658
p_2^* (bar)	0,074	0,123	0,199	0,312
$p_1^* + p_2^*$ (bar)	0,303	0,455	0,672	0,97

θ (°C)	80	90	100	110
p_1^* (bar)	0,900	1,210	1,60	2,09
p_2^* (bar)	0,474	0,701	1,013	1,433
$p_1^* + p_2^*$ (bar)	1,374	1,911	2,613	3,519

Le mélange hétérogène des deux liquides commence à bouillir lorsque la pression de vapeur totale est égale à la pression extérieure : il faut donc déterminer la température pour laquelle $(p_1^* + p_2^*)$ est égale à 1,013 bar. On lit, sur le diagramme ci-après, $\theta \approx$ **71** °C.

Le système binaire comporte trois phases (deux phases liquides et une gazeuse) ; la variance est :

$$v = 4 - \varphi = 1$$

Le système est monovariant : le fait de fixer la pression impose la valeur de tous les autres paramètres intensifs ; la composition de la phase gazeuse et la température sont alors fixées : **la température de début d'ébullition ne dépend pas des proportions des deux liquides**.

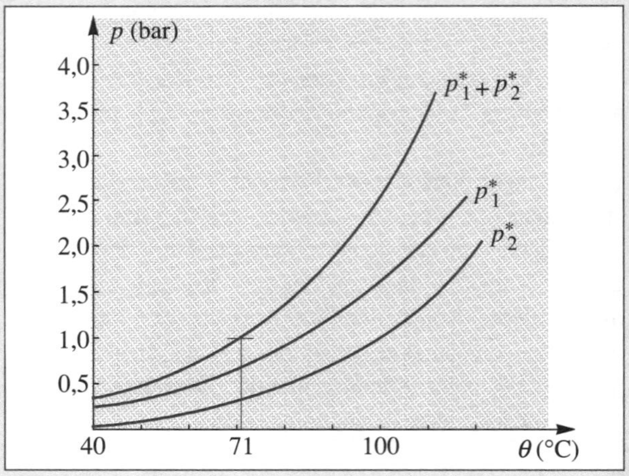

4 ▬ **a)** La pression totale et la fraction molaire en eau de la phase vapeur x_2^v étant connues, on en déduit $x_1^v = (1 - x_2^v)$ puis $p_1 = p \cdot x_1^v$.

Au-dessus du thiophène liquide pur, la vapeur de thiophène est saturante : $p_1 = p_1^*(T)$

La formule établie à la question **1)** permet de calculer la température d'équilibre :

$$T = \frac{3{,}789 \cdot 10^3}{(10{,}625 - \ln p_1^*)}$$

x_2^v	0,0	0,10	0,20	0,30	0,40	0,50
p_1^* (bar)	1,013	0,912	0,810	0,709	0,608	0,507
T (K)	357	353,5	349,7	345,4	340,6	335,1
θ (°C)	84	80,4	76,6	72,3	67,5	62,0

b) La pression totale et la fraction molaire en eau de la phase vapeur x_2^v étant connues, on en déduit $p_2 = p \cdot x_2^v$.

Au-dessus d'eau liquide pure, la vapeur d'eau est saturante : $p_2 = p_2^*(T)$. On détermine donc les températures d'équilibre à partir de la courbe $p_2^*(T)$.

x_2^v	1,00	0,90	0,80	0,70
p_2^* (bar)	1,013	0,912	0,810	0,709
θ (°C)	100	97	94	90

x_2^v	0,60	0,50	0,40	0,30
p_2^* (bar)	0,608	0,507	0,405	0,304
θ (°C)	86,5	81,5	75	70

c) La courbe d'ébullition est l'horizontale passant par le point H ($x_2(H) = 0{,}33$; $\theta(H) = 71{,}5$ °C). Voir le diagramme page suivante.

• *Domaine* ① : deux liquides non miscibles, donc $\varphi = 2$; donc $v = 2$: on peut choisir arbitrairement T et p.

• *Domaine* ② : $x_2^v < x_2(H)$: thiophène liquide pur et une phase vapeur, donc $\varphi = 2$; donc $v = 2$: on peut choisir arbitrairement T et p. p étant fixé, le choix de T impose la composition de la phase gazeuse et réciproquement.

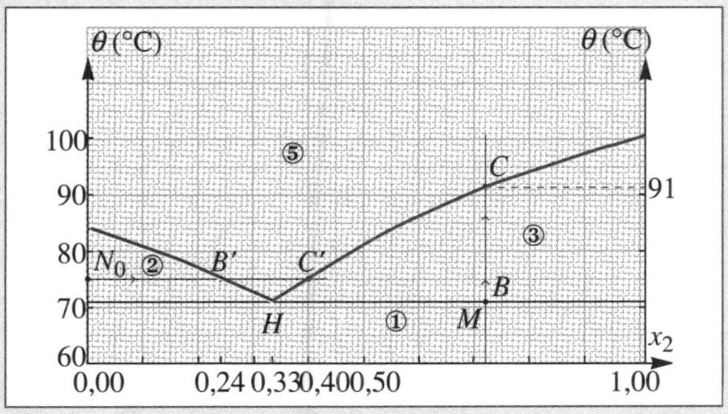

• *Domaine* ③ : $x_2^v > x_2(H)$: eau liquide pure et une phase vapeur, donc $\varphi = 2$; donc $v = 2$: on peut choisir arbitrairement T et p. p étant fixé, le choix de T impose la composition de la phase gazeuse et réciproquement.

• *Domaine* ④ : $x_2^v = x_2(H)$; ce domaine se limite au point H : eau liquide pure, thiophène liquide pur et une phase vapeur, donc $\varphi = 3$; donc $v = 1$: p étant fixé, T et la composition de la vapeur sont imposées.

• *Domaine* ⑤ : une phase vapeur, donc $\varphi = 1$; donc $v = 3$: on peut choisir arbitrairement T, p et la composition de la phase gazeuse.

5 ▬ **a)** 15,0 g d'eau et 28 g de thiophène correspondent respectivement à 0,833 mol et 0,333 mol. Le mélange initial a donc une fraction molaire globale $x_2 = 0{,}714$: le point M représentant le système décrit la verticale d'abscisse $x_2 = 0{,}714$. La première bulle de vapeur apparaît quand M arrive en B (voir le diagramme précédent) et $\boldsymbol{x_2^v = x_2(H) = 0{,}33}$.

b) • Le système est triphasé donc monovariant : la pression étant imposée, la température et la composition de la vapeur sont fixées. Si l'on poursuit le chauffage, on observe la vaporisation progressive des liquides à la température constante T_H ; l'énergie fournie sert uniquement à vaporiser les liquides.

• $x_2(H)$ étant inférieur à x_2, la vapeur qui se forme est plus riche en thiophène que le système global initial : le liquide qui disparaît le premier est donc le thiophène. Quand la dernière goutte de thiophène disparaît, la température est encore égale à T_H et la composition de la vapeur encore égale à $\boldsymbol{x_2(H) = 0{,}33}$.

c) Le système est biphasé donc bivariant : bien que la pression soit imposée, la température et/ou la composition de la vapeur peuvent varier : si l'on poursuit le chauffage, l'eau liquide se vaporise progressivement et la température s'élève. La composition de la phase gazeuse varie : n_2^v augmente alors que n_1^v est constant donc x_2^v augmente ; le point V représentant la phase gazeuse décrit l'arc HC sur la branche de droite de la courbe de rosée.

La dernière goutte d'eau liquide disparaît quand M arrive en C (voir le diagramme précédent) : la température est alors de 91°C et la composition de la vapeur est la composition globale x_2.

6 ▬ **a)** À 75 °C sous 1,013 bar, le thiophène pur est liquide : le système est monophasé (point N_0).

b) Lors de l'introduction progressive d'eau liquide, x_2 croît : le point N décrivant le système global se déplace vers la droite, sur l'horizontale $\theta = 75$ °C. Le mélange devient monophasé gazeux quand N atteint B' soit pour $\boldsymbol{x_2 = 0{,}24}$.

28 g de thiophène correspondent à 0,333 mol.

Soit $m_2(B')$ la masse d'eau à ajouter :

$$x_1(B') = \frac{n_1}{n_1 + n_2(B')} \quad \text{soit} \quad 0{,}76 = \frac{0{,}333}{0{,}333 + n_2(B')}$$

On en tire :

$$\boldsymbol{n_2(B') = 0{,}105 \text{ mol}} \quad \text{et} \quad \boldsymbol{m_2(B') = 1{,}89 \text{ g}}$$

c) Le mélange redevient biphasé liquide-vapeur quand N atteint C' soit pour $x_2 = 0{,}40$.

En procédant comme ci-dessus, on obtient :

$$\boldsymbol{n_2(C') = 0{,}22 \text{ mol}} \quad \text{et} \quad \boldsymbol{m_2(C') = 4{,}0 \text{ g}}$$

La phase liquide qui apparaît est de l'eau pure puisque $x_2(C') = 0{,}40 > x_2(H)$.

7 ▬ **a)** L'*entraînement à la vapeur* est un processus d'extraction d'un composé organique volatil par un solvant (le plus souvent l'eau) lequel n'est pas miscible à l'état liquide.

Voir dispositif (*doc.* 6) dans les *Rappels de cours*.

b) D'après le diagramme, un mélange d'eau et de thiophène sous 1,013 bar bout à 71,5 °C.

Les pressions de vapeur saturante des deux liquides à cette température sont lues sur la courbe de la question **2)** :

$$p_1^* = 0{,}67 \text{ bar} \quad \text{et} \quad p_2^* = 0{,}33 \text{ bar}$$

Les quantités d'eau et de thiophène dans la vapeur sont proportionnelles à leurs pressions de vapeur saturante.

On a donc :

$$\frac{n_2}{n_1} = \frac{p_2^*}{p_1^*}$$

Pour entraîner une masse m_1 de thiophène, il faut donc utiliser une masse m_2 d'eau telle que :

$$m_2 = m_1 \cdot \frac{M_2}{M_1} \cdot \frac{p_2^*}{p_1^*}$$

Pour entraîner 150 g de thiophène, il faut utiliser 15,8 g d'eau.

14 Essence de térébenthine

A. Purification de l'essence de térébenthine

1 ▬ Si l'essence de térébenthine est à l'air libre dans un local non ventilé, l'équilibre liquide-vapeur s'établit et la pression partielle de pinène dans l'air devient égale à sa pression de vapeur saturante.

D'après la formule, à $T = 298$ K, $p_1^* = 5{,}88$ hPa = 588 Pa.

Pour un gaz parfait, la concentration massique τ et la pression partielle p sont reliées par la formule :

$$p = \frac{\tau \, . \, RT}{M}$$

Pour le pinène : $M = 136\ \text{g.mol}^{-1}$, $p = 588$ Pa à 298 K correspondent donc à une concentration massique de $32{,}63\ \text{g.m}^{-3}$ (soit plus de 6 fois la concentration limite de $5\ \text{g.m}^{-3}$).
Pour réduire la concentration, il faut, d'une part, reboucher le récipient contenant l'essence de térébenthine et d'autre part ventiler le local où l'on opère.

2 ▬ Pour éviter tout danger, même dans un local non ventilé, il suffit d'opérer à une température telle que la pression de vapeur saturante soit inférieure à la pression limite, soit :

$$\exp\left(\frac{16{,}0481 - 3326{,}67}{T - 64{,}97}\right) < \frac{\tau_{\text{lim}} \cdot RT}{M}$$

Cette équation transcendante ne peut être résolue que numériquement (ou graphiquement). On trouve alors :

$$\mathbf{T < 270\ K} \text{ soit } \boldsymbol{\theta < -3\ °C}$$

3 ▬ Dans le récipient A, le système comporte deux constituants et trois phases : deux phases liquides constituées chacune d'un seul constituant et une phase gazeuse, mélange des deux constituants. La variance du système est donc :

$$v = 4 - \varphi = 1$$

Le système est monovariant : le fait de fixer la pression impose la valeur de tous les autres paramètres intensifs ; la composition de la phase gazeuse et la température sont alors fixées : **la température dans *A* reste constante tant que les deux liquides sont présents.**

4 ▬ La pression totale dans le récipient A est la somme des pressions de vapeur saturante de l'eau et du pinène ; on a donc :

$$p_{\text{atm}} = p_1^* + p_2^*$$
$$= \exp\left(\frac{16{,}0481 - 3\,326{,}67}{T - 64{,}97}\right) + \exp\left(\frac{20{,}809 - 5\,176{,}44}{T}\right)$$

La résolution numérique de cette équation fournit :

$$\mathbf{T = 368{,}15\ K} \text{ soit } \boldsymbol{\theta = 95\ °C}$$

5 ▬ En assimilant le pinène et l'eau (à l'état vapeur) à des gaz parfaits, leurs quantités dans la vapeur sont proportionnelles à leurs pressions de vapeur saturante ; on a donc :

$$\frac{n_1}{n_2} = \frac{p_1^*}{p_2^*}$$

Le rapport des masses de pinène et d'eau du mélange recueilli en B est donc :

$$\frac{m_1}{m_2} = \frac{M_1}{M_2} \cdot \frac{p_1^*}{p_2^*}$$

Les pressions de vapeur saturante des deux liquides à la température considérée, sont :

$$P_1^* = 160\ \text{hPa}\ \ (160{,}05)\ ;\ P_2^* = 853\ \text{hPa}\ (852{,}62)$$

On en tire : $\dfrac{m_1}{m_2} = 1{,}42$

6 ▬ Pour entraîner 1 000 g de pinène, il faut donc utiliser une masse m_2 d'eau telle que :

$$\mathbf{m_2} = \frac{1\,000}{1{,}42} = \mathbf{706\ g}$$

B. Distillation du pinène

1 ▬ Les températures d'ébullition des corps purs se lisent sur le diagramme :

- l'α-pinène pur correspond à $x = y = 1$: $\theta_{\text{éb},\,\alpha} = 73$ °C ;
- le β-pinène pur correspond à $x = y = 0$: $\theta_{\text{éb},\,\beta} = 82$ °C.

2 ▬ Le mélange étudié a un titre molaire en α-pinène égal à 0,28.
À 76 °C, ce mélange est totalement liquide (domaine (1)).
À 80 °C, il est biphasé liquide-vapeur (domaine (2)), chacune de ces phases contenant de l'eau et du pinène.
À 81 °C et 83 °C, le mélange est totalement gazeux (domaine (3)).

3 ▬ L'apparition de la première bulle de vapeur correspond à l'intersection de la verticale $x = 0{,}28$ avec **(a)** : $\boldsymbol{\theta_{\text{éb}} = 79{,}5\ °C}$.
Les premières gouttes de liquide recueillies proviennent de la condensation des premières vapeurs émises : la composition des premières bulles de vapeur se lit à l'intersection de l'isotherme $\boldsymbol{\theta = \theta_{\text{éb}} = 79{,}5\ °C}$ avec **(b)** : $\mathbf{y = 0{,}38}$.
y étant inférieur à 0,50, ces vapeurs sont plus riches en β-pinène qu'en α-pinène. Elles sont cependant plus riches en α-pinène que le liquide de départ : les vapeurs se sont enrichies en constituant le plus volatil.

6 Diagrammes d'Ellingham

RAPPELS DE COURS

TRACÉ D'UN DIAGRAMME D'ELLINGHAM

• Un diagramme d'Ellingham est constitué des graphes des fonctions $\Delta_r G^0(T)$ relatifs aux réactions d'oxydation de réducteurs Red en oxydants Ox par du dioxygène O_2, par un dihalogène X_2 (F_2, Cl_2, Br_2, I_2) ou par le disoufre S_2 ; O_2, X_2 et S_2 étant pris à l'état gazeux.

• Pour établir un diagramme d'Ellingham, la réaction d'oxydation de l'espèce Red, en l'espèce Ox, fait toujours intervenir la même quantité de dioxygène, de dihalogène ou de disoufre, généralement une mole ; on considère alors les équations suivantes pour un métal M :

$$2\frac{x}{y}M + O_2\,(g) = \frac{2}{y}M_xO_y \qquad \textbf{(1)}$$

$$\frac{2}{n}M + X_2\,(g) = \frac{2}{n}MX_n \qquad \textbf{(2)}$$

$$2\frac{x}{y}M + S_2\,(g) = \frac{2}{y}M_xS_y \qquad \textbf{(3)}$$

• L'expression de la fonction $\Delta_r G^0(T)$ est établie dans le cadre de l'*approximation d'Ellingham* : en l'absence de tout changement de phase, l'enthalpie standard de réaction $\Delta_r H^0$ et l'entropie standard de réaction $\Delta_r S^0$ sont indépendantes de la température.

Alors : $\Delta_r H^0(T) \approx \Delta_r H^0(T_0)$ et $\Delta_r S^0(T) \approx \Delta_r S^0(T_0)$

et : $\Delta_r G^0(T) = \Delta_r H^0(T) - T\,.\,\Delta_r S^0(T) \approx \Delta_r H^0(T_0) - T\,.\,\Delta_r S^0(T_0)$

• Linéaire en l'absence de tout changement d'état physique (fusion, ébullition, sublimation, changement de variétés allotropiques), la représentation graphique de $\Delta_r G^0(T)$ présente un point anguleux, à accroissement de pente lors d'un changement d'état du réducteur Red, avec diminution de pente lors d'un changement d'état de l'oxydant Ox, lorsque la température croît.

• La pente de $\Delta_r G^0(T)$ vaut $-\Delta_r S^0(T_0)$. Elle est liée à la variation du désordre moléculaire au cours de la réaction, qui, dans l'équation de réaction, se traduit essentiellement par le signe de $\Sigma\,\nu_{i\,gaz}$:

– elle est positive ($\Delta_r S^0(T) < 0$) si $\Sigma\,\nu_{i\,gaz} < 0$ (cas le plus fréquent) ;

– elle est négative ($\Delta_r S^0(T) > 0$) si $\Sigma\,\nu_{i\,gaz} > 0$;

– elle est quasi nulle ($\Delta_r S^0(T) \approx 0$) si $\Sigma\,\nu_{i\,gaz} = 0$.

• Lorsque les espèces Ox et Red sont condensées (solides ou liquides), les graphes $\Delta_r G^0(T)$ forment un ensemble de segments quasi parallèles. En effet, en considérant par exemple les couples M_xO_y/M :

$$\Delta_r S^0\,(T_0) = \frac{2}{y}\,S^0(M_xO_y,\ \ell \text{ ou s}) - 2\frac{x}{y}\,S^0(M,\ \ell \text{ ou s}) - S^0(O_2,\ g)$$

soit en remarquant que :

$$S^0(M_xO_y,\ \ell \text{ ou s}) << S^0(O_2,\ g) \quad \text{et} \quad S^0(M,\ \ell \text{ ou s}) << S^0(O_2,\ g)$$

$$\Delta_r S^0\,(T_0) \approx -\,S^0\,(O_2\,,\ g)$$

APPLICATIONS DES DIAGRAMMES D'ELLINGHAM

Nous nous limiterons au diagramme d'Ellingham des oxydes, ceux des halogénures et des sulfures présentant des applications analogues.

• *Domaines de stabilité du métal et de son oxyde*

Soit l'équilibre **(1)** d'équation :

$$2\,\frac{x}{y}\,M + O_2\,(g) = \frac{2}{y}\,M_xO_y \qquad \textbf{(1)}$$

Lorsque les trois espèces sont en équilibre et dans le cas où M et M_xO_y sont des solides ou des liquides non miscibles :

$$\Delta_r G_1^0(T) = -\,RT\,.\,\ln K^0(T) = -\,RT\,.\,\ln\frac{p^0}{p(O_2)_{éq}} = RT\,.\,\ln\frac{p(O_2)_{éq}}{p^0}$$

L'affinité chimique $\mathcal{A}_1(T)$ s'écrit :

$$\mathcal{A}_1(T) = RT\,.\,\ln\frac{K}{Q} = RT\,.\,\ln\frac{p(O_2)}{p(O_2)_{éq}}$$

Aux graphes $\Delta_r G_1^0(T)$, il est alors commode de superposer les graphes $y = RT\,.\,\ln\dfrac{p(O_2)}{p^0}$ qui, à l'équilibre, se confondent avec ceux de $\Delta_r G_1^0(T)$.

Dans un tel diagramme, le réducteur (M) est stable au-dessous du graphe $\Delta_r G^0(T)$ et l'oxydant est stable au-dessus de ce graphe.

Aussi a-t-on, par exemple, pour le couple M_xO_y/M , le graphe ci-dessous.

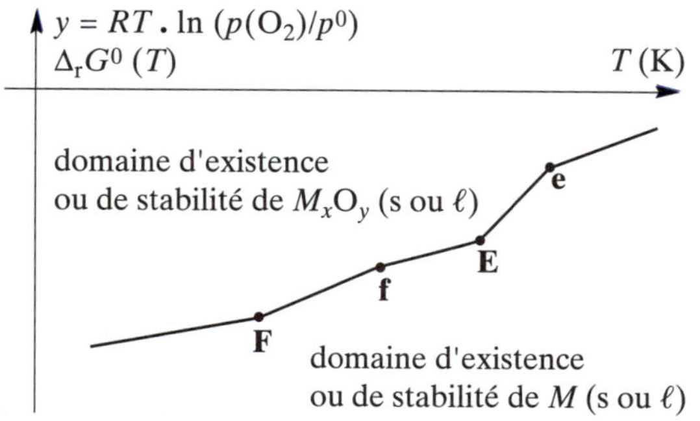

F : fusion du métal ;
f : fusion de l'oxyde ;
E : ébullition du métal ;
e : ébullition de l'oxyde.

• *Corrosion sèche d'un corps simple*

• La corrosion sèche d'un corps simple correspond à l'oxydation de celui-ci par une espèce gazeuse telle que le dioxygène.

• Un corps simple est *naturellement* corrodé par le dioxygène quand l'affinité chimique de la réaction (1), $\mathcal{A}_1(T)$, est positive.

C'est le cas :

– lorsque, à température T donnée, la pression partielle $p(O_2)$ est supérieure à la pression de corrosion de M, $p(O_2)_{corr.(M)}$ (T) telle que :

$$p(O_2)_{corr.(M)}(T) = p(O_2)_{éq}(T) = p^0 \cdot \exp\left(\frac{\Delta_r G_1^0(T)}{RT}\right)$$

– lorsque, à pression partielle $p(O_2)$ donnée, la température T du système est inférieure à la température limite de corrosion T_L avec :

$$p(O_2) = p^0 \cdot \exp\left(\frac{\Delta_r G_1^0(T_L)}{RT_L}\right)$$

• *Décomposition d'un oxyde*

• La décomposition d'un oxyde M_xO_y correspond à sa réduction, et les valeurs limites $p(O_2)_{décomp(M_xO_y)}$ et $T_{Ldécomp(M_xO_y)}$ et sont identiques à celles déterminées pour la corrosion sèche de M.

• La décomposition de M_xO_y s'effectue, à T donnée, pour des pressions partielles $p(O_2)$ inférieures à $p(O_2)_{décomp(M_xO_y)}$.

• La décomposition de M_xO_y s'effectue, à $p(O_2)$ donnée, pour des températures T supérieures à $T_{Ldécomp(M_xO_y)}$.

• *Réduction d'un oxyde*

C'est le résultat de la compétition entre les couples M_xO_y/M et $M'_{x'}O_{y'}/M'$ avec :

$$2\frac{x}{y}M + \frac{2}{y'}M'_{x'}O_{y'} = 2\frac{x'}{y'}M' + \frac{2}{y}M_xO_y \qquad \Delta_r G^0(T)$$

• Si les quatre espèces sont condensées $\Delta_r G(T) = \Delta_r G^0(T)$; la réaction est alors totale dans le sens lorsque $\Delta_r G^0(T) < 0$. Dans ces conditions, un réducteur réduit tout oxyde placé au-dessus de lui dans le diagramme d'Ellingham.

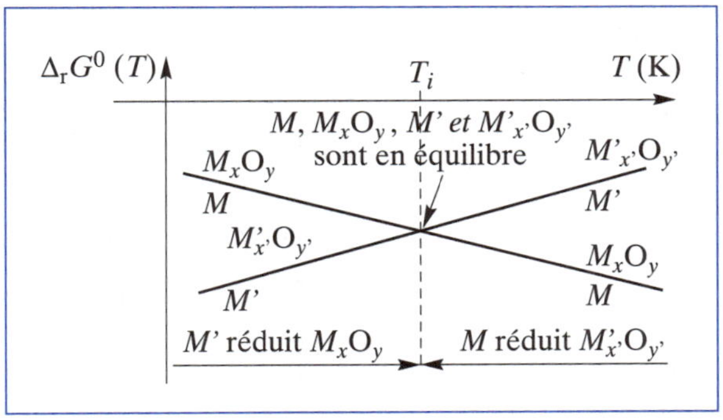

• Si l'une des espèces au moins est gazeuse, la réaction est limitée et sa constante d'équilibre vaut 1,00 lorsque $\Delta_r G^0(T) = 0$.

C'est le cas d'une réduction par le carbone (couple CO/C) ou par le monoxyde de carbone (couple CO_2/CO).

Les conclusions tirées de l'étude d'un diagramme d'Ellingham sont d'origine thermodynamique : elles indiquent les évolutions *spontanées*, c'est-à-dire en accord avec le Second Principe de la Thermodynamique. Certaines des réactions prévues peuvent cependant ne pas être observées si leur vitesse est trop faible à la température considérée.

ÉNONCÉS

1 Lecture d'un diagramme d'Ellingham

Le diagramme ci-dessous donne l'allure des graphes relatifs aux couples :

Ag_2O/Ag ; Al_2O_3/Al ;
CO_2/C ; MgO/Mg ;
PbO/Pb ; SiO_2/Si ;
ThO_2/Th ; ZnO/Zn.

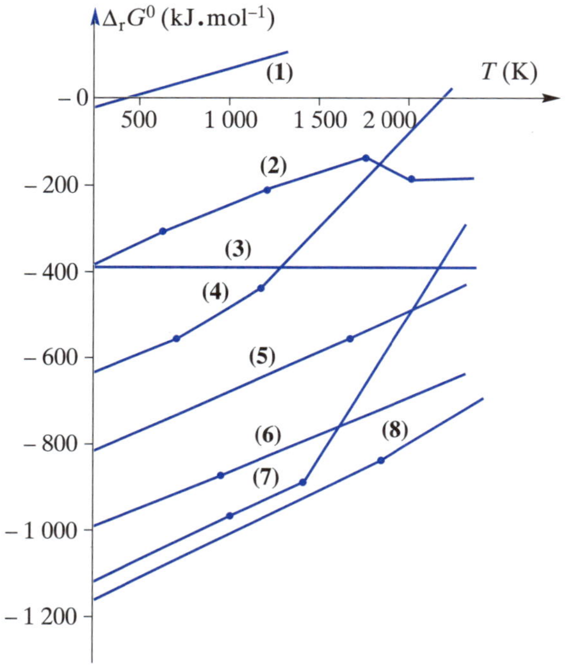

1 ▬ Écrire les équations chimiques de formation de ces oxydes. En déduire le couple représenté par la droite **(3)**.

2 ▬ L'oxyde d'argent oxyde tous les corps simples considérés et le thorium réduit tous les oxydes envisagés. Identifier les graphes caractéristiques des couples Ag_2O/Ag et ThO_2/Th.

3 ▬ Sur l'intervalle [300 K ; 2 200 K] le silicium réduit l'oxyde de zinc, mais pas l'oxyde d'aluminium. La réduction de l'oxyde de zinc par le plomb n'est possible qu'à haute température comme celle de l'oxyde de magnésium par l'aluminium.

a) Terminer l'identification des graphes.

b) Écrire les équations chimiques de la réduction de l'oxyde d'argent par l'aluminium et par le magnésium.

Conseils

• Revoir si nécessaire les *Rappels de cours* et, en particulier, la position relative des domaines de stabilité du métal et de l'oxyde.

• Exploiter chacune des données du **3)** en positionnant, sur un schéma, chaque paire [métal – oxyde] considérée.

2 Utilisation d'un diagramme d'Ellingham

Toutes les réponses, y compris celles qui nécessitent des calculs, seront déduites du diagramme proposé page suivante.
Ce diagramme présente les graphes $\Delta_r G_i^0(T)$ pour les couples :

Ag_2O/Ag ; CuO/Cu ; PbO/Pb ; NiO/Ni

tracés dans le cadre des hypothèses d'Ellingham et pour une mole de dioxygène.

1 ▬ Écrire les équations chimiques de formation des oxydes.

2 ▬ Est-il possible de conserver de l'oxyde de cuivre dans un boîtier en nickel ? dans un boîtier en argent ?

3 ▬ Dans quel domaine de température le plomb peut-il réduire l'oxyde de nickel dans les conditions standard ?

4 ▬ Écrire l'équation de la réduction de l'oxyde d'argent par le nickel à 1 000 K ; déterminer l'enthalpie libre standard de cette réaction.

5 ▬ **a)** Sur le diagramme proposé, tracer les graphes :

$$Y_i = \left[R \,.\, \ln \frac{p(O_2)}{p^0}\right] . \; T$$

pour :
α) $p(O_2) = 0{,}20$ bar ;
β) $p(O_2) = 1{,}0 \,.\, 10^{-4}$ bar ;
γ) $p(O_2) = 1{,}0 \,.\, 10^{-8}$ bar.

b) En déduire les températures limites de corrosion du nickel sous chacune de ces trois pressions.

c) On chauffe une plaque d'argent recouverte d'oxyde d'argent dans de l'air ($p(O_2) = 0{,}20$ bar).
À quelle température disparaît la couche d'oxyde ?

6 ▬ Déterminer les pressions de corrosion du cuivre, du nickel et du zinc à 1 500 K.

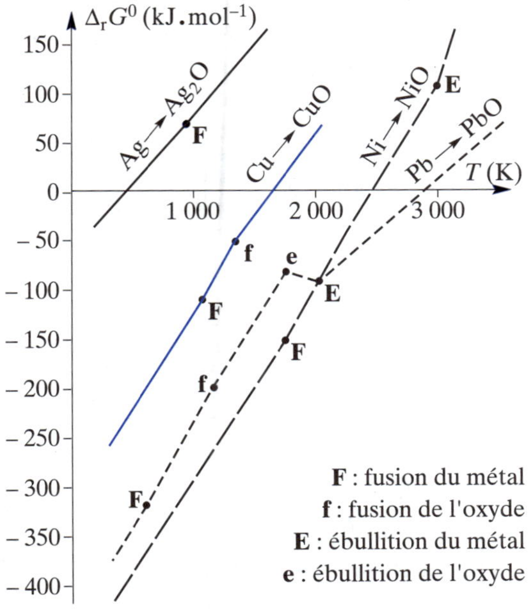

Conseils

2) 4) Repérer les domaines de stabilité des espèces mises en jeu et conclure.

5) Revoir si nécessaire les *Rappels de cours*.

6) Pour chaque couple oxyde de métal/métal, déterminer $\Delta_r G_i^0$ (1 500 K) à l'aide du graphe et en déduire $p(O_2)_{éq}$ qui est, par définition, égale à la pression de corrosion.

3 Diagrammes d'Ellingham NiO/Ni et FeO/Fe

Dans cet exercice, on se limite à l'intervalle de température [298 K ; 1 300 K] ; les constituants autres que le dioxygène sont alors tous solides.

1 – Établir, sans aucune approximation, les expressions générales donnant $\Delta_r H^0(T)$ et $\Delta_r S^0(T)$ pour les réactions de formation de l'oxyde de fer (FeO) et de l'oxyde de nickel (NiO) mettant en jeu une mole de dioxygène.
Calculer numériquement $\Delta_r H^0$(1 000 K) et $\Delta_r S^0$(1 000 K) pour ces réactions ; en déduire que l'approximation d'Ellingham s'applique à mieux que 2 % pour $\Delta_r G^0$(1 000 K).

2 – L'approximation d'Ellingham étant admise, tracer sur le même schéma les graphes $\Delta_r G^0(T)$ pour les couples FeO(s)/Fe(s) et NiO(s)/Ni(s) en se limitant à l'intervalle [500 K ; 1 300 K]. Commenter.

3 – Déterminer à 1 000 K la pression de corrosion des deux métaux. Conclure.

4 – *Dans un récipient de volume constant V = 10,0 L, maintenu à 1 000 K et initialement vide, on introduit l'un des quatre mélanges solides suivants :

a) 0,050 mole de fer et 0,100 mole d'oxyde de nickel ;
b) 0,050 mole d'oxyde de fer et 0,050 mole de nickel ;
c) 0,050 mole de fer et 0,050 mole d'oxyde de nickel ;
d) 0,050 mole de nickel et 0,100 mole d'oxyde de nickel.
Déterminer, dans chaque cas, la quantité de chaque solide présent et la pression du dioxygène dans l'état final.

Données :

espèces	Fe(s)	FeO(s)	Ni(s)	NiO(s)	O_2
$\Delta_f H^0$ (298 K) (kJ.mol^{-1})	0	– 272,1	0	– 239,8	0
S^0 (298 K) (J.K^{-1}.mol^{-1})	27,3	57,5	29,9	38,0	205,0
C^0 (J.K^{-1}.mol^{-1})	25,1	48,1	26,1	44,3	34,6

Les valeurs de C_p^0 sont valables sur l'intervalle de température considéré.

Conseils

1) Revoir si nécessaire les lois de Kirchhoff et les *Rappels de cours*.

4) Utiliser le diagramme d'Ellingham pour définir, dans chaque cas, l'état final.
Lorsqu'un état final est constitué du métal M et de l'oxyde M'O, le seul équilibre possible est :

$$2\,M'O\,(s) = 2\,M'\,(s) + O_2\,(g)$$

4 Le chrome et ses oxydes

D'après Concours Mines-Ponts, 1998.

L'utilisation des calculatrices n'est pas autorisée pour cette épreuve.

A. Le trioxyde de chrome (VI)

Ce composé est utilisé dans la synthèse des rubis artificiels, solutions solides d'alumine et d'oxyde de chrome (III). On étudie ci-dessous sa stabilité à l'air libre.
On considère la réaction suivante :

$$4\,CrO_3\,(s) = 2\,Cr_2O_3\,(s) + 3\,O_2\,(g)$$

1 – Calculer l'enthalpie standard et l'entropie standard de cette réaction, puis son enthalpie libre standard à 300 K .

2 – Montrer que le trioxyde de chrome est instable à 300 K en présence d'air (on prendra $p(O_2)$ = 0,2 bar dans l'air). Que doit-il advenir, théoriquement, d'un cristal de trioxyde de chrome laissé à l'air ambiant ?
On donne : $RT \, . \ln 0{,}2 \approx -4$ kJ . mol^{-1} à 300 K.

3 – Montrer, sans calcul supplémentaire, que cette instabilité demeure si $T > 300$ K .

B. Étude de la réduction de l'oxyde de chrome (III) par l'aluminium métal

4 ▬ Le diagramme d'Ellingham des systèmes Cr_2O_3/Cr et Al_2O_3/Al est fourni ci-dessous, entre 300 K et 2 500 K.

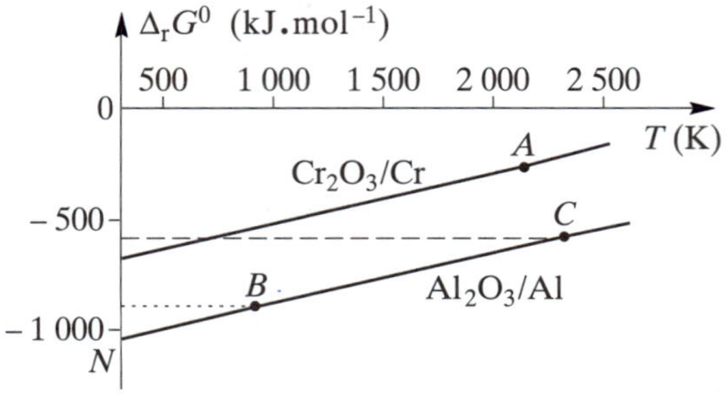

Ce diagramme représente l'enthalpie libre de formation des oxydes (de chrome ou d'aluminium) pour une mole de dioxygène, en fonction de la température.

Écrire les équations donnant la réaction de formation de chaque oxyde avec la convention indiquée.

5 ▬ Aux points *A*, *B* et *C*, on observe un faible changement de pente. À quel phénomène physique correspond chacun de ces points ? Donner le sens de variation de la pente, lorsque *T* augmente, pour le point *B*, grâce à un raisonnement qualitatif que l'on exposera clairement.

6 ▬ Calculer la pente du segment *NB*, puis celle du segment *BC*.

C. Étude de la réaction de réduction

On précise qu'à l'état solide ou liquide, les espèces Al, Al_2O_3, Cr et Cr_2O_3 sont totalement non miscibles.

7 ▬ Écrire l'équation chimique de la réduction d'une mole de Cr_2O_3, oxyde de chrome (III) par l'aluminium, à 300 K.

8 ▬ L'enthalpie standard de cette réaction vaut – 560 kJ . mol^{-1}. Utiliser le diagramme pour déterminer le signe de l'affinité chimique de cette réaction, à toute température. Conclure sur la possibilité thermodynamique de la réduction de l'oxyde de chrome (III) par l'aluminium et sur l'évolution du système lorsqu'on part des espèces Cr_2O_3 et Al.

9 ▬ On mélange 0,90 mol d'oxyde de chrome (III) et 1,80 mol d'aluminium à 300 K. On amorce la réaction, qui est alors instantanée.

Quelle est la quantité de chrome obtenue ?

On suppose que la chaleur dégagée par la réaction est théoriquement suffisante pour que le chrome et l'alumine se trouvent en totalité à l'état liquide en fin de réaction, pour un système isolé. Calculer la température finale atteinte. L'hypothèse de calcul est-elle correcte ?

On prendra pour capacités calorifiques moyennes sur l'intervalle de température utile : 40 J . mol^{-1} . K^{-1} pour le chrome (liquide ou solide) et 120 J . mol^{-1} . K^{-1} pour l'alumine (liquide ou solide).

10 ▬ Sachant que la densité de l'alumine liquide est nettement inférieure à celle du chrome liquide, pourquoi est-il intéressant, industriellement, d'obtenir le chrome et l'alumine à l'état liquide ?

Tableau 1. *Propriétés physiques de quelques corps purs*

nom	formule	température de fusion (°C)	température d'ébullition (°C)
aluminium	Al	660	2 520
alumine	Al_2O_3	2 050	2 980
chrome	Cr	1 910	2 670
oxyde de chrome (III)	Cr_2O_3	2 440	4 000

Tableau 2. *Grandeurs thermodynamiques standard (supposées indépendantes de la température)*

formule	état	$\Delta_f H^0$ (kJ.mol^{-1})	S^0 (J.K^{-1}.mol^{-1})	$\Delta_{fus} H^0$ (kJ.mol^{-1})	$\Delta_{vap} H^0$ (kJ.mol^{-1})
Al	solide	0	27	10	290
Al_2O_3	solide	– 1 700	51	110	
Cr	solide	0	24	20	350
CrO_3	solide	– 590	73		
Cr_2O_3	solide	– 1 140	81		
O_2	gaz	0	205		

Conseils

2) Utiliser l'affinité chimique.

9) La réaction étant instantanée, la supposer adiabatique et faire un bilan thermodynamique ; ne pas oublier, dans ce bilan, les enthalpies de fusion du chrome et de l'alumine.

5 Obtention du magnésium par le procédé « Magnétherm »

D'après Concours e3a.

La préparation du magnésium se fait à partir de la magnésie MgO, le réducteur étant le silicium.

On utilisera les données suivantes :

$$\text{Si (s ou } \ell) + O_2 \text{ (g)} = SiO_2 \text{ (s ou } \ell) \qquad (1)$$

$$\Delta_r G_1^0(T) = -905\,160 + 174{,}7 \,.\, T \quad (\text{J . mol}^{-1})$$

relation qui sera supposée valable de 298 K à 2 500 K, même après les fusions du silicium (1 683 K) et de SiO_2 (environ 2 000 K) ;

$$2\text{ Mg (s)} + O_2 \text{ (g)} = 2\text{ MgO (s)} \qquad (2)$$

$$\Delta_r G_2^0(T) = -1\,201\,300 + 204{,}8 \,.\, T \quad (\text{J . mol}^{-1})$$

relation valable de 298 K à 923 K (fusion du magnésium) ;

$$2\ Mg\ (\ell) + O_2\ (g) = 2\ MgO\ (s) \quad \textbf{(3)}$$
$$\Delta_r G_3^0(T) = -\ 1\ 213\ 000 + 217{,}4\ .\ T \quad (J\ .\ mol^{-1})$$
relation valable de 923 K à 1 380 K (ébullition du magnésium) ;
$$2\ Mg\ (g) + O_2\ (g) = 2\ MgO\ (s) \quad \textbf{(4)}$$
$$\Delta_r G_4^0(T) = -\ 1\ 469\ 000 + 403{,}8\ .\ T \quad (J\ .\ mol^{-1})$$
relation valable de 1 380 K à 2 500 K .

1 ▬ Peut-on réduire l'oxyde de magnésium par le silicium à 298 K sous 1,00 bar ?

2 ▬ À partir de quelle température cette réaction de réduction (notée **(5)**) est-elle possible sous 1,00 bar ? Dans quel état se forme alors le magnésium ?

3 ▬ Pour déplacer l'équilibre dans le sens de la formation du magnésium, sur quels facteurs peut-on agir ?

4 ▬ On réalise cette réduction à 1 400 °C, le magnésium étant obtenu gazeux ; calculer alors sa pression à l'équilibre ; les activités des espèces condensées seront prises égales à 1,00.

5 ▬ *Dans l'industrie, la réaction de réduction est adaptée aux matières premières dont on dispose, en particulier la *dolomie* CaO, MgO (mélange équimolaire) et la réaction de réduction est globalement la suivante (procédé « Magnétherm ») :

$$2\ MgO\ (s) + 2\ CaO\ (s) + Si\ (s) = 2\ Mg\ (g) + Ca_2SiO_4\ (s) \quad \textbf{(6)}$$

À l'aide des données précédentes et de la donnée suivante :
$$2\ CaO\ (s) + SiO_2\ (s) = Ca_2SiO_4\ (s) \quad \textbf{(7)}$$
$$\Delta_r G_7^0(T) = -\ 126\ 240 - 5{,}0\ .\ T \quad (J\ .\ mol^{-1})$$
calculer l'enthalpie libre standard de la réaction **(6)** à 1 400 °C et en déduire, à cette température, la pression partielle du magnésium p(Mg) en équilibre avec le mélange solide.
Comparer cette valeur avec celle trouvée au **4)** ; conclure.

Conseils

1) 2) Utiliser l'affinité chimique.

2) 5) Calculer les constantes d'équilibre pour les réactions **(6)** et **(7)** afin de déterminer p (Mg).

6 Fabrication des aimants cobalt-samarium par calciothermie

D'après Concours e3a.

1 ▬ À l'aide des données ci-après, établir les expressions de $\Delta_r G_1^0(T)$ et $\Delta_r G_2^0(T)$ pour la formation du chlorure de calcium **(1)** et du chlorure de cobalt **(2)** dans le cadre de l'approximation d'Ellingham.
On se limitera à l'intervalle de température [298 K ; 1 200 K] et on s'intéressera à des réactions mettant en jeu une mole de dichlore.

2 ▬ Tracer, sur un même diagramme, le graphe des fonctions $\Delta_r G^0(T)$ ainsi obtenues. Pour une température supérieure à 950 K, température de fusion du chlorure de samarium (III), tracer également le graphe relatif au couple $SmCl_3$/Sm d'équation :
$$2/3\ Sm\ (s) + Cl_2\ (g) = 2/3\ SmCl_3\ (\ell) \quad \textbf{(3)}$$
avec $\Delta_r G_3^0(T) = -\ 696{,}0 + 0{,}165\ .\ T$ (kJ . mol^{-1})

3 ▬ Dans un creuset, on introduit un mélange intime de cobalt, de calcium et de chlorure de samarium (III) et on porte l'ensemble à 1 075 K sous 1,0 bar.
a) Quelle(s) réaction(s) observe-t-on ? Écrire son (ou leurs) équation(s).
b) Déterminer son (ou leurs) enthalpie(s) libre(s) standard à 1 075 K. Conclure.

4 ▬ *Les alliages de formule $SmCo_5$ et Sm_2Co_{17} sont aujourd'hui très utilisés pour fabriquer des aimants permanents. Déterminer les masses minimales de réactifs à utiliser pour préparer une masse m = 100,0 g de chacun de ces deux alliages.

réactif	θ_{fus} (°C)	$\theta_{éb}$ (°C)	$\Delta_f H^0$ (298 K) (kJ . mol^{-1})	S^0 (298 K) (J . K^{-1} . mol^{-1})	$\Delta_{fus}H^0$ (kJ . mol^{-1})
Ca	840	1 484	0	41,6	9,2
$CaCl_2$	772	1 600	– 796,1	105	28,4
Co	1 495	2 870	0	30,0	15,5
$CoCl_2$	724	1 049	– 312,7	109	31,0
Cl_2 (g)	–	–	0	223	–

Conseils

1) Situer sur un axe de température les différents changements d'état afin d'identifier l'ensemble des réactions à prendre en compte.

4) À partir des masses molaires des alliages considérés, déterminer la masse de chacun des métaux présents dans $SmCo_5$ et Sm_2Co_{17}, puis leur quantité et enfin les quantités et les masses des réactifs à mélanger.

7 Réduction de l'oxyde de zinc par le carbone

1 ▬ Écrire les équations chimiques de formation de l'oxyde de zinc et du monoxyde de carbone mettant en jeu une mole de dioxygène. Établir, pour ces deux réactions, les expressions donnant $\Delta_r G^0(T)$ dans le cadre de l'approximation d'Ellingham sur l'intervalle de température [300 K ; 1 500 K].

2 ▬ Tracer, sur un même diagramme, les graphes d'Ellingham correspondants.

3 ▬ On considère la réduction de l'oxyde de zinc par le carbone avec formation de monoxyde de carbone et de zinc ; on admettra, pour la suite, que l'équilibre entre les quatre constituants est toujours réalisé.

a) Déterminer la température d'inversion de cette réaction ; conclure.

b) Déterminer la pression du monoxyde de carbone pour $T_1 = 1\ 100$ K et pour $T_2 = 1\ 300$ K.

c) ** Cette réaction est effectuée à une température T_3, telle qu'à l'équilibre $p(\text{CO}) = 0{,}80$ bar. Déterminer T_3 et l'état physique du zinc obtenu.

Données :

• Enthalpies standard de formation (kJ . mol^{-1}) de :
ZnO : – 348,3 ; CO : – 110,5.

• Entropies standard absolues ($\text{J . K}^{-1} . \text{mol}^{-1}$) de :
O_2 : 205,0 ; Zn : 41,6 ; ZnO : 43,6 ; C : 5,7 ; CO : 197,6.

• Enthalpie standard de fusion (kJ . mol^{-1}) de Zn : 6,70.

• Enthalpie standard d'ébullition (kJ . mol^{-1}) de :
Zn : 114,8.

• Températures standard de fusion (K) de :
Zn : 693 ; ZnO : 1 975.

• Température standard d'ébullition (K) de Zn : 1 180.

Conseils

3) a) Pour calculer la température d'inversion, utiliser le diagramme afin de déterminer, pour le couple ZnO/Zn, l'expression de $\Delta_r G^0(T)$ à considérer.

3) c) L'état physique du zinc (liquide ou gaz) est *a priori* inconnu ; il est donc nécessaire de faire une hypothèse à ce sujet et de vérifier, en fin de calcul, si la valeur T_3 trouvée est conforme à l'hypothèse faite.

8 Réduction de l'oxyde de zinc par le dihydrogène

D'après Concours e3a.

Les données suivantes sont valables à partir de 1 180 K (ébullition du zinc) et jusqu'à 1 975 K (fusion de l'oxyde de zinc) :

$$2\ H_2\ (g) + O_2\ (g) = 2\ H_2O\ (g) \qquad (1)$$
$$\Delta_r G_1^0(T) = -\ 490{,}0 + 0{,}100 \cdot T\ (\text{kJ . mol}^{-1})$$

$$2\ \text{Zn}\ (g) + O_2\ (g) = 2\ \text{ZnO}\ (s) \qquad (2)$$
$$\Delta_r G_2^0(T) = -\ 900{,}0 + 0{,}380 \cdot T\ \ (\text{kJ . mol}^{-1})$$

1 ▬ Dans un récipient initialement vide, on chauffe un excès d'oxyde de zinc jusqu'à 1 200 K ; calculer la pression partielle du zinc dans le récipient à cette température. Quelle est la pression de corrosion du zinc à cette température ?

2 ▬ On considère l'équilibre **(3)** d'équation :

$$H_2\ (g) + \text{ZnO}\ (s) = \text{Zn}\ (g) + H_2O\ (g) \qquad K_3^0(T)$$

a) Calculer la température d'inversion de cet équilibre.

b) Pour quelles températures T_1 et T_2 a-t-on : $K^0\ (T_1) = 0{,}010$? $K^0\ (T_2) = 100$? Conclure.

c) À quelle température T_3 a-t-on $K^0\ (T_3) = 15{,}0$?

3 ▬ Dans un four maintenu à T_3 et à $p = 1{,}0$ bar, on envoie un courant gazeux de dihydrogène sur de l'oxyde de zinc en excès. Quelle sera la composition de la phase gazeuse effluente, si l'équilibre **(3)** est réalisé ?

4 ▬ *Dans un four, à la température T_3 , on place un récipient de volume fixe contenant de l'oxyde de zinc et $n = 2{,}00$ mol de dihydrogène sous une pression $p_0 = 40{,}0$ bar.

a) Quelle est la valeur de la pression à l'équilibre si l'oxyde de zinc est introduit en excès ?

b) Quelle masse minimale d'oxyde de zinc faut-il avoir introduit pour que l'équilibre puisse être atteint ?

Conseils

1) Revoir dans les *Rappels de cours* la définition de la pression de corrosion d'un métal.

4) a) Faire un bilan de matière pour la réaction considérée ; utiliser le fait que la réaction se déroule à température et volume constants pour exprimer K_3^0 uniquement en fonction de l'avancement ξ, de la pression initiale p_0 et de la pression de référence p^0.

9 Réduction des oxydes de plomb et de silicium par le carbone

D'après Concours e3a.

1 ▬ À l'aide des données ci-après, établir les expressions de $\Delta_r G_1^0(T)$, de $\Delta_r G_2^0(T)$ et de $\Delta_r G_3^0(T)$ pour la formation du monoxyde de carbone CO, de l'oxyde de silicium, ou silice, SiO_2 et de l'oxyde de plomb (II) PbO, dans le cadre de l'approximation d'Ellingham. On se limitera à l'intervalle de température [0 °C ; 1 400 °C], et on s'intéressera à des réactions mettant en jeu une mole de dioxygène.

2 ▬ Tracer, sur un même diagramme, le graphe des fonctions $\Delta_r G_i^0(T)$ ainsi obtenues. Que peut-on dire de la réduction de l'oxyde de plomb (II) ou de la silice par le carbone dans ce domaine de température ?

3 ▬ La première étape de la pyrométallurgie du plomb est le grillage de la galène PbS avec formation de dioxyde de soufre et d'oxyde de plomb (II).

Écrire l'équation de réaction de ce grillage et analyser la réaction d'un point de vue rédox.

4 ▬ Écrire l'équation chimique de la réduction de PbO en Pb. Industriellement, cette réaction est effectuée à 900 °C ; justifier ce choix.

5 ▬ La réduction de la silice peut être réalisée par du carbone. Calculer la pression du monoxyde de carbone lorsque la réaction est effectuée à 1 500 K. Comment améliorer le rendement de cette réaction à cette température ?

Données à 298 K :

corps	CO(g)	H_2O(g)	PbO(s)	SiO_2(s)
$\Delta_f H^0$ (kJ . mol^{-1})	– 110,5	– 241,8	– 219	– 903,5
$\Delta_f G^0$ (kJ . mol^{-1})	– 137,2	– 228,6	– 189	– 850,7

• Température de fusion : du plomb : 327 °C ; de l'oxyde de plomb (II) : 888 °C ; du silicium : 1 410 °C.
• Enthalpies standard de fusion (kJ . mol^{-1}) :
du plomb : 5,10 ; de l'oxyde de plomb (II) : 46,0.

Conseils

1) L'énoncé ne fournit pas les entropies standard ; il faut donc calculer $\Delta_r S°(298\text{ K})$ à partir de $\Delta_r H^0(298\text{ K})$ et de $\Delta_r G^0(298\text{ K})$ puis utiliser l'approximation d'Ellingham.

2) Étudier l'évolution du nombre d'oxydation des trois éléments considérés.

5) Calculer d'abord la constante d'équilibre de la réaction considérée à 1 500 K.

10 Chloration du cuivre

D'après Concours ENS Cachan, 1997.

1 – À l'aide des données ci-après, établir les expressions de $\Delta_r G_1^0(T)$ et de $\Delta_r G_2^0(T)$ pour la formation du chlorure de cuivre (I) et du chlorure de cuivre (II) à partir de cuivre et de dichlore, dans le cadre de l'approximation d'Ellingham. On se limitera à l'intervalle de température [0 °C ; 500 °C], toutes les espèces autres que le dichlore sont alors solides, et on s'intéressera à des réactions mettant en jeu une mole de dichlore.

2 – Tracer, sur un même diagramme, les graphes des fonctions $\Delta_r G_i^0(T)$ ainsi obtenues. Superposer alors le graphe $\Delta_r G_3^0(T)$ relatif à la réaction d'équation :

$$2\,CuCl\,(s) + Cl_2\,(g) = 2\,CuCl_2\,(s) \qquad \textbf{(3)}$$

En justifiant la réponse, préciser les domaines de stabilité de chaque espèce et en déduire que le chlorure de cuivre ne se dismute pas.

3 – Calculer, à 400 °C, les pressions du dichlore pour les équilibres CuCl/Cu et $CuCl_2$/CuCl.

4 – Quel(s) chlorure(s) obtient-on si l'on fait passer, sur du cuivre, un courant de dichlore sous une pression de 0,020 bar à 400 °C ?

5 – **Dans un récipient de volume constant et initialement vide, on mélange, de façon intime, du cuivre et du chlorure de cuivre (II), en poudre, et on porte l'ensemble à la température, maintenue constante, de 400 °C.
Déterminer, dans les deux cas suivants, la composition du système et la pression du dichlore dans le récipient à l'état final :

a) m_0(Cu) = 2,00 g ; m_0($CuCl_2$) = 4,00 g ;
b) m_0(Cu) = 2,00 g ; m_0($CuCl_2$) = 6,00 g .

Données à 298 K :

espèce	Cu(s)	Cl_2(g)	CuCl(s)	$CuCl_2$(s)
$\Delta_f H^0$ (kJ.mol^{-1})	0	0	– 137,2	– 220,1
S^0 (J.K^{-1}.mol^{-1})	33,1	223	86,2	108,1

Conseils

2) Afin d'attribuer les domaines de stabilité, montrer que, comme pour le dioxygène (*cf. Rappels de cours*), il est possible de superposer, au diagramme d'Ellingham, les graphes $y = RT.\ln(p(Cl_2)/p^0)$, puis d'étudier l'influence d'un excès ou d'un défaut de dichlore par rapport à l'équilibre.

5) Exploiter le diagramme tracé afin de connaître la réaction qui se produit ; déterminer l'espèce en défaut et en déduire l'état final du système.

11 Stabilité des chlorures d'or

D'après Concours Centrale.

Le chlorure d'or (I), AuCl, est un solide jaune ; le chlorure d'or (III) est un solide rouge orangé. Les solutions de chlorure d'or (III) sont, par exemple, utilisées en photographie pour faire des *virages à l'or*.

1 – À l'aide des données ci-après, établir les expressions de $\Delta_r G_1^0(T)$ et de $\Delta_r G_2^0(T)$ pour la formation du chlorure d'or (I) et du chlorure d'or (III) à partir d'or et de dichlore, dans le cadre de l'approximation d'Ellingham. On se limitera à l'intervalle de température [275 K ; 350 K] : toutes les espèces autres que le dichlore sont alors solides, et on s'intéressera à des réactions mettant en jeu une mole de dichlore.

2 – *Tracer, sur un même diagramme, le graphe des fonctions $\Delta_r G_i^0(T)$ ainsi obtenues. Superposer alors le graphe $\Delta_r G_3^0(T)$ relatif à la réaction d'équation :

$$AuCl\,(s) + Cl_2\,(g) = AuCl_3\,(s) \qquad \textbf{(3)}$$

En justifiant la réponse, préciser les domaines de stabilité de chaque espèce.

3 – *Du chlorure d'or (I), pris initialement à 40 °C, est lentement refroidi jusqu'à 25 °C dans un récipient, initialement vide et de volume constant :
a) décrire la réaction alors observée et écrire son équation chimique ;
b) calculer la pression du dichlore dans le récipient à l'équilibre.

4 – **Dans un récipient initialement vide et de volume constant V = 10,0 L, une masse m de chlorure d'or (III) est chauffée à 70 °C.

Décrire l'état final du système obtenu et la pression du dichlore dans les deux cas suivants :

a) $m = m_1 = 5{,}00 \,.\, 10^{-2}$ g ;

b) $m = m_2 = 3{,}00 \,.\, 10^{-2}$ g .

Données à 298 K :

espèce	Au(s)	Cl_2(g)	AuCl(s)	$AuCl_3$(s)
$\Delta_f H^0$ (kJ.mol^{-1})	0	0	– 34,7	– 115
S^0 (J.L^{-1}.mol^{-1})	47,3	223	92,8	148

Conseils

2) Afin d'attribuer les domaines de stabilité, montrer tout d'abord que, comme pour le dioxygène (*cf. Rappels de cours*), il est possible de superposer, au diagramme d'Ellingham, les graphes $y = RT.\ln(p(Cl_2)/p^0)$, puis d'étudier l'influence d'un excès ou d'un défaut de dichlore par rapport à l'équilibre. Une fois les domaines identifiés, ne conserver que les demi-droites séparant des espèces effectivement stables.

4) Par chauffage, $AuCl_3$ peut conduire, suivant la quantité initiale considérée :

α) à un mélange de chlorure d'or (III), de chlorure d'or (I) et de dichlore ;

β) à un mélange de chlorure d'or (I), d'or et de dichlore ;

χ) à un mélange d'or et de dichlore.

Afin de déterminer l'état final, calculer la masse minimale de chlorure d'or (III) permettant d'atteindre chacun des états.

12 Sulfuration du fer α

On désire étudier les conditions de sulfuration du fer (α) par des mélanges gazeux H_2S/H_2 entre 444 °C (température d'ébullition du soufre sous 1,013 bar) et 988 °C.

On dispose pour cela des données suivantes :

$$2\,Fe\,(s) + S_2\,(g) = 2\,FeS\,(s) \qquad (1)$$
$$\Delta_r G_1^0(T) = -\,298\,900 + 105{,}55\,.\,T \;\; (J\,.\,mol^{-1})$$

$$2\,H_2\,(g) + S_2\,(g) = 2\,H_2S\,(g) \qquad (2)$$
$$\Delta_r G_2^0(T) = -\,180\,410 + 98{,}70\,.\,T \;\; (J\,.\,mol^{-1})$$

$$H_2\,(g) + Cu_2S\,(g) = H_2S\,(g) + 2\,Cu\,(s) \qquad (3)$$
$$\Delta_r G_3^0(T) = 41\,130 + 18{,}60\,.\,T \;\; (J\,.\,mol^{-1})$$

1 – À partir de ces données, tracer sur un même diagramme les graphes $\Delta_r G_i^0(T)$ pour les trois couples H_2S/H_2 ; FeS/Fe et Cu_2S/Cu.

Dans quel domaine de température le fer peut-il réduire le sulfure de cuivre (I) ?

2 – On prépare, à 727 °C, un mélange gazeux H_2S/H_2 en faisant passer du dihydrogène sur du sulfure de cuivre (II) (réaction **(3)**).

a) Calculer, à cette température, le rapport $\dfrac{p(H_2S)}{p(H_2)}$.

b) *On fait passer ce mélange sur du fer (α) à 727 °C, aura-t-on formation de sulfure de fer (II) ?

c) **Avec le mélange ayant la composition trouvée au **2) a)**, à quelle température pourra-t-on sulfurer du fer (α) ?

Conseils

2) a) b) Écrire l'affinité chimique du système considéré pour la réaction :

$$H_2S\,(g) + Fe\,(s) = H_2\,(g) + FeS\,(s)$$

et utiliser les conditions d'évolution ou d'équilibre d'un système.

13 Le carbone et ses oxydes

D'après Concours Centrale.

On s'intéresse à l'oxydation du carbone ou du monoxyde de carbone par le dioxygène.

Soit E_1, l'équilibre relatif au couple CO/C ; E_2, l'équilibre relatif au couple CO_2/C ; E_3, l'équilibre relatif au couple CO_2/CO ; tous mettant en jeu une mole de dioxygène.

1 – Dans le cadre de l'approximation d'Ellingham, exprimer, puis tracer $\Delta_r G_i^0(T)$ pour les équilibre E_i sur l'intervalle [700 K ; 1 300 K].

2 – Les graphes tracés se coupent à la température T_{123} ; déterminer T_{123}. Calculer, à cette température, les constantes des équilibres E_i ; conclure.

3 – *Déduire, de la position relative des trois courbes, le domaine de stabilité du monoxyde de carbone en fonction de la température, dans le diagramme d'Ellingham tracé au **1)** ; conclure.

4 – On considère l'équilibre E_4, appelé équilibre de Boudouard :

$$C + CO_2 = 2\,CO \qquad (\mathbf{E_4})$$

Par la suite, on admettra que le système ne contient que ces trois espèces.

a) Relier E_4 à E_1 et à E_3 ; en déduire $\Delta_r G_4^0(T)$.

b) Définir la variance de l'équilibre E_4 ; conclure.

c) Étudier l'influence d'une diminution isotherme de la pression, puis d'un refroidissement isobare.

d) Exprimer K_4^0 en fonction de la pression totale p et de la fraction molaire en monoxyde de carbone x_{CO}.

e) *Tracer $x_{CO} = f(T)$ pour p = 0,10 bar ; p = 10,0 bar, puis p = 100 bar ; conclure.

f) *Chaque courbe $x_{CO} = f(T)$ partage le plan en deux parties ; préciser la signification de chacun des domaines ainsi délimités.

Données à 298 K *:* Ces grandeurs sont supposées indépendantes de T sur l'intervalle considéré :

Équilibre	E_1	E_2	E_3
$\Delta_r H_1^0$ **(kJ . mol^{-1})**	– 221,06	– 393,51	– 565,96
$\Delta_r S_i^0$ **(J . K^{-1} . mol^{-1})**	178,6	2,9	– 172,8

Conseils

3) Pour $T < T_{123}$, puis $T > T_{123}$ étudier les éventuelles réactions de dismutation ou de médiamutation afin de ne conserver que les demi-droites faisant intervenir des espèces effectivement stables.

4) e) Utiliser éventuellement un logiciel permettant de tracer le graphe de fonctions implicites.

14 Corrosion et élaboration du germanium

A. Corrosion du germanium

1 ▬ Soit les deux réactions :

$$2\,Ge(s) + O_2(g) = 2\,GeO(s) \qquad (1)$$

$$2\,GeO(s) + O_2(g) = 2\,GeO_2(s) \qquad (2)$$

Exprimer $\Delta_r G_1^0(T)$ et $\Delta_r G_2^0(T)$ dans le cadre des approximations d'Ellingham.

2 ▬ **a)** Écrire l'équation **(3)** de la dismutation de GeO(s) et exprimer $\Delta_r G_3^0(T)$.

b) Quelle est la variance de cet équilibre ? Quellles sont les influences de p et de T sur cet équilibre ?

c) Que peut-on dire de la dismutation de GeO en fonction de la température ?

3 ▬ Soit l'équilibre **(4)** :

$$Ge(s) + O_2(g) = GeO_2(s)$$

Exprimer $\Delta_r G_4^0(T)$.

4 ▬ **a)** Indiquer dans quels domaines chacune des réactions **(1)**, **(2)** et **(4)** est à envisager.

b) Construire le diagramme d'Ellingham du germanium pour T compris entre 500 K et 1 000 K. Indiquer, en justifiant la réponse, l'espèce solide stable dans chaque domaine.

c) *On oxyde du germanium avec du dioxygène ; décrire qualitativement ce qui se passe et calculer les pressions de corrosion à 800 K et à 950 K.

B. Élaboration du germanium

On étudie la réduction de l'oxyde de germanium (IV) par du dihydrogène.

5 ▬ Exprimer $\Delta_r G_5^0(T)$ pour la réaction **(5)** d'équation :

$$2\,H_2(g) + O_2(g) = 2\,H_2O(g)$$

Tracer la droite correspondante sur le diagramme d'Ellingham construit en **4) b)**.

6 ▬ Calculer à 950 K les constantes d'équilibre des réactions suivantes :

$$GeO_2(s) + H_2(g) = GeO(s) + H_2O(g) \qquad \textbf{(6)}$$

$$GeO(s) + H_2(g) = Ge(s) + H_2O(g) \qquad \textbf{(7)}$$

7 ▬ **Dans une enceinte initialement vide et de volume constant, on place 1,00 mol de GeO_2(s) et on porte l'ensemble à 950 K, puis on introduit progressivement du dihydrogène. En supposant, qu'à chaque instant, le système est en équilibre, décrire les phénomènes observés au cours de cette introduction.

Tracer le graphe :

$$y = \frac{p(H_2)}{p(H_2O)} = f(n_i(H_2))$$

où $n_i(H_2)$ représente la quantité de dihydrogène introduit depuis le début de l'expérience.

8 ▬ Dans un récipient initialement vide, de volume constant et maintenu à 950 K, on introduit 1,00 mol de GeO_2 et 1,50 mol de dihydrogène.

a) Déterminer la composition du système à l'équilibre.

b) **Calculer la variation d'enthalpie libre du système au cours de cette transformation.

Données : Ces grandeurs sont supposées indépendantes de la température sur l'intervalle considéré.

espèces	Ge(s)	GeO(s)	GeO_2(s)	O_2(g)	H_2(g)	H_2O(g)
$\Delta_f H^0$ **(kJ.mol^{-1})**	0	– 255,0	– 552,0	0	0	– 242,0
S^0 **(J . K^{-1}.mol^{-1})**	21,0	73,0	77,0	234	159	222

Conseils

4) a) Étudier, suivant la valeur de T, les éventuelles réactions de dismutation ou de médiamutation afin de ne conserver que les demi-droites faisant intervenir des espèces effectivement stables.

c) Revoir, si nécessaire, dans les *Rappels de cours*, la définition de la pression de corrosion.

7) Déterminer les réactions susceptibles de se produire, examiner si elles peuvent être simultanées ou non et utiliser l'affinité chimique pour savoir :
- si les réductions ont lieu ou non ;
- trouver les valeurs de $n_i(H_2)$ lorsque ces réactions commencent ou se terminent. Utiliser ensuite des bilans de matière.

8) a) Utiliser la question **7)** pour connaître l'état final du système.

b) Écrire que :

$$\Delta G = G_{\text{équilibre}} - G_{\text{initial}} = \Sigma n_{k\acute{e}q}\,\mu_{k\acute{e}q} - \Sigma n_{ki}\,\mu_{ki}$$

puis utiliser la condition d'équilibre.

15 Les oxydes de baryum

Concours commum des Mines, 2001 (sans calculatrice).

La dissociation du peroxyde de baryum a servi à l'obtention du dioxygène avant la mise au point de la liquéfaction de l'air. On considère la réaction chimique :

$$2\ BaO_2(s) = 2\ BaO(s) + O_2(g)$$

Diverses mesures ont fourni les résultats suivants, pour la pression en dioxygène à équilibre dans un système contenant BaO_2, BaO et O_2 :

t(°C)	727	794	835	927
p(bar)	0,166	0,497	0,945	1,245

1 ▬ Calculer la variance d'un système contenant BaO_2(s), BaO(s) et O_2(g) ; commenter.

2 ▬ La réaction est-elle endothermique ou exothermique ?

3 ▬ Dans un récipient indilatable, vide d'air, de 2,40 L, on introduit 8,45 g de BaO_2 ; la température est portée à 727 °C. Les gaz sont supposés parfaits (R = 8,3 J.K^{-1}. mol^{-1}). Déterminer la pression en dioxygène et les quantités de BaO_2 et de BaO à l'équilibre.

4 ▬ Au sytème précédent on ajoute du dioxygène gazeux.
a) Se produit-il une réaction ? Si oui, laquelle ?
b) Même question si l'on introduit de l'oxyde BaO(s) en petite quantité.

5 ▬ Quelles sont les phases en présence, parmi BaO_2, BaO et O_2, si la pression est maintenue inférieure à la pression d'équilibre ? Quelle est la variance dans ces conditions ?

6 ▬ Mêmes questions si la pression est supérieure à la pression d'équilibre.

7 ▬ Le système en équilibe, étudiée à la question 3), est porté à 927 °C. Quelles sont la pression de dioxygène et les quantités de BaO_2 et de BaO au bout d'un temps suffisamment long pour que le système n'évolue plus ?

8 ▬ Dans le même récipient, à 927 °C, on introduit une quantité n de dioxygène gazeux. La pression s'établit, au bout d'un certain temps, à $p(O_2)$ = 1,66 bar.
a) Quelles sont alors les quantités de BaO_2 et de BaO ?
b) Calculer alors la valeur de n.

Conseils

2) Exprimer K^0 et utiliser la relation de Van't Hoff.
3) Utiliser l'équation d'état du gaz parfait.
4), 5) et 6) Utiliser l'affinité chimique.
7) et 8) À l'aide des données fournies, déterminer si le système est en équilibre chimique ou si, au contraire, il y a rupture d'équilibre et conclure.

16 Métallurgie de l'uranium

D'après Concours Mines Ponts MP, 2000.

Un élément combustible nucléaire comprend deux parties : une gaine et le combustible nucléaire lui-même. Le combustible est le plus souvent l'uranium (métal ou alliage d'uranium) ou encore le dioxyde d'uranium UO_2, poudre brun foncé mise sous forme de comprimé. L'uranium est un élément lourd, de numéro atomique Z = 92, appartenant au groupe des actinides de la classification périodique des éléments. L'uranium se présente dans l'écorce terrestre principalement sous forme de deux isotopes. radioactifs : ^{238}U(99, 3%) et ^{235}U(0,7%).
L'uranium est extrait d'un minerai, à faible teneur, contenant l'uranium sous forme U_3O_8. Généralement, le minerai est attaqué à l'acide sulfurique en présence d'un oxydant fort, le chlorate de potassium. Après diverses opérations de purification, on obtient une solution aqueuse concentrée de nitrate d'uranyle (UO_2^{2+}). Puis le trioxyde d'uranium UO_3, solide orange, est préparé par précipitation du nitrate, suivie d'une calcination.
L'élaboration de l'uranium comprend ensuite deux phases, la préparation du tétrafluorure UF_4 suivie de la réduction en métal.
L'étude de l'uranium en solution aqueuse fait l'objet de l'exercice 15 du *chapitre* 7.
On s'intéresse à un procédé d'obtention de l'uranium à partir de son trioxyde par plusieurs réactions. On négligera pour simplifier les réactions faisant intervenir notamment le composé intermédiaire U_3O_8. On peut ainsi schématiquement représenter le procédé d'élaboration de l'uranium par les trois réactions suivantes, réalisées chacune sous une pression de 1 bar, mais *dans des fours différents*. L'indice (g) se rapporte à une espèce en phase gazeuse.

$$UO_3(s) + H_2(g) = UO_2(s) + H_2O(g) \quad \textbf{(1)}$$
$$UO_2(s) + 4\ HF(g) = UF_4(s) + 2\ H_2O(g) \quad \textbf{(2)}$$
$$UF_4(s) + 2\ Mg = U + 2\ MgF_2(s) \quad \textbf{(3)}$$

1 ▬ En fait la première étape du procédé décrit ci-dessus peut se dérouler autrement : la réaction (1) de réduction de UO_3 par l'hydrogène peut être remplacée par une étape réactionnelle, à l'abri de l'air, sous une pression de 1 bar, faisant intervenir de l'ammoniac NH_3 gazeux envoyé sur UO_3 à relativement basse température, pour donner directement UO_2. *Dans le même four*,et avec la même pression, on envoie ensuite le réactif HF pour obtenir UF_4 à 98 %, qualité requise pour l'étape (**3**), ou encore pour un autre traitement, la fluoration étant alors destinée à préparer UF_6 servant à enrichir en ^{235}U le combustible,
Comparer qualitativement les intérêts présentés par les deux procédés.

2 ▬ Dans la plupart des pays, le fluorure servant à préparer l'uranium métallique destiné aux piles est préparé actuellement à partir de l'oxyde UO_2 et de l'acide fluorhydrique.

La réaction de UO_2 avec HF dégage de l'eau et l'on pourrait craindre que l'accumulation de cette eau dans le réacteur ne déplace l'équilibre **(1)** vers UO_3. Montrer qu'il n'en est rien et que l'on peut considérer l'équilibre **(2)** comme indépendant du premier.

3 ▬ On admet dans la suite que les variations d'entropie standard et d'enthalpie standard liées à la réaction **(2)** sont constantes dans le domaine de température étudié. Dans quel type de diagramme cette approximation est-elle utilisée ?

4 ▬ Définir et expliquer en 50 mots maximum ce que signifie la variance d'un système. Calculer la variance du système à l'équilibre constitué des espèces chimiques intervenant dans l'équilibre **(2)**, et interpréter le résultat.

5 ▬ Calculer, d'après les données thermodynamiques, l'enthalpie standard de réaction $\Delta_r H_2^0$ et l'entropie standard de réaction $\Delta_r S_2^0$. La réaction est-elle exothermique ou endothermique ?

D'après les lois de Le Chatelier et sans calcul, indiquer si la réaction **(2)** est favorisée dans le sens souhaité par une élévation ou un abaissement de la température.

Donner la signification physique du signe de l'entropie standard $\Delta_r S_2^0$.

Données :

Entropie standard et enthalpie standard de formation des corps à 25 °C :

corps	UO_3(s)	H_2(g)	UO_2(s)	H_2O(g)	HF(g)	UF_4(s)	U(s)
S^0 **(J.K^{-1}. mol^{-1})**	98,6	130,6	77,8	188,8	173,5	151,1	50,3
$\Delta_f H^0$ **(kJ.mol^{-1})**	−1 264	0	−1130	−242	−269	−1 854	0

6 ▬ Domange et Wohlhuter ont étudié l'équilibre (2) entre 200 °C et 600 °C et tracé la courbe ln K_2 en fonction de $1/T$(K). Ils ont obtenu une droite dont la pente vaut 16 670 K.

Citer la loi de Van't Hoff, en déduire la relation entre ln K_2 et $1/T$ en indiquant quelles hypothèses sont faites.

En déduire la valeur de l'enthalpie standard de réaction $\Delta_r H_2^0$. Comparer cette valeur avec celle obtenue à partir des tables thermodynamiques.

7 ▬ Donner la relation précisant la variation d'enthalpie libre standard $\Delta_r G_2^0$ en fonction de la température pour la réaction **(2)**. Calculer la température d'inversion de cette réaction.

Calculer numériquement $\Delta_r G_2^0$ pour $t = 500$ °C. Que peut-on en conclure ?

8 ▬ Prévoir sans calcul :

– l'effet sur l'équilibre **(2)** de la pression totale imposée sur le mélange réactionnel (en ne contenant que HF et H_2O) ;

– l'effet sur l'équilibre d'une augmentation de la pression initiale en HF soit p_i.

9 ▬ On réalise la réaction **(2)** dans une enceinte dans laquelle on introduit successivement une masse donnée de UO_2 puis HF sous pression (en l'absence de tout autre gaz).

L'enceinte est ensuite fermée et la pression évolue sous l'effet de la réaction, mais la température reste constante. Soit p_i la pression initiale de HF et α la fraction de HF ayant réagi lorsque l'équilibre est atteint.

a) Exprimer les pressions de HF , p(HF), d'eau, $p(H_2O)$ et la pression totale p en fonction de p_i et de α.

b) Exprimer la relation qui donne K_2 en fonction de α et en déduire la relation explicite donnant α en fonction de K_2 et p_i.

c) Les variations de la fonction $f(x) = 1 + x - \sqrt{(1+x)^2 - 1}$ sont données sur la courbe ci-dessous. Quel est l'effet de l'augmentation de la pression initiale en HF, p_i sur l'équilibre final ? L'analyse quantitative confirme-t-elle la prévision quantitative sur l'effet de p_i faite à la question 8.

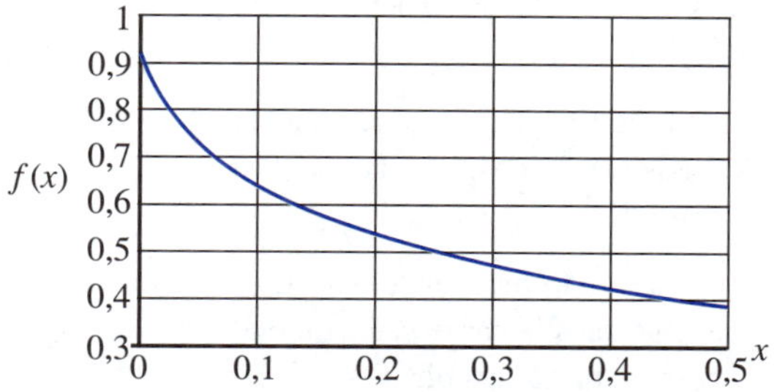

10 ▬ On se place dans les conditions initiales suivantes : température : 227 °C ; pression : p_i = 1 bar ; volume de l'enceinte : 8,30 m^3 (la quantité de HF initiale est donc de 200 mol). La masse initiale de UO_2 est de 8,00 kg (environ 30 mol).

a) Dans ces conditions, la valeur de la constante K_2 est proche de 12,6 et la valeur correspondante de α à l'équilibre de la réaction (2) est proche de 0,7 . Montrer qu'il y a rupture d'équilibre.

La température est maintenue constante et tout échange de matière avec l'extérieur est impossible (réacteur fermé). Donner les caractéristiques suivantes du système délimité par la paroi interne du réacteur en fin de réaction :

– quantités de matière de tous les constituants ;
– pressions partielles des constituants gazeux ;
– pression totale ;
– variance.

b) On refroidit le mélange réactionnel pour l'amener à température ambiante avant déchargement. Cela influe-t-il sur :

– les quantités de matière ?
– les pressions partielles ?

c) Proposer une justification industrielle aux conditions (température, pression, quantités de matière) décrites dans cette question.

C O R R I G É S

1 Lecture d'un diagramme d'Ellingham

1 ▬ Les équations de formation des oxydes mettant en jeu une mole de dioxygène s'écrivent :

$$4\,Ag + O_2 = 2\,Ag_2O \quad \text{(I)}$$
$$\frac{4}{3}Al + O_2 = \frac{2}{3}Al_2O_3 \quad \text{(II)}$$
$$C + O_2 = CO_2 \quad \text{(III)}$$
$$2\,Mg + O_2 = 2\,MgO \quad \text{(IV)}$$
$$2\,Pb + O_2 = 2\,PbO \quad \text{(V)}$$
$$Si + O_2 = SiO_2 \quad \text{(VI)}$$
$$Th + O_2 = ThO_2 \quad \text{(VII)}$$
$$2\,Zn + O_2 = 2\,ZnO \quad \text{(VIII)}$$

Pour le **couple CO_2/C**, $\Sigma\nu_{igaz} = 0$, aussi $\Delta_r S^0 \approx 0$; la droite représentative de ce couple a une pente quasi nulle ; c'est la **droite (3)**.

2 ▬ Ag_2O étant le meilleur oxydant, son domaine d'existence se situe dans la partie haute du diagramme ; **Ag_2O/Ag est représenté par le graphe (1)**.

Th étant le meilleur réducteur, son domaine d'existence se situe dans la partie inférieure du diagramme ; **ThO_2/Th est représenté par le graphe (8)**.

3 ▬ **a)** Le graphe de SiO_2/Si se situe en dessous de celui de ZnO/Zn, mais au-dessus de celui de Al_2O_3/Al.

Le graphe de PbO_2/Pb passe en dessous de celui de ZnO/Zn seulement à haute température ; c'est aussi le cas pour celui de Al_2O_3/Al par rapport à celui représentatif du couple MgO/Mg.

L'ensemble de ces considérations conduit au résultat suivant :

SiO_2/Si représenté par (5)
ZnO/Zn représenté par (4)
PbO_2/Pb représenté par (2)
Al_2O_3/Al représenté par (6)
MgO/Mg représenté par (7)

b) En combinant les équations (**I**) et (**II**) d'une part, et (**I**) et (**IV**) d'autre part, on obtient les équations demandées :

pour : (II) – (I) :

$$\frac{4}{3}Al + 2\,Ag_2O = \frac{2}{3}Al_2O_3 + 4\,Ag$$

pour : (IV) – (I) :

$$2\,Mg + 2\,Ag_2O = 2\,MgO + 4\,Ag$$

2 Utilisation d'un diagramme d'Ellingham

1 ▬ Avec une mole de dioxygène, les équations chimiques s'écrivent :

$$4\,Ag + O_2 = 2\,Ag_2O \quad (1)$$
$$2\,Cu + O_2 = 2\,CuO \quad (2)$$
$$2\,Ni + O_2 = 2\,NiO \quad (3)$$
$$2\,Pb + O_2 = 2\,PbO \quad (4)$$

2 ▬ Dans un diagramme d'Ellingham, le domaine de stabilité de l'oxyde se situe au-dessus de la frontière (*cf. Rappels de cours)* ; il est alors possible d'attribuer les différents domaines (*cf. schéma* page suivante).

• On constate que les domaines de stabilité de l'oxyde de cuivre et du nickel n'ont pas de partie commune, **ces deux espèces réagissent** donc, selon l'équation **(5)**, avec **(5)** = $\frac{(3)-(2)}{2}$:

$$CuO + Ni \longrightarrow Cu + NiO \quad (5)$$

• En revanche, les domaines de stabilité de l'oxyde de cuivre et de l'argent ont une partie commune et peuvent donc coexister sans réagir. **Il est donc possible de conserver de l'oxyde de cuivre dans un boîtier en argent.**

3 ▬ Pour des **températures supérieures à $T_i \approx$ 2 020 K**, l'oxyde de nickel NiO et le plomb Pb, ont, dans les *conditions standard*, des domaines de stabilité disjoints. Pour de telles températures, la réduction de l'oxyde de nickel par le plomb est possible, dans les conditions standard, selon l'équation

(6) = $\frac{(4)-(3)}{2}$: $NiO + Pb \longrightarrow Ni + PbO$ (6)

4 ▬ L'équation **(7)** de la réduction de l'oxyde d'argent par le nickel s'écrit, avec **(7) = (3) – (1)** :

$$\mathbf{2\,Ag_2O + 2\,Ni \longrightarrow 4\,Ag + 2\,NiO} \quad (7)$$

L'enthalpie libre standard $\Delta_r G_7^0$ se lit directement sur le diagramme : $\boldsymbol{\Delta_r G_7^0 \approx -370\ \mathrm{kJ\,.\,mol^{-1}}}$

5 ▬ **a)** Les droites Y_α, Y_β et Y_γ ont pour équation :

$$Y_\alpha = -13{,}4\,.\,10^{-3}\,.\,T \quad (\mathrm{kJ\,.\,mol^{-1}})$$
$$Y_\beta = -76{,}6\,.\,10^{-3}\,.\,T \quad (\mathrm{kJ\,.\,mol^{-1}})$$
$$Y_\gamma = -153{,}1\,.\,10^{-3}\,.\,T \quad (\mathrm{kJ\,.\,mol^{-1}})$$

b) L'oxydation d'un métal étant généralement exothermique, elle est favorisée à basse température. Elle a lieu si **la température est inférieure** à une **température limite** qui correspond, sur le graphe, à l'abscisse de l'intersection du graphe $\Delta_r G^0(T)$ pour le métal considéré et du graphe :

$$Y = [R\,.\,\ln\frac{p(O_2)}{p^0}]\,.\,T$$

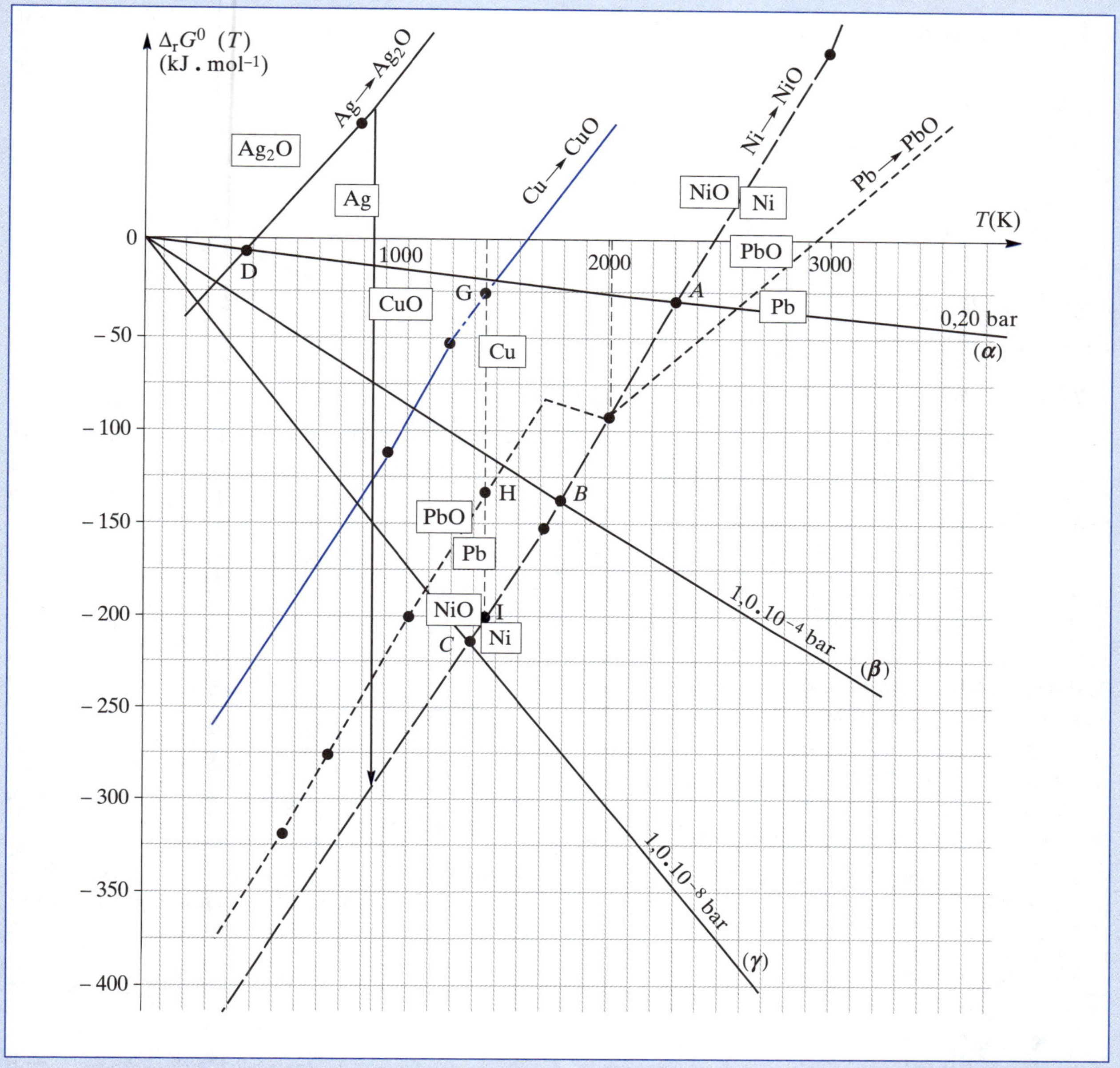

Sur le graphe ci-dessus, les valeurs cherchées sont les abscisses des points *A*, *B* et *C* :

α) $p(O_2) = 0{,}20$ bar ; $\mathbf{T_{lim} = 2\,300\ K}$

β) $p(O_2) = 1{,}0 \,.\, 10^{-4}$ bar ; $\mathbf{T_{lim} = 1\,800\ K}$

γ) $p(O_2) = 1{,}0 \,.\, 10^{-8}$ bar ; $\mathbf{T_{lim} = 1\,420\ K}$

T_{lim} est d'autant plus faible que $p(O_2)$ est faible.

c) En chauffant de l'oxyde d'argent Ag_2O sous une pression de dioxygène de 0,20 bar, il apparaît de l'argent métal pour **une température supérieure à une valeur limite** qui correspond, sur le graphe, à l'abscisse de l'intersection du graphe $\Delta_r G^0(T)$ pour l'argent et du graphe Y_α, soit pour $T \geqslant T_D$ avec $\mathbf{T_D \approx 420\ K}$.

6 Pour les trois métaux, on peut écrire :

$$2\,M + O_2 = 2\,MO \qquad \Delta_r G_i^0$$

À 1 500 K, seul le dioxygène est gazeux ; aussi :

$$\Delta_r G_i^0 = -RT \,.\, \ln K_i^0 = RT \,.\, \ln \frac{p(O_2)_{\text{éq}i}}{p^0}$$

d'où :

$$p(O_2)_{\text{éq}i} = p^0 . \exp\left(\frac{\Delta_r G_i^0}{RT}\right)$$

En lisant, pour T = 1 500 K, les valeurs de $\Delta_r G_i^0(T)$ sur le graphe, on peut ensuite calculer $p_{\text{éq}}(O_2)$ pour chaque métal :

métal	$\Delta_r G_i^0$(1 500 K)	$p(O_2)_{\text{éq}i} = p_{\text{corrosion}}$
cuivre (G)	– 25 kJ . mol^{-1}	0,13 bar
plomb (H)	– 135 kJ . mol^{-1}	2,0 . 10^{-5} bar
nickel (I)	– 200 kJ . mol^{-1}	1,1 . 10^{-7} bar

3 Diagrammes d'Ellingham NiO/Ni et FeO/Fe

1 – On considère l'équation chimique :

$$2\,Fe + O_2 = 2\,FeO \qquad (1)$$

Pour cette réaction :

$\Delta_r H_1^0(298\text{ K}) = \Sigma_i\, \nu_i . \Delta_f H_i^0(298\text{ K}) = -544{,}2\text{ kJ.mol}^{-1}$

$\Delta_r S_1^0(298\text{ K}) = \Sigma_i \nu_i \,.\, S_i^0(298\text{ K}) = -144{,}6\text{ J.K}^{-1}\text{.mol}^{-1}$

$\Delta_r Cp_1^0 = \Sigma\, \nu_i . C_{p\,i}^0 = 11{,}4\text{ J . K}^{-1}\text{. mol}^{-1}$.

D'après les relations de Kirchhoff :

• $\Delta_r H_1^0(T) = \Delta_r H_1^0(298\text{ K}) + \int_{298}^{T} \Delta_r Cp_1^0 . dT'$

$\mathbf{\Delta_r H_1^0(T) = -547{,}6 + 11{,}4 . 10^{-3} . T \quad (kJ . mol^{-1})} \qquad (\alpha_1)$

• $\Delta_r S_1^0(T) = \Delta_r S_1^0(298\text{ K}) + \int_{298}^{T} \Delta_r Cp_1^0 \,.\, \frac{dT'}{T'}$

$\mathbf{\Delta_r S_1^0(T) = -209{,}5 + 11{,}4 . \ln T \quad (J . K^{-1} . mol^{-1})} \qquad (\beta_1)$

• En procédant de même pour :

$$2\,Ni + O_2 = 2\,NiO \qquad (2)$$

il vient :

$\Delta_r H_2^0(298\text{ K}) = -479{,}6\text{ kJ . mol}^{-1}$;

$\Delta_r S_2^0 = -188{,}8\text{ J . K}^{-1}\text{ . mol}^{-1}$;

$\Delta_r Cp_2^0 = 1{,}8\text{ J . K}^{-1}\text{ . mol}^{-1}$;

$\mathbf{\Delta_r H_2^0(T) = -480{,}1 + 1{,}8 . 10^{-3} . T \quad (kJ . mol^{-1})} \qquad (\alpha_2)$

$\mathbf{\Delta_r S_2^0(T) = -199{,}1 + 1{,}8 . 10 . \ln T \quad (J . K^{-1} . mol^{-1})} \qquad (\beta_2)$

On calcule à présent $\Delta_r G_i^0$ (1 000 K) en utilisant les relations (α_i) et (β_i), et $\Delta_r G_i^0(1\,000\text{ K})_{Ell.}$ en faisant l'approximation d'Ellingham.

Les valeurs trouvées sont rassemblées dans le tableau ci-dessous.

réaction	(1)	(2)
$\Delta_r H_i^0$ (1 000 K) (kJ . mol^{-1})	– 536,2	– 478,3
$\Delta_r S_i^0$ (1 000 K) (J.K^{-1} . mol^{-1})	– 130,8	– 186,7
$\Delta_r G_i^0$ (1 000 K) (kJ . mol^{-1}) (a)	– 405,4	– 291,6
$\Delta_r G_i^0$(1 000 K)$_{Ell}$, (kJ . mol^{-1}) (b)	– 399,6	– 290,8
variation relative de $\Delta_r G_i^0$	1,4 %	0,3 %

(a) $\Delta_r G_i^0(1\,000\text{ K}) = \Delta_r H^0(1\,000\text{ K}) - 1\,000 . \Delta_r S^0(1\,000\text{ K})$

(b) $\Delta_r G_i^0(1\,000\text{ K})_{Ell.} = \Delta_r H^0\,(298\text{ K}) - 1\,000 . \Delta_r S^0(298\text{ K})$

2 – Pour FeO/Fe :

$$\mathbf{\Delta_r G_1^0(T) = -544{,}2 + 0{,}1446 . T \quad (kJ . mol^{-1})}$$

Pour NiO/Ni :

$$\mathbf{\Delta_r G_2^0(T) = -479{,}6 + 0{,}1888 . T \quad (kJ . mol^{-1})}$$

Les graphes de $\Delta_r G_1^0(T)$ et $\Delta_r G_2^0(T)$ pour l'intervalle [500 K ; 1 300 K] sont les suivants :

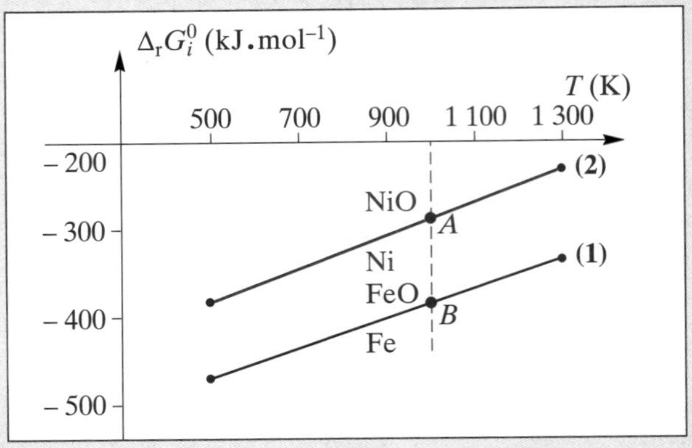

Les droites (1) et (2) ne se coupant pas, un équilibre entre les quatre espèces à l'état solide est impossible.

3 – Pour chaque métal : $2\,M + O_2 = 2\,MO$

avec : $\Delta_r G_i^0(T) = -R . T \ln \dfrac{p^0}{p(O_2)_{\acute{e}q\,i}}$

Lorsque la corrosion débute : $p(O_2)_{corr} = p(O_2)_{\acute{e}q}$,

d'où : $p_{corr\,i} = p^0 . \exp\left(\dfrac{\Delta_r G_i^0}{RT}\right)$

Pour FeO/Fe : $\mathbf{p(Fe)_{corr} = 1{,}34 . 10^{-21}\ bar}$

Pour NiO/Ni : $\mathbf{p(Ni)_{corr} = 6{,}45 . 10^{-16}\ bar}$

Le nickel et le fer sont tous deux corrodés à l'air ambiant ($p(O_2) = 0{,}20$ bar).

4 – **a)** NiO et Fe ayant des domaines d'existence disjoints, ils réagissent jusqu'à disparition du réactif en défaut, ici Fe. En fin de réaction, la composition du système est :

$$\mathbf{n(Fe) = 0\ mol}$$

$$\mathbf{n(FeO) = n(Ni) = n(NiO) = 0{,}050\ mol}$$

NiO et Ni sont tous les deux présents ; ils sont en équilibre et :

$$\mathbf{p(O_2) = p(Ni)_{corr} = 6{,}45 . 10^{-16}\ bar}$$

Le système est représenté par le point *A* sur le schéma.

b) Ayant une partie de leurs domaines d'existence en commun, les solides FeO et Ni ne réagissent pas. En revanche, FeO se dissocie faiblement en fer Fe et en dioxygène O_2 (point *B* sur le schéma).

$$2\,FeO = 2\,Fe + O_2$$

et : $\mathbf{p(O_2)_{\acute{e}q} = p(Fe)_{corr} = 1{,}34 . 10^{-21}\ bar}$

alors :

$$\mathbf{n(Fe) = 2n(O_2) = 2 . \frac{p(O_2)_{\acute{e}q} . V}{RT} = 3{,}2 . 10^{-22}\ mol}$$

et : $\mathbf{n(FeO) = n(Ni) = 0{,}050\ mol}$

c) NiO et Fe réagissent selon une réaction totale ; d'après les quantités initiales, l'oxyde de nickel et le fer sont totalement consommés. Alors : **n(FeO) = n(Ni) = 0,050 mol.**

On retrouve le mélange étudié au **b)**.

d) Il n'y a pas de réaction entre le nickel métal et son oxyde, ces deux espèces sont en équilibre :

$$2\,Ni + O_2 = 2\,NiO$$

alors : $\boldsymbol{p(O_2) = p(Ni)_{corr} = 6{,}45\,.\,10^{-16}}$ **bar** (point A)
et : $\boldsymbol{n(Ni) = 0{,}050}$ **mol** ; $\boldsymbol{n(NiO) = 0{,}10}$ **mol**

4 Le chrome et ses oxydes

A. Le trioxyde de chrome (VI)

1 ▬ Soit la réaction **(1)** :

$$4\,CrO_3\,(s) = 2\,Cr_2O_3\,(s) + 3\,O_2\,(g)$$

$\Delta_r H^0 = \Sigma_i\,\nu_i\,.\,\Delta_f H_i^0 = \mathbf{80{,}0\ kJ\,.\,mol^{-1}}$
$\Delta_r S^0 = \Sigma_i\,\nu_i\,.\,S_i^0 = \mathbf{485\ J\,.\,K^{-1}\,.\,mol^{-1}}$
$\Delta_r G^0 = \Delta_r H^0 - T\,.\,\Delta_r S^0 = \mathbf{-\,65{,}5\ kJ\,.\,mol^{-1}}$ à 300 K.

2 ▬ Calculons l'affinité $\mathcal{A}_1$ de la réaction **(1)** à 300 K :

$$\mathcal{A}_1 = -\,\Delta_r G^0 - RT\,.\,\ln\left(\frac{p(O_2)}{p^0}\right)^3 = 65{,}5 - 3\,RT\,.\,\ln\,(0{,}20)$$

$$\mathcal{A}_1 = \mathbf{77{,}5\ kJ\,.\,mol^{-1}} \text{ à } 300\text{ K}$$

$\mathcal{A}_1 > 0$, la réaction **(1)** évolue naturellement dans le sens $\xrightarrow{1}$; CrO_3 est instable, mais sa dissociation est lente.

3 ▬ $\mathcal{A}_1 = -\,80{,}0\,.\,10^3 + (485 + 12)\,.\,T$
$\mathcal{A}_1 = -\,80{,}0\,.\,10^3 + 497\,.\,T\ \ (J\,.\,mol^{-1})$

Plus la température croît, plus $\mathcal{A}_1$ est élevée ; l'instabilité de CrO_3 demeure donc si $T > 300$ K.

B. Étude de la réduction de l'oxyde de chrome (III) par l'aluminium métal

4 ▬ Avec une mole de dioxygène, les équations de formation des oxydes s'écrivent :

$$4/3\,Cr + O_2\,(g) = 2/3\,Cr_2O_3\,(s) \qquad (2)$$

$$4/3\,Al + O_2\,(g) = 2/3\,Al_2O_3\,(s) \qquad (3)$$

5 ▬ Les changements de pente correspondent à des changements de phase. À l'aide du *Tableau* 1, on peut préciser : en A, fusion du chrome ; en B, fusion de l'aluminium ; en C, fusion de l'alumine Al_2O_3.

En B :

$$4/3\,Al\,(s) + O_2\,(g) = 2/3\,Al_2O_3\,(s) \qquad (3)$$

$$4/3\,Al\,(\ell) = 4/3\,Al\,(s) \qquad (4)$$

$$4/3\,Al\,(\ell) + O_2\,(g) = 2/3\,Al_2O_3\,(s) \qquad (5)$$

$$\mathbf{(5) = (4) + (3)}$$

$$\Delta_r S_5^0 = \Delta_r S_3^0 + \Delta_r S_4^0 = \Delta_r H_3^0 + 4/3\,\Delta_{sol}\,S^0(Al)$$

$$= \Delta_r S_3^0 - \frac{4}{3}\,\frac{\Delta_{fus}H^0(Al)}{T_{fus}(Al)}$$

Comme $\Delta_{fus}H^0(Al) > 0$, $\Delta_r S_5^0 < \Delta_r S_3^0$;
alors $-\,\Delta_r S_5^0 > -\,\Delta_r S_3^0$.
La pente de la fonction $\Delta_r G^0\,(T)$ croît pour $T > T_B$.

6 ▬ La pente de NB vaut $-\,\Delta_r S_3^0$, soit 207 $J.K^{-1}.mol^{-1}$; celle du segment BC vaut $-\,\Delta_r S_5^0$, soit :

$$-\,\Delta_r S_5^0 = -\left(\Delta_r S_3^0 - \frac{4}{3}\,\frac{\Delta_{fus}H^0(Al)}{T_{fus}(Al)}\right)$$

soit : $\boldsymbol{-\,\Delta_r S_5^0 = +\,221{,}3}$ $\mathbf{J\,.\,K^{-1}\,.\,mol^{-1}}$

C. Étude de la réaction de réduction

7 ▬ $Cr_2O_3\,(s) + 2\,Al\,(s) = Al_2O_3\,(s) + 2\,Cr\,(s)$ **(6)**

8 ▬ $\mathcal{A}_6 = -\,\Delta_r G_6^0 - RT\,.\,\ln\,Q$.

Tant qu'aucun des quatre constituants n'est gazeux, c'est-à-dire pour $\theta < 2\,520$ °C, $Q = 1$ et $\mathcal{A}_6 = -\,\Delta_r G_6^0$.
D'après le graphe, $\Delta_r G_6^0$ est négatif, donc $\mathcal{A}_6$ est positif.
La réduction de Cr_2O_3 (s) par Al (s) ou Al (ℓ) est donc possible.

9 ▬ $n_0\,(Al) = 2\,n_0(Cr_2O_3)$, le mélange initial est donc stœchiométrique. La réaction étant totale, il se forme 1,80 mol de chrome. La réaction étant instantanée, elle peut être considérée comme adiabatique, alors :

$$n_0\,.\,\Delta_r H_6^0 + \int_{300}^{T}(n_0\,.\,C_p(Al_2O_3) + 2\,n_0\,.\,C_p(Cr))\,.\,dT + 2\,n_0\,.\,\Delta_{fus}H^0(Cr) + n_0\,.\,\Delta_{fus}H^0(Al_2O_3) = 0$$

soit $n_0\,.\,[\Delta_r H_6^0 + [C_p(Al_2O_3) + 2\,C_p(Cr)]\,.\,(T - 300) + 2\,\Delta_{fus}H^0\,(Cr) + \Delta_{fus}H^0(Al_2O_3)] = 0$

soit :

$$T = 300 + \frac{-\,\Delta_r H_6^0 - 2\,\Delta_{fus}H^0(Cr) - 2\,\Delta_{fus}H^0(Al_2O_3)}{C_p(Al_2O_3) + 2\,C_p(Cr)}$$

Numériquement : $\boldsymbol{T = 2\,350}$ **K**, soit $\boldsymbol{\theta = 2\,077}$ **°C.**

La température obtenue est effectivement supérieure aux températures de fusion du chrome (1 910 °C) et de l'alumine (2 050 °C) et inférieure à leur température d'ébullition ; ces deux corps sont donc bien obtenus à l'état liquide.

10 ▬ À l'état liquide, l'alumine, produit le moins dense, surnage sur le chrome ; il sera donc possible de séparer ces deux produits par soutirage du chrome en bas de la cuve.

Remarque :
La couche d'alumine protège le métal chrome du contact avec le dioxygène de l'air et évite ainsi son oxydation.

5 Obtention du magnésium par le procédé « Magnétherm »

1 ▬ Traçons le diagramme d'Ellingham relatif aux couples MgO/Mg et SiO_2/Si.

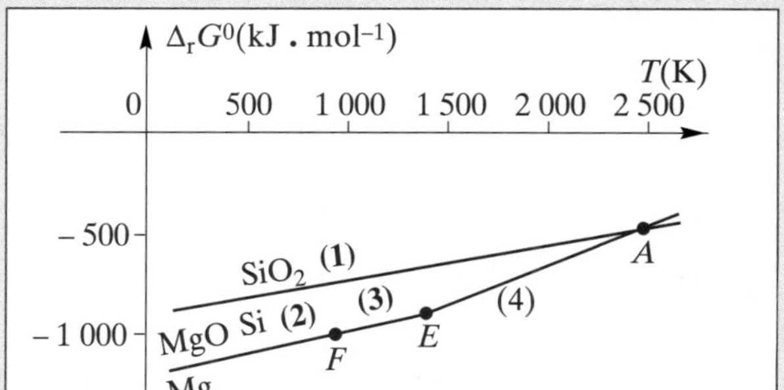

• À 298 K sous 1,00 bar, les domaines d'existence de MgO(s) et Si(s) ont une partie commune : le silicium solide ne peut donc pas, dans ces conditions, réduire l'oxyde de magnésium solide.

• Si on calcule l'enthalpie libre Δ_rG de la réaction :

$$2\,MgO\,(s) + Si\,(s) = 2\,Mg\,(s) + SiO_2\,(s) \qquad \textbf{(5)}$$

avec, comme chaque constituant est solide :

$$\Delta_rG_5 = \Delta_rG_5^0$$

on trouve : $\Delta_rG_5 = \Delta_rG_1^0 - \Delta_rG_2^0 = 296\,140 - 30{,}1\,.\,T$

soit à 298 K : $\Delta_rG_5 = 287\,170\ \text{J}\,.\,\text{mol}^{-1}$

Δ_rG_5 est positif (ou ce qui est équivalent, l'affinité chimique $\mathcal{A}_5$ est négative), le système [MgO + Si] n'évolue pas ; ce calcul confirme l'étude graphique ci-dessus.

2 ▬ La réaction de réduction de MgO(s) par le silicium solide ou liquide sera possible lorsque l'enthalpie libre de la réaction correspondante, notée $\Delta_rG_{5'}$ sera négative ou nulle. La pression étant fixée à 1,00 bar, l'utilisation du diagramme d'Ellingham indique que la réduction sera possible pour $T \geqslant T_A$. T_A correspond à l'intersection de $\Delta_rG_1^0$ et de $\Delta_rG_4^0$, d'où **T_A = 2 460 K ; le magnésium est alors produit à l'état gazeux :**

$$2\,MgO\,(s) + Si\,(\ell) = SiO_2\,(\ell) + 2\,Mg\,(g) \qquad \textbf{(5')}$$

avec $\Delta_rG_{5'}^0 = \Delta_rG_1^0 - \Delta_rG_4^0$
$= 563\,840 - 229{,}1\,.\,T \quad (\text{J}\,.\,\text{mol}^{-1})$.

3 ▬ • La réaction **(5')** étant endothermique ($\Delta_rH^0 = 563{,}84\ \text{kJ}\,.\,\text{mol}^{-1}$), une élévation de température la favorise dans le sens $\xrightarrow{1}$.

• Pour la réaction **(5')**, $\sum_i \nu_i(g) = +\,2$, un abaissement de la pression déplace la réaction dans le sens $\xrightarrow{1}$.

L'obtention du magnésium est favorisée à haute température et à basse pression.

4 ▬ À 1 400 °C, soit 1 673 K, $\Delta_rG_{5'}^0 = 180\,556\ \text{J}\,.\,\text{mol}^{-1}$ et $K_{5'}^0 = 2{,}30\,.\,10^{-6}$; or $K_{5'}^0 = \left(\dfrac{p(\text{Mg})}{p^0}\right)^2$;

d'où : $p(\text{Mg}) = p^0\,.\,\sqrt{K_{5'}^0}$

soit : $\boldsymbol{p(\text{Mg}) = 1{,}52\,.\,10^{-3}}$ **bar**

5 ▬ En remarquant que **(6)** = **(5')** + **(7)**, il vient :

$\Delta_rG_6^0 = \Delta_rG_5^0 + \Delta_rG_7^0 = 437\,600 - 234{,}1\,.\,T\ (\text{J}\,.\,\text{mol}^{-1})$.

À 1 400 °C, $\Delta_rG_6^0 = 45\,950\ \text{J}\,.\,\text{mol}^{-1}$ et $K_6^0 = 3{,}68\,.\,10^{-2}$,

or $K_6^0 = \left(\dfrac{p(\text{Mg})}{p^0}\right)^2$; d'où : $p(\text{Mg}) = p^0\,.\,\sqrt{K_6^0}$

soit : $\boldsymbol{p(\text{Mg}) = 0{,}192}$ **bar**

Cette valeur est nettement supérieure à celle trouvée à la question **4)**. **L'utilisation de dolomie favorise la production du magnésium, d'où l'intérêt du procédé « Magnétherm ».**

6 Fabrication des aimants cobalt-samarium par calciothermie

1 ▬ Repérons sur un axe les diverses températures de changement d'état pour les réactifs et les produits en nous limitant à l'intervalle [298 K ; 1 200 K].

– Pour le couple $CaCl_2/Ca$:

$CaCl_2(s)$ | 1 045 | $CaCl_2(\ell)$ | 1 113 | T(K)
Ca(s) | Ca(ℓ)

– Pour le couple $CoCl_2/Co$:

$CoCl_2(s)$ | 997 | $CoCl_2(\ell)$ T(K)
Co (s)

• Déterminons tout d'abord $\Delta_rG_1^0$ pour le couple $CaCl_2/Ca$.

• $T \leqslant 1\,045$ K :

$$Ca\,(s) + Cl_2\,(g) = CaCl_2\,(s) \qquad \textbf{(1)}$$

$\Delta_rG_1^0\,(T) = \Delta_fH^0\,(CaCl_2) - T\,.\,(S^0(CaCl_2) - S^0(Cl_2) - S^0(Ca))$,

soit : $\boldsymbol{\Delta_rG_1^0(T) = -\,796{,}1 + 0{,}1596\,.\,T}$ **(kJ . mol^{-1})**

• 1 045 K $\leqslant T \leqslant$ 1 113 K :

$$Ca\,(s) + Cl_2\,(g) = CaCl_2\,(\ell) \qquad \textbf{(1')}$$

$$\Delta_rG_{1'}^0\,(T) = \Delta_rH^0{}_1 + \Delta_{fus}H^0\,(CaCl_2) - T\,.\left(\Delta_rS_1^0 + \frac{\Delta_{fus}H^0(CaCl_2)}{T_{fus}(CaCl_2)}\right)$$

soit : $\boldsymbol{\Delta_rG_{1'}^0\,(T) = -\,767{,}7 + 0{,}1324\,.\,T}$ **(kJ . mol^{-1})**

• 1 113 K $\leqslant T \leqslant$ 1 200 K :

$$Ca\,(\ell) + Cl_2\,(g) = CaCl_2\,(\ell) \qquad \textbf{(1'')}$$

$$\Delta_rG_{1''}^0(T) = \Delta_rH_{1'}^0 - \Delta_{fus}H^0\,(Ca) - T\,.\left(\Delta_rS_{1'}^0 - \frac{\Delta_{fus}H^0(Ca)}{T_{fus}(Ca)}\right)$$

soit : $\boldsymbol{\Delta_rG_{1''}^0\,(T) = -\,776{,}9 + 0{,}1407\,.\,T}$ **(kJ . mol^{-1})**

• Intéressons-nous à présent au couple $CoCl_2/Co$.

• $T \leqslant 997$ K : $Co\,(s) + Cl_2\,(g) = CoCl_2\,(s)$ **(2)**

$\Delta_rG_2^0\,(T) = \Delta_fH^0\,(CoCl_2) - T\,.\,(S^0(CoCl_2) - S^0(Cl_2) - S^0(Co))$

soit : $\boldsymbol{\Delta_rG_2^0(T) = -\,312{,}7 + 0{,}144\,.\,T}$ **(kJ . mol^{-1})**

• 997 K $\leqslant T \leqslant$ 1 200 K :

$$Co\,(s) + Cl_2 = CoCl_2\,(\ell) \qquad \textbf{(2')}$$

$$\Delta_rG_{2'}^0\,(T) = \Delta_rH_2^0 + \Delta_{fus}H^0\,(CoCl_2) - T\,.\left(\Delta_rS_1^0 + \frac{\Delta_{fus}H^0(CoCl_2)}{T_{fus}(CoCl_2)}\right)$$

soit : $\boldsymbol{\Delta_rG_{2'}^0\,(T) = -\,281{,}7 + 0{,}1129\,.\,T}$ **(kJ . mol^{-1})**

2 ▬ Traçons, sur un même diagramme, les graphes $\Delta_rG_i^0(T)$ pour les trois couples étudiés :

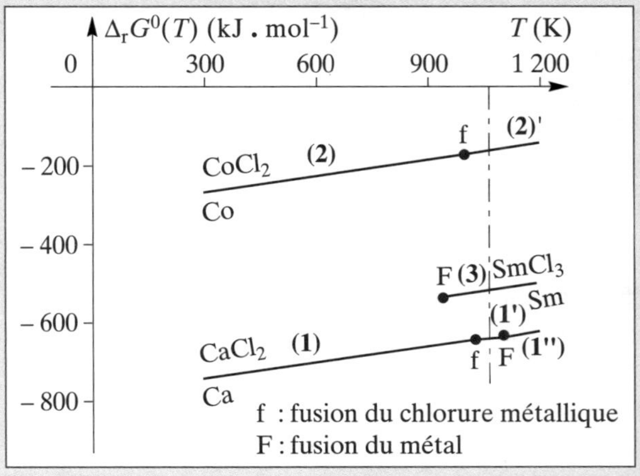

3 ▬ À 1 075 K, d'après la position relative des espèces, seul le métal calcium peut réduire le chlorure de samarium (III) selon la réaction d'équation :

$$2/3\ SmCl_3\ (\ell) + Ca\ (s) = 2/3\ Sm\ (s) + CaCl_2\ (\ell) \quad \textbf{(4)}$$

(4) = **(1)**′ – **(3)**, soit $\Delta_r G_4^0 = \Delta_r G_{1'}^0 - \Delta_r G_3^0$

d'où : $\Delta_r G_4^0 = -71{,}7 - 0{,}0326 \, . \, T \quad (kJ \, . \, mol^{-1})$

À 1 075 K, $\boldsymbol{\Delta_r G_4^0 = -106{,}7\ kJ\ .\ mol^{-1}}$

Comme toutes les espèces sont condensées :

$$\Delta_r G_4 = \Delta_r G_4^0$$

la réaction **(4)** est totale, le réactif en défaut est entièrement consommé.

Le métal cobalt ne réagit pas ; aussi, si le calcium et le chlorure de samarium sont introduits en proportions stœchiométriques, le mélange final est constitué de cobalt, de samarium et de chlorure de calcium.

L'élimination du chlorure de calcium (liquide) permet d'obtenir un mélange de samarium et de cobalt qui, après fusion, fournit les alliages recherchés.

4 ▬ • Dans $m = 100{,}0$ g de $SmCo_5$, il y a 66,20 g de cobalt et 33,8 g de samarium, soit 0,225 mol produit par la réaction de 0,225 mol de chlorure de samarium (III) avec 0,338 mol de calcium.

Le mélange initial nécessaire à la préparation de $m = 100{,}0$ g de $SmCo_5$ doit être constitué de :

66,2 g de cobalt : Co ;

57,7 g de chlorure de samarium (III) : $SmCl_3$;

13,5 g de calcium : Ca.

• Un raisonnement analogue pour l'alliage Sm_2Co_{17} conduit au mélange initial suivant :

76,9 g de cobalt : Co ;

39,5 g de chlorure de samarium (III) : $SmCl_3$;

9,2 g de calcium.

7 Réduction de l'oxyde de zinc par le carbone

1 ▬ Pour le couple ZnO/Zn, il convient de distinguer trois domaines de température :

$$T \leqslant T_{fus}\ (Zn)$$
$$T_{fus}\ (Zn) \leqslant T \leqslant T_{éb}\ (Zn)$$
$$T_{éb}\ (Zn) \leqslant T \leqslant 1\ 500\ K$$

• $T \leqslant T_{fus}$ (Zn)

$$2\ Zn\ (s) + O_2 = 2\ ZnO\ (s) \quad (1)$$

$\Delta_r H_1^0(T) = 2\,\Delta_f H^0(ZnO) = -696{,}6\ kJ.mol^{-1}$

$\Delta_r S_1^0\ (T) = 2\ S^0\ (ZnO) - 2\ S^0(Zn\ (s)) - S^0\ (O_2)$
$= -0{,}201\ kJ\ .\ K^{-1}\ .\ mol^{-1}$

$$\boldsymbol{\Delta_r G_1^0\ (T) = -696{,}6 + 0{,}201\ .\ T\ \ (kJ\ .\ mol^{-1})}$$

• T_{fus} (Zn) < T < $T_{éb}$ (Zn)

$$2\ Zn\ (\ell) + O_2 = 2\ ZnO\ (s) \quad (2)$$
$$Zn\ (s) = Zn\ (\ell) \quad (a)$$

(1) = **(2)** + **(a)** × 2

$$\Delta_r X^0_{(2)} = \Delta_r X^0_{(1)} - 2\,\Delta_r X^0_{(a)}$$

$\Delta_r H_2^0 = \Delta_r H_1^0 - 2\Delta_{fus} H^0\ (Zn) = -710{,}0\ kJ\ .\ mol^{-1}$

$$\Delta_r S_2^0 = \Delta_r S_1^0 - 2\,\frac{\Delta_{fus} H^0\ (Zn)}{T_{fus}\ (Zn)}$$
$= -0{,}220\ kJ\ .\ mol^{-1}\ .\ K^{-1}$

$$\boldsymbol{\Delta_r G_2^0\ (T) = -710{,}0 + 0{,}220\ .\ T \quad (kJ\ .\ mol^{-1})}$$

• $T_{éb}$ (Zn) ⩽ T ⩽ 1 500 K

$$2\ Zn\ (g) + O_2 = 2\ ZnO\ (s) \quad (3)$$

En remplaçant $\Delta_{fus}H^0$ (Zn) et T_{fus} (Zn) par $\Delta_{éb}H^0$ (Zn) et $T_{éb}$ (Zn), il vient :

$\boldsymbol{\Delta_r H_3^0} = \boldsymbol{\Delta_r H_2^0} - 2\Delta_{éb}H^0\ (Zn) = -939{,}6\ kJ\ .\ mol^{-1}$

$$\Delta_r S_3^0 = \Delta_r S_2^0 - 2\,\frac{\Delta_{éb} H^0\ (Zn)}{T_{éb}\ (Zn)}$$
$= -0{,}415\ kJ\ .\ mol^{-1}\ .\ K^{-1}$

$$\boldsymbol{\Delta_r G_3^0\ (T) = -939{,}6 + 0{,}415\ .\ T \quad (kJ\ .\ mol^{-1})}$$

Pour le couple CO/C :

$$2\ C\ (s) + O_2\ (g) = 2\ CO\ (g) \quad (4)$$

$\Delta_r G_4^0 = 2\,\Delta_f H^0\ (CO) - T\ .\ (2\ S^0(CO) - 2\ S^0(C) - S^0(O_2))$

soit :

$$\boldsymbol{\Delta_r G_4^0 = -221{,}0 - 0{,}179\ .\ T \quad (kJ\ .\ mol^{-1})}$$

2 ▬

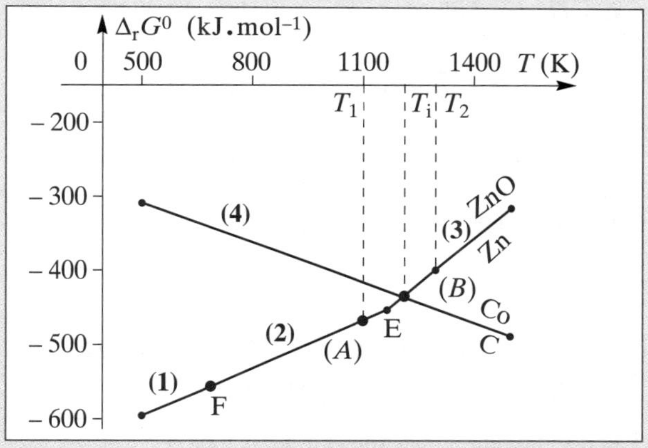

3 ▬ a) $2\ C\ (s) + 2\ ZnO\ (s) = 2\ CO\ (g) + 2\ Zn\ (g) \quad$ **(5)**

La température d'inversion T_i est la température pour laquelle $\Delta_r G_5^0(5) = 0$.

Sur le graphe, cette valeur est l'abscisse du point d'intersection des graphes **(3)** et **(4)**, d'où :

$$\Delta_r G_5^0 = \Delta_r G_4^0 - \Delta_r G_3^0$$

soit : $\Delta_r G_5^0 = 718{,}6 - 0{,}594\ .\ T \quad (kJ\ .\ mol^{-1})$

Pour $T = T_i$, $\Delta_r G_5^0 = 0$, soit $\boldsymbol{T_i = 1\ 210\ K}$.

b) • Pour $T = T_1 = 1\ 100$ K (point A du *graphe*), le zinc obtenu est liquide, alors :

$$\Delta_r G_5^0 = \Delta_r G_4^0 - \Delta_r G_2^0$$

soit : $\Delta_r G_{5'}^0 = 489 - 0{,}399\ .\ T\ (kJ\ .\ mol^{-1})$

à 1 100 K : $2\ C\ (s) + 2\ Zn\ O\ (s) = 2\ CO\ (g) + 2\ Zn\ (\ell)$

$$\Delta_r G_{5'}^0\ (1\ 100\ K) = 50{,}1\ kJ\ .\ mol^{-1}$$

et : $K^0\ (1\ 100\ K) = 4{,}17\ .\ 10^{-3}$

$$K^0 = \left(\frac{p(CO)}{p^0}\right)^2 \text{ d'où } \boldsymbol{p(CO) = 6{,}5\ .\ 10^{-2}\ bar}$$

• Pour $T = T_2 = 1\,300$ K (point *B* du *graphe*), le zinc obtenu est gazeux, alors :

$$\Delta_r G_5^0 = 718{,}6 - 0{,}594\,.\,T\ (\text{kJ}\,.\,\text{mol}^{-1})$$

à 1 300 K : $2\,C\,(s) + 2\,ZnO\,(s) = 2\,CO\,(g) + 2\,Zn\,(g)$

$$\Delta_r G_5^0 = -53{,}6\ \text{kJ}\,.\,\text{mol}^{-1}$$

et $$K^0\,(1\,300\ \text{K}) = 1{,}42\,.\,10^2$$

$$K^0 = \frac{p(CO)^2\,.\,p(Zn)^2}{(p^0)^4} = \left(\frac{p(CO)}{p^0}\right)^4$$

car $p(CO) = p(Zn)$, d'où :

$$\mathbf{p(CO) = 3{,}45\ bar}$$

c) Pour $T = T_i$, $p(CO) = 1{,}0$ bar et pour $T = 1\,100$ K, $p(CO) = 6{,}5\,.\,10^{-2}$ bar ; aussi peut-on faire l'hypothèse que $T_1 < T_3 < T_i$. Deux cas peuvent être considérés : soit le zinc obtenu est liquide, soit il est gazeux.

• *Première possibilité :* le zinc est liquide.

Alors :

$$\Delta_r G_{5'}^0\,(T_3) = -RT_3\,.\,\ln K^0\,(T_3) = -RT_3\,.\,\ln\left(\frac{p(CO)}{p^0}\right)^2$$

soit $489 - 0{,}399\,T_3 = -8{,}314\,.\,10^{-3} \times \ln(0{,}80)^2 \times T_3$

d'où : $$T_3 = 1\,214\ \text{K}$$

La valeur T_3 obtenue est supérieure à $T_{éb}$ (Zn) ; cette hypothèse est donc à rejeter.

• *Seconde possibilité :* le zinc est obtenu à l'état gazeux.

Alors :

$$\Delta_r G_5^0\,(T_3) = -RT_3\,.\,\ln K^0\,(T_3) = -RT_3\,.\,\ln\left(\frac{p(CO)}{p^0}\right)^4$$

soit $718 - 0{,}594\,T_3 = -8{,}314\,.\,10^{-3} \times \ln(0{,}80)^4 \times T_3$

d'où : $$\mathbf{T_3 = 1\,194\ K}$$

Cette valeur est supérieure à $T_{éb}$ (Zn) ; le zinc obtenu est gazeux, ce qui est en accord avec l'hypothèse faite.

8 Réduction de l'oxyde de zinc par le dihydrogène

1 ▬ Il se produit la réaction **(2')** d'équation :

$$2\,ZnO\,(s) = 2\,Zn\,(g) + O_2\,(g)$$

avec : $\Delta_r G_{2'}^0 = 900{,}0 - 0{,}380\,.\,T$ (kJ . mol^{-1})

À 1 200 K, $\Delta_r G_{2'}^0 = 444{,}0$ kJ . mol^{-1} ; $K_{2'}^0 = 4{,}7\,.\,10^{-20}$.

Or : $$K_{2'}^0 = \frac{p(Zn)^2\,.\,p(O_2)}{(p^0)^3}$$

Le récipient est initialement vide ; à tout instant et donc à l'équilibre :

$$p(Zn) = 2\,p(O_2)$$

d'où : $p(Zn) = p^0\,.\,(2\,K_{2'}^0)^{1/3} = 4{,}55\,.\,10^{-7}$ bar

À cette température $p\,(\text{zinc})_{\text{corr.}} = p(O_2)_{\text{éq}} = \dfrac{p(Zn)}{2}$,

d'où : $$\mathbf{p\,(zinc)_{corr.} = 2{,}27\,.\,10^{-7}\ bar}$$

2 ▬ a) Soit **(3)** : $H_2\,(g) + ZnO\,(s) = Zn\,(g) + H_2O\,(g)$

En remarquant que **(3)** $= \dfrac{\mathbf{(1) - (2)}}{2}$, il vient :

$$\Delta_r G_3^0 = \frac{\Delta_r G_1^0 - \Delta_r G_2^0}{2} = 205{,}0 - 0{,}140\,.\,T\ (\text{kJ}\,.\,\text{mol}^{-1})$$

La température d'inversion T_i est telle que $\Delta_r G_3^0\,(T_i) = 0$, soit : $$\mathbf{T_i = 1\,464\ K}$$

Pour $T = T_i$, $K_3^0 = 1$.

b) $\Delta_r G_3^0 = -RT\,.\,\ln K_3^0$, soit :

$205{,}0 - 0{,}140\,.\,T = -8{,}314\,.\,10^{-3}\,.\,T\,.\,\ln K_3^0$;

d'où : $$T = \frac{205{,}0}{0{,}140 - 8{,}314\,.\,10^{-3} \times \ln K_3^0}$$

Pour $T = T_1$, $K_3^0 = 0{,}010$, d'où $\mathbf{T_1 = 1\,150\ K}$.

Pour $T = T_2$, $K_3^0 = 100{,}0$, d'où $\mathbf{T_2 = 2\,015\ K}$.

À 1 150 K, la réduction de ZnO par H_2 (g) est très peu avancée, alors qu'elle est quasi totale à 2 000 K .

c) À l'aide de la relation ci-dessus, $\mathbf{T_3 = 1\,745\ K}$ lorsque $K_3^0 = 15{,}0$.

3 ▬ À l'équilibre :

$$p(H_2O) = p(Zn) \text{ et } p(H_2) = 1 - 2\,p(Zn)$$

$$K_3^0 = \frac{p(Zn)\,.\,p(H_2O)}{p(H_2)\,.\,p^0}$$

soit : $$K_3^0 = \frac{p(Zn)^2}{(1 - 2p(Zn))\,.\,p^0} = 15{,}0$$

d'où : $$\mathbf{p(Zn) = p(H_2O) = 0{,}492\ bar}$$

et : $$\mathbf{p(H_2) = 1{,}61\,.\,10^{-2}\ bar}$$

4 ▬ a) Faisons un bilan en quantité de matière :

Zn O (s) +	**H_2 (g) =**	**Zn (g)**	**+ H_2O (g)**	**n_t (g)**
n_0	2	–	–	2
$n_0 - \xi$	$2 - \xi$	ξ	ξ	$2 + \xi$

$$K_3^0 = \frac{\xi^2\,.\,p}{(2-\xi)\,.\,n_t\,.\,p^0} \quad \text{or} \quad \frac{p}{n_t} = \frac{p^0}{n_0(\text{gaz})} = \frac{p_0}{2}$$

avec $p_0 = 40{,}0$ bar, d'où : $K_3^0 = \dfrac{\xi^2\,.\,p_0}{2(2-\xi)\,.\,p^0} = 15{,}0$

d'où :

$$\xi = 0{,}906 \text{ et } \mathbf{p = \frac{(2+\xi)}{2}\,.\,p_0 = 58{,}1\ bar}$$

b) Pour qu'il n'y ait pas rupture d'équilibre, il faut que $n_0 - \xi \geqslant 0$, soit $n_0 \geqslant \xi$.

La masse minimale d'oxyde de zinc m_0(ZnO) est donc :

$$\mathbf{m_0\,(ZnO) = \xi\,.\,M(ZnO) = 73{,}7\ g}$$

9 Réduction des oxydes de plomb et de silicium par le carbone

1 ▬ Pour la formation du monoxyde de carbone :

$$2\,C\,(s) + O_2\,(g) = 2\,CO\,(g) \quad \mathbf{(1)}$$

et $$\Delta_r G_1^0\,(T) = \Delta_r H_1^0\,(298\ \text{K}) - T\,.\,\Delta_r S_1^0\,(298\ \text{K})$$

avec $$\Delta_r S_1^0\,(298\ \text{K}) = \frac{\Delta_r H_1^0\,(298\ \text{K}) - \Delta_r G_1^0\,(298\ \text{K})}{298}$$

soit : $\mathbf{\Delta_r G_1^0\,(T) = -221{,}0 - 0{,}1792\,.\,T\ (kJ\,.\,mol^{-1})}$

• Pour celle de la silice, par analogie :

$$Si\,(s) + O_2\,(g) = SiO_2\,(s) \quad \mathbf{(2)}$$

$$\mathbf{\Delta_r G_2^0\,(T) = -903{,}5 + 0{,}1772\,.\,T\ (kJ\,.\,mol^{-1})}$$

• Pour l'oxydation du plomb en oxyde de plomb, il faut tenir compte des changements d'état de Pb et de PbO.

– De 0 °C à 327,5 °C :

$$2\,Pb\,(s) + O_2\,(g) = 2\,PbO\,(s) \qquad (3)$$

$$\boldsymbol{\Delta_r G_3^0(T) = -\,438{,}0 + 0{,}2014\,.\,T\ (kJ\,.\,mol^{-1})}$$

– De 327,5 °C à 888 °C :

$$2\,Pb\,(\ell) + O_2\,(g) = 2\,PbO\,(s) \qquad (3)'$$

$$\Delta_r G_{3'}^0\,(T) = \Delta_r H_{3'}^0 - T\,.\,\Delta_r S_{3'}^0$$

$$\Delta_r H_{3'}^0 = \Delta_r H_3^0 - 2\,\Delta_f H^0\,(Pb\,(\ell)) = -\,448{,}2\ kJ\,.\,mol^{-1}$$

$$\Delta_r S_{3'}^0 = \Delta_r S_3^0 - \frac{2\Delta_f H^0(Pb(\ell))}{T_{fus}(Pb)} = -\,218{,}4\ J\,.\,K^{-1}\,.\,mol^{-1}\,;$$

d'où : $\boldsymbol{\Delta_r G_{3'}^0\,(T) = -\,448{,}2 + 0{,}2184\,.\,T\ (kJ\,.\,mol^{-1})}$

– De 888 °C à 1 400 °C :

$$2\,Pb\,(\ell) + O_2\,(g) = 2\,PbO\,(\ell) \qquad (3'')$$

$$\Delta_r G_{3''}^0\,(T) = \Delta_r H_{3''}^0 - T\,.\,\Delta_r S_{3''}^0$$

$$\Delta_r H_{3''}^0 = \Delta_r H_{3'}^0 + 2\,\Delta_{fus} H^0\,(PbO) = -\,424{,}8\ kJ\,.\,mol^{-1}$$

$$\Delta_r S_{3''}^0 = \Delta_r S_{3'}^0 + \frac{2\Delta_{fus} H^0(PbO)}{T_{fus}(PbO)} = 198{,}2\ J\,.\,K^{-1}\,.\,mol^{-1}.$$

$$\boldsymbol{\Delta_r G_{3''}^0 = -\,424{,}8 + 0{,}1982\,.\,T\ (kJ\,.\,mol^{-1})}$$

2 ▬

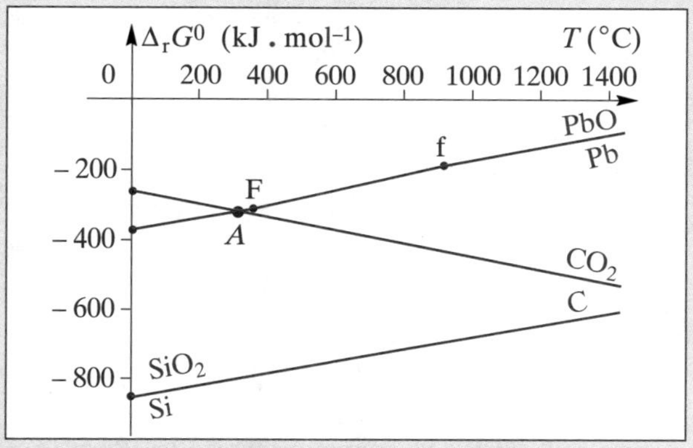

Dans l'intervalle de température considéré :

– la réduction de l'oxyde de plomb selon :

$$PbO + C\,(s) = Pb + CO\,(g) \qquad (4)$$

peut s'effectuer, même à température peu élevée ; en effet, K_3^0 est supérieure à 1,0 dès que la température est supérieure à T_A (température pour laquelle $\Delta_r G_1^0 = \Delta_r G_3^0$), soit $T > 570$ K (ou $\theta > 297$ °C) ;

– la réduction de la silice par le carbone selon :

$$SiO_2\,(s) + 2\,C\,(s) = Si\,(s) + 2\,CO\,(g) \qquad (5)$$

est difficile, même à température élevée ; ainsi à 1 400 °C, $\Delta_r G_5^0 = \Delta_r G_1^0 - \Delta_r G_2^0 = 86{,}2\ kJ\,.\,mol^{-1}$ et $K_5^0 = 2{,}0\,.\,10^{-3}$, et la réaction **(5)** est très peu favorisée.

3 ▬ $2\,PbS\,(s) + 3\,O_2\,(g) = 2\,PbO\,(s) + 2\,SO_2\,(g)$

Au cours de cette réaction, le soufre est oxydé (n.o. (S) = – II dans PbS et n.o. (S) = + IV dans SO_2) et l'oxygène est réduit (n.o. (O) = 0 dans O_2 et n.o. (O) = – II dans PbO et SO_2).

4 ▬ $$PbO\,(s) + C\,(s) = Pb\,(s) + CO\,(g) \qquad (4)$$

Cette réaction est endothermique, elle est donc d'autant plus favorisée que la température est élevée.

À 900 °C : $\Delta_r G_4^0 = \dfrac{\Delta_r G_1^0 - \Delta_r(G_{3''}^0)}{2} = -\,119{,}4\ kJ\,.\,mol^{-1}$

et $K_4^0 = 2{,}1\,.\,10^5$.

5 ▬ À 1 500 K, $\Delta_r G_5^0 = 147{,}9\ kJ\,.\,mol^{-1}$ et

$K_5^0 = 7{,}1\,.\,10^{-6}$, avec $K_5^0 = \left(\dfrac{p(CO)}{p^0}\right)^2$

il vient : $\boldsymbol{p(CO) = p_0\,.\,\sqrt{K_5^0} = 2{,}7\,.\,10^{-3}\ bar}$

On favorise l'obtention du silicium en maintenant en permanence une très faible pression en monoxyde de carbone, c'est-à-dire en l'éliminant au cours de sa formation.

10 Chloration du cuivre

1 ▬ Soit la formation du chlorure de cuivre (I) :

$$2\,Cu\,(s) + Cl_2\,(g) = 2\,CuCl\,(s) \qquad (1)$$

$\Delta_r G_1^0\,(T) = \Delta_r H_1^0\,(T_0) - T\,\Delta_r S^0\,(T_0)$;

d'où : $\boldsymbol{\Delta_r G_1^0\,(T) = -\,274{,}4 + 0{,}1168\,.\,T\ (kJ\,.\,mol^{-1})}$

Pour la formation du chlorure de cuivre (II) :

$$Cu\,(s) + Cl_2\,(g) = CuCl_2\,(s) \qquad (2)$$

$$\boldsymbol{\Delta_r G_2^0\,(T) = -\,220{,}1 + 0{,}148\,.\,T\ (kJ\,.\,mol^{-1})}$$

2 ▬ Soit la réaction **(3)** :

$$2\,CuCl\,(s) + Cl_2\,(g) = 2\,CuCl_2\,(s) \qquad (3)$$

$$\mathbf{(3) = 2 \times (2) - (1)}$$

d'où : $\boldsymbol{\Delta_r G_3^0\,(T) = -\,165{,}8 + 0{,}1792\,.\,T\ (kJ\,.\,mol^{-1})}$

On peut alors tracer les graphes $\Delta_r G_i^0\,(T)$:

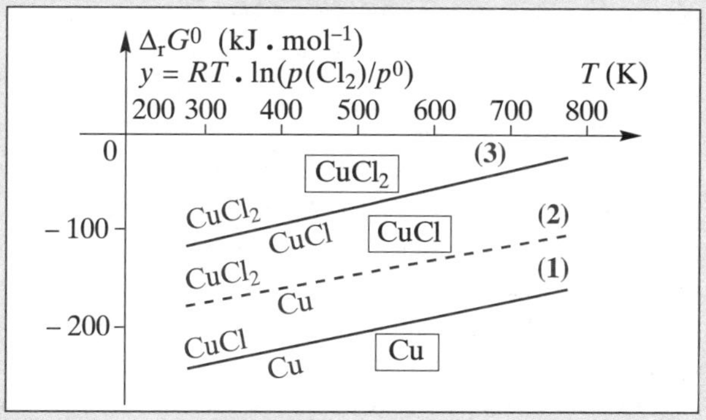

Pour chaque équilibre :

$$\Delta_r G^0 = -\,RT\,.\,\ln K^0 = RT\,.\,\ln\left(\frac{p(Cl_2)}{p^0}\right)_{éq}$$

aussi en ordonnée peut-on porter, outre $\Delta_r G^0(T)$:

$$y = RT\,.\,\ln\frac{p(Cl_2)}{p^0}$$

ces graphes se confondant à l'équilibre.

Lorsque $p(Cl_2) > p(Cl_2)_{éq}$ pour une température donnée, chaque réaction évolue dans le sens $\xrightarrow{1}$; pour chacun des couples Ox/Red étudié, la partie du plan situé au-dessus de la droite d'équilibre est donc le domaine de stabilité de l'espèce Ox. Cette espèce est instable en dessous de la droite d'équilibre.

Ainsi :

- $CuCl_2$ n'est stable qu'au-dessus de la droite **(3)** ;
- Cu n'est stable qu'en dessous de la droite **(1)** ;
- CuCl est stable dans l'espace compris entre les droites **(1)** et **(3)** et ne se dismute donc pas.

La droite **(2)** n'intervient pas dans l'attribution des domaines ; en effet, considérons, par exemple, $CuCl_2$.

Dans l'espace compris entre les droites **(2)** et **(3)**, $CuCl_2$ serait stable pour le système $CuCl_2$/Cu, mais instable pour le système $CuCl_2$/CuCl ; il est donc finalement non stable dans cet espace.

C'est la même chose pour Cu dans l'espace compris entre les droites **(1)** et **(2)**.

3 ▬ Pour chacun des équilibres :

$$\Delta_r G_i^0 = RT \cdot \ln\left(\frac{p(Cl_2)}{p^0}\right)_i \text{ soit } p(Cl_2)_i = p^0 \cdot \exp\left(\frac{\Delta_r G_i^0}{RT}\right)$$

Pour CuCl/Cu, à 400 °C : $\mathbf{p(Cl_2)_1 = 6{,}35 \cdot 10^{-16}}$ **bar**

pour $CuCl_2$/CuCl, à 400 °C : $\mathbf{p(Cl_2)_3 = 1{,}38 \cdot 10^{-13}}$ **bar**

4 ▬ La pression du dichlore étant supérieure aux deux pressions d'équilibre, le métal cuivre va être oxydé en chlorure de cuivre (II) $CuCl_2$.

5 ▬ $CuCl_2$ et Cu, n'ayant pas de domaines de stabilité communs, réagissent de façon totale selon l'équation :

$$CuCl_2\ (s) + Cu\ (s) = 2\ CuCl\ (s)$$

L'état final et la pression de dichlore dépendent des quantités initiales de réactifs en présence.

a) $m_0(Cu) = 2{,}00$ g, soit $n_0(Cu) = 3{,}15 \cdot 10^{-2}$ mol ;
$m_0(CuCl_2) = 4{,}00$ g, soit $n_0(CuCl_2) = 2{,}97 \cdot 10^{-2}$ mol.

$CuCl_2$ est en défaut : il est totalement consommé ; en fin de réaction :

$$\mathbf{n(CuCl_2) = 0\ mol}$$
$$\mathbf{n(CuCl) = 2\ n_0(CuCl_2) = 5{,}95 \cdot 10^{-2}\ mol}$$
$$\mathbf{n(Cu)} = n_0(Cu) - n_0(CuCl_2) = \mathbf{1{,}8 \cdot 10^{-3}\ mol}$$

Le système est alors le siège d'un équilibre entre CuCl et Cu (équilibre **(1)**) et à 400 °C :

$$\mathbf{p(Cl_2) = p(Cl_2)_1 = 6{,}35 \cdot 10^{-16}\ bar}$$

b) $m_0(Cu) = 2{,}00$ g, soit $n_0(Cu) = 3{,}15 \cdot 10^{-2}$ mol ;
$m_0(CuCl_2) = 6{,}00$ g, soit $n_0(CuCl_2) = 4{,}46 \cdot 10^{-2}$ mol.

Cu est en défaut : il est entièrement consommé ; en fin de réaction :

$$\mathbf{n(Cu) = 0\ mol}$$
$$\mathbf{n(CuCl)} = 2\ n_0(Cu) = \mathbf{6{,}30 \cdot 10^{-2}\ mol}$$
$$\mathbf{n(CuCl_2)} = n_0(CuCl_2) - n_0(Cu) = \mathbf{1{,}31 \cdot 10^{-2}\ mol}$$

Le système est alors le siège d'un équilibre entre $CuCl_2$ et CuCl (équilibre **(3)**) et à 400 °C :

$$\mathbf{p(Cl_2) = p(Cl_2)_3 = 1{,}38 \cdot 10^{-13}\ bar}$$

11 Stabilité des chlorures d'or

1 ▬ • Pour le chlorure d'or (I) :

$$2\ Au\ (s) + Cl_2\ (g) = 2\ AuCl\ (s) \qquad \textbf{(1)}$$

$$\Delta_r G_1^0 = \Delta_r H_1^0 - T \cdot \Delta_r S_1^0$$
$$= \Delta_r H_1^0\ (298\ K) - T \cdot \Delta_r S_1^0\ (298\ K)$$
$$= 2\ \Delta_f H^0\ (AuCl)$$
$$- T \cdot (2\ S^0(AuCl) - 2\ S^0(Au) - S^0(Cl_2))$$

soit : $\mathbf{\Delta_r G_1^0 = -69{,}4 + 0{,}132 \cdot T\ (kJ \cdot mol^{-1})}$

• Pour le chlorure d'or (III) :

$$2/3\ Au\ (s) + Cl_2 = 2/3\ AuCl_3\ (s) \qquad \textbf{(2)}$$

$$\Delta_r G_2^0 = 2/3\ \Delta_f H^0\ (AuCl_3) - T \cdot (2/3\ S^0(AuCl_3) - 2/3\ S^0(Au) - S^0(Cl_2))$$

soit : $\mathbf{\Delta_r G_2^0 = -76{,}7 + 0{,}156 \cdot T\ (kJ \cdot mol^{-1})}$

2 ▬ • Traçons, en traits fins, les graphes $\Delta_r G_1^0\ (T)$ et $\Delta_r G_2^0\ (T)$:

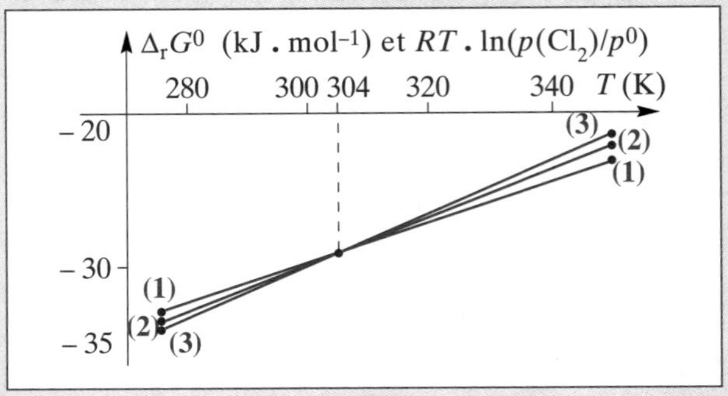

Ces deux graphes se coupent pour $\Delta_r G_1^0 = \Delta_r G_2^0$, soit $T = 304$ K. Soit la réaction **(3)** d'équation :

$$Au\ Cl\ (s) + Cl_2 = AuCl_3\ (s) \qquad \textbf{(3)}$$

Soit en remarquant que **(3)** = 3/2 × **(2)** – 1/2 **(1)** , soit en utilisant les données fournies, il vient :

$$\mathbf{\Delta_r G_3^0 = -80{,}3 + 0{,}168 \cdot T\ (kJ \cdot mol^{-1})}$$

Le graphe de $\Delta_r G_3^0$ coupe ceux de $\Delta_r G_1^0$ et de $\Delta_r G_2^0$ pour $T = 304$ K .

• Pour chaque équilibre : $\Delta_r G_i^0(T) = -RT \cdot \ln K_i^0$, soit :

$$\Delta_r G_i^0(T) = -RT \cdot \ln\frac{p^0}{p(Cl_2)_{éq}} = +RT \cdot \ln\frac{p(Cl_2)_{éq}}{p^0}$$

Comme nous l'avons vu pour le dioxygène (*cf. Rappels de cours*), il est possible de superposer aux graphes $\Delta_r G_i^0(T)$, les graphes $RT \cdot \ln\frac{p(Cl_2)}{p^0}$; ces deux séries de graphes se confondent lorsqu'il y a équilibre. Pour chacune des trois réactions, l'affinité chimique $\mathcal{A}_i$ s'écrit $\mathcal{A}_i = RT \cdot \ln\frac{p(Cl_2)}{p(Cl_2)_{éq}}$.

Si, à une température donnée, la pression de dichlore $p(Cl_2)$ est supérieure à $p(Cl_2)_{éq}$, l'affinité chimique est positive et le système évolue dans le sens $\xrightarrow{1}$. La portion de plan située au-dessus de la droite d'équilibre est donc le domaine d'existence de l'espèce aurifère la plus chlorée.

Trois cas sont alors à distinguer, suivant la valeur de *T*.

• $\mathbf{T = 304\ K}$ **:** les trois espèces Au, AuCl et $AuCl_3$ sont en équilibre : $AuCl_3 + 2\ Au = 3\ AuCl$ **(4)**

avec, par exemple, **(4)** = **(1)** – **(3)** .

• $\mathbf{T < 304\ K}$ **:** précisons sur un schéma agrandi, mais non à l'échelle, la position relative des trois espèces (*schéma* ci-dessous, page suivante).

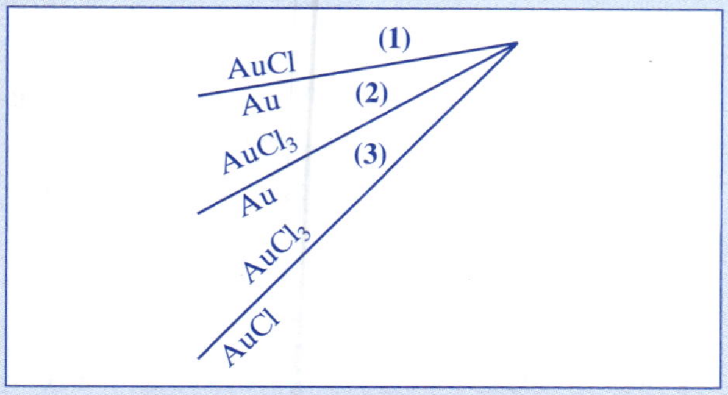

On constate que le chlorure d'or (I) AuCl a deux domaines disjoints : oxydant du couple AuCl/Au et réducteur du couple $AuCl_3$/AuCl ; il n'est pas stable pour $T < 304$ K et se dismute selon :

$$3\,AuCl \xrightarrow{1} AuCl_3 + 2\,Au$$

Seule la frontière entre $AuCl_3$ et Au a alors un sens dans ce domaine de température .

• **$T > 304$ K :** indiquons sur un schéma la position de Au, de AuCl et de $AuCl_3$ (*schéma* ci-dessous).

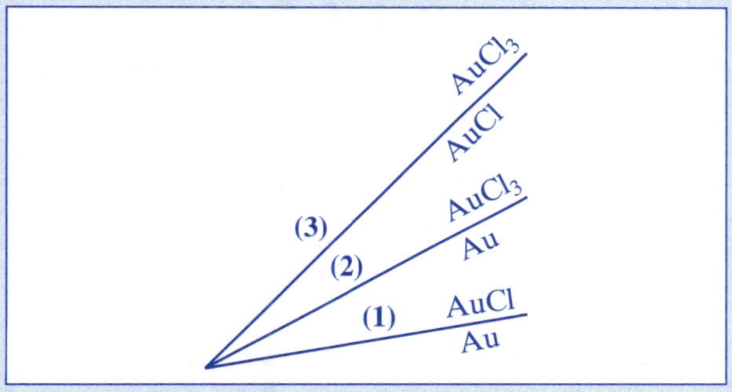

$AuCl_3$ n'est stable qu'au-dessus de la frontière $AuCl_3$/AuCl ; de même Au n'est stable qu'en dessous de la frontière AuCl/Au. **La frontière $AuCl_3$/Au n'a pas de sens physique pour $T > 304$ K.**

L'espace compris entre les demi-droites $AuCl_3$/AuCl et AuCl/Au est le domaine de stabilité du chlorure d'or (I).

L'attribution des domaines d'existence est alors possible (*cf.* schéma ci-dessous).

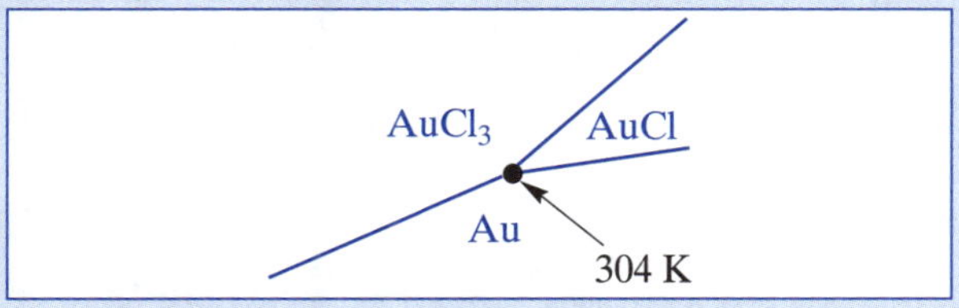

3 ▬ a) À 40 °C, soit 313 K, AuCl peut exister ; en revanche à 25 °C, soit 298 K, ce n'est pas une espèce stable. Lors du refroidissement, il va pour $T < 304$ K, soit 31 °C, se dismuter :

$$\mathbf{3\,AuCl \longrightarrow AuCl_3 + 2\,Au}$$

b) À la fin de la dismutation, le système est le siège de l'équilibre **(2)** et $p(Cl_2) = p^0 \,.\, \exp\left(\frac{\Delta_r G_2^0}{RT}\right)$;

soit : $\quad \boldsymbol{p(Cl_2) = 5{,}1\,.\,10^{-6}}$ **bar**

4 ▬ Lorsque le chlorure d'or (III) est porté à 70 °C (soit 343 K) il se dissocie selon la réaction d'équation :

$$\mathbf{AuCl_3 \longrightarrow AuCl + Cl_2}$$

Deux cas sont alors possibles suivant la valeur de la masse m considérée. Soit m est assez grande pour que tout le chlorure d'or (III) ne soit pas consommé, alors le système final est le siège de l'équilibre **(3)**.

Dans le cas contraire, $AuCl_3$ disparaît totalement et il convient d'envisager la réaction d'équation :

$$2\,AuCl \;=\; 2\,Au + Cl_2$$

qui peut, elle aussi, conduire à un état d'équilibre ou à une rupture d'équilibre.

Déterminons la masse minimale m_0 de chlorure d'or (III) à considérer pour qu'il n'y ait pas rupture de l'équilibre **(3)**. À l'équilibre, à 70 °C :

$$p_3(Cl_2)_{éq} = p^0 \,.\, \exp\left(\frac{\Delta_r G_3^0}{RT}\right) = 3{,}52\,.\,10^{-4} \text{ bar}$$

$$m_0 = n_0(AuCl_3)\,.\,M(AuCl_3) = n_3(Cl_2)_{éq}\,.\,M(AuCl_3)$$

$$m_0 = \left(\frac{p_3(Cl_2)_{éq}\,.\,V}{RT}\right).\,M(AuCl_3) = 3{,}75\,.\,10^{-2} \text{ g}$$

a) Avec $m_1 = 5{,}00\,.\,10^{-2}$ g, il n'y a pas rupture de l'équilibre **(3)** :

$$AuCl_3 = AuCl + Cl_2$$

et alors : $\quad \boldsymbol{p(Cl_2)} = p_3(Cl_2)_{éq} = \mathbf{3{,}52\,.\,10^{-4}}$ **bar**

$m(AuCl) = n(AuCl)_{éq}\,.\,M(AuCl) = n(Cl_2)_{éq}\,.\,M(AuCl)$

soit : $\quad \boldsymbol{m(AuCl) = 2{,}87\,.\,10^{-2}}$ **g**

$\quad \boldsymbol{m(AuCl_3)} = m - m_0 = \mathbf{1{,}25\,.\,10^{-2}}$ **g**

b) Avec $m_2 = 3{,}00\,.\,10^{-2}$ g, l'équilibre **(3)** est rompu et à la fin de la réaction **(3)** :

$$p(Cl_2) = n(Cl_2)\,.\,\frac{RT}{V}$$

$$= n_2(AuCl_3)\,.\,\frac{RT}{V} = \frac{m_2}{M(AuCl_3)}\,.\,\frac{RT}{V}$$

soit $p(Cl_2) = 2{,}82\,.\,10^{-4}$ bar.

Pour la réaction **(1')** : 2 AuCl (s) = 2 Au (s) + Cl_2 (g)

$$\mathcal{A}_1 = RT\,.\,\ln\frac{p_1(Cl_2)_{éq}}{p(Cl_2)}$$

avec $p_1(Cl_2)_{éq} = p^0\,.\,\exp\left(\frac{\Delta_r G_1^0}{RT}\right) = 2{,}12\,.\,10^{-4}$ bar.

$\mathcal{A}_1$ est alors négatif, la réaction **(1')** n'a pas lieu, le système obtenu en fin de réaction **(3)** n'évolue pas, d'où :

$$\boldsymbol{p(Cl_2) = 2{,}82\,.\,10^{-4}} \textbf{ bar}$$

$$\boldsymbol{m(AuCl)} = m_2\,.\,\frac{M(AuCl)}{M(AuCl_3)} = \mathbf{2{,}3\,.\,10^{-2}} \textbf{ g}$$

On pourra vérifier que si :

$$1{,}50\,.\,10^{-2}\text{ g} \leqslant m_2 \leqslant 2{,}26\,.\,10^{-2}\text{ g}$$

le système est le siège de l'équilibre **(1)** .

En revanche, si $m_2 < 1{,}50\,.\,10^{-2}$ g, l'équilibre **(1)** est rompu et le système, à l'état final, n'est constitué que d'or et de dichlore.

12 Sulfuration du fer α

1 Il est tout d'abord nécessaire de déterminer $\Delta_r G_4^0\ (T)$ pour le couple Cu_2S/Cu correspondant à l'équation :

$$4\ Cu\ (s) + S_2\ (g) = 2\ Cu_2S\ (s) \qquad (4)$$

En remarquant que **(4)** = **(2)** – 2 × **(3)** il vient :

$$\boldsymbol{\Delta_r G_4^0} = \Delta_r G_2^0 - 2 \times \Delta_r G_3^0 = \mathbf{-\,262\,670 + 61{,}50\,.\,T\ (J\,.\,mol^{-1})}$$

D'où les graphes $\Delta_r G_i^0(T)$ pour $i = 1$; 2 et 4 .

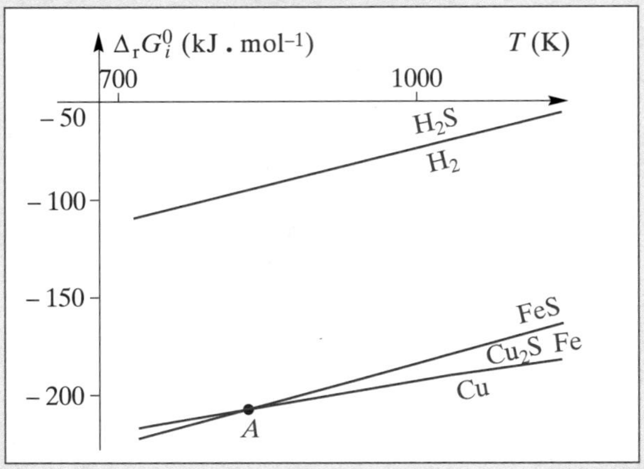

En A, $\Delta_r G_4^0\ (T) = \Delta_r G_1^0\ (T)$, d'où $T_A = 822$ K, soit $\theta = 549$ °C .

Considérons la réaction **(5)** d'équation :

$$Cu_2S\ (s) + Fe\ (s) = FeS\ (s) + 2\ Cu\ (s) \qquad (5)$$

$$(5) = \frac{(1) - (4)}{2}$$

soit : $\quad \Delta_r G_5^0 = -\,18\,115 + 22{,}03\,.\,T\ (J\,.\,mol^{-1})$

Comme les quatre constituants sont solides :

$$\Delta_r G_5 = \Delta_r G_5^0$$

Pour $T < 822$ K, $\Delta_r G_5^0 < 0$ et donc $\Delta_r G_5 < 0$, ou ce qui est équivalent, l'affinité $\mathcal{A}_5$ est positive.

La réaction **(5)**, pour $T \leqslant 822$ K, s'effectue *naturellement* dans le sens $\xrightarrow{1}$.

2 **a)** Soit la réaction **(3)** :

$$Cu_2S\ (s) + H_2\ (g) = 2\ Cu\ (s) + H_2S\ (g) \qquad (3)$$

À 727 °C soit 1 000 K, $\Delta_r G_3^0 = 59\,730$ J . mol^{-1}

$$\frac{p(H_2S)}{p(H_2)} = K_3^0 = \exp - \left(\frac{\Delta_r G_3^0}{RT}\right)$$

soit : $\quad \mathbf{\dfrac{p(H_2S)}{p(H_2)} = 7{,}58\,.\,10^{-4}}$

b) Pour la réaction **(6)** :

$$Fe\ (s) + H_2S\ (g) = FeS\ (s) + H_2\ (g)$$

$$(6) = \frac{(1) - (2)}{2}, \quad \text{d'où } \Delta_r G_6^0 = \frac{\Delta_r G_1^0 - \Delta_r G_2^0}{2}$$

soit : $\quad \Delta_r G_6^0 = -\,59\,245 + 3{,}425\,.\,T\ (J\,.\,mol^{-1})$

À 1 000 K, $\Delta_r G_6^0 = -\,55\,820$ J . mol^{-1} et $K_6^0 = 824$.

Pour cette réaction :

$$\mathcal{A}_6 = RT\,.\,\ln \frac{K_6^0}{Q} = RT\,.\,\ln \frac{K_6^0}{(p(H_2)/p(H_2S))}$$

À 1 000 K, avec le mélange gazeux produit par la réaction **(3)**, $\mathcal{A}_6 = -\,3{,}91\,.\,10^3$ J . mol^{-1} .

$\mathcal{A}_6$ est négative, la réaction ne s'effectue pas naturel-lement dans le sens $\xrightarrow{1}$, **le fer (α) n'est pas sulfuré.**

c) Pour la réaction **(6)** nous pouvons écrire :

$$\mathcal{A}_6 = -\,\Delta_r G_6^0 - RT\,.\,\ln Q = -\,\Delta_r\ G_6^0 + RT\,.\,\ln \frac{p(H_2S)}{p(H_2)}$$

Pour que la sulfuration ait lieu, $\mathcal{A}_6$ doit être positive, soit numériquement :

$$+\,59\,245 - 3{,}425\,.\,T + (8{,}314 \times \ln 7{,}58\,.\,10^{-4})\,.\,T \geqslant 0,$$

soit : $\quad \mathbf{T \leqslant 938\ K\ (\theta \leqslant 665°\ C)}$

13 Le carbone et ses oxydes

1 Soit E_1 : $\quad 2\ C\ (s) + O_2\ (g) = 2\ CO\ (g)$

$$\Delta_r G_1^0 = \Delta_r H_1^0 - T\,.\,\Delta_r S_1^0$$

d'où : $\mathbf{\Delta_r G_1^0 = -\,221{,}06 - 178{,}6\,.\,10^{-3}.\,T\ (kJ\,.\,mol^{-1})}$

Pour E_2 : $\quad 2\ C\ (s) + O_2\ (g) = CO_2\ (g)$

$$\mathbf{\Delta_r G_2^0 = -\,393{,}51 - 2{,}9\,.\,10^{-3}\,.\,T\ (kJ\,.\,mol^{-1})}$$

Pour E_3 : $\quad 2\ CO\ (g) + O_2(g) = CO_2\ (g)$

$$\mathbf{\Delta_r G_3^0 = -\,565{,}96 + 172{,}8\,.\,10^{-3}\,.\,T\ (kJ\,.\,mol^{-1})}$$

D'où le diagramme d'Ellingham :

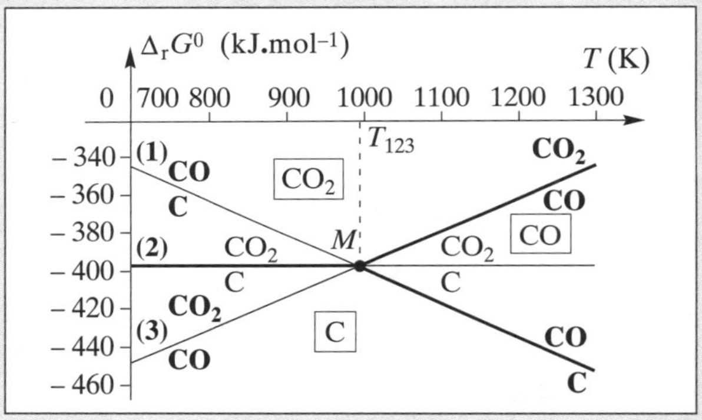

2 Les équilibres n'étant pas indépendants (par exemple, $E_2 = 1/2\ (E_1 + E_3)$), si deux graphes se coupent en M, le troisième passe nécessairement par M. Pour trouver T_{123}, il suffit d'écrire qu'en ce point :

$$\Delta_r G_1^0 = \Delta_r G_2^0, \text{ d'où } \mathbf{T_{123} = 982\ K}$$

En M, les trois réactions ont la même enthalpie libre standard, donc la même constante d'équilibre. Avec $\Delta_r G_1^0\ (T_{123})$, on trouve :

$$\mathbf{K(T_{123}) = \exp - \left(\frac{\Delta_r G_1^0(T_{123})}{RT_{123}}\right) = 1{,}23\,.\,10^{21}}$$

Les trois réactions sont très favorisées.

3 Pour $T < T_{123}$, le monoxyde de carbone appartient à deux domaines disjoints ; il n'est pas stable et se dismute selon : $\quad 2\ CO\ (g) = C(s) + CO_2\ (g)$

Seul l'équilibre E_2 entre CO_2 et C a un sens physique, d'où la demi-droite en gras.

Pour $T > T_{123}$, CO_2 n'est stable qu'au-dessus de la demi-droite **(3)** et C n'est stable qu'en dessous de la demi-droite **(1)**.

Dans l'espace triangulaire entre ces deux demi-droites, il y a médiamutation :

$$CO_2\,(g) + C = 2\,CO\,(g)$$

La demi-droite **(2)** n'a pas de sens physique dans ce secteur, d'où les domaines respectifs des trois espèces. En réalité, toutes ces réactions sont très lentes.

4 ▬ a) Soit E_4 : C (s) + CO_2 (g) = 2 CO (g)

$\mathbf{E_4 = E_1 - E_2}$, d'où :

$$\boldsymbol{\Delta_r G_4^0 = 172{,}4 - 175{,}7\,.\,10^{-3}\,.\,T\ \ (kJ\,.\,mol^{-1})}$$

b) D'après la formule donnant la variance :

$$v = \mathcal{P} - \mathcal{R}$$

avec $\mathcal{P} = 5$ et $\mathcal{R} = 3$

$$\boldsymbol{v = 2}$$

Le système est divariant : si on fixe deux paramètres intensifs, par exemple p et T ou $p(CO)$ et $p(CO_2)$, le système est entièrement déterminé.

c) • $\sum_i \nu_{i\,gaz} = 1$: si on diminue la pression, le principe de Le Chatelier indique que le système évolue dans le sens $\xrightarrow{1}$.

• $\Delta_r H_4^0 = 172{,}4$ kJ . mol^{-1} : la réaction est endothermique ; la loi de Van't Hoff indique que si on diminue la température, le système évolue dans le sens $\xleftarrow{2}$.

d) $K_4 = \dfrac{p(CO)^2}{p(CO_2)\,.\,p^0}$;

or : $p(CO) = x_{CO}\,.\,p$ et $p(CO_2) = x_{CO_2}\,.\,p$,

soit : $p(CO_2) = (1 - x_{CO})\,.\,p$

alors : $$K_4 = \frac{x_{CO}^2\,.\,p}{(1 - x_{CO})\,.\,p^0}$$

e) Pour E_4, $K_4 = \exp\left(-\dfrac{\Delta_r G_4^0}{RT}\right) = \exp\left(\dfrac{-20\,688}{T} + 21{,}13\right)$.

Pour tracer $x_{CO} = f(T)$, il suffit de calculer K_4, pour une valeur de T de l'intervalle [700 K ; 1 300 K], puis d'en déduire x_{CO} pour chacune des valeurs de p. L'utilisation d'un logiciel traceur de fonctions implicites tel que Solwin permet d'obtenir rapidement les deux graphes souhaités.

Cette méthode a été utilisée en traçant les fonctions implicites :

$$\left(\exp\left(\frac{-20\,688}{T} + 21{,}13\right)\right).\,(1 - x_{CO}) - x_{CO}^2\,.\,p = 0$$

pour p = 0,10 bar ; 1,0 bar ; 10,0 bar et 100 bar.

On vérifie sur ce graphe que **la formation de CO est favorisée à basse pression et à haute température.**

f) • Dans le domaine (I) situé au-dessus de la courbe, le monoxyde de carbone est en excès, il n'y est pas stable et se dismute.

• Dans le domaine (II), le dioxyde de carbone est en excès ; cependant, en l'absence de carbone, un mélange de dioxyde de carbone et de monoxyde de carbone est stable dans ce domaine.

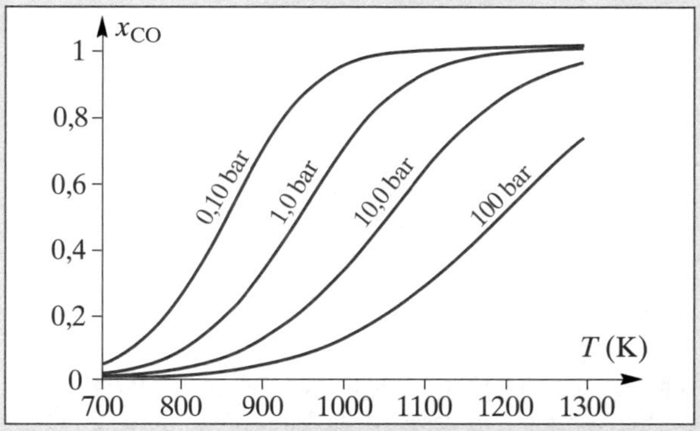

14 Corrosion et élaboration du germanium

A. Corrosion du germanium

1 ▬ Pour chacune des réactions :

$$\Delta_r G_k^0 = \sum_i \nu_i\,.\,\Delta_f h_i^0 - T\,.\,\sum_i \nu_i\,.\,S_i^0$$

soit pour : 2 Ge (s) + O_2 = 2 Ge O (s) **(1)**

$$\boldsymbol{\Delta_r G_1^0 = -\,510{,}0 + 0{,}130\,.\,T\ (kJ\,.\,mol^{-1})}$$

et pour : 2 Ge (s) + O_2 = 2 Ge O_2 (s) **(2)**

$$\boldsymbol{\Delta_r G_2^0 = -\,594{,}0 + 0{,}226\,.\,T\ (kJ\,.\,mol^{-1})}$$

2 ▬ a) 2 Ge O (s) = Ge O_2 (s) + Ge (s) **(3)**

$(3) = \dfrac{(2)-(1)}{2}$, d'où $\Delta_r G_3^0 = \dfrac{\Delta_r G_2^0 - \Delta_r G_1^0}{2}$;

soit : $\boldsymbol{\Delta_r G_3^0 = -\,42{,}0 + 0{,}048\,.\,T\ (kJ\,.\,mol^{-1})}$

b) Pour l'équilibre **(3)** : tous les constituants sont solides et p n'est donc pas facteur d'équilibre ; d'où $\boldsymbol{v = 0}$.

Le système est invariant ou « zérovariant » ; l'équilibre entre les trois solides n'a lieu que pour une seule valeur de T pour laquelle $\Delta_r G_3 = 0$.

Tous les constituants étant solides, $\mu = \mu^0$ pour chacun d'eux et $\Delta_r G_3 = \Delta_r G_3^0$. La coexistence du germanium et de ses deux oxydes n'est possible qu'à :

$$\boldsymbol{T} = \frac{42}{0{,}048} = \mathbf{857\ K}$$

c) Pour tout valeur de T différente de $T_{éq}$, il y a rupture de l'équilibre (3).

• Si $T < T_{éq}$, $\Delta_r G_3^0 < 0$, alors $\Delta_r G_3 = \Delta_r G_3^0$ le système évolue *spontanément* dans le sens $\xrightarrow{1}$.

• Si $T > T_{éq}$, $\Delta_r G_3^0 > 0$, alors GeO (s) ne se dismute pas. GeO (s) n'existe, de façon stable, que pour des températures supérieures à 875 K.

3 ▬ Soit : Ge (s) + O_2 = Ge O_2 (s) **(4).**

$$\boldsymbol{\Delta_r G_4^0} = \frac{\Delta_r G_1^0 + \Delta_r G_2^0}{2} = \boldsymbol{-\,552{,}0 + 0{,}178\ T\ kJ\,.\,mol^{-1}}$$

4 ▬ a) Si $T < 875$ K, GeO (s) n'existe pas, seule **(4)** est à considérer.

Si $T > 875$ K, GeO (s) existe et les équilibres **(1)** et **(2)** sont à prendre en compte.

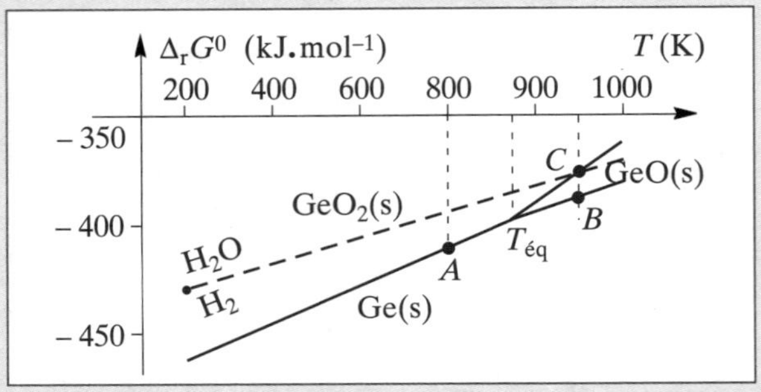

Dans un diagramme d'Ellingham, l'espèce Ox d'un couple Ox/Red est stable au-dessus de la droite d'équilibre, d'où l'attribution des domaines.

c) • À 800 K, le germanium Ge est oxydé en oxyde de germanimum (IV) GeO_2 (s) (point A) :

$$p_{corr} = p(O_2)_{éq}\,(T_A) = p^0 \,.\, \exp\left(\frac{\Delta_r G_4^0}{RT_A}\right)$$

soit : $\quad$ $\boldsymbol{p_{corr}}$ **(800 K) = 1,8 . 10^{-27} bar**

• À 950 K, le germanium Ge est d'abord oxydé en oxyde de germanium (II), GeO (s) (point B), puis celui-ci est oxydé en oxyde de germanium (IV), GeO_2 (s) (point C).

Pour : $\quad$ 2 Ge (s) + O_2 (g) = 2 GeO (s)

$$\boldsymbol{p_{corr} = p^0 \,.\, \exp\left(\frac{\Delta_r G_4^0}{RT_B}\right) = 5{,}6 \,.\, 10^{-22}\ \text{bar}}$$

Pour : $\quad$ 2 GeO (s) + O_2 (s) = 2 GeO_2 (s)

$$\boldsymbol{p_{corr} = p^0 \,.\, \exp\left(\frac{\Delta_r G_4^0}{RT_C}\right) = 1{,}4 \,.\, 10^{-21}\ \text{bar}}$$

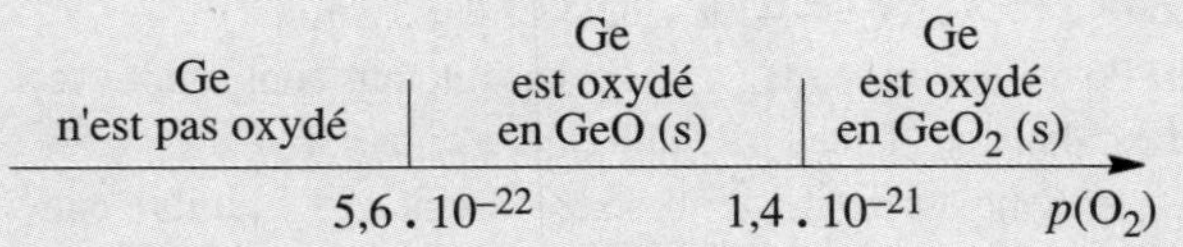

B. Élaboration du germanium

5 ▬ Pour 2 H_2 (g) + O_2 (g) = 2 H_2O (g) $\quad$ **(5)**

$$\boldsymbol{\Delta_r G_5^0 = -\,484{,}0 + 0{,}108 \,.\, T\ (\text{kJ . mol}^{-1})}$$

d'où la droite en pointillés.

6 ▬ • Pour GeO_2 (s) + H_2 (g) = GeO (s) + H_2O (g) $\quad$ **(6)**

$$\Delta_r G_6^0 = \frac{\Delta_r G_5^0 - \Delta_r G_2^0}{2} = 55{,}0 - 0{,}059 \,.\, T\ (\text{kJ . mol}^{-1})$$

À 950 K, $\Delta_r G_6^0 = -\,1{,}05$ kJ . mol^{-1} ; $\boldsymbol{K_6^0 = 1{,}14}$.

• Pour GeO (s) + H_2 (g) = Ge (s) + H_2O (g) $\quad$ **(7)**

$$\Delta_r G_7^0 = \frac{\Delta_r G_5^0 - \Delta_r G_1^0}{2} = 13{,}0 - 0{,}011 \,.\, T\ (\text{kJ . mol}^{-1})$$

À 950 K, $\Delta_r G_7^0 = 2{,}55$ kJ . mol^{-1} ; $\boldsymbol{K_7^0 = 0{,}72}$.

7 ▬ **a)** Pour les réactions **(6)** et **(7)**, $K^0 = \dfrac{p(H_2O)}{p(H_2)}$;

K_6^0 étant différent de K_7^0, les équilibres (6) et (7) ne peuvent simultanés à 950 K : il sont donc successifs.

Pour la réaction **(6)** :

$$\mathcal{A}_6 = RT \,.\, \ln\frac{K_6^0}{Q} = RT \,.\, \ln\frac{K_6^0}{(p(H_2O)/p(H_2))}$$

Dès que du dihydrogène est introduit, l'affinité chimique $\mathcal{A}_6$ est positive et la réaction **(6)** a lieu ; l'équilibre s'établit avec :

$$y = \frac{p(H_2)}{p(H_2O)} = \frac{1}{K_6^0} = 0{,}88$$

Tant qu'il reste du GeO_2 (s), ce rapport y reste constant. Lorsque GeO_2 (s) est entièrement consommé, il s'est formé 1,00 mol d'eau ; le milieu contient alors $n(H_2)$ mol de dihydrogène tel que :

$$n(H_2) = n_i(H_2) - 1{,}00$$

Lorsque disparaît le dernier cristal de GeO_2 (s) :

$$\frac{n(H_2)}{n(H_2O)} = \frac{p(H_2)}{p(H_2O)} = \frac{1}{K_6^0}$$

soit : $\quad n(H_2) = n_i(H_2) - 1{,}00 = \dfrac{n(H_2O)}{K_6^0} = \dfrac{1{,}00}{K_6^0}$

d'où : $\quad$ $\boldsymbol{n_i(H_2) = 1{,}88}$ **mol**

• Pour la réaction **(7)** :

$$\mathcal{A}_7 = RT \,.\, \ln\frac{K_7^0}{(p(H_2O)/p(H_2))}$$

Lorsque la réduction de GeO_2 (s) en GeO (s) se termine, $\mathcal{A}_7 = -\,1{,}58$ kJ . mol^{-1}. Son affinité étant négative, la réaction **(7)** n'a pas lieu lorsque **(6)** cesse.

$\mathcal{A}_7$ croît avec $n(H_2)$ et s'annule lorsque :

$$\frac{n(H_2)}{n(H_2O)} = \frac{p(H_2)}{p(H_2O)} = \frac{1}{K_7^0} = 1{,}39$$

soit : $\quad n(H_2) = n_i(H_2) - 1{,}00 = \dfrac{n(H_2O)}{K_7^0} = \dfrac{1{,}00}{K_7^0}$

d'où : $\quad$ $\boldsymbol{n_i(H_2) = 2{,}39}$ **mol**

Pour $n_i(H_2) > 2{,}39$ mol, $\mathcal{A}_7$ devient positif et la réaction **(7)** a lieu. Elle consomme une mole de GeO (s) et une mole de H_2 et produit une mole d'eau et une mode de germanium.

Lorsque disparaît le dernier cristal de GeO (s) :

$$n(H_2O) = 2{,}00 \text{ mol} \ ; \ n(H_2) = n_i(H_2) - 2{,}00$$

avec $\dfrac{n(H_2)}{n(H_2O)} = \dfrac{n_i(H_2) - 2{,}00}{2{,}00} = \dfrac{1}{K_7^0} = 1{,}39$;

soit : $\quad$ $\boldsymbol{n_i(H_2) = 4{,}78}$ **mol**

Il est alors possible de tracer $y = f(n_i(H_2))$:

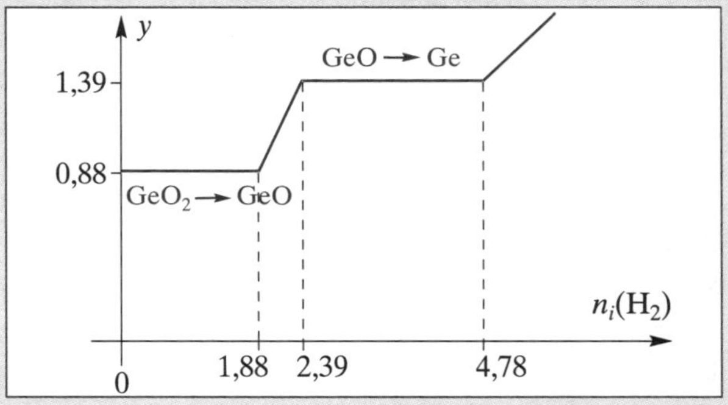

8 ▬ **a)** D'après la question **7)**, comme $n_0(H_2)$ est inférieure à 2,39 mol, seule la première réaction a lieu. À l'équilibre, $n(H_2O) = \xi$ et $n(H_2) = 1{,}50 - \xi$.

$$\frac{\xi}{1{,}50} - \xi = K_6^0 = 1{,}14, \text{ soit : } \xi = 0{,}80 \text{ mol}$$

alors : $\boldsymbol{n(\text{GeO}) = n(\text{H}_2\text{O}) = 0{,}80 \text{ mol}}$

$\boldsymbol{n(\text{Ge}) = 0{,}20 \text{ mol et } n(\text{H}_2) = 0{,}70 \text{ mol}}$

b) Pour le système $\Delta G = G_f - G_i = \Sigma n_{k_f} \mu_{k_f} - \Sigma n_{k_i} \mu_{k_i}$

Pour les solides : $\mu_k = \mu_k^0$

et pour les gaz : $\mu_k = \mu_k^0 + RT \cdot \ln \dfrac{p_k}{p^0}$

Alors :

$\Delta G = [\xi \cdot \mu(H_2O)_f + \xi \cdot \mu(GeO)_f + (1{,}00 - \xi) \cdot \mu(GeO_2)_f + (1{,}50 - \xi)\, \mu(H_2)_f] - [1{,}00 \cdot \mu(GeO_2)_i + 1{,}50 \cdot \mu(H_2)_i]$

$$\text{soit : } \Delta G = \xi\left[\mu^0(\text{GeO}) + \mu^0(\text{H}_2\text{O}) - \mu^0(\text{GeO}_2) - \mu^0(\text{H}_2) + RT \cdot \ln \frac{p(\text{H}_2\text{O})_f}{p(\text{H}_2)_f}\right] + 1{,}50 \cdot RT \cdot \ln \frac{p(\text{H}_2)_f}{p(\text{H}_2)_i}$$

Le terme entre crochets n'est autre que :

$$\Delta_r G^0 + RT \cdot \ln K^0$$

il est donc nul aussi :

$$\Delta G = 1{,}50\, RT \cdot \ln \frac{p(\text{H}_2)_f}{p(\text{H}_2)_i}, \text{ soit :}$$

$$\boldsymbol{\Delta G = 1{,}50 \cdot RT \cdot \ln \frac{n(\text{H}_2)_f}{n(\text{H}_2)_i}}$$

d'où : $\boldsymbol{\Delta G = -\,9{,}03 \text{ kJ}}$

Le système évolue à T et p constants, G est alors un potentiel thermodynamique.

D'après le Second Principe, cette évolution doit s'accompagner d'une diminution de G et d'une création d'entropie $S_{\text{créée}} = \dfrac{-\Delta G}{T}$, soit :

$$S_{\text{créée}} = +\,9{,}50 \text{ J} \cdot \text{K}^{-1}$$

due à l'irréversibilité de la réaction étudiée.

15 Les oxydes de baryum

1 ▬ La variance d'un système se détermine en utilisant la relation : $v = \mathcal{P} - \mathcal{R}$

Ici $\mathcal{P} = 5$ (p, T, $p(O_2)$, $x_{BaO\,(s)}$ et $x_{BaO_2\,(s)}$)

et $\mathcal{R} = 4$ (K^0(T), $p = p(O_2)$, $x_{BaO\,(s)} = x_{BaO_2\,(s)} = 1{,}00$ (les deux solides étant seuls dans leur phase), d'où $\boldsymbol{v = 5 - 4 = 1}$.

Si l'on fixe un paramètre intensif, par exemple la température, l'autre paramètre du système, la pression de dioxygène est déterminée.

2 ▬ La constante d'équilibre s'écrit $K^0 = \dfrac{p(O_2)}{p^0}$. D'après le tableau fourni, lorsque la température croît, la pression du dioxygène, et donc la constante d'équilibre augmentent.

D'après la relation de Van't Hoff :

$$\frac{\text{d} \ln K^0}{\text{d}T} = \frac{\Delta_r H^0}{RT^2}$$

l'enthalpie standard de la relation $\Delta_r H^0$ est donc positive : la réaction étudiée est **endothermique**.

3 ▬ On détermine la quantité initiale de BaO_2 :

$$n_0(\text{BaO}_2) = \frac{m(\text{BaO}_2)}{M(\text{BaO}_2)} = 50{,}0 \text{ mmol}$$

À l'équilibre à 727° C, d'après les valeurs fournies,

$$\boldsymbol{p(\text{O}_2) = p(\text{O}_2)_{\text{éq}} = 0{,}166 \text{ bar}}$$

La quantité de dioxygène se calcule alors en appliquant l'équation d'état des gaz parfaits :

$$n(\text{O}_2) = \frac{p(\text{O}_2)_{\text{éq}} \cdot V}{RT} = \frac{0{,}166 \cdot 10^5 \times 2{,}4 \cdot 10^{-3}}{8{,}3 \times 1\,000} = 4{,}8 \text{ mmol}$$

On note que $n(O_2) < \dfrac{n_0(BaO_2)}{2}$; la quantité de dioxyde de baryum introduite est effectivement suffisante pour que l'équilibre chimique puisse s'établir.

D'après l'équation de la réaction : $n(BaO) = 2n(O_2)$

d'où :

$$\boldsymbol{n(\text{BaO}) = 9{,}6 \text{ mmol}}$$

La conservation de l'élément baryum permet d'écrire :

$$\boldsymbol{n(\text{BaO}_2)} = n_0(\text{BaO}_2) - n(\text{BaO}) \boldsymbol{= 40{,}4 \text{ mmol}}$$

4 ▬ Pour l'équilibre étudié, la constante d'équilibre $K^0(T)$ et le quotient de réaction Q s'écrivent :

$$K^0(T) = p(\text{O}_2)_{\text{éq}} = \frac{n(\text{O}_2)_{\text{éq}} \cdot RT}{V}$$

et : $$Q(T) = p(\text{O}_2) = \frac{n(\text{O}_2) \cdot RT}{V}$$

L'affinité chimique $\mathcal{A}$ peut s'exprimer en fonction de $K^0(T)$ et de Q :

$$\mathcal{A} = RT \cdot \ln \frac{K^0(T)}{Q(T)} = RT \cdot \ln \frac{p(\text{O}_2)_{\text{éq}}}{p(\text{O}_2)} = RT \cdot \ln \frac{n(\text{O}_2)_{\text{éq}}}{n(\text{O}_2)}$$

b) Si la quantité de dioxygène augmente , $n(O_2)$ devient supérieure à $n(O_2)_{éq}$ et $\mathcal{A}$ devient négatif ; l'évolution naturelle du système étant toujours telle que $\mathcal{A} \cdot \text{d}\xi$ soit positif, elle s'effectue donc avec $\text{d}\xi$ négatif.

L'introduction de dioxygène dans le système fait évoluer celui-ci dans le sens $\overset{2}{\leftarrow}$, sens de la formation de BaO_2.

L'activité de BaO(s) est égale à un, quelle qu'en soit la quantité ; un éventuel ajout ne modifie donc pas l'affinité du système et celui-ci n'évolue pas.

5 ▬ La réaction d'équation : $2\, BaO_2(s) = 2\, BaO(s) + O_2(g)$ a pour affinité chimique $\mathcal{A}$:

$$\mathcal{A} = RT \cdot \ln \frac{p(\text{O}_2)_{\text{éq}}}{p(\text{O}_2)}$$

Si la pression est maintenue inférieure à la pression d'équilibre, l'affinité chimique du système $\mathcal{A}$ reste positive et le système évolue alors dans le sens $\overset{1}{\rightarrow}$, sens de la consommation du dioxyde de baryum BaO_2 jusqu'à sa consommation totale : celui-ci disparaît totalement et il y a rupture d'équilibre ; le système ne contient alors plus que l'oxyde de baryum BaO et du dioxygène.

L'application de la formule rappelée à la question **1**) permet de calculer la variance à la fin de l'évolution du système :
$\mathcal{P} = 4$ (p, T, $p(O_2)$, $x_{BaO(s)}$) et
$\mathcal{R} = 2$ ($p = p(O_2)$, $x_{BaO(s)} = 1{,}00$)
soit : $v = 4 - 2 = \mathbf{2}$
Lors de la rupture de l'équilibre chimique, la température du système et la pression du dioxygène deviennent des paramètres indépendants.

6 ▬ Si la pression est maintenue supérieure à la pression d'équilibre, l'affinité chimique du système :

$$\mathcal{A} = RT \,.\, \ln \frac{p(O_2)_{\text{éq}}}{p(O_2)}$$

reste négative et le système évolue dans le sens $\overset{2}{\leftarrow}$, sens de la formation du dioxyde de baryum BaO_2 ; BaO disparaît totalement et il y a rupture d'équilibre ; le système ne contient alors plus que du dioxyde de baryum BaO_2 et du dioxygène. Lors de la rupture de l'équilibre chimique, la température du système et la pression du dioxygène deviennent des paramètres indépendants.

7 ▬ À 927° C, soit 1 200 K, le tableau indique qu'à l'équilibre $p(O_2)_{\text{éq}} = 1{,}245$ bar, la quantité de dioxygène correspondante serait :

$$n(O_2) = \frac{p(O_2)_{\text{éq}} \,.\, V}{RT} = \frac{1{,}245 \,.\, 10^5 \times 2{,}4 \,.\, 10^{-3}}{8{,}3 \times 1\,200} = 30{,}0 \text{ mmol}$$

Ce qui ne serait possible que si, initialement :

$$n_0(BaO_2) \geqslant 2\, n(O_2)_{\text{éq}} \quad \text{soit} \quad n_0(BaO_2) \geqslant 60{,}0 \text{ mmol}$$

Comme $n_0(BaO_2) = 50{,}00$ mmol, l'équilibre chimique n'est pas atteint, il y a donc *rupture d'équilibre*.

D'où :

$$\mathbf{n(BaO_2) = 0 \text{ mol}}$$
$$\mathbf{n(BaO) = n_0(BaO_2) = 50{,}0 \text{ mmol}}$$

et
$$\mathbf{n(O_2) = n_0(BaO_2)/2 = 25{,}0 \text{ mmol}}$$

La pression du dioxygène vaut alors :

$$p(O_2) = \frac{n(O_2)_{\text{éq}} \,.\, RT}{V} = \frac{25{,}0 \,.\, 10^{-3} \times 8{,}3 \times 1\,200}{2{,}4 \,.\, 10^{-3}}$$

$$\mathbf{p(O_2) = 1{,}04 \text{ bar}}$$

8 ▬ **a**) La pression de dioxygène imposée est supérieure à la pression d'équilibre à 927° C ; comme cela a été établi à la question **6**) le système évolue dans le sens $\overset{2}{\leftarrow}$, consommant entièrement l'oxyde de baryum BaO. Lorsque le système n'évolue plus :

$$\mathbf{n(BaO_2) = n_0(BaO_2) = 50{,}0 \text{ mmol}} \text{ ;}$$
$$\mathbf{n(BaO) = 0 \text{ mmol}}$$

b) Le dioxygène initialement présent dans le système a entièrement réagi avec l'oxyde de baryum BaO pour former BaO_2, aussi la quantité n de dioxygène introduite est égale à la quantité de dioxygène présent dans l'état final, soit :

$$n = n(O_2) = \frac{p(O_2)_{\text{éq}} \,.\, V}{RT} = \frac{1{,}66 \,.\, 10^5 \times 2{,}4 \,.\, 10^{-3}}{8{,}3 \times 1\,200}$$

$$\mathbf{n = 40{,}0 \text{ mmol}}$$

16 Métallurgie de l'uranium

1 ▬ Le second procédé paraît plus intéressant car les deux premières réactions peuvent alors s'effectuer dans le même four sans isoler UO_2. L'équation de la réduction de UO_3 par l'ammoniac peut s'écrire :

$$3\, UO_3 + 2\, NH_3 = 3\, UO_2 + 3\, H_2O + N_2$$

2 ▬ La présence du gaz réducteur, l'ammoniac NH_3, empêche l'oxydation de UO_2 en UO_3, ce qui permet de considérer que **(2)** est indépendant de **(1)**.

3 ▬ L'approximation suggérée est l'approximation d'Ellingham ; elle est utilisée dans le diagrammes d'Ellingham, donnant $\Delta_r G^0 = f(T)$ pour la formation ou la réduction des oxydes, des halogénures ou des sulfures.

4 ▬ La variance v est le nombre de paramètres intensifs indépendants qu'il est nécessaire de se donner pour entièrement déterminer l'état d'un système. Elle se calcule à l'aide de la relation : $v = \mathcal{P} - \mathcal{R}$
où $\mathcal{P}$ est le nombre de paramètres intensifs, indépendants ou non, caractéristiques du système et $\mathcal{R}$ le nombre de relations indépendantes existant entre ces paramètres.
Ici $\mathcal{P} = 6$ ($x(UO_2(s))$, $p(HF)$, $x(UF_4(s))$, $p(H_2O)$, p et T)
et $\mathcal{R} = 4$ (comme $UO_2(s)$ et $UF_4(s)$ sont seuls dans leurs phases $x(UO_2(s)) = 1$ et $x(UF_4(s)) = 1$, p, $p(HF)$ et $p(H_2O)$ sont reliées par $p = p(HF) + p(H_2O)$ et K^0 (T) relie $p(HF)$ et $p(H_2O)$) ; d'où : $\mathbf{v = 2}$
Comme ici la pression est fixée, il suffit par exemple de se donner la température T pour déterminer l'état d'équilibre du système.

5 ▬ Pour la réaction (2) :

$$\Delta_r H_2^0 = \Sigma\, \nu_i . \Delta_f H_i^0 = \mathbf{-\,132 \text{ kJ.mol}^{-1}}$$
$$\Delta_r S_2^0 = \Sigma\, \nu_i . S_i^0 = \mathbf{-\,243{,}1 \text{ J.K}^{-1}\text{.mol}^{-1}}$$

L'enthalpie standard de réaction, $\Delta_r H_2^0$ est négative, **la réaction (2) est exothermique**. Elle est favorisée par un abaissement de température.
L'entropie standard de réaction $\Delta_r S_2^0$ est négative, ce qui est en accord avec la diminution de la quantité de matière gazeuse ($\Sigma\, \nu_i$ (gaz) $= -\,2$).

6 ▬ La loi de Van't Hoff s'écrit : $\dfrac{d \ln K_2^0}{dT} = \dfrac{\Delta_r H_2^0}{RT^2}$; en supposant constante l'enthalpie standard de réaction $\Delta_r H_2^0$, la loi de Van't Hoff s'intègre après séparation des variables pour donner :

$$\ln K_2^0 = -\frac{\Delta_r H_2^0}{RT} + \text{cte}$$

La pente de la droite $\ln K^0 = f(1/T)$ admet une pente $P = -\dfrac{\Delta_r H_2^0}{R}$, aussi trouve-t-on : $\Delta_r H_2^0 = -\,R.P$

soit : $\mathbf{\Delta_r H_2^0 = -\,138{,}6 \text{ kJ.mol}^{-1}}$
valeur proche, à 4 % près de celle déduite des tables thermodynamiques.

7 ▬ Pour la réaction **(2)** :

$$\Delta_r G_2^0\,(T) = \Delta_r H_2^0\ (298\ K) - T\,.\,\Delta_r S_2^0\ (298\ K)$$

soit : $\Delta_r G_2^0\,(T) = -\,132 + 0{,}243\,.\,T\ (kJ\,.\,mol^{-1})$

La température d' inversion T_i correspond à $\Delta_r G_2^0\,(T_i) = 0$;

soit : $\mathbf{T_i = 543\ K}$

Pour $t = 500$ °C soit $T = 773$ K :

$$\Delta_r G_2^0\,(773\ K) = 55{,}8\ kJ\,.\,mol^{-1}$$

À 773 K, l'enthalpie libre standard de réaction est positive, la réaction est peu avancée dans le sens direct à cette température.

8 ▬ Comme $\Sigma\,\nu_i$ (gaz) est négatif, une élévation de pression déplace l'équilibre dans le sens direct, sens de la formation de UF_4.

Le quotient de la réaction **(2)** Q_2 s'écrit :

$$Q_2 = \frac{p(H_20)^2 .\ p^{02}}{p(HF)^4}$$

Si par rapport à l'état d'équilibre, p(HF) croît, Q_2 diminue et devient inférieur à K_2^0 et l'équilibre se déplace dans le sens direct, sens de la formation de UF_4.

9 ▬ **a)** Soit n_1 la quantité initiale de UO_2 et n_2 la quantité initiale de HF, le tableau d'avancement suivant précise les quantités de matière à l' équilibre :

équation	UO_2(s)	+ 4 HF (g)	= UF_4 (s)	+ 2 H_2O (g)
état initial	n_1	n_2	0	0
état final	$n_1 - n_2\,.\,\alpha/4$	$n_2(1-\alpha)$	$n_2\,.\,\alpha/4$	$n_2\,.\,\alpha/2$

L'application de la loi du gaz parfait permet d' écrire :

$$\frac{p_i}{n_2} = \frac{p(HF)}{n_2\,(1-\alpha)} = \frac{p(H_2O)}{\left(n_2 .\dfrac{\alpha}{2}\right)}$$

soit : $\mathbf{p(HF) = p_i\,(1-\alpha),\ p(H_2O) = p_i\,.\,\dfrac{\alpha}{2}}$

et : $\mathbf{p = p(HF) + p(H_2O) = p_i\,.\,(1 + \dfrac{\alpha}{2})}$

b) $K_2^0 = \dfrac{p^2(H_20)\,.\,p^{02}}{(p^4(HF))}$

$$= \left[\frac{\alpha^2}{(4\,.\,(1-\alpha)^4)}\right] . \left(\frac{p^0}{p}\right)^2$$

d'où : $\mathbf{\dfrac{\alpha}{(1-\alpha)^2} = 2\,.\left(\dfrac{p}{p^0}\right).\sqrt{K_2^0}}$

En posant $C = 2\,.\left(\dfrac{p}{p^0}\right).\sqrt{K_2^0}$, l'équation se réécrit :

$\dfrac{\alpha}{(1-\alpha)^2} = C$ qui développée donne :

$$C\alpha^2 - (1 + 2\,C)\,.\,\alpha + C = 0$$

soit : $\alpha^2 - 2\left(\dfrac{1}{2C} + 1\right)\alpha + 1 = 0$

ou : $\alpha^2 - 2\,(x+1)\,\alpha + 1 = 0$ en posant $x = \dfrac{1}{2C}$

Cette équation admet pour seule racine positive :

$$\alpha = (1 + x) - ((1 + x)^2 - 1)^{1/2}$$

c) Si la pression p_i croît, C augmente, x diminue et d'après le graphe α croît, l'équilibre est déplacé dans le sens direct, sens de la formation de UF_4. Le résultat qualitatif de la question 8 est confirmé

10 ▬ **a)** Si l'équilibre est atteint $n(H_2O)_{éq} = \dfrac{n_2 .\,\alpha}{2} = 70$ mol.

Comme initialement $n(UO_2) = n_1 = 30$ mol, la quantité maximale d'eau vaut $n(H_2O) = 2\ n_1 = 60$ mol ; l'équilibre n'est donc pas atteint, l'oxyde d'uranium (IV) étant en défaut, il y a **rupture d'équilibre**.

En fin d'évolution :

$n(H_2O) = 60$ mol ; $n(UO_2) = 0$ mol ; $n(HF) = 80$ mol, $n(UF_4) = 30$ mol ;

$p(H_2O) = n(H_2O)\,.\,\dfrac{RT}{V} = 0{,}30$ bar ;

$p(HF) = n(HF)\,.\,\dfrac{RT}{V} = 0{,}40$ bar ;

$p = p(H_2O) + p(HF) = 0{,}70$ bar.

La variance du système se calcule par $v = \mathcal{P} - \mathcal{R}$, soit ici, en raison de la rupture d'équilibre, $\mathcal{P} = 6$ et $\mathcal{R} = 3$ soit $v = 3$. Il faut par exemple se donner la pression, la température et une fraction molaire gazeuse pour déterminer le système.

b) L' équilibre chimique n'étant pas atteint, un abaissement de température est sans influence sur les quantités de matière en présence ; en revanche les pressions partielles, proportionnelles à 1a température, diminuent.

c) Les conditions physiques (pression et température) sont faciles à réaliser ; l'utilisation d'oxyde d'uranium (IV) en défaut en assure la totale transformation, ce qui est économiquement intéressant.

7 Diagrammes potentiel-pH. Utilisations

RAPPELS DE COURS

CELLULE ÉLECTROCHIMIQUE

• Une *cellule électrochimique* (ou *cellule galvanique*) est un système constitué par deux électrodes plongeant dans une même solution conductrice ou dans deux solutions en contact électrique grâce à une jonction électrolytique. La jonction électrolytique peut être une paroi poreuse ou un électrolyte fixé dans un *gel*.

Par convention, le courant rentre dans la cellule par l'électrode de gauche et en sort par l'électrode de droite ; le passage du courant dans le circuit est assuré par le déplacement des ions dans la solution et par celui des électrons dans les électrodes et les fils extérieurs. Aux interfaces électrode/solution, il se produit des changements de porteurs de charge.

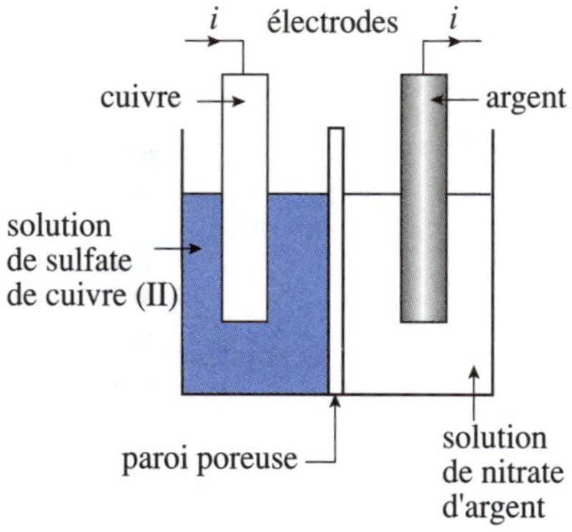

$\xrightarrow{i}$ Cu | Cu^{2+} (aq) ¦ Ag^{+} (aq) | Ag $\xrightarrow{i}$

Convention de représentation d'une cellule galvanique.

Quelle que soit la nature (générateur ou récepteur) de la cellule, l'électrode d'entrée, siège d'une oxydation, est une anode, celle de sortie, siège d'une réduction, est une cathode.

• Lorsque le courant d'intensité $i > 0$, traverse la cellule, on observe donc la réduction de Ox_1 à la cathode et l'oxydation de Red_2 à la l'anode. Le bilan de la réaction rédox résulte d'une combinaison des demi-réactions **(1)** et **(2)** telle que le nombre d'électrons perdus par Red_2 soit exactement le même que celui des électrons gagnés par Ox_1 :

$$\alpha\, Ox_1 + \beta\, Red_2 = \gamma\, Red_1 + \delta\, Ox_2$$

Soit n la quantité d'électrons mise en jeu par cette équation et $\mathcal{A}$ l'affinité chimique du système pour cette réaction. D'après le Second Principe de la Thermodynamique :

$$\mathcal{A} \geqslant n \cdot F \cdot (V_C - V_A)$$

Cette relation est vérifiée, quelle que soit la nature (générateur ou récepteur) de la cellule.

Pour une intensité nulle cette relation s'écrit :

$$\mathcal{A} = n \cdot F \cdot \mathcal{E} = n \cdot F \cdot (E_1 - E_2)$$

Pour une réaction d'équation : $n_2\, Ox_1 + n_1\, Red_2 = n_2\, Red_1 + n_1\, Ox_2$, l'affinité chimique $\mathcal{A}$ et la différence $(E_1 - E_2)$ sont toujours de même signe.

FORMULE DE NERNST

• Soit le couple rédox Ox/Red, mettant en jeu n électrons au cours de la demi-réaction électronique de réduction selon :

$$\alpha\, Ox + n\, e^- + m\, H^+(aq) \ = \ \beta\, Red + q\, H_2O$$

• La formule de Nernst correspondante s'écrit :

$$E = E^0 - \alpha(T) \cdot \frac{m}{n} \cdot pH + \frac{\alpha(T)}{n} \cdot \log_{10} \frac{(a_{Ox})^{\alpha}}{(a_{Red})^{\beta}} \quad \text{avec} \quad \alpha(T) = \frac{RT \cdot \ln 10}{F}$$

• L'enthalpie libre standard de la demi-réaction de réduction, $\Delta_r\tilde{G}^0$, est reliée à son potentiel standard par :

$$\Delta_r\tilde{G}^0 = - n \cdot F \cdot E^0$$

DIAGRAMME POTENTIEL-pH

• *Définition*

Le diagramme potentiel-pH d'un élément permet de préciser, dans le plan (pH, E), les domaines de prédominance des différentes espèces dissoutes et les domaines d'existence d'éventuels précipités correspondant aux différents états d'oxydation de l'élément considéré.

• *Conventions aux limites*

• On considère comme constante, en l'absence de solides, la somme des concentrations *atomiques* de l'élément considéré dans la solution ; soit C_{tra} cette valeur appelée *concentration de tracé* (ou de *travail*).

• Pour *une espèce dissoute et une espèce solide*, la frontière du domaine d'existence de l'espèce non dissoute est telle que la concentration *atomique* de l'élément soit égale à C_{tra}.

• Pour *une espèce dissoute et une espèce gazeuse*, la frontière du domaine d'existence de l'espèce non dissoute est telle que la concentration *atomique* de l'élément soit égale à C_{tra}, la pression de l'espèce gazeuse étant égale à une pression fixée conventionnellement appelée *pression de tracé*.

• Pour les *espèces dissoutes*, il existe deux conventions pour la frontière entre les domaines de prédominance :

– *Convention n° 1 :* la frontière est telle que les concentrations *moléculaires ou ioniques* de l'élément considéré y sont égales.

– *Convention n° 2 :* la frontière est telle que les concentrations *atomiques* de l'élément considéré y sont égales.

• *Lecture d'un diagramme E-pH*

L'identification de l'espèce prédominante relative aux différents domaines d'un diagramme découle de la formule de Nernst : la considération de la pente σ des différents segments-frontières permet en effet de préciser la relation existant entre les espèces séparées par cette frontière.

D'après la relation $\sigma = -\dfrac{m}{n} \cdot \alpha(T)$, on peut établir les résultats suivants :

– Les verticales correspondent à $n = 0$, c'est-à-dire à des échanges de particules autres que les échanges électroniques, soit des équilibres acido-basiques ou de précipitation.
Quand on traverse une verticale en parcourant le diagramme de la gauche vers la droite, c'est-à-dire dans le sens des pH croissants, le domaine de prédominance de l'acide est à gauche et celui de sa base conjuguée à droite de cette verticale.

– Les horizontales et les obliques correspondent à $n \neq 0$, c'est-à-dire à des équilibres rédox : le domaine de prédominance de l'oxydant est au-dessus et celui de son réducteur conjuguée au-dessous de cette oblique.
Ainsi, quand on parcourt le diagramme de bas en haut, on rencontre l'élément étudié sous des états d'oxydation croissants.

• *Démarche raisonnée pour l'établissement d'un diagramme*

• Déterminer les espèces prises en compte pour l'établissement du diagramme de l'élément étudié.

• Classer ces espèces par nombre d'oxydation croissant ; en déduire les différents couples à étudier à pH = 0 et écrire, pour chacun d'eux, la demi-équation électronique, puis la formule de Nernst correspondante.

• Déterminer, pour chaque degré d'oxydation, les valeurs de pH limitant les domaines d'existence ou de prédominance : utiliser, pour ce faire, les constantes d'équilibre correspondantes : K_a pour les équilibres acido-basiques ; K_s pour les équilibres de solubilité ; constantes de formation β_n pour les équilibres de complexation.

• Établir ensuite, grâce à la formule de Nernst et aux conventions choisies aux limites, les expressions des potentiels des différents couples en fonction du pH.

• Tracer les droites correspondantes au fur et à mesure de l'établissement de leur équation.

• Examiner alors si chaque degré d'oxydation possède un domaine d'existence ou de prédominance. Pour les états d'oxydation intermédiaires, il faut vérifier que chaque degré est prédominant à la fois par rapport au degré supérieur et au degré inférieur.

Soit un amphotère rédox Y, c'est-à-dire une espèce appartenant à deux couples rédox et jouant dans l'un, le rôle d'oxydant (couple Y/X) et dans l'autre, celui de réducteur (couple Z/Y). S'il existe un intervalle de pH tel que $E_{Y/X}$ soit supérieur à $E_{Z/Y}$, les domaines d'existence ou de prédominance de Y sont disjoints : Y se dismute pour donner les espèces X et Z.

Il faut alors reprendre l'étude dans l'intervalle de pH correspondant en considérant le nouveau couple rédox Z/X .

Le potentiel standard du couple Z/X peut être calculé à partir des potentiels standard des couples Y/X et Z/Y :

$$Y + n_1\,e^- \longrightarrow X \qquad E_1^0 \qquad \textbf{(1)}$$

$$Z + n_2\,e^- \longrightarrow Y \qquad E_2^0 \qquad \textbf{(2)}$$

$$Z + (n_1 + n_2)\,e^- \longrightarrow X \qquad E_3^0 \qquad \textbf{(3)}$$

Alors : $$\Delta_r\tilde{G}_3^0 = \Delta_r\tilde{G}_1^0 + \Delta_r\tilde{G}_2^0$$

D'où : $$E_3^0 = \frac{n_1 \cdot E_1^0 + n_2 \cdot E_2^0}{n_1 + n_2}$$

• Indiquer enfin, sur le diagramme rectifié, les espèces prédominantes des différents domaines. Il est fréquent de superposer au diagramme établi celui de l'eau. Préciser en légende la valeur de C_{tra} utilisée.

• *Utilisation des diagrammes E-pH*

• Lorsqu'un système est à l'équilibre, tous les couples rédox associés aux espèces présentes ont le même potentiel : en conséquence, deux espèces appartenant à des couples rédox différents ne peuvent coexister que s'il existe des valeurs de pH pour lesquelles leurs potentiels rédox ont la même valeur, c'est-à-dire si leurs domaines de prédominance ou d'existence ont une partie commune.

Les diagrammes potentiel-pH visualisent les réactions *spontanées* entre espèces d'un système.

• Stabilité de la solution aqueuse des espèces

En superposant le diagramme d'un élément à celui qui correspond à l'eau, on peut déterminer si certaines des espèces considérées peuvent réagir avec l'eau, soit pour l'oxyder (généralement en dioxygène) soit pour la réduire (généralement en dihydrogène).

• Stabilité de la solution aqueuse aérée

Si la solution est au contact de l'atmosphère, certaines espèces peuvent être oxydées par le dioxygène de l'air ; il faut alors tenir compte de la pression en dioxygène, approximativement constante et égale à $p^0/5$.

Remarques :

*Les conclusions tirées de l'étude d'un diagramme E-*pH *sont de caractère thermodynamique : elles indiquent les évolutions* spontanées, *c'est-à-dire compatibles avec le Second Principe de la Thermodynamique.*

Certaines des réactions prévues peuvent cependant ne pas être observées si leur vitesse est trop faible à la température d'étude : les exemples de « blocage cinétique » sont fréquents en oxydoréduction surtout lorsque les structures de l'oxydant et du réducteur sont très différentes.

ÉNONCÉS

1 Relation entre E^0 et $\Delta_r G^0$

1 ▬ On rappelle que le mercure forme une phase liquide pure, donc non miscible à toute solution aqueuse.
Calculer E_1^0, E_2^0 et E_3^0, potentiels standard d'oxydoréduction des couples $Hg_2^{2+}/Hg\ (\ell)$, Hg^{2+}/Hg_2^{2+} et $Hg^{2+}/Hg\ (\ell)$.

2 ▬ On étudie les degrés (II) et (III) du manganèse. Le degré d'oxydation (II) du manganèse est représenté par l'ion Mn^{2+} et par l'hydroxyde $Mn(OH)_2$. Le degré d'oxydation (III) du manganèse est représenté par l'ion manganèse (III) Mn^{3+} et par l'oxyde Mn_2O_3 hydraté que l'on écrira, pour simplifier, $Mn(OH)_3$.
À l'aide des données contenues dans le tableau ci-dessous, calculer à 298 K :
a) les produits de solubilité de $Mn(OH)_2$ et de $Mn(OH)_3$: K_s et K_s' ;
b) les potentiels standard des couples Mn^{2+}/Mn et Mn^{3+}/Mn^{2+}.

Données :
Enthalpies libres standard de formation $\Delta_f G^0$ de diverses espèces à 298 K :

Composé	Hg	Hg_2^{2+}	Hg^{2+}	HO^-
$\Delta_f G^0$ **(kJ . mol⁻¹)**	0,0	153,5	164,4	– 157,1
Composé	Mn^{2+}	Mn^{3+}	$Mn(OH)_2$	$Mn(OH)_3$
$\Delta_f G^0$ **(kJ . mol⁻¹)**	– 227,8	– 81,9	– 614,5	– 756,6

$R = 8{,}314\ J . K^{-1} . mol^{-1}$; $F = 96\ 485\ C . mol^{-1}$.

Conseils

1) Écrire la demi-réaction électronique de *réduction* pour le couple dont on veut calculer le potentiel ; exprimer l'enthalpie libre standard de réaction en fonction des $\Delta_f G^0$, avec la convention $\Delta_f G^0\ (e^-) = 0$. Utiliser enfin la relation entre $\Delta_f G^0$ et E^0.
2) a) Écrire l'équation de la réaction de dissolution.

2 Calcul de E^0 à partir d'autres E^0

À partir des données ci-dessous, déterminer les potentiels standard des couples :

1 ▬ Cr^{3+} / Cr^{2+}

2 ▬ IO_3^- / I^-

3 ▬ $MnO_4^- / Mn\,(s)$

4 ▬ $S_2O_3^{2-} / S\ (s)$

Données :
$E^0\ (MnO_4^- / MnO_2) = 1{,}68$ V ;
$E^0(MnO_2 / Mn^{2+}) = 1{,}23$ V ;
$E^0\ (IO_3^- / I_2) = 1{,}19$ V ;
$E^0(I_2 / I^-) = 0{,}62$ V ;
$E^0(Cr^{3+} / Cr\ (s)) = -\ 0{,}74$ V ;
$E^0(Cr^{2+} / Cr\ (s)) = -\ 0{,}86$ V ;
$E^0(H_2SO_3 / S_2O_3^{2-}) = 0{,}40$ V ;
$E^0(H_2SO_3 / S\ (s)) = 0{,}45$ V ;
$E^0(Mn^{2+} / Mn\ (s)) = -\ 1{,}17$ V.

Conseils

• Écrire les demi-équations électroniques pour les couples dont on recherche les potentiels standard et pour ceux figurant dans les données.
• Relier les potentiels standard aux enthalpies libres standard des réactions de réduction correspondantes et utiliser le caractère additif des grandeurs de réaction.

3 Constantes d'équilibre rédox à partir de E^0

1 ▬ Écrire, pour chacune des réactions suivantes, l'équation ayant les coefficients stœchiométriques entiers les plus simples :
a) le cation fer (III) et l'ion iodure ;
b) le métal platine et l'acide nitrique ;
c) le métal cobalt et l'acide chlorhydrique ;
d) le dioxygène et l'ion fer (II).

2 ▬ Calculer les constantes d'équilibre des réactions ; conclure.

3 ▬ À quelle condition la constante d'équilibre de la réaction d'oxydation du Red_2 par l'Ox_1 est-elle supérieure à 1 ?

Données à 298 K *:*
$\alpha(T) = \dfrac{\ln 10 . RT}{F} = 0{,}059$ V ;
$E^0(O_2\ (g) / H_2O) = 1{,}23$ V ;
$E^0(H_3O^+ / H_2\ (g)) = 0{,}00$ V ;
$E^0(Pt^{2+} / Pt\ (s)) = 1{,}20$ V ;

$E^0(Co^{2+} / Co\ (s)) = -0,28\ V$;
$E^0(Fe^{3+} / Fe^{2+}) = 0,77\ V$;
$E^0(NO_3^- / NO\ (g)) = 0,96\ V$;
$E^0(I_2 / I^-) = 0,62\ V$.

Conseils

2) Exprimer le critère d'équilibre à partir des potentiels rédox, puis écrire les formules de Nernst des différents couples.
3) Généraliser la conclusion du 2).

4 Dismutation à partir de E^0

1 Soit un ampholyte rédox *Y*, c'est-à-dire une espèce appartenant à deux couples rédox et jouant, dans l'un, le rôle d'oxydant (couple *Y/X*) et dans l'autre, celui de réducteur (couple *Z/Y*).
a) À quelle condition, portant sur les potentiels standard des couples *Y/X* et *Z/Y*, la constante de la réaction de dismutation est-elle supérieure à l'unité ?
b) En appelant arbitrairement *zone de prédominance de l'oxydant* (respectivement *du réducteur*) l'intervalle de potentiel pour lequel le quotient des activités de la formule de Nernst est supérieur (respectivement inférieur) à 1, donner la traduction graphique de la condition de dismutation du **a)**.

2 Les potentiels standard des couples faisant intervenir l'élément azote sont donnés ci-dessous :
$E^0(N_2O(g) / N_2(g)) = +1,77\ V$;
$E^0(NO(g) / N_2O(g)) = +1,59\ V$;
$E^0(N_2H_5^+ / NH_4^+) = +1,25\ V$;
$E^0(HNO_2 / NO(g)) = +0,98\ V$;
$E^0(NO_3^- / HNO_2) = +0,94\ V$;
$E^0(N_2(g) / N_2H_5^+) = -0,25\ V$.
Montrer, sans calcul, que certaines de ces espèces peuvent se dismuter ; écrire les équations des réactions.

3 Calculer les potentiels standard des nouveaux couples que l'on peut envisager à partir des résultats de la question précédente.
Étudier si de nouvelles dismutations sont possibles et préciser les espèces stables à pH = 0.
Écrire les demi-réactions électroniques des différents couples successifs rencontrés quand le n.o. de l'élément azote diminue.

Conseils

1) a) Adapter le critère rappelé à l'exercice précédent.
b) Écrire la formule de Nernst.
2) Utiliser une méthode graphique.

5 Influence des autres échanges de particules sur les potentiels

1 Influence de la précipitation
Calculer le potentiel standard du couple : Hg_2Cl_2 / Hg connaissant celui du couple Hg_2^{2+}/ Hg et le produit de solubilité K_s du *calomel* Hg_2Cl_2 .

2 Influence de la complexation
Calculer le potentiel standard du couple :

$$[Co(NH_3)_6]^{3+} / [Co(NH_3)_6]^{2+}$$

connaissant celui du couple Co^{3+}/Co^{2+} et les constantes globales de formation β_{III} et β_{II} des complexes hexaminecobalt $[Co(NH_3)_6]^{3+}$ et $[Co(NH_3)_6]^{2+}$.

3 Influence de l'acidobasicité
Calculer le potentiel standard du couple ClO^-/Cl^- connaissant celui du couple $HClO/Cl^-$ et la constante d'acidité K_a du couple $HClO/ClO^-$.

Données à 298 K *:*

$\alpha(T) = \dfrac{\ln 10 \,.\, RT}{F} = 0,0592\ V$;

$E^0(Hg_2^{2+} / Hg\ (\ell)) = +0,792\ V$;

$K_s(Hg_2Cl_2) = 1,43 \,.\, 10^{-18}$;

$E^0(Co^{3+} / Co^{2+}) = +1,92\ V$;

$\log \beta_{III} = 35,1$;

$\log \beta_{II} = 4,4$;

$E^0(HClO / Cl^-) = +1,494\ V$;

$pK_a\ (HClO / ClO^-) = 7,5$.

Conseils

Deux méthodes peuvent être utilisées :
• Écrire la demi-réaction électronique et la formule de Nernst pour le couple dont on connaît le potentiel standard.
Exprimer la (ou les) concentration(s) y figurant à partir des constantes de complexation, d'acidité…
Écrire la demi-réaction électronique et la formule de Nernst pour le couple dont on veut calculer le potentiel.
Utiliser l'unicité du potentiel et identifier les deux expressions du potentiel.
• Écrire la demi-réaction électronique de *réduction* pour le couple dont on veut calculer le potentiel.
Écrire un cycle ou une combinaison de réactions permettant de passer des réactifs aux produits de cette demi-réaction par l'intermédiaire de la demi-réaction électronique du couple dont on connaît le potentiel standard.
Utiliser la relation entre l'enthalpie libre standard et les constantes ou les potentiels standard.

6 Accumulateur sodium/soufre

Ce type d'accumulateur est très étudié dans le cadre du projet de voiture électrique : il fonctionne à température élevée (350 °C) et se compose d'un compartiment contenant du soufre *liquide* et d'un compartiment contenant du sodium *liquide*, séparés par une paroi d'alumine β (l'alumine β est une variété de Al_2O_3 qui, à température élevée, devient perméable aux seuls ions Na^+).

1 – Rechercher les éléments sodium et soufre dans la classification périodique des éléments.

En déduire la charge des ions qu'ils ont tendance à former et la polarité de ce générateur.

Indiquer, sur un schéma, le sens de déplacement des électrons et celui des ions lorsque l'accumulateur débite.

2 – En fait, dans les conditions où fonctionne cet accumulateur (350 °C), le soufre donne des anions trisulfure S_3^{2-}. Écrire les équations des réactions électrochimiques aux électrodes. En déduire l'équation de la réaction de fonctionnement de l'accumulateur (le trisulfure de sodium est insoluble dans le soufre liquide).

3 – La tension obtenue aux bornes de l'accumulateur à 350 °C est de 1,79 V à intensité nulle et diminue de 0,90 mV par degré.

a) Montrer que la f.é.m de cette pile est sa f.é.m standard.

b) En déduire l'enthalpie libre standard $\Delta_f G^0$, l'enthalpie standard $\Delta_f H^0$ et l'entropie standard $\Delta_f S^0$ de formation du trisulfure de sodium à cette température.

4 – Les prototypes construits par Alcatel Alsthom Recherche ont les caractéristiques nominales suivantes :

– masse = 1,75 kg ;

– intensité de décharge = 24 A ;

– capacité = 240 A . h ;

– tension de décharge = 1,65 V.

a) Déterminer les masses minimales de réactif nécessaires à l'obtention de cette capacité.

b) Quelle est la puissance correspondante ? Quelle est l'énergie disponible ?

Données :

$R = 8{,}314\ J\ .\ K^{-1}\ .\ mol^{-1}$; $F = 96{,}5\ .\ 10^3\ C\ .\ mol^{-1}$.

Conseils

1) Tenir compte des propriétés de la paroi d'alumine.

3) Examiner l'état standard des différentes espèces. Relier ensuite grandeurs électriques et thermodynamique.

4) La capacité d'un accumulateur est la charge maximale qu'il peut débiter.

7 Diagramme *E*-pH du thallium

On se propose de tracer le diagramme potentiel-pH du thallium en solution aqueuse. La température est prise égale à 25 °C. On se limite aux espèces suivantes :

– solides : thallium Tl ; hydroxyde $Tl(OH)_3$;

– ions solubles : Tl^+ et Tl^{3+}.

Les limites des différents domaines de prédominance ou d'existence des espèces du thallium sont calculées et tracées :

– pour l'égalité des concentrations dans le cas d'une limite entre deux espèces en solution ;

– pour des concentrations de 0,10 mmol . L^{-1} dans le cas de la limite entre une espèce en solution et un composé solide.

Pour chaque domaine, le nom de l'espèce contenant du thallium sera reporté sur le graphe.

1 – Déterminer le pH de précipitation de l'hydroxyde $Tl(OH)_3$ à partir d'une solution contenant 0,10 mmol . L^{-1} du cation correspondant.

2 – Établir les équations des frontières entre les domaines de Tl^+, Tl^{3+} et $Tl(OH)_3$ solide.

3 – Établir les équations des frontières entre les domaines de Tl^+ et Tl solide.

4 – Tracer le diagramme *E*-pH et attribuer les différents domaines.

5 – *Étudier les couples rédox de l'eau avec la convention $p(O_2) = p(H_2) = 1$ bar. Mettre en évidence le domaine de stabilité de l'eau en justifiant la démarche choisie.

6 – *Quels sont les composés du thallium qui sont stables en solution aqueuse ? Pour ceux qui seraient instables, écrire l'équation de la réaction à laquelle ils donnent lieu.

Données :

• Constante du gaz parfait : $R = 8{,}314\ J\ .\ K^{-1}\ .\ mol^{-1}$;

• Constante de Faraday : $F = 96\,485\ C\ .\ mol^{-1}$.

• Constante d'autoprotolyse de l'eau à 25 °C : $K_e = 10^{-14}$.

• Produit de solubilité à 25 °C de $Tl(OH)_3$: $pK_{s1} = 44$.

• Potentiels standard d'oxydoréduction à pH = 0 :

$Tl^{3+} / Tl^+ : E_1^0 = +1{,}26$ V ; $Tl^+ / Tl : E_2^0 = -0{,}34$ V.

$O_2 (g) / H_2O : E^0 = +1{,}23$ V ; $H_3O^+ / H_2 (g) : E^0 = 0{,}00$ V.

Conseils

1) Utiliser les produits de solubilité.

2) Utiliser les résultats du **2)** pour déterminer les différents intervalles de pH à considérer et les espèces prédominantes.

Exprimer $[Tl^{3+}]$ en fonction de la concentration de l'espèce prédominante et du pH, puis reporter dans la formule de Nernst du couple Tl^{3+}/ Tl^+ .

8 Diagramme potentiel-pH du zirconium

D'après Concours ENSAM-ESTP, PSI.

On se propose de tracer le diagramme potentiel–pH du zirconium en solution aqueuse.
On désigne par C_{tra} (mol . L^{-1}) la concentration totale en Zr (IV) soluble.
Seront prises en compte les espèces suivantes : Zr métal, Zr^{4+}, $HZrO_3^-$ et $Zr(OH)_4$ (qui s'écrit ausi ZrO_2 , 2 H_2O) .

1 ▬ Exprimer la solubilité apparente s(Zr) du zirconium (IV) en fonction du pH. Calculer pH_m , pH de solubilité minimale. Tracer la courbe : $\log[s(Zr)/c^0] = f(pH)$ (on note c^0 = 1,0 mol . L^{-1}, la concentration de référence).

2 ▬ Partant d'une solution acide (pH = 1) d'ions Zr^{4+} à la concentration C_{tra} = 1,0 . 10^{-4} mol . L^{-1}, on fait croître le pH de cette solution en ajoutant progressivement une solution basique concentrée (on néglige la dilution). Déterminer l'intervalle de pH dans lequel est observée la présence de $Zr(OH)_4$.

3 ▬ Donner les expressions des potentiels d'oxydo-réduction en fonction du pH de la solution, pour C_{tra} = 1,0 . 10^{-4} mol . L^{-1}. Tracer le diagramme potentiel–pH du zirconium (pour les espèces dissoutes à la concentration C_{tra} = 1,0 . 10^{-4} mol . L^{-1}). Indiquer, dans chaque domaine, l'espèce prépondérante.

4 ▬ Ajouter le tracé relatif à l'eau sur ce diagramme (on ne manquera pas de justifier ce tracé).

5 ▬ *Préciser les zones d'immunité, de corrosion et de passivité sur le diagramme précédent, en prenant soin de rappeler le sens de chacun de ces termes. Par quels types de solutions aqueuses Zr peut-il être attaqué ? Écrire les équations des réactions correspondantes et conclure.

Données à 298 K : • $\alpha(T) = \dfrac{RT \cdot \ln 10}{F}$ = 0,060 V.

• Potentiels standard d'oxydoréduction :
Zr^{4+} / Zr : E_1^0 = – 1,53 V ; H_3O^+ / H_2 : E_2^0 = 0,00 V ; O_2 / H_2O : E_3^0 = + 1,23 V.
• Produit ionique de l'eau : $K_e = 10^{-14}$.
• Produits de solubilité :
$Zr(OH)_4$ (s) = Zr^{4+} + 4 HO^- pK_{s1} = 52 ;
$Zr(OH)_4$ (s) = $HZrO_3^-$ + H_3O^+ pK_{s2} = 18 .

Conseils

1) Utiliser les produits de solubilité.
3) Utiliser les résultats du **2)** pour déterminer les différents intervalles de pH à considérer et les espèces prédominantes.
Exprimer $[Zr^{4+}]$ en fonction de la concentration de l'espèce prédominante et du pH, puis reporter dans la formule de Nernst du couple Zr^{4+}/ Zr .

9 Diagramme *E*-pH du brome

On se propose de tracer le diagramme *E*-pH du brome en solution aqueuse, avec les conventions suivantes :
– la concentration totale en atomes de brome dans la phase aqueuse, C_{tra} , est égale à 0,010 mol . L^{-1} ;
– la frontière entre espèces dissoutes correspond à l'égalité des concentrations en *atomes* de brome ;
– on ne considère que les quatre espèces chimiques suivantes : dibrome Br_2 *en solution* ; acide bromique $HBrO_3$; ion bromate BrO_3^- ; ion bromure Br^- .

1 ▬ a) Déterminer le n.o. de l'élément brome dans les espèces considérées.
b) Pour chaque état d'oxydation de l'élément brome, indiquer, sur une échelle de pH, les domaines de prédominance des différentes formes solubles.

2 ▬ Établir les équations des frontières entre les domaines de prédominance de Br_2 et Br^-.

3 ▬ a) Déterminer le potentiel standard du couple BrO_3^- / Br_2, soit E_3^0.
b) Établir les équations des frontières entre les domaines de prédominance de Br_2, $HBrO_3$ et BrO_3^-.

4 ▬ a) Tracer le diagramme *E*-pH et attribuer les différents domaines.
b) Montrer qu'à partir d'un certain pH (que l'on calculera), l'une des espèces devient instable ; écrire l'équation de la réaction et calculer la constante d'équilibre correspondante.
Quel nouveau système rédox doit-on alors considérer ? Comment varie son potentiel en fonction du pH ?
c) Indiquer, sur le diagramme, les domaines de prédominance ou d'existence des différentes espèces.

5 ▬ Étudier les couples rédox de l'eau avec la convention $p(O_2) = p(H_2)$ = 1,0 bar. Mettre en évidence le domaine de stabilité de l'eau en justifiant la démarche choisie.

6 ▬ Quels sont les composés du brome qui sont stables en solution aqueuse ? Pour ceux qui seraient instables, écrire l'équation de la réaction à laquelle ils donnent lieu.

7 ▬ ****Application**
a) Dans 1 litre d'une solution de dibrome à 0,20 mol . L^{-1}, on introduit, sans variation de volume, 0,40 mol de soude. Décrire les phénomènes observés et déterminer la composition finale. Calculer la valeur du potentiel d'équilibre de la solution.
b) On prépare une solution de bromure de potassium à 0,20 mol . L^{-1} que l'on acidifie par un excès d'acide sulfurique, ce qui fixe le pH à 0. On maintient une agitation et la solution est abandonnée au contact de l'atmosphère, assimilée à un mélange de gaz parfaits de composition (4 N_2 + O_2), de pression p = 1,0 bar.

Décrire les phénomènes observés. Calculer la valeur du potentiel d'équilibre de la solution et déterminer la composition finale.

Données à 25 °C :

• $\alpha(T) = \dfrac{\ln 10 \,.\, RT}{F} = 0{,}059$ V.

• Constante d'autoprotolyse de l'eau : $K_e = 10^{-14}$;

• Constante d'acidité ($HBrO_3 / BrO_3^-$) : $pK_a = 0{,}70$.

• Potentiels standard d'oxydoréduction à pH = 0 :

Br_2 / Br^- : $E_1^0 = 1{,}09$ V ; $HBrO_3 / Br_2$: $E_2^0 = 1{,}48$ V ;

O_2 (g) / H_2O : $E^0 = +\ 1{,}23$ V ; H^+ / H_2 (g) : $E^0 = 0{,}0$ V.

Conseils

1) b) Utiliser la constante d'acidité.

4) b) Considérer les espèces stables dans ces conditions.

7) a) Écrire l'équation en faisant apparaître les formes prépondérantes.

b) Montrer que les conditions choisies imposent la valeur du potentiel d'équilibre.

10 Diagramme *E*-pH du bismuth

D'après Concours Centrale, MP, 1999.

On considère le diagramme $E = f(\text{pH})$ ci-dessous pour les degrés 0, III, IV et V du bismuth tracé pour une concentration en espèces dissoutes égale à 0,10 mol . L^{-1}.

Les espèces présentes sont, dans le désordre :

Bi (s), Bi_4O_7 (s), Bi^{3+}, Bi_2O_4 (s), Bi_2O_5 (s) et $Bi(OH)_3$ (s).

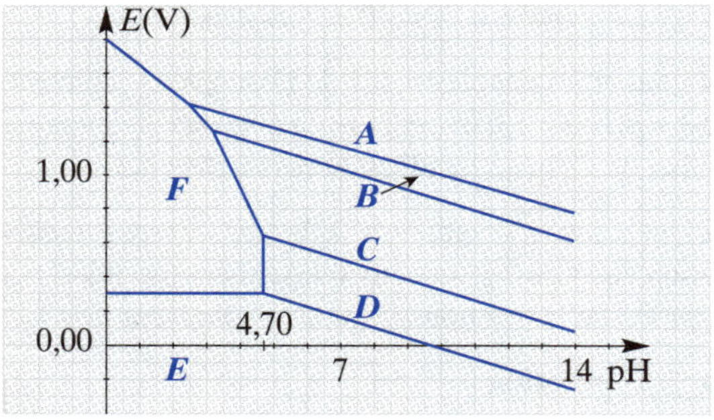

1 ▬ Déterminer le degré d'oxydation du bismuth dans les différentes espèces prises en compte. Examiner le cas de Bi_4O_7 . Proposer une interprétation structurale plausible.

2 ▬ Identifier, en justifiant, chacune des espèces repérées par les lettres *A* à *F*.

3 ▬ À l'aide du diagramme, déterminer :

– les potentiels standard des couples Bi^{3+} / Bi (s) et Bi_2O_5 (s) / Bi^{3+} ;

– le produit de solubilité de $Bi(OH)_3$.

4 ▬ Retrouver les pentes théoriques des frontières entre les espèces *A* et *F* ; *B* et *F* ; *C* et *F*.

5 ▬ À pH = 2, on broie du bismuth et du pentaoxyde de dibismuth Bi_2O_5 ; qu'obtient-on ? Écrire l'équation de la réaction observée.

6 ▬ On donne $E^0(O_2 / H_2O) = 1{,}23$ V et $E^0(H_2O / H_2) = 0{,}00$ V.

Superposer les courbes correspondantes au diagramme $E = f(\text{pH})$ et discuter de la stabilité des espèces bismuthées considérées en présence d'eau.

Données :

• $\alpha(T) = \dfrac{RT \,.\, \ln 10}{F} = 0{,}060$ V

• Produit ionique de l'eau : $pK_e = 14$.

Conseils

1) Considérer que l'oxygène ($Z = 8$) est à son degré d'oxydation minimum.

2) En parcourant, à pH = 14, le diagramme dans le sens décroissant des potentiels, on rencontre le bismuth sous des états d'oxydation décroissants.

3) Utiliser le diagramme $E = f(\text{pH})$ en tenant compte de C_{tra} .

6) Noter que le couple H_2O / H_2 n'est autre que H^+ / H_2.

11 Chrome

D'après Concours Centrale.

A. Diagramme *E*-pH du chrome

On donne le diagramme *E*-pH du système chrome-eau, limité aux espèces suivantes :

• en solution : Cr^{2+}, CrO_4^{2-}, CrO_2^-, Cr^{3+}, $Cr_2O_7^{2-}$;

• solides : Cr et $Cr(OH)_3$.

Le diagramme (*cf.* page suivante) a été tracé avec les conventions suivantes :

• la concentration totale en *élément* chrome à l'état dissous est égale à C_{tra} ;

• sur une droite frontière séparant les domaines de deux espèces dissoutes, les concentrations en *élément* chrome dans chacune de ces deux espèces sont égales, à savoir par exemple $2[Cr_2O_7^{2-}] = [Cr^{3+}]$.

1 ▬ L'hydroxyde de chrome $Cr(OH)_3$ a un caractère amphotère. Écrire, pour $Cr(OH)_3$, en utilisant les espèces chimiques adéquates, les équilibres qui rendent compte du caractère amphotère.

2 ▬ Dans cette question, on ne prend en compte que les espèces Cr^{2+}, CrO_2^-, Cr^{3+}, Cr et $Cr(OH)_3$. Indiquer, pour chacun des domaines numérotés de ① à ⑤ sur le diagramme, l'espèce chimique à laquelle il correspond (domaine d'existence pour les espèces solides ou domaine de prédominance pour les espèces en solution). On justifiera brièvement chaque réponse en ne prenant pas en compte les domaines ⑥ et ⑦.

3 ▬ Déduire, par lecture du diagramme, la valeur de la concentration C_{tra}.

4 ▬ Déduire du diagramme le produit de solubilité de $Cr(OH)_3$ et la constante de la réaction de dissolution de $Cr(OH)_3$ en milieu basique.

5 ▬ On prend en compte, en plus des espèces précédentes, les ions chromate CrO_4^{2-} et dichromate $Cr_2O_7^{2-}$.

a) L'élément chrome a pour numéro atomique $Z = 24$. Donner sa configuration électronique.

b) Proposer une structure de Lewis pour l'ion chromate et pour l'ion dichromate.

c) Quel est le nombre d'oxydation de l'élément chrome dans chacun de ces ions ? En déduire l'équation de la réaction entre les ions chromate et dichromate.

d) En justifiant brièvement votre réponse, indiquer l'espèce chimique correspondant à chacun des domaines numérotés ⑥ et ⑦.

Données :

- $E^0(Cr^{2+}/Cr) = -0{,}91$ V ;
- Produit ionique de l'eau $K_e = 10^{-14}$.
- $\alpha(T) = \dfrac{\ln 10 \,.\, RT}{F} = 0{,}059$ V.

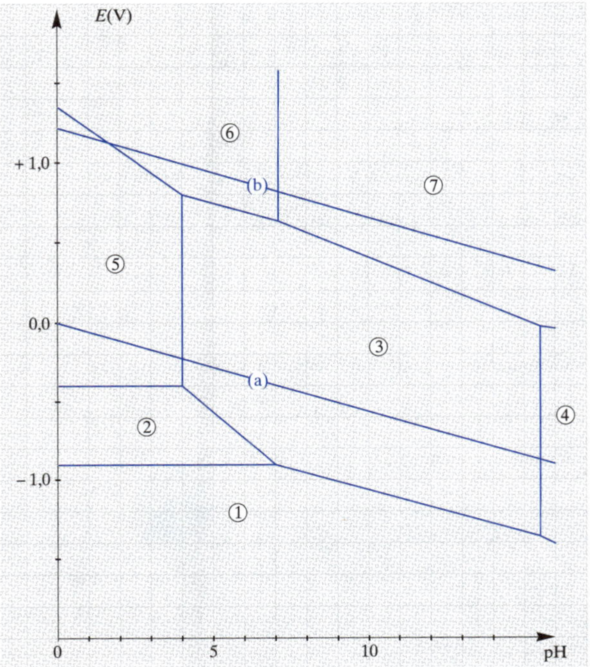

B. Étude de réactions avec le chrome et ses composés

1 ▬ On souhaite étudier la stabilité des solutions aqueuses des composés du chrome.

a) Sur le diagramme, on a également porté les droites (a) et (b) délimitant le domaine de stabilité thermodynamique de l'eau. Donner leur équation avec la convention $p(O_2) = p(H_2) = 1{,}0$ bar.

b) Quels sont les composés du chrome qui sont stables en solution aqueuse ? Pour ceux qui seraient instables, écrire l'équation de la réaction à laquelle ils donnent lieu.

2 ▬ On étudie l'action du dichromate $Cr_2O_7^{2-}$ sur Fe^{2+}, en milieu de $pH < 6$.

Le potentiel du couple fer (III) / fer (II), avec les mêmes conventions que celles utilisées pour le tracé du diagramme *E*-pH du chrome et dans les conditions du problème, s'écrit :

- $pH < 1{,}33$, couple Fe^{3+}/Fe^{2+} : $E = 0{,}77$ V ;
- $1{,}33 < pH < 6{,}5$, couple $Fe(OH)_3/Fe^{2+}$:

$E = 1{,}01 - 0{,}18$ pH (V).

a) Quels sont les produits obtenus par action du dichromate $Cr_2O_7^{2-}$ sur Fe^{2+}, en milieu de $pH < 6$?

b) On opère en général à pH très acide, voisin de 0.

α) Écrire le bilan réactionnel dans ce cas. La réaction est-elle quantitative ? Justifier.

β) Commenter le choix du pH.

γ) L'utilisation du dichromate dans ces conditions est-elle en contradiction avec les résultats obtenus à la question **B. 1) b)**. Commenter.

Donnée :

$E^0(O_2/H_2O) = 1{,}23$ V.

Conseils

A. 3) Utiliser la valeur de $E^0(Cr^{2+}/Cr)$.

5) a) et **b)** Revoir si nécessaire le cours d'Atomistique.

c) Dans ces ions, le n.o. de O est (– II).

d) Utiliser les résultats du **5) c)** et les *Rappels de cours*.

B. 2) a) Tenir compte des hydroxydes de fer (III) et de chrome (III).

b) α) Calculer K^0.

c) Prendre en compte l'aspect cinétique des réactions.

12 Extraction de l'or métal dispersé dans une roche

L'or, à l'état de métal, est présent dans certaines roches où il est intimement dispersé parmi d'autres métaux à des teneurs très variables (par exemple, de 5 à 50 g par tonne de minerai à la mine de Salsigne dans l'Aude).

L'or est alors extrait de la roche broyée à l'aide d'une solution aqueuse de cyanure de sodium oxygénée par un courant d'air. Durant ce traitement, le métal or est oxydé en ions complexes. Cette solution est ensuite traitée par le métal zinc. On se propose d'étudier plus particulièrement ces deux réactions.

A. Traitement du métal or par le dioxygène en présence de cyanure de sodium

Les ions Au (I) et Au (III) peuvent être complexés par les ions cyanures CN^-.

1 ▬ **a)** Écrire la formule de Lewis de l'ion cyanure.

b) Donner le nom systématique des deux ions complexes, $[Au(CN)_2]^-$ et $[Au(CN)_4]^-$.

2 ▬ De même que $pH = -\log \frac{[H^+]}{c^0}$, on pose :

$$pCN = -\log \frac{[CN^-]}{c^0}$$

a) Donner le diagramme de prédominance de l'élément or au degré d'oxydation (I) sous toutes ses formes en fonction de pCN.

b) Même question pour l'élément or au degré d'oxydation III.

3 ▬ Le diagramme $E = f(pCN)$ de l'élément or (analogue à un diagramme $E = f(pH)$), représenté ci-après, a été établi pour une concentration $C = 0,001 \text{ mol . L}^{-1}$ en élément or en solution sous formes d'ions. Le plan (E, pCN) est partagé en quatre domaines **(1)**, **(2)**, **(3)** et **(4)**.

a) Identifier, en justifiant le choix effectué, les domaines d'existence ou de prépondérance des différentes espèces contenant l'élément or.

b) Discuter de la stabilité de l'or (I) en fonction de la concentration en ions cyanure.

c) Déterminer l'équation du segment de droite AB et celle du segment de droite BC. Vérifier les calculs à l'aide du graphe.

4 ▬ Dans le traitement des minerais, on utilise des solutions de cyanure de sodium de concentration $0,01 \text{ mol . L}^{-1}$.

a) Quel est le pH d'une telle solution ?

b) On sature cette solution en dioxygène, par barbotage d'air. Quel est, au pH calculé, le potentiel du couple O_2 / H_2O sous une pression de dioxygène de 0,20 bar ?

5 ▬ Lire, sur le graphe, les potentiels des couples de l'or présents pour une solution de NaCN telle que la concentration en ions cyanure libres soit de $0,010 \text{ mol . L}^{-1}$.
En déduire la réaction observée lorsque l'or métal est mis en contact avec la solution de cyanure de sodium saturée en dioxygène (« cyanuration » de l'or).
Écrire l'équation de cette réaction. Cette réaction est-elle quantitative ? Justifier en calculant la constante d'équilibre.

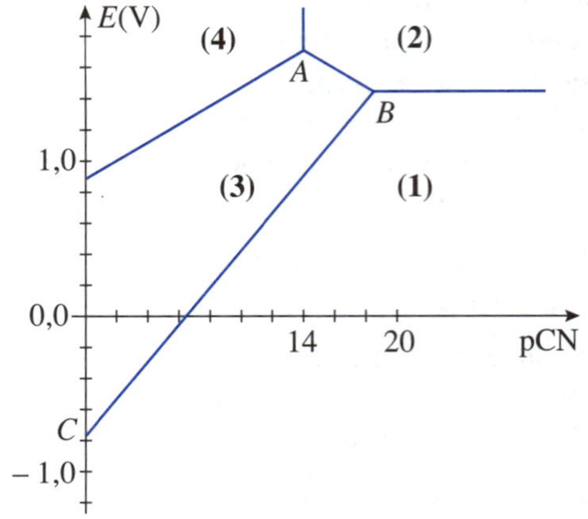

B. Cémentation de la solution obtenue

1 ▬ La solution obtenue à la question **A. 5)** est traitée par le zinc métal en poudre (procédé Merryl-Crowe). Au cours de la réaction, le zinc forme des ions complexes $[Zn(CN)_4]^{2-}$. Écrire l'équation de la réaction. La réaction est-elle quantitative ? Calculer la constante d'équilibre.

2 ▬ Lors d'un essai industriel, 1 000 L de solution obtenue au **A. 5)** contenant l'ion complexe à la concentration $0,0010 \text{ mol . L}^{-1}$ sont évaporés au quart de la valeur initiale, puis traités par le zinc métal.

a) Quelle est la masse minimale de zinc à utiliser pour réaliser cette opération ? Quelle masse d'or obtient-on ?

b) En réalité, il faut utiliser à peu près deux fois plus de zinc que ce qui a été calculé ci-dessus. Interpréter cette observation en précisant la réaction impliquée.

Données à 298 K *:*

• À 25 °C, $\alpha(T) = \frac{\ln 10 \,.\, RT}{F} = 0,06$ V.

• Potentiels standard :

O_2 / H_2O : $E_1^0 = 1,23$ V ; H^+ / H_2 : $E_2^0 = 0,00$ V ;

Au^+ / Au : $E_4^0 = 1,68$ V ; Au^{3+} / Au : $E_5^0 = 1,50$ V ;

Au^{3+} / Au^+ : $E_6^0 = 1,41$ V ;

$[Zn(CN)_2]^- / Zn$: $E_7^0 = -1,26$ V.

• Constantes globales de formation des complexes :

$[Au(CN)_2]^-$: $\log\beta_I = 38$; $[Au(CN)_4]^{2-}$: $\log\beta_{III} = 56$.

• Constante d'acidité : $pK_{a1}(HCN/ CN^-) = 9,2$.

Conseils

A. 2) a) et **b)** Utiliser les constantes de formation.
3) a) Revoir si nécessaire les règles de lecture des diagrammes.

13 Diagramme *E*-pH de l'aluminium

On considère uniquement les espèces Al^{3+} ; AlO_2^- ; Al_2O_3, 3 H_2O (hydrargillite) et le métal lui-même.

1 – Donner l'expression de la solubilité apparente s_{Al} de l'aluminium définie comme la somme, dans une **solution saturée en oxyde hydraté d'aluminium**, des concentrations de toutes les espèces solubles en fonction de la concentration des ions H_3O^+.
En déduire l'expression $(s_{Al} / c^0) = f(\text{pH})$.
Pour quelles valeurs de pH la solubilité est-elle minimale, Combien vaut-elle alors ?

2 – Soit une solution acide (pH = 1,00) d'ions Al^{3+} à la concentration C_{tra} = 1,00 µmol . L^{-1}. On augmente le pH de cette solution par addition d'une solution concentrée de soude (on négligera la dilution).
Dans quel intervalle de pH observera-t-on la présence de Al_2O_3, 3 H_2O?

3 – Écrire les équations des demi-réactions d'oxydation de l'aluminium en fonction du pH de la solution et donner les expressions correspondantes du potentiel d'équilibre.

4 – En utilisant les résultats précédents, établir le diagramme potentiel-pH de l'aluminium pour des espèces dissoutes à la concentration 1,00 µmol . L^{-1}.

5 – En admettant que l'hydrargillite forme un film protecteur imperméable et adhérent, justifier le fait que l'aluminium ne peut, thermodynamiquement, être attaqué (en l'absence d'agent complexant) que par des solutions aqueuses suffisamment acides ou alcalines. Écrire les équations des réactions correspondantes.

Données à 25°C :
- $Al^{3+} / Al : E^0 = -1,67$ V
- Produit ionique de l'eau à 25 °C : $pK_e = 14,0$
- Produits de solubilité :
- 1/2 (Al_2O_3 , 3 H_2O (hydrargillite)) = Al^{3+} + 3 HO^-

$$K_{s1} = \frac{[Al^{3+}].[OH^-]^3}{c^{0^4}} ; pK_{s1} = 36,3$$

- 1/2 (Al_2O_3 , 3 H_2O (hydrargillite)) + H_2O = AlO_2^- + H_3O^+

$$K_{s2} = \frac{[AlO_2^-].[H_3O^+]}{c^{0^2}} ; pK_{s2} = 14,6$$

Conseils

2\. On pourra, dans l'expression de la solubilité, négliger l'espèce *X* devant l'espèce *Y* si :
$[Y] > 10[X]$
4\. Utiliser les calculs précédents et :
$E^0 (Al^{3+} / Al) = -1,67$ V

14 Lixiviation de la chalcopyrite

D'après Concours Communs Polytechniques, 2000 MP.

La chalcopyrite, de formule $CuFeS_2$, est un des principaux minerais de cuivre. Il est considéré comme un mélange de CuS et FeS. Sa lixiviation conduit à la solubilisation des éléments métalliques, sous forme d'ions Cu^{2+} et Fe^{2+}. Le réactif d'attaque est une solution d'ions Fe^{3+}.

1 – Mise en solution du sulfure de cuivre (II), CuS.
a) Écrire l'équation de la demi réaction électronique associée au couple HSO_4^- / CuS.
Calculer le potentiel standard correspondant.

b) Écrire l'équation de la demi réaction électronique associée au couple Fe^{3+} / Fe^{2+}.
En déduire l'équation de la réaction entre CuS et Fe^{3+}.
Déterminer la valeur de sa constante d'équilibre.

2 – Mise en solution du sulfure de fer (II), FeS.
En procédant comme ci-dessus, écrire l'équation de la réaction de l'ion Fe^{3+} sur FeS.
Calculer sa constante d'équilibre.

3 – Lixiviation de la chalcopyrite
a) Écrire l'équation de la réaction globale qui accompagne la lixiviation de $CuFeS_2$ par une solution d'ions Fe^{3+}.

b) La solution d'attaque utilisée a la composition suivante :
$[H_3O^+] = [HSO_4^-] = 10^{-1}$ mol.L^{-1} ; $[Fe^{3+}] = C$ mol.L^{-1}.
On souhaite obtenir, par dissolution totale de la chalcopyrite, une solution dont la concentration finale en ion Cu^{2+} est égale à 10^{-1} mol.L^{-1}.
Quelle sera, d'après le bilan précédent, sa composition ?
Quelle est la valeur minimale de *C* à utiliser ?

Données à 25 °C :
- $\alpha(T) = \ln(10).R.T / F = 0,059$V.

- *Potentiels standard* :

HSO_4^- / S^{2-} : $E_1{}^0 = 0,133$ V ;
Fe^{3+}/Fe^{2+} : $E_2{}^0 = 0,771$ V ;
O_2 (gaz) / H_2O : $E_3{}^0 = 1,23$ V.

- *Constantes d'équilibre* :

CuS (s) = $Cu^{2+} + S^{2-}$; $K_1 = 6,31.10^{-36}$;
FeS (s) = $Fe^{2+} + S^{2-}$; $K_2 = 6,31.10^{-18}$.

Conseils

1 et 2 : Utiliser la méthode par continuité pour trouver les potentiels standard demandés et écrire par exemple de deux façons différentes l'enthalpie libre standard de la réaction pour déterminer les constantes d'équilibre K^0 (voir *Remarque* de la solution de l'exercice 3, page 160).

15 Métallurgie de l'uranium

Le document ci-dessous présente le diagramme E-pH de l'élément uranium, limité aux espèces suivantes :

• *en solution :* U^{3+}, U^{4+}, UO_2^{2+},

• *solides :* U, $U(OH)_4$ et $UO_2(OH)_2$.

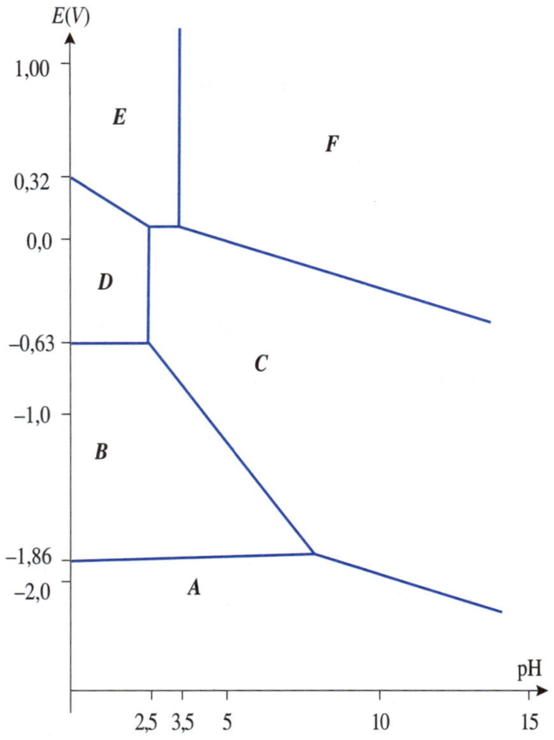

Ce diagramme a été tracé avec les conventions suivantes :

• la concentration totale en élément uranium à l'état dissous est égale à C_{tra} ; on a donc :

$$[U^{3+}] + [U^{4+}] + [UO_2^{2+}] \leqslant C_{tra} = 1{,}0 \text{ mmol.L}^{-1}$$

• sur une droite frontière séparant les domaines de deux espèces dissoutes, les concentrations en élément uranium dans chacune de ces deux espèces sont égales.

1 ▬ Déterminer le degré d'oxydation de l'élément uranium dans les différentes espèces prises en compte.

2 ▬ Déterminer, en justifiant, les espèces numérotées de A à F, majoritaires dans les différents domaines.

3 ▬ À l'aide du diagramme, déterminer :

a) le potentiel standard des couples **(1)** U^{3+}/U (s), **(2)** U^{4+}/U^{3+} et **(3)** UO_2^{2+}/U^{4+} ;

b) le produit de solubilité de $U(OH)_4$ et de $UO_2(OH)_2$.

4 ▬ Retrouver les pentes théoriques des frontières ***D/E***, ***C/E*** et ***C/F***.

5 ▬ Reporter, sur le diagramme $E = f(\text{pH})$ les droites **(a)** et **(b)** délimitant le domaine de stabilité thermodynamique de l'eau.

Donner leur équation avec la convention :

$$p(O_2) = p(H_2) = 1 \text{ bar}$$

6 ▬ Discuter de la stabilité des différentes espèces contenant l'élément uranium en présence d'eau, puis au contact de l'atmosphère.

Données :

• Produit ionique de l'eau : $K_e = 10^{-14}$.

• On prendra $\alpha(T) = \dfrac{RT.\ln(10)}{F} = 0{,}060$ V.

• Potentiels standard rédox :

H^+/H_2 : $E^0 = 0{,}00$ V ; O_2/H_2O : $E^0 = 1{,}23$ V.

Conseil

Relire les *Rappels de cours* si nécessaire.

CORRIGÉS

1 Relation entre E^0 et $\Delta_r G^0$

Rappel : Pour un couple rédox Ox/Red, dont la demi-réaction électronique de *réduction* met en jeu n électrons, l'enthalpie libre standard de la demi-réaction électronique de réduction, $\Delta_r\tilde{G}^0$, est reliée au potentiel standard par $\Delta_r\tilde{G}^0 = -n \cdot F \cdot E^0$

1 ▬ • $Hg_2^{2+} + 2e^- = 2\,Hg\,(\ell)$

$\Delta_r\tilde{G}_1^0 = 2\Delta_f G^0\,(Hg, \ell) - 2\Delta_f G^0\,(e^-) - \Delta_f G^0\,(Hg_2^{2+})$
$= -\Delta_f G^0\,(Hg_2^{2+}) = -153{,}5\ kJ \cdot mol^{-1}$

$\boldsymbol{E_1^0} = -(\Delta_r\tilde{G}_1^0 / 2F) = \mathbf{0{,}796\ V}$

• $2\,Hg^{2+} + 2\,e^- = Hg_2^{2+}$

$\Delta_r\tilde{G}_2^0 = \Delta_f G^0\,(Hg_2^{2+}) - 2\Delta_f G^0\,(e^-) - 2\Delta_f G^0\,(Hg^{2+})$
$= -175{,}2\ kJ \cdot mol^{-1}$

$\boldsymbol{E_2^0} = -(\Delta_r\tilde{G}_2^0 / 2F) = \mathbf{0{,}908\ V}$

• $Hg^{2+} + 2\,e^- = Hg\,(\ell)$

$\Delta_r\tilde{G}_3^0 = \Delta_f G^0\,(Hg, \ell) - 2\,\Delta_f G^0\,(e^-) - \Delta_f G^0\,(Hg^{2+})$
$= -\Delta_f G^0\,(Hg^{2+}) = -164{,}4\ kJ \cdot mol^{-1}$

$\boldsymbol{E_3^0} = -(\Delta_r\tilde{G}_3^0 / 2F) = \mathbf{0{,}852\ V}$

2 ▬ a) Le produit de solubilité de $Mn(OH)_n$ est la constante thermodynamique de la réaction de dissolution :

$$Mn(OH)_n(s) = Mn^{n+} + n\,HO^-$$

$\Delta_r G^0 = \Delta_f G^0(Mn^{n+}) + n \cdot \Delta_f G^0(HO^-) - \Delta_f G^0(Mn(OH)_n)$
$= -RT \cdot \ln 10 \cdot \log K_s = +\ln 10 \cdot RT \cdot pK_s$

$Mn(OH)_2$: $\Delta_r G^0 = 72{,}5\ kJ \cdot mol^{-1}$; $pK_s = 12{,}71$;
d'où : $\boldsymbol{K_s}$ **(Mn(OH)$_2$) = 2,0 . 10^{-13}**

$Mn(OH)_3$: $\Delta_r G^0 = 203{,}4\ kJ \cdot mol^{-1}$; $pK_s = 35{,}65$
d'où : $\boldsymbol{K_s}$ **(Mn(OH)$_3$) = 2,2 . 10^{-36}**

b) Potentiels standard des couples Mn^{2+} / Mn et Mn^{3+} / Mn^{2+}.

• $Mn^{2+} + 2\,e^- = Mn\,(s)$

$\Delta_r\tilde{G}^0 = \Delta_f G^0(Mn, s) - 2 \cdot \Delta_f G^0(e^-) - \Delta_f G^0(Mn^{2+})$
$= -\Delta_f G^0\,(Mn^{2+}) = +227{,}8\ kJ \cdot mol^{-1}$

$E^0 = -(\Delta_r\tilde{G}^0/2F)$; $\boldsymbol{E^0}$**(Mn^{2+} / Mn) = – 1,18 V**

• $Mn^{3+} + e^- = Mn^{2+}$

$\Delta_r\tilde{G}^0 = \Delta_f G^0\,(Mn^{2+}) - \Delta_f G^0(e^-) - \Delta_f G^0\,(Mn^{3+})$
$= -145{,}9\ kJ \cdot mol^{-1}$

$E^0 = -(\Delta_r\tilde{G}^0/F)$; $\boldsymbol{E^0}$**(Mn^{3+} / Mn^{2+}) = 1,51 V**

2 Calcul de E^0 à partir d'autres E^0

1 ▬ Soit les trois demi-réactions :

$Cr^{3+} + 1\,e^- = Cr^{2+}$ **(a)**

$Cr^{2+} + 2\,e^- = Cr\,(s)$ **(b)**

$Cr^{3+} + 3\,e^- = Cr\,(s)$ **(c)**

D'après ces équations, on peut considérer que :

(c) = (a) + (b)

Le caractère additif des enthalpies libres standard associées aux demi-réactions électroniques permet d'écrire :

$$\Delta_r\tilde{G}_c^0 = \Delta_r\tilde{G}_a^0 + \Delta_r\tilde{G}_b^0$$

En utilisant la relation rappelée dans l'exercice 1, on obtient après simplification par $-F$:

$$3\,E^0(Cr^{3+}/Cr\,(s)) = E^0(Cr^{3+}/Cr^{2+}) + 2\,E^0(Cr^{2+}/Cr\,(s))$$

Soit :

$$E^0(Cr^{3+} / Cr^{2+}) = 3\,E^0(Cr^{3+} / Cr\,(s)) - 2\,E^0(Cr^{2+} / Cr\,(s))$$

$$\boldsymbol{E^0(Cr^{3+} / Cr^{2+}) = -0{,}50\ V}$$

2 ▬

$I_2 + 2e^- = 2\,I^-$ **(1)**

$2\,IO_3^- + 12\,H^+ + 10\,e^- = I_2 + 6\,H_2O$ **(2)**

$IO_3^- + 6\,H^+ + 6\,e^- = I^- + 3\,H_2O$ **(3)**

D'après ces équations, on peut considérer que :

2 × (3) = (1) + (2)

On en déduit :

$$2\,\Delta_r\tilde{G}_3^0 = \Delta_r\tilde{G}_1^0 + \Delta_r\tilde{G}_2^0$$

On obtient, après simplification par $-F$:

$$12\,E_3^0 = 2\,E_1^0 + 10\,E_3^0$$

Soit :

$$\boldsymbol{E^0(IO_3^-/ I^-)} = \frac{5\,E^0(IO_3^-/I_2) + E^0(I_2/I^-)}{6} = \mathbf{1{,}095\ V}$$

3 ▬

$MnO_4^- + 4\,H^+ + 3\,e^- = MnO_2 + 2\,H_2O$ **(1)**

$MnO_2 + 4\,H^+ + 2\,e^- = Mn^{2+} + 2\,H_2O$ **(2)**

$Mn^{2+} + 2\,e^- = Mn$ **(3)**

$MnO_4^- + 8\,H^+ + 7\,e^- = Mn + 4\,H_2O$ **(4)**

D'après ces équations, on peut considérer que :

(4) = (1) + (2) + (3)

Donc : $\Delta_r\tilde{G}_4^0 = \Delta_r\tilde{G}_1^0 + \Delta_r\tilde{G}_2^0 + \Delta_r\tilde{G}_3^0$

puis : $7\,E_4^0 = 3\,E_1^0 + 2\,E_2^0 + 2\,E_3^0$

$$E^0(MnO_4^- / Mn) = \frac{3E^0(MnO_4^- / MnO_2) + 2E^0(MnO_2 / Mn^{2+}) + 2E^0(Mn^{2+}/Mn)}{7}$$

$$\boldsymbol{E^0(MnO_4^- / Mn) = 0{,}737\ V}$$

4 ▬

$2\,H_2SO_3 + 2\,H^+ + 4\,e^- = S_2O_3^{2-} + 3\,H_2O$ **(1)**

$S_2O_3^{2-} + 6\,H^+ + 4\,e^- = 2\,S + 3\,H_2O$ **(2)**

$H_2SO_3 + 4\,H^+ + 4\,e^- = S + 3\,H_2O$ **(3)**

D'après ces équations, on peut considérer que :

2 × (3) = (1) + (2)

D'où la relation entre les enthalpies libres standard associées aux demi-réactions électroniques :

$$2\Delta_r\tilde{G}_3^0 = \Delta_r\tilde{G}_1^0 + \Delta_r\tilde{G}_2^0$$

Après simplification par $-F$:

$$8E_3^0 = 4E_1^0 + 4E_2^0$$

soit : $E^0(S_2O_3^{2-}/S) = 2\,.\,E^0(H_2SO_3/S) - E^0(H_2SO_3/S_2O_3^{2-})$

$$\mathbf{E^0(S_2O_3^{2-}/S) = 0{,}50\ V}$$

3 Constantes d'équilibres rédox à partir de E^0

1 et **2** • *Critère d'équilibre :* **à l'équilibre, les potentiels rédox des couples mis en jeu dans la réaction sont égaux :**

• **a)** $2\ Fe^{3+} + 2\ I^- = 2\ Fe^{2+} + I_2$

$$E^0(Fe^{3+}/Fe^{2+}) + 0{,}059\,.\,\log\frac{[Fe^{3+}]}{[Fe^{2+}]} = E^0(I_2/I^-) + \frac{0{,}059}{2}\,.\,\log\left(\frac{[I_2]\,.\,c^0}{[I^-]^2}\right)$$

On en tire :

$$\log\left(\frac{[I_2)\,.\,c^0}{[I^-]^2}\,.\,\frac{[Fe^{3+}]}{[Fe^{2+}]}\right) = \frac{2\,E^0(Fe^{3+}/Fe^{2+}) - E^0(I_2/I^-)}{0{,}059}$$

c'est-à-dire : $\log K^0 = 5{,}08$

D'où $\mathbf{K^0 = 1{,}2\,.\,10^5}$ **: l'oxydation des ions iodure par les ions fer (III) est quantitative.**

b) $3\ Pt + 2\ NO_3^- + 8\ H^+ = 3\ Pt^{2+} + 2\ NO + 4\ H_2O$

$$E^0(NO_3^-/NO) + \frac{0{,}059}{3}\,.\,\log\left(\frac{[NO^-{}_3]\,.\,h^4}{c^{05}}\,.\,\frac{p^0}{p(NO)}\right) = E^0(Pt^{2+}/Pt) + \frac{0{,}059}{2}\,.\,\log\frac{[Pt^{2+}]}{c^0}$$

On en tire : $\log\left(\frac{[Pt^{2+}]^3\,.\,c^{07}}{[NO^-{}_3]\,.\,h^8}\,.\,\left(\frac{p(NO)}{p^0}\right)^2\right)$

$$= \frac{6\,(E^0(NO_3^-/NO) - E^0(Pt^{2+}/Pt))}{0{,}059}$$

c'est-à-dire : $\log K^0 = -24{,}41$

D'où $\mathbf{K^0 = 3{,}9\,.\,10^{-25}}$ **: l'oxydation du métal platine par les ions nitrate est négligeable.**

c) $Co + 2\ H^+ = Co^{2+} + H_2$

$$E^0(H^+/H_2) + \frac{0{,}059}{2}\,.\,\log\left(\frac{h^2}{c^{02}}\,.\,\frac{p^0}{p(H_2)}\right) = E^0(Co^{2+}/Co) + \frac{0{,}059}{2}\,.\,\log\frac{[Co^{2+}]}{c^0}$$

On en tire :

$$\log\left(\frac{[Co^{2+}]\,.\,c^0}{h^2}\,.\,\frac{p(H_2)}{p^0}\right) = \frac{2E^0(H^+/H_2) - E^0(Co^2/Co)}{0{,}059}$$

c'est-à-dire : $\log K^0 = 9{,}49$

D'où $\mathbf{K^0 = 2{,}15\,.\,10^9}$ **: l'oxydation du métal cobalt par les ions hydrogène est quantitative.**

d) $O_2 + 4\ Fe^{2+} + 4H^+ = 2\ H_2O + 4\ Fe^{3+}$

$$E^0(O_2/H_2O) + \frac{0{,}059}{4}\,.\,\log\left(\frac{p(O_2)}{p^0}\,.\,\left(\frac{h}{c^0}\right)^4\right) = E^0(Fe^{3+}/Fe^{2+}) + 0{,}059\,.\,\log\frac{[Fe^{3+}]}{[Fe^{2+}]}$$

On en tire : $\log\left(\frac{p^0}{p(O_2)}\,.\,\left(\frac{c^0}{h}\right)^4\,.\,\left(\frac{[Fe^{3+}]}{[Fe^{2+}]}\right)^4\right)$

$$= \frac{4\,(E^0(O_2/H_2O) - E^0(Fe^{3+}/Fe^{2+}))}{0{,}059}$$

c'est-à-dire : $\log K^0 = 31{,}19$

D'où $\mathbf{K^0 = 1{,}5\,.\,10^{31}}$ **: l'oxydation des ions fer (II) par le dioxygène est quantitative .**

3 D'après ce qui précède, pour une réaction mettant en jeu n électrons entre un oxydant Ox_1 (appartenant à un couple de potentiel rédox standard E_1^0) et un réducteur Red_2 (appartenant à un couple de potentiel standard E_2^0), la constante d'équilibre K^0 satisfait à la relation :

$$\log K^0 = \frac{n\,.\,F\,.\,(E_1^0 - E_2^0)}{RT\,.\,\ln 10} = \frac{n(E_1^0 - E_2^0)}{\alpha(T)}$$

La constante d'équilibre de la réaction de Ox_1 avec Red_2 est supérieure à 1 si E_1^0 est supérieur à E_2^0.

Remarque :

On peut également déterminer la constante d'équilibre à partir des deux relations :

$$\Delta_r G^0 = -RT\,.\,\ln K^0 = -RT\,.\,\ln 10\,.\,\log K^0$$
$$\Delta_r G^0 = -n\,.\,F\,.\,(E_1^0 - E_2^0)$$

où n est le nombre d'électrons mis en jeu, E_1^0 est le potentiel standard du couple dont l'oxydant figure dans le ***premier*** *membre de l'équation et E_2^0 est le potentiel standard dont l'oxydant figure dans le* ***second*** *membre de l'équation.*

Alors : $-RT\,.\,\ln 10\,.\,\log K^0 = -n\,.\,F\,.\,(E_1^0 - E_2^0)$

Ce qui conduit à la formule indiquée.

4 Dismutation à partir de E^0

1 **a)** D'après l'exercice précédent, la constante d'équilibre de la réaction de Ox_1 avec Red_2 est supérieure à 1 si E_1^0 est supérieur à E_2^0.

Lors de la dismutation, l'oxydant Y du couple (Y/X) oxyde le réducteur du couple (Z/Y). Donc, **la constante de la réaction de dismutation de Y est supérieure à l'unité si $E^0(Y/X)$ est supérieur à $E^0(Z/Y)$.**

b) La condition précédente se traduit graphiquement ainsi : **la constante de la réaction de dismutation de Y est supérieure à l'unité si les domaines de prédominance de Y sont disjoints .**

2 Le diagramme de prédominance est présenté ci-après. **D'après ce diagramme, les espèces qui se dismutent sont l'ion hydrazinium $N_2H_5^+$, l'oxyde de diazote N_2O, le monoxyde d'azote NO et l'acide nitreux HNO_2.**

Diagramme de prédominance

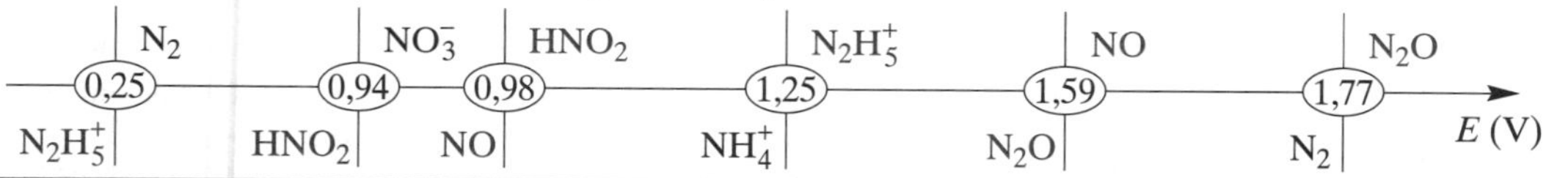

Les équations des dismutations sont :

$$3\ N_2H_5^+ + H^+ = 4\ NH_4^+ + N_2$$
$$2\ N_2O = N_2 + 2\ NO$$
$$H_2O + 4\ NO = N_2O + 2\ HNO_2$$
$$3\ HNO_2 = 2\ NO + NO_3^- + H_2O + H^+$$

3 ▬ Il faut donc considérer les couples NO_3^- / N_2 et N_2 / NH_4^+.

• $\mathbf{NO_3^- / N_2}$ **:**

$$2\ NO_3^- + 12\ H^+ + 10\ e^- = N_2 + 6\ H_2O \quad (1)$$
$$2\ NO_3^- + 6\ H^+ + 4\ e^- = 2\ HNO_2 + 2\ H_2O \quad (2)$$
$$2\ HNO_2 + 2\ H^+ + 2\ e^- = 2\ NO + 2\ H_2O \quad (3)$$
$$2\ NO + 2\ H^+ + 2\ e^- = N_2O + H_2O \quad (4)$$
$$N_2O + 2\ H^+ + 2\ e^- = N_2 + 3\ H_2O \quad (5)$$

(1) = (2) + (3) + (4) + (5),

donc :

$$10E^0(NO_3^- / N_2) = 4E^0\ (NO_3^- / HNO_2) + 2E^0(HNO_2/NO) + 2E^0(NO/N_2O) + 2E^0(N_2O/N_2)$$

$$\mathbf{E^0(NO_3^- / N_2) = 1{,}24\ V}$$

• $\mathbf{N_2/NH_4^+}$ **:**

$$N_2 + 8\ H^+ + 6\ e^- = 2\ NH_4^+ \quad (1)$$
$$N_2 + 5\ H^+ + 4\ e^- = N_2H_5^+ \quad (2)$$
$$N_2H_5^+ + 3\ H^+ + 2e^- = 2\ NH_4^+ \quad (3)$$

(1) = (2) + (3),

donc :

$$6E^0(N_2 /NH_4^+) = 4E^0(N_2 / N_2H_5^+) + 2E^0(N_2H_5^+ / NH_4^+)$$

$$\mathbf{E^0(N_2 / NH_4^+) = 0{,}25\ V}$$

D'après les potentiels standard trouvés, **à pH = 0, les seules espèces stables sont l'ion ammonium NH_4^+, le diazote N_2 et l'ion nitrate NO_3^-.**

Les couples correspondants sont :

NO_3^- / N_2 : $2\ NO_3^- + 12\ H^+ + 10\ e^- = N_2 + 6\ H_2O$

N_2 / NH_4^+ : $N_2 + 8\ H^+ + 6\ e^- = 2\ NH_4^+$

Remarque :

En raison de la lenteur de leurs réactions de dismutation, tous les autres composés existent en solution : ils y sont métastables.

5 Influence des autres échanges de particules sur les potentiels

1 ▬ • $\mathbf{Hg_2^{2+} / Hg}$ **:** $Hg_2^{2+} + 2\ e^- = 2\ Hg\ (\ell)$

$$E = E^0(Hg_2^{2+} / Hg) + \frac{0{,}0592}{2} . \log \frac{[Hg_2^{2+}]}{c^0}$$

Si la solution est saturée en Hg_2Cl_2, l'équilibre entre les ions et le précipité se traduit par la relation :

$$K_s = \frac{[Hg_2^{2+}] . [Cl^-]^2}{c^{03}}$$

$[Hg_2^{2+}]$ est donc fixée par la relation :

$$\frac{[Hg_2^{2+}]}{c^0} = \frac{K_s . c^{03}}{[Cl^-]^2}$$

La formule de Nernst correspondante s'écrit alors :

$$E = E^0(Hg_2^{2+}/Hg) - 0{,}0296 . pK_s - 0{,}0592 . \log \frac{[Cl^-]}{c^0}$$

• $\mathbf{Hg_2Cl_2/Hg}$ **:** $Hg_2Cl_2 + 2\ e^- = 2\ Hg\ (\ell) + 2\ Cl^-$

$$E = E^0(Hg_2Cl_2 / Hg) - 0{,}0592 . \log \frac{[Cl^-]}{c^0}$$

L'unicité du potentiel implique :

$$E^0(Hg_2Cl_2/Hg) = E^0(Hg_2^{2+}/Hg) - 0{,}0296 . pK_s(Hg_2Cl_2)$$

$$\mathbf{E^0(Hg_2Cl_2/Hg) = 0{,}264\ V}$$

2 ▬ • $\mathbf{Co^{3+} / Co^{2+}}$ **:** $Co^{3+} + e^- = Co^{2+}$

$$E = E^0(Co^{3+} / Co^{2+}) + 0{,}0592 . \log \frac{[Co^{3+}]}{[Co^{2+}]}$$

Les équilibres entre les ions et les ligands se traduisent par les relations :

$$\frac{[Co^{2+}]}{c^0} = \frac{1}{\beta_{II}} . \frac{[[Co(NH_3)_6]^{2+}] . c^{05}}{[NH_3]^6}$$

et :

$$\frac{[Co^{3+}]}{c^0} = \frac{1}{\beta_{III}} . \frac{[[Co(NH_3)_6]^{3+}] . c^{05}}{[NH_3]^6}$$

La formule de Nernst correspondante s'écrit alors :

$$E = E^0(Co^{3+}/Co^{2+}) + 0{,}0592 . \log \left(\frac{\beta_{II}}{\beta_{III}} . \frac{[[Co(NH_3)_6]^{3+}]}{[[Co(NH_3)_6]^{2+}]} \right)$$

• $\mathbf{[Co(NH_3)_6]^{3+} / [Co(NH_3)_6]^{2+}}$ **:**

$$[Co(NH_3)_6]^{3+} + e^- = [Co(NH_3)_6]^{2+}$$

$$E = E^0([Co(NH_3)_6]^{3+}/ [Co(NH_3)_6]^{2+}) + 0{,}0592 . \log \frac{[[Co(NH_3)_6]^{3+}]}{[[Co(NH_3)_6]^{2+}]}$$

Par identification :

$$E^0([Co(NH_3)_6]^{3+} / [Co(NH_3)_6]^{2+} = E^0(Co^{3+}/Co^{2+}) + 0{,}0592 . \log \frac{\beta_{II}}{\beta_{III}}$$

$$\mathbf{E^0([Co(NH_3)_6]^{3+} / [Co(NH_3)_6]^{2+}) = +\ 0{,}10\ V}$$

3 ▬

$$HClO + H^+ + 2e^- = Cl^- + H_2O \quad (1)$$

$\Delta_r G_1^0 = -\ 2F . E^0(HClO/Cl^-)$

$$HClO = ClO^- + H^+ \quad (2)$$

$\Delta_r G_2^0 = +\ RT . \ln 10 . pK_a\ (HClO / Cl^-)$

$$ClO^- + 2\ H^+ + 2\ e^- = Cl^- + H_2O \quad (3)$$

$\Delta_r G_3^0 = -\ 2F . E^0(ClO / Cl^-)$

Or, **(3) = (1) − (2)** .

Donc : $\Delta_r\tilde{G}_3^0 = \Delta_r\tilde{G}_1^0 - \Delta_r\tilde{G}_2^0$

Soit, après simplification par − 2 F :

$$\mathbf{E^0(ClO^- / Cl^-) = E^0(HClO / Cl^-) + 0{,}0296 . pK_a\ (HClO / ClO^-) = 1{,}716\ V}$$

6 Accumulateur sodium/soufre

1 ▬ Conformément à la règle de l'octet, le sodium, dans la première colonne de la classification donne des ions Na^+ ; le soufre dans la seizième colonne donne des ions sulfure S^{2-}.

Le sodium se trouve dans le compartiment anodique et le soufre dans le compartiment cathodique :

• à l'anode : $Na \longrightarrow Na^+ + 1\ e^-$

• à la cathode : $S + 2\ e^- \longrightarrow S^{2-}$

Lorsque l'accumulateur débite :

• dans le circuit extérieur, les électrons circulent de l'anode vers la cathode ; le courant conventionnel circule en sens inverse : la cathode constitue donc le pôle positif du générateur et l'anode le pôle négatif ;

• à l'intérieur du générateur, la passage du courant est assuré par la migration, à travers la paroi d'alumine α, des cations sodium Na^+ qui passent du compartiment anodique au compartiment cathodique.

2 ▬ • à l'anode : $Na \longrightarrow Na^+ + 1\ e^-$

• à la cathode : $3\ S + 2\ e^- \longrightarrow S_3^{2-}$

Bilan : $2\ Na + 3\ S \longrightarrow 2\ Na^+ + S_3^{2-}$

La réaction de fonctionnement de l'accumulateur est :

$$2\ Na + 3\ S \longrightarrow Na_2S_3$$

3 ▬ **a)** En admettant que la solubilité de Na_2S_3 dans le soufre liquide est négligeable, toutes les espèces sont constituées de phases condensées pures et se trouvent dans leur état standard : la f.é.m. de l'accumulateur est sa f.é.m. standard $\mathscr{E}^0$.

b) La réaction de fonctionnement de l'accumulateur n'est autre que la réaction de formation de Na_2S_3 puisque, à 350 °C, l'état standard du soufre et du sodium correspond aux liquides.

La réaction de fonctionnement de l'accumulateur mettant en jeu deux électrons, $\mathscr{E}^0$ est lié à l'enthalpie libre standard de réaction par :

$$\Delta_r G^0 = -2F\,.\,\mathscr{E}^0$$

soit : $\boldsymbol{\Delta_r G^0 = -\ 345{,}5\ kJ\,.\,mol^{-1}}$

De même : $\Delta_r S^0 = 2F\,\dfrac{d\mathscr{E}^0}{dT} = \boldsymbol{-\ 173{,}7\ J\,.\,K^{-1}\,.\,mol^{-1}}$

On en déduit : $\Delta_r H^0 = \Delta_r G^0 + T\,.\,\Delta_r S^0 = -\ 453{,}68\ kJ\,.\,mol^{-1}$

$$\boldsymbol{\Delta_r H^0 \approx -\ 453{,}7\ kJ\,.\,mol^{-1}}$$

4 ▬ **a)** Soit Q la capacité de l'accumulateur. D'après l'équation de la réaction :

$$Q = n_0(Na)\,.\,F = \frac{2}{3}\,n_0(S)\,.\,F$$

On en déduit :

$$m_0(Na) = \frac{Q}{F}\,.\,M(Na) = 206\ g$$

$$m_0(S) = 3\,\frac{Q}{2F}\,.\,M(S) = 431\ g$$

b) $\mathscr{P} = U\,.\,I = 1{,}65 \times 24 = \boldsymbol{39{,}6\ W}$

$W = U\,.\,Q = 1{,}426\ MJ = \boldsymbol{0{,}396\ kW\,.\,h}$

7 Diagramme *E*-pH du thallium

1 ▬ La limite de précipitation est déterminée en supposant que l'ion considéré est le seul représentant de l'élément thallium dans la solution ; sa concentration est donc égale à $C_{tra} = 0{,}10\ mmol\,.\,L^{-1}$.

La limite de précipitation de $Tl(OH)_3$ correspond à la vérification simultanée des deux relations :

$$[Tl^{3+}] = C_{tra} \text{ et } K_{s1} = \frac{[Tl^{3+}]\,.\,\omega^3}{c^{0\,4}}$$

soit : $$\frac{\omega}{c^0} = \left(\frac{K_{s1}\,.\,c^0}{C_{tra}}\right)^{1/3}$$

La valeur de pH_1, pH de début de précipitation de l'hydroxyde de thallium (III), s'en déduit :

$$pH_1 = pK_e + \frac{1}{3}\left(p\left(\frac{C_{tra}}{c^0}\right) - pK_{s1}\right)$$

Pour $C_{tra} = 1{,}0\,.\,10^{-4}\ mol\,.\,L^{-1}$, la précipitation de l'hydroxyde de thallium (III) commence à $pH_1 = 0{,}67$: le domaine de *prédominance* de l'ion Tl^{3+} correspond à $pH < pH_1$; le domaine d'*existence* de $Tl(OH)_3(s)$ correspond à $pH > pH_1$.

2 ▬ La demi-équation électronique de ce couple et la formule de Nernst correspondante sont :

$$Tl^{3+} + 2\ e^- = Tl^+$$

$$E_1 = E_1^0 + \frac{0{,}06}{2}\,.\,\log\frac{[Tl^{3+}]}{[Tl^+]}$$

• **pH ⩽ 0,67**

Le précipité de $Tl(OH)_3$ n'est pas présent. Sur la frontière séparant les domaines de prédominance des ions Tl^{3+} et Tl^+, leurs concentrations sont égales :

$$\boldsymbol{E_1 = 1{,}26\ V}$$

• **pH ⩾ 0,67**

La solution est saturée en $Tl(OH)_3$; $[Tl^{3+}]$ est fixée par le pH par l'intermédiaire de la relation :

$$K_{s1} = \frac{[Tl^{3+}]\,.\,\omega^3}{c^{0\,4}},$$

soit : $$\frac{[Tl^{3+}]}{c^0} = \frac{K_{s1}\,.\,c^{0\,3}}{\omega^3} = \left(\frac{K_{s1}}{K_e^3}\,.\left(\frac{h}{c^0}\right)^3\right)$$

La formule de Nernst correspondante s'écrit alors :

$$E_1 = E_1^0 + \frac{0{,}06}{2}\,.\,\log\frac{[Tl^{3+}]}{[Tl^+]}$$

$$= E_1^0 + 0{,}03\,.\,\log\left(\frac{K_{s1}}{K_e^3}\,.\left(\frac{h}{c^0}\right)^3.\,\frac{c^0}{[Tl^+]}\right)$$

Sur la frontière entre les domaines des ions Tl^+ et du précipité $Tl(OH)_3$, $[Tl^+] = C_{tr} = 0{,}10\ mmol\,.\,L^{-1}$.

Donc : $\boldsymbol{E_1 = 1{,}32 - 0{,}09\,.\,pH\ (V)}$

<u>*Remarque :*</u>

Pour $pH = 0{,}67$, $E_1 = 1{,}32 - 0{,}09\,.\,pH = 1{,}26\ V$. *On note donc qu'il y a continuité de* $E_1 = f(pH)$, *même lorsque se produit le changement d'espèces majoritaires. Cette propriété est générale et peut être mise à profit pour établir l'équation de la droite une fois déterminée sa pente. Ainsi, le couple* Tl(III) / Tl(I) *met en jeu* $n = 2$ *électrons et* $m = 3$ *protons lorsque l'espèce majoritaire de* Tl(III) *est* $Tl(OH)_3$: *la pente* σ *de la droite est donc :*

$$-0{,}06 \times \frac{m}{n} \text{ soit } -0{,}09 \text{ V}$$

l'équation de la droite est alors :

$$E - 1{,}26 = -0{,}09 \,.\, (\text{pH} - 0{,}67)$$

3 ▬ La demi-équation électronique de ce couple et la formule de Nernst correspondante sont :

$$Tl^+ + e^- = Tl(s)$$

$$E_2 = E_2^0 + 0{,}06 \,.\, \log \frac{[Tl^+]}{c^0}$$

Le thallium constituant une phase solide pure, son activité est égale à 1.

Sur la frontière entre les domaines des ions Tl^+ et du métal Tl, $[Tl^+] = C_{tra} = 0{,}10$ mmol . L^{-1}.

Donc : $\mathbf{E_2 = -0{,}58}$ **V**

L'identification de l'espèce prédominante relative à chacun des domaines du diagramme est conduite grâce aux règles énoncées dans les *Rappels de cours.*

4 ▬ Diagramme E-pH du thallium ($C_{tra} = 10^{-4}$ mol . L^{-1}):

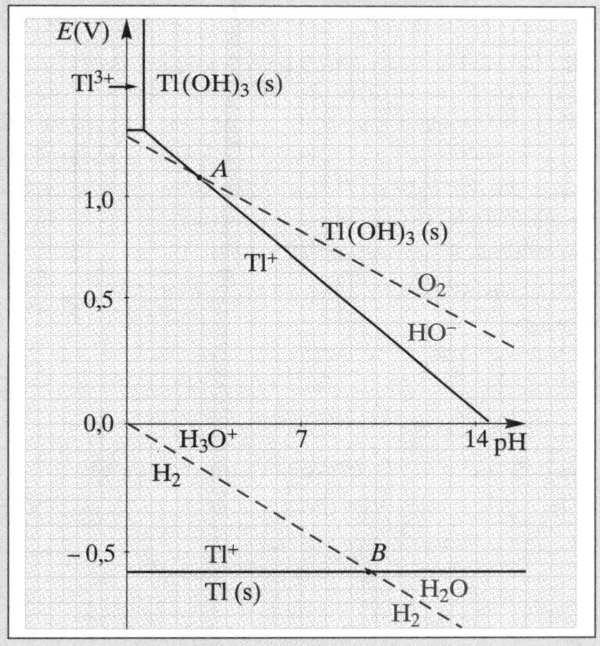

5 ▬ **Tracé du domaine de stabilité thermodynamique de l'eau**

On utilise la convention :

$$p(O_2) = p(H_2) = 1 \text{ bar}$$

• Couple **(2)** H_3O^+/H_2 : l'équation de la demi-réaction électronique du couple est :

$$2\,H_3O^+ + 2\,e^- = H_2 + 2\,H_2O$$

La formule de Nernst correspondante s'écrit :

$$E(H_3O^+ / H_2) = E^0(H_3O^+ / H_2) + \frac{0{,}06}{2} \,.\, \log\left(\frac{h^2}{c^{0^2}} \,.\, \frac{p^0}{p(H_2)}\right)$$

Avec la convention sur la pression :

$$\mathbf{E(H_3O^+ / H_2) = -0{,}06 \,.\, pH \ (V)}$$

• Couple **(3)** O_2/H_2O : l'équation de la demi-réaction électronique est :

$$O_2 + 4\,H_3O^+ + 4\,e^- = 6\,H_2O$$

La formule de Nernst correspondante s'écrit :

$$E(O_2 / H_2O) = E_3^0 + \frac{0{,}06}{4} \,.\, \log\left(\left(\frac{h}{c^0}\right)^4 \,.\, \frac{p(O_2)}{p^0}\right)$$

Avec la convention sur la pression :

$$\mathbf{E(O_2 / H_2O) = 1{,}23 - 0{,}06 \,.\, pH \ (V)}$$

• La droite d'équation (– 0,06 . pH) est la frontière supérieure du domaine de réduction de l'eau sous une pression de dihydrogène $p(H_2)$ égale à 1 bar ; au-dessous de cette droite, $p(H_2)$ tend à être supérieure à 1 bar et le dihydrogène se dégage librement dans l'atmosphère tandis que la réduction de l'eau se poursuit selon :

$$2\,H_3O^+ + 2\,e^- \longrightarrow H_2 + 2\,H_2O$$

ou, en solution neutre ou basique :

$$2\,H_2O + 2\,e^- \longrightarrow H_2 + 2\,HO^-$$

Au contraire, si, pour un pH donné, le potentiel E imposé à la solution est supérieur $E(H_3O^+/H_2)$, la pression du dihydrogène H_2 tend à être inférieure à 1 bar. Le dégagement de dihydrogène ne peut avoir lieu ; la réduction de l'eau n'intervient pas.

• La droite d'équation (1,23 – 0,06 pH) est la frontière inférieure du domaine d'oxydation de l'eau. En effet, si pour un pH donné, le potentiel E imposé à la solution est inférieur à $E(O_2/H_2O)$, la pression du dioxygène O_2 tend à être inférieure à 1 bar. Le dégagement de dioxygène ne peut avoir lieu ; l'oxydation de l'eau n'intervient pas. Au contraire, au-dessus de cette droite, $p(O_2)$ tend à être supérieure à 1 bar et le dioxygène se dégage librement dans l'atmosphère tandis que l'oxydation de l'eau se poursuit selon :

$$6\,H_2O \longrightarrow O_2 + 4\,H_3O^+ + 4\,e^-$$

Si le milieu réactionnel est basique, la réaction se déroulant est mieux traduite par la demi-équation mettant en jeu les espèces majoritaires :

$$4\,HO^- \longrightarrow 2\,H_2O + O_2 + 4\,e^-$$

Entre les deux droites précédentes, l'eau ne peut être ni réduite en dihydrogène, ni oxydée en dioxygène : ce domaine du plan (pH ; *E*) est le *domaine de stabilité* de l'eau .

Remarque :

La largeur de ce domaine est indépendante du pH *puisque les droites qui le délimitent sont parallèles ; pour* p_{tr} *égale à* p^0 *pour chaque gaz, la largeur du domaine de stabilité de l'eau est de* 1,23 V.

6 ▬ Les composés du thallium stables en solution aqueuse sont ceux dont le domaine de prédominance ou d'existence ont une partie commune avec le domaine de stabilité de l'eau. On détermine donc, sur le diagramme ou par le calcul, les points d'intersection éventuels des limites de stabilité de l'eau avec les droites du diagramme du thallium.

• La droite du couple Tl(III)/Tl(I), d'équation $E_1 = 1{,}32 - 0{,}09$. pH, et celle du couple O_2/H_2O, d'équation

$E = (1{,}23 - 0{,}06 \,.\, \text{pH})$ se coupent en A (pH = 3 ; E = 1,05 V) ; pour pH inférieur à 3, le domaine de prédominance du thallium (III) est au-dessus du domaine de stabilité de l'eau. **Pour un pH inférieur à 3, le thallium (III) devrait oxyder l'eau avec dégagement de dioxygène :**

– pour pH ⩽ 0,67 selon :

$$2\,Tl^{3+} + 6\,H_2O = 2\,Tl^+ + O_2 + 4\,H_3O^+$$

– pour 0,67 ⩽ pH ⩽ 3 selon :

$$2\,Tl(OH)_3 + 2\,H_3O^+ = 2\,Tl^+ + O_2 + 6\,H_2O$$

Les domaines étant voisins, l'avancement de cette réaction reste très limité (d'autant plus que la réaction est très lente).

• La droite du couple Tl(I)/Tl(0), d'équation $E_2 = -\,0{,}58$ V, et celle du couple H_3O^+ / H_2, d'équation $E = -\,0{,}06 \,.\, \text{pH}$ se coupent en B (pH = 9,7 ; E = – 0,58 V).

Pour pH inférieur à 9,7, le domaine de prédominance du thallium (0) est au-dessous du domaine de stabilité de l'eau.

Le métal thallium réduit l'eau et les solutions acides ou faiblement basiques (pH < 9,7) avec dégagement de dihydrogène :

– en milieu acide (pH ⩽ 7) selon :

$$2\,Tl + 2\,H_3O^+ = 2\,Tl^+ + H_2 + 2\,H_2O$$

– en milieu basique (7 ⩽ pH ⩽ 9,7) selon :

$$2\,Tl + 2\,H_2O = 2\,Tl^+ + H_2 + 2\,HO^-$$

En revanche, puisque son domaine de prédominance et le domaine de stabilité de l'eau ont une partie commune dans tout l'intervalle de pH, **l'ion Tl^+ est stable dans l'eau à tout pH.**

8 Diagramme potentiel-pH du zirconium

1 ▬ Par définition, $s(Zr) = [Zr^{4+}] + [HZrO_3^-]$.

Dans une solution saturée en $Zr(OH)_4$, les concentrations satisfont aux K_s. Donc :

$$K_{s1} = \frac{[Zr^{4+}] \,.\, \omega^4}{c^{0\,5}}, \text{ soit } \frac{[Zr^{4+}]}{c^0} = \frac{K_{s1} \,.\, c^{0\,4}}{\omega^4} = \frac{K_{s1}}{K_e^4} \,.\, \left(\frac{h}{c^0}\right)^4$$

$$K_{s2} = \frac{[HZrO_3^-] \,.\, h}{c^{0\,2}}, \text{ soit } \frac{[HZrO_3^-]}{c^0} = K_{s2} \,.\, \left(\frac{c^0}{h}\right)$$

$$\frac{s(Zr)}{c^0} = \frac{K_{s1}}{K_e^4} \,.\, \left(\frac{h}{c^0}\right)^4 + K_{s2} \,.\, \left(\frac{c^0}{h}\right)$$

Pour déterminer le pH de solubilité minimale, on calcule la dérivée :

$$\frac{ds(Zr)}{dh} = \frac{4K_{s1}}{K_e^4} \,.\, \left(\frac{h}{c^0}\right)^3 - K_{s2} \,.\, \left(\frac{c^0}{h}\right)^2$$

Elle s'annule pour $\left(\frac{h}{c^0}\right)^5 = \frac{K_{s2} \,.\, K_e^4}{4K_{s1}}$, soit :

$$\text{pH} = \frac{1}{5}\,(pK_{s2} + 4\,pK_e - pK_{s1} + \log 4) = 4{,}5.$$

À pH = 4,5, la solubilité est minimale et égale à $4{,}2 \,.\, 10^{-14}$ mol . L^{-1}.

Pour tracer la courbe $\log(s(Zr) / c^0) = f(\text{pH})$, on trace d'abord un diagramme asymptotique :

– pour pH < 4, $s(Zr) \approx [Zr^{4+}]$;

d'où : $\log \dfrac{s(Zr)}{c^0} \approx 4\,pK_e - pK_{s1} - 4\,\text{pH} = 4 - 4\,\text{pH}$

– pour pH > 5, $s(Zr) \approx [HZrO_3^-]$;

d'où : $\log \dfrac{s(Zr)}{c^0} \approx \text{pH} - pK_{s2} = \text{pH} - 18$

On trace les deux asymptotes, puis on place l'horizontale correspondant au minimum de solubilité ;

soit : $\log(s(Zr) / c^0) = -\,13{,}4$

et on repère le pH du minimum, soit 4,5 ; il ne reste plus qu'à raccorder les deux asymptotes en arrondissant les angles.

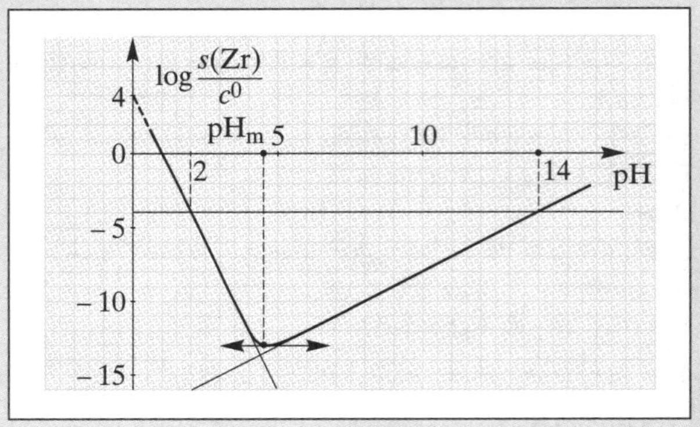

2 ▬ Une solution de zirconium (IV), de concentration C et de pH fixé, est saturée en $Zr(OH)_4$ si C est supérieur à $s(Zr)$ à ce pH ; pour la solution étudiée, il suffit de tracer l'horizontale d'ordonnée – 4 et de noter l'abscisse des points d'intersection avec la courbe $\log[s(Zr) / c^0] = f(\text{pH})$. On trouve ainsi l'intervalle [2 ; 14].

Une solution de zirconium (IV), à $1{,}0 \,.\, 10^{-4}$ mol . L^{-1} est saturée en $Zr(OH)_4$ de pH = 2 à pH = 14 .

<u>*Remarque*</u> *:*

On peut aussi utiliser les équations des asymptotes :

– en milieu acide : 4 – 4 pH = – 4, *soit* pH = 2 ;

– en milieu basique : pH – 18 = – 4, *soit* pH = 14.

3 ▬ **Potentiel d'oxydoréduction en fonction du pH**

• **pH < 2 :** la solution n'est pas saturée en $Zr(OH)_4$ et Zr^{4+} est l'espèce prépondérante ; donc :

$$[Zr^{4+}] \approx C_{tra} = 1{,}0 \,.\, 10^{-4} \text{ mol . L}^{-1}$$

Alors la formule de Nernst correspondant au couple Zr^{4+} / Zr s'écrit :

$$E = E_1^0 + \frac{\alpha(T)}{4} \,.\, \log \frac{[Zr^{4+}]}{c^0}$$

$$= E_1^0 + \frac{\alpha(T)}{4} \,.\, \log \frac{C_{tra}}{c^0} = -\,1{,}59 \text{ V}$$

pour $C_{tra} = 1{,}0 \,.\, 10^{-4}$ mol . L^{-1}

E(Zr (IV) / Zr) = – 1,59 V

• **2 < pH < 14 :** la solution est saturée en $Zr(OH)_4$; $[Zr^{4+}]$ est fixée par le pH par l'intermédiaire de la relation :

$$K_{s1} = \frac{[Zr^{4+}] \,.\, \omega^4}{c^{0\,5}}, \text{ soit } \frac{[Zr^{4+}]}{c^0} = \frac{K_{s1} \,.\, c^{0\,4}}{\omega^4} = \,.\, \left(\frac{h}{c^0}\right)^4$$

Alors la formule de Nernst correspondante s'écrit :

$$E = E_1^0 + \frac{\alpha(T)}{4} \cdot \log \frac{[Zr^{4+}]}{c^0}$$

$$= E_1^0 + \frac{\alpha(T)}{4} \cdot \log \left(\frac{K_{s1}}{K_e^4} \cdot \left(\frac{h}{c^0} \right)^4 \right) = -1{,}59 \text{ V}$$

$$= E_1^0 + 0{,}015 \cdot (4\,pK_e - pK_{s1}) - 0{,}06 \cdot pH$$

$$\mathbf{E(Zr\ (IV)/Zr) = -1{,}47 - 0{,}06 \cdot pH\ (V)}$$

• **pH > 14 :** la solution n'est pas saturée en $Zr(OH)_4$ et est l'espèce prépondérante ; donc :

$$[HZrO_3^-] \approx C_{tra}$$

Il existe, quel que soit le pH, un équilibre entre Zr^{4+} et $HZrO_3^-$:

$$Zr^{4+} + 4\,HO^- = Zr(OH)_4\,(s) = HZrO_3^- + H_3O^+$$

de constante $\dfrac{[HZrO_3^-] \cdot h \cdot c^{0^3}}{[Zr^{4+}] \cdot \omega^4} = \dfrac{K_{s2}}{K_{s1}}$. Donc :

$$[Zr^{4+}] = \frac{K_{s1} \cdot h \cdot c^{0^3}}{K_{s2} \cdot \omega^4} = \frac{K_{s2}}{K_{s1}} \cdot [HZrO_3^-]$$

$$= \frac{K_{s1}}{K_{s2} \cdot K_e^4} \cdot \left(\frac{h}{c^0} \right)^5 \cdot C_{tra} = (10^{18-5\,pH}) \text{ mol} \cdot L^{-1}$$

pour $C_{tra} = 1{,}0 \cdot 10^{-4}$ mol . L^{-1}.

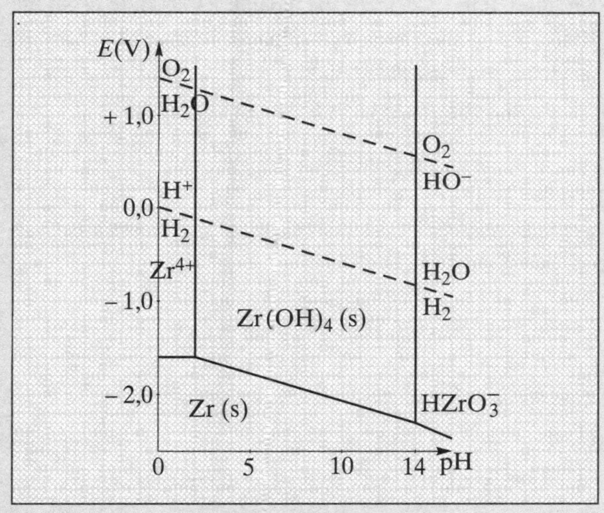

Alors la formule de Nernst correspondante s'écrit :

$$E_1 = E_1^0 + \frac{\alpha(T)}{4} \cdot \log \left(\frac{K_{s1}}{K_{s2} \cdot K_e^4} \cdot \left(\frac{h}{c^0} \right)^5 \cdot \frac{C_{tra}}{c^0} \right)$$

$$\mathbf{E(Zr\ (IV)\ /\ Zr) = -1{,}26 - 0{,}075 \cdot pH\ (V)}$$

L'identification de l'espèce prédominante relative à chacun des domaines du diagramme est conduite grâce aux règles énoncées en *Rappels de cours*.

4 ▬ Domaine de stabilité thermodynamique de l'eau.

– Couple (**2**) H^+/H_2 : l'équation de la demi-réaction électronique du couple est $2\,H^+ + 2\,e^- = H_2$; la formule de Nernst correspondante s'écrit :

$$E_2 = E_2^0 + \frac{\alpha(T)}{2} \cdot \log \left(\frac{h^2}{c^{0^2}} \cdot \frac{p^0}{p(H_2)} \right)$$

Avec la convention $p(H_2) = 1$ bar, $\mathbf{E_2 = -0{,}06 \cdot pH\ (V)}$

– Couple (**3**) O_2/H_2O : l'équation de la demi-réaction électronique est $O_2 + 4\,H^+ + 4\,e^- = 2\,H_2O$; la formule de Nernst correspondante s'écrit :

$$E_2 = E_3^0 + \frac{\alpha(T)}{4} \cdot \log \left(\left(\frac{h}{c^0} \right)^4 \cdot \frac{p(O_2)}{p^0} \right)$$

Avec la convention $p(O_2) = 1$ bar :

$$\mathbf{E_3 = 1{,}23 - 0{,}06 \cdot pH\ (V)}$$

5 ▬ *Zone d'immunité :* partie du diagramme où l'oxydation du métal est thermodynamiquement impossible.

Zone de corrosion : partie du diagramme où l'oxydation du métal est thermodynamiquement possible et conduit à un composé soluble ou poreux permettant à l'oxydation de se poursuivre.

Zone de passivité : partie du diagramme où l'oxydation du métal est thermodynamiquement possible, mais conduit à un composé insoluble et adhérent à la surface du métal, ce qui empêche l'oxydation de se poursuivre.

Dans le cas du zirconium, $Zr(OH)_4$ (s) peut se déshydrater pour donner $(ZrO_2 + 2\,H_2O)$. Si l'on admet que le film d'oxyde adhère à la surface du métal, on peut proposer les zones suivantes :

– *zone d'immunité :* domaine d'existence du métal Zr ;

– *zone de corrosion :* domaines de prédominance de Zr^{4+} et $HZrO_3^-$;

– *zone de passivité :* domaine d'existence de $Zr(OH)_4$ (s).

D'après la question précédente, le métal ne peut être attaqué que par :

– des solutions acides (pH < 2) selon :

$$Zr + 4\,H_3O^+ = Zr^{4+} + 2\,H_2 + 4\,H_2O$$

– des solutions très basiques (pH > 14) selon :

$$Zr + 2\,H_2O + HO^- = HZrO_3^- + 2\,H_2$$

9 Diagramme *E*-pH du brome

1 ▬ a) Nombres d'oxydation du brome :

Br (– I) : Br^-

Br (0) : Br_2

Br (+ V) : BrO_3^- et $HBrO_3$

b) $[BrO_3^-] > [HBrO_3]$ si pH > pK_a, soit pH > 0,7 .

2 ▬ La demi-équation électronique de ce couple et la formule de Nernst correspondante sont :

$$Br_2 + 2\,e^- = 2\,Br^-$$

$$E_1 = E_1^0 + \frac{\alpha(T)}{2} \cdot \log \left(\frac{[Br_2] \cdot c^0}{[Br^-]^2} \right)$$

Sur la frontière entre les domaines de l'ion bromure Br^- et du dibrome, l'égalité des concentrations en *atomes* de brome se traduit par $2\,[Br_2] = [Br^-]$.

La relation $C_{tra} = 2\,[Br_2] + [Br^-]$ conduit alors à :

$$2\,[Br_2] = [Br^-] = C_{tra}/2$$

La formule de Nernst correspondante s'écrit alors :

$$E_1 = E(\text{Br}(0)/\text{Br}(-\text{I})) = E_1^0 - 0{,}030 \,.\, \log \frac{C_{tra}}{c^0}$$

Pour $C_{tra} = 1{,}0 \,.\, 10^{-2}$ mol . L^{-1}, l'équation de la frontière entre les domaines de l'ion bromure Br^- et du dibrome est $E(0/-\text{I}) = 1{,}15$ V.

3 ▬ **a)** On utilise la relation entre les potentiels rédox, les constantes d'équilibre et les grandeurs standard de réaction :

$$2\ HBrO_3 + 10\ H^+ + 10\ e^- = Br_2 + 6\ H_2O \qquad (2)$$

$$\Delta_r\tilde{G}_2^0 = -10F \,.\, E^0(HBrO_3 / Br_2)$$

$$HBrO_3 = BrO_3^- + H^+ \qquad (a)$$

$$\Delta_r G_a^0 = +RT \,.\, \ln 10 \,.\, pK_a(HBrO_3^- / BrO_3^-)$$

$$2\ BrO_3^- + 12\ H^+ + 10\ e^- = Br_2 + 6\ H_2O \qquad (2')$$

$$\Delta_r\tilde{G}_2^0 = -10F \,.\, E^0(BrO_3^- / Br_2)$$

Or **(2)** = 2 × **(a)** + **(2′)**. Donc $\Delta_r\tilde{G}_2^0 = 2\Delta_r G_a^0 + \Delta_r\tilde{G}_2^0$

Soit, après simplification par – 10 F :

$$E^0(HBrO_3 / Br_2) = -0{,}012 \,.\, pK_a(HBrO_3 / BrO_3^-) + E^0(BrO_3^- / Br_2)$$

$$\boldsymbol{E^0(BrO_3^- / Br_2) = E^0(HBrO_3 / Br_2) + 0{,}012 \,.\, pK_a(HBrO_3 / BrO_3^-) = 1{,}49\ V}$$

b) • pH < 0,7

La demi-équation électronique du couple et la formule de Nernst correspondante sont :

$$2\ HBrO_3 + 10\ H^+ + 10\ e^- = Br_2 + 6\ H_2O$$

$$E_2 = E_2^0 + \frac{0{,}060}{10} \,.\, \log\left(\frac{[HBrO_3]^2 \,.\, h^{10}}{[Br_2] \,.\, c^{0 11}}\right)$$

Sur la frontière entre les domaines de l'acide bromique $HBrO_3$ et du dibrome, l'égalité des concentrations en *atomes* de brome se traduit par :

$$2\ [Br_2] = [HBrO_3]$$

La relation $C_{tra} = 2\ [Br_2] + [HBrO_3]$ conduit alors à :

$$2\ [Br_2] = [HBrO_3] = C_{tra} / 2$$

La formule de Nernst correspondante s'écrit alors :

$$E_2 = E_2^0 + 0{,}006 \log \frac{C_{tra}}{c^0} - 0{,}060 \,.\, \text{pH}$$

Pour $C_{tra} = 1{,}0 \,.\, 10^{-2}$ mol . L^{-1}, l'équation de la frontière entre les domaines de l'acide bromique $HBrO_3$ et du dibrome est $E_2 = 1{,}47 - 0{,}060 \,.\, \text{pH}$ (V)

• pH > 0,7

Pour pH > 0,7, BrO_3^- devient l'espèce majoritaire et la demi-équation électronique du couple rédox (V/0) s'écrit :

$$2\ BrO_3^- + 12\ H^+ + 10\ e^- = Br_2 + 6\ H_2O$$

$$E_2 = E_2^0 + \frac{0{,}060}{10} \,.\, \log\left(\frac{[BrO_3^-]^2 \,.\, h^{12}}{[Br_2] \,.\, c^{0 13}}\right)$$

Sur la frontière entre les domaines de l'ion bromate et du dibrome, $2\ [Br_2] = [BrO_3^-] = C_{tra}/2$.

La formule de Nernst correspondante s'écrit alors :

$$E(\text{Br(V)/Br(0)}) = E_{2'}^0 + 0{,}006 \,.\, \log \frac{C_{tra}}{c^0} - 0{,}072 \,.\, \text{pH}$$

Pour $C_{tra} = 1{,}0 \,.\, 10^{-2}$ mol . L^{-1}, l'équation de la frontière entre les domaines de l'ion bromate BrO_3^- et du dibrome est $E_2' = 1{,}48 - 0{,}072 \,.\, \text{pH}$ (V)

On note que, pour pH = pK_a , E_2 et E_2' prennent la même valeur : 1,43 V ; on vérifie ainsi que la fonction E(V/0) est continue.

4 ▬ **a)** Revoir les *Rappels de cours* pour la méthode d'attribution des domaines.

b) Les courbes E_1(pH) et E_2(pH) se coupent pour :

$$\text{pH} = 4{,}67 \text{ et } E = 1{,}14\ \text{V}$$

Au-delà de ce pH, le dibrome n'a plus de domaine de prédominance propre, il se dismute selon la réaction d'équation :

$$3\ Br_2 + 3\ H_2O = BrO_3^- + 6\ H^+ + 5\ Br^-$$

$$K_{diss}^0 = \frac{[BrO_3^-] \,.\, [Br^-]^5 \,.\, h^6}{[Br_2]^3 \,.\, c^{0 9}} = 10^{(1{,}09-1{,}49).5/0{,}060} = 4{,}6 \,.\, 10^{-34}.$$

Bien que cette constante soit très inférieure à 1, il faut tenir compte de ce qu'en milieu basique (h <<< 1), le quotient d'activité des espèces contenant l'élément brome peut devenir grand.

On doit alors considérer le couple (V/– I), c'est-à-dire BrO_3^- / Br^- dont la demi-équation électronique et la formule de Nernst correspondante sont :

$$BrO_3^- + 6\ H^+ + 6\ e^- = Br^- + 3\ H_2O$$

$$E_3 = E_3^0 + \frac{0{,}060}{10} \,.\, \log\left(\frac{[BrO^-_3] \,.\, h^6}{[Br^-] \,.\, c^{0 6}}\right)$$

Sur la frontière entre les domaines de l'ion bromate BrO_3^- et de l'ion bromure Br^- :

$$[BrO_3^-] = [Br^-] = C_{tra} / 2$$

La formule de Nernst correspondante s'écrit alors :

$$E_3 = E_3^0 - 0{,}060 \,.\, \text{pH}$$

Pour calculer E_3^0, on considère les trois couples :

(1) $Br_2 + 2e^- = 2\ Br^-$ $\quad E_1^0$

(2′) $2\ BrO_3^- + 12\ H^+ + 10\ e^- = Br_2 + 6\ H_2O_2$ $\quad E_2^0$

(3) $BrO_3^- + 6\ H^+ + 6\ e^- = Br^- + 3\ H_2O$ $\quad E_3^0$

D'après ces équations, on peut considérer que :

$$2 \times \textbf{(3)} = \textbf{(1)} + \textbf{(2')}$$

Le caractère additif des enthalpies libres standard associées aux demi-réactions électroniques permet d'écrire :

$$2\ \Delta_r\tilde{G}_3^0 = \Delta_r\tilde{G}_1^0 + \Delta_r\tilde{G}_2^0$$

On obtient, après simplification par – F :

$$12 E_3^0 = 2 E_1^0 + 10 E_{2'}^0$$

Soit : $$E_3^0 = \frac{E_1^0 + 5 E_2^0}{6} = \mathbf{1{,}42\ V}$$

$$\boldsymbol{E_3 = 1{,}42 - 0{,}060 \,.\, \text{pH (V)}}$$

c) Les domaines de prédominance ou d'existence des différentes espèces sont reportés sur le diagramme ci-après.

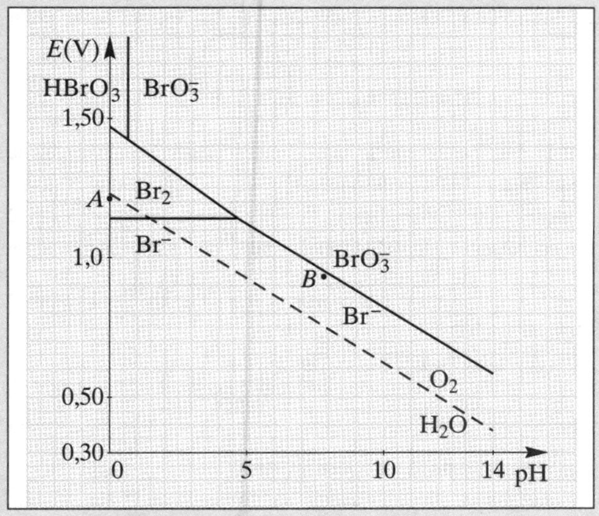

5 ▬ Avec la convention $p(O_2) = p(H_2) = 1$ bar, ses limites sont données par (voir exercice 7) :

– couple **(2)** H^+/H_2 : $E(H^+/H_2) = -0{,}06 \,.\, pH$ (V)

– couple **(3)** O_2/H_2O : $E(O_2/H_2O) = 1{,}23 - 0{,}06 \,.\, pH$ (V)

Entre les deux droites précédentes, l'eau ne peut être ni réduite en dihydrogène, ni oxydée en dioxygène : ce domaine du plan (pH ; *E*) est le *domaine de stabilité* de l'eau .

6 ▬ Les composés du brome stables en solution aqueuse sont ceux dont le domaine de prédominance ou d'existence ont une partie commune avec le domaine de stabilité de l'eau : seul l'ion bromure Br^- est stable pour tout pH.

Le dibrome, sauf en milieu acide (pH $<$ 1,5) et en solution diluée, peut oxyder l'eau avec dégagement de dioxygène, mais les domaines étant voisins, l'avancement de cette réaction reste très limité.

L'équation de cette réaction s'écrit :

$$2\,Br_2 + 2\,H_2O = 4\,Br^- + O_2 + 4\,H^+$$

De même, l'ion bromate (et l'acide bromique) devraient oxyder l'eau avec dégagement de dioxygène selon l'équation :

$$2\,BrO_3^- = 2\,Br^- + 3\,O_2$$

La réaction étant très lente, ces espèces existent, en solution aqueuse, à l'état métastable.

7 ▬ **a)** Comme on l'a vu ci-dessus, le dibrome se dismute, selon :

$$3\,Br_2 + 3\,H_2O = BrO_3^- + 6\,H^+ + 5\,Br^-$$

de constante $K^0_{diss} = \dfrac{[BrO_3^-] \,.\, [Br^-]^5 \,.\, h^6}{[Br_2]^3 \,.\, c^{0\,9}} = 4{,}6 \,.\, 10^{-34}$

Il vaut mieux écrire l'équation en tenant compte des espèces majoritaires, c'est-à-dire en remplaçant h par ω puisque le milieu est basique :

$$3\,Br_2 + 6\,HO^- \longrightarrow BrO_3^- + 3\,H_2O + 5\,Br^-$$

$$K'^0_{diss} = \frac{[BrO_3^-] \,.\, [Br^-]^5 \,.\, c^{0\,3}}{[Br_2]^3 \,.\, \omega^6} = K^0_{dis} \,.\, K_e^{-6} = 4{,}6 \,.\, 10^{+50}$$

Le mélange étant initialement stœchiométrique pour la réaction, il en sera de même dans l'état final :

$$\omega = 2\,[Br_2]$$

La réaction étant quantitative, les réactifs n'existent plus qu'à l'état de traces ; on en déduit les concentrations des produits :

$$\mathbf{[BrO_3^-] = [Br_2]_0 / 3 = 6{,}67 \,.\, 10^{-2}\ mol \,.\, L^{-1}}$$

$$\mathbf{[Br^-] = 5\,[Br_2]_0 / 3 = 33{,}3 \,.\, 10^{-2}\ mol \,.\, L^{-1}}$$

On reporte dans K'^0_{diss} : $\omega^9 = \dfrac{2^3 \,.\, [BrO_3^-] \,.\, [Br^-]^5 \,.\, c^{0\,3}}{K'^0_{diss}}$

d'où $\omega = 1{,}2 \,.\, 10^{-6}$ mol . L^{-1}, soit **pH = 8,1.**

À l'équilibre, le potentiel de tous les couples présents est le même. Pour le calculer, il est commode d'utiliser le couple où figurent les espèces majoritaires, c'est-à-dire le couple BrO_3^- / Br^-.

$$E_3 = E_3^0 + \frac{0{,}060}{10} \,.\, \log\left(\frac{[BrO_3^-] \,.\, h^6}{[Br^-] \,.\, c^{0\,6}}\right)$$

$$= 1{,}42 - 0{,}010 \,.\, \log 5 - 0{,}060 \times 8{,}1 = 0{,}93\ V$$

Le potentiel d'équilibre de la solution est de 0,93 V .

Sur le diagramme E(pH), la solution obtenue est représentée par le point B.

b) Le potentiel du couple O_2 (g) / H_2O est donné par :

$$E(O_2 / H_2O) = 1{,}23 - \left(0{,}060\ pH + 0{,}015 \,.\, \log \frac{p(O_2)}{p^0}\right)\ (V)$$

Le pH et la pression de dioxygène étant fixés, ce potentiel est fixé et s'impose à tous les couples du système : **le potentiel d'équilibre de la solution est de 1,22 V .**

Ce potentiel est dans le domaine de prédominance du dibrome ; la solution est donc le siège de l'oxydation de l'ion bromure par le dioxygène de l'air selon :

$$1/2\ O_2 + 2\,H^+ + 2\,Br^- = H_2O + Br_2$$

de constante :

$$K^0_{diss} = 10^{(1{,}23-1{,}09) \times 2/0{,}060} = 4{,}64 \,.\, 10^4$$

Le potentiel du couple (Br_2/Br^-) est donné par :

$$E_1 = 1{,}09 + 0{,}03 \,.\, \log\left(\frac{[Br_2] \,.\, c^0}{[Br^-]^2}\right)$$

La conservation de l'élément brome se traduit par :

$$[Br_2] + [Br^-]/2 = [Br^-]_0 / 2 = 0{,}1\ mol \,.\, L^{-1}$$

La réaction étant quantitative :

$$[Br_2] \approx [Br^-] / 2 = 0{,}1\ mol \,.\, L^{-1}$$

$[Br^-]$ se déduit du potentiel : **2,15 . 10^{-3} mol . L^{-1}.**

À l'équilibre : $\mathbf{E = 1{,}22\ V}$ **;**

$$\mathbf{[Br^-] = 2{,}15 \,.\, 10^{-3}\ mol \,.\, L^{-1}}$$

$$\mathbf{[Br_2] = 0{,}1\ mol \,.\, L^{-1}}$$

Sur le diagramme E(pH), la solution obtenue est représentée par le point A.

10 Diagramme *E*-pH du bismuth

1 ▬ Bi (0) : Bi (s) ; Bi (III) : Bi^{3+} et $Bi(OH)_3$ (s) ; Bi (IV) : Bi_2O_4 (s) ; Bi (V) : Bi_2O_5 (s).

Pour Bi_4O_7, le calcul du n.o. conduit à 3,5 : cela indique que les atomes de bismuth ne sont pas tous dans le même état d'oxydation. On peut considérer que Bi_4O_7 résulte de l'association de Bi_2O_4(s) et Bi_2O_3(s) oxyde correspondant au degré (III), mais qui n'est pas pris en compte ici.

Remarque :

Fe_3O_4 ($FeO + Fe_2O_3$) *et* Pb_3O_4 ($2\ PbO + PbO_2$) *sont d'autres exemples d'oxydes « salins ».*

2 ▬ En parcourant, à pH = 14, le diagramme dans le sens décroissant des potentiels, on rencontre cinq espèces contenant le bismuth dans des états d'oxydation décroissants. *A* représente donc l'état d'oxydation maximum du bismuth. *A* est le pentaoxyde de dibismuth Bi_2O_5 (s) ; *B* est le tétraoxyde de dibismuth Bi_2O_4(s) ; *C* est l'heptaoxyde de tétrabismuth Bi_4O_7(s) ; *D*, l'hydroxyde de bismuth (III), $Bi(OH)_3$; *E* est le corps simple Bi (s).

La frontière entre les domaines de *F* et de *D* est une verticale d'équation pH = 4,4 :

_F_ est l'ion bismuth (III), Bi^{3+}

3 ▬ • **Couple Bi^{3+} / Bi (s) :** la demi-réaction électronique et la formule de Nernst s'écrivent :

$$Bi^{3+} + 3\ e^- = Bi\ (s)$$

$$E(Bi^{3+}/Bi) = E^0(Bi^{3+}/Bi) + \frac{0{,}060}{3} . \log \frac{[Bi^{3+}]}{c^0}$$

Par convention, sur la frontière entre Bi^{3+} et Bi (s) :

$$[Bi^{3+}] = C_{tra} = 0{,}10\ mol . L^{-1}$$

L'équation de la droite frontière est donc :

$$E(Bi^{3+}/Bi) = E^0(Bi^{3+}/Bi) + \frac{0{,}060}{3} . \log \frac{C_{tra}}{c^0}$$

Par lecture du diagramme, on obtient :

$$E(Bi^{3+}/Bi) = 0{,}30\ V$$

on en déduit : $\mathbf{E^0(Bi^{3+}/Bi) = 0{,}32\ V}$

• **Couple Bi_2O_5 (s) / Bi^{3+} :** la demi-réaction électronique et la formule de Nernst s'écrivent :

$$Bi_2O_5 + 10\ H^+ + 4\ e^- = 2\ Bi^{3+} + 5\ H_2O$$

$$E(Bi_2O_5/Bi^{3+}) = E^0(Bi_2O_5/Bi^{3+}) + \frac{0{,}060}{4} . \log\left(\frac{h^{10}}{[Bi^{3+}]^2 . c^{0^8}}\right)$$

Par convention, sur la frontière entre Bi^{3+} et Bi_2O_5 (s) :

$$[Bi^{3+}] = C_{tra} = 0{,}10\ mol . L^{-1}$$

L'équation de la droite frontière est donc :

$$E(Bi_2O_5/Bi^{3+}) = E^0(Bi_2O_5/Bi^{3+}) + \frac{0{,}060}{4} . \log\left(\frac{h^{10}}{C_{tra}^2 . c^{0^8}}\right)$$

Par lecture du diagramme, on obtient, à pH = 0 :

$E(Bi_2O_5\ (s)/Bi^{3+}) = 1{,}80$ V ; on en déduit :

$$\mathbf{E^0(Bi_2O_5\ (s)/Bi^{3+}) = 1{,}77\ V}$$

• **Produit de solubilité de $Bi(OH)_3$**

La limite de précipitation est déterminée en supposant que l'ion considéré est le seul représentant de l'élément bismuth dans la solution ; sa concentration est donc égale à $C_{tra} = 0{,}10\ mol . L^{-1}$.

La limite de précipitation de $Bi(OH)_3$ correspond à la vérification simultanée des deux relations :

$$[Bi^{3+}] = C_{tra} \quad \text{et} \quad K_s = \frac{[Bi^{3+}] . \omega^3}{c^{0^4}}$$

Sur le diagramme, on lit que la précipitation de l'hydroxyde de bismuth (III) débute pour pH = 4,7, soit pour une concentration $\omega = 10^{-9{,}3}\ mol . L^{-1}$.

On en déduit : $\mathbf{K_s\ (Bi(OH)_3) = 10^{-28{,}9} = 1{,}3 . 10^{-29}}$

4 ▬ • *A* et *F* forment le couple Bi_2O_5 (s)/Bi^{3+} ; d'après la formule de Nernst écrite ci-dessus :

$$E(Bi_2O_5/Bi^{3+}) = E^0(Bi_2O_5/Bi^{3+}) + \frac{0{,}060}{3} . \log\left(\frac{h^{10}}{[Bi^{3+}]^2 . c^{0^8}}\right)$$

La pente $\sigma_{A/F}$ de la frontière est donc :

$$\sigma_{A/F} = -0{,}060 . \frac{m}{n} = -\frac{0{,}060}{4} . 10 = \mathbf{-0{,}15\ V}$$

• *B* et *F* forment le couple Bi_2O_4(s)/Bi^{3+} dont la demi-réaction électronique et la formule de Nernst sont :

$$Bi_2O_4 + 8\ H^+ + 2\ e^- = 2\ Bi^{3+} + 4\ H_2O$$

$$E(Bi_2O_4/Bi^{3+}) = E^0(Bi_2O_4/Bi^{3+}) + \frac{0{,}060}{2} . \log\left(\frac{h^8}{[Bi^{3+}]^2 . c^{0^6}}\right)$$

La pente $\sigma_{B/F}$ de la frontière est donc :

$$\sigma_{B/F} = -\frac{0{,}060}{2} \times 8 = \mathbf{-0{,}24\ V}$$

• *C* et *F* forment le couple Bi_4O_7(s)/Bi^{3+} dont la demi-réaction électronique et la formule de Nernst sont :

$$Bi_4O_7 + 14\ H^+ + 2\ e^- = 4\ Bi^{3+} + 7\ H_2O$$

$$E(Bi_4O_7/Bi^{3+}) = E^0(Bi_4O_7/Bi^{3+}) + \frac{0{,}060}{2} . \log\left(\frac{h^{14}}{[Bi^{3+}]^4 . c^{0^{10}}}\right)$$

La pente $\sigma_{C/F}$ de la frontière est donc :

$$\sigma_{C/F} = -\frac{0{,}060}{2} \times 14 = \mathbf{-0{,}42\ V}$$

5 ▬ D'après le diagramme, le bismuth et le pentaoxyde de dibismuth n'ont aucune frontière commune : ces espèces ne peuvent donc pas coexister, à pH = 0, elles réagissent selon une *médiamutation* ou amphotérisation d'équation :

$$\mathbf{3\ Bi_2O_5 + 4\ Bi + 30\ H^+ = 10\ Bi^{3+} + 15\ H_2O}$$

6 ▬ • En l'absence d'indications de l'énoncé, les droites correspondant aux couples O_2/H_2O et H_2O/H_2 sont tracées avec la convention :

$$p(O_2) = p(H_2) = 1\ bar$$

De plus, le couple H_2O/H_2 est identifié au couple H^+/H_2. Les équations des droites frontières sont alors (voir exercice 6) :

$$\mathbf{E(O_2/H_2O) = 1{,}23 - 0{,}060 . pH\ (V)}$$

$$\mathbf{E(H^+/H_2) = -0{,}060 . pH\ (V)}$$

• **Stabilité des différentes espèces du bismuth**

Un constituant est stable dans l'eau s'il existe un intervalle de pH dans lequel le domaine de prédominance (ou d'existence) de ce constituant et le domaine de stabilité thermodynamique de l'eau ont une partie commune.

D'après le diagramme :

– le bismuth est stable à tout pH ; il n'est attaqué ni par les acides (à anion non oxydant) ni par les bases ;

– Bi^{3+}, $Bi(OH)_3$(s) et Bi_4O_7 sont stables dans l'intervalle de pH où ils sont prédominants ;

– Bi_2O_4 (s) est instable dans l'intervalle de pH où il existe : il est susceptible d'oxyder l'eau en dioxygène pour donner Bi^{3+} ou Bi_4O_7(s), selon le pH auquel on opère ;

– Bi_2O_5 (s) est aussi instable ; quel que soit le pH, il est susceptible d'oxyder l'eau en dioxygène selon :

$$Bi_2O_5 + 6\,H^+ = 2\,Bi^{3+} + O_2 + 3\,H_2O$$

Cependant, les réactions d'oxydation de l'eau étant très lentes à la température ordinaire, ces trois composés existent à l'état métastable.

11 Chrome

A. Diagramme *E*-pH du chrome

1 • Caractère basique :

$$Cr(OH)_3\,(s) = Cr^{3+} + 3\,HO^-$$

ou $$Cr(OH)_3\,(s) + 3\,H^+ = Cr^{3+} + 3\,H_2O$$

– Caractère acide :

$$Cr(OH)_3\,(s) + HO^- = CrO_2^- + 2\,H_2O$$

ou $$Cr(OH)_3\,(s) = CrO_2^- + H^+ + H_2O$$

2 Domaines du diagramme

Méthode : pour la méthode d'attribution des domaines aux différentes espèces, revoir les *Rappels de cours*.

• En parcourant, à pH = 0, le diagramme dans le sens croissant des potentiels, on rencontre le chrome sous des états d'oxydation croissants :

① est le domaine d'*existence* de Cr (s), ② est le domaine de prédominance de Cr^{2+} et ⑤ correspond au domaine de prédominance de la forme dissoute Cr^{3+}.

• La frontière entre les domaines ⑤ et ③ est une verticale d'équation pH ≈ 4 : ③ est donc le domaine de la base conjuguée de Cr^{3+}, $Cr(OH)_3$.

• La frontière entre les domaines ③ et ④ est une verticale d'équation pH ≈ 14,4 : ④ est donc le domaine de la base conjuguée de $Cr(OH)_3$, CrO_2^-.

③ est le domaine d'*existence* de $Cr(OH)_3$ (s) et ④ est le domaine de prédominance de CrO_2^-.

3 On considère le couple rédox Cr^{2+}/Cr. Pour la demi-équation électronique $Cr^{2+} + 2\,e^- = Cr$, la formule de Nernst s'écrit :

$$E(Cr^{2+}/Cr) = -\,0{,}91 + \frac{0{,}060}{2}\,.\,\log\frac{[Cr^{2+}]}{c^0}$$

Par convention, sur la frontière entre ① et ② :

$$[Cr^{2+}] = C_{tra}$$

L'équation de la droite frontière est donc :

$$E(Cr^{2+}/Cr) = -\,0{,}91 + 0{,}030\,.\log\frac{C_{tra}}{c^0}$$

Par lecture du diagramme, on obtient :

$$E(Cr^{2+}/Cr) = -\,0{,}91\ V\ ;$$

on en déduit : $\boldsymbol{C_{tra} = c^0 = 1{,}0\ mol\,.\,L^{-1}}$

4 Chaque limite de précipitation est déterminée en supposant que l'ion considéré est le seul représentant de l'élément chrome dans la solution ; sa concentration est donc égale à $C_{tra} = 1{,}0\ mol\,.\,L^{-1}$.

• La limite de précipitation de l'hydroxyde de chrome (III) correspond à la vérification simultanée des deux relations :

$$[Cr^{3+}] = C_{tra} \quad et \quad K_s = \frac{[Cr^{3+}]\,.\,\omega^3}{c^{0^4}}$$

Sur le diagramme, on lit que la précipitation de l'hydroxyde de chrome (III) débute pour pH = 4, soit pour une concentration $\omega = 10^{-10}\ mol\,.\,L^{-1}$. On en déduit :

$$\boldsymbol{K_s(Cr(OH)_3) = 10^{-30}}$$

• La limite de dissolution de $Cr(OH)_3$ en milieu basique selon :

$$Cr(OH)_3\,(s) + HO^- = CrO_2^- + 2\,H_2O$$

correspond à la vérification simultanée des deux relations :

$$[CrO_2^-] = C_{tra} \quad et \quad K_{s2} = \frac{[CrO_2^-]}{\omega}$$

Sur le diagramme, on lit que la dissolution de $Cr(OH)_3$ en milieu basique est complète pour pH = 14,4, soit pour une concentration $\omega = 2{,}5\ mol\,.\,L^{-1}$.

On en déduit : $\boldsymbol{K_{s2} = 0{,}4}$

5 **a)** Structure électronique du chrome (Z = 24) :

Cr : $1s^2\,2s^2\,2p^6\,3s^2\,3p^6\,3d^5\,4s^1$, soit $[Ar]\,3d^5\,4s^1$.

<u>*Remarque :*</u>

L'application de la règle de Klechkowski donnerait $3d^4 4s^2$; l'anomalie de remplissage a pour origine le faible écart entre les niveaux 3d et 4s : il faut alors tenir compte de l'énergie d'appariement des spins des électrons, ce qui favorise l'état de spin maximum, conformément à la règle de Hund.

b) Structures de Lewis :

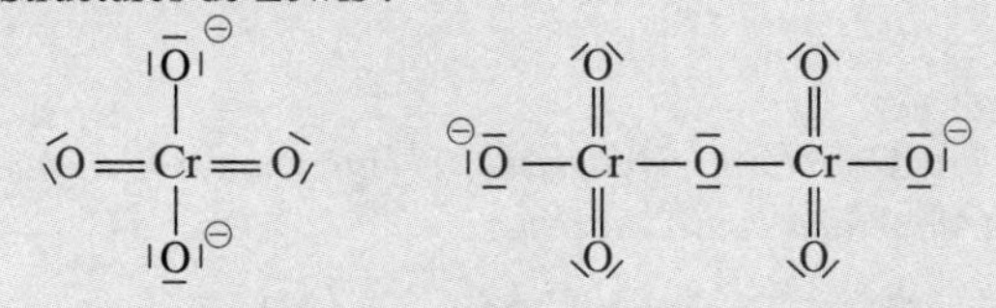

ion chromate CrO_4^{2-} ion dichromate $Cr_2O_7^{2-}$

c) Le n.o. de l'élément oxygène étant (– II), celui de l'élément chrome est égal à (+ VI) dans chacun de ces ions. L'équation de la réaction entre les ions chromate et dichromate s'écrit donc :

$$Cr_2O_7^{2-} + H_2O = 2\,CrO_4^{2-} + 2\,H^+$$

d) D'après la réaction précédente, $Cr_2O_7^{2-}$ apparaît comme un acide dont la base conjuguée est CrO_4^{2-} :

⑥ est le domaine de prédominance de l'ion dichromate $Cr_2O_7^{2-}$ et ⑦ celui de l'ion chromate CrO_4^{2-}.

Remarque :

La frontière verticale entre ⑥ et ⑦ confirme que la réaction entre les ions chromate et dichromate n'est pas une réaction rédox.

B. Étude de réactions avec le chrome et ses composés

1 ▬ a) • Droite (b) :

pour le couple O_2/H_2O : $O_2 + 4\,H^+ + 4\,e^- = 2\,H_2O$

Avec la convention sur la pression :

$$E_{O_2/H_2O} = 1{,}23 - 0{,}06\,.\,pH \text{ (V)}$$

• Droite (a) :

pour le couple H^+/H_2 : $2\,H^+ + 2\,e^- = H_2$

Avec la convention sur la pression :

$$E_{H_3O^+/H_2} = -\,0{,}06\,.\,pH \text{ (V)}$$

b) Un constituant est stable dans l'eau s'il existe un intervalle de pH dans lequel le domaine de prédominance (ou d'existence) de ce constituant et le domaine de stabilité thermodynamique de l'eau ont une partie commune.

D'après le diagramme :

• Cr(VI) : l'ion chromate est stable dans tout l'intervalle de pH où il est prédominant. L'ion dichromate n'est stable qu'au-dessus de pH ≈ 1,3. Pour des pH inférieurs, il peut oxyder l'eau en dioxygène selon :

$$Cr_2O_7^{2-} + 8\,H^+ = 2\,Cr^{3+} + 3/2\,O_2 + 4\,H_2O$$

• Cr(III) : les trois espèces correspondantes, Cr^{3+}, $Cr(OH)_3$ (s) et CrO_2^-, sont stables dans l'intervalle de pH où elles sont prédominantes.

• Cr(II) : Cr^{2+} est instable ; quel que soit le pH, il est susceptible de réduire l'eau (ou les ions H^+) en dihydrogène selon :

$$2\,Cr^{2+} + 2\,H^+ = 2\,Cr^{3+} + H_2$$

ou $$2\,Cr^{2+} + 2\,H_2O + 4\,HO^- = 2\,Cr(OH)_3\text{ (s)} + H_2$$

• Cr (0) : le métal Cr est instable ; quel que soit le pH, il est susceptible de réduire l'eau (ou les ions H^+) en dihydrogène selon :

– pour pH inférieur à 6,8 :

$$Cr + 2\,H^+ = Cr^{2+} + H_2$$

– pour pH supérieur à 6,8 :

$$Cr + 3\,H_2O = Cr(OH)_3\text{ (s)} + 3/2\,H_2$$

Remarque :

Les ions Cr^{2+} formés réagissent à leur tour, si bien que le bilan, en milieu acide, devient :

$$Cr + 3\,H^+ = Cr^{3+} + 3/2\,H_2$$

2 ▬ a) On reporte, sur le diagramme, les droites d'équation E = 0,77 V et E = 1,01 – 0,18 pH (V) correspondant respectivement aux couples Fe^{3+}/Fe^{2+} (pH < 1,33) et $Fe(OH)_3/Fe^{2+}$, (1,33 < pH < 6,5). On remarque que, pour pH < 6, les domaines de prédominance des ions $Cr_2O_7^{2-}$ et Fe^{2+} sont disjoints. Il peut donc y avoir oxydation des ions Fe^{2+} par les ions dichromate $Cr_2O_7^{2-}$; en revanche, on note que les produits de la réaction dépendent du pH :

– pour pH < 1,25, on obtient Cr^{3+} et Fe^{3+} ;

– pour 1,25 < pH < 4, on obtient Cr^{3+} et $Fe(OH)_3$ (s) ;

– pour 4 < pH < 6, on obtient $Cr(OH)_3$ (s) et $Fe(OH)_3$ (s).

b) On opère en général à pH très acide, voisin de 0.

α) Bilan réactionnel pour pH ≈ 0 :

$$Cr_2O_7^{2-} + 6\,Fe^{2+} + 14\,H^+ = 2\,Cr^{3+} + 6\,Fe^{3+} + 7\,H_2O$$

Pour calculer la constante d'équilibre K^0, on utilise la propriété suivante : **à l'équilibre, les potentiels rédox des deux couples sont égaux.**

En utilisant la formule de Nernst, on établit ainsi que :

$$\log K^0 = \frac{6}{0{,}06}\,(E^0(Cr_2O_7^{2-}/Cr^{3+}) - E^0(Fe^{3+}/Fe^{2+})) = 56.$$

$K^0 = 10^{56}$: la réaction est quantitative ; c'est indispensable pour une réaction de dosage.

β) Le pH choisi permet d'éviter la formation des précipités d'hydroxyde.

γ) D'après les résultats obtenus à la question **B. 1) b)**, le dichromate peut oxyder l'eau en dioxygène dans cette zone de pH, ce qui pourrait perturber la réaction de dosage, en particulier la valeur du volume à l'équivalence. En pratique, on observe que l'oxydation de l'eau est, à la température ordinaire, extrêmement lente alors que la réaction de dosage est quasi instantanée. La méthode de dosage est donc utilisable, cependant la conservation de solution titrée de dichromate est impossible et il faut vérifier, avant usage, la concentration de la solution utilisée.

12 Extraction de l'or métal dispersé dans une roche

A. Traitement du métal or par le dioxygène en présence de cyanure de sodium

1 ▬ a) Formule de Lewis de l'ion cyanure :

$$^{\ominus}|C{\equiv}N|$$

b) $[Au(CN)_2]^-$ est l'ion dicyanoaurate (I) ; $[Au(CN)_4]^-$ est l'ion tétracyanoaurate (III).

2 ▬ Les expressions des constantes sont :

$$\beta_I = \frac{[[Au(CN)_2]^-]\,.\,c^{0 2}}{[Au^+]\,.\,[CN^-]^2} \; ; \; \beta_{III} = \frac{[[Au(CN)_4]^-]\,.\,c^{0 4}}{[Au^{3+}]\,.\,[CN^-]^4}$$

a) Diagramme de prédominance de l'élément or au degré d'oxydation (I) en fonction de pCN

$$\text{D'après } \beta_I : pCN = \frac{1}{2}\log \beta_I + \frac{1}{2}\log \frac{[Au^+]}{[[Au(CN)_2]^-]}$$

$$= 19 + \frac{1}{2}\log \frac{[Au^+]}{[[Au(CN)_2]^-]}$$

D'où : $[[Au(CN)_2]^-] = [Au^+]$ pour pCN = $(\log\beta_I)/2$ = 19

Le domaine de prédominance de l'ion Au^+ correspond à pCN > 19 ; celui de l'ion dicyanoaurate(I), $[Au(CN)_2]^-$ correspond à pCN inférieur à 19.

b) Diagramme de prédominance de l'élément or au degré d'oxydation (III) en fonction de pCN

D'après β_{III} : $pCN = \frac{1}{4}\log \beta_{III} + \frac{1}{4}\log \frac{[Au^{3+}]}{[[Au(CN)_4]^-]}$

$$= 14 + \frac{1}{4}\log \frac{[Au^{3+}]}{[[Au(CN)_4]^-]}$$

D'où : $[[Au(CN)_4]^-] = [Au^{3+}]$ pour $pCN = (\log\beta_{III})/4 = 14$.
Le domaine de prédominance de l'ion Au^{3+} correspond à pCN > 14 ; celui de l'ion tétracyanoaurate (III), $[Au(CN)_4]^-$ correspond à pCN inférieur à 14.

3 ▬ a) Attribution des domaines (de prédominance ou d'existence) aux différentes espèces de l'élément or

L'attribution d'un domaine, à chacune des espèces, se fait en utilisant les mêmes règles que pour un diagramme *E*-pH.

• Sur un diagramme *E*-p*L* (*L* étant un ligand) comme sur un diagramme *E*-pH, les obliques correspondent à des équilibres rédox : le domaine de prédominance de l'oxydant est donc au-dessus et celui de son réducteur conjuguée au-dessous droite de cette oblique.

• Sur un diagramme *E*-p*L*, les verticales correspondent à des équilibres de transfert de ligand (complexation ou précipitation) ; le domaine de prédominance du donneur de ligand est à gauche et celui de son accepteur conjugué à droite de cette verticale.

En parcourant, à pCN = 0, le diagramme dans le sens croissant des potentiels, on rencontre l'or sous des états d'oxydation croissants et associé avec le nombre maximal de ligands cyanure : **(1) est le domaine d'*existence* de Au (s) ; (3) et (4) sont respectivement les domaines de *prédominance* des espèces dissoutes $[Au(CN)_2]^-$ et $[Au(CN)_4]^-$.**

• La frontière entre les domaines **(4)** et **(2)** est une verticale d'équation pCN = 14 : **(2) est donc le domaine de *prédominance* de l'espèce dissoute Au^{3+}.**

b) Stabilité de l'or (I) en fonction de la concentration en ions cyanure : en l'absence d'ions cyanure (pCN grand), aucune espèce de l'or (I) n'est stable : il n'y a pas de domaine de prédominance de l'ion Au^+ car il se dismute selon la réaction d'équation :

$$3\,Au^+ = Au^{3+} + 2\,Au$$

La constante K^0_{diss} de cette réaction est telle que :

$$\log K^0_{diss} = (1{,}68 - 1{,}41)/0{,}03 = 9$$

En présence d'une concentration en Au^{3+} égale à $C_{tra} = 1\ mmol \cdot L^{-1}$, la concentration d'équilibre en Au^+ est de $0{,}1\ mmol \cdot L^{-1}$ donc inférieure à C_{tra}.

En revanche, l'or (I) est stabilisé par complexation. Le domaine de l'or (I) est alors d'autant plus large que pCN est faible.

c) Équation des segments de droite *AB* et *BC*

• *AB*, frontière entre les domaines de Au^{3+} et $[Au(CN)_2]^-$ correspond à la demi-équation électronique :

$$Au^{3+} + 2\,CN^- + 2\,e^- = [Au(CN)_2]^-$$

La formule de Nernst s'écrit :

$$E_{III/I} = E^0_6 + \frac{0{,}06}{2} \cdot \log \frac{[Au^{3+}]}{[Au^+]}$$

$$= E^0_6 + \frac{0{,}06}{2} \cdot \log \left(\frac{[Au^{3+}] \cdot [CN^-]^2 \cdot \beta_I}{[[Au(CN)_2]^-] \cdot c^{0^2}} \right)$$

Soit : $E_{III/I} = E^0_6 + \frac{0{,}06}{2} \cdot \log \beta_I - 0{,}06\ pCN$

$$\boldsymbol{E_{III/I} = 2{,}55 - 0{,}06\ pCN\ (V)}$$

• *BC*, frontière entre les domaines de $[Au(CN)_2]^-$ et Au correspond à la demi-équation électronique :

$$[Au(CN)_2]^- + e^- = Au^+ + 2\,CN^-$$

La formule de Nernst s'écrit :

$$E_{I/0} = E^0_4 + 0{,}06 \cdot \log \frac{[Au^+]}{c^0}$$

$$= E^0_4 + 0{,}06 \cdot \log \left(\frac{[[Au(CN)_2]^-] \cdot c^{0^2}}{[CN^-]^2 \cdot \beta_I} \right)$$

Soit : $E_{III/I} = E^0_4 + 0{,}06 \cdot \log \beta_I + 0{,}06 \cdot \log \frac{C_{tra}}{c^0} + 0{,}12 \cdot pCN$

$$\boldsymbol{E_{III/I} = -\,0{,}78 + 0{,}12 \cdot pCN\ (V)}$$

On vérifie facilement sur le graphe cette dernière valeur.

4 ▬ a) pH d'une solution de cyanure de sodium à $0{,}01\ mol \cdot L^{-1}$:

En supposant la base peu protonée, pOH = (4,8 + 2)/2 = 3,4 ; soit pH = 10,6.

Ce pH appartient au domaine de prédominance des ions CN^- : l'hypothèse faite est donc vérifiée.

b) Couple O_2 / H_2O :

L'équation de la demi-réaction électronique est :

$$O_2 + 4\,H^+ + 4\,e^- = 2\,H_2O$$

La formule de Nernst s'écrit :

$$E_I = 1{,}23 - 0{,}06 \cdot pH + 0{,}015 \cdot \log \frac{p(O_2)}{p^0}$$

Soit à pH = 10,6 et sous 0,2 bar de dioxygène :

$$\boldsymbol{E_1 = 0{,}57\ V}$$

5 ▬ On lit, sur le diagramme, pour pCN = 2 :

$$\boldsymbol{E_{I/0} = -\,0{,}54\ V} \quad \text{et} \quad \boldsymbol{E_{III/I} = +\,0{,}99\ V}$$

Dans ces conditions, le dioxygène peut oxyder l'or en ion $[Au(CN)_2]^-$ mais pas en ion $[Au(CN)_4]^-$; l'équation de la réaction de « cyanuration » de l'or est donc, en tenant compte du caractère basique du milieu réactionnel :

$$2\,Au + 4\,CN^- + 1/2\,O_2 + H_2O = 2\,[Au(CN)_2]^- + 2\,HO^-$$

Constante d'équilibre :

$$\boldsymbol{K^0} = 10^{\left(\frac{1{,}23 - 1{,}68}{0{,}03}\right)} \cdot \left(\frac{1}{\beta_I \cdot K_e} \right)^2 = \boldsymbol{10^{89}}$$

B. Cémentation de la solution obtenue

1 ▬ Équation de la réaction de cémentation :

$$2\,[Au(CN)_2]^- + Zn = 2\,Au + [Zn(CN)_4]^{2-}$$

En considérant la réaction comme la superposition de deux réactions :

$$K^0 = \left(\frac{1}{\beta_I}\right)^2 . 10^{\frac{(E^\circ_4 - E^\circ_5)}{0,03}} = 10^{22}$$

La cémentation permet donc la récupération de la totalité de l'or passé en solution sous forme de complexes.

2 ▬ a) 1 000 L de solution à 0,001 mol . L^{-1} contiennent 1 mol d'élément or : il faut donc utiliser 0,5 mol de métal zinc soit 32,7g ; on obtient 197 g d'or.

b) Le zinc est oxydé par l'eau selon :

$$Zn + 4\,CN^- + 2\,H_2O = [Zn(CN)_4]^{2-} + H_2 + 2\,HO^-$$

13 Diagramme *E*-pH de l'aluminium

1 ▬ La solubilité de l'élément aluminium s'écrit :

$$s_{Al} = [Al^{3+}] + [AlO_2^-]$$

dans une solution saturée en oxyde hydraté d'aluminium :

$$\bullet\ K_{s_1} = \frac{[Al^{3+}] . \omega^3}{c^{0^4}} \qquad \bullet\ K_{s_2} = \frac{[AlO_2^-] . h}{c^{0^2}}$$

$$\text{D'où : } \frac{[Al^{3+}]}{c^0} = \frac{K_{s_1}}{K_e^3} . \frac{h^3}{c^{0^3}} = 10^{5,7-3pH} ;$$

$$\frac{[AlO_2^-]h}{c^0} = K_{s_2} . \frac{c^0}{h} = 10^{pH-14,6}$$

et :
$$\boldsymbol{s_{Al} = 10^{5,7-3pH} + 10^{pH-14,6}}$$

Lorsque la solubilité est minimale ds / dh = 0 alors :

$$[H_3O^+] = 6,4 . 10^{-6}\ mol . L^{-1} \text{ et } pH = 5,2$$

La solubilité vaut alors $s_m = 5,2 . 10^{-10}$ mol . L^{-1}.

2 ▬ Les valeurs limites du pH compatibles avec l'existence d'un précipité d'oxyde hydraté d'aluminium sont solutions de l'équation :

$$10^{5,7-3pH} + 10^{pH-14,6} = C_{tra}$$

qui peut s'écrire : $10^{5,7}.h^4 - 10^{-6}.h + 10^{-14,6} = 0$.

On peut résoudre l'équation en h mais on peut aussi remarquer que les deux termes prennent en général des valeurs très différentes.

– Supposons $[Al^{3+}] >> [AlO_2^-]$; l'équation devient :

$10^{5,7-3pH} = 10^{-6}$ dont la solution est $\mathbf{pH_1 = 3,9}$.

– Supposons $[Al^{3+}] << [AlO_2^-]$; l'équation devient :

$10^{pH-14,6} = 10^{-6}$ dont la solution est $\mathbf{pH_2 = 8,6}$.

3 ▬ • D'après les espèces étudiées et leur état d'oxydation – Al (s) ; Al^{3+} ; AlO_2^- ; Al_2O_3, 3 H_2O (hydrargillite) – il n'y a pas d'ampholyte rédox et donc pas de possibilités de dismutation.

• C_{tra} : $[Al^{3+}] + [AlO_2^-] \leq C_{tra} = 1,0\ \mu mol.L^{-1}$

• **Entre pH = 0 et pH = 3,9**, la forme prédominante de l'aluminium(III) est l'ion Al^{3+} :

$$Al^{3+} + 3\,e^- = Al$$

$$E_{III/0} = -1,67 + \frac{0,06}{3} . \log\frac{[Al^{3+}]}{c^0}$$

Sur la frontière entre le domaine de l'aluminium (III) et du métal aluminium; $[Al^{3+}] = C_{tra}$; l'équation de cette frontière est :

$$\boldsymbol{E_{III/0} = -1,79\ (V)}$$

• **Pour $pH_2 \geqslant pH \geqslant pH_1$**, l'oxyde d'aluminium (III) **Al_2O_3, 3H_2O** est présent ; dans la solution saturée, la concentration en Al^{3+} est fixée par K_{s1} :

$$\frac{[Al^{3+}]}{c^0} = \frac{K_{s1}}{K_e^3} . \frac{h^3}{c^{0^3}} = 10^{5,7-3pH}$$

L'expression de $E_{III/0}$ s'en déduit :

$$\boldsymbol{E_{III/0}} = E^0_{Al^{3+}/Al} + \frac{0,06}{3}.\log_{10}\left(\frac{K_{s1}}{K_e^3}.\frac{h^3}{c^{0^3}}\right)$$

$$\boldsymbol{= -1,56 - 0,06.pH\ (V)}$$

<u>*Remarque :*</u> *La quantité* $\left(E^0_{Al^{3+}/Al} + \frac{0,06}{3} . \log_{10}\frac{K_{s1}}{K_e^3}\right)$ *représente la valeur du potentiel du couple* Al(III) / Al(0) *à* pH = 0 *en considérant l'oxyde comme représentant du* Al (III).

• **Pour pH $\geqslant$ pH_2**, l'oxyde d'aluminium (III) n'est plus présent ; la forme prédominante de l'aluminium (II) est l'ion aluminate $\mathbf{AlO_2^-}$; sur et au-dessus de la frontière entre les domaines de l'aluminium (III) et du métal aluminium : $[AlO_2^-] = C_{tra}$.

La relation entre les concentrations $[AlO_2^-]$ et $[Al^{3+}]$ se déduit de K_{s1} et K_{s2} :

$$Al^{3+} + 3\,OH^- = 1/2\,(Al_2O_3\,,\,3\,H_2O) + H_2O = AlO_2^- + H_3O^+$$

$$K = K_{s2} / K_{s1} = 10^{21,7}$$

$$\bullet\ K = \frac{[AlO_2^-].h.c^{0^2}}{[Al^{3+}] . \omega^3} = \frac{[AlO_2^-].h^4}{[Al^{3+}] . K_i^3 . c^{0^4}}$$

$$\frac{[Al^{3+}]}{c^0} = \frac{K_{s1}.C_{tra}.h^4}{K_{s2}.K_i^3.c^{0^5}}.$$

L'expression de $E_{III/0}$ s'en déduit :

$$E_{III/0} = E^0_{Al^{3+}/Al} + \frac{0,06}{3} . \log_{10}\left(\frac{K_{s1}}{K_{s2}.K_i^3}.\frac{C_{tra}}{c^0}.\left(\frac{h}{c^0}\right)^4\right)\ (V)$$

Pour C_{tra} = 1,0 µmol.L^{-1} :

$$\boldsymbol{E_{III/0} = -1,384 - 0,08.pH\ (V)}$$

à pH = 8,6 : E = – 2,072V

<u>*Remarque :*</u> *La quantité* $\left(E^0_{Al^{3+}/Al} + \frac{0,06}{3} . \log_{10}\frac{K_{s1}}{K_{s2} . K_i^3}\right)$ *représente la valeur du potentiel du couple* Al(III) / Al(0) *à pH = 0 en considérant l'ion complexe comme représentant du* Al(III) : $E^0(AlO_2^- / Al) = -1,26$ V.

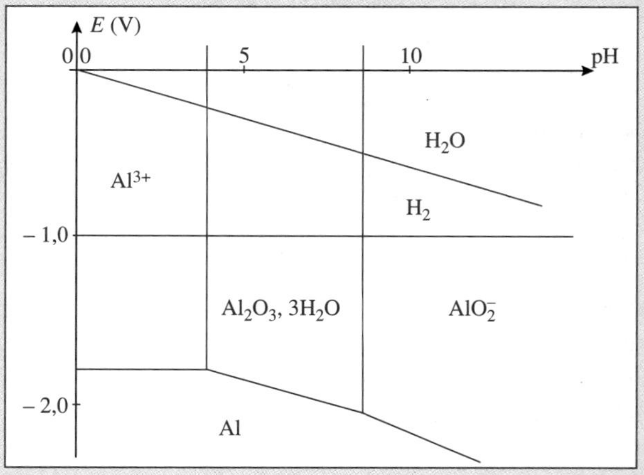

5 ▬ Pour pH ⩽ pH_1 = 3,9 : l'aluminium est attaqué selon la réaction d'équation :

$$Al + 3\ H_3O^+ \longrightarrow Al^{3+} + 3/2\ H_2\ (g) + 3\ H_2O$$

pH ⩾ pH_2 = 8,6 : l'aluminium est attaqué selon la réaction d'équation :

$$Al + H_2O + HO^- \longrightarrow AlO_2^- + 3/2\ H_2\ (g)$$

14 Lixivation de la chalcopyrite

1 ▬ **a)** La demi-réaction électronique du couple HSO_4^- /CuS s'écrit :

$$HSO_4^- + Cu^{2+} + 7\ H^+ + 8\ e^- = CuS\ (s) + 4\ H_2O$$

Le potentiel standard vaut par identification :

$$\mathbf{E^0(HSO_4^-/CuS)} = E_4^0 = E_1^0 + 0{,}059\,.\,pK_{s1}/8 = \mathbf{0{,}393\ V}$$

b) La demi-réaction électronique du couple Fe^{3+} / Fe^{2+} s'écrit :

$$Fe^{3+} + e^- = Fe^{2+}$$

L'équation de la réaction **(1)** entre CuS et Fe^{3+} s'en déduit :

$$CuS\ (s) + 4\ H_2O + 8\ Fe^{3+} = HSO_4^- + Cu^{2+} + 7\ H^+ + 8\ Fe^{2+}$$

La constante d'équilibre vaut :

$$\log K_1^0 = 8\,.\,(E_2^0 - E_4^0)/0{,}059 = 51{,}3 \text{ soit } \mathbf{K_1^0 = 2\,.\,10^{51}}$$

2 ▬ **a)** La demi-réaction électronique du couple HSO_4^- /FeS s'écrit :

$$HSO_4^- + Fe^{2+} + 7\ H^+ + 8\ e^- = FeS\ (s) + 4\ H_2O$$

Le potentiel standard correspondant vaut :

$$\mathbf{E^0(HSO_4^-/FeS)} = E_5^0 = E_1^0 + 0{,}059\,.\,pK_{s2}/8 = \mathbf{0{,}259\ V}$$

L'équation de la réaction **(2)** entre FeS et Fe^{3+} s'en déduit :

$$FeS\ (s) + 4\ H_2O + 8\ Fe^{3+} = HSO_4^- + 7\ H^+ + 9\ Fe^{2+}$$

La constante d'équilibre vaut :

$$\log K_2^0 = 8\,.\,(E_2^0 - E_5^0)/0{,}059 = 69{,}3 \text{ soit } \mathbf{K_2{}^0 = 2\,.\,10^{69}}$$

3 ▬ **a)** L'équation de la réaction globale pour la lixiviation de $CuFeS_2$ par une solution d'ions Fe^{3+} s'écrit :

$$\mathbf{CuFeS_2\ (s) + 8\ H_2O + 16\ Fe^{3+} = 2\ HSO_4^- + Cu^{2+} + 14\ H^+ + 17\ Fe^{2+}}$$

	$t = 0$	$t > 0$	final
$CuFeS_2$ (s)	10^{-1}		0
Fe^{3+}	C	$C - 8(\xi_{v1} + \xi_{v2})$	$C - 16\,.\,10^{-1}$
HSO_4^-	10^{-1}	$10^{-1} + (\xi_{v1} + \xi_{v2})$	$3\,.\,10^{-1}$
Cu^{2+}	0	ξ_{v1}	10^{-1}
H^+	10^{-1}	$10^{-1} + 7\ (\xi_{v1} + \xi_{v2})$	$15\,.\,10^{-1}$
Fe^{2+}	0	$8\ \xi_{v1} + 9\ \xi_{v2}$	$8\,.\,10^{-1} + 9\,.\,10^{-1}$

La valeur minimale de C à utiliser correspond à la limite de disparition des précipités de CuS et FeS : le précipité le plus facile à mettre en solution est, d'après les constantes d'équilibre, celui de FeS : dans l'état final, il y a eu rupture de **(2)** et **(1)** est à la limite de rupture.

$$K_1^0 = \frac{[HSO_4^-]\,.\,[Cu^{2+}]\,.\,[H^+]^7\,.\,[Fe^{2+}]^8}{[Fe^{3+}]^8\,.\,c^{09}}$$

On en tire $[Fe^{3+}] = 6{,}05\,.\,10^{-7}$ mol . L^{-1}.

D'où : $\mathbf{C_{min} = 1{,}6\ mol\,.\,L^{-1}}$

<u>Remarque</u> : *On peut vérifier que, dans l'état final, $Q_2 = 5{,}7\,.\,10^{52} < K_2^0$. Il y a bien rupture d'équilibre puisque :*

$$\mathcal{A}_2 = RT\,.\ln\frac{K_2^0}{Q_2} > 0$$

15 Métallurgie de l'uranium

1 ▬ Les degrés d'oxydation de l'élément uranium sont les suivants :

U (0) : U

U (+III) : U^{3+} ; $U(OH)_3$

U (+IV) : U^{4+} ; $U(OH)_4$

U (+VI) : cation uranyle UO_2^{2+} ; $UO_2(OH)_2$

2 ▬ En parcourant, à pH = 0, le diagramme dans le sens croissant des potentiels, on rencontre quatre espèces qui contiennent l'élément uranium dans des états d'oxydation croissants :

– ***A*** est l'espèce où l'état d'oxydation de l'uranium est minimum : ***A*** est l'uranium métal U(s) ;

– ***B***, ***D*** et ***E*** sont donc respectivement l'ion uranium (III), l'ion uranium (IV) et le cation uranyle UO_2^{2+}.

– La frontière ***D*/*C*** étant verticale, ***D*** et ***C*** correspondent au même état d'oxydation de l'élément uranium : ***C*** est l'hydroxyde d'uranium (IV) $U(OH)_4$ (s).

De même, la frontière ***E*/*F*** étant verticale, ***E*** et ***F*** correspondent au même état d'oxydation de l'uranium : ***F*** est l'hydroxyde d'uranyle $UO_2(OH)_2$.

3 ▬ **a) Potentiels standard des couples :**

U^{3+} / U(s) , U^{4+} / U^{3+} et $UO_2{}^{2+}$ / U^{4+}

• La demi-réaction électronique du couple U^{3+}/U(s) et la formule de Nernst s'écrivent :

$$U^{3+} + 3\ e^- = U(s)$$

$$E(U^{3+}/U) = E^0\ (U^{3+}/U) + \frac{\alpha(T)}{3}\,.\log\frac{[U^{3+}]}{c^0}$$

Par convention, sur la frontière entre U^{3+} et U(s) :

$$[U^{3+}] = C_{tra} = 1\ \text{mmol}\,.\,L^{-1}$$

L'équation de la droite frontière est donc :

$$E^0(U^{3+}/U) = E^0\ (U^{3+}/U) + \frac{0{,}060}{3}\,.\log\frac{C_{tra}}{c^0}$$

Par lecture du diagramme, on obtient $E(U^{3+}/U)$ = **– 1,86V** ; on en déduit : $\mathbf{E^0(U^{3+}/U) = -\,1{,}80\ V}$.

• La demi-réaction électronique du couple U^{4+}/U^{3+} et la formule de Nernst s'écrivent :

$$U^{4+} + 1\ e^- = U^{3+}$$

$$E(U^{4+}/U^{3+}) = E^0\ (U^{4+}/U^{3+}) + \frac{\alpha(T)}{1}\,.\log\frac{[U^{4+}]}{[U^{3+}]}$$

Par convention, sur la frontière entre U^{3+} et U^{4+} :

$$[U^{3+}] = [U^{4+}] = C_{tra}/2$$

L'équation de la droite frontière est donc :

Par lecture du diagramme, on obtient :

$$E(U^{4+} / U^{3+}) = -0{,}63V$$

on en déduit : $\mathbf{E^0(U^{4+} / U^{3+}) = -0{,}63\ V}$

• La demi-réaction électronique du couple UO_2^{2+} / U^{4+} et la formule de Nernst s'écrivent :

$$UO_2^{2+} + 4\ H^+ + 2\ e^- = U^{4+} + 2\ H_2O$$

$$E(UO_2^{2+} / U^{4+}) = E^0\ (UO_2^{2+} / U^{4+}) + \frac{\alpha(T)}{2} \cdot \log \frac{[UO_2^{2+}]}{[U^{4+}]}$$

Par convention, sur la frontière entre UO_2^{2+} et U^{4+} :

$$[UO_2^{2+}] = [U^{4+}] = C_{tra}/2$$

L'ordonnée de la droite frontière à pH = 0 est donc :

$$E(U^{4+} / U^{3+}) = E^0\ (U^{4+} / U^{3+})$$

Par lecture du diagramme, on obtient :

$$\mathbf{E^0(UO_2^{2+} / U^{4+}) = -0{,}63\ V}$$

b) Produits de solubilité de $U(OH)_4$ et de $UO_2(OH)_2$

La limite de précipitation est déterminée en supposant que l'ion considéré est le seul représentant de l'élément uranium dans la solution ; sa concentration est donc égale à $C_{tra} = 1{,}0\ mmol \cdot L^{-1}$.

• La limite de précipitation de l'hydroxyde d'uranium (IV) correspond à la vérification simultanée des deux relations :

$$[U^{4+}] = C_{tra} = 1{,}0\ mmol \cdot L^{-1} \quad \text{et} \quad K_s(U(OH)_4) = \frac{[U^{4+}] \cdot \omega^4}{(c^0)^5}$$

Sur le diagramme, on lit que la précipitation de $U(OH)_4$ débute pour pH = 2,5 soit pour $\omega / c^0 = 10^{-11,5}$.

On en déduit : $K_s(U(OH)_4) = 10^{-49}$

• La limite de précipitation de $UO_2(OH)_2$ correspond à la vérification simultanée des deux relations :

$$[UO_2^{2+}] = C_{tra} = 1{,}0\ mmol \cdot L^{-1}$$

et $$K_s(UO_2(OH)_2) = \frac{[UO_2^{2+}] \cdot \omega^2}{(c^0)^3}$$

Le diagramme montre que la précipitation de $UO_2(OH)_2$ débute pour pH = 3,5 soit pour $\omega / c^0 = 10^{-10,5}$.

On en déduit : $\mathbf{K_s(UO_2(OH)_2) = 10^{-24}}$

4 ▬ Pentes théoriques des frontières *D/E*, *C/E* et *C/F*

• La frontière ***D/E*** correspond aux espèces UO_2^{2+} et U^{4+} reliées par la demi réaction électronique :

$$UO_2^{2+} + 4\ H^+ + 2\ e^- = U^{4+} + 2\ H_2O$$

Pour ce couple, $m = 4$ et $n = +2$; la pente de la frontière ***DE*** est donc : $\sigma_{DE} = -\frac{m}{n} \cdot \alpha(T) = \mathbf{-0{,}12\ V}$

• ***CE*** sépare les espèces UO_2^{2+} et $U(OH)_4$; la demi réaction électronique de ce couple est :

$$UO_2^{2+} + 2\ H_2O + 2\ e^- = U(OH)_4$$

Pour ce couple, $m = 0$ et $n = +2$; la pente de la frontière ***CE*** est donc : $\sigma_{CE} = -\frac{m}{n} \cdot \alpha(T) = \mathbf{0\ V}$

• ***CF*** sépare les espèces $UO_2(OH)_2$ et $U(OH)_4$; la demi réaction électronique de ce couple est :

$$UO_2(OH)_2 + 2\ H^+ + 2\ e^- = U(OH)_4$$

Pour ce couple, $m = 2$ et $n = +2$; la pente de la frontière ***CF*** est donc : $\sigma_{CF} = -\frac{m}{n} \cdot \alpha(T) = \mathbf{-0{,}06\ V}$

5 ▬ Couple H_3O^+ / H_2 : La demi-réaction électronique du couple et la formule de Nernst s'écrivent :

$$2\ H_3O^+ + 2\ e^- = H_2\ (g) + 2\ H_2O$$

et $$E(H_3O^+/H_2) = E^0\ (H_3O^+/H_2) + \frac{\alpha(T)}{1} \cdot \log\left(\frac{h^2}{c^{0^2}} \cdot \frac{p^0}{p(H_2)}\right)$$

Avec la convention sur la pression :

$$\mathbf{E(H_3O^+ / H_2) = -0{,}06 \cdot pH\ (V)}$$

Couple O_2 / H_2O : La demi-réaction électronique du couple et la formule de Nernst s'écrivent :

$$O_2(g) + 4\ H_3O^+ + 4\ e^- = 6\ H_2O$$

et $$E(O_2 / H_2O) = E_3^0 + \frac{\alpha(T)}{4} \cdot \log\left(\frac{h^4}{c^{0^2}} \cdot \frac{p(O_2)}{p^0}\right)$$

Avec la convention sur la pression :

$$\mathbf{E(O_2 / H_2O) = 1{,}23 - 0{,}06 \cdot pH\ (V)}$$

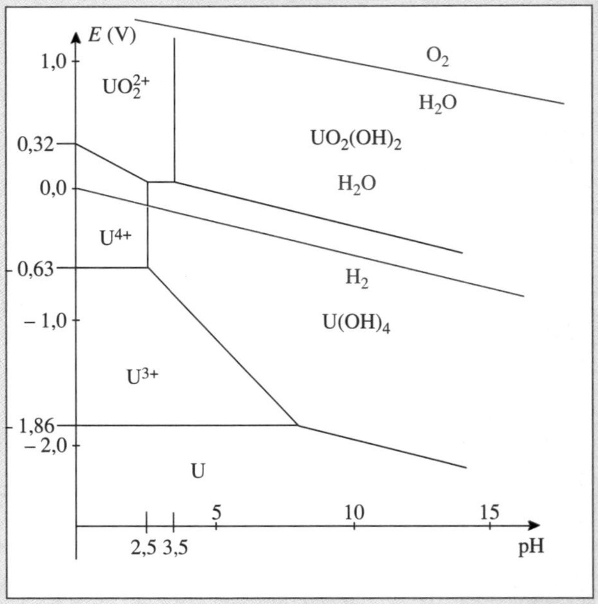

6 ▬ Quel que soit le pH, les domaines de l'uranium métal et de l'ion U^{3+} n'ont aucune partie commune avec le domaine de stabilité thermodynamique de l'eau : ces deux espèces ne peuvent pas exister, de manière stable, au contact d'une solution aqueuse.

• Quel que soit le pH, U est susceptible de réduire l'eau (ou les ions H^+) en dihydrogène selon :

$$U + 3\,H^+ = U^{3+} + 3/2\,H_2 \quad \text{(pH acide)}$$

$$U + 4\,H_2O = U(OH)_4\,(s) + 2\,H_2 \quad \text{(pH basique)}$$

De même, U^{3+} est susceptible de réduire l'eau (ou les ions H^+) en dihydrogène selon :

$$2\,U^{3+} + 2\,H^+ = 2\,U^{4+} + H_2$$

ou $$2\,U^{3+} + 2\,H_2O + 6\,HO^- = 2\,U(OH)_4\,(s) + H_2$$

Remarque :
Les ions U^{3+} formés par l'attaque du métal réagissent à leur tour, si bien que le bilan, en milieu acide, devient :

$$U + 4\,H^+ = U^{4+} + 2\,H_2$$

• Les domaines de toutes les autres espèces de l'uranium ont une partie commune avec le domaine de stabilité thermodynamique de l'eau et sont donc stables au contact d'une solution aqueuse.

Si la solution est au contact de l'atmosphère, seul le degré (VI) est stable :

• pour pH < 2,5 :

$$2\,U^{4+} + O_2 + 2\,H_2O = 2\,UO_2^{\,2+} + 4\,H^+$$

• pour 2,5 < pH < 3,5 :

$$2\,U(OH)_4 + O_2 + 4\,H^+ = 2\,UO_2^{\,2+} + 6\,H_2O$$

• pour pH > 3,5 :

$$2\,U(OH)_4 + O_2 = 2\,UO_2(OH)_2 + 2\,H_2O$$

8 Courbes $I = f(V)$. Phénomènes de corrosion

RAPPELS DE COURS

COURBES INTENSITÉ-POTENTIEL

• L'intensité traversant une électrode est proportionnelle à la vitesse des processus électrochimiques s'y déroulant. En comptant positivement l'intensité rentrant dans la solution, I est positive si l'électrode est le siège d'une oxydation ; I est négative si l'électrode est le siège d'une réduction.

L'intensité I du courant dépend des facteurs cinétiques suivants : concentrations des espèces dissoutes c_i, température T, nature de l'électrode, aire S et état de l'interface électrode-solution et potentiel de l'électrode V.

On peut, en général, mettre I sous la forme :

$$I = k(T, V, S) \,.\, f(c_i)$$

Les courbes représentant les variations de I en fonction de V, à T et c_i bloquées, sont appelées *courbe intensité-potentiel* du couple Ox/Red pour l'électrode considérée.

• Si l'électrode est abandonnée à elle-même, elle prend un état d'équilibre électrique : le courant global I qui la traverse est alors nul et le potentiel V qu'elle prend par rapport à l'E.S.H. est caractéristique de son état d'équilibre :

V est alors, par définition, **le potentiel rédox du couple** $E_{Ox/Red}$ calculable par la formule de Nernst :

$$(V)_{I=0} = E_{Ox/Red}$$

• Si le courant I est non nul, V n'est plus égal au potentiel d'équilibre du couple Ox/Red. Selon l'allure des courbes intensité-potentiel, on peut distinguer deux types de systèmes électrochimiques (**couple rédox** et **électrode**) :

– *systèmes rapides :* dès que V est différent de $E_{Ox/Red}$, l'intensité I qui traverse l'électrode est importante : positive si $(V - E_{Ox/Red})$ est positif, négative dans le cas contraire ;

– *systèmes lents :* il existe une plage de $(V - E_{Ox/Red})$ pour laquelle l'intensité I reste quasi nulle.

Pour obtenir une intensité I_M , il faut porter l'électrode au potentiel V_M tel que :

$$V_M = E_{Ox/Red} + \eta(I_M)$$

$\eta(I_M)$ est la surtension pour l'intensité I_M . Par convention, la surtension anodique η_a est positive tandis que la surtension cathodique η_c est négative.

• L'utilisation des courbes intensité-potentiel pour interpréter une réaction d'oxydoréduction nécessite de prendre en compte les courbes intensité-potentiel de *deux* systèmes : soit deux couples rédox, l'un, noté **(1)**, subissant une réduction, l'autre, noté **(2)**, subissant une oxydation.

La vitesse des échanges électroniques entre ces deux couples rédox se visualisent à partir des courbes $I = f(V)$ grâce à la condition traduisant le caractère conservatif de la charge : $I_{A_2} = -I_{C_1}$ (*doc.* 1).

La valeur de V correspondant à la relation $I_{A_2} = -I_{C_1}$ est appelée « potentiel mixte » du système.

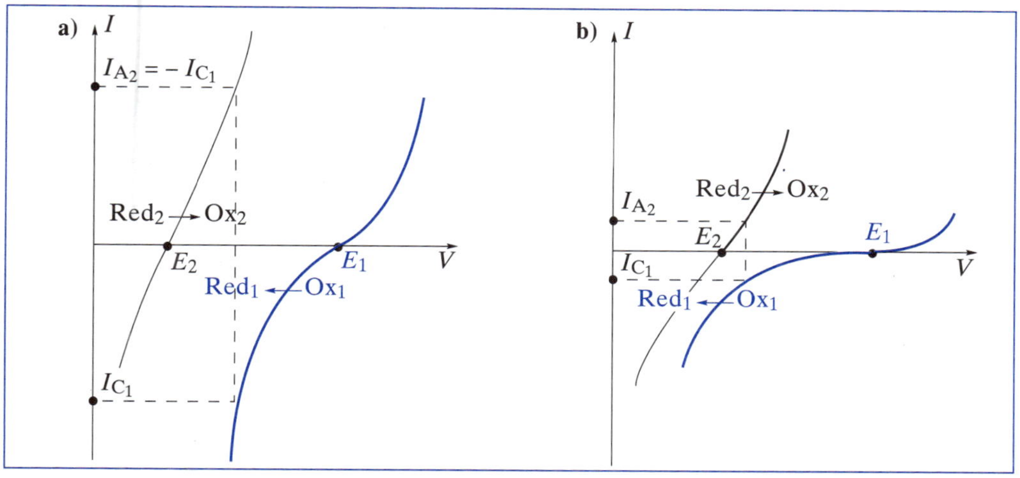

Doc. 1. *E_1 et E_2 représentent les potentiels rédox des deux couples dans l'état initial du système. L'ordre de E_1 et E_2 ($E_1 > E_2$) met en évidence le caractère* spontané *de l'oxydation du réducteur* Red_2 *par l'oxydant* Ox_1. *La valeur de I montre que la réaction est rapide pour* **a)**, *lente pour* **b)**.

ÉLECTROLYSE

• Un électrolyseur est un système constitué par un générateur et deux électrodes plongeant dans une solution conductrice. Sous l'influence du générateur, qui impose le sens du courant, une oxydation a lieu à l'anode et une réduction à la cathode. L'électrolyse est une réaction *non spontanée* et endoénergétique : elle ne se produit que grâce à l'énergie fournie par le générateur.

• **Loi de Faraday :** La charge traversant un électrolyseur est proportionnelle aux quantités de matière mises en jeu aux électrodes.

• Pour qu'il y ait électrolyse, il est nécessaire que la d.d.p. U_{AC} soit supérieure ou égale à une tension de seuil telle qu'une réaction électrochimique soit thermodynamiquement possible sur chacune des électrodes :

V_A doit être supérieur au potentiel d'équilibre du couple de plus bas potentiel rédox présent à l'anode ;

V_C doit être inférieur au potentiel d'équilibre du couple de plus haut potentiel rédox présent à la cathode.

• À l'anode, trois réactions d'oxydation peuvent avoir lieu : oxydation d'espèces dissoutes, oxydation des molécules d'eau ou oxydation du matériau constituant l'électrode.

À la cathode, deux réactions de réduction peuvent se dérouler : réduction des espèces dissoutes, réduction des molécules d'eau.

Les courbes intensité-potentiel permettent de visualiser les facteurs cinétiques et thermodynamiques qui interviennent dans la relation entre la tension U_{AC} et l'intensité I d'une part et dans le choix des réactions se produisant aux électrodes d'autre part (*doc.* 2).

$$U_{AC}(I) = \underbrace{(E_2 - E_1)}_{\text{thermodynamique}} + \underbrace{(\eta_A - \eta_C)(I)}_{\text{cinétique}} + \underbrace{R \cdot I}_{\text{ohmique}}$$

L'analyse des courbes $I = f(V)$ permet de déterminer les réactions se produisant effectivement aux électrodes.

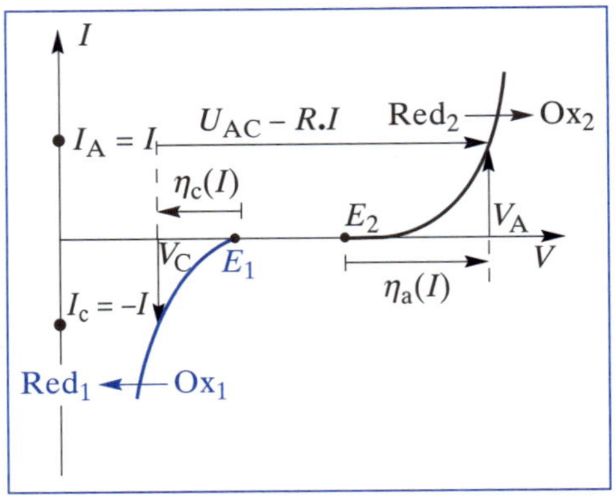

Doc. 2. *Courbes intensité-potentiel pour les couples* Ox_1/Red_1 *et* Ox_2/Red_2 .

CORROSION

• La corrosion désigne l'ensemble des phénomènes par lesquels un métal ou un alliage métallique tend à s'oxyder sous l'influence de réactifs gazeux ou en solution : elle est dite *sèche* lorsque les agents oxydants ne sont pas en solution ; elle est dite *humide* dans le cas contraire.

On peut définir, sur le diagramme E-pH d'un élément métallique, trois domaines :

– **immunité** où toute attaque du métal est thermodynamiquement impossible ;

– **corrosion** où l'attaque du métal est thermodynamiquement possible et se déroule à vitesse notable ;

– **passivité** où une attaque du métal est thermodynamiquement possible, mais où une couche d'oxyde rend cette attaque infiniment lente.

• La corrosion, qui fait intervenir des *micropiles*, est dite *électrochimique*, car, contrairement à la corrosion chimique, elle se produit *sans transfert direct* des électrons du réducteur vers l'oxydant.

Toutes les causes d'hétérogénéité du système interviennent pour favoriser la corrosion : contact entre deux métaux différents ou gradient de composition dans le cas d'un alliage ; gradient de composition de la solution, notamment teneur en dioxygène dissous ; gradient de température ; surface relative des anodes et des cathodes.

MÉTHODES DE PROTECTION CONTRE LA CORROSION

• La passivité est la protection de certains métaux ou alliages par formation d'un film d'oxyde fin, adhérent et continu : c'est le cas pour le chrome Cr, l'aluminium Al, le titane Ti et les aciers inoxydables.

• Des traitements de surface évitent le contact avec le milieu corrosif en revêtant la surface métallique d'une couche imperméable : revêtement non métallique ; dépôt d'une couche d'un autre métal résistant mieux à la corrosion. Le dépôt de zinc peut être réalisé, soit par *électrozingage*, soit par *galvanisation* (immersion dans un bain de zinc fondu).

• Le métal M à protéger est relié à un métal plus réducteur que lui, qui subit l'oxydation à sa place. Ce métal constitue une anode *sacrificielle*.

ÉNONCÉS

1 Tracé d'une courbe $I = f(V)$

1 ▬ On souhaite tracer la courbe $I(V)$ pour le couple $[Fe(CN)_6]^{3-}/[Fe(CN)_6]^{4-}$; on utilise un montage à trois électrodes : faire un schéma du montage et préciser la nature de chacune des électrodes utilisées.

2 ▬ On introduit, dans la cellule, 50 mL d'une solution d'hexacyanoferrate (III) de potassium à 0,020 mol . L^{-1} et 50 mL d'une solution d'hexacyanoferrate (II) de potassium à 0,020 mol . L^{-1}. On enregistre la courbe ci-dessous, les potentiels étant mesurés par rapport à une électrode au calomel saturé.

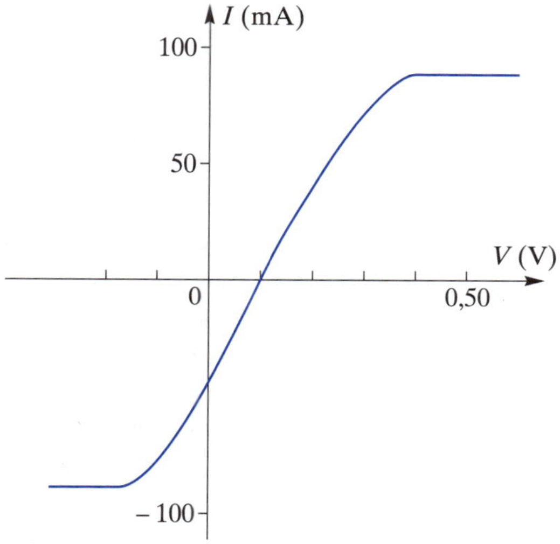

a) Sur l'électrode utilisée, le couple étudié est-il *rapide* ou *lent* ? Justifier la réponse à partir des résultats expérimentaux.
b) Calculer le potentiel pour lequel $I = 0$. Vérifier la compatibilité avec l'expérience.
c) Indiquer les réactions électrochimiques correspondant aux différentes parties de la courbe $I(V)$.
d) À quoi sont dus les paliers observés ?

3 ▬ On reprend l'expérience en utilisant 50 mL de la solution d'hexacyanoferrate (III), mais 5 mL de la solution d'hexacyanoferrate (II) et 45 mL d'eau. Représenter l'aspect de la courbe $I(V)$ en commentant les différences avec la courbe correspondant à la première expérience.

4 ▬ On répète l'expérience du **2)**, mais on élargit l'intervalle de potentiel exploré. On observe alors que :
– quand $(V_{tr} - V_{réf})$ atteint – 0,95 V environ, l'intensité du courant se remet à croître (en valeur absolue), tandis que des bulles de gaz apparaissent sur l'électrode de travail ;
– quand la d.d.p. atteint 1,6 V environ, l'intensité du courant se remet à croître tandis que des bulles de gaz apparaissent sur l'électrode de travail.
Interpréter ces observations, qualitativement et quantitativement, sachant que le pH de la solution est voisin de 6.
Données :
• Potentiel standard d'oxydoréduction :
$E^0(H_3O^+/H_2) = 0,00$ V ;
$E^0([Fe(CN)_6]^{3-}/ [Fe(CN)_6]^{4-}) = 0,35$ V ;
$E^0(O_2(g)/H_2O) = 1,23$ V.
• Potentiel de l'électrode au calomel (g) saturé en KCl :
$E_{ECS} = + 0,25$ V.
• $\alpha(T) = 0,06$ V.

Conseils
Il s'agit d'un exercice de base : revoir le cours en cas de difficulté.
2) b) Tenir compte de la nature de l'électrode de référence utilisée.
3) Considérer l'abscisse du point où $I = 0$ et les ordonnées des paliers.
4) Considérer les éventuelles réactions du solvant.

2 Courbe $I = f(V)$ pour une électrode d'étain

D'après Concours Communs Polytechniques PSI.

La figure ci-dessous représente l'allure d'une courbe intensité-potentiel enregistrée avec une électrode d'étain comme électrode de travail et, comme électrolyte, une solution d'acide sulfurique à 0,10 mmol . L^{-1}.

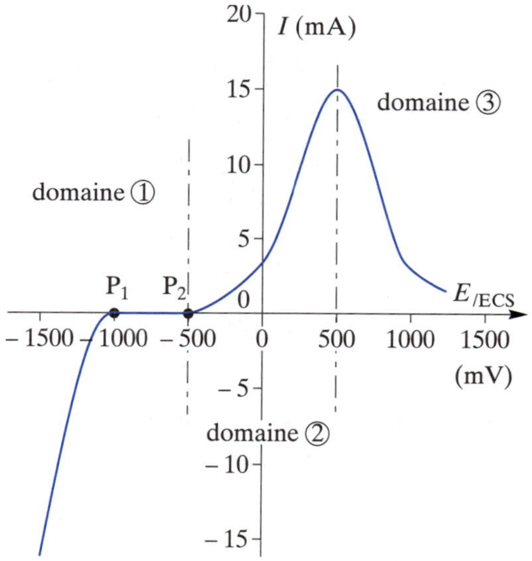

1 ▬ Faire un schéma du montage et préciser la nature de chacune des électrodes utilisées.

2 ▬ Écrire et classer toutes les réactions cathodiques et anodiques envisageables dans les conditions expérimentales décrites ci-dessus.

3 ▬ Sur la figure sont mis en évidence trois domaines (notés domaines ①, ② et ③). Préciser, en justifiant, les réactions auxquelles correspondent ces différents domaines. Redonner, à chacun de ces domaines, son nom : corrosion, passivité, immunité.

4 ▬ Cette courbe met-elle en évidence le phénomène de surtension ? Donner un ordre de grandeur des surtensions ainsi observées.

Données :

En solution aqueuse, les ions HSO_4^- et SO_4^{2-} ne sont pas *électroactifs* pour la réduction.

• Potentiels standard d'oxydoréduction :

$E^0(H_3O^+/H_2) = 0,00$ V ;

$E^0(O_2/H_2O) = +1,23$ V ;

$E^0(Sn^{2+}/Sn) = -0,13$ V ;

$E^0(SnO_2/Sn) = -0,11$ V.

• Potentiel de l'électrode au calomel saturé, en KCl :

$E_{ECS} = +0,245$ V.

• $pK_a(HSO_4^-/SO_4^{2-}) = 1,9$.

• $\alpha(T) = 0,06$ V

Conseils

1) Revoir le cours en cas de difficulté.

3) La courbe peut correspondre à plusieurs réactions électrochimiques parallèles ou successives.

4) Calculer le pH de la solution et les potentiels d'équilibre, et comparer à la courbe expérimentale en tenant compte de la nature de l'électrode de référence utilisée.

3 Courbe $I = f(V)$ pour le couple Ag^+/Ag en milieu bromure

Le document ci-après fournit les courbes $I = f(V)$ pour une électrode d'argent au contact de différentes solutions :

– courbe **(a)** : solution de nitrate d'argent $AgNO_3$ à 2,5 mmol . L^{-1} et d'acide perchlorique à 0,1 mol . L^{-1} ;

– courbe **(b)** : solution de bromure de potassium à 2,5 mmol . L^{-1} et d'acide perchlorique à 0,1 mol . L^{-1}.

Une agitation assure l'uniformité de la composition.

1 ▬ Préciser, dans chaque cas, la (ou les) réaction(s) électrochimique(s) mise(s) en jeu. Justifier l'existence des paliers.

2 ▬ Vérifier par le calcul les coordonnées des points remarquables des deux courbes.

(a)

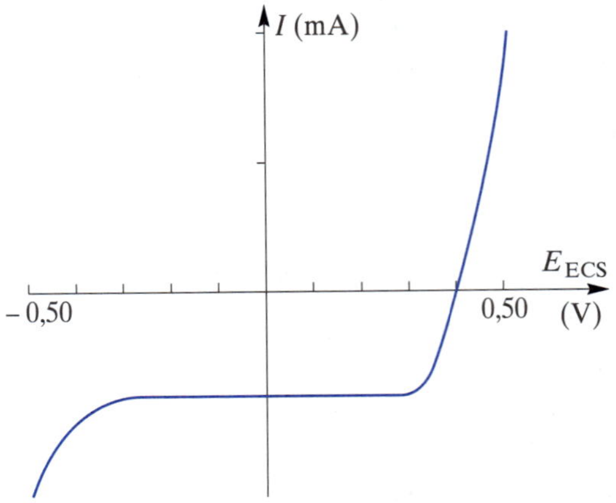

(b)

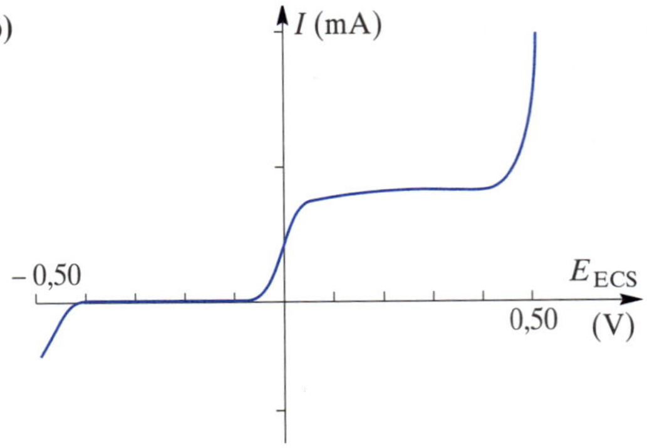

Données :

En solution aqueuse, les ions NO_3^- et ClO_4^- ne sont pas *électroactifs* pour la réduction.

• Potentiels standard d'oxydoréduction :

$E^0(H_3O^+/H_2) = 0,00$ V ; $E^0(O_2/H_2O) = 1,23$ V ;

$E^0(Ag^+/Ag) = 0,80$ V ; $E^0(Br_2/Br^-) = 1,07$ V .

• Potentiel de l'électrode au calomel saturé en KCl :

$E_{ECS} = +0,245$ V.

• $\alpha = \ln 10 . \dfrac{RT}{F} = 0,06$ V.

• Produit de solubilité de AgBr : $K_s = 5,0 . 10^{-13}$.

• L'acide perchlorique est un acide fort.

Conseils

1) Une courbe peut correspondre à *plusieurs* réactions électrochimiques parallèles ou successives.

2) Calculer le pH de la solution et les potentiels d'équilibre et comparer à la courbe expérimentale en tenant compte de la nature de l'électrode de référence utilisée.

4 Principe de l'électrolyse

1 ▬ Soit les couples rédox Ox_1/Red_1 et Ox_2/Red_2 (voir figure page suivante).

Préciser les réactions électrochimiques correspondant aux différentes parties des courbes $I(E)$.

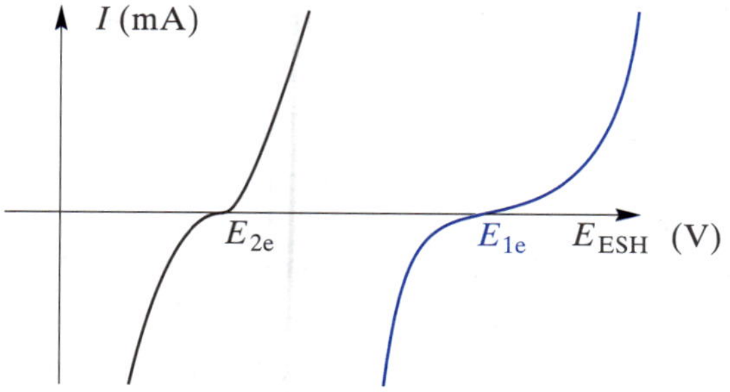

2 ▬ On considère un mélange des espèces Red_1 et Ox_2 contenu dans une cellule d'électrolyse. Que se passe-t-il lorsqu'on applique entre les électrodes une différence de potentiel $e < E_{1e} - E_{2e}$? Même question si $e > E_{1e} - E_{2e}$.

3 ▬ Pour qu'il y ait réaction à l'électrode, il est nécessaire que les espèces électroactives s'approchent des électrodes. Quels sont les trois phénomènes qui assurent ce transport de matière ?

4 ▬ On observe souvent, lorsque e augmente, l'apparition d'un palier sur l'une ou les deux branches du diagramme $I(E)$. Quelle est l'origine de ce palier ? De quoi dépend son ordonnée ? Pour quels types de réactions électrochimiques ce palier n'est-il pas observé ?

5 ▬ On observe en général que la tension à appliquer, entre les deux électrodes pour obtenir une intensité I, est supérieure à $(E_1(I) - E_2(I))$. Interpréter cette observation.

Conseil

Il s'agit d'un exercice de base : revoir le cours ou les *Rappels de cours* en cas de difficulté.

5 Obtention du dioxyde de manganèse MnO_2

Le dioxyde de manganèse est utilisé comme oxydant dans de nombreuses piles électriques.
Il est fabriqué industriellement par électrolyse d'une solution aqueuse concentrée de sulfate de manganèse (II) et d'acide sulfurique entre des électrodes de graphite.

1 ▬ Indiquer le sens de déplacement des différents porteurs de charge dans la solution.

2 ▬ À quelle électrode est obtenu le dioxyde de manganèse au cours de l'électrolyse ?
Écrire l'équation de la réaction électrochimique correspondante. Est-ce la seule réaction envisageable à cette électrode ?

3 ▬ Montrer, en utilisant les résultats des questions précédentes, que l'utilisation de solutions concentrées et l'agitation du bain sont indispensables pour obtenir un bon rendement en dioxyde de manganèse.

4 ▬ Quelles sont les réactions électrochimiques pouvant se dérouler à l'autre électrode ? En pratique, on observe un dégagement gazeux à cette électrode : identifier la réaction correspondante et justifier.

5 ▬ On a enregistré les courbes $j_a = f(E)$ pour une électrode de graphite pur au contact d'une solution d'acide sulfurique à 1 mol . L^{-1} (courbe **(1)**), puis d'une solution d'acide sulfurique à 1 mol . L^{-1} et de sulfate de manganèse (II) à 1 mol . L^{-1} (courbe **(2)**).

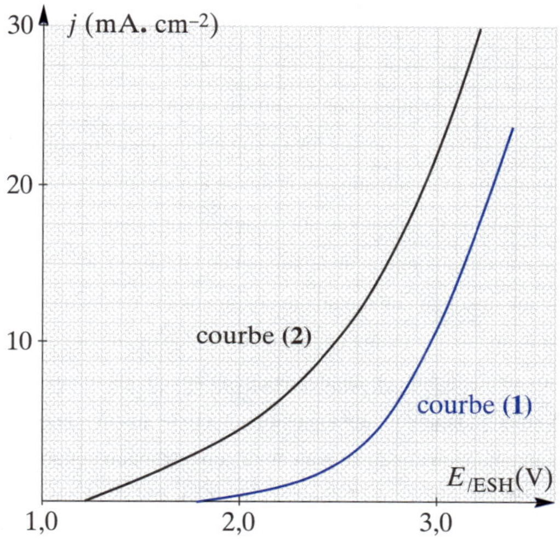

a) Interpréter la position relative de ces courbes.
Montrer que l'on peut en déduire la courbe $j_a = f(E)$ pour la réaction d'obtention de MnO_2.

b) On augmente le potentiel de l'anode : comment varie, d'après les courbes précédentes, la vitesse de dépôt de MnO_2 ? Comment varie le rendement en courant ?

c) On souhaite obtenir un rendement en courant au moins égal à 75 %. Comment faut-il choisir E_a ?
Quelle est la tension minimale à appliquer entre les électrodes ?

Données :
Potentiels standard d'oxydoréduction :
$E^0(H_3O^+/H_2) = 0{,}00$ V ; $E^0(O_2/H_2O) = 1{,}23$ V ;
$E^0(Mn^{2+}/Mn) = -1{,}17$ V ; $E^0(MnO_2/Mn^{2+}) = 1{,}23$ V.

Conseils

3) Étudier les moyens de ralentir les réactions parasites.
5) a) Utiliser l'additivité des densités de courant des réactions concurrentes.
b) Relier le rendement en courant à l'écart entre les courbes **(1)** et **(2)**.

6 Métallurgie du cuivre

D'après Concours ENS, Cachan.

A. Raffinage électrolytique du cuivre par le procédé « à anode soluble » (ou électroraffinage)

Le raffinage électrolytique se produit dans une cuve à électrolyse remplie d'une solution concentrée de sulfate de cuivre (II) en milieu sulfurique. L'anode est constituée de cuivre impur et la cathode d'une feuille de cuivre très pur.

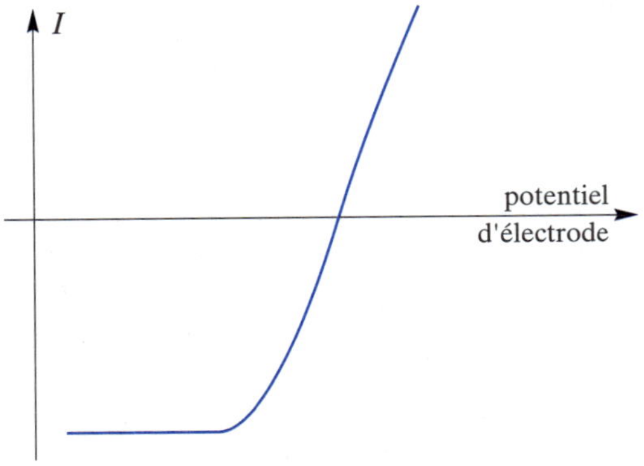

1 ▬ Sur le schéma donné ci-dessus, écrire les réactions qui ont lieu à l'anode et à la cathode. Après avoir fixé, sur ce schéma, le point de fonctionnement de cette électrolyse (intensité, tension entre les électrodes), expliquer pourquoi la tension doit rester faible ($< 0{,}3$ V) aux bornes de la cuve.

2 ▬ Expliquer pourquoi les traces d'argent contenues dans l'anode ne sont pas oxydées et pourquoi les traces de fer sont oxydées à l'anode, mais non réduites à la cathode.

3 ▬ Établir la relation qui existe entre la masse m de cuivre raffiné (en g), l'intensité du courant I (en A) et le temps t (en h).

Application numérique :

Industriellement, le rendement de cette électrolyse est proche de 100 %. Quel est (en kWh) l'énergie consommée par tonne de métal raffiné ? La tension d'électrolyse est de 0,3 V.

B. Extraction du cuivre par électrolyse (électro-extraction)

L'électro-extraction est la dernière étape de l'hydrométallurgie du cuivre. La solution, concentrée et acide, de sulfate de cuivre (II) est électrolysée dans une cuve, avec une anode en plomb passivé, sur laquelle il y a dégagement de dioxygène, et une cathode en cuivre très pur sur lequel le cuivre se dépose.

1 ▬ Quelles sont les réactions qui ont lieu aux électrodes ? Calculer la tension théorique minimale à appliquer aux bornes des électrodes pour que l'électrolyse ait lieu. La concentration des ions cuivre (II) dans la solution est égale à 0,1 mol . L^{-1}, le pH est égal à 0 et la pression de dioxygène est égale à 0,2 bar.

Les propriétés rédox du plomb n'interviennent pas.

2 ▬ Faire un schéma des courbes intensité-potentiel à l'anode et à la cathode. Faire figurer sur ce schéma l'intensité et la tension de fonctionnement. Dans ce schéma, on négligera les surtensions aux électrodes.

3 ▬ En réalité, compte tenu de phénomènes de surtension à l'anode et de chute ohmique de tension dans l'électrolyte, la tension à appliquer est de 2,1 V.

Application numérique :

Calculer l'énergie électrique (en kWh) nécessaire pour produire 1 tonne de cuivre par ce procédé. On supposera le rendement égal à 100 %. Comparer à l'énergie consommée par le procédé d'électroraffinage.

Données :

• Potentiels standard à 25 °C :

$E^0(Cu^{2+}/Cu) = 0{,}34$ V ;

$E^0(Ag^+/Ag) = 0{,}80$ V ;

$E^0(H^+/H_2) = 0$ V ;

$E^0(O_2/H_2O) = 1{,}23$ V ;

$E^0(Fe^{2+}/Fe) = -0{,}44$ V.

• Constante de Faraday : $F = 96{,}50$ kC . mol^{-1} ;

• $\alpha(T) = RT . \ln 10/F = 0{,}06$ V à 25 °C.

Conseil

A . 2) Placer sur le diagramme les courbes $I(V)$ pour les couples Ag^+/Ag et Fe^{2+}/Fe.

7 Diagrammes d'Evans

Ces diagrammes permettent de mettre en évidence les différents facteurs influençant la vitesse de corrosion.

On les obtient en portant E (ou V) en fonction de la valeur absolue de I (ou de son logarithme si l'intervalle exploré est trop grand).

(a)

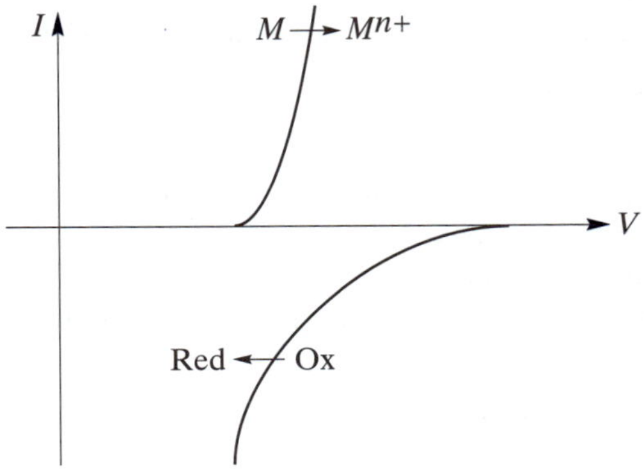

(b)

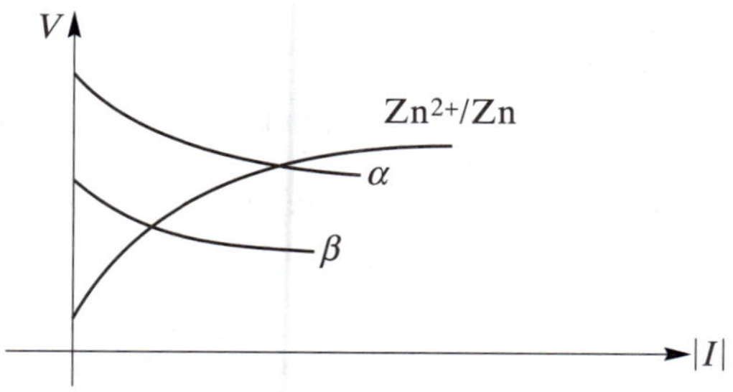

(c)

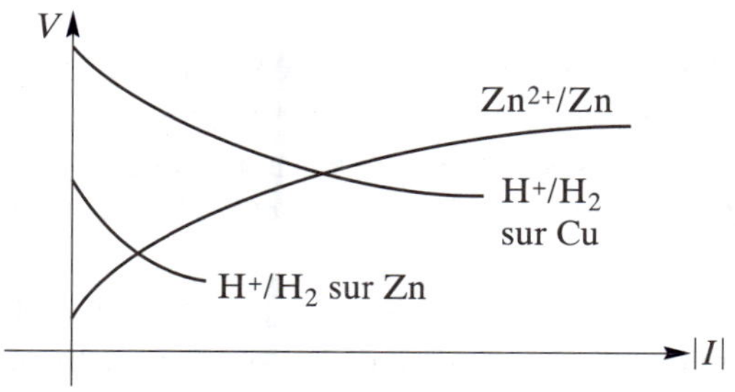

1 ▬ La figure (**a**) représente les courbes $I(V)$ d'un couple métallique M^{n+}/M et d'un couple dissous Ox/Red. Représenter le diagramme d'Evans correspondant.

Comment détermine-t-on la valeur du courant de corrosion du métal sur ce diagramme ?

2 ▬ **Corrosion en milieu acide :** la figure (**b**) présente un diagramme $V = f(|I|)$ pour le couple Zn^{2+}/Zn et le couple H_3O^+/H_2 à pH = 0 et à pH = 5.

Identifier les différentes courbes en explicitant la démarche suivie. Mettre en évidence le rôle du pH sur la vitesse de corrosion du métal.

3 ▬ **Corrosion en milieu acide et impuretés :** la figure (**c**) présente un diagramme $V = f(|I|)$ pour le couple Zn^{2+}/Zn et le couple H_3O^+/H_2 sur zinc et sur cuivre. Comparer la surtension de dégagement de dihydrogène sur ces deux métaux.

On considère deux échantillons de zinc : l'un est très pur alors que l'autre comporte des traces de cuivre.

Dans quel cas la corrosion du zinc est-elle la plus facile ?

Mettre en évidence, sur un schéma, la circulation des porteurs de charges.

Conseils

1) Pour placer les courbes, utiliser le fait que si $|I|$ croît, V décroît pour le courant cathodique, mais croît pour le courant anodique.

2) Analyser les facteurs cinétiques de la réduction des protons.

8 Cémentation du cadmium par le zinc

1 ▬ Rappeler la définition d'une réaction de *cémentation*. Écrire l'équation de la réaction de cémentation du cadmium par le zinc. Calculer sa constante d'équilibre à 25 °C.

2 ▬ Déterminer la consommation massique théorique de zinc par kg de cadmium.La consommation réelle de zinc est comprise entre 0,8 et 1,4 kg de zinc par kg de cadmium. Proposer une interprétation.

3 ▬ En pratique, les solutions traitées par cémentation sont des solutions diluées de sulfate de cadmium (20 g . L^{-1} d'élément cadmium), de pH voisin de 3.

La figure ci-dessous présente, pour deux régimes d'agitation différents (**a** et **b**), le diagramme $E = f(|I|)$, appelé *diagramme d'Evans*, quand 1 % de cadmium a été réduit.

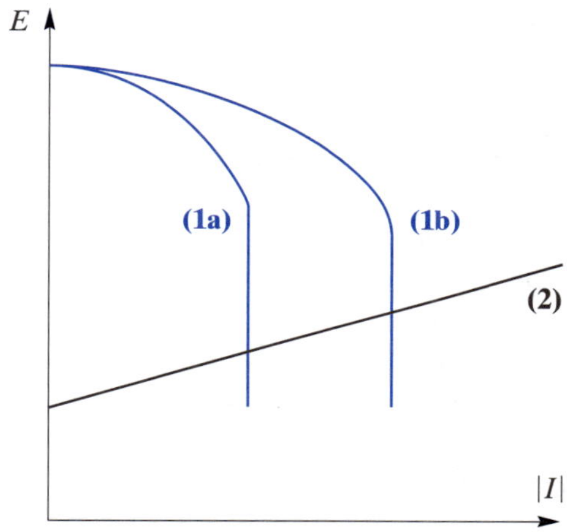

a) Calculer les potentiels à courant nul pour les deux couples et identifier les courbes correspondantes.

Comment déterminer, à partir de ces courbes, le courant de corrosion ?

b) Quel est le phénomène qui contrôle la réaction ? Quelle est la courbe correspondant à l'agitation la plus forte ? Quel est l'effet de l'agitation sur la cémentation ?

Données :

• $\alpha(T) = 0{,}06$ V.

• Potentiels standard d'oxydoréduction :

$E^0(H_3O^+/H_2) = 0{,}00$ V ; $E^0(O_2/H_2O) = 1{,}23$ V ;
$E^0(Zn^{2+}/Zn) = -0{,}76$ V ; $E^0(Cd^{2+}/Cd) = -0{,}40$ V .

Conseils

2) Considérer d'éventuelles réactions parasites.

3) **a)** Calculer la composition de la solution après réduction de 1 % de cadmium.

Pour identifier les courbes, utiliser le fait que si $|I|$ croît, V décroît pour le courant cathodique, mais croît pour le courant anodique.

b) Interpréter la forme de la courbe de réduction.

9 Corrosion d'une tôle en acier électrozingué

D'après Concours Communs Polytechniques, MP.

1 ▬ Soit le diagramme potentiel-pH simplifié du zinc ci-dessous, tracé à 25 °C en prenant les concentrations des espèces solubles égales à $1{,}0 \cdot 10^{-6}$ mol . L^{-1}.

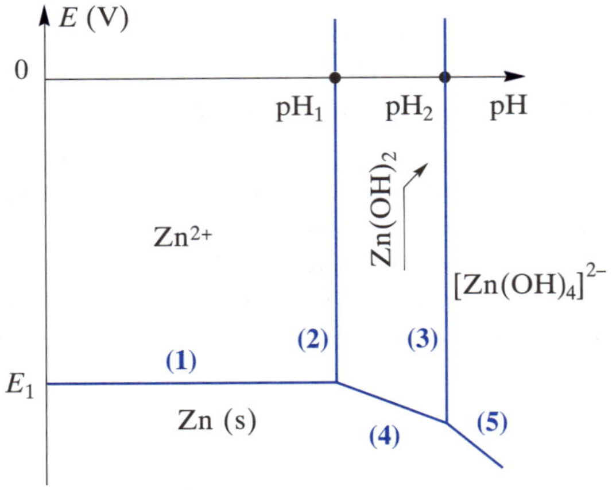

a) Commenter le diagramme potentiel-pH.
b) Écrire les équations des réactions correspondant à chacune des lignes du diagramme.
c) Calculer les valeurs de pH_1 et pH_2 .
d) Calculer la valeur de E_1.
e) Donner l'équation de la droite relative au couple H^+/H_2. La reporter sur le diagramme.
f) Indiquer les domaines du diagramme correspondant respectivement à l'immunité, la corrosion et la passivité du zinc.

2 ▬ Une tôle en acier électrozingué est plongée dans une solution aqueuse de pH = 6, désaérée par un barbotage de gaz argon afin de chasser le dioxygène de l'air dissous.
a) Écrire les équations des deux demi-réactions électroniques que l'on peut prévoir à la surface de la tôle en s'appuyant sur le diagramme potentiel-pH, puis indiquer la réaction chimique globale.
b) Donner les valeurs, à pH = 6, des potentiels d'oxydoréduction des couples correspondant à chacune de ces deux demi-réactions électroniques.
c) En fait, aucun dégagement gazeux n'est observé. Expliquer ce constat en calculant le potentiel de début de dégagement gazeux en tenant compte de la surtension. Tracer l'allure des courbes $I = f(V)$. Dans quel domaine de potentiel se situe le potentiel de la tôle mesuré par rapport à une électrode standard à hydrogène (potentiel de corrosion de la tôle) ?

3 ▬ La tôle d'acier électrozingué ayant été accidentellement rayée, l'acier est mis à nu au fond de la rayure. La tôle est plongée dans la solution aqueuse désaérée, de pH = 6.
a) Déterminer la valeur du potentiel rédox du couple Fe^{2+}/Fe (on prendra les concentrations des espèces solubles contenant du fer égales à 10^{-6} mol . L^{-1}).
b) Représenter l'aspect des courbes intensité-potentiel correspondant :
– à l'oxydation pour les couples Fe^{2+}/Fe, Zn^{2+}/Zn ;
– à la réduction pour H^+/H_2 sur Fe et sur Zn.
c) Écrire les équations des réactions qui interviennent au voisinage de la rayure en identifiant l'anode et la cathode. Expliquer comment la présence du zinc évite l'oxydation du fer.

4 ▬ La tôle électrozinguée non rayée est plongée dans une solution aqueuse de pH = 6, non désaérée.
a) Indiquer les demi-réactions électroniques qui pourraient se dérouler à la surface de la tôle et la réaction chimique globale.
b) Dans le cas de la tôle rayée accidentellement, expliquer pourquoi un précipité de $Zn(OH)_2$ peut apparaître localement au voisinage de la rayure ; écrire les équations des réactions correspondantes.

Données à 25 °C :
• $\alpha(T) = \ln 10 \cdot RT / F = 0{,}060$ V.
• Potentiels standard des couples :
$E^0(H^+/H_2)$ 0,00 V ;
$E^0(Zn^{2+}/Zn(s)) = -0{,}76$ V ;
$E^0(Fe^{2+}/Fe(s)) = -0{,}44$ V ;
$E^0(O_2/H_2O) = 1{,}23$ V.
• Produit de solubilité de $Zn(OH)_2$: $K_s = 10^{-16}$.
• Produit ionique de l'eau : $K_e = 10^{-14}$.
• Pour l'équilibre :
$Zn(OH)_2 + 2\,HO^- = [Zn(OH)_4]^{2-}$; $K = 10^{-0,5}$.
• Surtensions η_c de dégagement de dihydrogène : sur le zinc : – 0,75 V ; sur le fer : – 0,25 V.
• Surtension η_a de dégagement de dioxygène sur le zinc ou sur le fer : + 0,5 V.
On note $E(H_2\uparrow)$ et $E(O_2\uparrow)$ les potentiels de début de dégagement gazeux

Conseils

1) c) Déterminer la limite de précipitation en supposant que l'ion considéré est le seul représentant de l'élément zinc dans la solution.
2) c) Chercher le point pour lequel $I_A = -I_C$.
3) b) Considérer que les systèmes M^{2+}/M sont rapides.
4) c) Écrire l'équation de réduction du dioxygène en milieu non acide.

10 Corrosion électrochimique

D'après Concours Communs Polytechniques PC.

A. Étude thermodynamique : diagramme potentiel-pH à 25 °C

Le diagramme potentiel-pH ci-dessous a été tracé en considérant les espèces suivantes :

– solides : le fer α noté Fe ; l'oxyde magnétique Fe_3O_4 ; la goethite (oxyde de fer (III)) α FeOOH,

– dissoutes : les ions Fe^{2+}, Fe^{3+}, H_3O^+ et HO^-, avec l'hypothèse de concentrations maximales en ions Fe^{2+} et Fe^{3+} de 10^{-6} mol . L^{-1}.

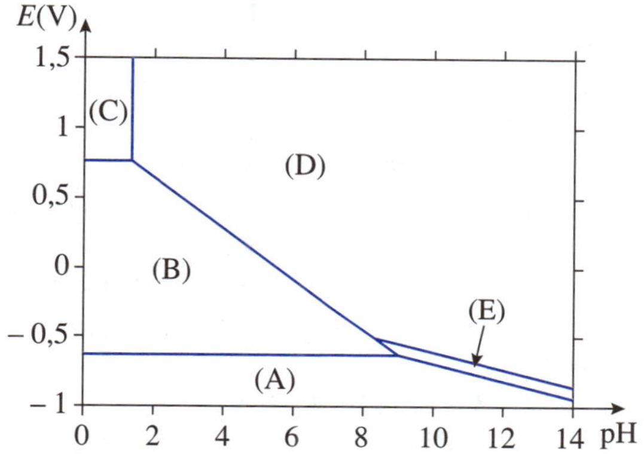

1 ▬ Indiquer de quelles espèces du fer les domaines de prédominance ou d'existence (A) à (E) du diagramme sont représentatifs.

2 ▬ Calculer la pente du segment de droite correspondant à la coexistence de l'oxyde magnétique et de la goethite.

3 ▬ Calculer la valeur de pH à partir de laquelle on peut observer la formation de la goethite.

4 ▬ Calculer les coordonnées du point d'intersection des segments de droite délimitant les domaines (B), (C) et (D) du diagramme.

5 ▬ En considérant la position des droites représentatives des couples O_2 / H_2O et H_2O / H_2, pour des pressions gazeuses de 1 bar, que peut-on dire de l'oxydation du fer en Fe^{3+} et en FeOOH en l'absence de dioxygène ?

6 ▬ Dans l'hypothèse où seule la goethite forme une couche protectrice du métal, pour quels domaines du diagramme peut-on prévoir l'immunité, la corrosion ou la passivité du fer ?

B. Étude cinétique de la corrosion

1 ▬ Corrosion du fer en solution acide désaérée

L'électrode de fer considérée est plongée dans une solution telle que les potentiels d'équilibre des couples Fe^{2+} / Fe et H^+ / H_2 valent respectivement $E_{éq} = -0,50$ V et $E_{éq} = 0,00$ V.

On suppose que les seules réactions qui se produisent à la surface du métal sont l'oxydation du fer en Fe^{2+} et la réduction des ions hydrogène en H_2.

a) Écrire les demi-équations électroniques correspondantes. Lorsque le fer est abandonné dans la solution, que peut-on dire des vitesses d'oxydation du fer et de réduction des ions hydrogène et des intensités correspondantes ?

b) On suppose que les courbes intensité-potentiel des deux réactions électrochimiques considérées peuvent être représentées par les équations de Tafel :

– oxydation du fer :

$$\eta_a = E - E_{éq} = \alpha_a + \beta_a \cdot \log|\, i \,|$$

– réduction des ions hydrogène :

$$\eta_c = E - E'_{éq} = \alpha'_c + \beta'_c \cdot \log|\, i \,|$$

Les intensités étant exprimées en ampère et les différences de potentiel en volt, on obtient alors :

$\alpha_a = 0,40$ V ; $\beta_a = 0,04$ V ; $\alpha'_c = -0,80$ V ; $\beta'_c = -0,15$ V

Établir les relations $E = f(\log|\, i_a \,|)$ et $E = f(\log|\, i_c \,|)$ pour les réactions considérées.

En déduire le potentiel de corrosion E_{corr} du fer dans le milieu considéré et l'intensité de corrosion i_{corr} de la pièce de fer dans ces conditions.

c) À quelle valeur du potentiel convient-il de porter le fer pour lui assurer une protection cathodique ?

Quelle est alors l'intensité de réduction des ions hydrogène (intensité de *protection*) ?

2 ▬ Protection contre la corrosion

Indiquer deux moyens courants que l'on peut mettre en œuvre pour effectuer la protection cathodique d'un métal.

Données à 298 K *:*

• Enthalpies libres standard de formation $\Delta_f G^0$ de quelques espèces :

espèce	H_2O (ℓ)	H^+	HO^-	Fe^{2+}	Fe^{3+}	α FeOOH
$\Delta_f G^0$ (kJ . mol^{-1})	–237,0	0	– 157,1	– 84,9	– 10,6	– 495,7

• Constante de Faraday : $F = 96,5$ kC . mol^{-1}

• Constante du gaz parfait : $R = 8,314$ J . K^{-1} . mol^{-1}

La notation log désigne le logarithme décimal.

$\alpha(T) = \ln 10 \cdot (RT/F) = 0,060$ V.

Conseils

Il s'agit d'un problème classique où les données habituelles (K_s, E^0) ne sont pas fournies mais doivent être calculées à partir des données thermodynamiques.

La formulation « concentrations maximales en ions Fe^{2+} et Fe^{3+} de 10^{-6} mol . L^{-1} » est ambiguë : le problème a été résolu en considérant que la concentration maximale *totale* en élément fer (« concentration de tracé ») est de 10^{-6} mol . L^{-1}.

1) Revoir si nécessaire les règles d'identification rappelées au chapitre précédent.

2) Calculer K_s pour la goethite à partir des données thermodynamiques.
3) Calculer $E^0(Fe^{3+}/ Fe^{2+})$ à partir des données thermodynamiques.
La réponse au **A.5** nécessite une analyse précise du diagramme fourni.
a) Traduire la conservation de la charge électrique.
b) Utiliser le diagramme E-pH pour déterminer le potentiel nécessaire compte tenu du pH. Se reporter ensuite à la relation de Tafel correspondante.

11 Corrosion en phase aqueuse

D'après Concours Centrale Supelec, PSI, 2003.

A. Corrosion uniforme du zinc en milieu acide

1 ▬ Sachant que le couple Zn^{2+} / Zn est rapide, donner l'allure de la courbe densité de courant - potentiel (j - E) pour l'oxydation et la réduction de ce couple.
Le potentiel standard du couple Zn^{2+} / Zn est égal à – 0,76 V et on prendra la concentration initiale d'ions zinc (II) égale à 1,00 mol . L^{-1}.

2 ▬ La courbe intensité-potentiel du couple H^+ (aq) / H_2 dépend-elle du métal de l'électrode utilisée ? Expliquer succinctement pourquoi.

3 ▬ On envisage l'oxydation du zinc par les ions H^+ (aq). Écrire l'équation de la réaction. Que peut-on dire de cette oxydation d'un point de vue thermodynamique ?
Pour des valeurs suffisamment importantes de la valeur absolue de la densité de courant anodique $|j_a|$ (respectivement de la valeur absolue de la densité de courant cathodique $|j_c|$), on peut écrire :

$$j_a = A_a . \exp(b_a . E) \quad \text{et} \quad j_c = -A_c . \exp(-b_c . E)$$

La constante b_a (respectivement b_c) est positive et caractéristique de l'oxydant (respectivement du réducteur).
Les constantes A_a et A_c sont positives et dépendent en outre des activités de l'oxydant ou du réducteur.

4 ▬ On envisage un phénomène de corrosion uniforme, observé quand une lame de zinc trempe dans une solution acide. On admet alors que les surfaces d'électrodes sont égales pour l'oxydation et la réduction.
a) Quelle est la relation entre les intensités anodiques et cathodiques ? Que peut-on en déduire pour les densités de courant anodiques et cathodiques ?
b) Une étude expérimentale a permis d'obtenir les lois suivantes, reliant la densité de courant (en A . cm^{-2}) et le potentiel d'électrode (en V) mesuré par rapport à l'E.S.H. (log symbolise le logarithme à base 10) :
– oxydation du zinc :

$$E = 0{,}0774 . \log j_a - 0{,}1956$$

– réduction de H^+ (aq) sur zinc :

$$E = -0{,}0780 . \log |j_c| - 0{,}778$$

Calculer la densité de courant de corrosion uniforme j_{corr} et le potentiel de corrosion E_{corr}.
c) La vitesse de corrosion v_{corr} est mesurée en µm par année. Exprimer littéralement v_{corr} en fonction de j_{corr}, de la constante de Faraday F, de la masse molaire atomique M(Zn) du zinc et de sa masse volumique ρ (Zn).
d) Calculer numériquement v_{corr}.

Données :
- $M(Zn) = 65{,}4$ g . mol^{-1}, $\rho(Zn) = 7\,140$ kg . m^{-3}
- $F = 96\,490$ C . mol^{-1}, $\alpha(T) = 0{,}06$ V.

B. Comparaison de la corrosion du zinc et du fer

1 ▬ On donne $E^0 = -0{,}44$ V pour le couple Fe^{2+} / Fe. À partir de considérations thermodynamiques, quel métal serait le plus corrodé par la même solution acide ?

2 ▬ Une étude expérimentale, réalisée avec la même solution acide, a permis d'obtenir les lois suivantes reliant les densités de courant (en A . cm^{-2}) et les potentiels (en V) mesurés par rapport à l'E.S.H. :
– oxydation du fer :

$$E = 0{,}0760 . \log j_a - 0{,}0348$$

– réduction de de H^+ (aq) sur fer :

$$E = -0{,}0780 . \log |j_c| - 0{,}476$$

Calculer la densité de courant de corrosion uniforme du fer et conclure.

C. Corrosion du fer en contact électrique avec un autre métal

1 ▬ Représenter grossièrement les graphes $E(\log |j|)$ pour l'oxydation du zinc, la réduction de H^+ sur zinc, l'oxydation du fer, la réduction de H^+ sur fer. On se limitera aux valeurs de E comprises entre 0 et – 1 V et de log j comprises entre 0 et –5 .

2 ▬ Deux blocs, l'un de fer et l'autre de zinc, de même surface et reliés électriquement, sont plongés dans la solution acide précédente. Décrire les phénomènes observés, indiquer quel métal sera corrodé et calculer la densité de courant de corrosion. Conclure.

3 ▬ Une canalisation en fer (même état de surface que précédemment) doit être parcourue par une solution aqueuse acide. On doit préserver l'intégrité de cette canalisation pendant une durée assez longue, ce qui nécessite que la corrosion soit réduite au minimum.
On choisit d'investir dans une canalisation revêtue d'une couche d'un métal noble, non attaqué par la solution acide. Que se passera-t-il si un millième de la surface de fer est non recouverte par le métal ? Calculer la densité de courant de corrosion et conclure.
On admettra que la relation $E(|j_c|)$ pour la réduction de H^+ (aq) sur le métal noble est la même que sur le fer et on

envisagera que la densité de courant anodique se limite à celle de l'oxydation du fer.

Conseils

A. 4) a) Utiliser la donnée sur les surfaces.
b) Utiliser l'unicité du potentiel
B. 1) Relier K^0 pour la réaction d'oxydation au potentiel standard du couple M^{2+}/M.

12 Corrosion électrochimique du fer et protection cathodique

La vitesse de corrosion d'un métal peut être déduite de la détermination des courbes intensité-potentiel correspondant à l'oxydation du métal et la réduction de l'oxydant responsable de l'attaque du métal (O_2 (aq) ou H^+ (aq) suivant le pH et l'aération de la solution). Le montage ci-dessous est réalisé et la solution est agitée, au contact de l'air.

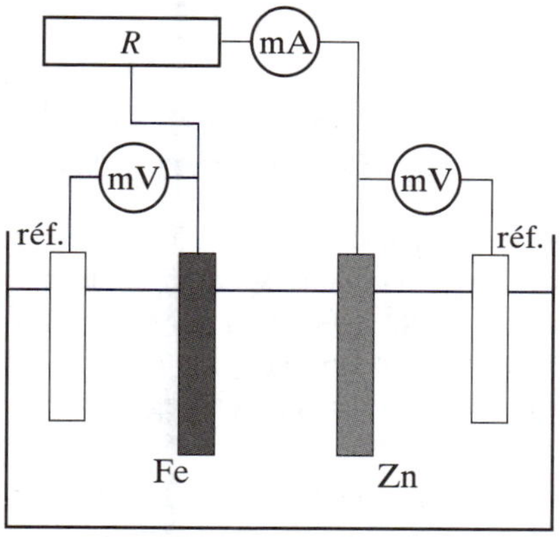

solution de NaCl à 3%

Grâce à ce montage, on étudie, dans l'électrolyte où se fait la corrosion, les courbes intensité-potentiel en faisant débiter la pile de corrosion dans une résistance. On peut alors tracer les deux courbes $I = f(V)$ pour chacun des deux métaux, la différence de potentiel V étant mesurée par rapport à l'électrode de référence (les deux électrodes de référence sont identiques).

1 ▬ Donner l'allure attendue des courbes intensité-potentiel du montage ci-dessus en précisant les conventions.

2 ▬ Dans le diagramme d'Evans, on porte la valeur absolue de l'intensité pour chaque réaction électrochimique. Justifier sa construction en montrant qu'il permet de déterminer aisément l'intensité du courant de corrosion et le potentiel de corrosion.

3 ▬ Le tableau suivant donne les valeurs relevées au cours de l'expérience (les potentiels V de chaque électrode métallique sont donnés par rapport à l'électrode de référence au calomel).

I (µA)	4	14	39	61	120
V(Fe) (V)	– 0,80	– 0,85	– 0,91	– 0,94	0,99
V(Zn) (V)	– 1,0	– 1,0	– 1,0	– 1,0	0,99

Déduire des mesures expérimentales la valeur du courant de corrosion.

4 ▬ Déterminer, en supposant l'intensité du courant constante, la masse de zinc corrodé en une journée et représentant le coût de cette protection cathodique du fer.

13 Diagramme *E*-pH du plomb

D'après Concours Centrale Supélec, TSI.

Le diagramme donné ci-dessous prend en compte les espèces suivantes :
• espèces solides : Pb ; PbO ; Pb_3O_4 ; PbO_2 ;
• espèces dissoutes en solution aqueuse :

$$Pb^{2+},\ HPbO_2^- ;\ PbO_3^{2-}$$

La convention choisie pour tracer ce diagramme est la suivante : la concentration de chaque espèce dissoute est égale à C_{tra} = 0,10 mmol.L^{-1}. Les domaines délimités sont des domaines d'existence pour les espèces solides, et de prédominance pour les espèces en solution aqueuse.
Le graphe ci-dessous est indicatif et ne peut être utilisé pour accéder à des valeurs numériques précises.

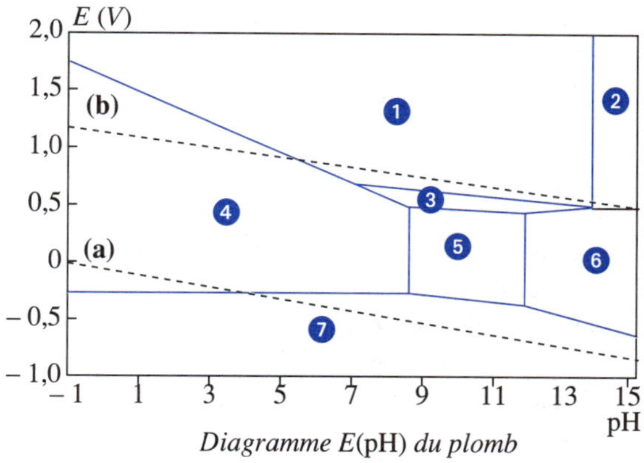

Diagramme E(pH) du plomb

1 ▬ **Le plomb au nombre d'oxydation +II**

a) Quelles sont, parmi les espèces étudiées, celles correspondant au nombre d'oxydation +II pour l'élément plomb ?

b) La solubilité molaire d'une espèce est définie comme la quantité maximale de cette espèce qu'on peut dissoudre par litre de solution aqueuse. Exprimer la solubilité s du plomb au nombre d'oxydation +II.
Donner l'expression de cette solubilité en fonction du pH. Tracer log $s = f$(pH). On pourra se contenter d'établir les équations des asymptotes en précisant les approximations utilisées, et de calculer la valeur de log s pour pH = 9,35.

c) À l'aide des résultats de la question précédente, retrouver les valeurs du pH limitant le domaine d'existence de PbO dans le diagramme E-pH fourni.

2 ▬ Le plomb au nombre d'oxydation +IV

a) Quelles sont, parmi les espèces étudiées, celles correspondant au nombre d'oxydation +IV pour l'élément plomb ?

b) On disperse, dans 1 litre d'eau, 0,1 mmol d'oxyde PbO_2. Calculer le pH de dissolution de cet oxyde en milieu basique.

3 ▬ L'oxyde mixte Pb_3O_4

Il existe un troisième oxyde de plomb de formule Pb_3O_4.

a) Équilibrer les couples rédox :

Pb_3O_4 / Pb^{2+} ; Pb_3O_4 / PbO ;

Pb_3O_4 (s) / $HPbO_2^-$; et PbO_2 / Pb_3O_4

b) Déterminer les pentes des droites correspondant à chacun de ces couples.

4 ▬ Exploitation du diagramme

a) Pour chacun des domaines du diagramme E-pH du système plomb, indiquer l'espèce chimique du plomb dont c'est le domaine d'existence ou de prédominance.
Justifier brièvement la réponse.
On a superposé, au diagramme E-pH du plomb, celui de l'eau (droites **(a)** et **(b)**).

b) Équilibrer les couples rédox associés aux droites **(a)** et **(b)**.

c) Quelles sont les espèces contenant l'élément plomb qui peuvent exister en solution aqueuse ?

d) Le plomb est-il attaqué par les acides ? par les bases ? Justifier la réponse.
En cas de réponse positive , écrire l'équation de la réaction correspondante.

e) On constate que le plomb n'est pas attaqué par une solution d'acide sulfurique à 0,05 $mol.L^{-1}$.
Calculer le potentiel du couple $PbSO_4/Pb$ dans les conditions de l'expérience. Le résultat expérimental était-il prévisible ? Proposer une interprétation.

f) • Un échantillon d'oxyde Pb_3O_4 est soumis à l'action d'un acide fort. Que se passe-t-il ? Écrire l'équation de la réaction s'il y a lieu et donner le nom de ce type de réaction.
• Mêmes questions dans le cas de l'addition d'une base forte.

Données :

Potentiels redox standard : Pb^{2+}/Pb : $E_1^0 = -0,13$ V.
Pb^{4+}/Pb^{2+} : $E_2^0 = 1,8$ V.

Constantes d'équilibre :

- $Pb^{2+} + H_2O = PbO (s) + 2 H^+$ $pK_1 = 12,65$;
- $PbO (s) + H_2O = HPbO_2^- + H^+$ $pK_2 = 15,4$;
- $PbO_2 (s) + H_2O = PbO_3^{2-} + 2 H^+$ $pK_3 = 31,3$;
- $PbSO_4 (s) = Pb^{2+} + SO_4^{2-}$ $pK_4 = 8,0$.

Conseils

1. a) Il pourra être intéressant dans un premier temps de calculer toutes les valeurs du nombre d'oxydation du plomb dans les différentes espèces. Pb_3O_4 est un oxyde mixte associant des ions plomb à deux degrés d'oxydation différents.
Le diagramme $E = f(pH)$ étant fourni il sera possible de vérifier que toutes les espèces correspondant au même n.o ont été identifiées.
b) On pourra négliger l'espèce X devant l'espèce Y dans l'expression des solubilités si $[Y] > 10 [X]$
3) En cas de difficultés considérer globalement les trois atomes de Pb_3O_4 pour équilibrer la demi-équation électronique
4. f) Considérer que les espèces obtenues dans les deux cas sont celles rencontrées en « sortant » du domaine de Pb_3O_4 soit sur la gauche (milieu acide) soit sur la droite (milieu basique).

14 Généralités sur les courbes *densité de courant* potentiel

Une électrode indicatrice inattaquable (par exemple de platine) plongée dans une solution contenant un couple Ox/Red échangeant n faradays par mole, aux concentrations respectives [Ox] et [Red], est intégrée à un montage à trois électrodes, qui permet l'enregistrement de la courbe intensité-potentiel.

Son potentiel E est imposé par rapport à une électrode de référence et le courant qui la traverse est mesuré dans un circuit comportant une électrode auxiliaire.

Le courant est conventionnellement pris comme positif si l'électrode indicatrice fonctionne en anode, comme négatif si elle fonctionne en cathode.

L'allure de la courbe expérimentale donnant la densité de courant j ($A . m^{-2}$) en fonction de E est représentée sur le *document* 1.

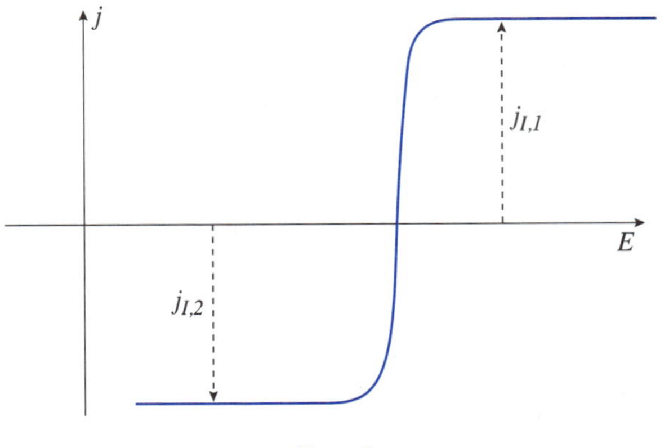

Doc. 1

1 ▬ Quel intérêt pratique y a-t-il à convertir l'intensité du courant mesuré en densité de courant j ?

2 ▬ Pourquoi, au regard de la courbe expérimentale, le système rédox étudié peut-il être considéré comme rapide dans ces conditions opératoires ?

3 ▬ À quels phénomènes physiques est reliée l'existence de deux paliers sur la courbe du *document* 1 ? Que peut-on dire de la concentration à l'interface électrode-solution de l'espèce responsable de la limitation du courant ?

4 ▬ Quelle serait l'allure de la courbe $j = f(E)$ en présence de l'oxydant seul ? en présence du réducteur seul ?

5 ▬ E est le potentiel d'électrode traversée par la densité de courant algébrique j ; E^0 est le potentiel standard du couple Ox/Red qui échange n électrons ; [Ox] et [Red] sont les concentrations respectives de l'oxydant et du réducteur dans la solution.
On prendra $\alpha(T) = (R.T / F)\ \ln 10 = 0{,}06$ V.
Exprimer le potentiel à courant nul en fonction de E^0 et des concentrations [Ox] et [Red]. Commenter votre résultat.

Conseils

Cet exercice très simple a pour but de préparer le problème qui le suit.
1. Revoir en physique, la définition d'une densité de courant .
2. Relire les *Rappels de cours* si nécessaire.

15 Titrage des ions Hg (II) par l'ETDA

1 ▬ On considère le couple Hg^{2+} (aq) / Hg (ℓ) de potentiel standard $E_1^0 = 0{,}80$ V.
Interpréter l'allure de la courbe (*doc.* 1) $j = f(E)$ enregistrée pour ce couple à l'aide d'une électrode indicatrice de mercure plongeant dans une solution aqueuse d'ion mercure (II) Hg^{2+} de concentration 10^{-3} mol . L^{-1}.
Pourquoi n'observe-t-on pas de palier sur la partie droite de la courbe ? Quelle conclusion peut-on tirer de la figure quant à la rapidité du système Hg^{2+} (aq) / Hg (ℓ) ?

2 ▬ On ajoute progressivement, dans la solution d'ions mercure (II), de l'EDTA noté symboliquement Y^{4-} et dont la formule semi-développée est :

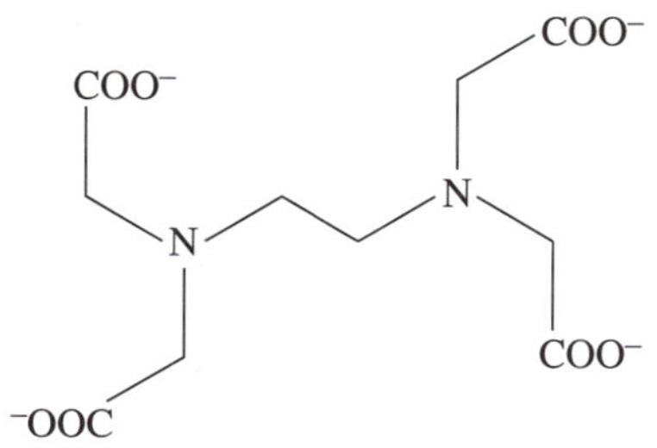

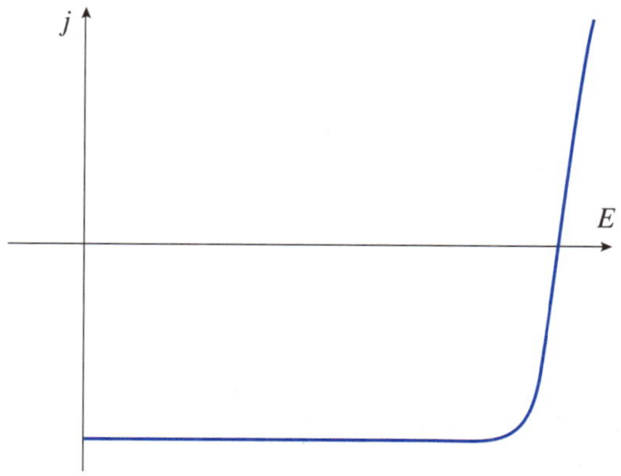

Doc. 1

L'EDTA forme, avec l'ion Hg^{2+}, un complexe selon :

$$Hg^{2+} + Y^{4-} = [HgY]^{2-}$$

de constante de formation $K_1^0 = 10^{22}$.

a) Quels sont les sites de complexation de Y^{4-} ? Pourquoi forme-t-il des complexes très stables avec les cations métalliques hexacoordonnés ?

b) Quelle est qualitativement l'incidence de la complexation :
– sur l'oxydation du mercure, Y^{4-} étant présent à l'interface ?
– sur la réduction des ions mercure (II) ?

c) Calculer le potentiel standard E_2^0 du couple :

$$[HgY]^{2-}/Hg\ (\ell)$$

Indiquer pourquoi, en présence de $[HgY]^{2-}$ en solution, une électrode de mercure est dite « indicatrice de la concentration en Y^{4-} ».

3 ▬ Soit x le degré d'avancement de la réaction précédente tel que $x = (n(Y^{4-}) / n(Hg^{2+}))$.
$n(Y^{4-})$ représente la quantité d'EDTA ajouté et $n(Hg^{2+})$ la quantité initiale d'ion Hg^{2+}.
Quelles sont les espèces prédominantes en solution pour $x = 0$; 0,5 ; 1 et $x > 1$?
Interpréter l'allure des courbes du *document* 2 obtenues pour différentes valeurs de x. On identifiera les réactions électrochimiques mises en jeu sur les différentes composantes et précisera l'origine des vagues d'oxydation et de réduction successives.

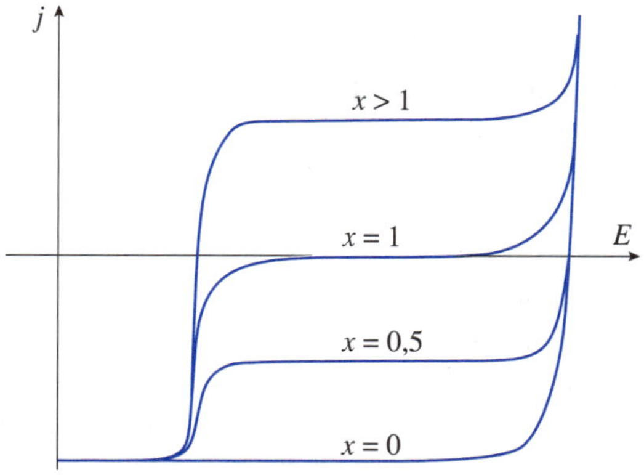

Doc. 2

4 ▬ Pour suivre le titrage complexométrique, on envisage de mesurer la d.d.p. à courant nul ΔE entre une électrode de référence au calomel, KCl saturé (E_{ECS} = 0,24 V) et une électrode indicatrice de mercure.
Quelle sera l'allure de la courbe de titrage potentiométrique $\Delta E = f(x)$?
On indiquera l'amplitude approximative du saut de potentiel autour du point d'équivalence. On négligera la dilution.

Conseils

Faire au préalable l'exercice 14.
1. Revoir les *Rappels de cours* si nécessaire.
2. Revoir si nécessaire dans le cours de première année (*H Prépa Chimie* 1re *année, MPSI-PTSI, chapitre* 5 § 5.3) l'influence de la complexation sur la valeur du potentiel redox d'un couple.
3. L'ordonnée d'un palier en intensité est proportionnelle à la concentration des réactifs et au nombre d'électrons mis en jeu dans la réaction électrochimique considérée

16 Obtention de l'aluminium à partir de son minerai

D'après Concours banque filière, PT, 2000.

L'aluminium est un des éléments les plus abondants de la croûte terrestre : il y en aurait environ 8 % dans l'épipérisphère connue (couche de 16 km de profondeur, à partir de la surface terrestre).
Ce métal, aux très nombreuses applications, est obtenu industriellement par électrolyse de l'alumine. L'alumine est présente dans les argiles et les schistes mais les seuls minerais industriellement utilisés sont les bauxites rouges, à teneur peu élevée en silice (inférieure à 8 %). Par exemple, une bauxite rouge böhmitique de l'Hérault contient en moyenne 54 % d'Al_2O_3, 20 % de Fe_2O_3, 4 % de SiO_2, 3 % de TiO_2, 19 % de H_2O.
On se propose de discuter, dans ce problème, de l'obtention de l'aluminium à partir de son minerai,

1 ▬ Production de l'alumine

On utilise maintenant de manière universelle le procédé Bayer, dont le *schéma de principe* (très simplifié) est fourni ci-après.

a) Pourquoi est-il nécessaire de broyer le minerai ?

b) En utilisant le diagramme $pS = f(\text{pH})$ ci-dessous et en supposant que les divers oxydes sont insolubles dans ces conditions, indiquer l'espèce chimique dans laquelle se trouve engagé l'élément aluminium après l'attaque basique (*étape* 4). En déduire la phase (liquide ou solide) dans laquelle il se trouve.

c) Pourquoi chauffe-t-on le milieu réactionnel dans l'*étape* 4 ? Dans l'*étape* 5, on ajoute un « floculant » dans le milieu. Quel est son rôle ?

d) Quelle(s) est (sont) alors l'(les) espèce(s) chimique(s) que l'on récupère sur le filtre (*étape* 6), et quelle(s) est(sont) l'(les) espèce(s) chimique(s) présente(s) dans le filtrat ?

e) La calcination (*étape* 9) a lieu entre 1 200 et 1 300 °C. Sous quelle forme physique se trouve l'alumine obtenue ?

f) Écrire l'équation de déshydratation de l'hydroxyde d'aluminium en alumine (*étape* 9).

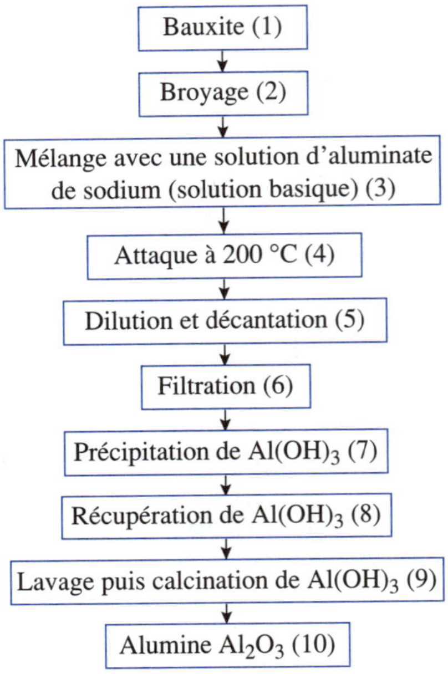

2 ▬ Production de l'aluminium par électrolyse d'un bain contenant l'alumine

L'aluminium est préparé par électrolyse d'un bain que l'on considère, en première approximation, comme un mélange de deux composés, la cryolithe (AlF_3, 3 NaF) d'une part, et l'alumine (Al_2O_3) d'autre part. Une étude simplifiée de l'électrolyse conduit à considérer la cryolithe comme un simple solvant dans lequel l'alumine se décompose selon la réaction d'équation :

$$Al_2O_3 \rightarrow 2\,Al^{3+} + 3\,O^{2-}$$

a) L'anode de la cuve est en carbone ; elle est consommée au cours du processus électrolytique, et il se dégage du dioxyde de carbone à cette électrode. Écrire l'équation de l'électrolyse.

b) Une cuve classique possède, en France, 18 anodes plates de 350 x 650 mm chacune. Quelle est l'intensité du courant circulant dans la cuve si la densité de courant vaut 1 A/cm^2 ?
Industriellement, on applique une d.d.p. moyenne de 4,4 V pour une série de cuves d'électrolyse. Le « rendement en

courant » de la cuve valant 90 %, combien d'énergie électrique doit-on consommer pour fabriquer 1 kg d'aluminium ?

Données :

- Produit de solubilité : $K_s(Al(OH)_3) = 10^{-33}$.
- Constante de formation de $[Al(OH)_4]^-$: $\beta = 10^{35}$.
- $\alpha(T) = \dfrac{2{,}3RT}{F} = 0{,}06$ V à 298 K ;
- $R = 8{,}314$ J.K^{-1}.mol^{-1} ;
- $F = 96\,500$ C.
- Températures de fusion et d'ébullition :

espèce	Al	Al_2O_3 (s)	C
T_{fusion} (K)	933	2 318	> 3 823
$T_{ébullition}$ (K)	2 740	3 253	…

- Solubilité de Al(III) en fonction du pH (pS = – log s).

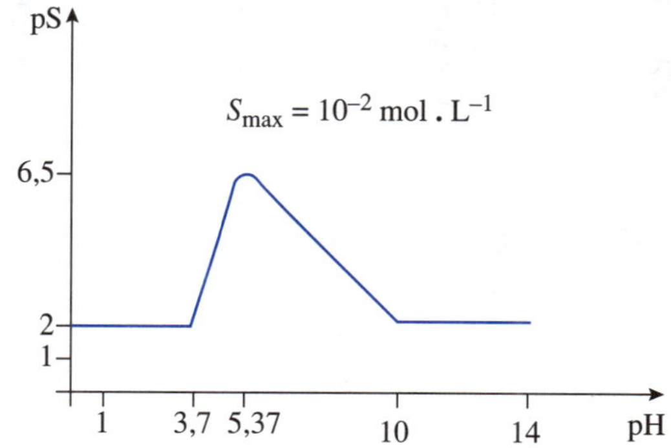

Conseils

2.b) Revoir en physique la définition d'une densité de courant

Si Q est la quantité d'électricité fournie et ρ le rendement en courant , la quantité d'électricité consacrée à l'électrolyse est $Q' = \rho \cdot Q$

CORRIGÉS

1 Tracé d'une courbe $I = f(V)$

1 ▬ Montage à trois électrodes (voir figure ci-dessous) :

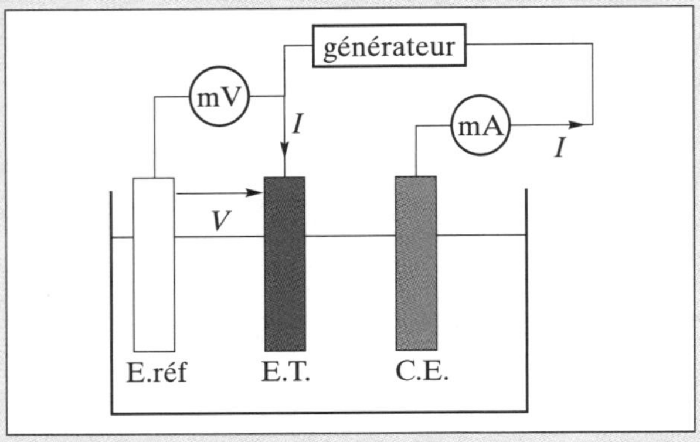

• L'*électrode de travail* (E.T.) est en platine puisque le couple est de troisième espèce ; elle peut être, suivant la tension appliquée, successivement en position de cathode ou en position d'anode.

• La *contre-électrode* (C.E.) également en platine, permet la circulation du courant électrique ; on ne s'intéresse pas aux réactions qui s'y déroulent.

• L'*électrode de référence* (E. réf.) est une électrode au calomel : pour jouer son rôle de référence des potentiels, elle doit être traversée par un courant d'intensité négligeable.

Un générateur G permet d'imposer une d.d.p. ($V_{tr} - V_{C.E.}$), continue et stable, entre les électrodes C.E. et E.T.

2 ▬ a) Sur l'électrode de platine, le couple étudié est *rapide*, car, au voisinage du point où $I = 0$, I varie rapidement avec V.

b) Le potentiel pour lequel $I = 0$ est le potentiel d'équilibre du couple donné par la loi de Nernst. Puisque :

$$[[Fe(CN)_6]^{3-}] = [[Fe(CN)_6]^{4-}], \ \mathbf{E_{/ESH} = E^0 = 0{,}35\ V}$$

Sur le graphique, on lit $E_{/ECS}(I = 0) \approx 0{,}10$ V.

Or $E_{/ECS} \approx E_{/ESH} - E_{ECS/ESH} = E_{/ESH} - 0{,}25$ V.

c) • Quand E.T. est anode, I est positif ; la réaction électrochimique est l'oxydation :

$$[Fe(CN)_6]^{4-} \longrightarrow [Fe(CN)_6]^{3-} + e^-$$

• Quand E.T. est cathode, I est négatif ; la réaction électrochimique est la réduction :

$$[Fe(CN)_6]^{3-} + e^- \longrightarrow [Fe(CN)_6]^{4-}$$

d) I est proportionnelle à la vitesse de la réaction électrochimique ; sur un palier, la réaction électrochimique continue à se dérouler ($I \neq 0$), mais sa vitesse est devenue indépendante du potentiel auquel est portée l'électrode. La réaction est alors contrôlée par le transfert de masse du réactif, c'est-à-dire par le phénomène de diffusion des réactifs dans la couche stationnaire au contact de l'électrode.

3 ▬ $[[Fe(CN)_6]^{3-}] = 0{,}010$ mol . L^{-1} ;

$[[Fe(CN)_6]^{4-}] = 0{,}001$ mol . L^{-1} ;

donc : $E_{éq} = 0{,}35 + 0{,}06 = 0{,}41$ V

donc pour $I = 0$: $\mathbf{V_{/ECS} = 0{,}16\ V}$

Pour des conditions données (agitation, …), la hauteur du palier de diffusion est proportionnelle à la concentration en réactif. La concentration en oxydant $[Fe(CN)_6]^{3-}$ est la même que pour la première expérience : le palier de réduction est à la même profondeur. La concentration en réducteur $[Fe(CN)_6]^{4-}$ est dix fois plus faible que pour la première expérience : le palier d'oxydation correspond à une hauteur dix fois plus faible qu'en **2)** :

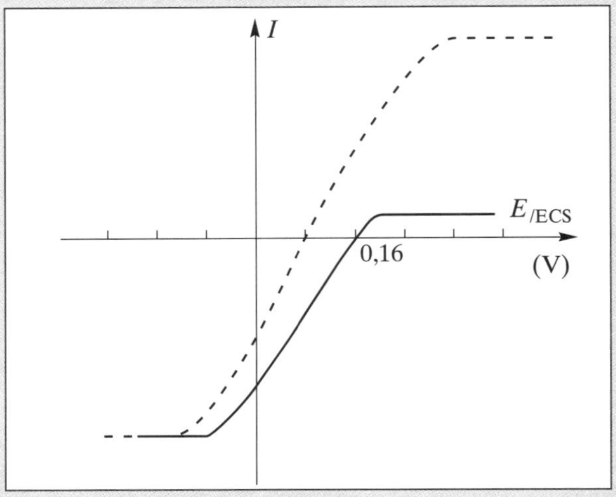

4 ▬ Interprétation qualitative

Les nouvelles vagues de courant mettent en évidence de nouvelles réactions électrochimiques qui se déroulent parallèlement aux réactions précédentes :

• Quand ($V_{tr} - V_{réf}$) atteint – 0,95 V, on observe la réduction de l'eau selon :

$$2\ H_2O + 2\ e^- \longrightarrow H_2\ (g) + 2\ HO^-$$

les bulles de gaz qui apparaissent sur l'électrode de travail sont constituées de dihydrogène.

• Quand ($V_{tr} - V_{réf}$) atteint + 1,6 V, on observe l'oxydation de l'eau selon :

$$3\ H_2O \longrightarrow 1/2\ O_2 + 2\ H_3O^+ + 2\ e^-$$

les bulles de gaz qui apparaissent sur l'électrode de travail sont constituées de dioxygène.

▬ Interprétation quantitative

Pour ($V_{tr} - V_{réf}$) = – 0,95 V, $E_{/ESH}$ = – 0,70 V. Pour une solution de pH voisin de 6, le potentiel de réduction de l'eau ($E(H^+/H_2) = -0{,}06$ pH) est voisin de – 0,4 V, donc la réduction envisagée est thermodynamiquement possible.

La différence entre le potentiel d'équilibre et le potentiel expérimental correspond à la surtension cathodique.

Pour $(V_{tr} - V_{réf}) = +1,6$ V, $E_{/ESH} = +1,85$ V ; pour une solution de pH voisin de 6, le potentiel d'oxydation de l'eau ($E(O_2/H_2O) = 1,23 - 0,06$ pH) est voisin de (1,23 – 0,4), soit 0,8 V. Donc la réaction envisagée est thermodynamiquement possible ; la différence entre le potentiel d'équilibre et le potentiel expérimental correspond à la surtension anodique : $\eta_a = 1$ V.

Quelle que soit l'électrode, la surtension d'oxydation de l'eau est importante.

2 Courbe $I = f(V)$ pour une électrode d'étain

1 ▬ L'*électrode de travail* (E.T.) est en étain et peut être cathode ou anode, suivant la tension appliquée. La *contre-électrode* (C.E.) est en platine ; son rôle est de permettre la circulation du courant électrique ; on ne s'intéresse pas aux réactions qui s'y déroulent. L'*électrode de référence* est une électrode au calomel saturée : pour jouer son rôle de référence des potentiels, elle doit être traversée par un courant d'intensité négligeable.

Voir le schéma du montage dans le corrigé de l'exercice précédent.

2 ▬ • Quand l'électrode d'étain joue le rôle d'anode, quatre oxydations peuvent avoir lieu : celle des ions hydrogénosulfate HSO_4^- en ions peroxodisulfate $S_2O_8^{2-}$, celle des molécules d'eau et celles du métal étain de l'électrode, soit en Sn^{2+}, soit en dioxyde d'étain SnO_2 selon les demi-équations :

$Sn \longrightarrow Sn^{2+} + 2\,e^-$ $\quad E^0 = -0,13$ V

$Sn + 6\,H_2O \longrightarrow SnO_2 + 4\,H_3O^+ + 4\,e^-$ $\quad E^0 = -0,11$ V

$3\,H_2O \longrightarrow 2\,H_3O^+ + 2\,e^- + 1/2\,O_2$ $\quad E^0 = 1,23$ V

$2\,HSO_4^- + 2\,H_2O \longrightarrow S_2O_8^{2-} + 2\,H_3O^+ + 2\,e^-$ $\quad E^0 = 2,08$ V

Du seul point de vue thermodynamique, l'oxydation est d'autant plus facile à réaliser que le potentiel du couple correspondant est bas.

• Quand l'électrode d'étain joue le rôle de cathode, une seule réduction peut avoir lieu : celle des ions hydronium en dihydrogène :

$2\,H_3O^+ + 2\,e^- \longrightarrow H_2 + 2\,H_2O$ $\quad E^0 = 0,00$ V

3 ▬ • *Domaine* ① : l'électrode joue le rôle de cathode.

Pour $E_{/ECS} < -1\,000$ mV, $i < 0$: la réaction correspondante est la réduction des ions hydronium en dihydrogène :

$2\,H_3O^+ + 2\,e^- \longrightarrow H_2 + 2\,H_2O$ $\quad E^0 = 0,00$ V

Pour $-1\,000$ mV $< E_{/ECS} < -500$ mV, $i = 0$: blocage cinétique de la réduction.

Donc pour $E_{/ECS} < -500$ mV, l'électrode d'étain est inattaquée : **① est le domaine d'immunité de l'étain.**

• *Domaine* ② : l'électrode joue le rôle d'anode ; on observe l'oxydation du métal de l'électrode selon :

$Sn \longrightarrow Sn^{2+} + 2\,e^-$ $\quad E^0 = -0,13$ V

② est le domaine de corrosion de l'étain.

• *Domaine* ③ : l'électrode joue le rôle d'anode ; l'étain peut être oxydé selon deux réactions en compétition :

$$Sn \longrightarrow Sn^{2+} + 2\,e^-$$
$$Sn + 6\,H_2O \longrightarrow SnO_2 + 4\,H_3O^+ + 4\,e^-$$

La formation d'un film d'oxyde d'étain qui recouvre le métal et empêche les échanges électroniques provoque la diminution de l'intensité du courant :

③ est le domaine de passivité de l'étain.

4 ▬ Pour la concentration utilisée (0,1 mmol . L^{-1}), l'acide HSO_4^- ($pK_a(HSO_4^-/SO_4^{2-}) = 1,9$) équivaut à un acide fort ; on a donc $[H_3O^+] = 0,2$ mmol . L^{-1} et pH ≈ 3,7.

Si on admet que le dégagement de H_2 apparaît pour $p(H_2) = 1$ bar, le potentiel d'équilibre du couple H_3O^+/H_2 est donc :

$$E_{éq}(H_3O^+/H_2) = -0,06\ \text{pH} = -0,22\ \text{V}$$

On lit sur le diagramme que le dégagement de H_2 apparaît pour $E_{/ECS} \approx -1,00$ V. La valeur correspondante par rapport à une E.S.H. se calcule par :

$$E_{/ESH} \approx E_{/ECS} + E_{ECS/ESH} = E_{/ECS} + 0,245\ \text{V}$$

Le dégagement de H_2 apparaît pour $E_{/ESH} \approx -0,75$ V. On en déduit la surtension à vide grâce à :

$$E(I \approx 0) = E_{éq} + \eta(I \approx 0)$$
$$\eta(I \approx 0) = E(I \approx 0) - E_{éq} = -0,75 + 0,22 = -0,53\ \text{V}$$

Le dégagement de H_2 sur l'étain est ralenti par une forte surtension.

3 Courbe $I = f(V)$ pour le couple Ag^+/Ag en milieu bromure

1 ▬ Courbe (a)

• Pour $E_{/ECS} > 0,4$ V, $I > 0$: $Ag \longrightarrow Ag^+ + e^-$

• Pour $E_{/ECS} < 0,4$ V, $I < 0$.

Pour $-0,3$ V $< E_{/ECS} < 0,4$ V, la seule réduction est :

$$Ag^+ + e^- \longrightarrow Ag$$

au-dessous de 0,3 V, la réaction est limitée par la diffusion des ions Ag^+, d'où le palier observé.

Pour $E_{/ECS} < -0,3$ V, la croissance de l'intensité (en valeur absolue) montre qu'une nouvelle réduction se déroule. Compte tenu des espèces présentes, ce ne peut être que celle des ions H_3O^+ selon :

$$2\,H_3O^+ + 2\,e^- \longrightarrow H_2 + 2\,H_2O$$

Courbe (b)

• Pour $E_{/ECS} > -0,05$ V, $I > 0$.

Pour $-0,05$ V $< E_{/ECS} < 0,45$ V, la seule oxydation est :

$$Ag + Br^- \longrightarrow AgBr + e^-$$

Au-dessus de 0,05 V, la vitesse d'oxydation du métal argent en bromure d'argent est limitée par la diffusion des ions Br^-, ce qui correspond au palier observé.

• Pour $E_{/ECS} > 0,45$ V, la croissance de l'intensité montre qu'une nouvelle oxydation se déroule ; compte tenu de la valeur du potentiel, ce ne peut être que celle du métal argent en cation. On assiste donc à deux oxydations parallèles :

$$Ag + Br^- \longrightarrow AgBr + e^- \text{ et } Ag \longrightarrow Ag^+ + e^-$$

• Pour $-0,4\ V < E_{/ECS} < -0,05\ V$, pas de réaction ;

• Pour $E_{/ECS} < -0,4\ V$, la croissance de l'intensité (en valeur absolue) montre qu'une réduction peut se dérouler. Compte tenu des espèces présentes, ce ne peut être que celle des ions H_3O^+ :

$$2\ H_3O^+ + 2\ e^- \longrightarrow H_2 + 2\ H_2O$$

2 ▬ Courbe (a)

• L'acide perchlorique est un acide fort ; il est totalement dissocié, d'où $[H_3O^+] = 0,1\ mol . L^{-1}$ et pH = 1.

Si on admet que le dégagement de H_2 apparaît pour $p(H_2) = 1$ bar, le potentiel d'équilibre du couple H_3O^+/H_2 est donc :

$$E_{éq}(H_3O^+/H_2) = -0,06\ pH = -0,06\ V$$

• $E_{éq}(Ag^+/Ag) = E^0(Ag^+/Ag) + 0,06 . \log \dfrac{[Ag^+]}{c^0}$

$$= 0,80 + 0,06 \times \log(2,5 . 10^{-3}) = 0,64\ V.$$

On lit sur le diagramme que :

– l'oxydation de l'électrode d'argent commence pour $E_{/ECS} \approx 0,40\ V$; la valeur correspondante par rapport à une ESH se calcule par :

$$E_{/ESH} \approx E_{/ECS} + E_{ECS/ESH} = E_{/ECS} + 0,245\ V = 0,645\ V$$

– le dégagement de H_2 apparaît pour $E_{/ECS} \approx -0,3\ V$, soit $E_{/ESH} = -0,05\ V$.

Ces deux valeurs sont en excellent accord avec les valeurs calculées à partir de la relation de Nernst.

Courbe (b)

Il faut d'abord calculer le potentiel standard du couple AgBr/Ag :

$$E^0(AgBr/Ag) = E^0(Ag^+/Ag) - 0,06 . pK_s(AgBr) = 0,062\ V.$$

On en déduit le potentiel d'équilibre :

$$E_{éq}(AgBr/Ag) = E^0(AgBr/Ag) - 0,06 . \log \frac{[Br^-]}{c^0} = 0,22\ V$$

On lit sur le diagramme que l'oxydation de l'électrode d'argent commence pour $E_{/ECS} \approx -0,05\ V$. La valeur correspondante par rapport à une ESH se calcule par :

$$E_{/ESH} \approx E_{/ECS} + E_{ECS/ESH} = E_{/ECS} + 0,245\ V = 0,24\ V$$

valeur en bon accord avec celle calculée.

4 Principe de l'électrolyse

1 ▬ Réactions électrochimiques correspondant aux différentes parties des courbes $I(E)$:

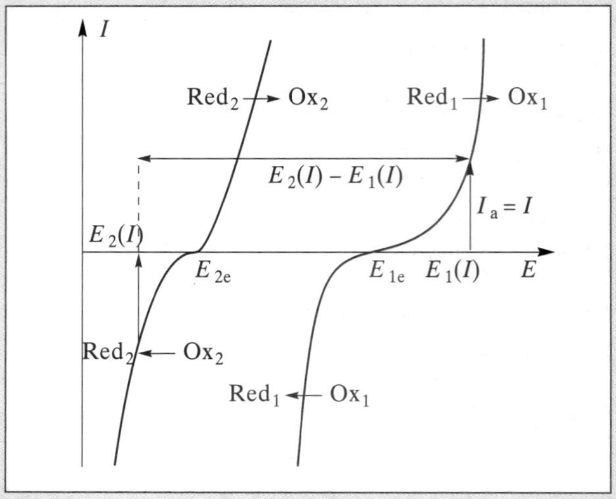

2 ▬ Dans un mélange de Red_1 et Ox_2, aucune réaction *spontanée* ne peut avoir lieu puisque E_{1e} est supérieur à E_{2e}.

Si $e < E_{1e} - E_{2e}$, il ne se produit rien.

Si $e > E_{1e} - E_{2e}$, il y a électrolyse : à l'anode, Red_1 est oxydé en Ox_1 ; à la cathode Ox_2 est réduit en Red_2.

3 ▬ Le transport de matière en solution peut être assuré par convection, par diffusion et par migration :

– la convection est provoquée par le déplacement macroscopique du solvant ;

– la diffusion est la réponse à un gradient de concentration ;

– la migration est la réponse à un gradient de potentiel électrique.

4 ▬ L'intensité du courant I traversant une électrode mesure la vitesse de la réaction électrochimique qui s'y déroule. L'apparition d'un palier montre que la vitesse de la réaction électrochimique globale devient indépendante du potentiel auquel est portée l'électrode : cela traduit le fait que, dans la séquence ouverte de réactions correspondant à la réaction globale, **l'étape cinétiquement déterminante n'est plus le transfert de charge (qui dépend du potentiel), mais le transport de matière, c'est-à-dire la diffusion des réactifs (qui n'en dépend pas).**

L'espèce responsable de la limitation du courant étant consommée au fur et à mesure de son arrivée sur l'électrode, sa concentration à l'interface électrode-solution est nulle.

L'ordonnée du palier dépend de la concentration de l'espèce qui diffuse, de sa constante de diffusion et de l'épaisseur de la couche de diffusion au contact de l'électrode.

Les réactions électrochimiques pour lesquelles ce palier n'est pas observé sont celles où les réactifs n'ont pas besoin de diffuser : oxydation du métal de l'anode ; oxydation ou réduction du solvant.

5 ▬ La différence de potentiel entre les deux électrodes est la somme de trois termes :

– un terme thermodynamique dépendant de la nature des réactions électrochimiques et de la composition du milieu réactionnel ; il est calculable grâce à la formule de Nernst ;

– un terme cinétique qui se traduit par l'existence de surtensions ;

– un terme ohmique correspondant à la chute ohmique due à la résistance de la solution et des électrodes.

La tension à appliquer pour obtenir une intensité I donnée est la somme de ces trois termes :

$$U_{AC}(I) = \underbrace{(E_{1e} - E_{2e})}_{\text{thermodynamique}} + \underbrace{(\eta_a - \eta_c)(I)}_{\text{cinétique}} + \underbrace{R.I}_{\text{ohmique}}$$
$$= (E_1(I) - E_2(I)) + R.I$$

La différence entre la tension à appliquer entre les deux électrodes pour obtenir une intensité I et la quantité $(E_1(I) - E_2(I))$ lue sur le diagramme correspond donc à la chute ohmique due à la résistance de la solution et des électrodes.

5 Obtention du dioxyde de manganèse MnO_2

1 ▬ Le déplacement des porteurs de charge sous l'influence du champ électrique régnant dans la solution constitue le courant de migration : Mn^{2+} et H_3O^+ migrent vers la cathode, les ions sulfate vers l'anode.

2 ▬ L'oxydation est toujours anodique :

$$Mn^{2+} + 6\,H_2O \longrightarrow MnO_2 + 4\,H_3O^+ + 2\,e^-$$

L'oxydation de l'eau en dioxygène et celle des ions sulfate en ions peroxodisulfate sont envisageables :

– la première est ralentie par une forte surtension ;

– la seconde nécessite des potentiels nettement plus élevés ($S_2O_8^{2-}/HSO_4^-$: $E^0 = 2{,}1$ V).

3 ▬ • L'utilisation de solutions concentrées en Mn^{2+} diminue le potentiel d'équilibre du couple MnO_2/Mn^{2+} et favorise donc la réaction d'oxydation du Mn^{2+} par rapport à celle de l'eau.

• L'agitation du bain correspond à un courant de convection qui permet de maintenir, malgré le phénomène de migration, une concentration importante en Mn^{2+} au voisinage de l'anode.

4 ▬ À la cathode, deux réactions sont en compétition : la réduction de H_3O^+ en $H_2(g)$ et celle de Mn^{2+} en Mn. L'existence d'un dégagement gazeux indique qu'il se produit la réaction d'équation :

$$2\,H_3O^+ + 2\,e^- \longrightarrow H_2(g) + 2\,H_2O$$

ceci est conforme à l'ordre des potentiels, car, sur graphite, la surtension de réduction des ions hydronium est faible.

5 ▬ **a)** La position relative des courbes traduit l'additivité des densités de courant sur une électrode donnée. On en déduit :

$$j_a(Mn^{2+} \longrightarrow MnO_2) = j_{a\,tot} - j_a(H_2O \longrightarrow O_2)$$

b) Si on augmente V_a :

• $j_a(Mn^{2+} \longrightarrow MnO_2)$ et donc la vitesse de dépôt de MnO_2 augmentent ;

• le rendement en courant est représenté par le quotient :

$$j_a(Mn^{2+} \longrightarrow MnO_2)/j_{a\,tot}$$

c'est-à-dire par l'écart *relatif* entre les courbes **(1)** et **(2)** : cet écart relatif diminue.

c) Pour un rendement en courant égal à 75 %, le rapport $j_{a\,tot} / j_a(H_2O \longrightarrow O_2)$ doit être égal à 4.

On détermine alors sur le schéma :

$$\mathbf{V_a = 2{,}6\ V\ ;\ j_{a\,tot} = 11{,}6\ mA\,.\,cm^{-2}}$$

La tension à appliquer pour obtenir une intensité I donnée est :

$$U_{AC}(I) = \underbrace{(E_{éq\,a} - E_{éq\,c})}_{\text{thermodynamique}} + \underbrace{(\eta_a - \eta_c)(I)}_{\text{cinétique}} + \underbrace{R\,.\,I}_{\text{ohmique}}$$

Si on néglige la chute ohmique de tension et la surtension cathodique, on minore la tension à appliquer entre les électrodes ; donc :

$$U_{AC}(I) \geqslant (E_{éq\,a} - E_{éq\,c}) + \eta_a(I)$$

Or $E_{éq\,c} = 0{,}0$ V, car pH = 0.

Donc : $\quad \mathbf{e_{min} \approx E_{éq\,a} + \eta_a(I) = 2{,}6\ V}$

6 Métallurgie du cuivre

A . Raffinage électrolytique du cuivre par le procédé « à anode soluble » (ou électroraffinage)

1 ▬ À l'anode, oxydation du métal de l'électrode :

$$Cu(s) \longrightarrow Cu^{2+} + 2\,e^-$$

À la cathode, réduction des ions cuivre (II) :

$$Cu^{2+} + 2\,e^- \longrightarrow Cu(s)$$

La tension théorique *minimale* à appliquer est nulle puisque les couples mis en jeu à l'anode et à la cathode sont les mêmes et que, les compartiments anodiques et cathodiques n'étant pas séparés, $[Cu^{2+}]$ est le même.

$$(V_a - V_c)_{I \approx 0} = E_e(Cu^{2+}/Cu) - E_e(Cu^{2+}/Cu) = 0\ V$$

Le point de fonctionnement s'obtient en utilisant la propriété $I_c = -I_a$.

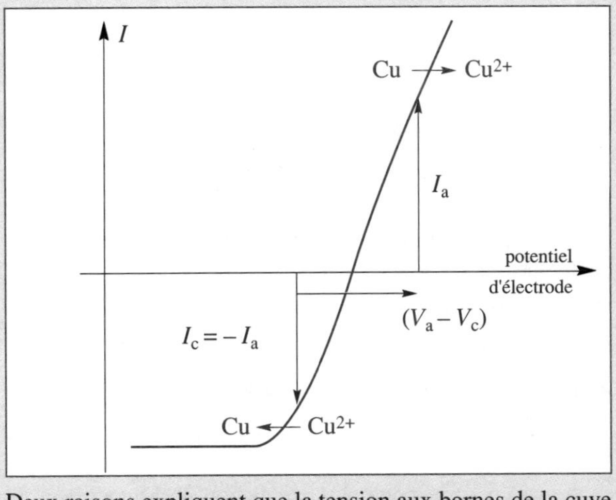

Deux raisons expliquent que la tension aux bornes de la cuve doit rester faible (< 0,3 V) :

– il faut éviter d'atteindre le palier de diffusion pour la réduction des ions cuivre (II). En effet, dans le cas contraire, une augmentation de la tension ne modifie pas le courant, donc la quantité de cuivre obtenu à la cathode, mais augmente l'énergie nécessaire ;

– il faut éviter de provoquer des réactions parasites aux électrodes :

• à l'anode : oxydation de l'eau ;

• à la cathode : réduction des ions H^+ (la réduction des ions sulfate est impossible pour des raisons cinétiques) ; ces réactions diminuent le rendement faradique de l'opération.

2 ▬ À l'électrode de cuivre impur qui joue le rôle d'anode (outre celles des ions sulfate SO_4^{2-} en ions peroxodisulfate, $S_2O_8^{2-}$ et celle des molécules d'eau), trois oxydations peuvent avoir lieu, celles des métaux de l'électrode, cuivre, fer et argent :

$$Ag \longrightarrow Ag^+ + e^- \qquad E^0 = +0{,}80\ V$$
$$Fe \longrightarrow Fe^{2+} + 2\,e^- \qquad E^0 = -0{,}44\ V$$
$$Cu \longrightarrow Cu^{2+} + 2\,e^- \qquad E^0 = +0{,}34\ V$$

On suppose qu'au cours de cette opération, V_A reste inférieur à 0,8 V et V_C supérieur à zéro. Dans ces conditions, le fer est oxydé en même temps que le cuivre tandis que l'argent reste sous forme métallique et tombe au fond de la cuve quand l'anode de cuivre impur se désagrège.

Les autres réactions électrochimiques ne sont pas possibles dans les conditions de potentiel choisies.

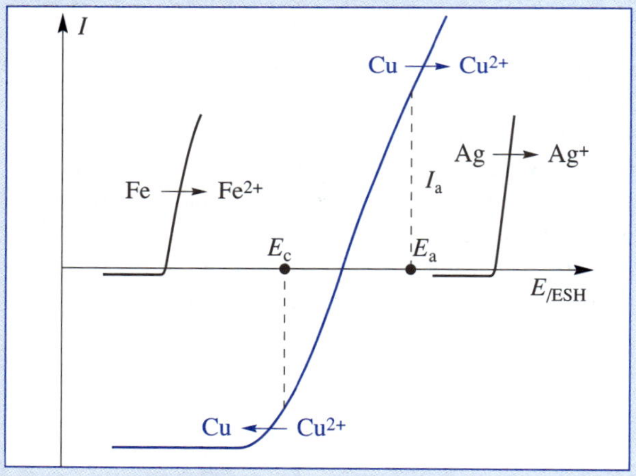

Pour des concentrations en impuretés de 10^{-5} mol . L^{-1} :

$$E(Fe^{2+}/Fe) = -0{,}44 + 0{,}03\,(-5) = -0{,}59\ V$$
$$E(Ag^+/Ag) = 0{,}80 + 0{,}06\,(-5) = +0{,}50\ V$$

Seul se dépose, à la cathode, le cuivre métal puisque le dépôt du fer nécessiterait un potentiel cathodique beaucoup plus bas. **Le cuivre métal se trouve ainsi séparé des impuretés fer et argent.**

3 ▬ Une masse m de cuivre raffiné correspond à une quantité de cuivre égale à $\dfrac{m}{M(Cu)}$. Le dépôt de cette quantité de cuivre métal correspond à la circulation de l'anode vers la cathode d'une charge $q = \dfrac{2m\,.\,F}{M(Cu)}$.

Cette charge a circulé pendant une durée t telle que $q = I\,.\,t$.

L'énergie W nécessaire pour faire transiter cette charge de l'anode vers la cathode telle que :

$$W = (V_a - V_c)\,.\,q, \text{ soit } W = 2\,F\,.\,(V_a - V_c)\,.\,\frac{m}{M(Cu)}$$

Application numérique :

La consommation massique d'énergie est le rapport :

$$\frac{W}{m} = \frac{2F\,.\,(V_a - V_c)}{M(Cu)} = \mathbf{911\ MJ\,.\,t^{-1} = 253\ kWh\,.\,t^{-1}}$$

B . Extraction du cuivre par électrolyse (électro-extraction)

1 ▬ À l'anode, oxydation du solvant :

$$2\,H_2O \longrightarrow O_2 + 4\,H^+ + 4\,e^-$$

À la cathode, réduction des ions cuivre (II) :

$$Cu^{2+} + 2\,e^- \longrightarrow Cu\ (s)$$

La tension théorique minimale à appliquer se déduit des potentiels d'équilibre donnés par la formule de Nernst :

$$(V_a - V_c)_{I\approx 0} = E_e(O_2/H_2O) - E_e(Cu^{2+}/Cu)$$
$$E_e(O_2/H_2O) = 1{,}23 - 0{,}06\,.\,pH + 0{,}015\,.\,\log\frac{p(O_2)}{p^0}$$
$$E_e(O_2/H_2O) = 1{,}23 - 0{,}015\,.\,\log 5 = 1{,}22\ V$$
$$E_e(Cu^{2+}/Cu) = 0{,}34 + 0{,}03\,.\,\log\frac{[Cu^{2+}]}{c^0} = 0{,}31\ V$$

La tension théorique *minimale* à appliquer est :

$$\mathbf{(V_a - V_c)_{I\approx 0} = 0{,}91\ V}$$

<u>*Remarque :*</u>

Le dégagement gazeux n'est pas gouverné par la diffusion de O_2 dans l'air, mais par la surpression locale ; il vaudrait mieux considérer la pression totale et admettre que les gaz se dégagent sous la pression atmosphérique. Mais la correction est numériquement très faible (facteur 0,015).

2 ▬

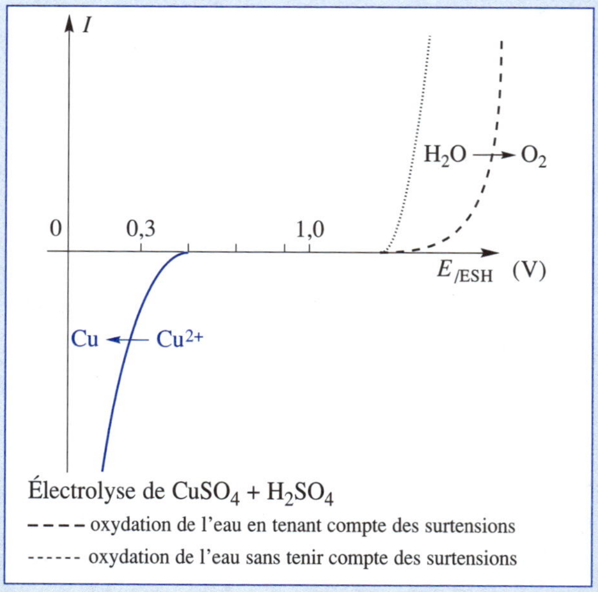

3 ▬ Soit q la charge qui traverse l'électrolyseur sous la tension $(V_a - V_c)$; l'électrolyseur reçoit l'énergie électrique W et une masse de cuivre m(Cu) se dépose sur la cathode :

$$W = (V_a - V_c) \cdot I \cdot \Delta t \ ; \ m(\text{Cu}) = \frac{q}{2F} \cdot M(\text{Cu})$$

La consommation massique d'énergie est le rapport $\frac{W}{m(\text{Cu})}$,

soit : $\frac{W}{m(\text{Cu})} = \frac{2F \cdot (V_a - V_c)}{M(\text{Cu})} = 6{,}38 \cdot 10^3 \text{ MJ} \cdot \text{t}^{-1}$

$$\mathbf{\frac{W}{m} = 1{,}77 \cdot 10^3 \ kWh \cdot t^{-1}}$$

L'énergie consommée par le procédé d'électro-extraction est 7 fois plus importante que l'énergie consommée par le procédé d'électroraffinage.

Remarque :

Le rendement faradique réel est voisin de 0,85, *ce qui augmente encore le coût énergétique.*

7 Diagramme d'Evans

1 ▬

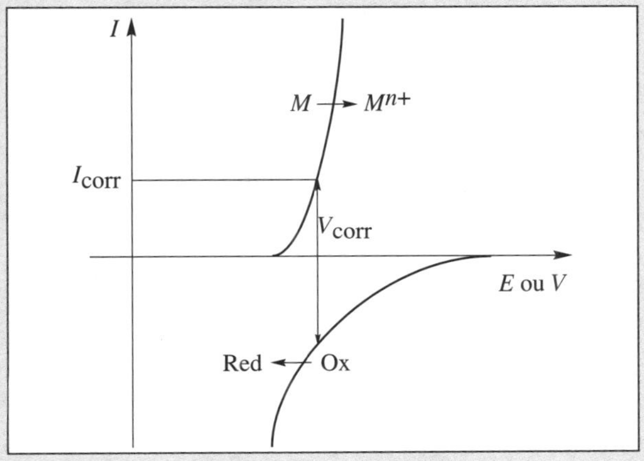

Courbe d'intensité-potentiel

On passe du diagramme $I(V)$ au diagramme $V = f(|I|)$ par de simples opérations de symétrie :

– pour la branche anodique $I_a(V)$, il suffit de faire une symétrie par rapport à la première bissectrice puisque le passage de $I_a(V)$ à $V = f(I_a)$ revient à chercher la représentation de la fonction réciproque ;

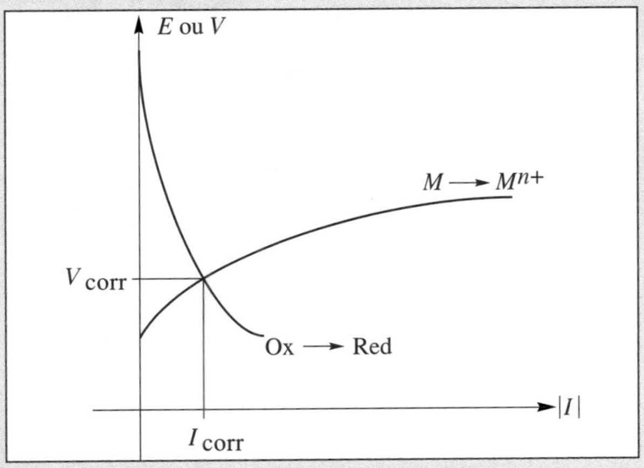

Diagramme d'Evans correspondant

– pour la branche cathodique $I_c(V)$, il faut commencer par une symétrie par rapport à l'axe horizontal, ce qui correspond à la prise de valeur absolue, puis effectuer une symétrie par rapport à la première bissectrice.

On note que, **dans cette représentation, $V = f(I_a)$ est croissante alors que $V = f(|I_c|)$ est décroissante.**

2 ▬ Les facteurs cinétiques, qui déterminent la vitesse d'une réaction électrochimique et donc l'intensité du courant correspondant, sont la nature du couple rédox et de l'électrode, la surface de cette électrode, la température, le potentiel auquel est portée cette électrode et la concentration en réactifs.

Une horizontale d'ordonnée V rencontre d'abord la courbe β, puis la courbe α.

Or, pour un couple, une électrode et un potentiel V donnés, le courant est d'autant plus grand que la concentration en réactif, ici les ions H^+, est grande : la courbe β correspond donc à pH = 5 et α correspond à pH = 0.

La corrosion du zinc est d'autant plus rapide que le milieu est acide.

3 ▬ • En comparant, pour une valeur de $|I|$ donnée, les ordonnées des courbes de réduction des protons, on note que $V(|I|)$ est plus élevé sur le cuivre que sur le zinc :

$$E_{\text{éq}} + \eta_{\text{Cu}}(I) > E_{\text{éq}} + \eta_{\text{Zn}}(I)$$

On en déduit, car la surtension cathodique est négative, que $|\eta_{\text{Cu}}(I)| < |\eta_{\text{Zn}}(I)|$.

La surtension (en valeur absolue) de dégagement de dihydrogène est plus faible sur le cuivre que sur le zinc.

• Dans le cas du zinc pur, il s'agit d'une corrosion chimique, car il y a échange direct d'électrons entre les réactifs.

Pour le zinc comportant des traces de cuivre, la corrosion peut également être électrochimique : l'oxydation du zinc et la réduction des protons ont alors lieu simultanément, mais dans des zones différentes, selon les équations :

$$Zn \longrightarrow 2\,e^- + Zn^{2+}$$
$$2\,H^+ + 2\,e^- \xrightarrow{\text{sur Cu}} H_2$$

Les électrons mis en jeu passent de la zone d'oxydation du zinc à la zone de réduction des protons en se déplaçant à l'intérieur de la pièce métallique, tandis qu'un déplacement d'ions vient fermer le circuit des charges électriques.

$|\eta_{\text{Cu}}(I)|$ étant inférieur à $|\eta_{\text{Zn}}(I)|$, le dégagement de dihydrogène est plus rapide sur le cuivre que sur le zinc.

La corrosion est plus rapide pour le zinc impur, car le dégagement de dihydrogène peut s'effectuer sur le cuivre.

8 Cémentation du cadmium par la zinc

1 ▬ $Cd^{2+} + Zn\,(s) \longrightarrow Cd\,(s) + Zn^{2+}$

$$\log K^0 = \frac{2(E^0(Cd^{2+}/Cd) - E(Zn^{2+}/Zn))}{0{,}06} = \frac{0{,}36}{0{,}03}$$

soit $K^0 \approx 1{,}0 \cdot 10^{12}$. La réaction est quantitative.

2 ▬ $m(\text{Zn}) = m(\text{Cd}) \cdot \dfrac{M(\text{Zn})}{M(\text{Cd})} = 582 \text{ g} \approx$ **0,58 kg.**

Le zinc et le cadmium peuvent être oxydés par les ions H_3O^+ :

$$2\, H_3O^+ + Zn \longrightarrow H_2(g) + 2\, H_2O + Zn^{2+}$$

et $$2\, H_3O^+ + Cd \longrightarrow H_2(g) + 2\, H_2O + Cd^{2+}$$

Ces deux réactions entraînent une consommation supplémentaire de zinc.

3 ▬ **a)** D'après le schéma, $E_1(I = 0)$ est supérieur à $E_2(I = 0)$. Or les potentiels à courant nul sont donnés par la formule de Nernst à partir de la composition du mélange.

Si $[Cd^{2+}]_{in} = 0{,}178 \text{ mol} \cdot L^{-1}$, après réduction de 1 % des ions cadmium (II) :

$$[Cd^{2+}] = 0{,}176 \text{ mol} \cdot L^{-1} \quad \text{et} \quad [Zn^{2+}] = 1{,}78 \text{ mmol} \cdot L^{-1}$$

On en déduit :

$$E(Cd^{2+}/Cd) = -\,0{,}42 \text{ V} > E(Zn^{2+}/Zn) = -\,0{,}84 \text{ V}$$

Les courbes (1a) et (1b) correspondent à la réduction des ions cadmium alors que la courbe (2) correspond à l'oxydation du métal zinc.

Remarque :

Si $|I|$ croît, E décroît pour le courant cathodique, mais croît pour le courant anodique : le courant de corrosion est donné par l'abscisse du point d'intersection des courbes $E_1 = f(|I|)$ et $E_2 = f(|I|)$.

b) La partie rectiligne verticale des courbes $E_1 = f(|I|)$ correspond, sur un diagramme $|I| = f(E_1)$ habituel, au palier de diffusion : **la réaction est contrôlée par la diffusion des ions Cd^{2+} vers les grains de zinc métal.**

La diffusion à travers la couche stationnaire est d'autant plus rapide que l'épaisseur de cette couche est faible. Or l'épaisseur de cette couche décroît quand la vitesse d'agitation croît. Donc la courbe correspondant à l'agitation la plus forte est **(b)**. Elle correspond au courant de corrosion le plus intense : **l'agitation accélère la cémentation.**

9 Corrosion d'une tôle en acier électrozingué

1 ▬ **a)** Le diagramme met en évidence, dans le plan (*E*, pH), les domaines d'**existence** des espèces solides Zn(s) et $Zn(OH)_2(s)$ et le domaine de **prédominance** des espèces dissoutes Zn^{2+} et $[Zn(OH)_4]^{2-}$. L'élément zinc est au degré d'oxydation 0 pour Zn ou au degré d'oxydation + II pour Zn^{2+}, $[Zn(OH)_4]^{2-}$ et $Zn(OH)_2(s)$.

b) Les frontières entre les différents domaines correspondent aux réactions suivantes :

$$Zn^{2+} + 2\, e^- = Zn(s) \quad (1)$$

$$Zn^{2+} + 2\, HO^- = Zn(OH)_2(s) \quad (2)$$

$$Zn(OH)_2(s) + 2\, HO^- = [Zn(OH)_4]^{2-} \quad (3)$$

$$Zn(OH)_2(s) + 2\, e^- = Zn + 2\, HO^- \quad (4)$$

$$[Zn(OH)_4]^{2-} + 2\, e^- = Zn + 4\, HO^- \quad (5)$$

c) La limite de précipitation est déterminée en supposant que l'ion considéré est le seul représentant de l'élément zinc dans la solution ; sa concentration est donc égale à : $C_{tra} = 10^{-6} \text{ mol} \cdot L^{-1}$.

• La limite de précipitation de l'hydroxyde de zinc (II) à partir de la solution d'ions Zn^{2+} correspond à la vérification simultanée des deux relations :

$$[Zn^{2+}] = C_{tra} \quad \text{et} \quad K_s = \frac{[Zn^{2+}] \cdot \omega^2}{c^{0\,3}}$$

soit : $$\frac{\omega}{c^0} = \left(\frac{K_s \cdot c^0}{C_{tra}}\right)^{1/2}$$

Pour $C_{tra} = 1{,}0 \cdot 10^{-6}$ mol . L^{-1}, la précipitation de l'hydroxyde de zinc (II) commence à $pOH_1 = 5{,}0$ soit $pH_1 = 9{,}0$.

• La limite de précipitation de l'hydroxyde de zinc (II) à partir de la solution d'ions $[Zn(OH)_4]^{2-}$ correspond à la vérification simultanée des deux relations :

$$[[Zn(OH)_4]^{2-}] = C_{tra}$$

$$K = \frac{[[Zn(OH)_4]^{2-}] \cdot c^0}{\omega^2}, \text{ soit } \frac{\omega}{c^0} = \left(\frac{C_{tra}}{K}\right)^{1/2}$$

soit, pour le début de précipitation de l'hydroxyde de zinc (II) à partir de la solution d'ions $[Zn(OH)_4]^{2-}$, $pOH_2 = 2{,}7$ et **$pH_2 = 11{,}3$**.

Remarque :

Ce pH *peut également être considéré comme le* pH *de redissolution de l'hydroxyde de zinc* (II) *en milieu basique.*

Pour $C_{tra} = 1{,}0 \cdot 10^{-6}$ mol . L^{-1}, la redissolution de l'hydroxyde de zinc (II) est achevée à $pH_2 = 11{,}3$.

d) E_1 correspond à la frontière entre Zn^{2+} et Zn, c'est-à-dire à la demi-réaction électronique :

$$Zn^{2+} + 2\, e^- = Zn$$

La formule de Nernst s'écrit :

$$E(Zn^{2+}/Zn) = -\,0{,}76 + \frac{0{,}06}{2} \cdot \log \frac{[Zn^{2+}]}{c^0} \text{ (V)}$$

Sur la frontière entre Zn^{2+} et Zn, $[Zn^{2+}] = C_{tra}$.

L'équation de la droite frontière (1) est donc :

$$\mathbf{E_1 = -\,0{,}94 \text{ V}}$$

e) L'équation de la demi-réaction électronique du couple H^+/H_2 est : $2\, H^+ + 2\, e^- = H_2$

La formule de Nernst correspondante s'écrit :

$$E = E^0(H^+/H_2) + \frac{0{,}06}{2} \cdot \log\left(\left(\frac{h}{c^0}\right)^2 \cdot \frac{p^0}{p(H_2)}\right)$$

Par convention : $p(H_2) = p^0 = 1$ bar ; d'où :

$$\mathbf{E(H^+/H_2) = -\,0{,}06 \cdot pH \text{ (V)}}$$

La droite d'équation (–0,06 . pH) est la frontière supérieure du domaine de réduction de l'eau sous une pression de dihydrogène $p(H_2)$ égale à 1 bar. Au-dessous de cette droite, $p(H_2)$ tend à être supérieure à 1 bar et le dihydrogène se dégage librement dans l'atmosphère tandis que la réduction de l'eau se poursuit selon :

$$2\, H^+ + 2\, e^- \longrightarrow H_2$$

ou, à pH neutre ou basique :

$$2\, H_2O + 2\, e^- \longrightarrow H_2 + 2\, HO^-$$

Au contraire, si, pour un pH donné, le potentiel E imposé à la solution est supérieur à $E(H^+/H_2)$, la pression du dihydrogène H_2 tend à être inférieure à 1 bar. Le dégagement de dihydrogène ne peut avoir lieu, la réduction de l'eau n'intervient pas.

f) • *Zone d'immunité :* l'oxydation du métal est thermodynamiquement impossible ; elle correspond au domaine d'existence du métal Zn.

• *Zone de corrosion :* l'oxydation du métal est thermodynamiquement possible et conduit à un composé soluble ou poreux permettant à l'oxydation de se poursuivre ; elle correspond aux domaines de prédominance de Zn^{2+} et $[Zn(OH)_4]^{2-}$.

• *Zone de passivité :* l'oxydation du métal est thermodynamiquement possible, mais conduit à un composé insoluble et adhérent à la surface du métal, ce qui empêche l'oxydation de se poursuivre. Dans le cas du zinc, si l'on admet que le film d'hydroxyde $Zn(OH)_2(s)$ adhère à la surface du métal, la zone de passivité correspond au domaine d'existence de $Zn(OH)_2(s)$.

2 ▬ a) La seule réaction envisageable est l'oxydation du zinc par les ions H^+ selon :

$$2\,H^+ + Zn(s) \longrightarrow H_2(g) + Zn^{2+}$$

b) À pH = 6 :

$$\boldsymbol{E(H^+/H_2) = -\,0{,}36\ V}$$
$$\boldsymbol{E(Zn^{2+}/Zn) = -\,0{,}94\ V \text{ pour } [Zn^{2+}] = C_{tra}}$$

c) Aucun dégagement gazeux n'est observé, car le potentiel du couple H^+/H_2 à partir duquel on observe réellement le dégagement de dihydrogène sur le zinc est :

$$E(H_2\uparrow) = E(H^+/H_2) + \eta_{c/Zn} = -\,1{,}11\ V$$

L'aspect de la courbe intensité-potentiel est donc le suivant :

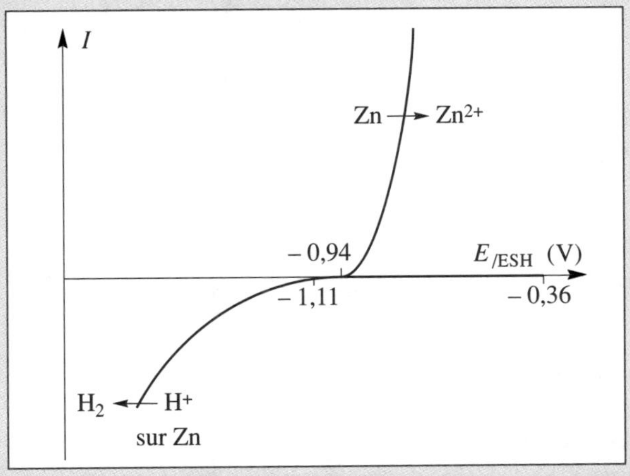

À pH = 6, le zinc est métastable, à cause de la surtension cinétique.

D'après le diagramme ci-dessus, l'intensité de corrosion (telle que $I_a = I_c$) est quasi nulle : le potentiel de la tôle est donc très voisin de 0,94 V.

3 ▬ a) La demi-réaction électronique du couple Fe^{2+}/Fe est :

$$Fe^{2+} + 2\,e^- = Fe$$

La formule de Nernst s'écrit :

$$E(Fe^{2+}/Fe) = -\,0{,}44 + \frac{\alpha(T)}{2} \cdot \log \frac{[Fe^{2+}]}{c^0}$$

Sur la frontière entre Fe^{2+} et Fe : $[Fe^{2+}] = C_{tra}$.

Pour $[Fe^{2+}] = C_{tra} = 1{,}0 \cdot 10^{-6}$ mol . L^{-1}, le potentiel rédox du couple Fe^{2+}/Fe est égal à – 0,62 V .

b) – Les courbes I(V) pour l'oxydation du zinc et du fer correspondent à des systèmes *rapides*, c'est-à-dire de surtension négligeable : l'intensité du courant correspondant devient notable dès que E est supérieur à $E_{éq}$, donné par la formule de Nernst.

– Les courbes I(V) pour la réduction des ions H^+ en dihydrogène H_2 sur le zinc ou le fer correspondent à des systèmes *lents* : l'intensité du courant correspondant ne devient notable que lorsque E devient inférieur à $(E_{éq} + \eta_c)$.

c) Un dégagement de dihydrogène gazeux n'est observé sur le fer que si :

$$\boldsymbol{E \leqslant E(H_2\uparrow) = E(H^+/H_2) + \eta_{c/Fe} = -\,0{,}61\ V}$$

D'après la position des courbes intensité-potentiel, les réactions électrochimiques qui interviennent, avec une vitesse notable, au voisinage de la rayure, sont :

– la réduction des ions H^+ en dihydrogène H_2 sur le fer selon :

$$2\,H^+ + 2\,e^- \longrightarrow H_2(g)$$

– l'oxydation du métal zinc selon :

$$Zn(s) \longrightarrow Zn^{2+} + 2\,e^-$$

Le système fer/solution ionique/zinc constitue une micropile dont le zinc est l'anode et le fer la cathode . La couche de zinc protège le fer de l'oxydation, même en présence d'une rayure, car le zinc est plus réducteur que le fer et subit l'oxydation à la place du fer .

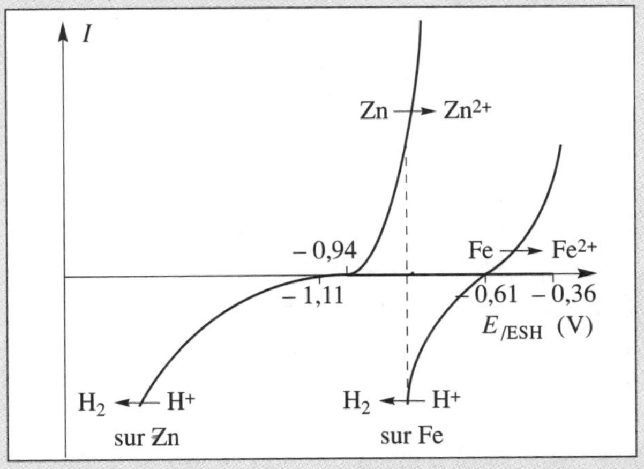

4 ▬ a) S'il n'y a pas de blocages cinétiques, on observe, à la surface de la tôle, l'oxydation du zinc et la réduction du dioxygène en eau.

Les demi-réactions électroniques sont les suivantes :

$$1/2\,O_2 + 2\,H^+ + 2\,e^- \longrightarrow H_2O$$
$$Zn \longrightarrow Zn^{2+} + 2\,e^-$$

Bilan : $1/2\,O_2 + 2\,H^+ + Zn \longrightarrow H_2O + Zn^{2+}$

b) Dans le cas de la tôle rayée, les phénomènes sont semblables à ceux étudiés au **3)** en remplaçant l'oxydant H^+ par le dioxygène :

– la réduction du dioxygène O_2 en eau H_2O sur le fer selon :

$$1/2\ O_2 + 2\ H^+ + 2\ e^- \longrightarrow H_2O$$

– l'oxydation du métal zinc selon : $Zn \longrightarrow Zn^{2+} + 2\ e^-$

Le système fer/solution ionique/zinc constitue une micropile dont le zinc est l'anode et le fer la cathode. Au cours de la réaction, le pH, au voisinage de la rayure, ne reste pas égal à 6, mais augmente puisque des ions H^+ sont consommés lors de la réduction de O_2. En milieu neutre, cette dernière réaction est mieux interprétée par le bilan :

$$1/2\ O_2 + H_2O + 2\ e^- \longrightarrow 2\ HO^-$$

En présence d'ions hydroxyde, les ions zinc donnent alors un précipité d'hydroxyde de zinc.

Le bilan global est alors :

$$Zn + 1/2\ O_2 + H_2O \longrightarrow Zn(OH)_2(s)$$

10 Corrosion électrochimique

A. Étude thermodynamique : diagramme potentiel pH à 25°C

1 (1) $Fe(OH)_3\ (s) = FeO(OH)\ (s) + H_2O\ (\ell)$

$\Delta_r G_1^0(298) = \sum_i \nu_i \, . \, \Delta_f G_i^0(298)$

$= \Delta_f G^0(FeO(OH), s) + \Delta_f G^0(H_2O, \ell) - \Delta_f G^0(Fe(OH)_3, s)$
$= -35{,}7\ kJ\,.\,mol^{-1}$

(2) $Fe_2O_3\ (s) + H_2O\ (\ell) = 2\ FeO(OH)\ (s)$

$\Delta_r G_2^0(298) = \sum_i \nu_i \, . \, \Delta_f G_i^0(298)$

$= 2\ \Delta_f G^0(FeO(OH), s) - \Delta_f G^0(H_2O, \ell) - \Delta_f G^0(Fe_2O_3, s)$
$= -12{,}4\ kJ\,.\,mol^{-1}$

Le critère d'évolution d'un système chimique est :

$$\mathcal{A}(T, p, \xi)\,.\,d\xi \geqslant 0$$

Avec, par définition :

$$\mathcal{A}(T, p, \xi) = -\sum_i \nu_i \, . \, \mu_i$$

Pour un constituant B_i, en phase condensée pure :

$$\mu_{B_i}(T, p) = \mu_{B_i}^{\ 0}(T) + V_{mB_i} \, . \, (p - p^0)$$

Si on considère comme négligeable l'influence de la pression :

$$\mu_{B_i}(T, p) = \mu_{B_i}^{\ 0}(T)$$

Donc : $\mathcal{A}(T, p, \xi) = -\sum_i \nu_i \, . \, \mu_i^0 = -\Delta_r G^0(T)$

Pour les deux réactions **(1)** et **(2)**, l'affinité est positive et indépendante de l'avancement : les transformations en goethite de l'oxyde ou de l'hydroxyde de fer(III) sont *spontanées* et doivent se poursuivre jusqu'à consommation complète du (ou des) réactif(s) limitant(s).

La goethite FeO(OH) est la forme solide la plus stable du fer(III).

Remarque :

L'existence de $Fe(OH)_3$ (s) *et* Fe_2O_3 (s) *ne s'explique donc que par la lenteur des réactions (1) et (2) à la température ordinaire.*

2 En parcourant, à pH = 0, le diagramme dans le sens croissant des potentiels, on rencontre les espèces solubles du fer sous des états d'oxydation croissants : **(A) correspond au domaine d'*existence* de Fe (s) ; (B) est le domaine de *prédominance* de la forme dissoute Fe^{2+} ; (C) est le domaine de *prédominance* de Fe^{3+} .**

La frontière entre les domaines (C) et (D) est une verticale d'équation pH ≈ 2 : (D) est donc le domaine de la base conjuguée de Fe^{3+}, FeO(OH).

(D) et (E) sont les domaines respectifs d'*existence* de la goethite FeO(OH) (s) et de l'oxyde magnétique Fe_3O_4 (s).

Le segment entre (D) et (E) correspond à la coexistence de la goethite et de l'oxyde magnétique. La demi-équation électronique du couple est :

$$3\ FeO(OH)\ (s) + H_3O^+ + e^- = Fe_3O_4\ (s) + 3\ H_2O$$

Les nombres de protons et d'électrons captés par l'oxydant étant les mêmes, la pente de la droite E(pH) est donc $-\alpha(T)$ soit **– 0,06 V par unité de pH.**

3 L'équation de la précipitation est :

$$Fe^{3+} + 3\ HO^- = FeO(OH)\ (s) + H_2O$$

Le produit de solubilité K_s de la goethite n'étant pas fourni, on utilise les données thermodynamiques pour le calculer. La constante de l'équilibre de précipitation est $(K_s)^{-1}$; on a donc :

$$K_s = \exp\left(\frac{+\Delta_r G^0\ (T)}{RT}\right)$$

avec : $\Delta_r G^0 = \Delta_f G^0(FeO(OH), s) + \Delta_f G^0(H_2O, \ell) - \Delta_f G^0(Fe^{3+}) - 3\ \Delta_f G^0(HO^-)$

On obtient :

$\Delta_r G^0(298) = -250{,}8\ kJ\,.\,mol^{-1}$; puis $K_s = 1{,}1\,.\,10^{-44}$

La limite de précipitation de la goethite correspond à la vérification simultanée des deux relations :

$$[Fe^{3+}] = C_{tra} \text{ et } K_{s1} = \frac{[Fe^{3+}]\,.\,\omega^3}{c^{0^4}} \text{ soit } \frac{\omega}{c^0} = \frac{K_{s1}\,.\,c^0}{C_{tra}}$$

La valeur de pH_1, pH de début de précipitation de la goethite s'en déduit :

$$pH_1 = pK_e + \frac{1}{3}\left(p\left(\frac{C_{tra}}{c^0}\right) - pK_s\right)$$

Pour $C_{tra} = 1{,}0.10^{-6}$ mol . L^{-1}, la précipitation de la goethite commence à $pH_1 = 1{,}35$.

4 Ce point appartient à la frontière (C) / (D) : on a donc : pH = 1,35.

Il appartient aussi à la frontière (B) / (C) : on a, par convention : $[Fe^{3+}] = [Fe^{2+}]$, donc $E = E^0(Fe^{3+} / Fe^{2+})$.

Le potentiel standard du couple Fe^{3+} / Fe^{2+} n'étant pas fourni, on utilise les données thermodynamiques pour le calculer :

La demi-équation électronique du couple est : $Fe^{3+} + e^- = Fe^{2+}$.

On peut associer à cette réaction électronique de réduction une enthalpie libre standard :

$\Delta_r \tilde{G}^0 = \tilde{\mu}^0(Fe^{2+}) - \tilde{\mu}^0(Fe^{3+}) - \tilde{\mu}^0(e^-)$
$= \Delta_f G^0(Fe^{2+}) - \Delta_f G^0(Fe^{3+}) = -74{,}3\ kJ\,.\,mol^{-1}$

$\Delta_r\tilde{G}^0 = -F \cdot E^0(Fe^{3+} / Fe^{2+})$

conduit à : $\boldsymbol{E^0(Fe^{3+} / Fe^{2+}) = +0,77}$ **V**

Les coordonnées du point commun aux domaines (B), (C) et (D) sont (pH = 1,35 ; E = 0,77 V).

5 ▬ • Couple (a) O_2 / H_2O

L'équation de la demi-réaction électronique est :

$$O_2 + 4\,H^+ + 4\,e^- = 2\,H_2O$$

La formule de Nernst correspondante s'écrit :

$$E(O_2 / H_2O) = E^0(O_2 / H_2O) + \frac{0,06}{4} \cdot \log\left(\left(\frac{h}{c^0}\right)^4 \cdot \frac{p(O_2)}{p^0}\right)$$

Avec la convention $p(O_2) = 1$ bar :

$$E(O_2 / H_2O) = E^0(O_2 / H_2O) - 0,06 \cdot \text{pH (V)}$$

L'enthalpie libre standard associée à la réaction électronique de réduction du couple est :

$$\Delta_f\tilde{G}^0 = 2\Delta_fG^0(H_2O\,,\ell) - \Delta_fG^0(O_2) - 4 \cdot \Delta_fG^0(H^+, aq)$$
$$= 2\Delta_fG^0(H_2O, \ell)$$

puisque, par convention, $\Delta_fG^0(O_2) = \Delta_fG^0(H^+, aq) = 0$.

Donc : $\Delta_r\tilde{G}^0 = -474\ \text{kJ} \cdot \text{mol}^{-1}$

Or : $\Delta_r\tilde{G}^0 = -4F \cdot E^0(O_2 / H_2O)$

$E^0(O_2 / H_2O) = 1,228\ \text{V} \approx 1,23$ V en limitant le nombre de chiffres significatifs.

$$\boldsymbol{E(O_2 / H_2O) = 1,23 - 0,06 \cdot \textbf{pH (V)}}$$

• Couple (b) H_2O / H_2

Ce couple est représenté, à pH = 0, par le couple H^+ / H_2 dont l'équation de la demi-réaction électronique est :

$$2\,H^+ + 2\,e^- = H_2$$

La formule de Nernst correspondante s'écrit :

$$E(H^+ / H_2) = E^0(H^+ / H_2) + \frac{0,06}{2} \cdot \log\left(\frac{h^2}{c^{0^2}} \cdot \frac{p^0}{p(H_2)}\right)$$

Par convention : $E^0(H^+ / H_2) = +0,00$ V à toute température ; la convention $p(H_2) = 1$ bar conduit alors à :

$$\boldsymbol{E(H^+ / H_2) = -0,06 \cdot \textbf{pH (V)}}$$

On note, sur le diagramme fourni, que la droite **(b)** est, pour tout pH, au-dessus du domaine (A) : l'eau, ou les ions H^+ peuvent oxyder le métal fer. Le produit d'oxydation est l'espèce contenant l'élément fer qui est stable au voisinage de la droite **(b)** qui impose le potentiel : c'est l'ion fer (II) au-dessous de pH ≈ 8 ; c'est l'oxyde magnétique en milieu nettement basique.

6 ▬ *Zone d'immunité* : partie du diagramme où l'oxydation du métal est thermodynamiquement impossible.

Zone de corrosion : partie du diagramme où l'oxydation du métal est thermodynamiquement possible et conduit à un composé soluble ou poreux permettant à l'oxydation de se poursuivre.

Zone de passivation (ou passivité) : partie du diagramme où l'oxydation du métal est thermodynamiquement possible mais conduit à un composé insoluble et adhérent à la surface du métal, ce qui empêche l'oxydation de se poursuivre.

Dans le cas du fer, et en admettant que seule la goethite forme une couche protectrice du métal, on peut proposer les zones suivantes :

– zone d'immunité : (A), domaine d'existence du métal Fe ;

– zone de corrosion : (B) et (C), domaines de prédominance de Fe^{2+} et Fe^{3+} ; (E) domaine d'existence de Fe_3O_4 (s) ;

– zone de passivité : domaine d'existence de FeO(OH) (s).

B. Étude cinétique de la corrosion

1 ▬ Corrosion du fer en solution acide désaérée

a) Demi-équations électroniques :

$$Fe = Fe^{2+} + 2\,e^-$$
$$2\,H^+ + 2\,e^- = H_2$$

La conservation de la charge électrique impose l'égalité des vitesses d'oxydation du fer et de réduction des ions hydrogène et donc celle de la valeur absolue des intensités correspondantes.

La connaissance des potentiels montre que la réaction est spontanée mais ne fournit aucune indication sur la vitesse de réactions.

b) Les droites du diagramme d'Evans donnent E (en V) en fonction de $\log |i|$ (i en A) :

– oxydation du fer :

$$E = E_{éq} + \alpha_a + \beta_a \cdot \log|i_a| = -0,10 + 0,04 \cdot \log|i_a|$$

– réduction des ions hydrogène :

$$E = E'_{éq} + \alpha'_c + \beta'_c \cdot \log|i_c| = -0,80 - 0,15 \cdot \log|i_c|$$

L'égalité des valeurs absolues des intensités correspondantes permet de déterminer les caractéristiques du phénomène de corrosion : le potentiel de corrosion du fer dans le milieu considéré, E_{corr}, et l'intensité de corrosion i_{corr} sont les coordonnées du point d'intersection des deux droites. On obtient ainsi (soit graphiquement, soit par le calcul) :

$$E_{corr} = -0,25\ \text{V} \ ;\ \log i_{corr} = -3,7 \ \text{soit}\ i_{corr} = 0,2\ \text{mA}$$

Dans la solution acide considérée, le potentiel de corrosion du fer est de – 0,25 V et l'intensité de corrosion correspondante de 0,2 mA.

c) D'après le diagramme E-pH fourni, le domaine d'immunité du fer correspond, en milieu acide à $E < -0,60$ V. L'intensité de réduction des ions hydrogène s'obtient grâce à l'équation de Tafel, réduction des ions hydrogène :

$$E = -0,80 - 0,15 \cdot \log|i_c|$$

Pour $E \leqslant -0,60$ V, $\log|i_c| \geqslant -1,33$; soit $|i_c| \geqslant 21,5$ mA

Pour assurer une protection cathodique au fer, il faut le porter à un potentiel inférieur ou égal à – 0,60 V, et lui fournir une intensité de *protection* au moins égale à 22 mA.

2 ▬ Pour effectuer la protection cathodique du métal fer, on peut :

– le mettre en contact électrique avec un métal plus réducteur comme le zinc ou le magnésium ;

– le connecter au pôle négatif d'un générateur qui fournit une intensité de *protection* au moins égale à 22 mA.

11 Corrosion en phase aqueuse

A. Corrosion uniforme de zinc en milieu acide

1 ▬ Allure de la courbe $j = f(E)$ pour le couple Zn^{2+} / Zn

Pour $[Zn^{2+}] = 1\ mol \cdot L^{-1}$: $E = E^0 = -0{,}76$ V.

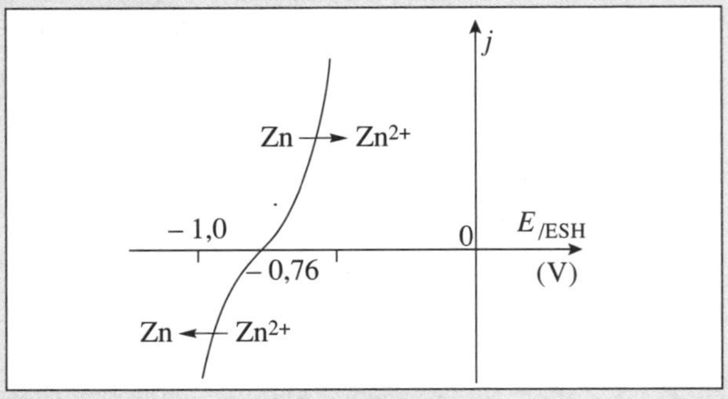

2 ▬ La courbe intensité-potentiel du couple H^+ (aq) / H_2 dépend du métal de l'électrode utilisée, car la vitesse de la réaction dépend du métal sur lequel se forment les molécules de H_2 (g).

3 ▬ Équation de l'oxydation du zinc par les ions H^+ (aq) :

$$Zn\,(s) + 2\,H^+\,(aq) \longrightarrow Zn^{2+}\,(aq) + H_2\,(g)$$

Considérations thermodynamiques : à 298 K,

$$E^0\,(Zn^{2+} / Zn) < 0 = E^0\,(H_3O^+ / H_2)$$

Donc la réaction a une constante d'équilibre $K^0\,(Zn) > 1$.

Plus précisément :

$$\log K^0\,(Zn) = \frac{2(E^0(H^+ / H_2) - E^0(Zn^{2+} / Zn))}{\alpha(T)}$$

D'où, à 25 °C, $K^0(Zn) = 2{,}1 \cdot 10^{25}$!

4 ▬ a) Les intensités anodiques et cathodiques sont opposées. Si les surfaces d'électrodes sont égales pour l'oxydation et la réduction, les densités de courant anodiques et cathodiques sont également opposées.

b) On définit la densité de courant de corrosion uniforme j_{corr} comme la densité anodique. On a donc $j_{corr} > 0$.

Le potentiel de corrosion E_{corr} est tel que $j_{corr} = -j_c = |j_c|$.

D'où :

$$0{,}0774 \cdot \log j_{corr} - 0{,}1956 = -0{,}0780 \cdot \log j_{corr} - 0{,}778$$

Soit : $\log j_{corr} = -3{,}748$ et $\mathbf{j_{corr} = 1{,}79 \cdot 10^{-4}\ A \cdot cm^{-2}}$

On en tire le potentiel de corrosion :

$$\mathbf{E_{corr} = -0{,}486\ V}$$

c) Sur une surface S, le volume de zinc corrodé, pendant une durée Δt, est : $\dfrac{j_{corr} \cdot S \cdot \Delta t}{2F} \cdot \dfrac{M(Zn)}{\rho}$

L'épaisseur correspondante est :

$$e(\Delta t) = \frac{j_{corr} \cdot \Delta t}{2F} \cdot \frac{M(Zn)}{\rho}$$

d'où la vitesse de corrosion :

$$v_{corr} = \frac{e(\Delta t)}{\Delta t} = \frac{j_{corr}}{2F} \cdot \frac{M(Zn)}{\rho}$$

d) *Application numérique :*

Pour $\Delta t = 1$ an, $e(\Delta t) = 2{,}68 \cdot 10^{-3}$ m donc :

$$\mathbf{v_{corr} = 2{,}68 \cdot 10^3\ \mu m/an}$$

B. Comparaison de la corrosion du zinc et du fer

1 ▬ Équation de l'oxydation du fer par les ions H^+ (aq) :

$$Fe\,(s) + 2\,H^+\,(aq) \longrightarrow Fe^{2+}\,(aq) + H_2\,(g)$$

À partir de considérations thermodynamiques, le métal le plus corrodé par la même solution acide est le plus réducteur ; c'est celui qui appartient au couple de plus petit potentiel standard, donc le zinc.

Vérification :

$$\log K^0(Fe) = \frac{2\,(E^0(H^+ / H_2) - E^0(Fe^{2+} / Fe))}{\alpha(T)}$$

D'où, à 25 °C, $K^0(Fe) = 4{,}6 \cdot 10^{14} \ll K^0(Zn)$.

2 ▬ Pour le fer :

$$0{,}0760 \cdot \log j_{corr} - 0{,}0348 = -0{,}0780 \cdot \log j_{corr} - 0{,}476$$

Soit : $\log j_{corr} = -2{,}865$

et $\mathbf{j_{corr} = 13{,}6 \cdot 10^{-4}\ A \cdot cm^{-2}}$

On en tire le potentiel de corrosion :

$$\mathbf{E_{corr} = -0{,}253\ V}$$

La densité de courant de corrosion uniforme du fer est 7,6 fois supérieure à celle du zinc : **le fer s'oxyde plus vite que le zinc**.

C. Corrosion du fer en contact électrique avec un autre métal

1 ▬ Graphes $E(\log j)$:

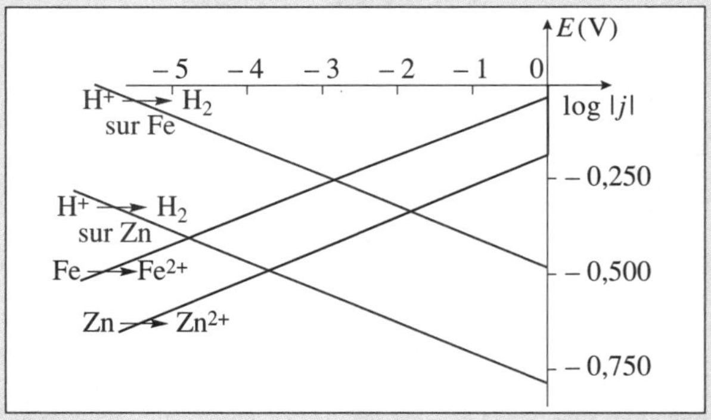

2 ▬ Le système est sous contrôle cinétique : on observe les phénomènes qui correspondent à la plus grande densité de courant de corrosion, c'est-à-dire la corrosion du zinc et le dégagement de H_2 à la surface du fer.

On calcule d'abord la densité de courant de corrosion par :

$$0{,}0774 \cdot \log j_{corr} - 0{,}1956 = -0{,}0780 \cdot \log j_{corr} - 0{,}476$$

Soit $\log j_{corr} = -1{,}804$; d'où :

$$\mathbf{j_{corr} = 156{,}9 \cdot 10^{-4}\ A \cdot cm^{-2}}$$

On en tire le potentiel de corrosion :

$$\mathbf{E_{corr} = -0{,}335\ V}$$

3 ▬ La conservation de la charge électrique impose toujours que les intensités anodiques et cathodiques soient opposées soit :

$$j_a \cdot S_a = |j_c| \cdot S_c$$

La surface d'électrode pour l'oxydation, S_a, correspond à la surface de fer non recouverte par le métal noble ; la surface d'électrode pour la réduction, S_c, qui correspond à la surface de fer recouverte par le métal noble, est donc 1 000 fois plus grande.

On a donc : $j_a = 1000 \, . \, |j_c|$

Soit : $\log j_a = \log 1\,000 \, . \, |j_c| = 3 + \log |j_c|$

On calcule comme précédemment la densité de courant cathodique par :

$$0{,}0760 \, . \, (3 + \log |j_c|) - 0{,}0348 = -\,0{,}0780 \, . \, \log j_c - 0{,}476$$

Soit $\log |j_c| = -\,4{,}345$, puis $\log j_a = 3 + \log |j_c| = -\,1{,}345$.

$$\mathbf{j_a = 451{,}4 \, . \, 10^{-4} \, A \, . \, cm^{-2}}$$

On en tire le potentiel de corrosion : $\mathbf{E_{corr} = -\,0{,}365 \, V}$.

En présence de métal noble, la densité de courant de corrosion au niveau de la rayure est beaucoup plus élevée qu'en l'absence de la couche d'un métal noble.

12 Corrosion électrochimique du fer et protection cathodique

1 ▬ La solution étant agitée au contact de l'air, on suppose qu'elle est maintenue saturée en dioxygène ; celui-ci constitue donc l'oxydant mis en œuvre. Le réducteur est le zinc qui sera oxydé en ions Zn^{2+}.

Par convention, les courants d'oxydation sont comptés positivement.

L'allure attendue des courbes intensité-potentiel du montage est la suivante :

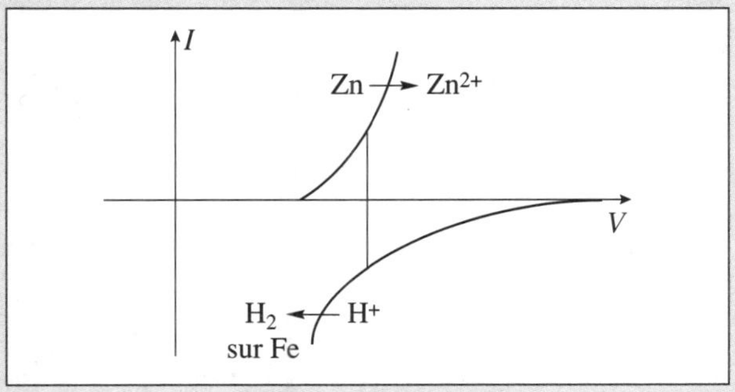

Courbes intensité-potentiel.

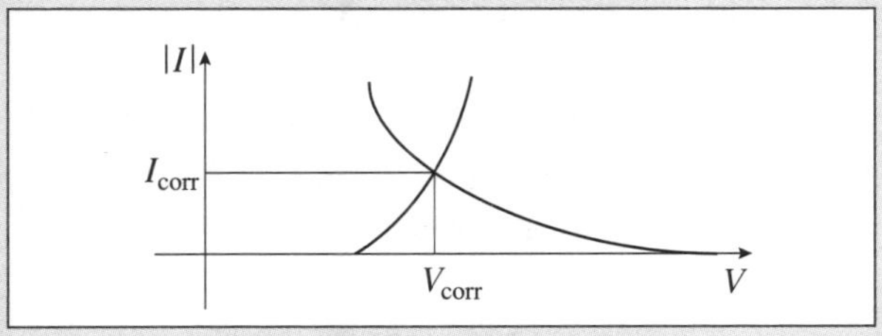

Diagramme d'Evans correspondant.

2 ▬ La valeur du courant de corrosion s'obtient en notant que la conservation de la charge électrique impose que les courants anodique et cathodique aient la même valeur absolue, d'où l'intérêt du diagramme d'Evans.

L'intensité du courant de corrosion et le potentiel de corrosion correspondent aux coordonnées du point d'intersection des courbes I_{Ox} et $|I_{Red}|$ en fonction de V.

3 ▬ D'après le tableau :

$$\mathbf{I_{corr} = 0{,}12 \, mA \quad ; \quad V_{corr/EHS} = (-\,0{,}99 + 0{,}25) = -\,0{,}74 \, V}$$

4 ▬ D'après la réaction électrochimique :

$$Zn \longrightarrow Zn^{2+} + 2e^-$$

La charge Q et la quantité de zinc corrodé, $n(Zn)$ sont reliées par : $Q = 2F \, . \, n(Zn)$

On en déduit la masse m de zinc corrodé pendant la durée δt :

$$m = \frac{I \, . \, \Delta t}{2F} \, . \, M(Zn)$$

$$\mathbf{m = 3{,}5 \, mg \, / \, jour}$$

Soit 1,3 g par an.

13 Diagramme E-pH du plomb

1 ▬ **a)** Les espèces au degré d'oxydation + II sont :

$$\mathbf{Pb^{2+}, \, HPbO_2^-} \textbf{ et } \mathbf{PbO}$$

b) La solubilité s s'écrit : $s = [Pb^{2+}] + [HPbO_2^-]$. Dans une solution saturée en PbO :

$$K_1 = \frac{h^2}{[Pb^{2+}] \, . \, c^0} \quad \text{soit} \quad \frac{[Pb^{2+}]}{c^0} = \frac{1}{K_1} \, . \left(\frac{h}{c^0}\right)^2$$

$$K_2 = \frac{[HPbO_2^-]}{c^{0^2}} \quad \text{soit} \quad \frac{[HPbO_2^-]}{c^0} = K_2 \, . \left(\frac{c^0}{h}\right)^2$$

$$\frac{s}{c^0} = \frac{1}{K_1} \, . \left(\frac{h}{c^0}\right)^2 + K_2 \, . \left(\frac{c^0}{h}\right)$$

$$\frac{ds}{dh} = \frac{2}{K_1} \, . \left(\frac{h}{c^0}\right) - K_2 \, . \left(\frac{c^0}{h}\right)^2 \text{ s'annule pour :}$$

$$\left(\frac{h}{c^0}\right)^3 = \frac{1}{2} K_1 \, . \, K_2 \text{ soit pH} = 9{,}45$$

À pH = 9,45, la solubilité est minimale et égale à $\mathbf{1{,}7 \, . \, 10^{-6} \, mol \, . \, L^{-1}}$.

Diagramme asymptotique :

• Pour pH < 9,45 – 1 : $s \approx [Pb^{2+}]$; d'où :

$$\log \frac{s}{c^0} \approx pK_1 - 2\,pH = \mathbf{12{,}65 - 2\,pH}$$

• Pour pH > 9,45 + 1 : $s \approx [HPbO_2^-]$; d'où :

$$\log \frac{s}{c^0} \approx pH - pK_2 = \mathbf{pH - 15{,}4}$$

On trace les deux asymptotes, on place l'horizontale correspondant au minimum de solubilité soit $\log \frac{s}{c^0} = -\,5{,}8$ et on repère le pH du minimum soit 9,45 ; on raccorde les deux asymptotes en arrondissant les angles.

c) Une solution de plomb (II), à $10^{-4} \, mol \, . \, L^{-1}$ est saturée en PbO entre **pH = 8,33 et pH = 11,4**. Ce résultat est en accord avec le diagramme fourni.

2 ▬ **a)** Les espèces au degré IV sont : **ion $\mathbf{PbO_3^{2-}}$** et l'**oxyde $\mathbf{PbO_2}$**.

b) PbO_2 (s)+ H_2O = PbO_3^{2-} + 2 H^+ :

$$K_3 = \frac{[PbO_3^{2-}]\,.\,h^2}{c^{0^3}} \text{ soit } \frac{[PbO_3^{2-}]}{c^0} = K_3 \,.\left(\frac{c^0}{h}\right)^2$$

À la limite de dissolution, K_3 est vérifiée et

$[PbO_3^{2-}] = 10^{-4}$ mol.L^{-1} ; soit pH $= \frac{1}{2}(pK_3 - pC_{tra})$ = **13,65**.

3 ▬ a) et **b)** Pour une demi-équation rédox:

$$\alpha \text{ Ox} + n \text{ e}^- + m \text{ H}^+_{aq} = \beta \text{ Red} + q \text{ H}_2\text{O}$$

la formule de Nernst peut s'écrire :

$$E = E^0 - \frac{2{,}303RT}{F}\cdot\frac{m}{n}\cdot\text{pH} + \frac{2{,}303RT}{n\text{F}}\cdot\log_{10}\frac{a^{\alpha}_{Ox}}{a^{\beta}_{Red}}$$

La pente σ de E(pH) est $-m/n$.

Pb_3O_4 (s) + 2 e$^-$ + 8 H^+ = 3 Pb^{2+} + 4 H_2O $\quad\sigma$ = **– 0,24 V**

Pb_3O_4 (s) + 2 e$^-$ + 2 H^+ = 3 PbO (s) + H_2O $\quad\sigma$ = **– 0,06 V**

Pb_3O_4 (s) + 2 e$^-$ + 2 H_2O = 3 $HPbO_2^-$ + H^+ $\quad\sigma$ = **+ 0,03 V**

3 PbO_2 (s) + 4 e$^-$ + 4 H^+ = Pb_3O_4 (s) + 2 H_2O $\quad\sigma$ = **– 0,06 V**

4 ▬ Exploitation du diagramme

a) L'identification de l'espèce prédominante relative à chacun des domaines du diagramme est conduite grâce aux règles habituelles.

domaine	1	2	3	4	5	6	7
espèce	PbO_2	PbO_3^{2-}	Pb_3O_4	Pb^{2+}	PbO	$HPbO_2^-$	Pb
n.o.	IV	IV	II,IV	II	II	II	0

b) Avec la convention : $p(O_2) = p(H_2)$ = 1 bar.

• Couple **(2)** H^+ / H_2 :

$$E_2 = E_2^0 + \frac{0{,}06}{2}\cdot\log\left(\frac{h^2}{c^{0^2}}\cdot\frac{p^0}{p(H_2)}\right)$$

soit $E_2 = -$ 0,06.pH (V).

• Couple **(3)** O_2 / H_2O :

$$E_3 = E_3^0 + \frac{0{,}06}{2}\cdot\log\left(\left(\frac{h}{c^0}\right)^4\cdot\frac{p(O_2)}{p^0}\right)$$

soit E_3 = 1,23 – 0,06.pH (V).

c) Pour chacune des espèces, il existe un intervalle de pH dans lequel le domaine de prédominance de l'espèce considérée et le domaine de stabilité de l'eau ont une intersection : toutes peuvent être stables dans solution aqueuse dont le pH est convenable.

d) Les domaines de Pb (7) et de H_2O sont disjoints en milieu acide; le plomb peut donc être attaqué par les acides suivant :

$$\mathbf{Pb + 2\,H^+ = Pb^{2+} + H_2}$$

L'oxydation n'ira pas jusqu'au degré IV (domaines de PbO_2 (1) et de H_2O disjoints).

Le plomb n'est pas attaqué par les bases : les domaines de Pb et de H_2O ont une partie commune quel que soit pH > 7.

e) H_2SO_4 à 0,05 mol.L^{-1} : $[SO_4^{2-}]$ = 0,05 mol.L^{-1} et $[H^+]$ = 0,1 mol.L^{-1} soit pH = 1

Alors pour la réaction $PbSO_4$ = Pb^{2+} + SO_4^{2-} :

$$K = [Pb^{2+}].[SO_4{}^{2-}] = 10^{-8}$$

d'où : $\quad [Pb^{2+}] = 2.10^{-7}$ mol.L^{-1}

Puis pour la demi équation rédox

$$PbSO_4 + 2\,e^- = Pb\,(s) + SO_4^{2-}$$

$$\boldsymbol{E = E_1{}^0(Pb^{2+}/Pb) + 0{,}03.\log[Pb^{2+}] = -\,0{,}331\ V}$$

La réaction n'a pas lieu bien que $E > E_1$ par suite de la surtension cathodique pour la réduction de H^+ sur le plomb.

f) En milieu acide Pb_3O_4 se décompose en Pb^{2+} et PbO_2 selon l'équation :

$$\mathbf{Pb_3O_4 + 4\,H^+ = 2\,Pb^{2+} + PbO_2 + 2\,H_2O}$$

En milieu basique Pb_3O_4 se décompose en $HPbO_2^-$ + PbO_3^{2-} selon l'équation :

$$\mathbf{Pb_3O_4 + 4\,HO^- = 2\,HPbO_2^- + PbO_3^{2-} + H_2O}$$

14 Généralités sur les courbes *densité de courant* potentiel

1 ▬ Convertir l'intensité du courant mesuré en densité de courant *j* permet de s'affranchir du paramètre extensif constitué par la surface des électrodes.

2 ▬ Un système rédox est considéré comme rapide si la densité de courant varie rapidement lorsque *E* varie au voisinage du point où *j* est nul ; la courbe expérimentale du système étudié montre que c'est le cas.

3 ▬ La densité de courant *j* traversant une électrode mesure la vitesse de la réaction électrochimique qui s'y déroule. Sur les paliers de la courbe *j*(*E*), la vitesse de la réaction électrochimique globale est donc indépendante du potentiel auquel est porté l'électrode : cela traduit le fait que, dans la séquence ouverte de réactions correspondant à la réaction globale, **l'étape cinétiquement déterminante n'est plus le transfert de charge (qui dépend du potentiel) mais la diffusion des réactifs (qui n'en dépend pas).**

L'espèce responsable de la limitation du courant étant consommée au fur et à mesure de son arrivée sur l'électrode, sa concentration à l'interface électrode-solution est nulle.

4 ▬ En présence du seul oxydant (respectivement : du seul réducteur), seule la réduction (respectivement : l'oxydation) est possible : la courbe $j = f(E)$ ne comporte que la branche où *j* est négatif (respectivement : positif).

5 ▬ $E_{(j\,=\,0)} = E^0 + \frac{RT}{nF}\cdot\ln\frac{[Ox]}{[Red]}$

$E_{(j\,=\,0)}$ **s'identifie avec le potentiel d'équilibre du couple considéré, potentiel donné par la formule de Nernst.**

15 Tirage des ions Hg (II) par l'EDTA

1 ▬ • La partie droite de la courbe correspond à l'oxydation ($j > 0$) :

$$Hg\,(\ell) \longrightarrow Hg^{2+}\,(aq) + 2\,e^-$$

Le réducteur étant le métal de l'électrode, le phénomène de diffusion du réducteur vers l'électrode n'intervient pas

et ne peut donc pas limiter la vitesse : il n'y a donc pas de palier de diffusion sur la branche anodique.

En revanche, on remarque l'existence d'un tel palier sur la branche cathodique.

• Sur le *document* 1, on note que $j(E)$ varie rapidement au voisinage du point où j est nul ; **le système $Hg^{2+}(aq) / Hg\ (\ell)$ est un système rapide.**

2 ▬ a) L'anion Y^{4-} possède six sites de complexation : les deux atomes d'azote (qui ont chacun un doublet non liant) et les quatre atomes d'oxygène porteurs d'une charge négative dans les groupes carboxylate.

Y^{4-}, ligand hexadentate, peut ainsi former des complexes avec les cations métalliques hexacoordonnés.

La grande stabilité des complexes de l'anion Y^{4-} découle de « l'effet chélate » : si l'on prend en compte la solvatation des ions, le bilan de la complexation est :

Pour un ligand monodentate L :

$$[Hg(H_2O)_n]^{2+} + n\,L = [Hg(L)_n]^{2+} + n\,H_2O \qquad (\alpha)$$

Pour le ligand hexadentate Y :

$$[Hg(H_2O)_n]^{2+} + Y^{4-} = [HgY]^{2-} + n\,H_2O \qquad (\beta)$$

On a : $\Delta_r S^0_\beta >> \Delta_r S^0_\alpha$; en admettant que les termes enthalpiques soient du même ordre de grandeur, on a alors :

$$\Delta_r G^0_\beta << \Delta_r G^0_\alpha \text{ et donc } K^0_\beta >> K^0_\alpha$$

b) La complexation n'a pas d'incidence sur l'oxydation du mercure, Y^{4-} étant présent à l'interface. En revanche, elle rend plus difficile (mais pas nécessairement plus lente) la réduction des ions Hg(II) car il faut détruire le complexe très stable $[HgY]^{2-}$.

c) • Potentiel standard E^0_2 du couple $[HgY]^{2-} / Hg\ (\ell)$:

La demi-réaction de réduction de ce couple est :

(2) $$[HgY]^{2-} + 2e^- \longrightarrow Hg\ (\ell) + Y^{4-}$$

La dissociation de complexe correspond au bilan :

(δ) $$[HgY]^{2-} \longrightarrow Hg^{2+} + Y^{4-}$$

La demi réaction de réduction du couple **(1)** est :

(1) $$Hg^{2+} + 2e^- \longrightarrow Hg\ (\ell)$$

(2) peut être considérée comme la somme de (δ) et de **(1)**.

Le caractère additif des enthalpies libres standard de réactions (ou de demi réactions) permet d'écrire :

$$\Delta_r \tilde{G}^0_2 = \Delta_r G^0_\delta + \Delta_r \tilde{G}^0_1$$

En utilisant la relation entre enthalpie libre standard de réduction et potentiel standard d'un couple, on obtient :

$$-2\,F.E^0_2 = -RT.\ln K^0_\delta - 2\,F.E^0_1$$

Après simplification par $-2F$:

$$E^0_2 = E^0_1 + \frac{RT}{2\,F}.\ln K^0_\delta = E^0_1 - \frac{2{,}3RT}{2\,F}.\log K^0_1$$

Application numérique : $\mathbf{E^0([HgY]^{2-} / Hg) = 0{,}14\ V}$.

• La formule de Nernst pour le couple $[HgY]^{2-} / Hg\ (\ell)$ s'écrit :

$$[HgY]^{2-} + 2\,e^- \longrightarrow Hg\ (\ell) + Y^{4-}$$

$$E = E^0_2 + \frac{0{,}06}{2}.\log\frac{[[HgY]^{2-}]}{[Y^{4-}]}$$

En présence de $[HgY]^{2-}$ en solution, une électrode de mercure est « indicatrice de la concentration en Y^{4-} » car son potentiel rédox varie avec la concentration en ions Y^{4-}.

3 ▬ Espèces prédominantes en solution pour $x = 0$; 0,5 ; 1 et $x > 1$.

• La réaction de complexation étant quantitative, le constituant en défaut n'existe dans le mélange qu'à l'état de traces ; on déduit les espèces prédominantes :

– pour $x = 0$: Hg^{2+} ;

– pour $x = 0{,}5$: mélange équimolaire de Hg^{2+} et $[HgY]^{2-}$;

– pour $x = 1$: $[HgY]^{2-}$ (mélange équimolaire de traces de Hg^{2+} et de Y^{4-}) ;

– pour $x > 1$: $[HgY]^{2-}$ et Y^{4-}.

• L'allure des courbes du *document* 2 découle de la nature des espèces prédominantes :

– Pour $x = 0$:

$$\mathbf{E}_{(j=0)} = E^0_1 + \frac{0{,}06}{2}.\log\frac{[Hg^{2+}]}{c^0}$$

$$= 0{,}80 + 0{,}03.\log(10^{-3}) = \mathbf{0{,}71\ V}.$$

$E > E_{(j=0)}$: oxydation de l'électrode de Hg selon :

$$Hg\ (\ell) \longrightarrow Hg^{2+} + 2\,e^-$$

$E < E_{(j=0)}$: réduction de Hg^{2+} sur l'électrode de Hg selon :

$$Hg^{2+} + 2e^- \longrightarrow Hg\ (\ell)$$

avec un palier de diffusion dû à Hg^{2+}

– Pour $x = 0{,}5$:

$[Hg^{2+}] = [[HgY]^{2-}] = 5.10^{-4}\ mol.L^{-1}$;

$\mathbf{E}_{(j=0)} = 0{,}80 + 0{,}03.\log(5.10^{-4}) = \mathbf{0{,}70\ V}$

$E > E_{(j=0)}$: oxydation de l'électrode de Hg selon :

$$Hg\ (\ell) \longrightarrow Hg^{2+} + 2\,e^-$$

$E < E_{(j=0)}$: réduction de Hg^{2+} sur l'électrode de Hg selon :

$$Hg^{2+} + 2e^- \longrightarrow Hg\ (\ell)$$

puis palier de diffusion dû à Hg^{2+} mais le palier correspond à un courant moins intense que pour $x = 0$ car la concentration en ions Hg^{2+} dans la solution est la moitié de ce qu'elle était pour $x = 0$. Si E diminue encore, on observe une nouvelle vague lorsqu'à la réduction de l'ion Hg^{2+} s'ajoute celle de l'ion complexe selon :

$$[HgY]^{2-} + 2e^- \longrightarrow Hg\ (\ell) + Y^{4-}$$

On observe alors les deux réductions simultanées, ce qui correspond à une densité de courant croissante ; enfin palier de diffusion dû à Hg^{2+} et à $[HgY]^{2-}$. Le fait que ce palier soit confondu avec le palier pour $x = 0$ montre que les coefficients de diffusion de Hg^{2+} et $[HgY]^{2-}$ sont pratiquement égaux.

– Pour $x = 1$:

$[[HgY]^{2-}] = 1.10^{-3}\ mol.L^{-1}$;

$$[Hg^{2+}] = [Y^{4-}] = \sqrt{\frac{[[HgY]^{2-}]}{K^0_1}} = 10^{-12{,}5}\ mol.L^{-1}.$$

$$\mathbf{E}_{(j=0)} = E = E^0_2 + \frac{0{,}06}{2}.\log\frac{[[HgY]^{2-}]}{[Y^{4-}]}$$

$$= E^0_2 + 0{,}03.\log\left(\frac{10^{-3}}{10^{-12{,}5}}\right) = \mathbf{0{,}425\ V}.$$

$E > E_{(j=0)}$: oxydation de l'électrode de Hg selon :

$$Hg\ (\ell) \longrightarrow Hg^{2+} + 2e^-$$

$E < E_{(j=0)}$: réduction de l'ion complexe selon :

$$[HgY]^{2-} + 2e^- \longrightarrow Hg\ (\ell) + Y^{4-}$$

avec un palier de diffusion dû à $[HgY]^{2-}$.

– Pour $x > 1$:

$$E_{(j=0)} = 0{,}05 - 0{,}03\ .\ \log \frac{[Y^{4-}]}{c^0}\ (V)$$

car $[[HgY]^{2-}] = 10^{-3}\ mol.L^{-1}$.

$E > E_{(j=0)}$: oxydation de l'électrode de Hg selon :

$$Hg\ (\ell) + Y^{4-} \longrightarrow [HgY]^{2-} + 2e^-$$

avec un palier de diffusion dû à Y^{4-} ; quand E augmente encore, s'ajoute l'oxydation de Hg selon :

$$Hg\ (\ell) \longrightarrow Hg^{2+} + 2e^-$$

sans palier de diffusion.

$E < E_{(j=0)}$: réduction de l'ion complexe selon :

$$[HgY]^{2-} + 2e^- \longrightarrow Hg\ (\ell) + Y^{4-}$$

avec palier de diffusion dû à $[HgY]^{2-}$.

4 ▬ La courbe de titrage potentiométrique $\Delta E = f(x)$ comporte deux parties où la d.d.p. décroît faiblement avec x, séparées par une chute de potentiel autour du point d'équivalence.

$\Delta E = V_{Hg} - V_{ECS} = E_{Hg} - E_{ECS}$ à courant nul.

– pour $x < 1$: $E_{Hg} = E_{(j=0)} \approx 0{,}71 + 0{,}03\ .\ \log(1 - x)$ (V)

– pour $x = 1$: $E_{Hg} = E_{(j=0)} = 0{,}42$ V

– pour $x > 1$: $E_{Hg} = E_{(j=0)} = 0{,}14 - 0{,}03\ .\ \log(x - 1)$ (V)

Quand x passe de 0,9 à 1,1, E_{Hg} passe de 0,68 V à 0,17 V.

Le saut de potentiel autour du point d'équivalence $(\Delta E)_{éq} = (\Delta E_{Hg})_{éq} = -\ 500$ mV.

16 Obtention de l'aluminium à partir de son minerai

1 ▬ **a)** Le broyage permet d'obtenir une poudre fine qui offre une surface de contact importante entre le minerai et la solution d'attaque.

b) D'après le diagramme $pS = f\,(pH)$,la solubilité de l'aluminium (III) est maximale en milieu basique, l'aluminium se trouvant alors essentiellement sous forme complexée $[Al(OH)_4]^-$.

$$K_s = \frac{[Al^{3+}].\omega^3}{c^{0^4}} \text{ d'où, à pH = 10 :}$$

$$[Al^{3+}] = \frac{K_s.c^{04}}{\omega^3} = 10^{-21}\ mol.L^{-1}$$

L'élément aluminium se trouve essentiellement dans la phase liquide.

c) L'élévation de température du milieu réactionnel augmente la vitesse de dissolution (et peut-être la solubilité de l'hydroxyde d'aluminium). Un floculant favorise la formation de précipités à partir des colloïdes.

d) Sur le filtre, on récupère les oxydes non amphotères Fe_2O_3, SiO_2 et TiO_2. Le filtrat ne contient donc plus que l'aluminate de sodium, $Na^+ + [Al(OH)_4]^-$.

e) Al_2O_3, obtenue entre 1 300 et 1 500 K, est solide puisque sa température de fusion est de 2 318 K.

f) Équation de la déshydratation de l'hydroxyde d'aluminium en alumine :

$$\mathbf{2\ Al(OH)_3\ (s) \longrightarrow Al_2O_3\ (s) +\ 3\ H_2O}$$

2 ▬ **a)** Oxydation anodique :

$$\mathbf{C\ (s) + 2\ O^{2-} \longrightarrow CO_2\ (g) + 4\ e^-}$$

Réduction cathodique :

$$\mathbf{Al^{3+} + 3\ e^- \longrightarrow Al\ (\ell)}$$

Bilan :

$$\mathbf{4\ Al^{3+} + 3\ C\ (s) + 6\ O^{2-} \longrightarrow 4\ Al\ (\ell) + 3\ CO_2\ (g)}$$

b) L'intensité totale du courant circulant dans une cuve est :

$$I = j.S = 1 \times 18 \times 35 \times 65 = 41\ kA$$

Soit Q la charge électrique devant traverser une cuve pour obtenir, à la cathode, un dépôt d'aluminium de masse m ; en tenant compte du rendement en courant ρ de l'opération :

$$Q = 3F.\frac{m(Al)}{\rho.M(Al)}$$

L'énergie électrique consommée pour obtenir cette masse m d'aluminium est alors : $W = U.Q$

Pour 1 kg :

$$W = 4{,}4 \times 3 \times 96{,}5.10^3 \times \frac{1}{0{,}9 \times 27.10^{-3}} = \mathbf{52{,}4.10^6\ J}$$

INDEX

Les mots en romain renvoient aux Rappels de cours, les mots en italique renvoient aux énoncés et corrigés des exercices.

Imprimé en France par I.M.E. 25110 Baume-les-Dames
Dépôt légal 54179/01/2005 - Collection 27 - Edition 01
14/5653/2

Classification périodique

légende

masse molaire atomique en g . mol^{-1} (1)	symbole (2)	numéro atomique	nom
9,0	Be	4	Béryllium

notes : (1) basé sur le ^{12}C
(2) état physique du corps pur simple à 25 °C et 1,013 bar :
noir = solide ; **rouge** = gaz ; **vert** = liquide ; **magenta** = préparé par synthèse

période	1	2	3	4	5	6	7	8	9	10	11	12	13	14	15	16	17	18
I	1,0 H 1 Hydrogène																	4,0 He 2 Hélium
II	6,9 Li 3 Lithium	9,0 Be 4 Béryllium											10,8 B 5 Bore	12,0 C 6 Carbone	14,0 N 7 Azote	16,0 O 8 Oxygène	19,0 F 9 Fluor	20,2 Ne 10 Néon
III	23,0 Na 11 Sodium	24,3 Mg 12 Magnésium											27,0 Al 13 Aluminium	28,1 Si 14 Silicium	31,0 P 15 Phosphore	32,1 S 16 Soufre	35,5 Cl 17 Chlore	39,9 Ar 18 Argon
IV	39,1 K 19 Potassium	40,1 Ca 20 Calcium	45,0 Sc 21 Scandium	47,9 Ti 22 Titane	50,9 V 23 Vanadium	52,0 Cr 24 Chrome	54,9 Mn 25 Manganèse	55,8 Fe 26 Fer	58,9 Co 27 Cobalt	58,7 Ni 28 Nickel	63,5 Cu 29 Cuivre	65,4 Zn 30 Zinc	69,7 Ga 31 Gallium	72,6 Ge 32 Germanium	74,9 As 33 Arsenic	79,0 Se 34 Sélénium	79,9 Br 35 Brome	83,8 Kr 36 Krypton
V	85,5 Rb 37 Rubidium	87,6 Sr 38 Strontium	88,9 Y 39 Yttrium	91,2 Zr 40 Zirconium	92,9 Nb 41 Niobium	95,9 Mo 42 Molybdène	99 Tc 43 Technétium	101,1 Ru 44 Ruthénium	102,9 Rh 45 Rhodium	106,4 Pd 46 Palladium	107,9 Ag 47 Argent	112,4 Cd 48 Cadmium	114,8 In 49 Indium	118,7 Sn 50 Etain	121,8 Sb 51 Antimoine	127,6 Te 52 Tellure	126,9 I 53 Iode	131,3 Xe 54 Xénon
VI	132,9 Cs 55 Césium	137,3 Ba 56 Baryum	138,9 La 57 Lanthane	178,5 Hf 72 Hafnium	180,9 Ta 73 Tantale	183,9 W 74 Tungstène	186,2 Re 75 Rhénium	190,2 Os 76 Osmium	192,2 Ir 77 Iridium	195,1 Pt 78 Platine	197,0 Au 79 Or	200,6 Hg 80 Mercure	204,4 Tl 81 Thallium	207,2 Pb 82 Plomb	209,0 Bi 83 Bismuth	210 Po 84 Polonium	210 At 85 Astate	222 Rn 86 Radon
VII	223 Fr 87 Francium	226 Ra 88 Radium	227 Ac 89 Actinium															

VI	140,1 Ce 58 Cérium	140,9 Pr 59 Praséodyme	144,2 Nd 60 Néodyme	145 Pm 61 Prométhium	150,4 Sm 62 Samarium	152,0 Eu 63 Europium	157,3 Gd 64 Gadolinium	158,9 Tb 65 Terbium	162,5 Dy 66 Dysprosium	164,9 Ho 67 Holmium	167,3 Er 68 Erbium	168,9 Tm 69 Thulium	173,0 Yb 70 Ytterbium	175,0 Lu 71 Lutétium
VII	232,0 Th 90 Thorium	231,0 Pa 91 Protactinium	238,0 U 92 Uranium	237,0 Np 93 Neptunium	242 Pu 94 Plutonium	243 Am 95 Américium	247 Cm 96 Curium	247 Bk 97 Berkélium	251 Cf 98 Californium	254 Es 99 Einsteinium	253 Fm 100 Fermium	256 Md 101 Mendélévium	254 No 102 Nobélium	257 Lr 103 Lawrencium

NOUVEAU PROGRAMME

H Prépa — La collection de référence des classes préparatoires scientifiques

H Prépa EXERCICES & PROBLÈMES

H Prépa MANUELS DE COURS

Dans chaque ouvrage :
- Le cours
- De nombreux exercices
- Tous les corrigés

MATHÉMATIQUES
Algèbre-Géométrie MP-MP*
Analyse 1 MP-MP*
Analyse 2 MP-MP*
Algèbre-Géométrie PC-PC* PSI-PSI*
Analyse PC-PC* PSI-PSI*

PHYSIQUE
Optique ondulatoire MP-MP* PC-PC* PSI-PSI* PT-PT*
Ondes MP-MP* PC-PC* PSI-PSI* PT-PT*
Électromagnétisme MP-MP* PC-PC* PSI-PSI* PT-PT*
Thermodynamique MP-MP* PC-PC* PSI-PSI* PT-PT*
Mécanique du solide et des systèmes MP-MP* PC-PC*
Mécanique des fluides PC-PC* PSI-PSI*
Électronique PSI- PSI*

CHIMIE
Chimie PC-PC*
Chimie MP-MP* PT-PT*
Chimie PSI-PSI*

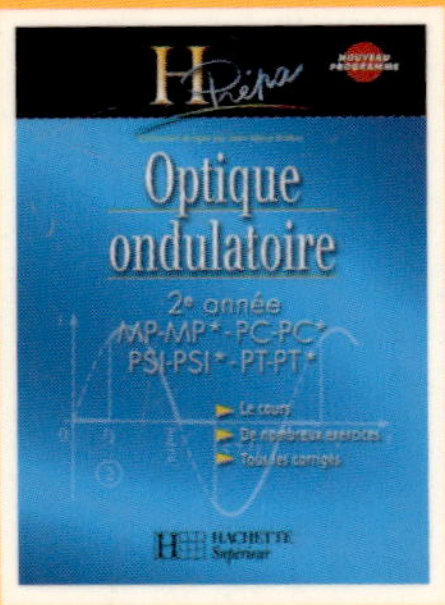

www.hachette-education.com

14/5653/2
9 782011 456533

HACHETTE *Supérieur*